U0248918

全国建设职业教育系列教材

电气安装基本理论知识

全国建设职业教育教材编委会

中国建筑工业出版社

图书在版编目（CIP）数据

电气安装基本理论知识/全国建设职业教育教材编委
会编.—北京：中国建筑工业出版社，2000
　ISBN 7-112-04193-7

　Ⅰ．电… Ⅱ．全… Ⅲ．房屋建筑设备：电气设备-
安装　Ⅳ.TU85

　中国版本图书馆 CIP 数据核字（2000）第 59667 号

全国建设职业教育系列教材
电气安装基本理论知识
全国建设职业教育教材编委会

*

中国建筑工业出版社出版（北京西郊百万庄）
新华书店总店科技发行所发行
北京市彩桥印刷厂印刷

*

开本：787×1092 毫米　1/16　印张：30¾　字数：747 千字
2000 年 12 月第一版　2000 年 12 月第一次印刷
印数：1—2000 册　　定价：**45.00** 元
ISBN 7-112-04193-7

G・321（9674）

本书介绍电气安装基本理论知识，内容包括钳工与焊接基本知识、物理基础、直流电路、电容、电磁基本知识、单相正弦交流电路、三相交流电路、安全用电知识、变压器、电子电路、常用电工仪表与测量、工厂变配电所、电动机及其控制线路、自动控制基本知识、室内线路及照明装置、电缆线路和架空线路、防雷与接地、弱电系统、电气工程预算、班组管理、环境保护基本知识等。本套教材力求深入浅出、通俗易懂。

本书可作为技工学校、职业高中相关专业的教学用书，也可作为电气安装专业不同层次的岗位培训教材，并可供一线施工管理和电气技术人员参考使用。

"电气安装"专业教材（共四册）

总主编　沈　超

《电气安装基本理论知识》

主　编　李　宣

主　审　何德清　艾长开

参　编　李昆福　肖迪芳　谢忠钧　王俊萍　李仲书
　　　　姜　政　孙玉林　金　亮　沈　超　赖　敏

4

序

　　随着我国国民经济持续、健康、快速的发展，建筑业在国民经济中的支柱产业地位日益突出，对建筑施工一线操作层实用人才的需求也日益增长。为了培养大量合格的人才，不断提高人才培养的质量和效益，改革和发展建筑业的职业教育，在借鉴德国"双元制"职业教育经验并取得显著成效的基础上，在赛德尔基金会德国专家的具体指导和帮助下，根据《中华人民共和国建设部技工教育专业目录（建筑安装类）》并参照国家有关的规范和标准，我们委托中国建设教育协会组织部分试点学校编写了建设类"建筑结构施工"、"建筑装饰"、"管道安装"和"电气安装"等专业的教学大纲和计划以及相应的系列教材。教材的内容，符合建设部1996年颁发的《建设行业职业技能标准》和《建设职业技能岗位鉴定规范》的要求，经审定，现印发供各学校试用。

　　这套专业教材，是建筑安装类技工学校和职业高中教学用书，同时适用于相应岗位的技能培训，也可供有关施工管理和技术人员参考。

　　各地在使用本教材的过程中，应贯彻国家对中等职业教育的改革要求，结合本地区的实际，不断探索和实践，并对教材提出修改意见，以便进一步完善。

建设部人事教育司

2000 年 6 月 27 日

前　言

本套教材力求深入浅出，通俗易懂。在编排上采用双栏排版，图文结合，新颖直观，增强了阅读效果。为了便于读者掌握学习重点，以及教学培训单位组织练习和考核，每章节后附有小结、习题供参考、选用。

《电气安装理论基本知识》一书由湖南省建筑技工学校李宣主编（编写第 4、5、9、13、17、18、19 章），参加编写的有云南省建筑技工学校李昆福（编写第 1 章），湖南省建筑技工学校肖迪芳（编写第 2、3、6、7、11 章），天津市政教育中心谢忠钧、王俊萍（编写第 8、15 章），湖南省建筑技工学校赖敏（编写第 4、5 章），重庆建筑技工学校李仲书（编写第 9、13、19 章），宁夏建筑技工学校姜政（编写第 10 章），天津市政教育中心孙玉林（编写第 12 章），浙江省建筑安装技工学校金亮（编写第 14 章），浙江省建筑安装技工学校沈超（编写第 16 章）。全书由何德清、艾长开主审。

本书在编写中，建设部人事教育司有关领导给予了积极有力的支持，并做了大量组织协调工作。德国专家魏茨勒先生在多方面给予了大力支持和指导。各参编学校领导对本教材的编写给予极大的关注和支持。在此，一并表示衷心的感谢。

由于双元制的试点工作尚在逐步推广过程中，本套教材又是一次全新的尝试，加之编者水平有限，编写时间仓促，书中有不少缺点和错误，望各位专家和读者批评指正。

目　录

第1章 钳工与焊接基本知识

随着现代建筑施工技术的不断发展，钳工基本操作技能和焊接技术在建筑电气安装施工中应用越来越广泛，在施工、安装现场，钳工技能操作及焊接操作的比例越来越大。因此，为适应现代建筑电气安装工程施工技术发展的需要，建筑电气安装工人要认真学习并熟练掌握钳工与焊接所需要的技术基础理论知识，并努力做到理论联系实际，这样才能有效地提高操作技能和分析解决生产实际问题的能力。

1.1 钳工基本知识

钳工的各项基本操作技能如：划线、錾削、锉削、锯削、钻孔、攻丝、矫正等，以及基本测量技能，是建筑电气安装工程施工技术中一项不可缺少的专业操作技能。为了能熟练掌握钳工基本操作技能，学习时应坚持理论联系实际的原则，认真学习并掌握钳工所需要的技术基础理论。具备一定的专业基础理论知识，是接受技能操作训练的必要条件。

1.1.1 钳工常用量具

在生产过程中，为了确保零件和产品的质量用来测量、检验零件及产品尺寸和形状的工具叫做量具。

钳工常用的量具种类很多，其结构和用途也不相同，生产中对工件精度要求不同，量具也有不同的精度，一般分为普通量具和精密量具。

（1）钢直尺

钢直尺俗称钢板尺、钢皮尺，是钳工常用最简单的长度量具，如图1-1所示。

上面有米制刻线或米制、英制两种刻线，主要用于测量精度不高的工件，其测量范围有150mm、300mm、500mm、1000mm四种。测量较长的工件可用钢卷尺。

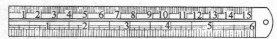

图 1-1 钢直尺

（2）游标卡尺

1）游标卡尺的结构

游标卡尺是一种中等精度的量具，可以直接量出工件的内径、外径、长度、深度和孔距等数值。常用游标卡尺的结构形式如图1-2所示。

如图1-2（a）所示，游标卡尺由尺身1和游标2组成，3是辅助游标。松开螺钉4和5即可推动游标在尺身上移动，通过两个量爪可测量尺寸。需要微动调节时，可将螺钉5坚固，松开螺钉4，转动微动螺母6，通过小螺杆7使游标微动。量得尺寸后，可拧紧螺钉4使游标坚固。

游标卡尺上端有两个量爪8，可用来测量齿轮公法线长度和孔距尺寸。下端有两量爪9，其内侧面可测量外径和长度；外侧面是圆弧面，可测量内孔或沟槽。

图1-2（b）所示的游标卡尺比较简单轻巧，上端两爪可测量孔径、孔距及槽宽，下端两爪可测量外圆和长度等，还可用尺后的测深杆测量内孔和沟槽深度。

2）游标卡尺的刻线原理和读法

常用的游标卡尺按其测量精度有1/20mm（0.05）和1/50mm（0.02）两种。

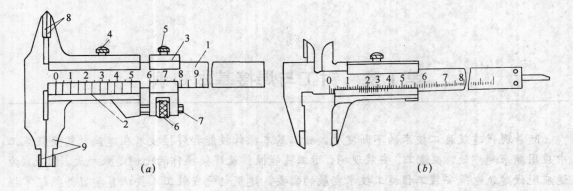

图1-2　游标卡尺

(a) 可微动调节的游标卡尺；(b) 带测深杆的游标卡尺

1—尺身；2—游标；3—辅助游标；4、5—螺钉；6—微动螺母；7—小螺杆；8、9—量爪

1/20mm 游标卡尺的尺身上每小格是 1mm，当两量爪合并时，游标上的 20 格刚好与尺身上的 19mm 对正，如 1-3 所示。因此尺身与游标每格之差为 $1 - 19/20 = 0.05$（mm），此差值即为 1/20mm 游标卡尺的测量精度。

图1-3　1/20mm 游标卡尺刻度线原理

1/50 游标卡尺的尺身上每小格 1mm，当两量爪合并时，游标上 50 格刚好与尺身上 49mm 对正，如 1-4 所示。尺身与游标每格之差为：$1 - 19/50 = 0.02$（mm），此差值即为 1/50mm 游标卡尺的测量精度。

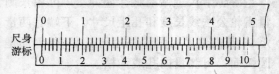

图1-4　1/50mm 游标卡尺刻线原理

1/20mm 游标卡尺测量工件时，读数方法分三个步骤，如 1-5 所示。

a. 读出游标卡尺上零线左面尺身的毫米整数；

b. 读出游标上哪一条刻线与尺身刻线

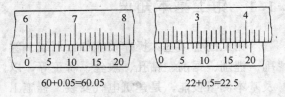

60+0.05=60.05　　22+0.5=22.5

图1-5　1/20mm 游标卡尺读数方法

对齐（第一条零线不算，第二条起每格算 0.05mm）；

c. 把尺身和游标尺寸加起来即为测得尺寸。

用 1/50mm 游标卡尺测量时的读数方法与 1/20mm 游标卡尺相同，如 1-6 所示。

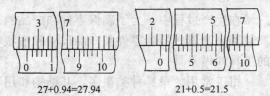

27+0.94=27.94　　21+0.5=21.5

图1-6　1/50mm 游标卡尺读数方法

常用游标卡尺的规格按测量范围有：0～125mm、0～200mm、0～300mm、0～500mm、300～800mm、400～1000mm、600～1500mm、800～2000mm 等几种。测量时应按工件尺寸的大小和尺寸精度要求选用。由于游标卡尺存在一定的示值误差，因此只适用于中等精度（IT10—IT16）尺寸的测量和检验。

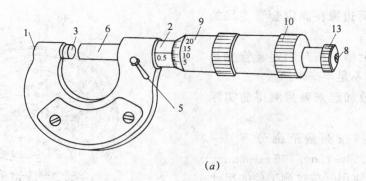

(a)

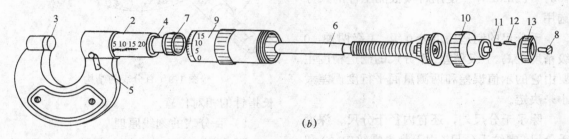

(b)

图 1-7　千分尺的结构

1—尺架；2—固定套管；3—砧座；4—轴套；5—手柄；6—测微螺杆；7—衬套；

8—螺钉；9—微分筒；10—罩壳；11—弹簧；12—棘爪销；13—棘爪

除以上两种普通游标卡尺外，还有游标深度尺、游标高度尺和齿轮游标尺等。其刻线原理和读数方法与普通游标卡尺相同。

（3）千分尺

1）千分尺的结构

千分尺又叫分厘卡，是利用测微螺杆的旋转对工件进行直接测量的一种精密量具，其测量精确度为 0.01mm。千分尺的结构如图 1-7 所示。

图 1-7 中 1 是尺架，尺架的左端有砧座 3，右端是表面有刻线的固定套管 2，里面是带有内螺纹（螺距 0.5mm）的衬套 7，测微螺杆 6 右面的螺纹可沿此内螺纹回转，并用轴套 4 定心。在固定套 2 的外面是有刻线的微分筒 9，它用锥孔与 6 右端锥体相连。转动手柄 5，可使 6 固定不动。松开罩壳 10，可使 6 与微分筒 9 分离，以便调整零线位置。棘轮 13 用螺钉 8 与罩壳 10 连接，转动棘轮盘 13，6 就会移动，当测微螺杆 6 的左端面接触工件时，棘轮 13 在棘爪销 12 的斜面上打滑，

6 就停止前进。由于弹簧 11 的作用使棘轮 13 在棘爪销斜面滑动时发出吱吱声。如果棘轮盘 13 反方向转动，则拨动棘爪销 12，微分筒 9 转动，使 6 向右移动。

2）千分尺的刻线原理及读数方法

测微螺杆 6 右端螺纹的螺距为 0.5mm，当微分筒转一周时，螺杆 6 就移动 0.5mm。微分筒圆锥面上共刻 50 格，因此微分筒转一格，螺杆 6 就移动 $0.5 \div 50 = 0.01$mm。

固定套管上刻有主尺刻线，每格 0.5mm。

千分尺的读数方法分三个步骤，如图 1-8 所示。

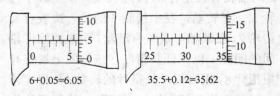

6+0.05=6.05　　　35.5+0.12=35.62

图 1-8　千分尺的读数方法

在千分尺上读数的方法可分三步：

a. 读出微分筒边缘在固定套管主尺的毫米数和半毫米数；

b. 看微分筒上哪一格与固定套管上基准线对齐，并读出不足半毫米的数；

c. 把两个读数加起来就是测得的实际尺寸。

千分尺的规格按测量范围分有 0～25mm、25～50mm、50～75mm、75～100mm、100～125mm 等。使用时按被测工件的尺寸选用。

千分尺的制造精度分 0 级、1 级两种，0 级精度最高，1 级稍差。千分尺的制造精度主要由它的示值误差和两测量面平行度误差大小来决定。

除了千分尺外，还有内径千分尺、深度千分尺、螺纹千分尺（用于测量螺纹中径）和公法线千分尺（用于测量齿轮公法线长度）等数种，其刻线原线和读法与千分尺相同。

（4）百分表

1）百分表的结构

百分表是一种精密度较高的比较量具，可用来检验机床精度和测量工件的尺寸、形状和位置误差。它的结构原理是杠杆、齿轮、齿条和扭簧的传动，测杆的微量直线位移转换成指针的角位移，使测杆的位移量在表盘上直接显示出来。结构如图 1-9 所示。

图 1-9 中 1 是淬硬的触头，用螺纹旋入齿杆 2 的下端。齿杆的上端有齿。当齿杆上升时，带动齿数为 16 的小齿轮 3。与小齿轮 3 同轴装有齿数为 100 的大齿轮 4，再由这个齿轮带动中间的齿数为 10 的小齿轮 5。齿轮 5 同轴装有长指针 6，因此长指针就随着小齿轮 5 一起转动。在小齿轮 5 的另一边装有大齿轮 7，在其轴下端装有游丝，用来消除齿轮间的间隙，以保证其精度。该轴的上端装有短指针 8，用来记录长指针的转数（长指针转一周时短指针转一格）。拉簧 11 的作用是使齿杆 2 能回到原位。在表盘 9 上刻有线条，共分 100 格。转动表圈 10，可调整表盘刻线与

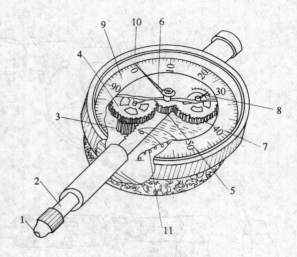

图 1-9 百分表的结构

长指针的相对位置。

2）百分表的刻线原理

百分表内的齿杆和齿轮的齿距是 0.625mm。当齿杆上升 16 齿时（即上升 $0.625 \times 16 = 10mm$），16 齿小齿轮转一周，同时齿数为 100 的大齿轮也转一周，就带动齿数为 10 的小齿轮和长指针转 10 周，即齿杆移动 1mm 时，长指针转一周。由于表盘上共刻 100 格，所以长指针每转一格表示齿杆移动 0.01mm。

（5）量具的维护与保养

为了保持量具的精度，延长使用寿命，在使用过程中，必须精心保养，妥善保管，为此，应做到：

1）量具在使用前后，必须用清洁棉纱或绒布擦干净；

2）测量时不能用力过猛、过大，也不可测量温度过高的工件；

3）不能用精密量具测量粗糙毛坯、生锈工件和运转中的工件；

4）不能把量具乱扔、乱放，更不能当敲打工具；

5）量具的清洗和注油都应保持油质清洁，不可用脏油洗量具或涂脏油；

6）量具用完后，应擦洗干净，涂油后放入专用盒内，防止受潮、生锈。并定期对量

具的精度进行检验、标定。

1.1.2 划线

（1）划线概述

根据图纸或实物尺寸要求，在毛坯或工件上，用划线工具准确地划出待加工部位的轮廓线或作为基准的点、线，这种操作叫划线。

划线的作用是在保证工件几何形状的条件下，通过划线确定工件或零件毛坯各面的加工位置，合理地分配加工余量，保证加工完成的零件形状、尺寸正确。划线分平面划线和立体划线两种。

只需要在工件的一个表面上划线后即能明确表示加工界线的，称为平面划线，如图1-10所示。如在板料、条料表面上划线，在法兰盘端面上划钻孔加工线等都属于平面划线。

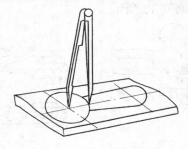

图1-10 平面划线

在工件的长、宽、高三个相互垂直的表面上划线，才能明确表示加工界线的，称为立体划线，如图1-11所示。如划出矩形块各表面的加工线以及支架、箱体等表面的加工线都属立体划线。

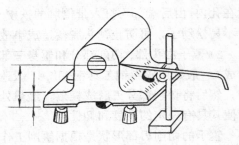

图1-11 立体划线

划线除要求划出的线条清晰均匀外，最重要的是保证尺寸准确。在立体划线中还应注意使长、宽、高三个方向的线条互相垂直。当划线发生错误准确度太小时，有可能造成工件报废。由于划出的线条总有一定的宽度，以及在使用划线工具和测量调整尺寸时难免产生误差，所以不能绝对准确。一般的划线精度能达到0.25～0.5mm。因此，通常不能依靠划线直接确定加工的最后尺寸，而必须在加工过程中，通过测量来保证尺寸的准确度。

（2）划线基准的选择

1）基准的概念

合理地选择划线基准是做好划线工作的关键。只有划线基准选择得好，才能提高划线的质量和效率以及相应提高工件合格率。

虽然工件的结构和几何形状各不相同，但是任何工件的几何形状都是由点、线、面构成的。因此，不同工件的划线基准虽有差异，但都离不开点、线、面的范围。

在零件图上用来确定其他点、线、面位置的基准，称为设计基准。

所谓划线基准，是指在划线时选择工件上的某个点、线、面作为依据，用它来确定工件的各部分尺寸、几何形状及工件上各要素的相对位置。

2）划线基准选择

划线时，应从划线基准开始。在选择划线基准时，应先分析图样，找出设计基准，使划线基准与设计基准尽量一致，这样能够直接量取划线尺寸，简化换算过程。

划线基准一般可根据以下三种类型选择：

a. 以两个互相垂直的平面（或线）为基准，如图1-12（a）所示。从零件上互相垂直的两个方向的尺寸可以看出，每一方向的许多尺寸都是依照它们的外平面（在图样上是一条线）来确定的。此时，这两个平面就分别是每一方向的划线基准。

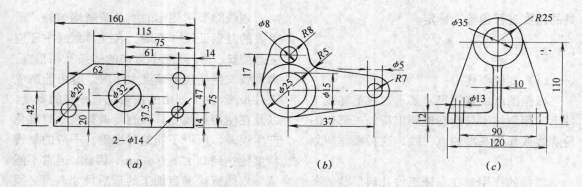

图 1-12 划线基准类型

(a) 以两个互相垂直的平面为基准；(b) 以两条中心线为基准；

(c) 以一个平面和一条中心线为基准

b. 以两条中心线为基准，如图 1-12 (b) 所示。该件上两个方向的尺寸与其中心线具有对称性，并且其他尺寸也从中心线起始标注。此时，这两条中心线就分别是这两个方向的划线基准。

c. 以一个平面和一条中心线为基准，如图 1-12 (c) 所示。该工件上高度方向的尺寸是以底面为依据的，此底面就是高度方向的划线基准。而宽度方向的尺寸对称于中心线，所以中心线就是宽度方向的划线基准。

划线时在零件的每一个方向都需要选择一个基准，因此，平面划线要选择两个划线基准，而立体划线时一般要选择三个划线基准。

划线是一项复杂、细致而重复的工作，直接影响到产品质量的好坏。因此，划线时要认真细致，看懂图纸，了解零件的作用，分析加工程序和加工方法，确定加工余量，并准确地在工件表面上划线。同时熟练地掌握各种划线工具和量具的使用。

1.1.3 錾削、锯削与锉削

(1) 錾削

用手锤打击錾子对金属工件进行切削加工的操作方法称为錾削。錾削可加工平面、沟槽、切断金属及清理毛刺，修理外形等。錾削用的主要工具是手锤和錾子。

1) 手锤

手锤也称榔头，是錾削工作中不可缺少的工具，一般分为硬头手锤和软头手锤两种。錾削时用的是硬头手锤，用碳素工具钢制成，并经淬火硬化处理。由锤头、木柄和楔子组成，如图 1-13 所示。

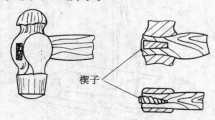

图 1-13 钳工手锤

手锤的规格用其质量大小表示，如 0.2kg、0.5kg、1kg 等表示。手锤的木柄用硬而不脆的木材制成，如檀木等。手握处的断面应是椭圆形，以便锤头定向，准确敲击。木柄安装在锤头中，必须稳固可靠，装木柄的孔做成椭圆形，且两端大，中间小。木柄敲紧在孔内，由后端部再打入带倒刺的铁楔子，就不易松动了，可防止锤头脱落造成事故。

2) 錾子由头部、切削部分和錾身三部分组成。一般是用碳素钢工具钢（T7A）锻造而成，然后将切削部分刃磨成楔形，经热处理后使其具有一定的硬度和韧性。

錾子的切削刃部形状是根据錾削工作要求设计的，一般常用的有扁錾、尖錾、油槽錾三种，如图 1-14 所示。

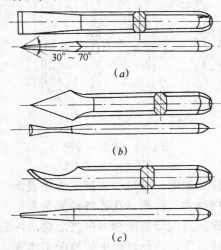

图 1-14　錾子的种类

(a) 扁錾；(b) 尖錾；(c) 油槽錾

　　扁錾的切削部分扁平，刃口略带弧形。主要用来錾削平面，去除毛刺和分割板料等。尖錾的切削刃比较短，切削部分的两侧面，从切削刃到錾身是逐渐狭小，以防止錾槽时两侧面被卡住。尖錾主要用来錾削沟槽及分割曲线形板料。油槽錾的切削刃很短，并呈圆弧形，为了能在对开式的内曲面上錾削油槽，其切削部分做成弯曲形状。油槽錾常用来錾切平面或曲面上的油槽。

　　錾子錾削平面时的切削部分由前刀面、后刀面以及它们的交线形成的切削刃组成，其錾削时形成的切削角度如图 1-15 所示。

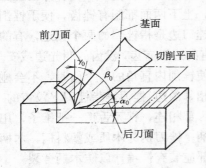

图 1-15　錾削切削角度

　　a. 楔角 β_0。　如图 1-15 所示，錾子前刀面与后刀面之间的夹角称为楔角。楔角的大小对錾削有直接影响，一般楔角越小，錾削越省力。但楔角过小，会造成刃口薄弱，容易崩损；而楔角过大时錾切费力，錾切表面也不易平整。通常根据工件材料软硬不同，选取不同的楔角数值；錾削硬钢或铸铁等硬材料时，楔角取 $60°\sim70°$；錾削一般钢料和中等硬度材料时，楔角取 $50°\sim60°$；錾削铜、铝等软材料时，楔角取 $30°\sim50°$。

　　b. 后角 α_0。　錾削时后角是錾子后刀面与切削平面之间的夹角。它的大小取决于錾子被掌握的方向，作用是减少錾子后刀面与切削表面之间的摩擦，引导錾子顺利錾切。一般錾切时后角取 $5°\sim8°$，后角太大会使錾子切入过深，錾切困难；后角太小造成錾子滑出工件表面，不能切入。

　　c. 前角 γ_0。　錾削时的前角是錾子前刀面与基面之间的夹角。其作用是减少錾切时切屑变形，使切削省力，前角愈大，切削愈省力。由于基面垂直于切削平面，存在 $\alpha_0+\beta_0+\gamma_0=90°$ 的关系，当后角 α_0 一定时，前角 γ_0 的数值由楔角 β_0 的大小决定。

　　(2) 锯削

　　用手锯对金属材料工件进行切断或切槽等的加工方法称为锯削。它可以锯断各种原材料或半成品，如图 1-16 (a) 所示；锯除工件上多余部分，如图 1-16 (b) 所示；或在工件上锯出深槽如图 1-16 (c) 所示。

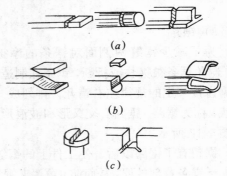

图 1-16　锯削的应用

　　1) 手锯的构造

　　手锯由锯弓和锯条两部分组成。锯弓前

端有一固定夹头，后端有一活动夹头。将锯条装在两端夹头的销子上，旋紧活动夹头上的蝶形螺母就可把锯条张紧。

2）锯条的应用

锯条是用渗碳软钢冷轧制成，经热处理后硬度较高，齿锋利、性脆易断。其长度常用的为300mm。

锯条单面有齿，相当于一排同样形状的錾子，每个齿都有切削作用。其切削角度前角$\gamma_0=0°$，后角$\alpha_0=40°$，楔角$\beta_0=50°$，如图1-17所示。

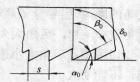

图1-17 锯齿的切削角度

锯齿的粗细是以锯条每25mm长度内的齿数来表示的。一般分粗、中、细三种，如表1-1所示。

锯齿的粗细规格及应用 表1-1

	每25mm长度内齿数	应 用
粗	14～18	锯削软钢、黄铜、铝、铸铁、紫铜、人造胶质材料
中	22～24	锯削中等硬度钢、厚壁的钢管、铜管
细	32	薄片金属、薄壁管子
细变中	32～20	一般工厂中用，易于起锯

3）锯路

为了减少锯缝两侧面对锯条的摩擦阻力，避免锯条被夹住或折断，锯条在制造时，使锯齿按一定的规律左右错开，排列成一定形状，称为锯路。锯路有交叉形和波浪形等，如图1-18所示。

锯条有了锯路以后，使工件上的锯缝宽度大于锯条背部的厚，从而防止了"夹锯"和锯条过热，减少了锯条磨损。

（3）锉削与锉刀

用锉刀对工件表面进行切削加工的操作

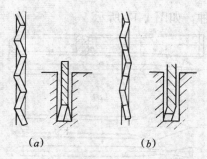

图1-18 锯齿的排列
（a）交叉形；（b）波浪形

方法称为锉削。它可以锉削工件外表面、曲面、内外角、沟槽、孔和各种复杂表面。

锉削多用于錾削和锯削之后对工件的精加工或装配，维修过程中的修配工作等。锉削加工精度可0.01mm，表面精糙度可达$R_a0.8$。

1）锉刀的构造

锉刀是由高碳工具钢T_{12}、T_{13}制成的，并经热处理后切削部分硬度可达HRC62～HRC72。主要由锉身和锉柄两部分组成，其构造如图1-19所示。

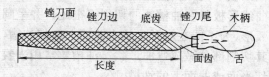

图1-19 锉刀的构造

锉刀面是锉削的主要工作面，它的长度就是锉刀的规格。锉刀面在长方向上呈现凸弧形，上下两面都制有锉齿，便于锉削。

锉刀边是指锉刀的两个侧边，有的边有齿，有的边没有齿，没齿的叫光边或安全边，它可使锉削内直角的一个面时，不会碰伤另一个相邻的边。锉刀尾指锉刀上没齿的一端，它跟舌部相连，锉刀舌像一把锥子，用来装锉刀柄；锉刀柄为木质或塑料柄，木柄安装孔外部应装有铁箍，以防木柄劈裂。

2）锉刀的齿纹

锉齿通常是由剁锉机剁成，称剁齿，它的切削角大于90°，如图1-20（a）所示，工作时锉齿在切削。用铣齿法铣成的称铣齿，其切削角小于90°，如图1-20（b）所示。锉削时锉齿对金属材料进行切削。铣齿锉刀因成本太高，一般只在制造单齿纹锉刀时采用，主要用来锉软的材料，如铝、镁、锡和铅等。

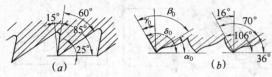

图1-20　锉齿的切削角度

（a）剁齿锉齿；（b）铣齿锉齿

锉纹是锉齿排列的图案。锉刀的齿纹有单齿纹（用于锉削软材料）和双齿纹（用于锉削硬材料）两种。

3）锉刀的种类及选用

按用途不同，锉刀分普通锉、异形锉和整形锉三类。

普通钳工锉按其断面形状不同，分为平锉（板锉）、方锉、三角锉、半圆锉和圆锉五种，如图1-21所示。

图1-21　普通锉刀断面形状

异形锉是用来锉削工件特殊表面用的。有刀口锉、菱形锉、扁三角锉、椭圆锉、圆肚锉等，如图1-22所示。

图1-22　异形锉刀断面形状

整形锉也叫什锦锉或组锉。用于小型工件的加工修整，是把普通锉制成小型的，也有各种断面形状。通常每5根、6根、8根、10根或12根作为一组，如图1-23所示。

锉刀的规格分尺寸规格和齿纹的粗细规格。

不同的锉刀的尺寸规格用不同的参数表示，圆锉刀的尺寸规格以直径表示；方锉刀的尺寸规格以方形尺寸表示；其他锉刀则以锉身长度表示其尺寸规格。钳工常用的锉刀有100mm、125mm、150mm、200mm、250mm、300mm、350mm、400mm等几种。

锉齿的粗细规格，按国标GB5805—86规定，以锉刀每10mm轴向长度内的主锉纹条数来表示，如表1-2所示。主锉纹系指锉刀上两个方向排列的深浅不同的齿纹中，起主要锉削作用的齿纹。起分屑作用的另一个方向的齿纹称为辅齿纹。

锉刀齿纹粗细的规定　表1-2

规格(mm)	主锉纹条数（10mm 内）				
	锉 纹 号				
	1	2	3	4	5
100	14	20	28	40	56
125	12	18	25	36	50
150	11	16	22	32	45
200	10	14	20	28	40
250	9	12	18	25	36
300	8	11	16	22	32
350	7	10	14	20	—
400	6	9	12	—	—
450	5.5	8	11	—	—

表中1号锉纹为粗齿锉刀；2号锉纹为中齿锉刀；3号锉纹为细齿锉刀；4号锉纹为双细齿锉刀；5号锉纹为油光锉。

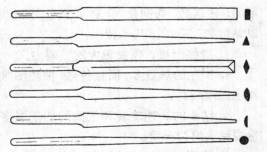

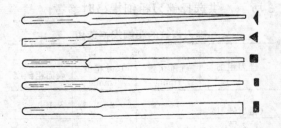

图1-23　整形锉（什锦锉）

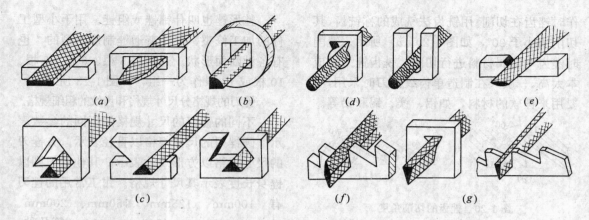

图 1-24 锉刀的选用

(a) 板锉；(b) 方锉；(c) 三角锉；(d) 圆锉；(e) 半圆锉；(f) 菱形锉；(g) 刀口锉

锉削前，锉刀的选择很重要。每种锉刀都有一定的用途，要锉削加工的工件也是多种多样的，如果选择不当，会浪费工时或锉坏工件，不但不能充分发挥它的效能，甚至会过早使锉刀丧失切削能力。因此，必须正确选用锉刀。

应根据被锉削工件表面形状和大小选用锉刀的断面形状和长度。锉刀形状应适应工件加工表面形状，如图 1-24 所示。

锉刀的粗细规格选择，决定于工件材料的性质、加工余量的大小、加工精度和表面粗糙度要求的高低。例如，粗锉刀由于齿距较大不易堵塞，一般用于锉削铜、铝等软金属及加工余量大、精度低和表面粗糙的工件；而细锉刀则用于锉削钢、铸铁以及加工余量小、精度要求高和表面粗糙度低的工件；油光锉用于最后修光工件表面。

各种粗细规格的锉刀适宜的加工余量和所能达到的加工精度和表面粗糙度，如表 1-3 所示，供选择锉刀粗细规格时参考。

锉刀齿纹的粗细规格选用   表 1-3

锉刀粗细	适 用 场 合		
	锉削余量 (mm)	尺寸精度 (mm)	表面粗糙度
1 号 (粗齿锉刀)	0.5～1	0.2～0.5	$R_a100～25$
2 号 (中齿锉刀)	0.2～0.5	0.05～0.2	$R_a25～6.3$

续表

锉刀粗细	适 用 场 合		
	锉削余量 (mm)	尺寸精度 (mm)	表面粗糙度
3 号 (细齿锉刀)	0.1～0.3	0.02～0.05	$R_a12.5～3.2$
4 号 (双细齿锉刀)	0.1～0.2	0.01～0.02	$R_a6.3～1.6$
5 号 (油光锉)	0.1 以下	0.01	$R_a1.6～0.8$

11.4 钻孔与钻头

(1) 钻孔

用钻头在实体材料加工孔眼的操作，称为钻孔。

钻孔时，工件固定不动，钻头安装在钻床主轴上同时完成两个运动，即旋转运动 (主体运动)，钻头沿轴线方向移动 (进给运动)，如图 1-25 所示。

钻削时钻头是在半封闭的状态下进行切削的，转速高，切削量大，排屑又很困难。所以钻削加工有如下几个特点：

a. 摩擦严重，需要较大的钻削力。

b. 产生的热量多，而且传热、散热困难，切削温度较高。

c. 钻头的高速旋转和较高的切削温度，造成钻头磨损严重。

d. 由于钻削时的挤压和摩擦，容易产生

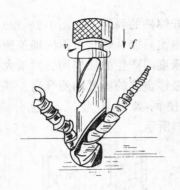

图 1-25　钻削运动

v—主体运动；f—进给运动

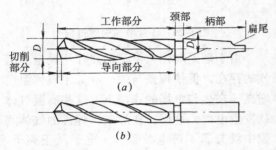

图 1-26　麻花钻组成部分

(a) 锥柄；(b) 直柄

孔壁冷作硬化现象，给下道工序增加困难。

　　e. 钻头细而长，钻孔容易产生振动。

　　f. 加工精度低，尺寸精度只能达到 IT11-IT10，粗糙度只能达到 $R_a25\sim100$。

　　(2) 钻头

　　钻头种类很多，如麻花钻、扁钻、深孔钻和中心钻等。它们的几何形状虽有所不同，切削原理却是一样的。最常用的钻头是麻花钻。

　　麻花钻用高速工具钢制成，淬火处理硬度达 HRC62～HRC68。由柄部、颈部及工作部分组成，其外形如图 1-27 所示。

　　导向部分用来保持麻花钻工作时的正确方向，它有两条螺旋槽，作用是形成切削刃及容纳和排除切屑，并便于冷却液沿着螺旋槽输入。

　　颈部是为磨制钻头时供砂轮退刀用的，钻头的规格、材料和商标一般都印在颈部。

　　柄部是钻头夹持部分，用以传递钻削扭

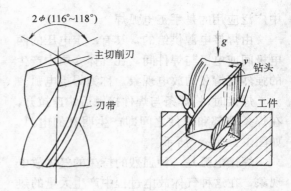

图 1-27　麻花钻的切削部分

矩和进给轴向力，有锥柄和直柄两种类型：直径小于 12mm 多为直柄钻头，直径大于 12mm 为锥柄钻头，具体规格如表 1-4 所示。

莫氏锥柄的大端直径及钻头直径（mm）

表 1-4

莫氏锥柄号	1	2	3	4	5	6
大端直径 D_1	12.240	17.980	24.051	31.542	44.731	63.760
钻头直径 D	～15.5	15.6～23.5	23.6～32.5	23.6～49.5	49.6～65	～80

1.2　焊接基本知识

　　焊接是将两个或两个以上的焊件，在外界某种能量的作用下，借助于各焊件接触部位原子间的相互结合力，连接成一个不可拆卸的整体的一种加工方法。

　　随着现代建筑电气施工技术的不断发展，焊接技术同样也是建筑电气施工技术中一项不可缺少的专业操作技术，学习并掌握焊接技术基础理论，对学习和提高焊接操作技术水平，提高电气施工工作效率都具有重要意义。

1.2.1　焊接电弧的形成及引弧过程

　　电弧焊是利用电弧的热量加热并熔化金属进行焊接的，它包括手工电弧焊、埋弧焊和气体保护焊等。目前在建筑安装施工现场

11

中广泛应用的是手工电弧焊。

由焊接电源供给的，具有一定电压的两电极间或电极与焊件间，在气体介质中产生的强烈而持久的放电现象，称为焊接电弧。

焊接时，将焊条与焊件接触后快速拉开，在焊条端部和焊件之间即产生明亮的电弧，如图 1-28（a）所示。

焊接电弧是一种强烈的持久的气体放电现象，在这种气体放电过程中产生大量的热能和强烈的辉光。通常气体是不导电的，而焊接电弧的实质是气体导电，把电能转换成热能，用来加热和熔化金属，从而形成焊接；要使气体能够导电，必须使气体电离，气体电离后，原来气体中的一些中性分子或原子转变为电子、正离子等带电质点，这样电流就能通过气体间隙而形成电弧，如图 1-28（b）所示。

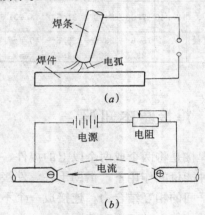

图 1-28　电弧示意图

焊接电弧的引燃一般采用接触引弧和非接触引弧两种方法。手工电弧焊采用的是接触引弧的方法。引弧时，焊条末端与焊件表面瞬时接触形成短路，使回路电流增大到最大值。由于接触面不平，如图 1-29（a）所示，因而在某些接触点上的电流密度非常大，根据焦耳-楞次定律（$Q = I^2 Rt$）可以知道由于电流的热作用，使接触部分的金属温度剧烈地升高而熔化，甚至部分发生蒸发而变成金属蒸气，如图 1-29（b）所示。当很快地将焊条

提起离开焊件的瞬间，如图 1-29（c）所示，强大的电流只能从熔化金属的细颈通过，由大电流密度而产生的热作用突然增大，使细颈部分液体金属的温度剧烈升高。甚至气化爆裂，使两级液体金属迅速分开如图 1-29（d）所示。

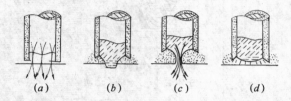

图 1-29　焊接电弧引燃过程

由于短路时强大电流的热作用及金属蒸气的存在，促使焊条与焊件间隙中气体温度增高，在热与电场的作用下，这些高温气体就发生电离，这样，在焊条与焊件的气体间隙中就充满了带电粒子——电子及正离子，因此就具备了电弧燃烧的条件。

焊接过程中，当焊条与焊件接触产生很大的短路电流，促使电源电压急剧降低，几乎达到零值。但当焊条提起离开焊件的瞬间，随着焊接回路中的电流急剧减小，焊条与焊件间的电压又很快的增高到能满足电弧燃烧所需要的电压值（18～24V）。这种电源电压由短路时的零值增到电弧复燃的电压值所需要的时间，称为电压恢复时间。

电压恢复时间的长短，主要是由弧焊机的特性来决定的。电弧焊接时，电压恢复时间要求越短越好，一般不超过 0.05s，如电压恢复时间过长，则电弧就不容易引燃，并使焊接过程不稳定。因此电压恢复时间对于焊接电弧的复燃及焊接过程中电弧的稳定性具有重大实际意义。

此外，焊接电弧引燃的顺利与否，还与焊接电流强度、电弧中的电离物质、电源的空载电压及其特性等因素有关。焊接电流大，电弧中又存在容易电离的元素，电源的空载电压高时，电弧的引燃就容易。

1.2.2 焊接接头形式和焊缝形式

（1）焊接接头形式

用焊接方法连接的接头称为焊接接头，它包括焊缝、熔合区和热影响区。

在手工电弧焊接中，由于焊件的结构、形状、厚度及使用条件的不同，其接头形式和坡口形式也不相同。根据国家标准GB985—80规定，焊接接头的基本形式分为：对接接头、T形接头、角接接头、搭接接头等四种。

1）对接接头

两焊件端面相对平行的接头为对接接头，是焊接结构中采用最多的一种接头形式。焊接过程中，根据焊件的厚度、焊接方法和坡口准备的不同，对接接头分为以下几种：

A.I形坡口　除特殊结构外，一般焊件厚度在6mm以下不开坡口，只留1～2mm的根部间隙即可，如图1-30所示。所谓坡口就是根据设计或工艺需要，在焊件的待焊部位加工出一定几何尺寸的沟槽。

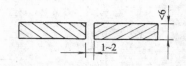

图1-30　I型坡口的对接接头

B.开坡口的对接接头　用錾子、气割、碳弧气刨机将接头边开成具有角度的坡口，作用是保证电弧深入接头根部，使接头根部焊透，以便于清除熔渣获得较好的焊缝成型，并能起到调节焊缝金属中母材和填充金属比例的作用。

为了保证接头根部能焊透，当钢板厚度大于6mm时，焊前必须开坡口。坡口形式分以下几种。

a.V形坡口　钢板厚度为7～40mm时，采用V形坡口，V形坡口的形式如图1-31所示。V形坡口的特点是易加工，但焊件易产生角变形。

b.双V形坡口　板材厚度为12～60mm时，采用双Y形或双V形坡口也称X形坡口，如图1-32所示。

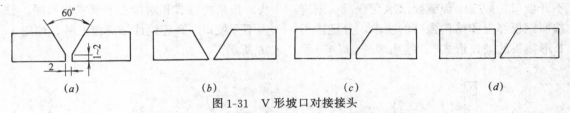

(a)　　　　　(b)　　　　　(c)　　　　　(d)

图1-31　V形坡口对接接头

(a) 钝边V形坡口；(b) V形坡口；(c) 带钝边单边V形坡口；(d) 单边V形坡口

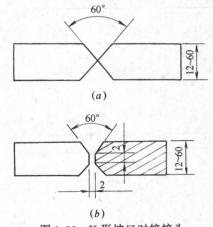

图1-32　X形坡口对接接头

(a) 双V形坡口；(b) 双Y形坡口对接接头

在钢板厚度相同情况下，X形坡口的熔敷金属量少于V形坡口约二分之一，且板越厚，相差就越明显，而且焊接后焊件变形和产生的内应力也较小，因此它主要用于厚板及变形要求较小的结构中。

c.U形坡口　U形坡口的形式如图1-33所示。它的特点是焊着金属量最少，焊件变形小，焊缝金属中母材金属占的比例也小，焊接厚板时选用，生产效率较高。但坡口加工难度较大，一般应用于较重要的焊接结构。

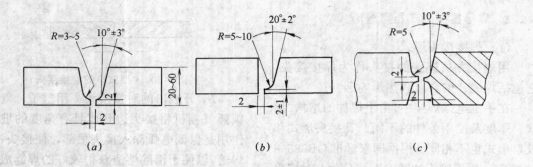

图 1-33　U 形坡口对接接头

(a) 带钝边 U 形坡口；(b) 带钝边 J 形坡口；(c) 双 U 形坡口带钝边

当钢板厚度为 20～60mm 时，采用带钝边 U 形坡口，厚度为 40～60mm 时采用双 U 形坡口带钝边。

2）T 形接头

一焊件之端面与另一焊件表面构成直角或近似直角的接头称为 T 形接头，按焊件厚度和坡口准备不同，T 形接头分为不开坡口，单边 V 形、K 形及带钝边双 J 形四种形式，如图 1-34 所示。

一般钢板厚度在 2～30mm 时，可采用不开坡口，如接头焊缝要求承受载荷，则应按照钢板厚度和结构强度的要求，分别选用 T 形接头的坡口形式，使接头焊透、焊牢、保

证接头强度。

3）角接接头

两焊件端面间构成大于 30°，并小于 135°夹角的接头，称为角接接头，一般用于不重要的焊接结构中。根据焊件厚度和坡口准备的不同，分为 I 形坡口、单边 V 形坡口、带钝边 V 形坡口及带钝边双单边 V 形坡口四种，其形式如图 1-35 所示。

4）搭接接头

两焊件部分重叠构成的接头称搭接接头。按结构形式和对接强度要求的不同，分为不开坡口、塞焊缝或槽焊缝三种，如图 1-36 所示。

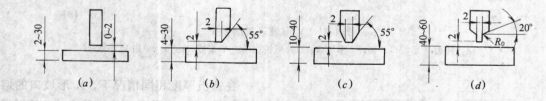

图 1-34　T 形接头

(a) I 形坡口；(b) 单边 V 形坡口；(c) 带钝边双单边 V 形坡口；(d) 带钝边双 J 形坡口

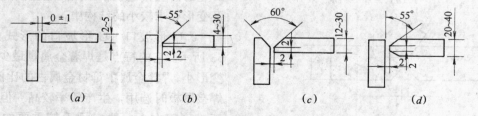

图 1-35　角接接头

(a) I 形坡口；(b) 单边 V 形坡口；(c) 带钝边 V 形坡口；(d) 带钝边双单边 V 形坡口

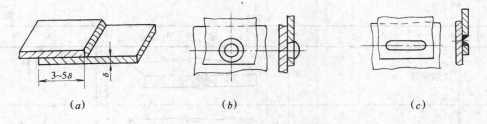

图 1-36　搭接接头

(a) 不开坡口；(b) 塞焊缝；(c) 槽焊缝

不开坡口的一般用于 12mm 以下钢板、其重叠部分为 3～5 倍板厚，采用双面焊接。由于装配要求不高，承载能力低，故只用在不重要的焊接结构中。

如重叠钢板面积较大时。为保证结构强度，根据需要可分别选用圆孔塞焊缝和长孔槽焊缝的接头形式。

(2) 坡口的基本参数

坡口的基本参数由钝边 (p)、间隙 (b) 和坡口角度 (α) 等组成，如图 1-37 所示。

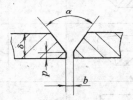

图 1-37　坡口的基本参数

坡口钝边用来承托熔化金属和防止烧穿，但钝边的尺寸大小要保证第一层焊缝能焊透。坡口留有间隙的目的是便于自由运行，使电弧易于深入坡口根部。

(3) 坡口的选择原则

1) 尽量减少焊缝金属的熔敷量，提高生产率。

2) 应保证焊透，避免产生根部裂纹。

3) 坡口的形状是否加工方便，有利于焊接操作。

4) 尽量减小工件焊接后的变形。

(4) 焊缝形式

焊缝是焊件经焊接后所形成的结合部分。

焊缝的形式按焊缝在空间位置的不同分为平焊缝、立焊缝、横焊缝、仰焊缝四种。

按焊缝结合形式不同可分为对接焊缝、角接焊缝和塞焊缝三种。

按焊缝断续情况分为：

1) 定位焊缝　焊前为装配和固定焊件接头的位置而焊接的短焊缝；

2) 连续焊缝　沿接头全长连续焊接的焊缝；

3) 断续焊缝　沿接头全长焊接具有一定间隔的焊缝，它又可分为并列断续焊缝和交错断续焊缝。断续焊缝只适用于对强度要求不高，以及不需要密闭的焊接结构。

(5) 焊缝基本符号

在图样上标注焊接方法、焊缝形式和焊缝尺寸的符号称为焊缝符号。焊缝符号表示法见国家标准为 GB324—88。

焊缝的基本符号是表示焊缝横截面形状的符号，如表 1-5 所示。

焊 缝 基 本 符 号　　　　　　　　　　　　表 1-5

序号	名　　称	示　意　图	符　　号
1	卷边焊缝[①] （卷边完全熔化）		八

序 号	名 称	示 意 图	符 号
2	I形焊缝		$\parallel$
3	V形焊缝		$\vee$
4	单边V形焊缝		$\vee$
5	带钝边V形焊缝		Y
6	带钝边单边V形焊缝		Y
7	带钝边U形焊缝		Y
8	带钝边J形焊缝		Y
9	封底焊缝		$\smile$
10	角焊缝		$\triangle$
11	塞焊缝或槽焊缝		$\sqcap$

序　号	名　称	示　意　图	符　号
12	点焊缝		○
13	缝焊缝		

注：①不完全熔化的卷边焊缝用 I 形焊缝符号来表示，并加注焊缝有效厚度 s。

1.2.3　焊条的分类、型号及选用

（1）焊条的组成

焊条是涂有药皮的并供手工电弧焊用的熔化电极。焊接时作为电极，熔化后又作为填充金属直接过渡到熔化池，与液态的母材熔合后形成焊缝金属。

焊条主要由焊心和药皮组成，如图 1-38 所示。

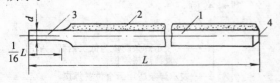

图 1-38　焊条的组成
1—焊心；2—药皮；3—夹持端；4—引弧端

为便于引弧，焊条前端药皮有 45°左右的倒角为引弧端。夹持端是一段约占焊条总长 1/16 的裸焊心，便于焊钳夹持并利于导电。焊条直径是指焊心的实际直径，常用的是 2.0mm、3.2mm、4.0mm、5.0mm 几种，长度"L"在 250～450mm 之间。

（2）焊条的分类

1）按焊条的用途分类

根据 1985 年国家标准规定焊条分为：

A. 碳钢和低合金钢焊条（结构钢焊条）熔敷金属在自然气候环境中具有一定的力学性能。

B. 不锈钢焊条　熔敷金属在常温、高温或低温中具有不同程度的抗大气或抗腐蚀能力并且具有一定的力学性能。

C. 堆焊焊条　用于金属表面层堆焊，熔敷金属在常温或高温中具有耐不同类型磨耗或腐蚀的性能。

D. 铸铁焊条　专用作铸铁工件的焊接或焊补。

E. 低温钢焊条　熔敷金属在不同低温介质条件下，具有一定的低温工作能力。

F. 镍及镍合金焊条　用于镍及镍合金的焊接、焊补或堆焊。

G. 铜及铜合金焊条　用于铜及铜合金

的焊接、堆焊或焊补。

H. 铝及铝合金焊条　用于铝及铝合金的焊接、堆焊或焊补。

2）按焊条药皮熔化后熔渣的特性分类

A. 酸性焊条　熔渣中酸性氧化物比碱性氧化物多称为酸性焊条，常用的有钛钙性 E4301 或 E5001 等。

酸性焊条药皮里有各种氧化物，具有较强的氧化性，促使合金元素氧化；同时电弧气体中的氧电离后形成负离子与氢离子有很大的亲合力，生成氢氧根离子（OH^-），从而防止氢离子溶入液态金属里，所以这类焊条对铁锈不敏感，焊缝很少产生由氢引起的气孔。酸性熔渣的脱氧不完全，同时不能有效地清除焊缝中的硫、磷等杂质，故焊缝金属的力学性能较低，一般用于焊接低碳钢和不太重要的结构中。

B. 碱性焊条　又称低氢焊条，其药皮氧化性较弱，减弱了焊接过程中的氧化作用，因此，焊缝中含氧量较少。由于焊接时放出的氧少，合金元素很少氧化，焊缝金属合金化效果较好，并且药皮中锰、硅含量较多。由于焊条药皮中碱性氧化物较多，脱氧、脱硫、脱磷的能力比酸性焊条强。其外药皮中的萤石有较好的去氢能力，故焊缝中含氢量低。碱性熔渣的脱氧较完全，又能有效地消除焊缝金属中氢和氧，合金元素烧损少，所以焊缝金属的力学性能和抗裂性都较好，可用于合金钢和重要碳钢结构中的焊接。

（3）焊条的型号

根据国家 1985 年国家标准的规定，常用电焊条型号分为《碳钢焊条》（GB 5117—85）、《低合金钢焊条》（GB 5118—85）和《不锈钢焊条》（GB 983—85）三个国家标准。

1）**碳钢焊条型号的编制方法**（GB 5117—85）

碳钢焊条型号根据熔敷金属的抗拉强度、药皮类型、焊缝位置和焊接电流种类划分，如表 1-6 所示。

碳钢和低合金钢条型号的第三、四位数字组合的含义　表 1-6

焊条型号	药皮类型	焊接位置	电流种类
E××00	特殊型	平、立、横、仰	交流或直流正、反接
E××01	钛铁矿型		
E××03	钛钙型		
E××10	高纤维钠型		直流反接
E××11	高纤维钾型		交流或直流反接
E××12	高钛钠型		交流或直流正接
E××13	高钛钾型		交流或直流正、反接
E××14	铁粉钛型		
E××15	低氢钠型		直流反接
E××16	低氢钾型		交流或直流反接
E××18	铁粉低氢型		
E××20	氧化铁型	平焊、平角焊	交流或直流正接
E××22			交流或直流正、反接
E××23	铁粉钛钙型		
E××24	铁粉钛型		
E××27	铁粉氧化铁型		交流或直流正接
E××28	铁粉低氢型		交流或直流反接
E××48		平、立、横、仰、立向下	交流或直流反接

焊条型号举例如下：

碳钢焊条型号编制方法：字母 "E" 表示焊条；前两位数字表示熔敷金属抗拉强度的最小值，单位为 MPa；第三位数字表示焊条的焊接位置，"0" 及 "1" 表示焊条适用于全位置焊接（平、立、仰、横），"2" 表示焊条适用于平焊及平角焊，"4" 表示焊条适用于下立焊；第三位和第四位数字组合时表示焊接电流种类及药皮类型。

型号举例：

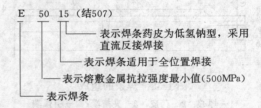

2）**低合金钢条型号的编制方法**（GB 5118—85）

低合金钢条型号 E×××× 的编制方法与碳钢焊条相同。但型号后面有短划线 "—" 与前面数字分开，后缀字母为熔敷金属的化学成分分类代号，其中 A 表示碳——钼钢焊条；B 表示铬——钼钢焊条；C 表示镍——钢焊条；NM 表示镍——钼钢焊条；D 表示猛——钼钢焊条；G、M 或 N 表示其它低合金钢焊条，字母后的数字表示同一等级焊条中的编号。如还有附加化学成分时，附加化学成分直接用元素符号表示，并以短划"-"与前面后缀字母分开。

型号举例：

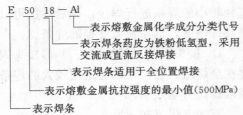

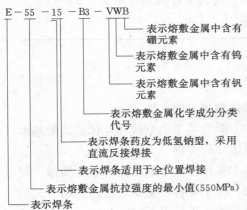

3）不锈钢焊条型号的编制方法（GB 983—85）

不锈钢焊条型号根据熔敷金属的化学成分、机械性能、焊条药皮类型和焊接电流种类划分。编制方法如下：

A. 字母"E"表示焊条。

B. 熔敷金属含碳量用"E"后的一位或二位数字表示，具体含意：

a. "00"表示含碳量不大于 0.04％；

b. "0"表示含碳量不大于 0.10％；

c. "1"表示含碳量不大于 0.15％；

d. "2"表示含碳量不大于 0.20％；

e. "3"表示含碳量不大于 0.45％。

C. 熔敷金属的含铬量以近似值的百分之几表示，并以短划线"-"与表示含碳量的数字分开。

D. 熔敷金属的含镍量以近似值的百分之几表示，并以短划线"-"与表示含碳量的数字分开。

E. 若熔敷金属中含有其他重要合金元素，当元素平均含量低于 1.5％时，型号中只标明元素符号，而不标注具体含量；当元素平均含量等于或大于 1.5％、2.5％、3.5％……时，一般在元素符号后面相应标注 2、3、4……等数字。

F. 焊条药皮类型及焊接电流种类在焊条型号后面附加如下代号表示：

a. 后缀 15 表示焊条为碱性药皮，适用于直流反接焊接；

b. 后缀 16 表示焊条为碱性或其他类型药皮，适用于交流或直流反接焊接。

型号举例：

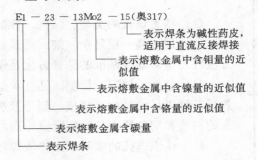

（4）焊条的选用

焊条的种类较多，各有其应用范围，选择和使用是否恰当对焊接质量、劳动生产率及产品成本都有很大影响。因此，选择使用合适的焊条是焊接中不可忽视的问题。

1）焊条牌号的选择

焊缝金属的性能主要由焊条和焊件金属相互熔化来决定。在焊缝金属中填充金属约占 50％～70％，因此，焊接时应选择合适的焊条牌号，才能保证焊缝金属具备所要求的性能。否则，将影响焊缝金属的化学成分、力学性能和使用性能。

2) 焊条直径的选择

为了提高生产率，应尽可能选用较大直径的焊条，但是用直径过大的焊条焊接，会造成未焊透或焊缝成形不良。因此必须正确选择焊条的直径，焊条直径大小的选择与下列因素有关：

A. 焊件的厚度 厚度较大的焊件应选用直径较大的焊条；反之，薄焊件的焊接，则应选用小直径的焊条，在一般情况下，焊条直径与焊件厚度之间关系的参考数据，如表1-7所示。

焊条直径选择的参考数据（mm） 表1-7

焊件厚度	≤1.5	2	3	4～5	6～12	≥12
焊条直径	1.5	2	3.2	3.2～4	4～5	4～6

B. 焊缝位置 在板厚相同的条件下焊接平焊缝用的焊条直径应比其它位置大一些，立焊最大不超过5mm，而仰焊、横焊最大直径不超过40mm，这样可造成较小的熔池，减少熔化金属的下淌。

C. 焊接层数 在进行多层焊时，如果第一层焊缝所采用的焊条直径过大，会造成因电弧过长而不能焊透，因此为了防止根部焊不透，所以对多层焊的第一层焊道，应采用直径较小的焊条进行焊接，以后各层可以根据焊件厚度，选用较大直径的焊条。

D. 接头形式 搭接接头、T形接头因不存在全焊透问题，所以应选用较大的焊条直径以提高劳动效率。

有关电焊机知识见9.4.3。

小　结

（1）熟悉量具的类型、结构、性能是正确使用量具的前提。

（2）划线是一项复杂、细致而重要的工作。除掌握平面划线和立体划线的基本方法外，了解划线基准的选择方法是做好划线工作的关键。

（3）錾削、锉削、锯削、钻孔等是钳工基本操作技能中最常用的重要操作。要熟悉各种工具的结构、规格、型号及选用方法，并了解各种錾子、锉刀、锯条、钻头的构造和切削原理，为实际操作训练，提高技术水平打下基础。

（4）认识电弧的实质，而弄清焊接电弧的形成及引燃过程，是掌握焊接基础知识的前提。

（5）了解焊接结构中最常用的接头形式，以及坡口的基本参数，是接受技能操作训练必不可少的知识。

（6）各种接头形式在选择坡口形式时，应把握坡口的选择原则，尽可能地提高生产率，并利于焊接操作。

（7）焊缝符号一般由基本符号与指引线组成。如必要时还可加上辅助符号、补充符号和焊缝尺寸符号。

（8）了解并掌握电焊条的组成、分类、牌号及选用、保管知识。对保证焊接质量、焊缝金属质量有深刻的意义。

习题

1. 试述 1/20mm、1/50mm 游标卡尺的刻线原理。
2. 试述千分尺的刻线原理。
3. 划线分哪两类？举例说明。
4. 什么是设计基准？什么是划线基准？
5. 划线基准有哪三种类型？
6. 錾子和种类有哪些？各应用在哪些场合？
7. 什么是锯条的锯路？它有什么用？
8. 锉刀的种类有哪些？如何根据加工对象选择锉刀？
9. 简述麻花钻各组成部分的名称及作用。
10. 焊接电弧由哪几部分组成？
11. 简述焊接电弧的形成及引弧过程。
12. 什么叫焊接接头？焊接接头包括哪几部分。
13. 焊接接头的基本形式有几种？
14. 坡口形式有几种？适用哪些范围？
15. 手弧焊焊条按其用途不同分为哪几类？
16. 焊条的选用原则是什么？

第2章 物理基础

本章将学习描述物体运动的方法，研究物体运动的几种形式、规律及物体做各种运动的条件。阐明力是物体运动状态发生变化的原因，阐述力对物体做功，做功跟物体能量改变的关系。

本章还将认识"电场"这一特殊物质，了解物质的电结构，研究静电场中的导体。

2.1 直线运动

直线运动是一种最简单运动形式，它是研究物体沿直线运动时位置的改变跟时间的关系。

2.1.1 机械运动

宇宙间一切物体都在不停地运动着，它们的运动形式也是多种多样的，其中有一类最简单、最基本的运动形式，就是一个物体相对于另一个物体，或物体的一部分相对于另一部分位置的变化，这就叫机械运动，简称运动。

（1）质点

物体的运动，表现为物体在空间的位置改变。如果在运动过程中，物体上所有各点的运动状况都相同，那么，只要知道其中任何一个点的运动状况，就可知道整个物体的运动状况。这样，我们就可以用其中的任意一点来代替这个物体，而不必去考虑这个物体原来的形状和大小。

另外，当研究的问题只跟物体的质量有关，而跟物体的形状、大小无关，或者物体本身大小对所研究的问题影响很小，也可以把它当作一个点来研究。例如，在研究地球环绕太阳公转时，起作用的是它们的质量，而地球的半径（6.4×10^3km）大约是它们的距离（1.5×10^8km）的二万分之一。这样，就可以把地球当作一个点来处理。

为了使研究的问题得到简化，通常把质量看作集中在一点，只考虑其位置而不考虑其形状和大小的物体叫做质点。

（2）路程　位移

描述质点在运动过程中，从空间的一个位置运动到另一个位置的轨迹长度，叫做质点在运动过程中通过的路程。

描述质点在运动过程中，从空间的一个位置运动到另一个位置的位置变化，叫做质点在运动过程中的位移。

路程和位移都用 s 表示，单位是米（m）和千米（km）。

例如，在图 2-1 中，足球的轨迹可以是直线 $\overline{AB}$，弧线 $\overset{\frown}{ACB}$，或反弹时的折线 ADB，路程虽然各不相同，但三种情况下位移都是 $\overline{AB}$，它的方向是从南到北，在示意图上是从 A 点指向 B 点，它的大小是 20m，是从 A 点到 B 点的距离。

（3）标量　矢量

我们把描述物体状态的量，叫做物理量。

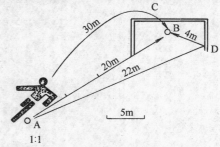

图 2-1　质点运动的路程和位移

长度、质量、时间、温度、路程等物理量，没有方向，只要用数值和单位就能完整描述。这种只有大小和单位，而没有方向的物理量，叫做标量。

但有些物理量，除了要有数值和单位，还要说明方向，才能完整地描述，如力、速度、位移。这种既要由大小和单位，又要由方向才能确定的物理量，叫做矢量。

矢量可以用一段带箭头的有向线段来表示。箭头的方向表示矢量的方向；线段按一定比例画出，它的长短表示矢量的大小。图2-1中的有向线段$\overline{AB}$就是足球的位移矢量。

2.1.2 匀速直线运动 速度

（1）匀速直线运动

质点沿着直线运动，在任意相等的时间间隔内位移都相等，这种方向和快慢都保持不变的运动，叫做匀速直线运动。例如，火车在平直的轨道上行驶，飞机在空中直线飞行，如果快慢不变，都可以看作匀速直线运动。

（2）速度

质点做匀速直线运动的时候，它的位移（s）跟完成这段位移所需要的时间（t）的比值，是用来描述质点在直线上移动快慢的物理量，叫做匀速直线运动的速度，简称速度，通常用v表示。

$$v = \frac{s}{t} \qquad (2-1)$$

匀速直线运动的速度是一个恒量。它的大小由式（2-1）确定，它的方向就是质点位移的方向。所以速度也是矢量。

如果只描述质点运动的快慢，而不考虑质点运动的方向，可以用路程跟时间的比值来表示，叫做速率。速率是标量。

速率和速度的单位都是米每秒（m/s）。

（3）匀速直线运动的位移公式

根据质点做匀速直线运动的速度公式，就可以得到在时间t时，质点的位移s。

$$s = vt \qquad (2-2)$$

公式表明，在匀速直线运动中，质点的位移跟经过的时间成正比。这样，就可以确定质点在任意时刻的位置。

【例 2-1】 有一辆做匀速直线运动的赛车，在0.5s内向东通过了20m，求赛车在10s末的位置。

【解】 在匀速直线运动中，速度不变，可以先求速度，再计算一段时间的位移：

赛车的速度 $v = \dfrac{s}{t} = \dfrac{20}{0.5} = 40$ （m/s）

10s 后的位移 $s = vt = 40 \times 10 = 400$ （m）

所以赛车经过10s后的位置在原点以东400m 处。

2.1.3 变速直线运动 平均速度 即时速度

（1）变速直线运动

在自然界里，做匀速直线运动的物体是比较少的。一般说来，物体的速度总是经常在改变的。就像汽车出站后，速度逐渐加大，进站前，速度逐渐减小，进了站，速度为零。这种速度随时间而改变的运动，叫做变速运动。物体在直线上运动，如果在相等的时间内位移不相等，这种运动叫做变速直线运动。图2-2是一辆赛车在做变速直线运动。

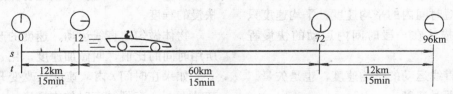

图 2-2 变速直线运动

（2）平均速度

在变速直线运动中，速度的大小在改变，物体在相等的时间内的位移就不一定相等。在图 2-2 中，赛车在 45min 内一共通过了 96km。在第一个 15min 内通过了 12km；在第二个 15min 内通过了 60km；在第三个 15min 内又通过了 24km。可见，赛车在每个 15min 内的快慢程度不相同，每个 15min 内，假设赛车做匀速运动，可用匀速直线运动的速度公式粗略地计算它的快慢。

在图 2-2 中，汽车在

第一个 15min 内的速度是 $\frac{12 \times 1\,000}{15 \times 60} =$ 13.3（m/s）；

第二个 15min 内的速度是 $\frac{60 \times 1\,000}{15 \times 60} =$ 66.7（m/s）；

第三个 15min 内的速度是 $\frac{24 \times 1\,000}{15 \times 60} =$ 26.7（m/s）；

前 30min 内的速度是 $\frac{72 \times 1\,000}{30 \times 60} =$ 40（m/s）；

后 30min 内的速度是 $\frac{84 \times 1\,000}{30 \times 60} =$ 46.7（m/s）；

全程 45min 的速度为 $\frac{96 \times 1\,000}{45 \times 60} = 35.6$（m/s）。

在变速直线运动中，运动物体的位移和所用的时间的比值，叫做这段时间内的平均速度，由 $\overline{v}$ 表示，那么 $\overline{v} = \frac{s}{t}$。

可以看出：全段时间内的平均速度，代替不了其中任一段时间内的平均速度。同样，任一段时间内的平均速度，也代替不了在该段里的更短时间内的平均速度。平均速度只能粗略地描述在一段时间内运动的快慢程度。

变速直线运动的平均速度，也是矢量。

（3）即时速度

变速直线运动的平均速度，只能粗略地

描述质点在一段时间内的快慢程度。所取时间越长，描述就越粗略。但如果我们能在某一时刻，取很短很短的一段时间，并求出在这段时间内的平均速度，那么，这个平均速度就能较准确地描述在这段时间里运动的快慢。时间取得越短，就越接近真实。

我们把质点在某一时刻（或位置）的速度，叫做质点在这一时刻的即时速度。

变速直线运动的即时速度，也是矢量。

即时速度往往被泛称为速度。例如，飞机的起飞速度、子弹的出膛速度、汽车的过桥限速等，都是指的即时速度。

2.1.4 匀变速直线运动 加速度

（1）匀变速直线运动

有一列火车，从车站开出时，速度从零开始增大，第一秒末的速度增加到 0.2m/s；第二秒末增加到 0.4m/s；第三秒末增加到 0.6m/s；第四秒末增加到 0.8m/s……，可以看出火车的速度变化是均匀的，每秒钟速度的改变量是相同的。像这种在任何相等的时间内速度变化相等的直线运动，叫做匀变速直线运动。

飞机、火车、汽车等交通工具在刚开动后或停下前一段时间里的运动，子弹、炮弹在枪膛或炮膛里的运动，都可看作是在做匀变速直线运动。

（2）加速度

炸药爆炸后，枪膛内子弹的速度很快地从零上升到几百米每秒，时间只要千分之几秒；而自行车起动后几分钟，也不过几米每秒。可见速度的改变，子弹要比自行车快得多。物理学中用加速度来描述物体速度改变快慢的程度。

物体做匀速直线运动，速度的改变量跟所用时间的比值，叫做加速度，用 a 表示。

如果在时间 t 内，速度从改变开始时的初速度 v_0，变到结束时的末速度 v_t，则在这段时间里的加速度为

$$a = \frac{v_t - v_0}{t} \qquad (2\text{-}3)$$

加速度的单位是米每二次方秒（$\mathrm{m/s^2}$）。

从上式可以看出：在相等的时间内，速度的改变量越大，加速度就越大。在匀变速直线运动中，加速度的值是一个恒量。

加速度不仅有大小，也有方向，所以是矢量。如果加速度方向跟初速度方向相同，加速度为正，物体做匀加速运动；如果加速度的方向跟初速度方向相反，加速度为负，物体做匀减速运动。如果加速度为零，物体做匀速直线运动或保持静止。

【例 2-2】 火车离站，在 5min 内速度从 36km/h 增加到 54km/h，求加速度。在行进中火车紧急刹车，在 15s 内速度从 54km/h 减到零，求加速度。

【解】 ①求离站加速度

已知 $v_0 = 36\text{km/h} = 10\text{m/s}$

$v_t = 54\text{km/h} = 15\text{m/s}$

$t = 5\text{min} = 300\text{s}$

$a_1 = \dfrac{v_t - v_0}{t} = \dfrac{15 - 10}{300} = 0.017 \ (\mathrm{m/s^2})$

②求刹车加速度

已知 $v_0 = 54\text{km/h} = 15\text{m/s}$

$v_t = 0$

$t = 15\text{s}$

$a_2 = \dfrac{v_t - v_0}{t} = \dfrac{0 - 15}{15} = -1 \ (\mathrm{m/s^2})$

加速度为负，表明加速度方向跟初速度方向相反。

（3）匀变速直线运动的速度

在匀变速直线运动中，加速度 a 是个恒量，公式（2-3）可改写为

$$v_t = v_0 + at \qquad (2\text{-}4)$$

即末速度等于初速度跟速度改变量 at 之和。

如果初速度为零，即 $v_0 = 0$，上式可简化为

$$v_t = at \qquad (2\text{-}4a)$$

（4）匀变速直线运动的位移

在匀变速直线运动中，因速度是均匀改变的，所以这段时间里的平均速度 v_{av}，等于它在这段时间里的初速度 v_0 和末速度 v_t 的平均值，即

$$v_{\text{av}} = \frac{v_t + v_0}{2} \qquad (2\text{-}5)$$

因此这段时间里的位移是

$$s = v_{\text{av}}t = \left(\frac{v_t + v_0}{2}\right)t$$

如果把公式（2-4）代入，可得

$$s = v_0 t + \frac{1}{2}at^2 \qquad (2\text{-}6)$$

如果初速度为零，即 $v_0 = 0$，上式就可简化为

$$s = \frac{1}{2}at^2 \qquad (2\text{-}6a)$$

可以看出，初速度为零的匀变速直线运动，位移跟时间的平方成正比。也就是在时间 t、$2t$、$3t$、$4t$……内的位移之比是 1、4、9、16……；在每个相等时间间隔内的位移之比是 1、3、5、7……。

由式（2-3）变形得 $t = \dfrac{v_t - v_0}{a}$ 把它代入（2-6）式中

得 $\qquad v_t^2 = v_0^2 + 2as \qquad (2\text{-}7)$

如果初速度为零，即 $v_0 = 0$，上式就可简化为

$$v_t^2 = 2as \qquad (2\text{-}7a)$$

【例 2-3】 在平直的轨道上火车以 8m/s 的速度进入一个斜坡，得到 0.2m/s² 的加速度，如果火车通过斜坡的时间是 10s，求斜坡长度和到达坡底时的速度。

【解】 已知 $v_0 = 8\text{m/s}$ $a = 0.2\text{m/s}^2$

$t = 10\text{s}$

求 斜坡长度 s 和末速度 v_t

$s = v_0 t + \dfrac{1}{2}at^2$

$\quad = 8 \times 10 + \dfrac{1}{2} \times 0.2 \times 10^2$

$\quad = 90(\mathrm{m})$

$v_t = v_0 + at$

$\quad = 8 + 0.2 \times 10 = 10(\mathrm{m/s})$

2.1.5 自由落体运动 重力加速度

物体在空中下落的运动是一种常见的运动。高处的物体如果没有其他物体的支持，都要朝着竖直方向朝地面落下。物体只在重力作用下，从静止开始下落的运动，叫做自由落体运动。

实验证明，自由落体运动是初速度为零的匀变速直线运动。在同一地点，一切物体在自由落体运动中的加速度都相同，这个加速度叫做自由落体加速度，又叫重力加速度，用 g 表示。

精确的实验发现，在地球上不同的地方，g 的大小略不同。目前国际上取 $g=9.80665 m/s^2$ 为重力加速度的标准值。在通常的计算中，一般取 $g=9.8 m/s^2$，在粗略的计算中，还可以取 $g=10 m/s^2$。

根据匀变速运动公式，可得出自由落体运动的速度公式和位移公式

$$\left.\begin{array}{c} v_t = gt \\ v_t^2 = 2as \\ s = \dfrac{1}{2}gt^2 \end{array}\right\} \qquad (2\text{-}8)$$

【例 2-4】 有一个钢球从 17.70m 的高处自由落下，到地面所用的时间是 1.90s。求此处的重力加速度。

【解】 已知 $s=17.70m$，$t=1.90s$，求 g

由 $s=\dfrac{1}{2}gt^2$ 得

$$g = \frac{2s}{t^2} = \frac{2 \times 17.70}{(1.90)^2} = 9.81 (m/s^2)$$

2.2 牛顿运动定律

前面一节研究了物体运动的几种形式及规律，但没有讨论物体为什么做这样或那样的运动，本节研究的是物体作做各种运动的条件，阐明力是使物体运动状态发生变化的原因。

2.2.1 牛顿第一运动定律

（1）牛顿第一运动定律

停放着的车辆，如果没有动力去牵引，自己是不会动起来的。关闭发动机的车辆，如果没有阻力作用，就会保持原有的速度，继续向前滑行。可见：如果没有外力的作用，物体将保持原有的运动状态不变。

英国物理学家牛顿（公元1642～1727）对此进行了总结，指出：一切物体在没有受到外力作用的时候，总是保持原有的静止或匀速直线运动状态，这就是牛顿第一运动定律。

物体保持原有运动状态的性质，叫做惯性。

所以牛顿第一运动定律，又叫牛顿第一定律，也叫惯性定律。

（2）质量

一切物体都有惯性。但不同的物体，惯性往往不同，轻载的车子，运动状态容易改变，也就是说，含物质少的物体，惯性较小；重载的车子，运动状态较难改变，也就是说含物质多的物体，惯性较大。因此，物体惯性的大小就可以用它所包含物质的多少来量度。

量度物体所含物质多少的物理量，叫做质量，用 m 表示。质量大的物体惯性大；质量小的物体惯性小。因此，质量又是量度物体惯性大小的物理量。

质量的单位是千克（kg）。

2.2.2 力

（1）力的概念

列车受到机车的牵引，由静止开始运动，从慢到快，速度大小发生改变；人坐到沙发上，沙发马上改变形状。

在日常生活中，你坐到沙发上，沙发马上改变形状，形成一个让你感到舒适的凹形；假如你踢一个静止的足球，它就变静为动。沙发的变形和足球运动状态发生改变，是因为

它们受到人的作用的结果，也就是受力的作用的结果。

可见：力是物体间的相互作用，它是物体运动状态或形状发生改变的原因，力是不能脱离物体而独立存在的。

力用 **F** 表示，力的单位是牛［顿］(N)。力不仅有大小，还有方向，所以力是矢量。可以用一段有一定比例的线段来表示。

（2）常见的力

性质不同的物体，它们的作用方式也不同。根据作用的性质，可以分为：重力、弹力、摩擦力、分子力、电磁力、核力等。在力学中常见到的是重力、弹力、摩擦力。

1）重力

重力是物体受到地球的吸引而产生的力。重力的方向总是竖直向下。重力的大小就是物体的重量，可以从弹簧秤上的读数读出。

重力通常用 **G** 表示。

地球上的所有物体，都受到地球的吸引，因此在研究地面物体的受力的时候，应把它的重力考虑进去。

2）弹力

当物体在外力作用下发生弹性变形时，就要对使它发生形变的另一物体产生反抗作用，这种力叫弹力。弹力的方向总是跟物体恢复原状的趋向相同，跟使物体发生形变的外力方向相反（如图 2-3）。在物体的弹性限度以内，弹力的大小和弹性物体伸长（或压缩）的长度成正比。

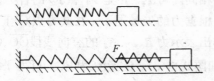

图 2-3　拉伸弹簧时，弹簧产生的反抗力

在分析物体受力情况时，特别需注意，弹力是发生形变的物体产生的力，它作用在使它发生形变的其他物体上。

3）摩擦力

两个相互接触的物体，当它们在做相对运动或有相对运动趋势的时候，会在它们的接触面上，产生阻碍物体间相对运动或相对运动趋势的力，这种力叫摩擦力，用 **f** 表示。

摩擦力总是沿着接触面，跟物体做相对运动或相对运动趋势的方向相反。

物体有相对滑动的趋势时，接触面上就会出现阻止物体启动的静摩擦力。静摩擦力随着外力的增大而增大。静摩擦力的最大值等于使物体开始运动的最小作用力。如图 2-4（a）。

物体沿着接触面滑动时，接触面上就会产生阻碍物体滑动的滑动摩擦力，如图 2-4（b）。

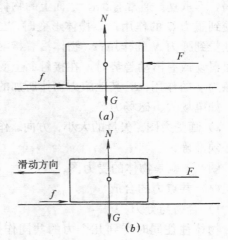

图 2-4　静摩擦和滑动摩擦
(a) 静摩擦；(b) 滑动摩擦

实验证明，摩擦力的大小跟两个物体间的正压力 N 成正比，即

$$f = \mu N \qquad (2-9)$$

式中 μ 没有单位，叫做滑动摩擦系数，它的数值跟相互接触物体的性质和接触面的光滑程度有关。表 2-1 是几种不同材料的滑动摩擦系数。

实验还证明：相同物体间滑动摩擦力一般略小于最大静摩擦力。

不同材料接触面的滑动摩擦系数　表 2-1

接触面材料	滑动摩擦系数
机器零件（油浸润滑）	0.0015～0.003
机器零件（部分润滑）	0.005～0.01
冰—钢	0.01～0.03
铸铁（或钢）—铸铁（或钢）	0.10～0.30
铸铁（或钢）—皮革	0.20～0.50
橡胶轮胎—沥青路面	0.5～0.75

（3）物体受力分析

研究力学问题的时候，正确分析研究对象所受的力，是解决问题的关键，它要求：

1）确定研究对象，了解研究对象的运动状态。研究对象可以是物体、质点、交点或一个体系。

2）找出作用在研究对象上的全部力，不遗漏，不重复。通常有：a. 地面上的物体都要受到重力 G 的作用；b. 物体形变时，在接触处受到弹力 N 的作用；c. 物体沿着接触面相对滑动或有滑动趋势时，在接触面上受到摩擦力 f 的作用；d. 其他施力物体所加的作用，如电场力、磁场力等。

3）画受力图。矢量的大小、方向、作用点必须准确。

图 2-4 就是物体的受力图。

（4）共点力的合成

1）合力与分力

物体往往同时受到几个力的共同作用。例如，放在地面上的物体，同时受到地球对它的引力和地面对它的支持力。又如，在公路上行驶着的汽车，在水平方向上受到牵引力 F 和各种阻力 f 的作用；在竖直方向上受到重力 G 和支承力 N 的作用（图 2-5）。

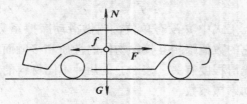

图 2-5　汽车所受的力

当物体同时受到几个力共同作用的时

候，如果可以用一个力来代替它们，并且得到相同的效果，那么，这个力叫做那几个力的合力，而那几个力就是这个力的分力。

求已知几个力的合力，叫做力的合成。

2）共点力的合成和矢量合成法则

如果作用在物体上的几个力的作用线交于一点，那么这个点叫共力点；这几个力叫共点力。共点力的合成规律可以从图 2-6 的实验得到。

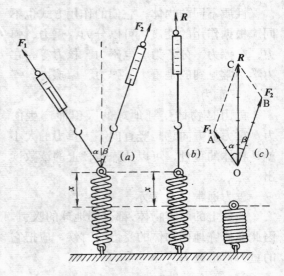

图 2-6　力的平行四边形合成
（a）F_1、F_2 共同作用；（b）R 单独作用；
（c）力的平行四边形合成

图 2-6（a）表示弹簧在力 F_1 和力 F_2 的共同作用下，伸长了 x 长度；图 2-6（b）表示弹簧在力 R 的单独作用下，伸长了同样长度。显然，R 单独作用跟 F_1 和 F_2 共同作用的效果相同。可见，R 是 F_1 和 F_2 的合力。

根据力的矢量图示，在共力点 O 上，分别作出表示力 R、F_1、F_2 的有向线段 $\overline{OC}$、$\overline{OA}$、$\overline{OB}$ 如图 2-6（c）。连接 $\overline{AC}$ 和 $\overline{BC}$，可得平行四边形 OACB，$\overline{OC}$ 是平行四边形的对角线。

实验的结果指出：作用于一点而互成角度的两个力，它们合力的大小和方向，可以用以表示这两个力的有向线段为邻边的平行四边形的对角线来表示，这就是力的合成平行四边形法则，也是其他矢量合成的共同法则。

从这个法则可以看出，合力的大小和方向，不仅跟两力的大小有关，还跟它们之间的夹角有关，如图 2-7 所示。

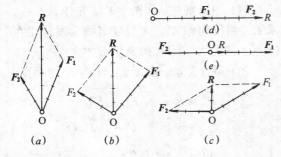

图 2-7　成角度力的合成

两个分力大小一定时，它们之间的夹角越小，它们的合力就越大；夹角越大，合力就越小。当夹角等于 0°或 180°的时候，合力就会和两个分力在同一直线上。夹角为 0°时，合力最大，为两分力的和，方向跟任一分力相同，如图 2-7 (d)；夹角为 180°时，合力最小，为两分力的差，方向跟较大分力相同，如图 2-7 (e)。

3）两个以上力的合成

如果有两个以上的力，共同作用在一点上，只要先求出其中任意两个力的合力，然后再求这个合力与另一个分力的合力，同样继续重复下去，将最后一个力合成后得出的力，就是所有这些力的合力。图 2-8 所示的 R 是 F_1、F_2、F_3 的合力。

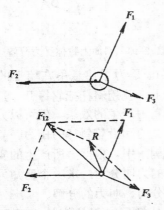

图 2-8　两个以上力的合成

工程上广泛利用力的合成，图 2-9 所示，就是利用直升机的重力 G 和前倾旋翼的升力 N 的合成，使飞行获得向前飞行的水平力 F。

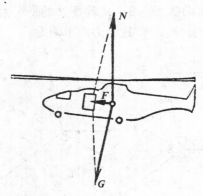

图 2-9　直升机的水平拉力

【例 2-5】　为防止电线杆倾倒，常在它两侧对称地拉上钢索（图 2-10），若两条钢索夹角 $\theta=60°$，钢索拉力 $F_1=F_2=300\text{N}$，用作图法求两个力的合力 R。

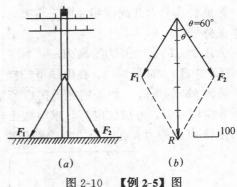

图 2-10　【例 2-5】图

【解】　以 F_1 和 F_2 为邻边，每边取三等分，作平行四边形（图 (b)），量得对角线为 5.2 等分。因此，合力 $R≈520\text{N}$。显然，其方向垂直向下。

4）平衡力

一个物体受到几个力的作用，这些力的合力等于零，物体就能保持原有的运动状态不变，这种情形叫做力的平衡。几个力作用于物体上，如果它们的合力不为零，则可以再作用一个力于物体上，使物体处于受力平

29

衡状态，这个力和原来几个力的合力大小相等，方向相反，叫平衡力。在图 2-11 (a) 的 O 点再作用一个跟 R 大小相等，方向相反的 R'；如图 2-11 (b)，这时的合力就等于零，物体的运动状态不变，R' 就是 R 的平衡力，也就是 F_1、F_2、F_3 这组力的平衡力。

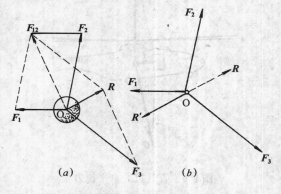

图 2-11　合力的平衡

如果只有两个力作用在同一点上，而物体保持平衡，那么这两个力必定大小相等而方向相反，成一直线。

如果有几个力共同作用在同一点上，而物体保持平衡，那么其中任何一个力，必定跟其余几个力的合力互为平衡力。

【例 2-6】　如图 2-12，在电线下端挂一个重量为 8N 的电灯，如果用绳子在 O 点沿水平方向以 6N 的力拉住电灯，求电线上段作用在 O 点上的力和在竖直方向上的偏离。

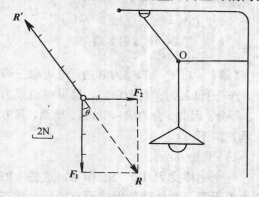

图 2-12　**【例 2-6】**图

【解】　依题意，O 点在 F_1、F_2 和 R' 的作用下处于平衡状态，则三力互相平衡。F_1

和 F_2 为已知，R' 的大小等于 F_1 跟 F_2 的合力 R 的大小，但方向跟 R 相反。

已知　$F_1 = 8\text{N}$，$F_2 = 6\text{N}$

求　$R' = R = ?$

（1）用图解法。如图 2-12，先作 F_1、F_2，求 R，再反向作 R'，经量度电线上段作用在 O 点上的力为 10N，偏离竖直方向 37°。

（2）用计算法。由于 F_1 与 F_2 互相垂直，

$$R' = R = \sqrt{F_1^2 + F_2^2}$$

$$= \sqrt{8^2 + 6^2} = 10(\text{N})$$

$$\tan\theta = \frac{6}{8} = 0.75$$

$$\theta = 36°52'$$

（5）共点力的分解

一个力在一定条件下可以同时产生几个效果。

一个放在斜面上的物体，虽然受到竖直向下的重力作用，但并不竖直下落。而是沿着斜面向下滑动，同时使斜面受到压力。可见重力产生了两个效果。因此，重力 G 可以分解为这样两个力：平行于斜面使物体下滑的力 F_1 和垂直于斜面使物体紧压斜面的力 F_2（图 2-13）。

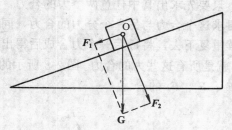

图 2-13　斜面上物体受力分解

图 2-14 是为了使悬吊在墙上的物体不要靠在墙上，就用斜杆把它撑开。这时候根据物体的重力产生的效果，就可以分解为沿着悬绳的拉力和沿着斜杆的压力。

两个例子中，根据力所产生的实际效果而分解后的力叫分力。求一个已知力在给定条件下的分力，叫力的分解。

力的分解同样服从力的平行四边形法

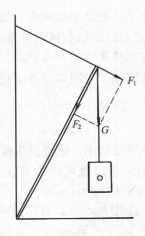

图 2-14　斜杆上物体受力分解

则。把表示已知力的有向线段作为平行四边形的对角线，那么，跟已知力共点的平行四边形的两个邻接边，就是已知力的两个分力。

要把一个已知力分解成两个分力时，必须根据实际情况，给出必要的条件，才能有确定的解。通常，是已知两个分力的方向，求它们的大小，或已知一个分力的方向和大小，求另一个的方向和大小。

【例 2-7】　图 2-15 水平天线和斜拉钢丝使天线杆受到一个竖直向下的 300N 的力，水平天线的拉力是 200N。求斜拉钢丝对杆的拉力以及跟地面的夹角。

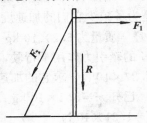

图 2-15　**【例 2-7】**图

【解】　根据题意，竖直向下的已知力 R 作为力的平行四边形的对角线，方向和大小已知的水平拉力 F_1 作为共点的邻边；共点的另一边即为斜拉钢丝的拉力 F_2。

已知　$R = 300$N　$F_1 = 200$N

求　钢绳对杆的拉力 F_2 和钢绳对地面的夹角 θ。

$$F_2 = \sqrt{R^2 + F_1^2}$$

$$= \sqrt{300^2 + 200^2} = 360 \text{ N}$$

$$\tan\theta = \frac{300}{200} = 1.5 \quad \theta = 56°19'$$

【例 2-8】　如果要将总重量为 2×10^3N 的一车土推上倾角为 30° 的斜坡，已知摩擦阻力是车重的 0.02 倍，问至少要用多大的力才能把这车土推上去？这车土对斜坡的压力是多少？

分析　如图 2-16 所示，车的总重量 G 分解为沿斜坡向下的分力 F_1 和对斜坡的压力 F_2。在沿斜坡向上推车时，车还要受到摩擦阻力 f 的作用，因此，把车推上去用的力至少等于 F_1 和 f 之和。

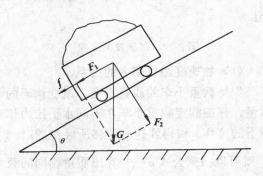

图 2-16　**【例 2-8】**图

已知　$G = 2 \times 10^3$N　$\theta = 30°$　$f = 0.02 \times 2 \times 10^3$N $= 40$N

求　F_2 及 F

$$F_1 = G\sin 30°$$

$$= 2 \times 10^3 \times \frac{1}{2} = 1 \times 10^3 \text{(N)}$$

$$F = F_1 + f$$

$$= 1 \times 10^3 + 40 = 1.04 \times 10^3 \text{(N)}$$

$$F_2 = G\cos 30°$$

$$= 2 \times 10^3 \times \frac{\sqrt{3}}{2} = 1.7 \times 10^3 \text{(N)}$$

答：至少要用 1.04×10^3N 的力才能把车推上去。这车土对斜坡的压力是 1.7×10^3N。

31

2.2.3 牛顿第二运动定律

力使物体的运动状态发生改变，而运动状态的改变，又跟物体的惯性和物体所受的力密切相关。牛顿第二运动定律研究的就是加速度跟力的关系，以及加速度跟质量的关系。

如图 2-17 所示，把载重小车放在光滑的水平面上，拴上细绳，跨过定滑轮悬挂钩码。钩码的质量应远小于小车及其载重的质量，忽略各项摩擦不计，钩码的重力即为对小车的作用力。小车做初速度为零的匀加速直线运动。

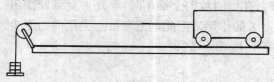

图 2-17 加速度的实验

（1）加速度跟作用力的关系

保持载重小车的质量不变，改变钩码的重量，仔细测定载重小车在不同水平拉力作用下的位移 s 和得到这一位移所经过的时间 t，就可以根据公式 $a = \dfrac{2s}{t^2}$ 算出质量相同的载重小车，在不同的力 F 作用下的加速度 a。

实验结果表明：对于质量为一定的物体，它的加速度跟所受的力成正比。即

$$a \propto F$$

而且 a 的方向总是和 F 的方向相同。

（2）加速度跟物体质量的关系

保持挂钩的重量不变，改变载重小车的质量，仍按上述方法仔细测定在相同的力的作用下，物体的加速度跟物体的质量成反比，即

$$\frac{a_1}{a_2} = \frac{m_2}{m_1}$$

$$a \propto \frac{1}{m}$$

（3）牛顿第二运动定律及其公式

综合上述两个结论，可以得出：物体在外力的作用下，将产生加速度。加速度的大小跟作用力成正比，跟物体的质量成反比；加速度的方向跟作用力的方向相同。这就是牛顿第二运动定律，也叫做加速度定律。如果用公式表示，就是 $a \propto \dfrac{F}{m}$

或 $F \propto ma$

在国际单位制中，把能使质量为 1kg 的物体产生 $1m/s^2$ 加速度的力定义为 1 牛顿（N），即 $1N = 1kg \times 1m/s^2$

因此，公式 $F \propto ma$，可写成

$$F = ma \qquad (2\text{-}10a)$$

如果有几个外力共同作用在一个物体上的时候，式中的 F 就应该是它们的合力。公式可写成

$$F_合 = ma \quad 或 \quad \Sigma F = ma \qquad (2\text{-}10)$$

从牛顿第二运动定律可以看出，要使物体获得更大的加速度，就应该尽可能地增大作用力和减少物体的质量。例如，为了使运载火箭能有足够的加速度，除了采用推力强大的燃料，还采用了多级发动，以便把燃料用光的空舱逐级脱落下来减少质量。相反，要使物体获得更好的稳定，就应该尽可能地增大物体的质量和减少对它的作用力。如锻工用质量很大的铁砧，车床用地脚螺栓和地面固定，都是为了减少它们的加速度。

【例 2-9】 质量为 $5.2 \times 10^3 kg$ 的汽车在 $1.47 \times 10^4 N$ 的牵引力作用下行驶，如果受到的阻力为 $1.27 \times 10^4 N$，求它的加速度。

【解】 已知 $m = 5.2 \times 10^3 kg$　$F = 1.47 \times 10^4 N$　$f = 1.21 \times 10^4 N$

求　加速度 a

先求合外力 F'

由于 F 与 f 在一条直线上，且方向相反，因此

$F' = F - f = 1.47 \times 10^4 - 1.21 \times 10^4$
$= 2.6 \times 10^3 (N)$

再求加速度 a

$$a = \frac{F'}{m} = \frac{2.6 \times 10^3}{5.2 \times 10^3} = 0.5 (m/s^2)$$

（4）质量和重量

一个物体，质量是它惯性的量度。重量是它由于地球的吸引而受到的力的大小。重量和质量有什么关系呢？若以 m 和 G 分别代表物体的质量和重量，那么根据牛顿第二定律，这个物体自由下落时应满足

$$G = mg \qquad (2\text{-}11)$$

但 m 和 G 的值并不取决于物体是否自由下落，因此式（2-11）表达了质量和重量的关系。m 表示物体改变运动状态有多难，而 G 表示物体称起来有多重，它们通过 g 联系起来了。质量为 1kg 的物体，对应的重量

$$G = mg = 1 \times 9.8 = 9.8 \text{(N)}$$

质量是一个与地点无关的量，重量 G 却不然，它随地点不同而不同。根据式（2-11），g 也将因地而异，只是通常忽略这种差异罢了。在同一地点，两物体的重量 $G_1 = m_1 g$ 和 $G_2 = m_2 g$，必定与它们的质量成正比，即

$$G_1 : G_2 = m_1 : m_2$$

若 $G_1 = G_2$，则 $m_1 = m_2$，这就是可以用天平称出物体质量的依据。

【例 2-10】 质量 $m = 1.0 \text{t}$ 的电梯由一缆绳吊着，若允许缆绳承受的最大拉力 $N = 1.2 \times 10^4 \text{N}$，求允许电梯达到的最大向上加速度 a_m。

【解】 产生加速度 a_m 的是 N 和重力 G 的合力 F，$F = N - G = N - mg$ 因此

$$a_m = \frac{F}{m} = \frac{N - mg}{m}$$
$$= \frac{1.2 \times 10^4 - 1.0 \times 10^3 \times 9.8}{1.0 \times 10^3}$$
$$= 2.2 \text{(m/s}^2\text{)}$$

2.2.4 力矩

（1）力矩

我们已经知道，力可以使物体发生形变，也可以改变物体的运动状态。从生活经验知道，力还可以使物体转动。用力推门，门就绕门轴转动；用扳手拧螺帽，螺帽就绕螺杆转动。用的力越大，使物体转动的作用就越大。力对物体的转动作用不仅跟力的大小有关，还跟力与转动轴之间的距离有关。推门时，力作用在离门轴较远的地方，用较小的力就可以把门推开；如果在离门轴较近的地方推门，就要用较大的力才能把门推开。用手直接拧螺帽，手指离螺帽的轴线较近，很难把它拧紧；用扳手来拧，用力的地方离螺帽的轴线较远，就容易拧紧了。可见：力越大，力与转动轴之间的距离越大，力对物体的转动作用也就越大。

从力的作用线到转动轴的垂直距离叫力臂。例如，图 2-18 中用扳手拧紧螺母时，力 F 加在 A 点，力的方向向下，这时从力的作用线到转轴 O 的垂直距离 OB，就是力 F 的力臂。

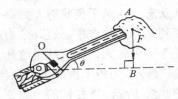

图 2-18　扳手拧螺母

当我们用杠杆撬一块石头时，动力 F_1 的力臂为 OA，阻力 F_2 的力臂为 OB（图 2-19）。

图 2-19　用杠杆撬石头

力和力臂的乘积叫做力对转动轴的力矩。用 M 表示力矩，F 表示力，L 表示力臂，那么

$$M = FL \qquad (2\text{-}12)$$

力矩的单位是由力和力臂的单位来决定的。

在国际单位制中，力矩的单位是牛〔顿〕米，N·m。

力矩可以使物体向不同的方向转动。例如，开门和关门，门的转动方向相反；拧紧螺帽和拧松螺帽，转动的方向也相反。通常规定，面向物体观察，使物体逆时针转动的力矩为正，而使物体顺时针转动的力矩为负。

力矩反映了力对物体转动作用的大小。从上式可以看出，力越大，力臂越长，力矩就越大，因而力对物体的转动作用也就越大。力等于零时，力矩也等于零，此时对物体没有转动作用；力不等于零，而力臂等于零时，即力的作用方向通过物体的转动轴时，力矩也等于零，力对物体也就不会产生转动作用。

（2）力矩的平衡

有固定转动轴的物体保持静止状态或者匀速转动状态，叫做平衡状态。如果一个物体同时受到几个力的作用，这几个力的力矩使物体处于平衡状态，我们就说这几个力矩是平衡的。那么，力矩平衡的条件是什么呢？

如图 2-20 所示，把杠杆的中点支在支架上，调节杠杆两端的螺旋，使杠杆平衡。然后在杠杆的两边分别挂上不同的钩码，调节钩码的位置，使杠杆达到平衡。这时，使杠杆顺时针转动的负力矩为 $M_1=F_1L_1$，而使杠杆逆时针转动的正力矩为 $M_2=F_2L_2$。可以发现，使杠杆顺时针方向转动的负力矩等于使杠杆逆时针方向转动的正力矩，即

$$M_1=M_2 \quad 或 \quad M_1-M_2=0$$

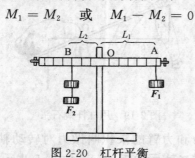

图 2-20 杠杆平衡

在杠杆两边各挂上几组钩码，改变力和力臂的大小，重做上述实验，并使杠杆平衡，可以得到同样的结论。可见，力矩的平衡条

件是：使物体顺时针方向转动的负力矩之和，等于使物体逆时针方向转动的正力矩之和，即合力矩为零。

初中学过的杠杆平衡条件：$F_1L_1=F_2L_2$，与力矩的平衡条件是一致的。

在科学技术中，研究力矩的平衡条件有着十分重要的意义。例如，在设计桥梁、吊车和各种建筑物时，一定要认真分析物体各部分的受力情况，考虑力矩的平衡条件，经过计算以后，才能确定被设计物体的尺寸和几何条件，然后，再选择合适的材料。

【例 2-11】 图 2-21 中的 OB 是一根水平横梁，长 1m，一端安装在轴 O 上，另一端用绳子拉着，绳子跟横梁的夹角是 30°，如果在横梁上距离 O 点 80cm 处挂一个重 50N 的重物，绳子对横梁的拉力是多大（横梁的重力不计）？

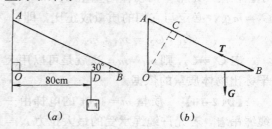

图 2-21 【例 2-11】图

【解】 T 对轴 O 的力臂 OC＝OB×sin30°＝0.5m

T 对轴 O 的力矩 $M_1=T·OC$（正力矩）
G 对轴 O 的力矩 $M_2=G·OD$（负力矩）
由于横梁处于平衡状态，所以 $M_1=M_2$，$T·OC=G·OD$，得

$$T=\frac{G·OD}{OC}=\frac{50\times 0.80}{0.50}=80(N)$$

2.2.5 牛顿第三定律

（1）作用力与反作用力

用手拉弹簧，弹簧受到力的作用发生了形变，这时，手是施力物体，弹簧是受力物体，施力物体对受力物体的力，叫做作用力。在手对弹簧产生作用力的同时，手的肌肉也

会感到紧张，说明手也同时受到了弹簧的拉力。可见受力物体对施力物体也有力的作用，这种力叫做反作用力。

在平静的湖面上并排停着两只小船，如果人在其中一只小船上推另一只小船，那么这两只小船将同时朝相反的方向运动。可见，两个物体之间力的作用总是相互的。这一对相互作用的力，就是作用力和反作用力。地球吸引地面上的物体，物体也同时吸引地球，在地球与物体之间存在着作用力和反作用力；两个磁极之间的相互吸引或者相互排斥的磁力，也是作用力和反作用力。

把两个弹簧秤的小钩勾在一起，如图2-22。用手拉弹簧秤B时，可以看到两个弹簧秤的读数同时增大，而且读数是相等的。改变拉弹簧秤的力，弹簧秤的读数也随着改变，但两个读数总保持相等。这个实验表明，弹簧秤A对B的作用力 F 与B对A的反作用力 F' 大小相等，方向相反，并且作用在同一条直线上。

图 2-22　作用力与反作用力

物体之间的作用力和反作用力总是大小相等，方向相反，作用在同一条直线上。这就是牛顿第三运动定律。

用公式表示

$F = -F'$（负号表示方向相反）　　（2-13）

应当注意几点：

1）作用力和反作用力总是同时存在，同时消失，同时对等地变化。

2）作用力与反作用力总是分别作用在两个不同的物体上，所以两者不存在平衡问题。

3）作用力与反作用力总是同性质的力。

象蚂蚁的爬行，汽车奔驰等运动，都要用牛顿第三定律来解释。

2.3　功和能

本节将阐述力对物体做功，以及做功跟物体能量改变的关系。做功能够使物体获得能量，而具有能量的物体又能做功，功能的关系密切相连。

2.3.1　功　功率　机械效率

（1）功

把火箭送上高空，把管桩打入地下，刨工刨削工件，都是物体受到力的作用，并且在力的方向上得到了位移。

力和力的作用方向上的位移，是量度功的两个必须同时具备的因素。如果力作用在物体上，而物体没有在力的方向上得到位移；或者物体在位移的方向上并没有受到力的作用，因此没有对物体做功。例如在光滑平面上滚动的小球在重力方向上没有位移；在位移方向上没有受力。小球只是在做惯性运动。

当物体受恒力作用，并沿力的方向发生位移，则力对物体所做的功，等于力和位移的乘积，用 W 表示

$$W = Fs \qquad (2-14)$$

如果作用在物体上的力的方向跟位移的方向成 α 角，如图 2-23，那么，就应先求出这个力 F 在位移方向上的分力 F_P，所做的功就是

$$W = F_P s = F \cdot s\cos\alpha \qquad (2-14a)$$

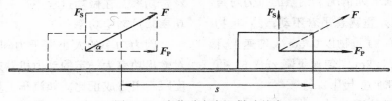

图 2-23　在位移方向上做功的力

上式表明，力对物体所做的功，等于力、位移、力与位移间夹角的余弦的乘积。

当 $\alpha < 90°$，$\cos\alpha$ 为正值，外力对物体做正功。

当 $\alpha = 90°$ 或 $270°$，$\cos\alpha$ 为零，外力对物体不做功；

当 $\alpha > 90°$，$\cos\alpha$ 为负值，外力对物体做负功，通常叫做物体克服阻力做功。

功的正负用来区别是外力对物体做功还是物体克服阻力做功，并不表示方向，因此，功是标量。

功的单位是焦［耳］（J），1J 就是 1N 的力，使物体在力的方向上获得 1m 位移所做的功。

如图 2-24，作用在水平路面上向前行驶的汽车上的力有：汽车所受的重力 G（$\alpha = 90°$），地面的支承力 N（$\alpha = 270°$），发动机的牵引力 F（$\alpha = 0°$）和阻碍汽车前进的各种阻力 f（$\alpha = 180°$），其中 G 和 N 对汽车不做功，F 和位移方向相同，是动力对汽车做正功，f 和位移方向相反，是阻力对汽车做负功。

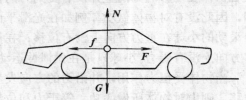

图 2-24　作用在汽车上的力

应当指出：如果物体受几个力作用，那么公式 2-14a 中的力 F 是这几个力的合力。W 就是合力所做的功。可以证明：合力所做的功等于各分力所做功的代数和。

【例 2-12】　起重机的钢索上吊着 2×10^4N 的重物，求下列情况下钢索的拉力对重物所做的功。1）重物悬吊着不动；2）重物水平移动了 2m；3）重物以 0.5m/s 匀速上升 2m；4）重物以 0.5m/s 匀速下降 2m；5）重物以 0.1m/s 匀加速上升 2m。

【解】　1）重物不动时，$s = 0$，$W = 0$，钢索的拉力对重物没有做功。

2）重物水平移动 2m，$\alpha = 90°$，$W = 0$，钢索的拉力对重物也没有做功。

3）重物匀速上升 2m 时，$\alpha = 0°$，
$W = Fs = 2 \times 10^4 \times 2 = 4 \times 10^4$（J）位移和拉力方向相同，拉力对重物做正功。

4）重物匀速下降 2m 时，$\alpha = 180°$，
$W = -Fs = -2 \times 10^4 \times 2 = -4 \times 10^4$（J），位移与拉力方向相反，拉力做负功。

5）重物匀加速上升 2m 时，$\alpha = 0°$，
$F = G + ma = 2 \times 10^4 + 2\,000 \times 0.1 = 20\,200$（N）
$W = Fs = 20\,200 \times 2 = 40\,400$（J），位移和拉力方向相同，并对重物加速，拉力做正功。

（2）功率

将一定量的水抽往高处，用大型水泵在较短时间内完成，用小型水泵则需较长时间才能做相同的功。可见，不同物体做功的快慢不同。

描述做功快慢的物理量，叫功率。它是所做的功跟完成这个功所需的时间的比值。功率用 P 表示

$$P = \frac{W}{t} \qquad (2\text{-}15)$$

功率的单位是瓦［特］（W）。

如果物体在力的作用下，沿力的方向运动，$s = vt$，则

$$P = \frac{W}{t} = \frac{Fs}{t} = Fv \qquad (2\text{-}15a)$$

可见，功率又等于作用力跟速度的乘积。

在变速运动中，力和平均速度的乘积，叫平均功率。力和即时速度的乘积，叫即时功率。通常又把正常工作时所能达到的功率，叫额定功率。在做功过程中，一般不允许即时功率超过额定功率。

因为功率的大小等于力和速度的乘积，对输出功率为一定的动力机器来说，它的速度跟牵引力成正比。如汽车上坡时，需要较大的力 F，就得降低 v，司机通过换档可以实

现这种调节。

（3）机械效率

任何机械在正常运转时，动力对机械所做的功，总有一部分是用来克服摩擦阻力而做功的，因此机械对外做的功，总是小于动力对机械所做的功。通常把动力对机械所做的功，叫做输入功（总功）；把机械对外所做的功，叫做输出功（有用功），而把输出功在输入功中所占的百分比，叫机械效率。

如果用 η 表示机械效率，W_o 表示输出功，W_i 表示输入功，则

$$\eta = \frac{W_o}{W_i} \qquad (2\text{-}16)$$

如果用 P_o 表示输出功率，P_i 表示输入功率，则机械效率

$$\eta = \frac{P_o}{P_i} \qquad (2\text{-}16a)$$

【例 2-13】 用 1.47kW 的电动机带动起重机，以 3m/min 的速度提起重物，如果起重机的效率是 80%，求在这种情况下能提起的最大重量是多少？

已知 $P_i = 1.47 \times 10^3 \text{W}$，$\eta = 80\%$，$v = 3\text{m/min} = 0.05\text{m/s}$

求 G

【解】 根据机械效率公式

$$\eta = \frac{P_o}{P_i}$$

得 $P_o = \eta P_i$
    $= 1.47 \times 10^3 \times 80\%$
    $= 1176 \text{（W）}$

而 $P_o = Fv$

$$F = \frac{P_o}{v} = \frac{1176}{0.05}$$
    $= 2.35 \times 10^4 \text{(N)} = 23.5 \text{(kN)}$
$$G = F = 23.5 \text{(kN)}$$

即该起重机能提起的最大重量为 23.5kN。

2.3.2 动能 位能

流动的河水能够推动水轮机做功，飞行的炮弹能够击穿钢板做功，从高处落下的重锤能把桩打进地里克服阻力做功。我们把物体的做功本领叫做能。物体具有的能越大，它所具有的做功本领就越大。因此能是量度物体做功本领的物理量，通常用 E 表示。

能有多种形式。物体由于运动而具有的能，叫做动能（E_k），象飞行着的子弹，流动着的水都具有动能。由相互作用的物体或物体内部各部分相对位置所决定而具有的能，叫做位能（E_p），被高举的重锤，被压缩的弹簧都具有位能。

动能和位能总称机械能。

能是标量，能的单位是焦［耳］(J)。

（1）动能

前面已经知道物体由于本身的运动而具有动能，那么，动能的大小由哪些因素决定呢？

锤子的质量越大，挥动得越快，钉子就敲得越深，做的功就越大。可见，物体的动能跟它的质量、速度有关。实践和理论证明，运动物体的动能，等于它的质量跟它速度平方的乘积的一半。

即 $$E_k = \frac{1}{2}mv^2 \qquad (2\text{-}17)$$

质量为 1kg 的物体，它的运动速度为 2m/s 时，物体具有的动能是 $E_k = \frac{1}{2}mv^2 = \frac{1}{2} \times 1 \times 2^2 = 2$ （J）。

（2）位能

位能又称势能，本节主要研究重力位能。

物体由于被举高而具有的能量叫重力位能。经验告诉我们，打桩时，锤越重，提得越高，做功能力就越大。可见被举高的物体重量越大，离地越高，重力位能就越大。可以证明，质量为 m 的物体被举高 h 时所具有的重力位能是

$$E_p = mgh = Gh \qquad (2\text{-}18)$$

式中 g 是当地的重力加速度。G 是物体所受的重力。

物体的重力位能等于物体的重力和它距离地面高度的乘积。

除重力位能外，还有一种位能，叫做弹性位能。例如：拉紧了的弓、卷紧了的发条、拉伸或压缩了的弹簧等一切发生弹性形变的物体，在它们恢复原状或形变消失的过程中，都能对外界做功，这种位能就叫弹性位能。

2.3.3 能量的转换与守恒

（1）机械能守恒定律

物体的动能和位能是可以相互转化的。当物体自高处自由下落时，高度虽在逐渐减小，但速度却在增大，在这个过程中，随着高度的改变，物体的位能转化成为物体的动能；与此相反，物体在竖直上抛过程中，高度逐渐增大，速度逐渐减小，物体的动能转化成物体的位能。被压缩的弹簧在放松过程中推动物体，弹性位能在逐渐减小，而物体的动能逐渐增大，弹性位能转化成为物体的动能。

重力位能和动能的相互转化，可以用自由落体为例加以说明，图 2-25 是一个质量为 m 的自由落体在下落过程中的能量转化。在最高点 A 上的总机械能为 $E_A = E_{pA} + E_{kA} = mgh + 0 = mgh$；

图 2-25　自由下落过程能的转化

下落 l 距离在 B 点上的总机械能为

$$E_B = E_{pB} + E_{kB}$$
$$= mg(h - l) + \frac{1}{2}m(\sqrt{2gl})^2$$
$$= mgh$$

在地面 C 点上的总机械能为

$$E_c = E_{pc} + E_{kc}$$
$$= 0 + \frac{1}{2}m(\sqrt{2gh})^2 = mgh$$

可见，物体在下落过程中，它的位能不断地转化为动能，但是在任何时候，它的动能和位能之和，也就是它的总机械能不变。即

$$E_{pA} + E_{kA} = E_{pB} + E_{kB}$$

在只有重力和弹力做功的情况下，任何物体在位能和动能相互转化的过程中，总机械能保持不变。这个结论，叫机械能转化和守恒定律，它是力学中的一条重要规律。

（2）功能关系

飞机起飞后，它的速度越来越大，高度越来越高，飞机的动能和位能都在增加；进入大气层的陨石，速度越来越小，高度越来越低，陨石的动能和位能都在减小。飞机机械能的增加，是飞机发动机的动力对飞机做了功；陨石机械能的减小是空气的阻力对陨石做了功。由此可见，物体机械能的改变是外力对物体做功的结果。

如果外力对物体做正功（称动力的功），物体的机械能就增加。外力做了多少功，物体就增加了多少机械能。如 E_1、E_2 分别是外力对物体做功前后物体所具有的机械能，那么

$$W = E_2 - E_1$$

如果外力对物体做负功，即物体克服阻力做功，物体的机械能就越小。物体克服阻力做了多少功，物体就减小了多少机械能。那么

$$W_f = E_1 - E_2$$
即 $$-W_f = E_2 - E_1$$

如果物体既受动力的作用，又受阻力的作用，物体机械能的改变量就是外力的功的代数和。

$$E_2 - E_1 = W - W_f \qquad (2\text{-}19)$$

这个结论，叫功能原理。

【例2-14】 2t 的汽车开上 1 000m 长的坡度为 0.01 的坡路，如果上坡前的速度为 20m/s，上坡后减为 10m/s，上坡时的阻力为车重的 0.05 倍，求汽车发动机在这段路程上的平均功率（图2-26）。

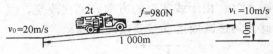

图2-26　【例2-14】图

已知　$m = 2t = 2\,000\text{kg}$，$s = 1\,000\text{m}$，$h = 0.01 \times 1\,000 = 10\ (\text{m})$，$v_0 = 20\text{m/s}$，$v_t = 10\text{m/s}$，$f = 2\,000 \times 9.8 \times 0.05 = 980\ (\text{N})$

【解】 先求汽车发动机在这段路程上所做的功 W。汽车上坡后增加了势能 mgh，

$$W = E_2 - E_1 + W_{阻}$$
$$= \frac{1}{2}mv_t^2 + mgh - \frac{1}{2}mv_0^2 + f \cdot s$$
$$= \frac{1}{2}m(v_t^2 - v_0^2) + mgh + f \cdot s$$
$$= \frac{1}{2} \times 2\,000 \times (10^2 - 20^2) + 2\,000$$
$$\quad \times 9.8 \times 10 + 980 \times 1\,000$$
$$= 876\,000(\text{J})$$

上坡所经过的时间

$$t = \frac{s}{v_{av}} = \frac{s}{\dfrac{v_t + v_0}{2}}$$

$$= \frac{2s}{v_t + v_0} = \frac{2 \times 1\,000}{20 + 10} = \frac{1\,000}{15}(\text{s})$$

求发动机在上坡过程中的平均功率 P_{av}

$$P_{av} = \frac{W}{t} = \frac{87\,600 \times 15}{1\,000}$$
$$= 13\,140(\text{W})$$
$$= 13.14(\text{kW})$$

2.4　圆周运动

自然界中，物体的运动除直线运动外，还有曲线运动。匀速圆周运动是曲线运动的一种常见形式。

2.4.1　匀速圆周运动

圆周运动是生产生活中常见的一种曲线运动。例如，车轮上各点的运动，汽车转弯时的运动，月亮和人造地球卫星绕地球绕地球的运动，也可以近似看作圆周运动。

如果物体在圆周上运动的时候，在任何相等的时间间隔内所通过的弧长都相等，那么，这种速度大小一定而方向不断改变的变速运动，就叫匀速圆周运动。

描述匀速圆周运动的物理量有：周期、频率、线速度、角速度。

(1) 周期

质点沿圆周运动一周所需的时间，用 T 表示，单位为秒（s）。

(2) 频率

质点在单位时间内，沿圆周运动的周数，用 f 表示，单位为赫［兹］（Hz）。

f 和 T 互为倒数关系

$$f = \frac{1}{T} \ 或 \ T = \frac{1}{f} \qquad (2-20)$$

(3) 角速度

物体转动的时候，物体上的各点都绕轴线做圆周运动。图2-27 是物体上的一个点，在 t 时间内从 A 运动到 B，连接这个点和圆心的半径就同时转过一个角度 φ。显然，这个点在圆周上运动得越快，在一定时间内，半径所转过的角度就越大。因此，圆周运动的快慢，也可以用角度 φ 跟时间 t 的比 $\dfrac{\varphi}{t}$ 来表示。

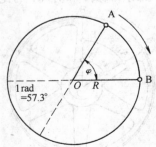

图2-27　角度的弧度表示

连接质点和圆心的半径所转过的角度跟所用时间的比，叫做角速度（或角频率），通常用 ω 表示，即

$$\omega = \frac{\varphi}{t}$$

匀速圆周运动的角速度是一个恒量。

φ 的单位是弧度（rad）。1rad 就是弧长等于半径的圆弧所对的圆心角为 57.3°（如图 2-27）。

角速度的单位是弧度每秒（rad/s）。

工程技术上常用转每分（r/min）作角速度单位，叫转速。用 n 表示，$n = 60f$。

由于半径每转一周所经过的角度为 2πrad，如果已知转动的周期、频率、转速，那么角速度

$$\omega = \frac{\varphi}{t} = \frac{2\pi}{T} = 2\pi f = 2\pi \frac{n}{60}$$

$$(2-21)$$

【例 2-15】 飞轮的转速为 300r/min，试用 rad/s 表示它的角速度

【解】 ∵ $n = 300$r/min

∴ $\omega = 2\pi \dfrac{n}{60} = 2 \times 3.14 \times \dfrac{300}{60}$

$= 31.4$ （rad/s）

（4）线速度

转动物体上，各点的角速度是相同的，但半径不同的各点所经过的弧长却不相等。如图 2-28 中 $\overset{\frown}{AB}$、$\overset{\frown}{A_1 B_1}$、$\overset{\frown}{A_2 B_2}$ 所对的圆心角 φ 虽然都相等，但它们的弧长并不相等。这些点运动的快慢，可以用弧长 l 和时间 t 的比来表示。

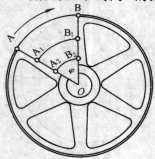

图 2-28 不同半径的圆弧长度

作圆周运动的质点，通过的弧长 l 跟所用时间 t 的比值，叫做线速度 v，即

$$v = \frac{l}{t}$$

线速度单位是 m/s。

线速度的方向在圆周的切线方向上，如图 2-29。由于线速度的方向时刻在改变，因此，匀速圆周运动是变速曲线运动。

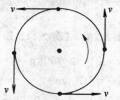

图 2-29 线速度

因为质点每转一周所经过的弧长为 $2\pi R$，如果已知质点运动的半径、周期、频率、转速，那么，线速度

$$v = \frac{l}{t} = \frac{2\pi R}{T} = 2\pi Rf$$

$$= 2\pi R \frac{n}{60} \qquad (2-22)$$

又 $\omega = 2\pi f$ 所以

$$v = \omega R \qquad (2-23)$$

【例 2-16】 试求地球表面赤道上一点在地球自转中的角速度和线速度。地球半径取 6 370km。

已知 $t = 24 \times 3\,600 = 86\,400$ （s）

$\varphi = 2\pi$rad $\quad R = 6.37 \times 10^6$m

求 ω、v

【解】 $\omega = \dfrac{\varphi}{t} = \dfrac{2 \times 3.14}{86\,400}$

$= 0.000\,073$ （rad/s）

$v = \omega R = 7.3 \times 10^{-5} \times 6.37 \times 10^6$

$= 465$ （m/s）

2.4.2 向心力 向心加速度

（1）向心力

由图 2-30 可以看出，小球做圆周运动是因为受到绳上拉力的作用，拉力的方向总是

沿着细绳指向圆心。跟线速度方向垂直，指向圆心，使质点做圆周运动的力，叫向心力。向心力使质点的运动速度方向不断改变。

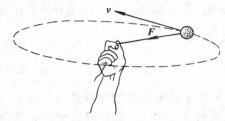

图 2-30 向心力

物体做圆周运动跟向心力的关系，可以用小球做实验粗略地得出。

如果半径和线速度保持不变，则小球质量越大，所需的向心力也越大。

如果保持半径和小球质量不变，则线速度增大，所需的向心力明显增大。

如果保持角速度和小球质量不变，则半径越大，所需向心力也越大。

进一步的实验和研究结果表明，做匀速圆周运动的质点所需的向心力 F 跟质点的质量 m、角速度 ω 和圆周半径 R 之间的关系是：

$$F = m\omega^2 R \qquad (2-24)$$

或 $\quad F = 4\pi^2 f^2 mR = m\dfrac{v^2}{R}$

它的方向跟线速度垂直，沿半径指向圆心。

（2）向心加速度

力使物体产生加速度，向心力使物体产生向心加速度。将向心力公式 $F = m\omega^2 R$ 代入牛顿第二定律公式 $F = ma$，可得向心力加速度。

$$a = \omega^2 R \qquad (2-25)$$

或 $\quad a = 4\pi^2 f^2 R = \dfrac{v^2}{R} \qquad (2-25a)$

加速度描述的是速度改变的快慢。直线运动中加速度描述的是速度大小改变的快慢。向心加速度描述的是速度方向改变的快慢。

向心力是质点做匀速圆周运动时所受到的外力或合外力。例如，铁路在拐弯处，外侧的铁轨必须高于内侧的铁轨使列车得到支承力 N 和重力 G 的合力 F 作向心力。月球和人造地球卫星运行所需要的向心力，就是地球对它们的引力。如图 2-31 所示。

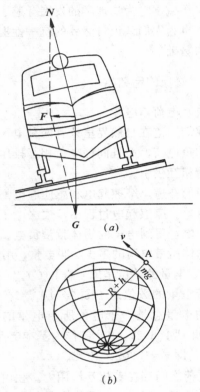

图 2-31 向心力实例
（a）由倾斜路面获得向心力；
（b）在高空中运行的人造地球卫星

【例 2-17】 人造地球卫星在地面上空 1 000km 近似做匀速圆周运动，如果它们的线速度为 7.37km/s，求在该高度上的向心加速度（取地球半径为 6.37×10^6m），见图 2-31 (b)。

已知　$v = 7.37$km/s　$R = 6.37 \times 10^6 + 1000 \times 10^3 = 7.37 \times 10^6$m

求　向心加速度

【解】　$a = \dfrac{v^2}{R} = \dfrac{(7.37 \times 10^3)^2}{7.37 \times 10^6}$
$= 7.37$ （m/s²）

2.5 静电场

本节你将认识一种特殊的物质——电场。关于"场"的概念和研究方法，已应用于许多领域，它为物理学的发展开辟了广阔天地，也为人们认识自然界的统一性提供了坚实的基础。

2.5.1 物质的电结构

（1）电荷与电量

我们知道在自然界里只有两种电荷，正电荷和负电荷，而且同种电荷相互排斥，异种电荷相互吸引。

我们知道，摩擦起电和感应起电都能使物体带电。摩擦起电过程中，失去电子的物体带正电，得到电子的物体就带负电。

物体所带电荷的多少，叫电量，用 Q 或 q 表示。电量的单位是库［仑］(C)。一个电子所带电量的数值是 1.602×10^{-19}C。物体所带的电量总是一个电子所带电量的整数倍，因此把 1.602×10^{-19}C 作为基本电荷，用 e 表示，即 $e = 1.602 \times 10^{-19}$C。

电荷之间存在着相互作用力。在讨论带电体的相互作用时，如果带电体的线度与带电体之间的距离相比，可以略而不计时，我们把这种带电体称为点电荷。

1785 年，法国物理学家库仑（1736—1806）根据精确的测定，总结出点电荷间相互作用的规律：在真空中，两个点电荷 q_1 和 q_2 之间的相互作用力 F 的大小跟 q_1、q_2 的电量的乘积成正比，跟它们之间的距离 r 的平方成反比，作用力的方向在两个点电荷的连线上，这个规律叫做真空中的库仑定律，用公式表达为

$$F = k \frac{q_1 q_2}{r^2}$$

式中 k 是比例常数。当 q、r、F 的单位分别为 C、m、N，则 $k = 9 \times 10^9 \mathrm{Nm^2/C^2}$

在上式中，电荷量只取绝对值，作用力方向可根据电荷正、负来判断。

实验又证明，如果把两个电荷放在电介质（通常是绝缘体）里，作用力只有在真空里的 $\frac{1}{\varepsilon}$，即

$$F = k \frac{q_1 q_2}{\varepsilon r^2} \tag{2-26}$$

式中 ε 是电介质的介电常数。真空中的介电常数规定为 1，则几种常见电介质的介电常数数值如下：

空气 1.0 006　有机玻璃 2～4　云母 6～8　石蜡 2　硬橡胶 4　瓷 6　煤油 2～4　玻璃 4～7　纯水 81

【例 2-18】 两个点电荷在石蜡中的距离是 10cm，它们的电量分别是 2×10^{-8}C 和 -3×10^{-8}C，问它们之间的相互作用力是多少？如果把它们之间的距离增加一倍，它们之间的相互作用力又是多少？

已知：$q_1 = 2 \times 10^{-8}$C，$q_2 = -3 \times 10^{-8}$C，$r = 10 \mathrm{cm} = 0.1 \mathrm{m}$，$r' = 2r$，$\varepsilon = 2$

求：F，F'

【解】 $F = k \dfrac{q_1 q_2}{r^2}$

$$= 9 \times 10^9 \times \frac{2 \times 10^{-8} \times 3 \times 10^{-8}}{2 \times 0.1^2}$$

$$= 2.7 \times 10^{-4} \text{ (N)}$$

$$F' : F = r^2 : (2r)^2$$

$$F' = \frac{F}{4} = 6.75 \times 10^{-5} \text{ (N)}$$

因电荷极性相反，所以它们之间为吸引力。

（2）电场　电场强度　电力线

1）电场

力是通过物质而发生作用的。电荷间的作用是通过电荷周围的电场发生的。

在真空中，电荷之间的相互作用证明：在电荷周围存在着一种特殊物质——电场。两个电荷间的相互作用，实际上是一个电荷的电场对另一个电荷的作用，这个作用力叫做电场力。

2）电场强度

为研究一个带电体周围的电场强弱，可以在电荷 $+Q$ 的电场里放入一个带电量很小的正电荷 q_0，q_0 叫做试验电荷，如图 2-32 所示。

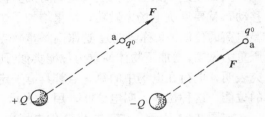

图 2-32 试验电荷在电场中受到力的作用

电量为 q_0 的试验电荷，在电场中 a 点所受到的电场力为 F_a。那么根据库仑定律，电量为 $2q_0$，$3q_0$，……，nq_0 的试验电荷在 a 点上所受到的电场力应为 $2F_a$，$3F_a$，……，nF_a。可见，在 a 点上，试验电荷所受到的电场力跟它的电量的比值 $\dfrac{F_a}{q_0} = \dfrac{2F_a}{2q_0} = \dfrac{3F_a}{3q_0} = \cdots = \dfrac{nF_a}{nq_0}$ 是一个恒量，它不随试验电荷电量的改变而改变。只是在距离不同的点上，这个比值才不相同。

在电场中某一点，试验电荷在该点所受的电场力 F 跟试验电荷所带的电量 q_0 的比值，叫做该点的电场强度，简称场强，用 E 表示，那么：

$$E = \frac{F}{q_0} \qquad (2-27)$$

电场强度是一个矢量。把正电荷在某点所受电场力的方向，规定为该点电场强度方向。

点电荷电场中各点的电场强度，也可以用库仑定律求得，如图 2-33 所示。

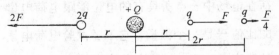

图 2-33 电量不同的试验电荷在
不同距离时受力不同

在距离电荷 $+Q$ 为 r 的电场中某点，试验电荷 q_0 在该点所受到的电场力，即 Q 和 q_0

的相互作用力为

$$F = k\frac{Qq_0}{\varepsilon r^2}$$

根据电场强度的定义，则该点的场强应为：

$$E = \frac{F}{q_0} = k\frac{Qq_0}{\varepsilon r^2 q_0} = k\frac{Q}{\varepsilon r^2} \qquad (2-28)$$

可见，在点电荷电场中某点的场强，与形成场的点电荷电量、该点到点电荷的距离以及介质的介电常数有关。

如果知道了电场中某点的场强 E，那么，任何电荷在该点所受的电场力，就是

$$F = qE \qquad (2-29)$$

场强的单位为牛顿/库仑（N/C）。

3）电力线

为了形象地描述电场的分布情况，可以引入一系列假设的曲线——电力线。曲线上各点的切线方向代表该点的电场强度方向；曲线的密疏程度，跟该处的电场强弱成正比。如图 2-34 所示。

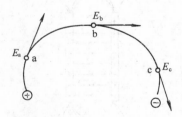

图 2-34 电力线各点的切线
即该点的电场方向

图 2-35 是点电荷的电力线形状。

从图 2-35 中可看出，电场中电力线总是从正电荷起始，到负电荷终止，是不闭合、不相交的曲线。电力线越密的地方，场强越大，电力线越疏的地方，场强越小。

在电场中某一区域里，如果各点场强的大小和方向都相同，那么这个区域里的电场叫做均匀电场。由于在均匀电场里各点场强的大小和方向都相同，所以均匀电场的电力线是间隔相等、相互平行的直线（如图 2-36）。

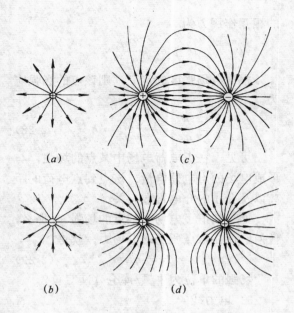

图 2-35　点电荷的电力线形状

(a) 正点电荷；(b) 负点电荷；

(c) 两个等量异种点电荷；

(d) 两个等量同种点电荷

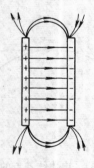

图 2-36　带有异种电荷的平行

金属板间的均匀电场

【例 2-19】　在真空中有一电场，在这个电场中有一点放有电量为 $5.0 \times 10^{-9}C$ 的点电荷，它受到的电场力为 $3.0 \times 10^{-4}N$，求该点的电场强度的大小。

【解】　因为 $q = 5.0 \times 10^{-9}C$，$F = 3.0 \times 10^{-4}N$

所以
$$E = \frac{F}{q} = \frac{3.0 \times 10^{-4}}{5.0 \times 10^{-9}}$$
$$= 6.0 \times 10^4 \ (N/C)$$

答：该点的电场强度是 $6.0 \times 10^4 N/C$。

（3）电位能

电场不仅具有力的性质，而且还具有能的性质。

试验电荷在静电场中要受到电场力的作用，假如使这个试验电荷逆着电场力的方向移动，就要反抗电场力做功，结果增加了试验电荷的位能（又称势能）。这跟高举重物克服重力做功，增加了物体的重力位能类似。研究表明，电荷在场中的每一点都具有一定的位能，这种位能，叫电位能，用 E 表示。

如图 2-37 所示，在正电荷 Q 的电场中，试验电荷 q_0 从 b 点移到 a 点时，必须反抗电场力做功，结果增加了 q_0 的电位能。因此，q_0 在 a 点的电位能要比在 b 点大。

反之，如果试验电荷 q_0 从 a 点移到 b 点，则是电场力做功，q_0 的电位能就越小。

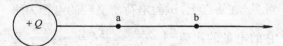

图 2-37　电场的位能

电位能和重力位能一样，只有相对意义。只有当选定了电荷在某一位置的电位能为零时，电荷在其它位置的电位能才有确定值。通常规定：在无穷远处的电荷电位能为零。在实际应用中，常取大地或机壳作零位能点。

（4）电位

电荷在电场中具有的电位能，不仅和电荷所在位置有关，还跟电荷的电量有关。在图 2-37 的 a 点上，如果将试验电荷的电量增大为 $2q_0$、$3q_0$、$4q_0$ 时，它所具有的电位能也将增大为 $2E_a$、$3E_a$、$4E_a$。由此可见，试验电荷在电场中 a 点所具有的电位能跟电荷电量的比值 $\frac{E_a}{q_0}$ 是一个恒量，它不随试验电荷电量的改变而改变，试验电荷在电场中 b 点上的比值 $\frac{E_b}{q_0}$ 也是一个恒量，在电场中各点上的比值 $\frac{E}{q_0}$ 都是一个恒量。可以看出，如果试验电荷相同，在比值大的点，电荷所具有的电位能就大，因此，这个比值反映了电场的又一性质——能的性质。

在电场中某点，试验电荷在该点所具有的电位能 E，跟试验电荷所带电量 q_0 的比值叫做该点的电位（又称电势 φ），用 V 表示。

$$V = \frac{E}{q_0} \qquad (2\text{-}30)$$

在国际单位制中，电位的单位是伏特（V）。

电位是一个标量，跟电位能一样也具有相对的意义。由于规定了在无穷远处的电位能为零，因此，在正电荷 Q 的电场中各点的电位都比无穷远处高，所以电位都是正的。

（5）电位差

在电场中任意两点的电位之差，叫做电位差（又称电势差），也叫电压。通常用 U_{ab} 来表示，如果 $V_a > V_b$，则

$$U_{ab} = V_a - V_b \qquad (2\text{-}31)$$

电位差的单位跟电位一样，也是伏[特]，用 V 表示。

知道了两点间的电位差，就可以很方便地计算出在两点间移动电荷时电场力做了多少功。

如图 2-38 所示，正电荷 q 在 A 点的电位

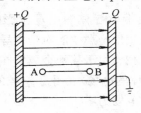

图 2-38　电场力做功与电势差关系

能为 qV_A，在 B 点的电位能为 qV_B，由于把正电荷从 A 点移到 B 点时，电场力做功，电荷的电位能减小，所以 $qV_A > qV_B$，$V_A > V_B$。电位能的减小量 $qV_A - qV_B$ 等于电场力做的功。因此

$$W_{AB} = qV_A - qV_B = q(V_A - V_B) = qU_{AB}$$

所以在电场中两点间移动电荷时，电场力做的功等于电荷的电量与两点间电位差的乘积。

上式可以写为

$$U_{AB} = V_A - V_B = \frac{W_{AB}}{q} \qquad (2\text{-}32)$$

上式表明，电场中两点间的电位差在数值上等于电荷在电场力作用下移动时，电场力所做的功与电荷电量的比值。

电位能、电位、电位差是三个密切相联系的概念，都反映了电场的能的性质。我们从放在电场中的电荷具有电位能这一现象入手，通过比值 $\frac{E}{q}$ 引出电位这个反映电场本身性质的物理量，知道了电位的大小与是否放入电荷无关。从能量的角度进一步认识了电场的性质，电位差则是从能量转化和做功的角度反映了电场的这一性质。$U_{AB} = \frac{W_{AB}}{q}$ 是一个重要的、得到广泛应用的物理量。由它得到的 $W_{AB} = qU_{AB}$ 一式是电学中计算电功的重要公式。

2.5.2　静电场中的导体

（1）静电感应

电场中的导体，受到电场力的作用，使导体的电荷重新分布的现象叫静电感应。如图 2-39、图 2-40 两图中的（a）、（b），导体受到电场力作用，电荷重新分布。利用这一现象，使导体带电的过程叫感应起电。图 2-39、图 2-40 两图中（c）、（d）、（e）所示为从被感应的导体上起电的过程。

（2）静电平衡

把导体放入场强为 E_0 的均匀电场中，由于静电感应出现了正、负电荷产生附加电场 E'（如图 2-41（a）），E' 方向与外电场 E_0 的方向相反。当导体内的 E' 增大到与 E_0 相等时，导体内部的合场强为零。这时导体内的自由电子的定向运动就完全停止。导体两端的正、负感应电荷不再增加，我们把导体上没有电荷做定向运动的状态称为静电平衡状态。

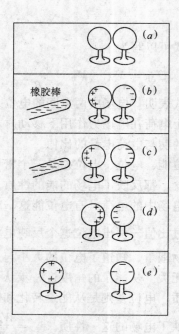

图 2-39 静电感应使两个球带异性电

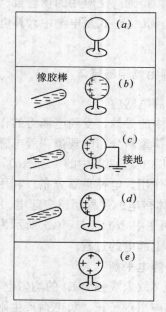

图 2-40 静电感应使小球带电

要使导体处于静电平衡状态的条件是:

a. 导体内部任一点的场强都等于零。

b. 导体表面的场强和表面垂直(否则电荷将受到电场力沿表面的分力而定向运动)。

(3) 静电屏蔽

静电感应会使一些电子设备和电子电路

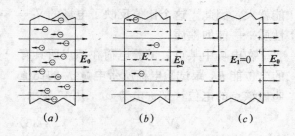

图 2-41 导体的静电平衡

(*a*) 导体中自由电子在外电场作用下作宏观的定向运动

(*b*) 导体的两个相对表面上出现的感应电荷在增加中

(*c*) 最后,导体处于静电平衡状态,感应电荷不再变化,导体内的总场强 $E_1 = 0$

上的零件受到干扰,甚至严重到完全不能工作,因此必须对电场加以隔离,消除干扰。

为了使导体不受外界电场的作用,可以把导体放在金属空腔里,如图 2-42。放在电场中的空腔在电场的感应下,分别在两端带异种电荷,使外部电场终止于空腔两端,空腔内部电场为零。

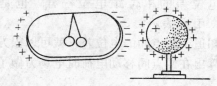

图 2-42 空腔屏蔽

为了使带电导体的电场不影响周围空间,可以用接地金属空腔对带电导体加以遮蔽,如图 2-43。由于接地金属空腔的电位为零,带电导体的电场,终止于空腔的内表面,外围空间的电场为零。

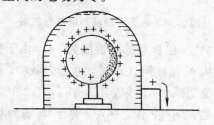

图 2-43 接地屏蔽

由一个金属空腔(或接地空腔导体),隔离内外静电场的影响,这叫做静电屏蔽。

在工程技术上,为了排除外电场对仪表

设备和身体健康的影响,通常都要施加屏蔽。如通讯线路、电子仪表等往往利用外壳接地作为屏蔽;高压设备的周围用接地的栅网遮隔,在强电场环境工作的人员穿着用导电纤维编织的工作服,都是运用了静电屏蔽原理。

(4) 尖端放电

当带电导体处于静电平衡时,导体内部场强处处为零,因此导体内部不可能有未被抵消(中和)的电荷,因为未被抵消的电荷附近的场强不可能为零,所以带电导体的电荷只能分布在导体的外表面,而且电荷在导体外表面的分布密度与导体的形状有关。电荷在导体表面曲率大的地方分布密度大,电场强,在表面曲率小的地方分布密度小,电场弱。如果导体有曲率很大的尖端,尖端上的电荷密度最大,电场也最强。

如果带电导体上的尖端很尖锐,则尖端附近的电场强度可以大到使周围的空气分子发生电离。在电场力的作用下,与尖端上的电荷同号的离子将背离尖端运动,与尖端上的电荷异号的离子将趋向尖端运动,并与尖端上的电荷中和,使导体上电荷消失,这种现象叫尖端放电。在工程技术上,像避雷针就是利用尖端放电原理来保护物体免受雷击的。

小　结

(1) 机械运动

位移 s 与路程 s:位移指物体在空间运动时位置的变化;而路程指物体在空间运动时轨迹的长度。

平均速度 $\bar{v}$ 和即时速度 v:平均速度指物体在一段时间或一段位移内的平均速度,它等于物体发生这段位移与所用时间的比值,即 $\bar{v}=\dfrac{s}{t}$;即时速度 v 指质点在某一时刻或位置的速度。

加速度 a:描述速度改变快慢的物理量,$a=\dfrac{v_t-v_0}{t}$

几种常见运动的比较　　　　　　　　　　表 2-1

匀速直线运动	$v=\dfrac{s}{t}$		
匀变速直线运动	$v_t=v_0+at$	$s=v_0t+\dfrac{1}{2}at^2$	$v_t^2=v_0^2+2as$
自由落体运动	$v_t=gt$	$h=\dfrac{1}{2}gt^2$	$v_t^2=2gh$　g 取 9.8m/s^2
匀速圆周运动	$v=\dfrac{2\pi R}{T}$	$\omega=\dfrac{v}{R}$	$a=\dfrac{v^2}{R}=R\omega^2$

(2) 力、力矩

力　力是物体间的相互作用。力是物体产生形变和运动状态改变的原因。力的三要素为大小、方向、作用点。力是矢量,可以用平行四边形法则进行合成或分解。常见的力有重力 G、弹力 F、摩擦力 f 等。

力矩　力矩是使物体转动状态发生变化的原因。从转轴到力的作用线的垂直距离叫力臂(L)。力和力臂的乘积叫力对转轴的力矩,$M=FL$。

（3）牛顿运动定律

牛顿第一定律	一切物体在没有受到外力作用的时候，总是保持匀速直线运动状态或静止状态。
牛顿第二定律	物体在外力作用下将获得加速度，加速度的大小跟物体所受外力成正比，跟物体的质量成反比，加速度方向跟外力的方向相同。$F=ma$，匀速圆周运动向心力 $F=m\dfrac{v^2}{R}=mR\omega^2$
牛顿第三定律	物体间的作用力与反作用力同在一直线上，总是大小相等，方向相反，分别作用在不同的物体上，同时存在，同时消失，$F=-F'$

（4）功和能

功 W：力对物体做的功等于力的大小、位移的大小、力和位移的夹角的余弦的乘积。$W=Fs\cos\alpha$。单位时间内做的功称为功率 P。$P=\dfrac{W}{t}=F\cdot v$

动能 E_k 和位能 E_p：物体由于运动而具有的能量称为动能。$E_k=\dfrac{1}{2}mv^2$。相互作用物体间由于相对位置发生变化而具有的能量称为位能。重力位能 $E_p=mgh$。

功能关系：除重力和弹力以外的外力对物体做功时，物体的机械能增加；物体克服阻力做功时，机械能减少。

机械能守恒定律：在只有重力或弹力做功的情况下，物体动能和位能，可以互相转化，而总的机械能保持不变。$E_{kA}+E_{pA}=E_{kB}+E_{pB}$。

（5）静电场

1）电场　电场是电荷周围存在的一种特殊物质，电荷之间的相互作用力是通过电场发生的，电场具有力和能的性质，分别用电场强度和电位进行描述。

电场强度 E：放在电场中某点的电荷所受的电场力与其电量的比值，称为该点的电场强度 $E=\dfrac{F}{q}$。

电位 V：放在电场中某点的电荷所具有的电位能与其电量的比值，称为该点的电位。$V=\dfrac{E}{q}$。

电位差：电场中两点间的电位之差，$U_{AB}=V_A-V_B$。

2）库仑定律

两个点电荷之间的相互作用力的大小与它们的电量的乘积成正比，与它们之间的距离的平方成反比，作用力的方向在两个点电荷的连线上。

$$F=k\dfrac{q_1q_2}{\varepsilon r^2}$$

$k=9\times10^9\text{N}\cdot\text{m}^2/\text{C}^2$　　ε—介质常数，空气为1

3）静电平静　导体中没有电荷做定向运动的状态称为静电平衡。达到静电平衡的条件是：导体内部场强处处为零。

习题

1. 汽车向西行驶 8km 后，又向南行驶了 6km，计算汽车通过的路程和得到的位移。

2. 两辆汽车都在做匀速直线运动，第一辆汽车在 10min 内的位移是 6km，第二辆汽车在 5s 内的位移是 90m，哪辆汽车的速度大？

3. 无线电波的速度为 3×10^8m/s，雷达向月球发射电波 2.5s 后收到回波，问月球距地面有多远？

4. 物体做匀变速直线运动，在第一秒内的速度是 4m/s，在第一秒末的速度是 4m/s，这两种说法中，哪一种是表示平均速度？哪一种是表示即时速度？

5. 火车由静止出发做匀加速运动，经过 5min 后，速度达到 32.4km/h，求它的加速度是多少？

6. 速度为 30km/h 的汽车，用 -0.5m/s² 的加速度刹车，需经多长的时间才能把车刹住？

7. 一个物体从静止开始做匀加速直线运动，加速度是 2m/s²，这个物体在第一秒内的平均速度是多少？位移是多少？

8. 公共汽车以 64.8km/h 的速度行驶时，发现前方 30m 处有障碍物，司机立即刹车，经 3s 后停止，设汽车做匀变速运动，问车停在障碍物前多远？

9. 某人以 18km/h 的速度匀速骑自行车，下坡时的加速度为 0.2m/s²，到达坡底时的速度为 25.2km/h，求自行车下坡用了多长的时间？

10. 一个自由下落的物体，到达地面时的速度是 39.2m/s，这个物体是从多高的地方下落的？落到地面用了多长时间（g 取 9.8m/s²）？

11. 在粗糙的地面上，沿水平方向用绳拉着一个木箱前进，用图示说明这个木箱受到几个力的作用？是什么物体对它的作用？是哪种力？设拉力为 300N，箱重 500N，摩擦系数为 0.3。

12. 要用多大的水平力，才能把重量为 60N 的木块按住在垂直的墙上（木块与墙的摩擦系数为 0.3）。

13. 木块重 6N，对水平桌面的压力是多大？如果用绳子拉木块匀速前进时，水平拉力 2.4N，求木块跟桌面之间的摩擦系数。如果绳子对木块的拉力只有 2N，木块受到的摩擦力是多少？是什么摩擦力？

14. 有人说，合力一定比分力大，对吗？为什么？

15. 两个共点力间的夹角是 90°，力的大小分别为 90N 和 60N，求它们的合力。

16. 如图 2-44，为防止电线杆的倾斜，在它两侧用钢索对称拉紧。如果钢索之间的夹角是 60°，每根钢索的拉力都为 300N，求它们对电线杆的作用力。

17. 有三个力分别为 20N、30N、40N 同时作用在一点上，它们之间夹角都是 120°，用作图法求它们的合力。

18. 如果没有阻力，沿一直线推动原来静止的物体前进，当推力不变时，这个物体做什么运动？它的速度怎样改变？它的加速度怎样改变？当推力逐渐减少时，它做什么运动？它的速度和加速度又怎样变化？为什么？

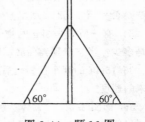

图 2-44　题 16 图

19. 用 80N 的力去推小车时，小车做匀速直线运动，用 120N 的力去推时，小车以 0.1m/s² 做匀加速直线运动，求小车的质量。

20. 质量为 10^6kg 的货轮，在速度为 1m/s 时停止转动螺旋桨，10min 后速度为零，求所遇到的平均阻力和滑行的位移。

21. 炮弹的质量是 12kg，炮膛长 1.8m，炮弹的出口速度为 600m/s，求炮弹在炮膛内受到的平均阻力。

22. 使质量为 60t 的车厢以 0.2m/s² 的加速度前进，如果阻力是它的重量的 0.02 倍，求牵引力。

23. 吊车起吊时，在 0.5s 内把质量为 490kg 的物体由静止起吊，加速到 0.4m/s，求钢丝绳对物体的作用力。

24. 如图 2-45，AB 杆长 1.0m，可以绕 A 端在竖直平面内转动，现在杆的 B 端施一水平力 $F=10$N，求 AB 杆处在图中的两个位置时，水平力 F 对转动轴的力矩各是多少？

25. 图 2-46 是汽车制动器踏板，O 是转动轴，B 端连接制动器，如果司机踏紧踏板的力 $F=20N$，当制动器平衡时，阻力 F' 是多大？

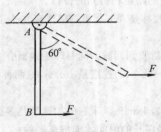

图 2-45　题 24 图

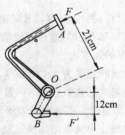

图 2-46　题 25 图

26. "施力物体同时也一定是受力物体"，这句话是否正确？用两个实例说明。

27. 起重机起吊重 10^4N 的物体，用 $2m/s^2$ 的加速度，从静止开始上升，求起重机在前 5s 内所做的功及平均功率。

28. 一个人用 5min 的时间登上大楼的 21 层，已知他的质量为 60kg，每层楼高 3.5m，这个人上楼共做了多少功？功率是多大？

29. 我国设计制造的 40t 自卸载重汽车，如果以 18km/h 的速度前进，问载重汽车所具有的动能是多少？若这时以 $19.6×10^3N$ 的制动力进行刹车，刹车前进多远才能停下来？

30. 质量为 2g 的子弹以 300m/s 的速度射入树桩，沿直线深入 5cm 后停下来，子弹的动能改变了多少？在这个过程中受到的阻力有多大？

31. 在平路上，发动机使汽车的速度从零增加到 5m/s 和从 5m/s 增加到 10m/s，如果在这个过程中，牵引力相同，阻力相同，问哪个过程发动机做的功较多？

32. 一辆质量为 2t 的汽车，从静止开动，在水平公路上行驶了 50m 后，速度增加到 36km/h，若发动机的牵引力是 $7.2×10^3N$，求：(1) 牵引力做了多少功？(2) 汽车的动能增加了多少？(3) 汽车克服阻力做了多少功？

33. 有人说："自由落体下落过程中，动能的增加等于重力位能的减少跟重力对落体所做功的和。"这种说法是否妥当？为什么？

34. 有一质量为 3kg 的物体，从高 1m、长 4m 的光滑斜面顶端滑下，当它滑下 2m 时，动能和重力位能各是多少？当它滑到斜面底端时，动能和重力位能各是多少？

35. 1500t 的列车在制动后前进 300m 停止，制动力等于 $15×10^4N$，求列车原来的速度。

36. 如图 2-47，一物体从静止开始，沿着四分之一的光滑圆弧轨道从 A 点滑到最低点 B，已知圆半径 R 为 4m，物体滑到 B 端时的速率是多大？

37. 有一种电动机的转速为 2 000r/min，求它的角速度。

38. 人造地球卫星绕地球运动可近似当作匀速圆周运动。若卫星离地面的高度为 10^6m，绕地球一周的时间为 105min，求卫星运动的线速度和角速度。地球半径取 $6.37×10^6m$。

39. 车床卡盘的转速为 1 020r/min，加工工件的直径为 50mm，求车刀的切削速度。

40. 如图 2-48，一个用细绳悬挂着的小球，正在水平面内做匀速圆周运动，问它的向心力是怎样产生的？

41. 火车在半径为 200m 的轨道转弯处用 36km/h 速度行驶求向心加速度。

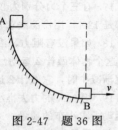

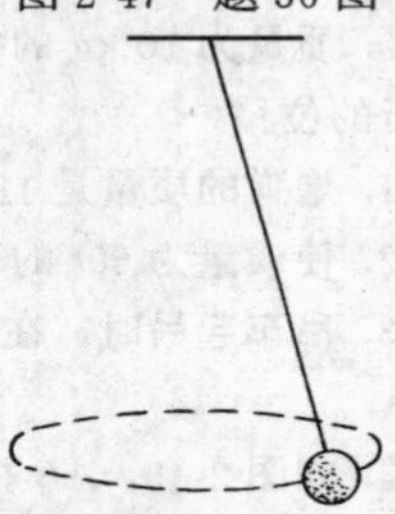

图 2-47　题 36 图

图 2-48　题 40 图

42. 汽车和所装的货物重 $49×10^3$N，如果用 21.6km/h 的速度通过圆弧半径为 50m 的凸拱桥面，求汽车在桥顶时桥面对汽车的支承力。

43. 在煤油中，一个点电荷 q 受到另一个点电荷 Q 的吸引力为 $8.1×10^{-3}$N，q 的电量为 $2.7×10^{-9}$C，q 与 Q 之间距离为 0.1m，求 Q 的电量（煤油的 $\varepsilon=4$）。

44. 在真空中，带有 $3×10^{-8}$C 的检验电荷，放在距场电荷 6cm 处，所受的力是 $2.7×10^{-3}$N，求这一点的场强大小，以及形成电场的电荷电量。

45. 在电场中 a 点的电位为 300V，b 点的电位为 200V，如果分别把电量为 $+10^{-7}$C 和 -10^{-8}C 的电荷从 a 点移到 b 点，问是什么力做功？做了多少功？

第 3 章 直 流 电 路

本章主要介绍电路的基本知识，主要有：电路的概念、电路的状态及电路的几个基本物理量——电流、电压、电阻、电功、电功率等。通过这一章的学习要求掌握电路中电流、电压、电阻、电功率等基本概念及性质。

3.1 电路的概念

3.1.1 电路

电流经过的路径称为电路或网络，它是为实现一定的目的，将有关的电气设备或部件按一定方式联接起来所构成的电流的通路。如图 3-1 所示，是一个简单电路的实物联接图及其电路图。

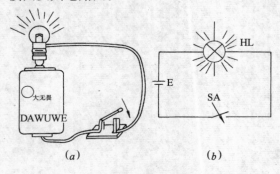

(a)   (b)

图 3-1 电路和电路图

图中电源是一节干电池。电源是将其他形式的能转换成电能的装置。负载也称用电器，它是将电能转换成其他形式能量的器件或设备。如图 3-1 中的电灯可以把电能转换成光能。联接导线是输送和分配电能的导体，常用的导线有铜线、铝线。开关在电路中起控制作用。

任何一个完整的电路均由电源、负载、中间环节（导线、开关等）三部分组成。

实际应用中的电路，虽然种类繁多，结构形式各不相同，但按其主要功能可分为两类：一类是传输、分配和使用电能的电力电路，由发电厂、输电线路、变电站和用户等所构成的电力系统，就是这方面的典型例子；二类是传递、变换、贮存和处理电信号，使之成为所需要的输出量的电子电路，如：自动控制、广播电视、通讯、电子计算技术等都体现了电路的这种功能。不管电路的功能如何，随着电流的流通，电路中总是进行着电能与其他形式能量的相互转换。

电路分为外电路和内电路。从电源的一端经过负载再回到电源的另一端的电路，称为外电路。电源内部的通路称为内电路，如电池两极间的电路就是内电路。

3.1.2 电路图

电路可以用电路图来表示。电路图是指用国家统一规定的符号来表示电路联接情况的图。电路图中常用的一部分图形符号如表 3-1 所示。用图形符号可以把图 3-1 (a) 的实物接线图画成图 3-1 (b) 所示的电路图。

3.1.3 电路的状态

电路通常有三种状态：

通路 指处处联通的电路。通路也称闭合电路，简称闭路。此时电路中有工作电流。

开路 指电路中某处断开、不成通路的电路。开路也称断路，此时电路中无电流。

⟋	开　关	▭	电　阻	⊥	接机壳
⊣⊢	电　池	▭	电位器	⟂	接　地
Ⓖ	发电机	⊣⊢	电　容	○	端　子
⌒⌒⌒	线　圈	Ⓐ	电流表	✛	联接导线不联接导线
⌒⌒⌒	铁心线圈	Ⓥ	电压表	▭	熔断器
⌒⌒⌒	抽头线圈	▷⊢	二极管	⊗	电　灯

短路　指电路（或电路中的一部分）被短接。如负载或电源两端被导线联接在一起，就称短路。短路也称捷路，此时电流提供的电流将比通路时提供的电流大很多倍。一般不允许短路。

3.2 电流

3.2.1 电流的形成

电荷有规则的定向运动称为电流。在金属导体中，电流是自由电子在电场作用下作有规则运动形成的。在某些液体或气体中，电流则是正、负离子在电场力作用下有规则运动形成的。

3.2.2 电流的大小

电流的大小取决于在一定时间内通过导体横截面电荷量的多少，用电流强度来衡量。若在 t 秒内通过导体横截面的电量是 Q 库仑，则电流强度可以用下式表示：

$$I = \frac{Q}{t} \tag{3-1}$$

如果在 1s 内通过导体横截面的电量是 1C，则导体中的电流强度就是 1A。除安［培］外，常用的电流强度单位有千安（kA）、毫安（mA）和微安（μA）。

$$1kA = 10^3 A$$
$$1mA = 10^{-3} A$$
$$1\mu A = 10^{-3}mA = 10^{-6}A$$

为方便，人们常把电流强度简称为电流。

【例 3-1】　某导体在 5min 内均匀通过的电荷量为 4.5C，求导体中的电流是多少 mA？

【解】　　　$I = \dfrac{Q}{t} = 4.5/(5 \times 60)$
$$= 0.015(A) = 15(mA)$$

3.2.3 电流的方向

电流不但有大小，而且有方向。习惯上规定以正电荷移动的方向为电流的方向。在金属导体中，电子运动而形成的实际方向，与电流方向相反。

在分析电路时,常常要知道电流的方向,但有时对某段电路中电流的实际方向往往难以立刻判断出来,此时可先假定电流的参考方向(即正方向),然后列方程求解。当解出的电流为正值时,就认为电流方向与参考方向一致,见图3-2(a),反之,当电流为负值时,就认为电流方向与参考方向相反,见图3-2(b)。

图 3-2 电流的方向

3.2.4 电流的密度

在实际工作中有时需要选择导线的粗细(截面),就要用到电流密度这一概念。所谓电流密度是当电流在导体横截面上均匀分布时,该电流与导体横截面积的比值。这样电流密度 J 可用下式表示:

$$J = \frac{I}{S} \qquad (3-2)$$

上式中当电流强度用 A 作单位,面积用 m^2 作单位时,电流密度的单位是 A/m^2。导线允许的电流随导体截面不同而不同。例如 $1mm^2$ 的铜线允许通过 6A 的电流,$2.5mm^2$ 的铜导线允许通过 15A 的电流,($J = 6 \times 10^6 A/m^2$);$120mm^2$ 的铜导线允许通过 280A 的电流 ($J = 2.3 \times 10^6 A/m^2$)。当导线中的电流超过允许电流时,导线将发热、冒火而出现事故。

【例 3-2】 某照明电路中需要通过 21A 的电流,问应采用多粗的铜导线?(设铜导线的允许电流密度为 $6A/mm^2$)。

【解】 $S = \dfrac{I}{J} = \dfrac{21}{6} = 3.5(mm^2)$

3.2.5 电流的分类

在生产和生活中,常将电流分成两大类:

直流电和交流电。凡方向不随时间变化的电流都称直流电流。而大小和方向都不随时间变化的电流称稳恒直流电流;凡大小和方向均随时间变化的电流称交流或交变电流。

3.2.6 电流的效应

在电流发生的同时,总会产生化学、热和磁的效应。我们就是利用电流的这些效应来为我们服务的。如手电筒的灯泡发光就是利用电流的热效应。同时也尽量避免我们不需要的效应产生,以提高电流的利用率。

3.3 电压及电动势

3.3.1 电压

电压是衡量电场力做功本领大小的物理量。若电场力将电荷 Q 从 a 点移到 b 点,所做的功为 W_{ab},则两点间的电压 U_{ab} 为:

$$U_{ab} = \frac{W_{ab}}{Q} \qquad (3-3)$$

式中,W_{ab} 单位是焦 [耳](J),Q 的单位是库 [仑](C),电压的单位是伏 [特],用字母 "V" 表示,除伏外,还有千伏(kV)毫伏,(mV)、微伏(μV),它们之间的换算关系是

$$1kV = 10^3 V$$
$$1mV = 10^{-3} V$$
$$1\mu V = 10^{-3} mV = 10^{-6} V$$

电压不但有大小,而且有方向,即有正负,对负载来说,规定电流流进端为电压的正端,电流流出端为电压的负端。电压的方向由正指向负。也就是负载中电压的实际方向与电流方向一致,如图3-3中的 U_{ab} 为正,U_{ba} 为负,即 $U_{ab} = -U_{ba}$。在电路图中,常以带箭头的细实线表示电压的方向。若遇到电路中某两点间的电压方向不能确定时,也可先假设电压的参考方向,再根据计算所得数值的正负,来确定其实际方向,方法与电流

相同。

图 3-3　电压与电动势方向

显然，对负载来说，没有电流就没有电压，有电压就一定有电流。电阻两端的电压常叫电压降。

3.3.2　电动势

电动势是衡量电源将非电能转换成电能本领的物理量。电动势的定义是：在电源内部，外力将单位正电荷从电源的负极移到电源正极所做的功，用字母 E 表示。若外力将电荷 Q 从负极移到正极所做的功是 W_E，则电动势的表达式为：

$$E = \frac{W_E}{Q} \tag{3-4}$$

电动势和电压单位相同，都是伏特 (V)。

电动势的方向规定为在电源内部由负极指向正极。在电路中，也用带箭头的细实线表示电动势方向。

对一个电源来说，既有电动势又有电压，但电动势只存在于电源内部，电源两端的开路电压（即电源两端不接负载时的电压）等于电源电动势，但二者方向相反。电源两端的电压方向规定为：在电源外部正极指向负极。如图 3-3 所示。

3.4　电位

在分析电路时，有时需要比较某两点的电性能，常需引入电位的概念。电路中某点与参考点间的电压就称该点的电位。通常把参考点的电位规定为零电位。电位的符号常用带脚标的字母 V 表示，如 V_A 表示 A 点的电位。电位的单位仍然是伏特 (V)。

通常选大地为参考点，即把大地的电位规定为零电位，而在电子仪器和设备中又常把金属机壳或电路的公共接点的电位规定为零电位。零电位的符号是 ⏚（表示接大地）、⊥ 或 ⎍（表示电路的公共接点或设备的金属外壳接地）。

电路中任意两点间的电位之差，就称该两点的电位差，即电路中该两点间的电压。用公式表示：

$$U_{AB} = V_A - V_B \tag{3-5}$$

电位与电压的异同点：①电位是某点对参考点的电压，而电压是电路中两点之间的电位差。②电压有绝对性，它的大小不随参考点的改变而改变，而电位有相对性，某点电位随参考点的改变而改变。③因 $U_{AB} = V_A - V_B$，所以当 $U_{AB} > 0$ 时，A 点电位高于 B 点电位，反之，当 $U_{AB} < 0$ 时，A 点电位低于 B 点的电位。④它们的单位均是伏特 (V)。

【例 3-3】　已知 $V_A = 20V$，$V_B = -40V$，$U_{AC} = 40V$，求 U_{AB} 和 V_C

【解】　$U_{AB} = V_A - V_B$

$$= 20 - (-40) = 60(V)$$

$$U_{AC} = V_A - V_C$$

$$V_C = V_A - U_{AC}$$

$$= 20 - 40 = -20(V)$$

3.5　电阻

3.5.1　电阻

导体对电流的阻碍作用就称为电阻，用字母 R 或 r 表示。其单位是欧［姆］，欧［姆］的符号是 Ω。

如果导体两端的电压为 1 伏 (V)，通过的电流是 1 安 (A)，则该导体的电阻就是 1 欧 (Ω)。

除欧之外，常用的单位还有千欧 (kΩ)、兆欧（MΩ）。

$$1k\Omega = 10^3\Omega$$
$$1M\Omega = 10^3k\Omega = 10^6\Omega$$

值得注意的是，导体的电阻是客观存在的，它不随导体两端电压的大小变化，即使没有电压，导体仍然有电阻。实验证明，温度一定时，导体的电阻跟导体的长度 l 成正比，跟导体的横截面积 S 成反比，并与导体

的材料性质有关。用式子表示：

$$R = \rho \frac{l}{S} \qquad (3\text{-}6)$$

式中 ρ 是与材料性质有关的物理量，称为电阻率或电阻系数。电阻率的大小等于长度为 1m，截面积为 $1m^2$ 的导体在一定温度下的电阻值，其单位是欧·米（Ωm）。

从表中可知，纯金属的电阻率很小，绝

几种材料在 20℃ 时的电阻率　　　　　　表 3-2

材　　料		电 阻 率 （Ωm）	主 要 用 途
纯金属	银	1.6×10^{-8}	导线镀银
	铜	1.7×10^{-8}	制造各种导线
	铝	2.9×10^{-8}	制造各种导线
	钨	5.3×10^{-8}	电灯灯丝、电器触头
	铁	1.0×10^{-7}	电工材料、制造钢材
合金	锰铜（85%铜、12%锰、3%镍）	4.4×10^{-7}	制造标准电阻、滑线电阻
	康铜（54%铜、46%镍）	5.0×10^{-7}	制造标准电阻、滑线电阻
	铝铬铁电阻丝	1.2×10^{-6}	电炉丝
半导体	硒、锗、硅等	$10^{-4} \sim 10^7$	制造各种晶体管、晶闸管
绝缘体	赛璐珞	10^8	电器绝缘
	电木、塑料	$10^{10} \sim 10^{14}$	电器外壳、绝缘支架
	橡胶	$10^{13} \sim 10^{16}$	绝缘手套、鞋、垫

缘体的电阻率很大，银的导电性能最好。由于银的价格昂贵，用它做导线太不经济，因此，目前多用铜和铝来做导线。又因铝矿丰富，价格便宜，所以在很多场合下常用铝代铜做导线。

【例 3-4】 用康铜丝来绕制 10Ω 的电阻，问需要直径为 1mm 的康铜丝多少 m？

【解】 因 $\qquad R = \rho \dfrac{l}{s}$

所以 $\qquad l = \dfrac{RS}{\rho}$

又 $\qquad S = \dfrac{\pi d^2}{4}$

$$l = \frac{R \times \pi d^2}{4\rho}$$

$$= \frac{10 \times 3.14 \times (10^{-3})^2}{5.0 \times 10^{-7} \times 4} = 15.7 (m)$$

实验还证明，导体的电阻与温度有关。通常，金属的电阻随温度的升高而增大。如民用 220V、40W 的白炽灯不通电时，其灯丝电阻约为 100Ω，而正常发光时灯丝电阻却高达 1 210Ω。半导体和电解液的电阻，通常都是随温度升高而减小。所以在电镀业中常用加热的方法来减小电镀液的电阻。在电子工业中常用半导体制造能够灵敏反映温度变化的热敏电阻。

3.5.2 电阻形式及参数

在生产实际中要用到各种各样的电阻，例如有些电气设备，需要阻值大的电阻；有些设备，需要功率大的电阻等，这就需要专门制造一些电阻元件。我们把具有一定阻值

的实体元件称为电阻器。

电阻器它分为固定电阻器和可变电阻器，固定电阻器常用的一般有线绕电阻（RX），薄膜电阻（RT、RJ），实芯电阻（RS）三种。可变电阻的阻值可在一定范围内变化，有三个引出脚，常见电阻器如图 3-4。

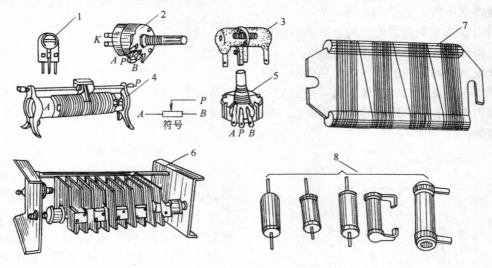

图 3-4　常用电阻器外形

1—微调电位器；2—开关电位器；3—线绕可变电阻；4—线绕滑线电阻；5—电位器；
6—生铁固定电阻；7—线绕固定电阻；8—各种固定电阻

每个电阻器上均标有额定功率、标称电阻值及允许误差这三个主要性能指标。一般用数字和文字符号直接标在电阻器的表面上，也有的用色环标志在电阻器的表面上。

电阻器的选用要根据电路或设备的实际要求来选用。选用时要求电阻器的标称阻值应和电路要求相符，额定功率要大于电阻器在电路中实际消耗的功率，允许偏差在要求的范围内。

3.6　欧姆定律

3.6.1　部分电路的欧姆定律

在不包含电源的部分电路中，如图 3-5 所示，通过电路的电流强度和加在电路两端电压的大小成正比，和电路本身的电阻大小成反比。即

$$I = \frac{U}{R} \qquad (3-7)$$

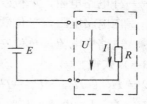

图 3-5　部分电路

式中 I 的单位用 A，U 的单位用 V，R 的单位用 Ω。

【例 3-5】　已知某白炽灯的额定电压是 220V，正常发光时的电阻是 1 210Ω，试求流过灯丝的电流。

【解】　电流：$I = \dfrac{U}{R} = \dfrac{220}{1\ 210} \approx 0.18(A)$

【例 3-6】　已知某电炉接在 220V 电源上，正常工作时流过电阻丝的电流为 5A，试求此电阻丝的电阻。

【解】　由 $I = \dfrac{U}{R}$，得

电阻：$R = \dfrac{U}{I} = \dfrac{220}{5} = 44(Ω)$

3.6.2 全电路欧姆定律

全电路是含有电源的闭合电路。如图3-6，虚线框中的 E 代表电源电动势，R_0 代表电源内阻。通常把电源内部的电路称做内电路，电源外部的电路称做外电路。

全电路欧姆定律的内容是：全电路中的电流强度与电源的电动势成正比，与整个电路（即内电路和外电路）的电阻成反比。其数学式为

$$I = \frac{E}{R + R_0} \qquad (3-8)$$

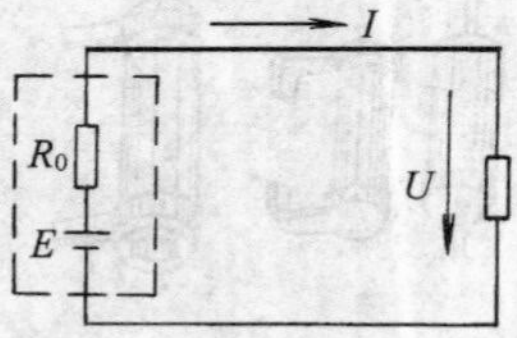

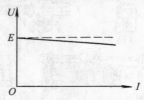

图 3-6 最简单的全电路

式中 E——电源电动势，单位伏（V）；

R——外电路电阻，单位欧（Ω）；

R_0——内电路电阻，单位欧（Ω）；

I——电路中电流，单位安（A）。

由（3-8）式得

$$E = IR + IR_0 = U + IR_0 \qquad (3-8a)$$

式中 $U = IR$ 是外电路电压降，外电路电压是指电路接通时电源两端的电压，又称端电压。

3.6.3 电源的外特性

由式（3-8a）得 $U = E - IR_0$

对一定电源来讲，R_0 是定值，E 也是定值。它们不受外电路影响。所以外电路负载电阻 R 越大，电路中电流就越小，IR_0 也就小，端电压就越接近电源电动势 E。当 R 为无穷大即外电路断路时，I 等于零，IR_0 也为零，此时端电压就等于电源电动势。同样，当负载电阻 R 越小，整个电路电流越大，IR_0 也就越大，这样端电压 $U = E - IR_0$ 就越小，当负载电阻为零时，即形成短路，也就是外电压

降为零，这时 $E = IR_0$，$I = \frac{E}{R_0}$，由于内阻 R_0 都很小，所以 I 值很大，将会烧毁电路或设备。

我们把这种电源端电压随负载电流变化的关系称为电源的外特性，画成曲线如图3-7。

图 3-7 电源外特性曲线

电源端电压高低不仅与负载有密切关系，而且与电源内阻大小有关。在负载电流大小不变的情况下，内阻越小，端电压就越接近电源电压，内阻越大，端电压就越小，当内阻为零时，也就是理想情况（这时的电源为理想电源），端电压就等于电源电动势。

【例 3-7】 有一电源电动势为3V，内阻 R_0 为 0.6Ω，外接负载电阻 R 为 2.4Ω，求电路的总电流、内电压降和电源的端电压。

【解】 由 $I = \frac{E}{R_0 + R}$，得

电流 $I = \frac{3}{2.4 + 0.6} = 1(A)$

外电压：$U = IR = 1 \times 2.4$
$$= 2.4(V)$$

内电压：$U_0 = IR_0 = 1 \times 0.6$
$$= 0.6(V)$$

【例 3-8】 已知电池的开路电压 U_0 为 1.5V，接上 9Ω 负载电阻时，其端电压为 1.35V，求电池的内阻 R_0。

【解】 开路时 $U_0 = E = 1.5V$

内电压 $U_0 = E - U$
$$= 1.5 - 1.35$$
$$= 0.15(V)$$

电流 $I = \frac{U}{R} = \frac{1.35}{9}$
$$= 0.15(A)$$

内阻 $R_0 = \frac{U_0}{I} = \frac{0.15}{0.15}$
$$= 1(\Omega)$$

原　　因		结　　果	
外电路电阻（R）	电流强度（I）	内电压降 $U_0 = IR_0$	路端电压 $U = IR$
增　　大	减　　小	减　　小	增　　大
∞（断路）	0	0	$U = E$
减　　小	增　　大	增　　大	减　　小
0（短路）	$I_{sc} = \dfrac{E}{R_0}$（极大）	$U_0 = E$	0

3.7　电功和电功率

3.7.1　电功

把电能转换成为其他形式的能量时（如光能、热能），电流都要做功。电流所做的功叫电功。根据公式 $I = \dfrac{Q}{t}$，$U = \dfrac{W}{Q}$ 以及欧姆定律，可得电功 W 的数学式为：

$$W = UQ = IUt = I^2Rt = \frac{U^2}{R}t \quad (3-9)$$

上式中电压单位为 V，电流单位为 A，电阻单位为 Ω，时间单位为 s，电功的单位是焦［耳］，用 J 表示。

3.7.2　电功率

电流在单位时间内所做的功叫功率，用 P 表示，其表达式为

$$P = \frac{W}{t} = IU = I^2R = \frac{U^2}{R} \quad (3-10)$$

式中功率的单位为瓦［特］，用 W 表示。

在实际工作中，电功率还有常用的单位千瓦（kW）、毫瓦（mW）等。

$$1kW = 10^3W$$
$$1mW = 10^{-3}W$$

在实际工作中，电功的单位常用千瓦·小时（kWh），也叫"度"，我们通常所说的 1 度电就是等于 1kWh。负载消耗的电功多少，可以用电度表来测量。

【例 3-9】　某办公大楼有 40 盏电灯，每盏灯泡的功率为 100W，问全部使用 2h，耗电多少度？

【解】　电灯的总功率为

$$P = 40 \times 100 = 4\,000(W) = 4(kW)$$

耗电 $W = Pt = 4 \times 2 = 8 \ (kWh) = 8(度)$

3.8　焦耳定律

3.8.1　焦耳定律

电流通过电阻时，电流所做的功 W 被电阻吸收并全部转换为热能，而以热量的形式表现出来。所以电阻产生的热量 Q 为：

$$Q = W = I^2Rt \quad (3-11)$$

式中热量 Q 的单位是焦［耳］（J）。

公式（3-11）称作焦耳定律。用文字表达如下：电流流过导体产生的热量，与电流强度的平方、导体的电阻及通电时间成正比。

电流通过导体使导体发热的现象，通常称为电流的热效应。或者说，电流的热效应就是电能转换成热能的效应。

3.8.2　负载的额定值

电流的热效应应用很广泛，利用它可以制成电炉、电烙铁、电熨斗等电热器件。但电流的热效应也有其不利的一面，如电流的热效应会使电路中不需要发热的地方（如导线）也发热，这不但消耗了能量，而且会使电气设备的温度升高，加速绝缘材料的老化变质，从而导致漏电，甚至烧坏设备。

为保证电气元件和电气设备能长期完全

工作，都规定一个最高工作温度。很显然，工作温度取决于热量，而热量又由电流、电压或功率决定。我们把电气元件和电气设备所允许的最大电流、电压和功率分别叫做额定电流、额定电压、额定功率。平常我们看到灯泡上标有"220V40W"或电阻上标有"100Ω2W"等都是额定值。

【例 3-10】 某厂有一电烘箱，它的电阻为 20Ω，把烘箱接到 220V 的电源上，问 10min 内能放出多少热量？

【解】
$$Q = \frac{U^2}{R}t = \frac{220^2}{20} \times 10 \times 60$$
$$= 1\,452\,000\text{J}$$

【例 3-11】 阻值为 100Ω，额定功率为 1W 的电阻，两端所允许加的最大电压是多少？允许流过的电流又是多少？

【解】 因 $P = I^2R$

允许通过的电流：$I = \sqrt{\dfrac{P}{R}} = \sqrt{\dfrac{1}{100}}$
$$= 0.1(\text{A})$$

又因 $P = \dfrac{U^2}{R}$

允许加的最大电压：$U = \sqrt{PR}$
$$= \sqrt{1 \times 10}$$
$$= 10(\text{V})$$

3.9 简单直流电路

电路按结构可以分为无分支电路（就是单一闭合回路）和分支电路两种。所谓简单电路就是指无分支电路和可以用串、并联关系化成无分支电路的分支电路。

3.9.1 电阻的串联电路

两个或两个以上电阻依次相联，中间无分支的联接方式叫电阻的串联。如图 3-8（a）所示是两个电阻的串联，图 3-8（b）是图 3-8（a）的等效图。

串联电路有以下性质：

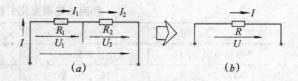

图 3-8　两个电阻的串联

1）串联电路中流过每个电阻的电流都相等，即
$$I = I_1 = I_2 = \cdots = I_n \qquad (3\text{-}12)$$

式中脚标 1、2、3…n 分别代表第 1、第 2、…第 n 个电阻（以下相同）。

2）串联电路两端的总电压等于各电阻两端的电压之和，即
$$U = U_1 + U_2 + \cdots + U_n \qquad (3\text{-}13)$$

3）串联电路的等效电阻（即总电阻）等于各串联电阻之和，即
$$R = R_1 + R_2 + \cdots + R_n \qquad (3\text{-}14)$$

若串联的 n 个电阻都相等，则
$$R = nR \qquad (3\text{-}14a)$$

4）在串联电路中，各电阻上分配的电压与各电阻值成正比，即
$$\frac{U_n}{U} = \frac{R_n}{R} \qquad U_n = \frac{R_n}{R}U \qquad (3\text{-}15)$$

在计算中常遇到两个或三个电阻串联，它们的分压公式分别为：
$$\begin{cases} U_1 = \dfrac{R_1}{R_1 + R_2}U \\[2mm] U_2 = \dfrac{R_2}{R_1 + R_2}U \end{cases}$$

$$\begin{cases} U_1 = \dfrac{R_1}{R_1 + R_2 + R_3}U \\[2mm] U_2 = \dfrac{R_2}{R_1 + R_2 + R_3}U \\[2mm] U_3 = \dfrac{R_3}{R_1 + R_2 + R_3}U \end{cases} \qquad (3\text{-}15a)$$

根据串联电路的特点，我们可以在电路中串一些电阻产生压降，做成分压器，以便得到一种或几种不同的电压供实际应用；或者在电路中串联一些装置，以保电路的安全；或利用分压器使低量程的电压表能测量较高的电压值。

由于串联电路中电流依次通过各电阻，所以电路中只要一处断路，整个电路也就断路。

【例 3-12】 在如图 3-9 所示的分压器中，已知 $U = 300V$，d 是公共接点，$R_1 = 150k\Omega$，$R_2 = 100k\Omega$，$R_3 = 50k\Omega$，求输出电压 U_{bd}、U_{cd} 各为多少 V？

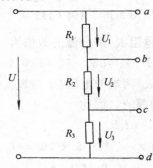

图 3-9　例 3-12 图

【解】

$$U_{cd} = U_3 = \frac{R_3}{R_1 + R_2 + R_3}U$$

$$= \frac{50}{150 + 100 + 50} \times 300 = 50(V)$$

$$U_{bd} = U_2 + U_3$$

$$= \frac{R_2}{R_1 + R_2 + R_3}U + U_3$$

$$= \frac{100}{150 + 100 + 50} \times 300 + 50$$

$$= 150(V)$$

【例 3-13】 有一个表头（图 3-10），它满刻度电流 I_a 是 $50\mu A$（即允许通过的最大电流是 $50\mu A$），内阻 R_a 是 $3k\Omega$。若改装成量程（即测量范围）为 10V 的电压表，应串多大的电阻？

【解】 表头满刻度时，表头两端的电压 U_a 为：

$$U_a = I_a R_a = 50 \times 10^{-6} \times 3 \times 10^3$$

$$= 0.15(V)$$

显然它直接测量 10V 电压是不行的，需要串联一个分压电阻以扩大测量范围（量程）。

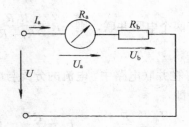

图 3-10　**【例 3-13】**图

$$R_b = \frac{U_b}{I_b} = \frac{U - U_a}{I_a} = \frac{10 - 0.15}{50 \times 10^{-6}}$$

$$= 197 \times 10^3(\Omega) = 197(k\Omega)$$

即串一个 197kΩ 的电阻，才能把表头改装成量程为 10V 的电压表。

3.9.2　电阻的并联电路

两个或两个以上电阻接在电路中相同两点之间的联接方式，叫做电阻的并联。如图 3-11 所示。图 3-11 (b) 是图 3-11 (a) 的等效图。

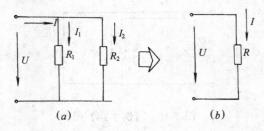

图 3-11　两个电阻的并联

并联电路有以下性质：

1）并联电路中各电阻两端的电压相等，且等于电路两端的电压，即

$$U = U_1 = U_2 = \cdots = U_n \quad (3\text{-}16)$$

2）并联电路中的总电流等于各电阻中的电流之和，即

$$I = I_1 + I_2 + \cdots + I_n \quad (3\text{-}17)$$

3）并联电路的等效电阻（即总电阻）的倒数等于各并联电阻的倒数之和，即

$$\frac{1}{R} = \frac{1}{R_1} + \frac{1}{R_2} + \cdots + \frac{1}{R_n} \quad (3\text{-}18)$$

若并联的 n 个电阻都为 R，则

$$R = \frac{R}{n} \quad (3\text{-}18a)$$

若两个电阻并联，则 $R = \dfrac{R_1 R_2}{R_1 + R_2}$

$$(3\text{-}18b)$$

4）在并联电路中，电流的分配与电阻成反比，即

$$\frac{I_n}{I} = \frac{R}{R_n} \qquad I_n = \frac{RI}{R_n} \qquad (3\text{-}19)$$

两个电阻并联的分流公式

$$I_1 = \frac{R_2}{R_1 + R_2} I$$

$$(3\text{-}19a)$$

$$I_2 = \frac{R_1 I}{R_1 + R_2}$$

根据并联电路的这些特点，我们可以在电路中并联负载，使它们彼此独立地、互不影响地在所需的电压和电流下工作；或利用低量程的电流表去测量较大范围的电流。

【例3-14】 如图3-12中，$I=10A$，$R_1=1\Omega$，$R_2=9\Omega$，试求并联等效电阻，分支电流 I_1、I_2。

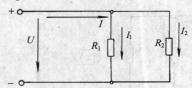

图 3-12 **【例3-14】** 图

【解】 由两电阻并联求总电阻公式得

$$R = \frac{R_1 R_2}{R_1 + R_2} = \frac{1 \times 9}{1 + 9} = 0.9(\Omega)$$

由分流公式得

$$I_1 = \frac{R_2}{R_1 + R_2} I = \frac{9}{1 + 9} \times 10 = 9(A)$$

$$I_2 = \frac{R_1}{R_1 + R_2} I = \frac{1}{1 + 9} \times 10 = 1(A)$$

【例3-15】 有一表头，满刻度电流 I_a $=50\mu A$，内阻 $R_a=3k\Omega$，若把它改装成量程为 $550\mu A$ 的电流表，应并联多大的电阻？

【解】 表头的满刻度电流只有 $50\mu A$，用它直接测量 $550\mu A$ 的电流，显然是不行的，必须并联一个电阻进行分流，如图3-13所示。

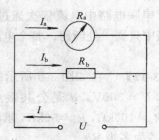

图 3-13 **【例3-15】** 图

分流电阻 R_b 需分流的数值为：

$$I_b = I - I_a = 550 - 50 = 500 \ (\mu A)$$

电阻 R_b 两端的电压 U_b 与表头两端的电压 U_a 是相等的，因此

$$U_b = U_a = I_a R_a$$
$$= 50 \times 10^{-6} \times 3 \times 10^3 = 0.15(V)$$

$$R_b = \frac{U_b}{I_b} = \frac{0.15}{500 \times 10^{-6}}$$
$$= 300(\Omega).$$

3.9.3 电阻的混联电路

在一个电路中，既有电阻的串联，又有电阻的并联，这种联接方式称为混合联接，简称混联。如图3-14所示。

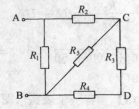

图 3-14 混联电阻

计算混联电路时，要根据电路的实际情况，灵活运用串联和并联电路的知识。一般先求出并联或串联部分的等效电阻，逐步化简，求出总的等效电阻，计算出总电流，然后再求各部分的电压、电流和功率等。

【例3-16】 已知图3-14中 $R_1=R_2=R_3$ $=R_4=R_5=1\Omega$，求 AB 间的等效电阻 R_{AB}。

【解】 画出图3-14所示电路的等效电路图（如图3-15所示），然后计算。

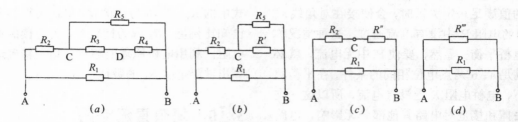

(a)	(b)	(c)	(d)

图 3-15　【例 3-16】图

R_3、R_4 串联，等效电阻 $R' = R_3 + R_4 = 2$（Ω）

R' 与 R_5 并联，等效电阻 $R'' = R_5 /\!/ R' = \dfrac{R_5 R'}{R_5 + R'} = \dfrac{2 \times 1}{2 + 1} = 0.67$（Ω）

R'' 与 R_2 串联，等效电阻 $R''' = R'' + R_2 = 0.67 + 1 = 1.67$（Ω）

R''' 与 R_1 并联，等效电阻 $R_总 = R''' /\!/ R_1 = \dfrac{R''' R_1}{R''' + R_1} = \dfrac{1.67 \times 1}{1.67 + 1} = 0.625$（Ω）

【例 3-17】　在图 3-16 中，$E = 8$V，$R_0 = 0.5$Ω，$R_1 = 3.5$Ω，$R_2 = 12$Ω，$R_3 = 6$Ω，试求总电流 I 及分电流 I_1、I_2 及 U_{R_1}

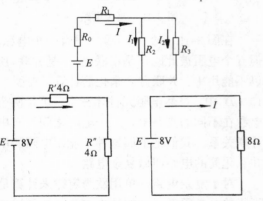

图 3-16　【例 3-17】图

【解】　R_2、R_3 并联，等效电阻为

$$R' = R_2 /\!/ R_3 = \frac{R_2 R_3}{R_2 + R_3} = \frac{6 \times 12}{6 + 12} = 4（Ω）$$

由欧姆定律得

总电流 $I = \dfrac{E}{R_0 + R}$

$$= \frac{8}{0.5 + 3.5 + 4} = 1（A）$$

由分流公式得

$$I_1 = \frac{R_3}{R_2 + R_3} I = \frac{6}{12 + 6} \times 1 = 0.33（A）$$

$$I_2 = \frac{R_2}{R_2 + R_3} I = \frac{12}{12 + 6} \times 1 = 0.67（A）$$

由分压公式得

$$U_{R_1} = \frac{R_1}{R_0 + R_1 + R'} E$$

$$= \frac{3.5}{0.5 + 3.5 + 4} \times 8 = 3.5（V）$$

3.9.4　电桥电路

（1）电桥电路

在实际中，经常遇到图 3-17（a）所示电桥电路。其中 R_1、R_2、R_3、R_4 是电桥的四个桥臂。电桥的一条对角线 a、b 之间接电阻 R；电桥的另一条对角线接电源。整个电路就是由四个桥臂和两条对角线组成的。这样的电路常称电桥电路。如果所接电源为直流电源，则这种电桥称为直流电桥。

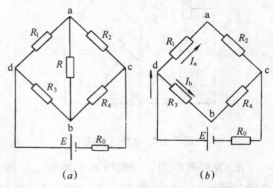

(a)	(b)

图 3-17　直流电桥电路

（2）平衡条件

电桥电路的主要特点就是当四个桥臂电

63

阻的值满足一定关系时，会使接在对角线a、b 间的电阻 R 中没有电流通过。这种情况称为电桥平衡。显然，要使 R 中无电流，就必须满足 a、b 两点电位相同的条件。在平衡状态下，电桥电阻 R 上没有电流，所以这一支路去掉和接上对电路其他部分无影响，电路这时变成图 3-17 (b) 的样子，设这时总电流是 I，流过 R_1 及 R_2 的电流为 I_a，流过 R_3、R_4 的电流为 I_b，那么

$$V_a = V_b$$
$$U_{da} = U_{db} \qquad U_{ac} = U_{bc}$$
$$I_a R_1 = I_b R_3 \qquad I_a R_2 = I_b R_4$$

两式相除得　$\dfrac{R_1}{R_2} = \dfrac{R_3}{R_4}$

即　　　　$R_1 R_4 = R_2 R_3$　　　　(3-20)

由图 3-17 可知，R_1 与 R_4，R_2 与 R_3 为两相对桥臂电阻。因此电桥平衡的条件是：对臂电阻的乘积相等。

（3）电桥电路的应用

电桥电路有多种应用。现以直流电桥测量电阻为例，说明电桥测量元件参数的原理。

图 3-18 所示的直流电桥由 R_1、R_2、R_3、R_x 组成四臂，桥路上接灵敏度较高的零中心检流计。

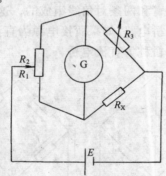

图 3-18　电桥的应用

R_x 为被测电阻，当电桥不平衡时，有电流通过检流计，表针偏离零点。调整 R_1、R_2、R_3 可使检流计表针指零，电桥平衡。此时有：

$$R_1 R_3 = R_2 R_x \quad 即 \quad R_x = \frac{R_1}{R_2} R_3$$

式中的 R_1、R_2 称为比例臂，借此可调整各种已知比例值。R_3 称为比较臂，为直读的可变电阻。利用电桥原理能够方便地、精确地读算出被测电阻 R_x 的数值。

3.10　复杂直流电路

3.10.1　概述

我们前面学过的无分支电路以及串联、并联、混联等分支电路等都属于简单直流电路。但是在实际工作中，有时也会遇到如图 3-19 所示的电路。

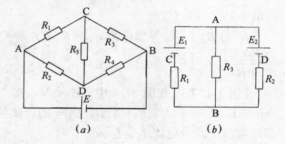

图 3-19　复杂电路

在图 3-19 (a) 中，虽然只有一个电源，但五个电阻彼此既不是串联，也不是并联，所以不能用串、并联方法来化简计算。在图 3-19 (b) 中，虽然电阻元件才三个，可是两个电源在不同的支路上，三个电阻之间没有串并联关系。我们把上面这种不能用电阻的串并联化简的电路叫做复杂电路。

对于复杂电路，单用欧姆定律来计算是不行的，必须学习新的计算方法。为了讨论问题方便，先介绍一下有关电路结构的几个名词。

支路　由一个或几个元件依次相联构成的无分支电路叫支路。在同一支路内，流过所有元件的电流都相等。如图 3-19 (b) 中，R_1 与 E_1 构成一条支路，R_3 却是一个元件构成一条支路。

节点　三条或三条以上支路的汇交点。

图 3-19 (a) 中的 A、B、C、D 四个点都是节点。

回路 电路中任一闭合路径都叫回路。一个回路通常包含若干条支路，并通过若干个节点。在每次所选用的回路中，至少包含一个未曾选用过的新支路时，这些回路称为独立回路。如图 3-19 (b) 中有三个回路，即 ABCA 回路，ABDA 回路，ADBCA 回路，而独立回路只有两个。

网孔 在回路中间不框入任何其它支路的回路叫网孔。电路中的网孔数等于独立回路数。在图 3-19 (b) 中，ABCA 和 ADBA 回路是网孔，而 ADBCA 回路就不是网孔。

计算复杂电路的方法很多，但它们的依据是电路的两条基本定律——欧姆定律和基尔霍夫定律。基尔霍夫定律是由德国物理学家基尔霍夫（1824—1887）于1847年发表的。它既适用于直流电路，也适用于交流电路，对于含有电子元件的非线性电路也适用。因此，它是分析计算电路的基本定律。

3.10.2 基尔霍夫定律

(1) 基尔霍夫第一定律（KCL）

基尔霍夫第一定律也叫节点电流定律。它的内容是：流入一个节点的电流之和恒等于流出这个节点的电流之和。其数学表达式为

$$\Sigma I_入 = \Sigma I_出 \qquad (3-21)$$

基尔霍夫第一定律表明电流具有连续性，在电路的任一节点上，不可能发生电荷的积累，即流入节点的总电量恒等于同一时间内从这个节点流出去的总电量。

根据基尔霍夫第一定律，可列出任一个节点的电流方程。在列节点电流方程前，对未知电流的方向可任意标定。在电流方向标定后，就可列出节点电流方程进行计算。图 3-20 表示有五个电流汇交的节点，根据图中标出的电流方向及式 (3-21)，可列出该节点的电流方程式为

$$I_1 + I_4 = I_2 + I_3 + I_5$$

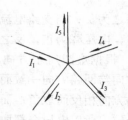

图 3-20 节点

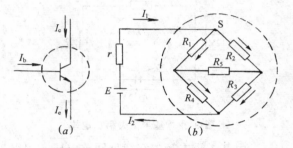

图 3-21 流进和流出封闭面的电流相等

基尔霍夫第一定律是用于节点，但可以推广到应用于任意假定的封闭面。如图 3-21 (a) 是晶体三极管。由于它可以看成一个封闭面，所以根据基尔霍夫第一定律可得 $I_e = I_b + I_c$。图 3-21 (b) 电路中某一部分被闭合曲面 S 所包围，则流入此闭合曲面 S 的电流必等于流出曲面 S 的电流。即 $I_1 = I_2$。显然，这时若把联接曲面的一根导线切断，则另一根导线中的电流一定为零。

(2) 基尔霍夫第二定律（KVL）

基尔霍夫第二定律也叫回路电压定律。它的内容是：在任意回路中，电动势的代数和恒等于各电阻上电压降的代数和。其数学式为

$$\Sigma E = \Sigma IR \qquad (3-22)$$

根据这一规律所列出的方程叫回路电压方程。在列方程前先要确定电动势及电压降极性的正负。一般方法是：先在图中选择一个回路方向。回路的方向，原则上是可以任意选取的，但是回路方向一旦确定后，在解题过程中就不得改变，并以这个回路方向作为标准来确定电动势和电压降极性的正负。其原则是：当电动势的方向与回路方向一致

时为正，反之为负；当支路电流方向与回路方向一致时，电压降为正，反之为负。例如图 3-22 中，根据虚线所示方向为回路方向后，E_2 的方向与回路方向一致而取正，E_1 的方向与回路方向相反而取负；而电流方向与回路方向一致，所以电压全部取正。

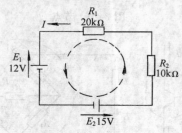

图 3-22　基尔霍夫第二定律

由基尔霍夫第二定律列回路电压方程得

$$E_2 - E_1 = IR_1 + IR_2$$

则

$$I = \frac{E_2 - E_1}{R_1 + R_2}$$

$$= \frac{15 - 12}{(20 + 10) \times 10^3}$$

$$= 0.1 \times 10^{-3}(\text{A})$$

$$= 0.1(\text{mA})$$

基尔霍夫第二定律不仅适用于由电源及电阻等实际元件组成的回路，也适用于不全由实际元件组成的回路。如图 3-23 中回路 ABR_4R_2A，其中 A 与 B 之间虽断开，没有实际元件存在，但 AB 间确有一定电压存在，此电压与该回路的其它电压仍满足基尔霍夫第二定律，即

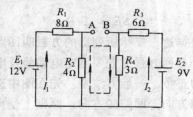

图 3-23　基尔霍夫第二定律也适用于
不全由实际元件组成的回路

$$O = U_{AB} + I_2R_4 - I_1R_2$$

则　$U_{AB} = I_1R_2 - I_2R_4$

$$= \frac{E_1R_2}{R_1 + R_2} - \frac{E_2R_4}{R_3 + R_4}$$

$$= \frac{4 \times 12}{8 + 4} - \frac{3 \times 9}{6 + 3} = 1(\text{V})$$

【例 3-18】　如图 3-24 所示，已知电流表的读数为 0.5A，$E_1 = 49V$，$E_2 = 20V$，$R_1 = 10\Omega$，$R_2 = 40\Omega$，$R_3 = 100\Omega$，求流过电阻 R_1、R_3 的电流大小和方向。

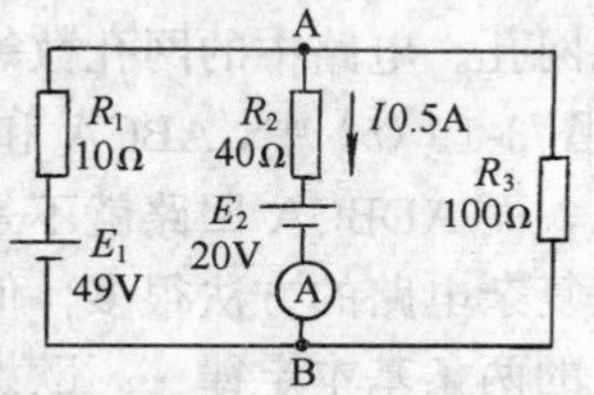

图 3-24　【例 3-18】图

【解】　设 R_1 中的电流为 I_1，由 B 流向 A，R_3 中的电流为 I_3，由 A 流向 B，取左边网孔的回路方向为顺时针方向，则根据基尔霍夫第二定律得

$$E_1 - E_2 = I_1R_1 + IR_2$$

$$I_1 = \frac{E_1 - E_2 - IR_2}{R_1}$$

$$= \frac{49 - 20 - 0.5 \times 40}{10}$$

$$= 0.9(\text{A})$$

方向与假定方向相同。

由基尔霍夫第一定律得

$$I_1 = I + I_3$$

$$I_3 = I_1 - I = 0.9 - 0.5 = 0.4(\text{A})$$

方向与假定方向相同。

（3）复杂电路的一般解法

通常求解复杂电路都是已知电动势和电阻值，求各支路中的电流。最常用的方法是支路电流法。

所谓支路电流法是先假设各支路的电流方向和回路方向，再根据基尔霍夫定律列出方程式进行计算的方法。其步骤如下：

1）先标出各支路的电流方向和回路方

向。回路方向可任意假定，对具有两个以上电动势的回路，通常取电动势大的方向为回路方向；电流方向也可参照此法来假设。

2）用基尔霍夫第一定律列出节点电流方程。值得注意的是，一个具有 n 条支路，m 个节点（n＞m）的复杂电路，需列出 n 个方程来联立求解。由于 m 个节点只能列出 m－1 个独立方程，还缺 n－（m－1）个方程。可由基尔霍夫第二定律补足。

3）用基尔霍夫第二定律列出回路电压方程。为保证独立方程式，要求每列一个回路方程都要包含一条新支路。

4）代入已知数，解联立方程求出各支路电流，并确定各支路电流的实际方向。其原则是：计算结果为正，实际方向与假设方向相同，计算结果为负时，实际方向与假设方向相反。

【例 3-19】 在图 3-25 所示两个电源并联对负载供电的电路，已知 $E_1=18V$，$E_2=9V$，$R_1=R_2=1\Omega$，$R_3=4\Omega$，求各支路电流。

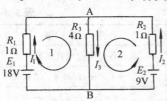

图 3-25 【例 3-19】图

【解】 1）假设各支路电流方向和回路方向如图 3-25 所示。

2）电路中只有两个节点，所以只能列一个独立节点电流方程，对节点 A 有

$$I_1 + I_2 = I_3 \qquad ①$$

3）电路中有三条支路，需列三个方程。现已有一个，另两个方程由基尔霍夫第二定律列出。对回路 1 和回路 2 分别列出：

$$R_1 I_1 + R_3 I_3 = E_1 \qquad ②$$

$$R_2 I_2 + R_3 I_3 = E_2 \qquad ③$$

4）代入已知数解联立方程

$$I_1 + I_2 - I_3 = 0 \qquad ④$$

$$I_1 + 4I_3 = 18 \qquad ⑤$$

$$I_2 + 4I_3 = 9 \qquad ⑥$$

将 $I_3 = I_1 + I_2$ 代入⑤、⑥得

$$5I_1 + 4I_2 = 18 \qquad ⑦$$

$$4I_1 + 5I_2 = 9 \qquad ⑧$$

5×⑦－4×⑧得 $9I_1 = 54$

$I_1 = 6$（A）方向与假定相同

将 I_1 代入⑦得 $I_2 = -3$（A）方向与假定相反

所以 $I_3 = I_1 + I_2 = 3$（A）方向与假设相同

小　　结

（1）电流所流过的路径叫电路。电路由电源、负载、开关和联接导线组成。电路有三种状态：通路、开路和短路。

（2）电荷有规则的定向运动称为电流。电流方向规定为正电荷移动的方向。电流的大小等于单位时间内通过导体横截面的电量，$I=\dfrac{Q}{t}$。

（3）电流密度的大小等于单位截面上通过的电流，$J=\dfrac{I}{S}$。导线允许通过的电流随导体截面的不同而不同。

（4）电场力把单位正电荷从电场中的某点移到参考点所做的功，称为该点的电位。电场中两点间的电位差，称为电压，电压的方向规定为由高电位指向低电位。电

位是有相对性而电压具有绝对性。

（5）外力把单位正电荷从电源的负极移到正极所做的功，称为该电源的电动势。电动势的方向由低电位的负极指向高电位的正极。

（6）电阻表示导体对电流的阻力，其计算公式为 $R=\rho\dfrac{l}{S}$。导体的电阻与温度有关。电阻器有固定电阻器和可变电阻器两大类，电阻器的主要性能指标有标称阻值、允许偏差、标称功率。这三个指标是选用电阻器的主要依据。

（7）欧姆定律是电路的基本定律之一。部分电路欧姆定律用公式表示为 $I=\dfrac{U}{R}$，全电路欧姆定律用公式表示为 $I=\dfrac{E}{R_0+R}$。在全电路中，电源端电压随负载电流变化的规律，叫做电源的外特性。

（8）电流所做的功叫电功。电流在单位时间内做的功叫电功率，电功率表示电流做功的快慢。电功率 $P=IU=I^2R=\dfrac{U^2}{R}$。

（9）电流通过导体会使导体发热。发热产生的热量由焦耳定律确定，$Q=I^2Rt$。为防止电气元件和电气设备因电流过大而发热烧坏，制造厂家对电器工作时电流、电压、功率的最大值都有一定限额，这些限额分别称为额定电流、额定电压、额定功率。

（10）串联和并联是电阻的两种基本联接方式。在电阻的串联和并联电路中，存在以下关系：

电阻的串联和并联的比较　　　　　　　　　　　　　　表 3-4

		串　联	并　联
多个电阻	电压 U	$U=U_1+U_2+U_3+\cdots\cdots$	各电阻上电压相同
	等效电阻 R	$R=R_1+R_2+R_3+\cdots\cdots$	$1/R=1/R_1+1/R_2+1/R_3+\cdots$
	电流 I	各电阻中电流相同	$I=I_1+I_2+I_3+\cdots$
	功率 P	$P=P_1+P_2+P_3+\cdots$ $=I^2R_1+I^2R_2+I^2R_3+\cdots$	$P=P_1+P_2+P_3+\cdots$ $=U^2/R_1+U^2/R_2+U^2/R_3+\cdots$
两个电阻	等效电阻 R	$R=R_1+R_2$	$R=R_1R_2/(R_1+R_2)$
	分流或分压公式	$\begin{cases}U_1=UR_1/(R_1+R_2)\\ U_2=UR_2/(R_1+R_2)\end{cases}$	$\begin{cases}I_1=IR_2/(R_1+R_2)\\ I_2=IR_1/(R_1+R_2)\end{cases}$

（11）既有电阻串联、又有电阻并联的电路称为混联电路。混联电路计算的关键是求出等效电阻。

（12）电桥电路的平衡条件是：对臂电阻的乘积相等。

（13）基尔霍夫定律是电路的基本定律，它是计算复杂电路的基础。基尔霍夫第一定律又称节点电流定律，其内容是：流入一个节点的电流恒等于流出该节点的电流，即 $\Sigma I_入=\Sigma I_出$。基尔霍夫第二定律又称回路电压定律，其内容是：在任意回路中，电动势的代数和恒等于各电阻上电压降的代数和，即 $\Sigma E=\Sigma IR$。

（14）求解复杂电路的一般方法是支路电流法。所谓支路电流法是先假设各支路电流方向和回路方向，再列方程求解。

习题

1. 什么是电路？它由哪几部分组成？各部分起什么作用？

2. 如果在 5s 内通过横截面为 $4mm^2$ 导线的电量是 10C，试求导体中电流强度和电流密度。

3. 电流的方向和电压、电位、电动势有何关系？

4. 电压和电位之间有何区别和联系？如果电路中某两点的电位很高，能否说该两点之间的电压也很高，为什么？负电压和负电位各表示什么意义？

5. 已知 $U_{AB}=-20V$，$V_B=40V$，则 $V_A=$____ V；已知 $V_A=-30V$，$V_B=20V$，则 $U_{AB}=$____ V；已知 $U_{CD}=60V$，$V_C=30V$，则 $V_D=$____ V。

6. 已知用某金属制成的圆形均匀导线长度为 10m，电阻为 1Ω，现将该导线均匀拉长到 20m，问此时的电阻应为多少？

7. 已知某电池的电动势 $E=1.65V$，在电池两端接上一个 $R=5Ω$ 的电阻，实测得电阻中的电流 $I=300mA$，试计算电阻两端的电压 U 和电池内阻 r 各为多少？

8. 如图 3-26，已知 $E=10V$，$r=0.1Ω$，$R=9.9Ω$，求开关在不同位置时电流表、电压表的读数各为多少？

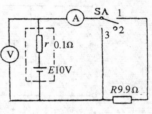

图 3-26 题 8 图

9. 1 个"1kΩ、10W"的电阻，允许流过的最大电流是多少？若把它接在 110V 的电源两端，能否安全工作？

10. 某负载的额定值为 1 600W，220V，求接在 110V 电源（设内阻为零）实际消耗的功率是多少？

11. 已知某电阻丝的长度为 2m，横截面积为 $1mm^2$，流过它的电流为 3A，求该电阻丝在 1min 内发出的热量（$\rho=1.2\times10^{-6}Ωm$）。

12. 某车间原使用 50 只额定电压为 220V、功率为 60W 的白炽灯照明，现改为 40 只额定电压为 220V、功率为 47W 的日光灯（灯管 40W，镇流器 7W），不但照明提高而且省电。若每天用 8h，问一年（按 300 个工作日计算）可为国家节约多少度电？

13. 有额定值分别为 220V、60W 和 110V、40W 的白炽灯各一个，问（1）把它们串联接到 220V 电源上时哪个灯亮些？为什么？（2）把它们并联接到 48V 的电源上时，哪个灯亮些？为什么？

14. 下列说法对吗？为什么？

(1) 当电源内阻为零时，电源电动势的大小就等于电源端电压。

(2) 当电路开路时，电源电动势大小就等于电源端电压。

(3) 在通路状态下，负载电阻变大，端电压就下降。

(4) 在短路状态下，内电压降等于零。

(5) 220V、40W 的灯泡接在 110V 电压上时，功率还是 40W。

(6) 把 220V、25W 的灯泡，接在 220V、1 000W 的发电机上时，灯泡会被烧坏。

(7) 因为 $R=\dfrac{U}{I}$，所以电阻与电压成正比，与电流成反比。

15. 在 8 个灯泡串联的电路中，除 4 号灯不亮外，其它 7 个灯都亮，当把 4 号灯从灯座上取下后，剩下的 7 个灯仍亮，问该电路有何故障？试解释之。

16. 如图 3-27 所示，$R_1=20Ω$，$R_2=40Ω$，$R_3=50Ω$，电流表的读数为 2A，求总电压 U，R_1 上的电压 U_1 及 R_2 上的功率 P_2。

17. 一只 60W、110V 的灯泡若接 220V 电源，问需串多大的降压电阻？

18. 有一个表头，量程是 $100\mu A$，内阻 R_g 为 1kΩ。如果把它改装为一个量程分别为 3V、30V、300V 的多量程伏特表，如图 3-28，试计算 R_1、R_2、R_3 的数值。

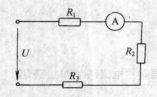

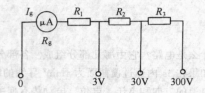

图 3-27 题 16 图　　　　　　　　　　图 3-28 题 18 图

19. 在 8 个灯泡并联的电路中,除 4 号灯不亮外其它 7 个灯都亮,当把 4 号灯从灯座上取下后剩下的 7 个灯仍亮,问电路中有何故障?试解释之。

20. 在图 3-29 中,已知 $R_1 = 100\Omega$,$I = 3A$,$I_1 = 2A$,问 I_2 及 R_2 各是多少?

21. 如图 3-30,已知流过 R_2 的电流 $I_2 = 2A$,试求总电流 I 等于多少?

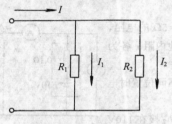

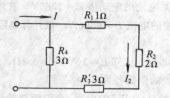

图 3-29 题 20 图　　　　　　　　　　图 3-30 题 21 图

22. 如图 3-31,$E = 10V$,$R_1 = 200\Omega$,$R_2 = 600\Omega$,$R_3 = 300\Omega$,求开关接到 1 和 2 以及打开时的电压表读数各为多少?

23. 如图 3-32,$E = 12V$,$R_0 = 1\Omega$,$R_1 = 1\Omega$,$R_2 = R_3 = 4\Omega$(设电压表对电路无影响)。求开关断开和闭合时电压表读数各是多少?

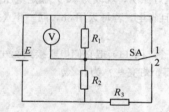

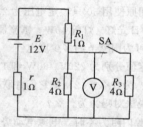

图 3-31 题 22 图　　　　　　　　　　图 3-32 题 23 图

24. 如图 3-33 所示,求等效电阻 R_{AB}。

25. 如图 3-34 所示,试指出该电路有几个节点?几个网孔?几个回路?几条支路?

26. 如图 3-35 所示,已知 $I_1 = 25mA$,$I_2 = 16mA$,$I_4 = 12mA$,试求 R_2,R_5 和 R_6 上电流的数值及方向。

27. 如图 3-36 所示,用电压表(内阻很大,对电路无影响)测量 AB 两点间的电压 $U_{AB} = 10V$,已知 $E_1 = 15V$,$E_2 = 12V$,$R_1 = 10\Omega$,$R_2 = 4\Omega$,$R_3 = 10\Omega$,求各支路电流。

28. 如图 3-37 所示,已知 $R_1 = 4\Omega$,$R_2 = 1\Omega$,流过电阻的电流 $I = 2A$,电压表的读数为 $U_{AB} = 40V$,求 E_2 等于多少?

29. 如图 3-38 所示,已知 $E_1 = 18V$,$E_2 = 12V$,$R_1 = 3\Omega$,$R_2 = 6\Omega$,$R_3 = 12\Omega$,试求:(1) 开关断开时流过各电阻的电流及电压 U_{AB};(2) 开关接通后,流过各电阻的电流大小及方向。

30. 如图 3-39 所示,已知 $E_1 = 3V$,$E_2 = 18V$,$R_1 = 250\Omega$,$R_3 = 400\Omega$,流过 R_1 的电流 $I_1 = 4mA$,求 R_2 的电阻值及流过 R_2 的电流大小和方向。

31. 如图 3-40 所示,已知 $E_1 = 120V$,$E_2 = 130V$,$R_1 = 10\Omega$,$R_2 = 2\Omega$,$R_3 = 10\Omega$,试用支路电流法求各支

路电流的大小和方向。

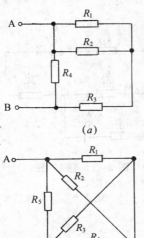

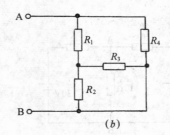

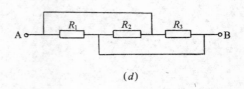

图 3-33　题 24 图

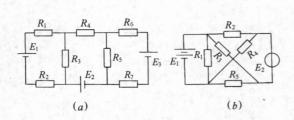

图 3-34　题 25 图

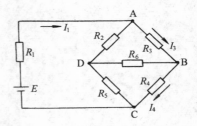

图 3-35　题 26 图

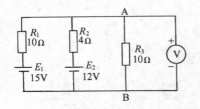

图 3-36　题 27 图

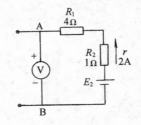

图 3-37　题 28 图

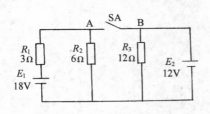

图 3-38　题 29 图

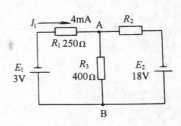

图 3-39　题 30 图

32. 如图 3-41 所示，已知 $R_1=R_4=5\Omega$，$R_2=10\Omega$，$R_3=10\Omega$，$E_1=10V$，$E_2=5V$，求各支路电流的大小和方向。

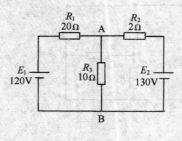

图 3-40　题 31 图

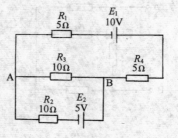

图 3-41　题 32 图

第4章 电 容

前面在直流电路中我们讨论了电路的一个基本参数——电阻,本章将要介绍电路中的另一个基本参数——电容。在电子电路中电容器被广泛地应用,在电力系统中,它可用来改善系统的功率因数并可利用其储能特性实现高压油断路器的跳闸操作。

4.1 电容器的基本概念

4.1.1 电容器

凡是被绝缘物分开的两个导体所构成的总体,都是电容器。由于电容器最基本的特点是能够储存电荷,所以有时又把电容器定义为能够储存电荷的容器。最常见的电容器是平板电容器,即在两导电平板间夹一绝缘介质所构成的电容器。其结构如图 4-1 (a) 所示。被介质隔开的金属板叫极板,极板通过电极与电路联接,极板间的绝缘介质常用空气、云母、纸、塑料薄膜和陶瓷等物质。电容器有时简称电容,以字母 C 表示。图 4-1 (b) 是电容器的一般代表符号。

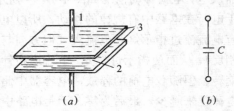

(a) (b)

图 4-1 电容器的结构及符号
(a) 电容器的结构;(b) 电路符号
1—电极;2—介质;3—极板

4.1.2 电容

电容器的特点是它的两个极板上能储存电荷。若将电容器的两个极板,接于电源电压 U 上,如图 4-2 (a) 所示,则该电源的正极将对其上极板 A 充上一定的正电荷 Q,而电源的负极将对其下极板 B 充上一定的负电荷 $-Q$。由于电源不能产生电荷,而只能推动电荷运动形成电流,电源 U 对电容充电时,电流 i 由下极板经电源内电路流向上极板,因而两个极板上的电荷总是大小相等而性质相反的。在电容器两端所施加的电压 U 愈高,每个极板上所充的电荷 Q 愈多。电容器极板上所充的电荷 Q,与两极板间的 电压 U 成正比,其关系为一直线(称库伏特性),如图 4-2 (b) 所示,即:

$$Q = CU$$

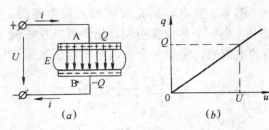

图 4-2 电容的 $Q\sim U$ 关系
(a) 电路;(b) 关系曲线

对某一电容器来说,上式中 C 为比例常数,它是电容器在施加单位电压时所充的电荷量,叫做该电容器的电容量,简称电容。即:

$$C = \frac{Q}{U} \tag{4-1}$$

式中 Q——一极板的电量的绝对值(C);
      U——两极板间电压的绝对值(V)。

电容量的单位是法拉,简称法,用字母

F 表示。在实际应用中，F 这一单位太大，常用较小单位 μF（微法）和 pF（皮法）。

$$1\mu F = 1 \times 10^{-6}F$$
$$1pF = 1 \times 10^{-6}\mu F = 1 \times 10^{-12}F$$

电容量的大小与极板面积、介质的介电常数和介质的厚度有关；极板面积越大，介质的介电常数越大，介质的厚度越薄，则电容量越大。

值得注意的是，虽然电容器和电容量都可简称电容，也都可以用 C 表示，但电容器是储存电荷的容器，而电容量则是衡量电容器在一定电压下储存电荷能力大小的物理量，二者不可混淆。

4.2 电容器的充放电

4.2.1 电容器的充放电

电容器是储存电荷的器件。当外加电压使电容器储存电荷时，就叫充电，而电容器向外释放电荷时就叫放电。

图 4-3 是电容器充放电的实验电路图。图中Ⓐ是一个零位在中间，指针可以左右偏转的电流表，Ⓥ是一个高内阻的电压表。

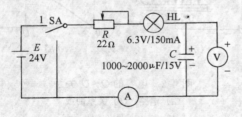

图 4-3　电容器充放电实验电路

当把开关拨到 1 时，可同时观察到如下现象：指示灯突然亮了一下就慢慢变暗了；电流表的指针突然向右偏转到某一数值，然后慢慢回到零位；而电压表的读数则随着灯由亮到暗而由零逐渐达到电源电压。

当把开关由 1 拨到 2 时，我们将发现指示灯又突然亮了一下就变暗；电流表的指针却突然向左偏转到某一数值，然后慢慢回到

零位；而电压表的读数则随着灯由亮到暗而由电源电压逐渐减小到零。

若把开关迅速地在 1 和 2 之间拨动，则指示灯就始终保持发光。

以上实验说明，当开关拨到 1 时，电源对电容器充电，电容器储存电荷，电荷移动情况如图 4-4（a）所示。电荷在电路中有规律的移动形成了电流，所以串接在电路中的指示灯会发光，电流表的指针会偏转。但随着电荷的积累电容器两端的电压不断升高并且阻止电荷继续移向电容器，因此电路中的电流就逐渐减小。当电容器两端的电压达到电源电压时，电荷的移动就完全停止，线路中的电流就等于零，指示灯变暗，电流表的指针回到零位。

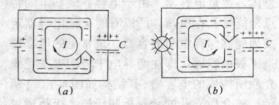

图 4-4　电容器的充放电过程
(a) 充电；(b) 放电

实验还说明，当开关从 1 拨到 2 时，电容器放电，电荷移动情况如图 4-4（b）所示。由于电荷在电路中有规律的移动，所以电路中有电流流过指示灯和电流表（但方向与原来相反），从而使指示灯发光，电流表指针反向偏转。但随着电荷的释放，电容器中储存的电荷越来越少，最后为零。于是电路中不再有电荷移动，也就不存在电流，指示灯变暗，电流表指针回到零位，电压表的读数也为零。

当开关迅速地在 1 和 2 之间拨动时，电容器就不断地在充放电，电路中始终有电流所以指示灯总是在发光。

若将图 4-3 中的电源改为数值相同的交流电源，我们发现一旦把开关拨向 2 后，指示灯持续发光。

由上述实验可得出以下结论：

（1）电容器在储存和释放电荷（即充放电）的过程中，必然在电路中引起电流。但这个电流并不是从电容器的一个极板穿过绝缘物到达另一个极板，而是电荷在电路中移动。平时我们说的电容电流就是指这种电荷在电路移动所引起的电流，即充放电电流。

（2）电容器两端的电压是随电荷的储存和释放而变的。当电容器中无储存电荷时，其两端的电压为零；当储存的电荷逐渐增加时，其两端的电压逐渐升高，最后等于电源电压；当电容器释放电荷时，其两端的电压逐渐下降，最后为零。

（3）不论电容器是储存电荷还是释放电荷，都需要一定时间才能完成。实验证明，这个时间的长短只与电容量 C 和电路中的总电阻 R 有关。通常把 $\tau = RC$ 叫做电容器充放电时间常数即：

$$\tau = RC \qquad (4\text{-}2)$$

式中 τ——电容器充放电时间常数（s）；

R——电路中总电阻（Ω）；

C——电容器电容量（F）。

一般认为电容器充放电需要 $(3\sim5)\tau$ 的时间才能完成。如图 4-3 所示的电路的时间常数约为 0.2s，也就是说电容器充电或放电只需要 0.6～1s 左右的时间就能完成。

（4）当电容器充电结束时，电容器两端虽然仍加有直流电压，但电路中的电流却为零，这说明电容器具有阻隔直流电的作用。若电容器不断充放电，电路中将始终有电流流过，说明电容器具有能通过交变电流的作用。通常称这种性质为"隔直通交"。

4.2.2 电容器的电场能

电容器充电以后，极板上充满了电荷，也就储存了电能。我们可以通过如图 4-5 所示实验来观察电容器中储存的电场能。

先把开关 S 投向 1 的位置，使电容器充电（R 是限流电阻），然后将开关拨至 2 的位

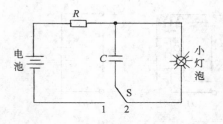

图 4-5 电容器放出储存电能的实验电路

置，我们就会看到小灯泡发亮，但很快就暗淡下去而熄灭了。这就说明，当电容器充电时，电源把电能输送到电容器里储存起来；而在放电过程中，电容器所储电能转化为灯泡的发热和发光，当电能被消耗完以后，电容器又恢复到未充电时的状态。

电容器充电后，在极板上储集了电荷，两个极板上的正负电荷就在介质中建立了电场，电场中储存着电场能，电场能的多少与电容 C 的大小、电容电压 u_C 的大小有关；与电流的大小及有无都没有关系，与电压的建立过程也无关系。电容量愈大、电压愈高，电场能就愈多。理论分析和实验证明，电容器中的电场能可以用下式表示：

$$W_C = \frac{1}{2}Cu_C^2 \qquad (4\text{-}3)$$

式中 W_C——电容器中储存的电场能，J；

C——电容，F；

u_C——电容电压，V。

电容器的充电过程就是把电源输出的能量（电能）储存起来的过程，而在放电时，则是把这部分能量再释放出来。所以，电容器是一种储能元件，它和只能消耗能量的电阻有着本质的区别。

4.3 电容器的联接

4.3.1 电容器串联

两个或两个以上的电容器依次相联，中间无分支的联接方式叫电容器的串联。图4-6所示是两个电容器的串联。

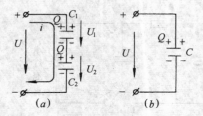

图 4-6　电容的串联

(a) 串联电路；(b) 等效电路

串联电容器有以下几个特点：

(1) 每个电容器上所带电量相等，并等于串联电容器组所带电量 Q，即

$$Q = Q_1 = Q_2 = \cdots\cdots = Q_n \quad (4\text{-}4)$$

(2) 串联电容器两端的总电压 U 等于每个电容器两端的电压之和，即

$$U = U_1 + U_2 + \cdots\cdots + U_n \quad (4\text{-}5)$$

每个串联电容器两端实际分配到的电压与电容量成反比，即电容越大的电容器所分配到的电压越小，电容越小的电容器所分配到的电压反而越大，电容相等的电容器串联使用时每个电容器所分配到的电压相等。

(3) 因为 $U=Q/C$，$U_1=Q_1/C_1=Q/C_1$，$\cdots\cdots$，$U_n=Q_n/C_n=Q/C_n$，将它们代入式 (4-5)，可得

$$\frac{Q}{C} = \frac{Q}{C_1} + \frac{Q}{C_2} + \cdots\cdots + \frac{Q}{C_n}$$

即

$$\frac{1}{C} = \frac{1}{C_1} + \frac{1}{C_2} + \cdots\cdots + \frac{1}{C_n} \quad (4\text{-}6)$$

上式说明，串联电容器组的等效电容量（总电容）的倒数等于各串联电容器的电容量的倒数之和。

若串联的 n 个电容器的电容量相同，且都为 C，则式 (4-6) 变为

$$C = C/n \quad (4\text{-}7)$$

对于两个电容 C_1 和 C_2 串联时，式 (4-6) 变为

$$\frac{1}{C} = \frac{1}{C_1} + \frac{1}{C_2} \text{ 或 } C = \frac{C_1 C_2}{C_1 + C_2} \quad (4\text{-}8)$$

可见，串联电容器的等效电容量总是小于其中任一电容器的电容量。如 $30\mu F$ 和

$20\mu F$ 两个电容串联后的等效电容量只有 $12\mu F$。

4.3.2　电容器的并联

两个或两个以上的电容器，接在相同的两点之间的联接方式叫电容器的并联。如图 4-7 所示。

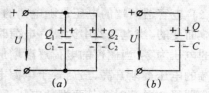

图 4-7　电容的并联

(a) 并联电路；(b) 等效电路

并联电容器有以下几个特点：

(1) 每个电容器两端的电压相同，并等于外加电压 U，即

$$U = U_1 = U_2 = \cdots\cdots = U_n \quad (4\text{-}9)$$

(2) 并联电容器组所带电量 Q 等于各个并联电容器所带电量之和，即

$$Q = Q_1 + Q_2 + \cdots\cdots + Q_n \quad (4\text{-}10)$$

(3) 并联电容器的等效电容量（总电容）等于各并联电容器的电容之和，即

$$C = C_1 + C_2 + \cdots\cdots + C_n \quad (4\text{-}11)$$

上式说明，并联电容器组的等效电容量总是大于其中任一个并联电容器的电容量，而且并联的电容器越多，等效电容量就越大。因此在电容量不足的情况下，可用几个电容器并联使用，但最高工作电压不得超过并联电容中额定工作电压的最低数。如 $20\mu F$、$300V$ 和 $20\mu F$、$450V$ 两个电容器并联使用时，其等效电容为 $40\mu F$，而最高工作电压为 $300V$。

4.4　电容器的种类及主要技术指标

4.4.1　电容器的种类

电容器的种类繁多，按电介质的不同，可

分为空气、云母、纸质、陶瓷、涤纶、玻璃釉、电解电容器等；按结构不同，又可分为固定电容器，可变电容器和半可变电容器三种。

（1）固定电容器

电容量固定不变的电容器称固定电容器，常用的有云母、纸介、金属化纸介、油浸纸介、陶瓷、有机薄膜以及铝电解电容器等。固定电容器是电力工业、电子工业及日常生活中不可少的器件。部分固定电容器的外型、名称及图形符号如图4-8所示。

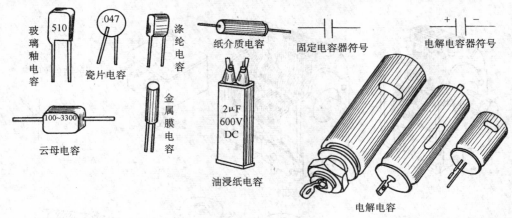

图 4-8 固定电容器

（2）可变电容器

电容量可以变化的电容器称可变电容器。常用的可变电容器有空气介质、固体介质和真空三种电容器，但前两种应用最广。

一般可变电容器是由两组铝片组成，不动的一组叫定片，可以转动的一组叫动片。当结构一定时，电容量的大小主要取决于动片与定片间的相对面积。当动片旋入定片中，两组极板间的相对面积增大时，电容量增大；反之减小。可变电容器常用于各式收音机或收录机中。

（3）半可变电容器

电容量变化范围较小的可变电容器称为半可变电容器。其介质通常是陶瓷或云母，半可变电容器也称微调电容器，常用于各式收音机或收录机中。

部分可变和半可变电容器的外型、名称和图形符号如图4-9所示。

以上电容器都是人为制造的元器件，在实际工作中还常遇到非人为制造的电容器。如两根金属导线和它们的绝缘物（塑料、橡胶或空气等）就构成了线间电容。输电线与大地隔着空气，就形成了对地电容；站在绝缘物上的人与大地间也能构成电容。又如电子线路中各元件电极间存在着极间电容；绝缘导线与金属底壳间存在着分布电容等等。通常这些电容都是非常小的，可以忽略不计，但在某些情况下（高频电压）却是不可忽略的。

上述这些非人为制造的电容既有有害的一面，又有有利的一面。如三相三线制供电系统中，人可能通过输电线与大地间的电容而触电；但平时用验电笔来检测导体是否带电，却是利用人与大地间的分布电容来点燃验电笔中的氖泡。

4.4.2 电容器的主要技术指标

电容器的技术指标有电容量、误差范围、耐压值、介质损耗、绝缘电阻和稳定性等。在一般情况下，电容器的主要技术指标是指电容量和耐压值。电容量在前已述及。

耐压值也叫额定工作电压，总电容器长

期工作时所能承受的最大电压。电容量的耐压值除与结构、介质性质有关外，还与工作环境有关。如，当环境温度升高时耐压能力就会下降。因此，在使用电容器时，应使加在电容器两端的电压小于它的耐压值。对交流电，则所加交流电压的最大值不能超过电容器的耐压值。

通常，电容量、耐压值和误差范围都标注在电容器的外壳上（体积小的电容器只标注电容量）以便使用者选用。

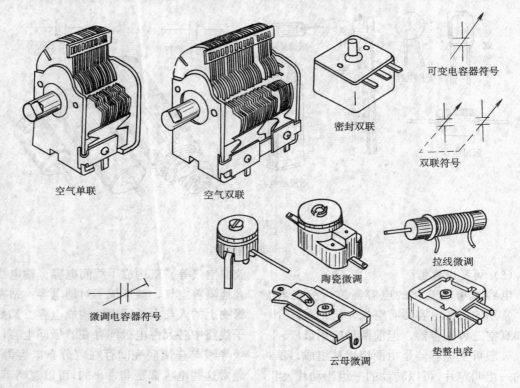

图 4-9　可变和半可变电容器

小　结

（1）电容器是中间隔着绝缘介质的两个导电极板的总体，是储存电荷的容器。施加单位电压时所充的电荷量为电容器的电容量，$C = \dfrac{Q}{U}$。

（2）电容器是一种储能元件，其电场能为：$W_c = \dfrac{1}{2} C u_c^2$。

（3）串联电容器组的等效电容的倒数等于各串联电容的倒数之和；并联电容器组的等效电容等于各并联电容之和。

（4）电容器一般分为固定电容器、可变电容器和半可变电容器。衡量电容器的主要技术指标有电容量和耐压值。

习题

1. 两个电容器 $C_1 > C_2$，（1）若施加相同的电压，则它们所充的电荷哪个多？（2）若充上相同的电荷量，则它们中哪一个的两端电压大？

2. $10\mu F$ 的电容器已被充电到100V，今欲继续充电到200V，问还需输入多少能量？（2）充电到200V时所储存的电场能为多少？

3. 如图 4-10 所示电路中，已知 $C_1 = 4\mu F$，$C_2 = 6\mu F$，$C_3 = 12\mu F$，$U = 200V$。试求：（1）它的等效电容；（2）各电容器的电压和电荷。

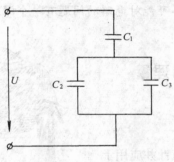

图 4-10　题 3 图

4. 现有电容为 $200\mu F$、耐压为 500V 和电容为 $300\mu F$、耐压为 900V 的两只电容器。问：（1）两只电容器串联起来后的等效电容是多少？（2）两电容器串联后加 1 000V 的电压，电容器是否会过压？

第5章 电磁基本知识

电和磁是统一的电磁现象的两个方面,它们是相互依存,相互转化的。前面我们在研究电方面的现象时并未考虑其磁方面的现象,但是在研究电路的时候,如果对电流周围存在着的磁现象没有基本的了解,就不可能对电路的问题有一个深刻而全面的认识。本章将着重研究磁的现象及其与电的联系。

5.1 磁的基本概念及物理量

5.1.1 磁的基本概念

我国是世界上最早发明指南针并应用于航海的国家。早在公元前 300 年前后,我国就发现了某种天然矿石(Fe_3O_4)能够吸引铁,并把它称为吸铁石。

(1) 磁性 能吸引铁、钴、镍等金属或它们的合金的性质。

(2) 磁体 具有磁性的物体叫磁体。磁体分天然磁体(如吸铁石)和人造磁体两大类。常见的人造磁体有条形、蹄形和针形等几种。如图 5-1 所示。工程上用的磁铁为电磁铁,分交流电磁铁和直流电磁铁。地球本身是一个极大的磁体。

(3) 磁极 磁体上磁性最强的部份。实验证明,任何磁体都有两个磁极,而且无论把磁体怎样分割,磁体总保持两个磁极。通常以 S 表示磁体的南极(常涂红色),以 N 极表示磁体的北极(常涂绿色或白色)。若让磁体任意转动,N 极总是指向地球的北极,S 总是指向地球的南极。这是因为地球本身是个大磁体。地磁北极在地球南极附近,地磁南极在地球的北极附近。

磁极间相互作用的规律是:同性相斥、异性相吸,如图 5-2 所示。

(4) 磁场 磁体周围存在的一种特殊性

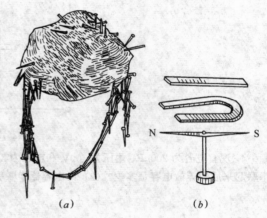

图 5-1 天然磁体及人造磁体
(a) 天然磁体;(b) 人造磁体

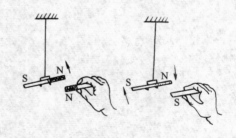

图 5-2 磁极的相互作用

质。它具有力和能的特性。某一点的磁场方向规定为放在该点的小磁针北极所指的方向。

(5) 磁力线 为了形象地描述磁场的强弱和方向而引入的假想曲线。如图 5-3 所示,它具有以下几个特点:

1) 磁力线是互不交叉的闭合曲线;在磁体外部由 N 极指向 S 极,在磁体内部由 S 极

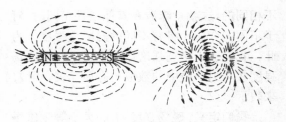

图 5-3 磁力线

指向 N 极。

2）磁力线上任意一点的切线方向，就是该点的磁场方向（即小磁针 N 极的指向）。

3）磁力线越密磁场越强，磁力线越疏磁场越弱。磁力线均匀分布而又相互平行的区

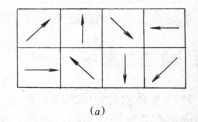

(a)

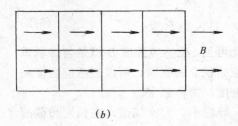

(b)

图 5-4 铁磁材料的磁畴
(a) 磁化前；(b) 磁化后

在磁化过程中，随着外磁场的增强，铁磁材料的磁性也会增强，但当磁性增强到一定程度后，铁磁材料的磁性便不再增强了，这种现象称为磁饱和现象。

被磁化了的铁磁材料从磁场中取出后（或外磁场消失后），有的仍具有较大的磁性（称剩磁），有的磁性基本消失，前者称硬磁材料，后者称软磁材料。消除剩磁的方法是，把铁磁物质放进交流电产生的交变磁场中，然后让交流电流逐渐减小到零，或让铁磁物质慢慢地远离磁场即可。

铁心能使磁场大大加强，但它同时也带来了能量损耗。这是因为铁磁材料在反复磁化过程中，磁畴不断地改变方向，使铁磁材料内的分子摩擦加剧，温度升高，形成能量损耗，这种损耗叫做磁滞损耗，不同的铁磁材料具有不同的磁滞损耗。如硅钢片的磁滞

域称均匀磁场，反之称非均匀磁场。

（6）磁化 本来没有磁性的材料放进磁场中以后，在磁场的作用下它便显示出了磁性，这时材料被磁化了，这种能被磁化的材料称铁磁材料，常用的铁磁材料有铁、钴、镍及其合金。

铁磁材料内部有众多体积为 $10^{-9} cm^3$ 的自然磁化体，称磁畴，如图 5-4 所示，每个磁畴就像一个小磁铁。没有外磁场作用的这些磁畴排列得杂乱无章，它们的磁场相互抵消，故对外不显磁性。有外磁场作用时，磁畴沿磁场方向排列，于是铁磁材料显现出磁性。

损耗就比铸钢和铸铁的小。

5.1.2 磁的基本物理量

（1）磁感应强度 磁感应强度是用来描述磁场各点的性质，符号为 B。磁感应强度 B 是一个矢量，其量值表示该点磁场的强弱，其方向表示该点磁场的方向。可见，某点磁感应强度 B 的大小，由该点附近磁力线的密度来体现；磁感应强度 B 的方向，由该点磁力线的方向来决定。

在国际单位制中，磁感应强度 B 的单位为特［斯拉］，用 T 表示。在工程上，还有用高斯（Gs）作单位的。

$$1T = 1 \times 10^4 Gs$$

若在磁场中各点的磁感应强度大小相同且方向一致，则该磁场为均匀磁场（又称匀

强磁场）。

（2）磁通　通过某一面积 S 的磁力线数称磁通，用 Φ 表示，单位为韦［伯］（Wb）。工程上还有用麦［克斯韦］（Mx）作单位的。

$$1\mathrm{Wb}=1\times10^8\mathrm{Mx}$$

在匀强磁场中，某一有限面积 S 上的磁通为：

$$\Phi = BS \qquad (5\text{-}1)$$

式中　B——磁感应强度，T；

$\qquad$ S——垂直于磁场方向的面积，m^2；

$\qquad$ Φ——面积 S 上的磁通，Wb。

式（5-1）可改写成：

$$B = \frac{\Phi}{S} \qquad (5\text{-}2)$$

由此可见，磁感应强度 B 就是与磁场垂直的单位面积上的磁通，所以磁感应强度又称磁通密度，简称磁密。

（3）导磁率　大家知道，在长度和截面积相同的铜导体和锰铜导体两端分别加上相同的电压，铜导体中的电流要比锰铜导体中的电流大得多，我们说铜导体的电导率（电阻率的倒数）比锰铜导体的电导率大得多。与此相似，把铁磁材料放入真空中的磁场，由于铁磁材料被磁化，其内部磁感应强度比真空磁场的磁感应强度大得多，或者说铁磁材料的导磁性比真空的导磁性好得多。

为描述物质的导磁性我们引入了磁导率 μ 这个物理量。材料的 μ 值越大，其导磁性能越好。

真空的磁导率 $\mu_0 = 4\pi \times 10^{-7}\mathrm{H/m}$。

其他材料的磁导率通常还用它与真空中的磁导率的比值（即相对磁导率 μ_r）来反映，则其磁导率 μ 为：

$$\mu = \mu_r \mu_0 \qquad (5\text{-}3)$$

铁磁性材料的相对磁导率 μ_r 为几百至几千，甚至几万，而非铁磁性材料的相对磁导率 $\mu_r \approx 1$。

（4）磁场强度　不同的介质的磁导率是不相同的，这就意味着在其他条件相同时，对于不同的介质，将有不同的磁感应强度。为此，我们引入磁场强度这个物理量，使磁场强度在均匀介质中的数值与介质无关，用 H 来表示。

我们定义：磁场强度 H 的大小等于磁场中某点的磁感应强度 B 与介质磁导率 μ 的比值，即：

$$H = \frac{B}{\mu} \qquad (5\text{-}4)$$

式中　B——磁感应强度，T；

$\qquad$ μ——介质的磁导率，H/m；

$\qquad$ H——磁场强度，A/m。

磁场强度的方向即磁感应强度的方向。

5.2　电流的磁场

1920 年丹麦的科学家奥斯特发现，在电流周围存在着磁场（即动电生磁）现在人们称做电流的磁效应。

电流与其产生磁场的方向可用右手螺旋定则来判断，右手螺旋定则既适用于判断电流产生的磁场方向，也适用于在已知磁场方向时判断电流方向。一般可分两种情况使用：

（1）直线电流产生的磁场　如图 5-5 所示，以右手拇指的指向表示电流方向，弯曲四指指向即为磁场方向。

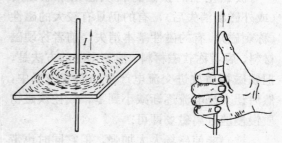

图 5-5　直线电流产生的磁场

（2）环形电流产生的磁场　如图 5-6 所示，以右手弯曲的四指表示电流方向，则拇指所指的方向为磁场方向。

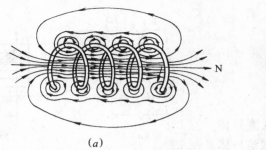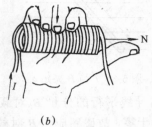

(a)   (b)

图 5-6   环形电流产生的磁场

5.3 磁场对电流的作用

电流周围总是存在着磁场，磁场与磁场间存在着同性相斥异性相吸的相互作用力。因此，磁场和电流之间以及电流与电流之间，也存在着相互作用力。这种力称为电磁力或电动力。

5.3.1 磁场对电流的作用

运动着的电荷产生磁场；反过来，磁场对运动着的电荷又产生作用力。这实质上就是一个磁场与电流产生的另一个磁场的相互作用力的表现。也就是说，磁场对处于其中的载流导体要产生作用力。作用力 F 的方向，由磁感应强度 B 与电流 I 的方向来确定，它既垂直于感应强度 B 的方向又垂直于电流 I 的方向，如图 5-7 (a) 所示。当电流 I 与磁感应强度 B 垂直时，磁感应强度 B、电流 I 和电磁力 F 三者相互垂直。这三个方向的关系，可以用左手定则来确定。即平伸左手，拇指与其余四指垂直，让磁力线垂直穿入掌心，且让四指指向电流的方向，则拇指所指的方向，就是载流导线所受作用力的方向，如图5-7 (b) 所示。

电磁力 F 的大小，与磁感应强度 B、电流 I 及载流导体的有效长度 l 成正比。在均匀磁场中，当载流导体 l 与磁感应强度 B 垂直时（图5-7 (a)），电磁力：

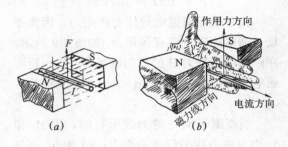

图 5-7   磁场对载流导体的作用力
(a) 电磁力；(b) 左手定则

$$F = BlI \qquad (5-5)$$

在国际单位制中：

F —— 载流导体所受到的作用力，N；

B —— 磁场的磁感应强度，T；

l —— 与磁感应强度 B 垂直方向的导线有效长度，m；

I —— 导线中通过的电流，A。

由式（5-5）得：

$$B = \frac{F}{Il}$$

可见，在均匀磁场中与磁场方向垂直的载流导体通以 1A 的电流时，在1m 长度上受到磁场的作用力刚好为 1N 时，该磁场的磁感应强度就是 1T。

当电流与磁感应强度 B 方向不垂直而是夹角为 α，如图 5-8 所示。可将磁感应强度 B 分解为与电流方向垂直的分量 B_s 和与电流方向平行的分量 B_p。

$$B_s = B\sin\alpha$$
$$B_p = B\cos\alpha$$

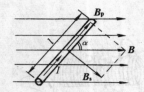

图 5-8 *I* 与 *B* 夹角 α

由于与导线平行的分量 B_p 对载流导体的作用力等于零，故磁感应强 *B* 对载流导体的电磁力：

$$F = B_s lI = BlI\sin\alpha \qquad (5-6)$$

由于磁场对通电导体有作用力，因此磁场对通电线圈也应有作用力。如图 5-9 所示，在磁感应强度为 *B* 的均匀磁场中，放一矩形通电线圈 abcd。已知 $ad=bc=l_1$，$ab=dc=l_2$。

当线圈平面与磁力线平行时，因 ab 和 dc 边与磁力线平行而不受力；ad 和 bc 边与磁力线垂直而受到力的作用，由式（5-5）得 $F_1=F_2=BIl_1$。根据左手定则可知 ad 和 bc 边的受力方向是一上一下而构成一对力偶。线圈在力矩的作用下将绕轴线 OO' 做顺时针方向转动。

由图 5-9（a）可以看出，使线圈转动的转矩为：

$$M = F_1 \times \frac{ab}{2} + F_2 \times \frac{ab}{2}$$
$$= F_1 \times ab = BIl_1l_2$$

即：
$$M = BIS \qquad (5-7)$$

式中　*B*——磁感应强度，T；

　　　S——线圈的面积，m^2；

　　　M——电磁转矩，Nm；

　　　I——流过线圈的电流，A。

当线圈平面与磁力线的夹角为 α 时，如图 5-9（b）所示，则线圈受到的转矩为

$$M = BIS\cos\alpha \qquad (5-8)$$

对于 *N* 匝线圈，线圈受到的转矩为式（5-8）的 *N* 倍。

上式为线圈转矩的一般表达式。当 $\alpha=0°$ 时，$\cos 0°=1$，即线圈平面与磁力线平行时，

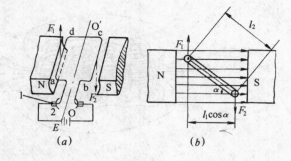

图 5-9　磁场对通电线圈的作用

(a) 线圈平面与磁力线平行；(b) 线圈平面与磁力线成 α 角

1—电刷；2—换向器

式（5-8）变成式（5-7），此时线圈受到的转矩为最大。当 $\alpha=90°$ 时，$\cos 90°=0$，即线圈平面与磁力线垂直时，线圈受到的转矩为零。可见，通电线圈在磁场中，磁场总是使线圈平面转到与磁力线相互垂直的位置上。这一结论对非均匀磁场也适用。

图 5-9 就是一个单匝线圈的直流电动机原理图。

5.3.2　平行载流导体间的相互作用

下面分析相互平行的两载流导体之间的相互作用力，这对于考虑母线、电抗器等的结构是必需的。图 5-10（a）所示为两条平行导体 1 和 2 的其中分别通以反方向的电流 I_1 和 I_2 在导体断面上，符号"×"表示垂直流入纸面的电流，符号"·"表示由纸面垂直流出来的电流；根据右手旋螺定则，导体 1 中的电流 I_1 产生的磁场，在导体 2 处 B_1 方向向下。根据左手定则，B_1 对 I_2 的电磁力 F_2 的方向，为离开导体磁的方向。同样，I_2 产生的磁场在导体 1 处为 B_2，方向向下，B_2 对 I_1 的电磁力 F_1 的方向，为离开导体 2 的方向。所以，通以反方向电流的平行导线间，存在着相互排斥的作用力。经过同样的分析，可以得出结论：通过同方向电流的平行导线间，存在着相互吸引的作用力。如图 5-10（b）所示。

电流与电流之间的作用力，与其说是一个电流的磁场对另一个电流的作用，不如说

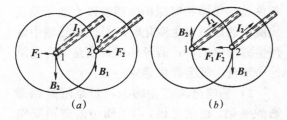

图 5-10 平行载流导体之间的相互作用力

(a) 电流反向时；(b) 电流同向时

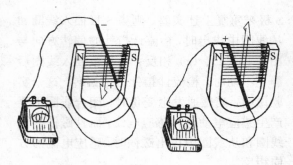

图 5-11 导电回路切割磁力线时产生
感生电动势和感生电流

是两个电流的磁场相互间的作用。电流与电流之间的相互作用就是它们的磁场与磁场之间相互作用的表现。

5.4 电磁感应

1831 年法拉第发现：当导体相对于磁场运动而切割磁力线，或线圈中的磁通发生变化时，在导体或线圈中都会产生电动势；若导体或线圈是闭合电路的一部分，则导体或线圈中将产生电流。从本质上讲，上述两种现象都是由于磁场发生变化而引起的。我们把变动磁场在导体中引起电动势的现象称为电磁感应，也称"动磁生电"；由电磁感应引起的电动势叫做感应电动势；由感应电动势形成的电流叫感应电流。

5.4.1 直导体中产生的感应电动势

如图 5-11 所示，当导体在磁场中静止不动或沿磁力线方向运动时，检流计的指针都不偏转；当导体向下或磁体向上运动时，检流计指针向右偏转一下；当导体向上或磁体向下运动时，检流计指针向左偏转一下；而且导体切割磁力线的速度越快，指针偏转的角度越大。上述现象说明，感应电流不仅与导体在磁场中的运动方向有关，而且还与导体的运动速度 v 有关。

直导体中产生感应电动势的大小为

$$e = Blv\sin\alpha \qquad (5-9)$$

式中　B——磁感应强度，T；

l——直导体的长度，m；

v——导体运动速度，m/s；

e——感应电动势，V。

当导体垂直磁力线（即导体在磁场中的有效长度 $l\sin\alpha = l\sin90° = l$）时，感应电动势最大。即：

$$e_m = Blv \qquad (5-10)$$

直导体中产生的感应电动势方向可用右手定则来判定。即：平伸右手，拇指与其余四指垂直，让磁力线垂直穿入掌心，且让拇指指向导体的运动方向，则其余四指所指的方向就是直导体中感应电动势的方向。如图 5-12 所示。

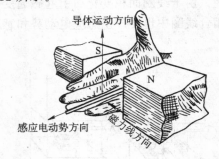

图 5-12 右手定则

5.4.2 楞次定律

如图 5-13 所示，当我们把一条形磁铁的 N 极插入线圈时，检流计指针将向右偏转；如图 5-13 (a) 所示；当磁铁在线圈中静止时，检流计指针不偏转，如图 5-13 (b) 所示；当磁铁从线圈中拔出时，检流计指针反向偏转，如图 5-13 (c) 所示。若改用磁铁的

S极来重复上述实验，则当S极插入线圈和从线圈中拔出时，检流计指针的偏转方向与图5-13（a）、（c）相反；当S极插入线圈后静止不动时，检流计指针仍不偏转。这个实验说明：当磁通发生变化时，闭合线圈中要产生感应电动势和感应电流；而且磁铁插入线圈和从线圈中拔出磁铁时，感应电流的方向相反。

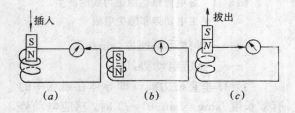

图5-13　条形磁铁在线圈中运动而
引起感应电流

我们还可以做如图5-14所示实验。弹簧线圈放在磁场中，它的两端和检流计相连。线圈不动时，检流计指针不动；当把线圈拉伸或压缩时，检流计指针都会发生偏转，而且两种情况下，指针的偏转方向相反。这个实验说明，由于线圈面积变化而引起磁通变化时，闭合线圈中也要产生感应电动势和感应电流。

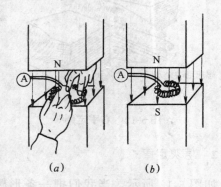

图5-14　线圈面积变化引起的感应电流
（a）拉伸线圈；（b）压缩线圈

通过大量实验可以得出以下结论：
1）导体中产生感应电动势和感应电流的

条件是：导体相对磁场做切割磁力线运动或线圈中的磁通发生变化时，导体或线圈中就产生感应电动势；若导体或线圈是闭合电路的一部分，就会产生感应电流。

2）感应电流产生的磁场总是阻碍原磁通的变化。也就是说，当线圈中的磁通要增加时，感应电流就要产生一个磁场去阻碍它增加；当线圈中的磁通要减少时，感应电流所产生的磁场将阻碍它成减少。这个规律是楞次1834年首先发现的，故称为楞次定律。

楞次定律的内容可表述为：当穿过一个线圈的磁通发生变化时，在线圈中引起的感应电动势，总是企图以它的感应电流的磁通去阻止原来磁通的变化。

楞次定律为我们提供了一个判断感应电动势或感应电流的方法，具体步骤是：

1）首先判定原磁通的方向及其变化趋势（即是增加还是减少）。

2）根据感应电流的磁场（俗称感应磁场）方向永远和原磁通变化趋势相反的原则，确定感应电流的磁场方向。

3）根据感应电流的磁场方向，用右手螺旋定则就可判断出感应电动势或感应电流的方向。应当注意，必须把线圈或导体看成一个电源。在线圈或直导体内部，感应电流从电源的"－"端流到"＋"端；在线圈或直导体外部，感应电流由电源的"＋"端经负载流回"－"端。因此，在线圈或导体内部感应电流的方向永远和感应电动势方向相同。

5.4.3　法拉第电磁感应定律

楞次定律说明了感应电动势的方向，而没有回答感应电动势的大小。为此，我们可以重复图5-13的实验。我们发现检流计指针偏转角度的大小与磁铁插入或拔出线圈的速度有关。当速度越快时，指针偏转角度越大；反之越小。而磁铁插入或拔出的速度，正是反映了线圈中磁通变化的快慢。所以线圈中感应电动势的大小与线圈中磁通的变化速度大小（即变化率）成正比。这个规律，就叫做法拉第电磁感应定律。

我们用 $\Delta\Phi$ 表示在时间间隔 Δt 内一个单匝线圈中的磁通变化量。则一个单匝线圈产生的感应电动势大小为

$$e = \left|\frac{\Delta\Phi}{\Delta t}\right| \qquad (5\text{-}11)$$

对于 N 匝线圈，其感应电动势大小为

$$e = \left|N\frac{\Delta\Phi}{\Delta t}\right| = \left|\frac{\Delta\Psi}{\Delta t}\right| \qquad (5\text{-}12)$$

式中　　N——线圈的匝数；

　　　　$\Delta\Psi$——N 匝线圈的磁链变化量，Wb；

　　　　Δt——磁链变化 $\Delta\Psi$ 中所需的时间，s；

　　　　e——在 Δt 时间内感应电动势的平均值，V。

式（5-12）是法拉第电磁感应定律的数字表达式。在实际应用中，常用楞次定律来判断感应电动势的方向，而用法拉第电磁感应定律来计算感应电动势的大小（取绝对值）。所以这两个定律，是电磁感应的基本定律。

电磁感应现象是发电机等电气设备的理论基础。

5.5　自感、互感与涡流

线圈的磁通发生变化的原因不同，就表现为不同形式的电磁感应现象。线圈的自感和互感现象便是两种重要的电磁感应现象，铁心的涡流现象也是一种特殊的电磁感应现象。

5.5.1　自感

一个线圈中通有电流，这个电流所产生的磁场使线圈每匝具有的磁通叫自感磁通，使线圈具有的磁链叫自感磁链。线圈的自感磁通方向由右手螺旋定则确定。

如图 5-15 所示，线圈中的电流 i 变化时，线圈的自感磁通要跟着变化，线圈中就要因之产生感应电动势。线圈中由于自身电流的变化而产生感应电动势的现象叫做自感现象。线圈中由于自感而产生的感应电动势叫做自感电动势，用 e_L 表示。自感电动势的大小和方向分别遵守法拉第定律和楞次定律。

线圈的自感磁通变化，也总是阻碍线圈电流的变化。如果线圈的电流 i 在增加，如图 5-15（a）所示，则自感磁通增加；根据楞次定律，感应电动势企图使线圈产生与原来自感磁通方向相反的磁通，所以自感电动势 e_L 的方向和原电流的方向相反。如果线圈的电流 i 在减小，如图 5-15（b）所示，由于自感磁通减少，自感电动势就企图使线圈产生与自感磁通方向一致的磁通，所以 e_L 的方向和原电流的方向一致。

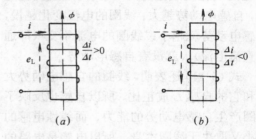

图 5-15　自感现象
（a）电流变大时；（b）电流变小时

通过电流而产生磁场是线圈的基本性能。

一个线圈的自感磁链 Ψ 和所通过的电流大小的比值：

$$L = \frac{\Psi}{i} \qquad (5\text{-}13)$$

叫做线圈的自感系数，简称自感，等于线圈通过单位电流时的自感磁链。它反映了线圈产生磁场的能力。

在国际单位制中，自感的单位为亨[利]，符号为 H。实用中，也还用到 mH 作单位。

由式（5-13）可知，线圈中的自感磁链

$$\Psi = Li$$

线圈的电流变化时，线圈中产生自感电动势。由于自感电动势的大小与自感磁链的关系是：

$$|e_L| = \left|\frac{\Delta \Psi}{\Delta t}\right|$$

把 $\Psi = Li$ 的关系代入上式，就得到

$$|e_L| = \left|\frac{\Delta(Li)}{\Delta t}\right|$$

对于线性电感，L 为常数，上式就化为

$$|e_L| \doteq L\left|\frac{\Delta i}{\Delta t}\right| \tag{5-14}$$

式(5-14)是线圈的自感电动势的大小与线圈电流变化率的关系式。此式表明，线圈的自感电动势的大小与线圈电流的变化率成正比（不是跟电流的大小成正比，也不是跟电流的变化量成正比），线圈的电流变化越快，自感电动势越大；线圈的电流变化越慢，自感电动势就越小；线圈的电流不变（即通过直流电流），就没有自感电动势。

式(5-14)还表明，线圈的自感电动势大小和它的自感 L 成正比，所以自感也反映了线圈产生自感电动势的能力。而线性电感的大小又取决于线圈本身，所以电感是电路的又一个基本参数。

电感线圈通过电流时，建立了磁场，磁场也像其他物质一样，是具有能量的。磁场能量的多少与电感 L 的大小、电感电流 i_L 的大小有关；与电压的大小及有无都没有关系，与电流的建立过程也无关系。电感愈大，磁场能就愈多。理论分析和实验证明，电感线圈的磁场能可以用下式表示：

$$W_L \doteq \frac{1}{2}Li_L^2 \tag{5-15}$$

式中　L——电感，H；

　　　i_L——电感电流，A；

　　　W_L——电感中磁场能，J。

式(5-15)表明，线圈的电流一定时，线圈储存的磁场能量和线圈的自感成正比。所

以自感 L 也反映了线圈储存能量的能力。线圈也是一种储能元件。

式(5-15)还表明，线圈中有电流后，就储存着 $\frac{1}{2}Li_L^2$ 的能量。线圈电流增加，其储能就增加，是它从电源吸取能量；线圈电流减小，它的储能就减少，它向外界释放能量。电感的磁场能量不能突变，也决定了电感电流不能突变。

自感应现象对人们来说，既有利又有弊。例如，日光灯是利用镇流器中产生的自感应电动势来点亮灯管的，同时也利用它限制灯管的电流；但在含有大电感线圈的电路被切断瞬间，因线圈两端产生的自感电动势很高，在开关刀口的断开处会产生电弧，容易烧坏刀口，或者损坏设备的元器件，这些都要尽量设法避免。要断开这样的电路，必须使用具有灭弧装置的油断路器或空气断路器，严禁带负荷拉刀闸！

5.5.2　互感

如图 5-16(a) 所示两个邻近的电感线圈 L_1 和 L_2。在线圈 1 中通有电流 i_1，产生磁场，使线圈 1 具有自感磁通 Φ_{11} 和自感磁链 Ψ_{11}；另一个线圈又处在 i_1 的磁场中而具有磁通

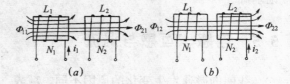

图 5-16　互感线圈
(a) i_1 在线圈 2 中产生磁通 Φ_{21}；
(b) i_2 在线圈 1 中产生磁通 Φ_{12}

Φ_{21} 和磁链 Ψ_{21}。这种一个线圈电流的磁场使另一个线圈具有的磁通叫做互感磁通。线圈各匝互感磁通的总和叫做互感磁链。i_1 变化引起 Φ_{21} 变化时，线圈 2 中产生感应电动势。一种由于一个线圈电流的变化，使另一个线圈产生感应电动势的现象叫做互感现象，由互感现象产生的感应电动势叫做互感电动

势。能够产生互感电动势的两个线圈叫做磁耦合线圈。

互感电动势的大小和方向可分别由法拉第定律和楞次定律确定。

【例 5-1】 如图 5-17 所示，为一个三线圈变压器，分别确定当开关 SA 合上或断开时各线圈中产生的感应电动势的方向。

【解】 当开关 SA 闭合后，线圈 1 中通过电流 i_1 及由 i_1 产生的磁通 Φ，如图 5-17（a）所示。

当 SA 合上后，i_1 和 Φ 增大。由楞次定律，各线圈产生的感应电动势的方向，均为企图产生与 Φ 方向相反的磁通的方向。由此运用右手螺旋定则，可以确定它们的极性，如图 5-17（a）所示。

当 SA 断开时，i_1 和 Φ 减小，各线圈产生的感应电动势的方向均为企图产生与 Φ 方向相同的磁通方向，其极性标于图 5-17（b）中。

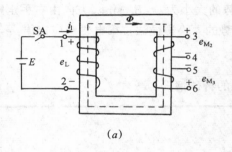 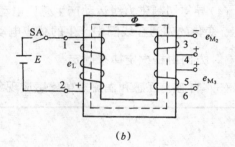

(a)　　　　　　　　　　　　(b)

图 5-17　**【例 5-1】** 图
(a) 开关 SA 闭合；(b) 开关 SA 断开

互感现象既有利也有弊。比如，在工农业生产中具有广泛用途的各种变压器、互感器等，都是利用互感原理制成的。但在电子线路中，若线圈的位置安装不当，各线圈中所产生的磁场就会相互干扰，严重时会使整个电路无法工作。为此，人们常把互不相干的线圈的间距拉大，或者把两个线圈互相垂直安放，以减小或消除线圈间的磁耦合，在某些场合下，甚至用铁磁材料，把线圈或其他元件封闭起来进行磁屏蔽，以消除互感有害的影响。

5.5.3　涡流

如图 5-18 所示，根据电磁感应定律，变化的磁通 Φ 会在铁心中感应出漩涡形电流，一般称为涡流。

涡流会使铁心发热，引起能量损耗，称为涡流损耗。

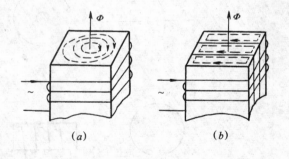

(a)　　　　　　(b)

图 5-18　涡流
(a) 整块铁心；(b) 硅钢片叠制铁心

涡流损耗和前面讲到的磁滞损耗统称为铁损。

为了减少涡流损耗，电气设备的铁心都采用硅钢片叠成。硅钢片具有较大的电阻率，片间互相绝缘，加之涡流路径较长，所以硅钢片中产生的涡流损耗也就大为减少。

小　结

（1）磁场是一种特殊形态的物质。磁感应强度和磁场强度是描述磁场中某点的磁场强弱和方向的物理量，前者跟介质有关，后者跟介质无关。磁通是描述某一面积 S 上的磁场强弱的物理量。

（2）电流与其产生的磁场的磁力线总是相互垂直、相互交链的，其方向由右手螺旋定则来判定。

（3）磁场对电流有力的作用。通电直导体在磁场中受到的电磁力大小为 $F = BII\sin\alpha$，方向由左手定则判定。

（4）导体切割磁力线运动产生感应电动势的大小为 $e = Blv\sin\alpha$，方向由右手定则判定。变化的磁通在线圈中产生的感应电动势的大小遵循法拉第电磁感应定律：$e = \left|\dfrac{\Delta\Psi}{\Delta t}\right|$，方向由楞次定律来确定。

（5）自感、互感和涡流是电磁感应现象的特殊情形。

习题

1. 如图 5-19 所示，（1）图 5-19（a）中已知磁场方向，试标出电流方向；
（2）图 5-19（b）中已知电流方向，试标出磁场方向。

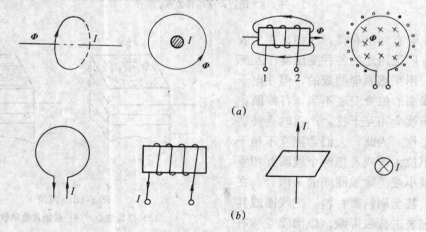

(a)

(b)

图 5-19　题 1 图

2. 如图 5-20 所示，处于磁场中的载流直导体，其磁感应强度 B、电流 I 和电磁力 F，三个物理量中已知两个量的方向，试标出第三个量的方向。

3. 如图 5-21 所示，边长 $L = 0.1\text{m}$ 的正三角形单匝线圈通过电流 $I = 10\text{A}$，处于 $B = 1\text{T}$ 的磁场中，试分别求出每个三角形各边所受力的大小。

4. 有人说："线圈中的磁通发生变化时，感应电动势总是企图产生与原来磁通方向相反的磁通。""线圈中的电流发生变化时，产生的自感电动势总是与电流的方向相反。"这种说法对不对？

5. 如图 5-22 所示，导线与磁场相对运动产生感应电动势，在 B、v 和 e 三个量中，试根据两个量的方向，确定第三个量的方向。

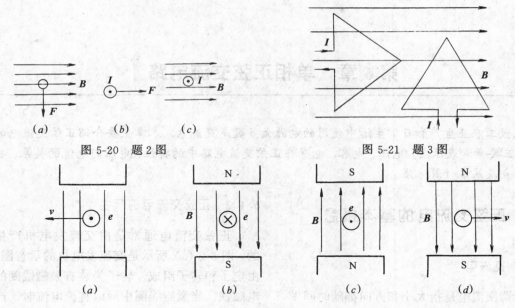

图 5-20 题 2 图 图 5-21 题 3 图

图 5-22 题 5 图

6. 如图 5-23 所示，试分析判定线圈 1 中电流增加或减小时，线圈 2 中是否有感应电流？方向如何？

7. 如图 5-24 所示，试确定各线圈感应电动势或感应电流的实际方向。

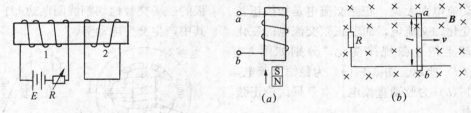

图 5-23 题 6 图 图 5-24 题 7 图

8. 已知均匀磁场的磁感应强度 $B=0.8\mathrm{T}$，直导线的有效长度 $L=10\mathrm{cm}$，导线垂直于磁力线方向上的运动速度为 $v=10\mathrm{m/s}$，如图 5-24 所示，为该导线上感应电动势的大小和方向。

9. 如图 5-26 所示，导线 MN 垂直于磁场方向放置，其有效长度 $L=45\mathrm{cm}$。当导线以速度 $v=10\mathrm{m/s}$ 垂直于磁场方向向上运动时，产生的感应电动势为 4.5V，方向如图所示。试求磁场的磁感应强度的大小和方向。

图 5-25 题 8 图 图 5-26 题 9 图

10. 已知一单匝闭合回路中的磁通在 0.01s 内均匀地增加了 50 000Mx，求感应电动势的大小。又若磁通原来有 4 000Mx，经 0.8s 后均匀地减小到 2 400Mx，试再求感应电动势的大小（$1\mathrm{Mx}=10^{-8}\mathrm{Wb}$）。

11. 一个线圈共有 300 匝，当线圈中通入的电流变化时，使线圈的磁通在 0.5s 内变化了 0.2Wb，试求线圈中的感应电动势。

12. 一个线圈电感 $L=0.5\mathrm{H}$，当线圈中的电流在 0.2s 内由 0 增到 5A 时，线圈中将产生多大的自感电动势？

第6章 单相正弦交流电路

现代工农业生产和日常生活中使用的电源大多数是交流电。本章主要介绍正弦交流电的概念、三要素和表示法，电阻、电容、电感在正弦交流电路中的特性、电压与电流的关系、功率的特点及基本计算方法。

6.1 正弦交流电的基本概念

6.1.1 交流电

所谓交流电是指大小和方向都随时间做周期性变化的电动势（电压或电流）。也就是说，交流电是交变电动势、交变电压和交变电流的总称。交流电可分为正弦交流电和非正弦交流电两大类。正弦交流电是指按正弦规律变化的交流电，而非正弦交流电的变化规律却不按正弦规律变化，分别如图 6-1 (c)、(d) 所示。图 6-1 (a) 为稳恒直流电，图 6-1 (b) 为脉动直流电。本章只讨论正弦交流电。

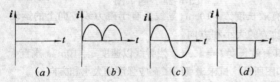

(a)　　　(b)　　　(c)　　　(d)

图 6-1　直流电和交流电的电流波形图
(a) 直流电流；(b)、(c)、(d) 交流电流

交流电有极为广泛的用途。在现代工农业生产中大多数电能都是以交流形式产生出来的。即使电机车运输、电镀、电讯等行业所需要的直流电也要将交流电经过整流获得。这不仅因为交流电机比直流电机简单、成本低、工作可靠，更主要是能用变压器来改变交流电的大小，便于远距离输电和向用户提供各种不同等级的电压。

6.1.2 正弦交流电的产生

正弦交流电通常是由交流发电机产生的，图 6-2 (a) 所示是交流发电机的示意图，由定子和转子组成。转子为装有激磁线圈的电磁铁，当激磁线圈中通以直流电流时，产生磁极 N 和 S；定子是由硅钢片制成的铁心及槽中嵌放的线圈 U1、U2 构成。当转子由原动机（水轮机或汽轮机等）拖动旋转时，两极的磁场交替地切割线圈两边 U1 和 U2，在其中产生交变电动势。

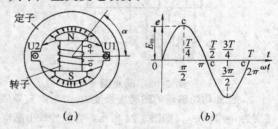

(a)　　　　　　　(b)

图 6-2　交流电的产生
(a) 交流发电机；(b) 交流电动势

我们已经知道，线圈中产生的感应电动势

$$e = Blv$$

式中　l——线圈 U1 和 U2 两条边的总有效长度，m；

　　　v——转子磁场切割线圈的线速度，m/s；

　　　B——线圈两边处的磁感应强度，T。

为了获得正弦交流电动势，将转子与定子间的气隙制成非均匀的，使其中的磁感应

92

强度 B 沿定子内表面按正弦规律分布，即

$$B = B_\mathrm{m}\sin\alpha$$

式中　B_m——磁感应强度最大值，即 N 极中心的磁感应强度，T；

　　　α——由两极之间的中性线算起沿定子内表面的角度，如图 6-2（a）所示。

设 $t = 0$ 时，发电机转子处于由如图 6-2（a）所示位置，若以 ω 的角速度顺时针方向旋转，在 t 时间内转子旋转的角度为：

$$\alpha = \omega t$$

此时 U1 处的磁感应强度

$$B = B_\mathrm{m}\sin\omega t$$

则线圈中的感应电动势

$$\begin{aligned} e &= B_\mathrm{m}lv\sin\omega t \\ &= E_\mathrm{m}\sin\omega t \end{aligned} \tag{6-1}$$

式中　$E_\mathrm{m} = B_\mathrm{m}lv$——电动势的最大值，V。感应电动势 e 的波形如图 6-2（b）所示。当 $t = 0$，$\omega t = 0$，如图 6-2（a）所示，U1 处于中性线，$e = 0$，即波形的 0 点；当 $t = \dfrac{T}{4}$，$\omega t = \dfrac{\pi}{2}$，转子旋转 $\dfrac{\pi}{2}$，U1 处于 N 极中心，$e = E_\mathrm{m}$，即波形的 a 点；当 $t = \dfrac{T}{2}$，$\omega t = \pi$，转子旋转 π，U1 处于中性线的另一侧，$e = 0$，即波形的 b 点；当 $t = \dfrac{3T}{4}$，$\omega t = \dfrac{3\pi}{2}$，转子旋转 $\dfrac{3\pi}{2}$，U1 处于 S 极中心，$e = -E_\mathrm{m}$，即波形的 c 点；当 $t = T$，$\omega t = 2\pi$，转子旋转一周，U1 回到中性线原处，$e = 0$，即波形的 d 点。

可见，发电机转子旋转一周，电动势 e 交变一次。发电机转子的旋转与其产生的感应电动势的交变是同步的，这样的发电机称为同步发电机。

6.1.3　正弦交流电的特征值

（1）周期　频率　角频率

1）周期　交流电每重复一次所需的时间称为周期，用字母 T 表示，单位是秒（s）。

2）频率　交流电 1s 内重复的次数称为频率，用字母 f 表示。其单位是赫[兹]（Hz），比它大的常用单位有千赫（kHz）和兆赫（MHz）。

$$1\mathrm{kHz} = 10^3\mathrm{Hz}$$
$$1\mathrm{MHz} = 10^6\mathrm{Hz}$$

根据周期和频率的定义可知，周期和频率互为倒数，即

$$f = \frac{1}{T} \text{ 或 } T = \frac{1}{f} \tag{6-2}$$

我国工农业及生活中使用的交流电频率为 50Hz，称为工频，其周期为 0.02s；反映声音讯号的频率（简称音频），在 20～20 000Hz 范围内；无线电技术上应用的频率比较高，例如中央人民广播电台发射频率，中波为 640kHz 等，短波则为 11 290kHz、17 605kHz 等。电视台应用的频率就更高了，达 37～38.5MHz。所以，现代各技术领域中应用的频率范围是很宽阔的。

3）角频率　它是指正弦量每秒钟所经历的弧度数。正弦量变化一周，我们可以认为它经历了 2π 电角度（电弧度），所以频率为 f 的正弦量，其角频率为

$$\omega = 2\pi f \text{ 或 } \omega = \frac{2\pi}{T} \tag{6-3}$$

它的单位是弧度/秒（rad/s）。

对 $f = 50\mathrm{Hz}$ 的工频交流电，其角频率为

$$\omega = 2\pi f = 2 \times 3.14 \times 50 = 314 \text{ (rad/s)}$$

由此可见，正弦量变化的快慢除可用周期和频率表示外，还可用角频率来表示。

（2）瞬时值　最大值　有效值

1）瞬时值　因为交流电的大小总是随着时间在变化着，所以我们把交流电在某一瞬时的大小称为瞬时值，用小写字母 i、u、e 分别表示电流、电压、电动势的瞬时值。

2）最大值　正弦量在一个周期中所出现的最大瞬时值称为最大值或幅值，用带下标 m 的大写字母表示，如 I_m、U_m、E_m 分别表示电流、电压、电动势的最大值。

3）有效值　交流电的大小是不断变化的，难以取哪个数值作为衡量交流电大小的标准，特别是在比较交流电与直流电的时候就更难用哪个数值来说明问题。所以有必要引入一个既能反映交流电大小，又方便计算和测量的物理量。通常是根据交流电做功的多少来作为衡量交流电大小的标准。根据这个标准定义出来的量值就是交流电的有效值。如图6-3所示，让交流电和直流电分别通过阻值完全相同的电阻，如果在相同的时间内这两种电流产生的热量相等，我们就把此直流电的数值定义为该交流电的有效值。换句话说，把热效应相等的直流电流（或电压、电动势）定义为交流电流（或电压、电动势）的有效值。交流电流、电压和电动势有效值的符号分别是 I、U、E。

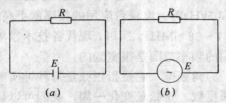

图6-3　交直流电热效应比较电路图
(a) 直流电路；(b) 交流电路

通过计算，正弦交流电的有效值和最大值之间有如下关系：

$$\left.\begin{array}{l} I = \dfrac{I_{\mathrm{m}}}{\sqrt{2}} \approx 0.707 I_{\mathrm{m}} \\[2mm] U = \dfrac{U_{\mathrm{m}}}{\sqrt{2}} \approx 0.707 U_{\mathrm{m}} \\[2mm] E = \dfrac{E_{\mathrm{m}}}{\sqrt{2}} \approx 0.707 E_{\mathrm{m}} \end{array}\right\} \qquad (6\text{-}4)$$

特别应指出的是，今后若无特殊说明，交流电的大小一般是指有效值。如一般交流电表所测出的数值都是有效值，一般灯泡、电器、仪表上所标注的交流电压、电流数值也都是有效值。显然，有效值不随时间变化。

（3）相位　初相位　相位差

1）相位　初相位

在讲述正弦交流电动势产生时，是假设线圈开始转动的瞬时，线圈平面与中性面重合。此时 $\alpha = 0°$，所以线圈中的感应电动势 $e = E_{\mathrm{m}}\sin\alpha = 0$。也就是说，我们是假定正弦交流电的起点为零。但事实上正弦交流电的变化是连续的，并没有肯定的起点和终点。如果起始时，即 $t=0$ 时线圈平面与中性面的夹角不为零而等于某一角度 φ，如图6-4 (a) 所示，设磁极不动，线圈相对于磁极逆时针方向旋转，则线圈在 t 时刻产生的感应电动势可表示为

$$e = E_{\mathrm{m}}\sin(\omega t + \varphi) \qquad (6\text{-}5)$$

如果把线圈平面与中性面的夹角作为 φ 的位置作为起始位置，根据式 (6-5) 可作出图6-4 (b) 所示曲线。

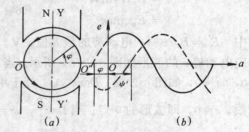

图6-4　初相角示意图

显然，电角度 $\alpha = \omega t + \varphi$ 是随时间变化的，有一确定的时间 t，就有一确定的感应电动势与之对应。也就是说，角度 $\alpha = \omega t + \varphi$ 是表示正弦交流电在任意时刻的电角度，通常把它称做相位角，也称相位或相角。而把线圈刚开始转动瞬时（$t=0$ 时）的相位角称为初相角，也称初相位或初相。在式 (6-5) 中正弦电动势的初相角就等于 φ。初相角可以为正也可以为负。这个角通常用不大于 $180°$ 的角来表示。

由式 (6-5) $e = E_{\mathrm{m}}\sin(\omega t + \varphi)$ 可以看出，当正弦交流电的最大值、角频率（或频率或周期）和初相角这三个量确定时，正弦交流电才能被确定，也就是说这三个量是正弦交流电必不可少的要素，所以称它们为三要素。

【例6-1】　已知某交流电动势 $e = 311\sin 314t$，求该电动势的最大值、频率、角

频率、有效值、周期、初相角各为多少?

【解】 将已知式与公式 $e = E_m\sin(\omega t + \varphi)$ 比较可得

最大值 $E_m = 311\text{V}$

而有效值 $E = \dfrac{E_m}{\sqrt{2}} = \dfrac{311}{\sqrt{2}} \approx 220$ (V)

角频率 $\omega = 314\text{rad/s}$

频率 $f = \dfrac{\omega}{2\pi} = \dfrac{314}{2 \times 3.14} = 50$ (Hz)

周期 $T = \dfrac{1}{f} = \dfrac{1}{50} = 0.02$ (s)

初相 $\varphi = 0$

2) 相位差，如图 6-5 (a) 所示，设磁极不动，线圈在旋转，线圈 1 和 2 完全相同。$t = 0$ 时，它们的平面与中性面的夹角分别为 φ_1 和 φ_2。当它们同时以角频率 ω 逆时针旋转时，两个线圈中都将产生感应电动势，而且电动势的频率相同，最大值相等，但初相不同。所以两个电动势不能同时达到零值或最大值，它们可分别用表达式表示为

$$e_1 = E_m\sin(\omega t + \varphi_1)$$
$$e_2 = E_m\sin(\omega t + \varphi_2)$$

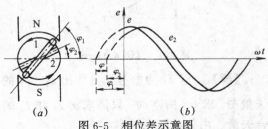

图 6-5 相位差示意图
(a) 线圈位置图；(b) 电动势波形图

根据上面两式可作得图 6-5 (b) 所示的曲线。显然，这两条曲线的起始位置不同。为了比较两个正弦交流电，我们引入相位差的概念。所谓相位差就是两个同频率正弦交流电的相位之差。因 e_1 的相位为 $\omega t + \varphi_1$，e_2 的相位为 $\omega t + \varphi_2$，则两者的相位差为

$$\varphi = (\omega t + \varphi_1) - (\omega t + \varphi_2) = \varphi_1 - \varphi_2$$

$$(6-6)$$

上式表明，同频率正弦交流电的相位差，实质上就是它们的初相位之差。如果一个正

弦交流电比另一个正弦交流电提前达到最大值或零值，则前者叫超前，后者叫滞后。如图 6-5(b) 所示，因 e_1 在 e_2 前先达到最大值，所以称 e_1 超前 e_2，当然也可以说成 e_2 滞后 e_1；若两个正弦交流电同时达到零值或最大值，即两者的初相位相等，则称它们同相位，简称同相，如图 6-6(a) 所示；若一个正弦交流电达到正最大值时，另一个正弦交流电达到负最大值，即它们的初相位相差 $180°$，则称它们的相位相反，简称反相，如图 6-6(b) 所示。

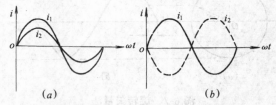

图 6-6 交流电的同相与反相
(a) 同相；(b) 反相

6.2 正弦交流电的表示法

正弦交流电一般有四种表示法:解析法、曲线法、旋转矢量法和相量法。本书只介绍前三种表示法。

6.2.1 解析法

用三角函数式表示正弦交流电随时间变化关系的方法叫解析法。根据前面所学，正弦交流电动势、电压和电流的解析式为

$$e = E_m\sin(\omega t + \varphi_e)$$
$$u = U_m\sin(\omega t + \varphi_u)$$
$$i = I_m\sin(\omega t + \varphi_i)$$

6.2.2 曲线法

根据解析式的计算数据，在平面直角坐标系中作出曲线的方法叫曲线法，如图 6-5 (b) 和图 6-6(b) 所示。图中，纵坐标表示瞬时值，横坐标表示电角度 ωt 或时间 t。我们把这种曲线叫做正弦交流电的曲线图或波形图。

6.2.3 旋转矢量表示法

对于一个正弦量 $e = E_m \sin(\omega t + \varphi)$，我们可以用一个旋转矢量来表示，如图 6-7 所示。在一个平面直角坐标系内，以原点为圆心，以幅值 E_m 为半径作一个圆，矢量的起始位置与横坐标的夹角即正弦量的初相角 φ，并且矢量是以 ω 的角速度逆时针方向旋转的。

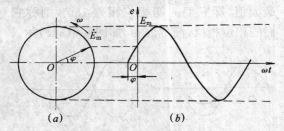

图 6-7 旋转矢量法
(a) 旋转矢量；(b) 波形图

矢量 $\dot{E}_m$ 在纵坐标上的投影，即为相应的不同时刻的电动势瞬时值。例如 $\dot{E}_m$ 在 $t = 0$ 时的投影为 $E_m \sin\varphi$，就是该正弦量在 $t = 0$ 时的瞬时 $e_0 = E_m \sin\varphi$。

如果我们将图 6-7 (a)，按时间 t 加以展开，得到图 6-7 (b)。显然，图 6-7 (b) 是一个正弦波形图。所以只有随时间按正弦规律变化的交变量，才能用旋转矢量法表示。

我们还可以在同一坐标平面内，同时画上几个同频率的正弦量的旋转矢量，这种图就叫矢量图。上述作矢量图的方法较麻烦，实用的方法是只需画出起始位置（$t = 0$ 时）的矢量来表示正弦量，而且长度通常用有效值代替幅值，它与横坐标的正方向的夹角等于正弦量的初相位。矢量用 $\dot{E}_m$、$\dot{E}$ 表示，如图 6-8 所示。

由于矢量之间的相位差，在频率相同时，任何时刻都保持不变，因此有时作矢量图时，连横坐标 OX 也可省略，而以某一矢量作为参考矢量，其他矢量的位置都与此参考矢量相比较而定。利用矢量图进行几个同频率正弦量的计算，比用三角函数式或波形图简捷得多。

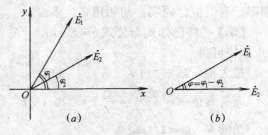

图 6-8 矢量图
(a) 有坐标系；(b) 无坐标系且以 E_2 为参考矢量

正弦交流电用矢量表示以后，它们的和差运算就可以采用矢量加减的方法时行。一般步骤是先画出各矢量，然后用平行四边形法则作出总矢量，最后用三角方法计算出结果。

【例 6-2】 已知 $i_1 = 40\sqrt{2}\sin\omega t$，$i_2 = 30\sqrt{2}\sin\left(\omega t + \dfrac{\pi}{2}\right)$，试求 $i_1 + i_2$ 及 $i_1 - i_2$。

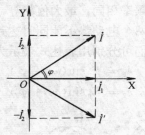

图 6-9 【例 6-2】图

【解】 以 $\dot{I}_1$ 为参考矢量作出 $\dot{I}_1$、$\dot{I}_2$ 的矢量图。求 $(i_1 + i_2)$ 时，只需求解 $\dot{I}_1$ 和 $\dot{I}_2$ 的合矢量。由矢量图可得出：

$$I = \sqrt{30^2 + 40^2} = 50(\text{A})$$

$$\varphi = \arctan\frac{30}{40} = 30.86°$$

合成电流的瞬时值为：$i = 50\sqrt{2}\sin(\omega t + 36.86°)$ A。

求解 $(i_1 - i_2)$ 时，只需求解 $\dot{I}_1$ 与 $(-\dot{I}_2)$ 的合矢量。由矢量图可以得出：

$$I' = \sqrt{30^2 + 40^2} = 50 \text{ (A)}$$

$$\varphi' = \arctan\left(\frac{-30}{40}\right) = -36.86°$$

两交流电流的差 $(i_1 - i_2)$ 的瞬时值可以写成：

$$i' = 50\sqrt{2}\sin(\omega t - 36.86°)\text{A}$$

6.3 纯电阻电路

纯电阻电路，就是既没有电感、又没有电容而只包含有线性电阻的电路，如图6-10 (a) 所示。在实际生活中，由白炽灯、电烙铁、电阻炉或电阻器组成的交流电路都可近似看成是纯电阻电路。

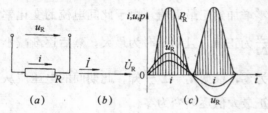

图 6-10 纯电阻电路
(a) 电路图；(b) 矢量图；(c) 波形图

6.3.1 电流与电压的关系

为了分析方便起见，设加在电阻两端的正弦电压 u_R 的初相为零，即 $u_R = U_{Rm}\sin\omega t$ 根据欧姆定律，通过电阻的电流瞬时值应为：

$$i = \frac{u_R}{R} = \frac{U_{Rm}}{R}\sin\omega t \qquad (6-7)$$

从上式不难看出，在正弦电压作用下，电阻中通过的电流也是一个同频率的正弦电流，且与加在电阻两端的电压同相位。图6-10 (b) 和 (c) 分别画出了电流、电压的矢量图和波形图。在作矢量图时，是以电压矢量为参考矢量。由于电流与电压同相，故两者的指向一致。

由式 (6-7) 可知，通过电阻的最大电流为：

$$I_m = \frac{U_{Rm}}{R}$$

若上式两边同除以 $\sqrt{2}$，则得

$$I = \frac{U_R}{R} \text{ 或 } U_R = IR \qquad (6-8)$$

这说明，在纯电阻电路中，电流与电压的有效值大小之间符合欧姆定律。

由此可见，在纯电阻电路中，电流与电压的频率相同，相位相同，数量关系仍符合欧姆定律。

6.3.2 电路的功率

在任一瞬间，电阻中的电流瞬时值与同一瞬间电阻两端电压的瞬时值的乘积，称为电阻获取的瞬时功率用 p_R 表示，即

$$p_R = u_R i = \frac{U_{Rm}^2}{R}\sin^2\omega t \qquad (6-9)$$

瞬时功率的变化曲线如图6-10 (c) 中的画有线条的曲线表示。由于电流与电压同相，所以 p_R 在任一瞬间的数值都是正值。这就说明，在任一瞬时电阻都从电源取用功率，电阻为耗能元件。

由于瞬时功率时刻变化，不便计算，因而通常都是计算一个周期内取用功率的平均值，即平均功率。平均功率又称有功功率，用 P 表示，单位为 W。

电流、电压用有效值表示时，其功率 P 的计算与直流电路相同，即：

$$P = U_R I = I^2 R = \frac{U_R^2}{R} \qquad (6-10)$$

【例 6-3】 已知某白炽灯工作时的电阻为 484Ω，其两端加有电压 $u = 311\sin314t\text{V}$，试求：(1) 电流有效值，并写出电流瞬时值的解析式；(2) 白炽灯的有功功率。

【解】 (1) 由 $u = 311\sin314t\text{V}$ 可知，交流电的有效值为 $U = \frac{U_m}{\sqrt{2}} = \frac{311}{\sqrt{2}} = 220(\text{V})$，则电流有效值为

$$I = \frac{U}{R} = \frac{220}{484} = 0.454(\text{A})$$

又因白炽灯丝可视为纯电阻，电流与电压同相，所以电流瞬时值的解析式为

$$i = 0.454\sqrt{2}\sin314t\text{A}$$

(2) 由式 (6-10) 可直接求得白炽灯的有功功率为

$$P = \frac{U^2}{R} = \frac{220^2}{484} = 100(\text{W})$$

6.4 纯电感电路

由电阻很小的电感线圈组成的交流电路，可以近似看成是纯电感电路。图 6-11（a）所示为由一个线圈构成的纯电感电路。

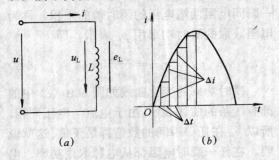

（a）　　　　　（b）

图 6-11　纯电感电路及电流变化率

（a）电路图；（b）波形图

6.4.1　电流与电压关系

（1）电流与电压的相位关系

由于线圈的电阻很小，所以在直流电路中可把线圈近似看成是一条没有电阻的导线。但当线圈接在交流电路中时，线圈中将产生自感电动势来阻碍电流的变化，则线圈中的电流变化总滞后线圈两端的外加电压的变化，所以电流与电压间就有相位差。

在上一章中已学过，对于一个内阻很小的电源，其电动势与端电压总是大小相等方向相反，则线圈中自感电动势与线圈两端的电压在任何瞬时也总是大小相等方向相反，即

$$u_L = u = -e_L = L \frac{\Delta i}{\Delta t} \qquad (7\text{-}11)$$

由上式看出，自感电压的大小与电流的变化率成正比而不是与电流成正比。以下通过式（6-11）和图 6-11（b）来分析电流和电压的相位关系。为方便起见，设电感量 L 为常数，电流的初相为零，并把每一周期电流的变化分成四个阶段来讨论：

1）在 $0 \sim \frac{\pi}{2}$ 即第一个 $\frac{1}{4}$ 周期内，电流从零增加到正最大值。由于此间电流的变化率 $\frac{\Delta i}{\Delta t}$ 为正值，且起始时为最大，然后逐渐减小为零，根据 $u_L = L \frac{\Delta i}{\Delta t}$ 知，此期间的电压应从正最大值逐渐变为零。

2）在 $\frac{\pi}{2} \sim \pi$ 即第二个 $\frac{1}{4}$ 周期内，电流从正最大值减小到零。由于此间电流的变化率为负值，且从零变到负最大值，则 $u_L = L \frac{\Delta i}{\Delta t}$ 应从零逐渐变到负最大值。

3）在 $\pi \sim \frac{3}{2}\pi$ 即第三个 $\frac{1}{4}$ 周期内，电流从零变到负最大值，此间电流的变化率仍为负值，且从负最大值变到零，则 u_L 应从负最大值变到零。

4）在 $\frac{3}{2}\pi \sim 2\pi$ 即第四个 $\frac{1}{4}$ 周期内，电流从负最大值变到零，此间电流的变化率为正值，且从零变到正最大值，则 u_L 应从零变到正最大值。

从以上分析可得图 6-12（a）所示的波形图。

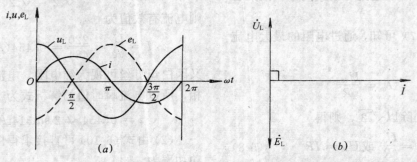

（a）　　　　　　　（b）

图 6-12　纯电感电路电流、电压、自感电动势变化曲线及矢量图

（a）波形图；（b）矢量图

上图中虚线所示为自感电动势的波形图，由于 $u_L = -e_L$，所以 e_L 与 u_L 反相。由图还可看出，电压总是超前电流 90°，而自感电动势总是滞后电流 90°，三者的矢量关系如图 6-13 (b) 所示。

设流过电感的正弦电流的初相为零，则电流、电压及自感电动势的瞬时值表达式为

$$\left.\begin{aligned} i &= I_m\sin\omega t \\ u_L &= U_{Lm}\sin\left(\omega t + \frac{\pi}{2}\right) \\ e_L &= E_{Lm}\sin\left(\omega t - \frac{\pi}{2}\right) \end{aligned}\right\} \quad (6\text{-}12)$$

（2）电流与电压的频率关系

从图 6-12 (a) 可以看出，电流与电压的频率相同。

（3）电流与电压的数量关系和感抗

由式（6-11）知，当电流的变化率一定时，电感越大，自感电压越大；当电感一定时，电流的变化率越大，自感电压越大。反之，电感越小或电流变化率越小时，自感电压就越小。通过以上分析可得自感电压与电流的数量关系为

$$U_{Lm} = \omega L I_m \text{ 或 } U_L = \omega L I \quad (6\text{-}13)$$

对比纯电阻电路的欧姆定律知，ωL 和电阻 R 相当，表示电感对交流电的阻碍作用，称做电感电抗，简称感抗，以 X_L 表示。于是感抗的数学表达式为

$$X_L = \omega L = 2\pi f L \quad (6\text{-}14)$$

显然，电感越大或电源频率越高时，电感线圈对电流的阻碍作用越大。因此电感线圈对高频电流的阻力很大，在电子电路中就常用电感线圈来阻碍交流电通过；对直流电来说，因 $f = 0$，则 $X_L = 0$，电感线圈可视为短路。

值得注意的是，虽然感抗 X_L 和电阻 R 相当，但感抗只有在交流电路中才有意义，而且感抗只能代表电压和电流最大值或有效值的比值；感抗不能代表电压和电流瞬时值的比值，即 $X_L \neq u/i$，这是因为 u 和 i 的相位不同的缘故。

6.4.2 功率

在纯电感电路中，电压瞬时值与电流瞬时值的乘积，称为瞬时功率，即将式（6-12）中 u_L 和 i 的瞬时式代入上式得

$$\begin{aligned} p_L &= U_{Lm}\sin\left(\omega t + \frac{\pi}{2}\right) I_m\sin\omega t \\ &= U_{Lm}I_m\sin\omega t\cos\omega t \\ &= \frac{1}{2}U_{Lm}I_m\sin 2\omega t \\ &= U_L I\sin 2\omega t \quad (6\text{-}15) \end{aligned}$$

根据式（6-15）（或在波形图中将电压和电流同一瞬时的数值逐点相乘）即可画出图 6-13 所示的功率曲线。由图可知，瞬时功率 p_L 在一个周期内的平均值为零，即纯电感电路的有功功率为零。其物理意义是，纯电感在交流电路中不消耗电能，但电感与电源间却进行着能量交换。电感为储能元件。

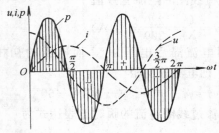

图 6-13　纯电感电路的功率曲线

由于纯电感电路的瞬时功率的频率是电压和电流频率的 2 倍，则在第一及第三个 $\frac{1}{4}$ 周期内，p_L 为正值，这表示电感吸收电源能量并以磁场能形式储存于线圈中；在第二及第四个 $\frac{1}{4}$ 周期内，p_L 为负值，这表示电感把储存的能量送回电源。不同的电感与电源交换能量的规模不同，但纯电感电路中的平均功率为零，不能反映这种能量交换的规模。通常人们用瞬时功率的最大值来反映纯电感电路中的能量变换规模。并把它叫做电路的无功功率，用 Q_L 表示，单位为乏用 Var 表示，数学表达式为

$$Q_L = U_L I = I^2 X_L = \frac{U^2}{X_L} \quad (6\text{-}16)$$

必须指出,"无功"的含义是"交换"而不是"消耗",它是相对"有功"而言的,决不能理解为"无用"。事实上无功功率在生产实践中占有很重要的地位。具有电感性质的变压器、电动机等设备都是靠电磁转换工作的,因此,若无无功功率,这些设备就无法工作。

【例 6-4】 设有一电阻可以忽略的线圈接在交流电源上,已知 $u = 220\sqrt{2}\sin(314t + 30°)$ V,线圈的电感量 $L = 0.7$H。(1) 写出流过线圈电流的瞬时值表达式;(2) 求电路的无功功率;(3) 作电压和电流的矢量图。

【解】 (1) 因线圈的感抗 $X_L = \omega L = 314 \times 0.7 \approx 220$ (Ω),电压有效值

$$U = 220\text{V}$$

则流过线圈的电流有效值

$$I = \frac{U}{X_L} = \frac{220}{220} = 1 \ (\text{A})。$$

又因电流滞后电压 90°,而电压的初相为 30°,则电流的初相

$$\psi_i = \psi_u - 90° = 30° - 90° = -60°。$$

所以流过线圈电流的瞬时值表达式为

$$i = \sqrt{2}\sin(314t - 60°)\text{A}$$

(2) 根据式(6-16)可得电路和无功功率为

$$Q_L = U_L I = 220 \times 1 = 220(\text{Var})$$

(3) 电流和电压的矢量图如图 6-14 所示。

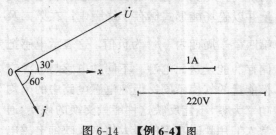

图 6-14 **【例 6-4】** 图

6.5 纯电容电路

由介质损耗很小,绝缘电阻很大的电容

器组成的交流电路,可近似看成纯电容电路。图 6-15 (a) 所示就是由这样的电容器组成的纯电容电路。

6.5.1 电流与电压关系

(1) 电流与电压的相位关系

我们知道稳恒直流电不能通过电容器,但在电容器充放电过程中,却会引起电流。当电容器接到交流电路中时,由于外加电压不断变化,电容器就不断充放电,电路中就不断有电流流过,这就称为交流电通过电容器。电容器两端的电压随电荷的积累(即充电)而升高,随电荷的释放(即放电)而降低。由于电荷的积累和释放需要一定的时间,因此电容器两端的电压变化滞后于电流的变化。

设在 Δt 时间内电容器极板上的电荷变化量是 ΔQ,那么

$$i = \frac{\Delta Q}{\Delta t} = \frac{C \Delta u_C}{\Delta t} = C \frac{\Delta u_C}{\Delta t} \quad (6\text{-}17)$$

式(6-17)表明,电容器中的电流与电容两端的电压的变化率成正比。在图 6-15 (b)中画出了电压的变化波形,我们根据式(6-17)来分析一下电流是怎样变化的。

在 $0 \sim \frac{\pi}{2}$ 即第一个 $\frac{1}{4}$ 周期内,u_C 从零增大到正最大值,电压变化率为正值并且开始最大,然后逐渐减小到零,根据式(6-17)可知,电流 i 从正最大值逐渐变为零。

在 $\frac{\pi}{2} \sim \pi$ 即第二个 $\frac{1}{4}$ 周期内,u_C 从正最大值变为零,变化率为负并从零变到负最大值,此间电流也从零变到负最大值。

在 $\pi \sim \frac{3}{2}\pi$ 即第三个 $\frac{1}{4}$ 周期内,u_C 从零变到负最大值,变化率为负并从负最大值变为零,此间电流也从负最大值变为零。

在 $\frac{3}{2}\pi \sim 2\pi$ 即第四个 $\frac{1}{4}$ 周期内,u_C 从负最大值变到零,变化率为正并从零变到正最大值,此间电流也从零变到正最大值。

从以上分析可得图 6-15 (b) 中的电流波

形。从波形图可清楚地看出：纯电容电路中的电流超前电压90°，这与纯电感电路的情况正好相反。图 6-15（c）所示就是电流、电压的矢量图，从图中可清楚地看出电流、电压间的相位关系。设加在电容器两端的交流电压的初相为零，则电流、电压的瞬时值表达式为：

$$u_C = u_{Cm}\sin\omega t$$

$$i = I_m\sin\left(\omega t + \frac{\pi}{2}\right) \qquad (6\text{-}18)$$

（2）电流与电压的频率关系

由图 6-15（b）可以看出，电流与电压频率相同。

（3）电流与电压的数量关系和容抗

电容器对交流电的阻碍作用称为容抗，用 x_C 表示。容抗与电容量及电源的频率成反比，即

$$x_C = \frac{1}{\omega C} = \frac{1}{2\pi f C} \qquad (6\text{-}19)$$

显然，当频率一定时，在同样电压作用下，容量越大的电容器所储存的电量就越多，线路中的电流也就越大，因此电容器对电流的阻力也就越小；当外加电压和电容量一定时，电源频率越高时电容器充放电的速度越快，单位时间内电荷移动的数量也越多，则线路中的电流也越大，所以电容器对电流的阻力就越小。

纯电容电路中电压、电流和容抗三者的数量关系仍符合欧姆定律，即

$$I_m = \frac{U_{Cm}}{X_C} \text{ 或 } I = \frac{U_C}{X_C} \qquad (6\text{-}20)$$

与纯电感电路相似，容抗只代表电压和电流的最大值或有效值之比，不等于它们的瞬时值之比。

6.5.2 功率

采用与纯电感电路相似的办法，可求得纯电容电路的瞬时功率的解析式为

$$p_C = u_C i = U_C I\sin2\omega t \qquad (6\text{-}21)$$

根据上式可作出瞬时功率的波形图，如图 6-15（b）所示。由瞬时功率的波形看出，纯电容电路的平均功率为零。但是电容器与电源间进行着能量的交换，在第一与第三个 $\frac{1}{4}$ 周期内，电容吸取电源能量并以电场能的形式储存起来；第二与第四个 $\frac{1}{4}$ 周期内，电容器又向电源释放能量。和纯电感电路一样，瞬时功率的最大值被定义为电路的无功功率，用以表示电容器与电源交换能量的规模。无功功率的数学式为

$$Q_C = U_C I = I^2 X_C = \frac{U_C^2}{X_C} \qquad (6\text{-}22)$$

【例 6-5】 一个 $10\mu F$ 的电容器，接在 $u = 220\sqrt{2}\sin(314t+30°)$ V 的电源上，试写出电流的瞬时值表达式，画出电流、电压矢量图，求出电路的无功功率。

【解】 容抗

$$X_C = \frac{1}{\omega C} = \frac{1}{314 \times 10 \times 10^{-6}} = 318(\Omega)$$

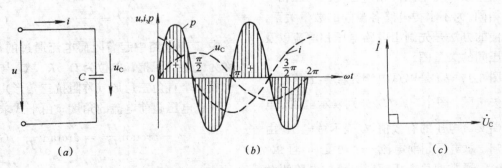

（a）　　　　　　　　　（b）　　　　　　　　　（c）

图 6-15　纯电容电路的电流与电压

（a）电路图；（b）波形图；（c）矢量图

电流有效值　$I = \dfrac{U}{X_C} = \dfrac{220}{318} \approx 0.692$（A）

电流瞬时值

$i = \sqrt{2}\, I \sin\,(314t + 30° + 90°) \approx 0.978 \sin$
$(314 + 120°)$（A）

矢量图如图 6-16 所示。

无功功率

$Q_C = U_C I = 220 \times 0.692 \approx 152\,\text{Var}$

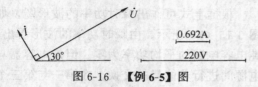

图 6-16　【例 6-5】图

6.6　RL 串联电路分析

在含有线圈的交流电路中，当线圈的电阻不能被忽略时，就构成了由电阻 R 和电感 L 串联后所组成的交流电路，简称 RL 串联电路。工厂里常见的电动机、变压器所组成的交流电路都可看成是 RL 电路。显然，研究 RL 串联电路更具有实际意义。RL 串联电路如图 6-17（a）所示。

6.6.1　电流与电压关系

（1）电流与电压的相位关系

由于纯电阻电路的电压与电流同相，纯电感电路的电压超前电流 90°。又因为串联电路中的电流处处相等，所以 RL 串联电路两端的电压不与电流同相，各电压间的相位也不相同。为了求得电路各量间的数量关系，较简便的办法是先画出电路电压和电流以及各电压间的矢量图。

图 6-17（b）是以总电流为参考正弦量作出的矢量图。图中 $\dot{U}_R$、$\dot{U}_L$ 分别表示电阻、电感两端交流电压的有效值，$\dot{U}$ 表示总电压。由图可知，总电压超前电流一个角度 φ，且 $90° > \varphi > 0°$。通常把总电压超前电流的电路叫做感性电路，或者说负载是感性负载，有时也说电路呈感性。

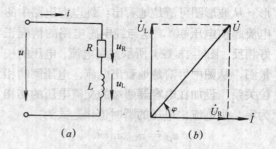

图 6-17　电阻电感串联电路及矢量图
（a）电路图；（b）矢量图

（2）电流与电压的数量关系

对每个元件来说，它们两端的电压和电流以及电阻（或感抗）之间的关系仍满足欧姆定律，即分别满足式（6-8）和式（6-13）。

要求总电压与电流的数量关系，必须先求出总电压与分电压的数量关系。由图 6-17（b）知，因各电压间有相位差，总电压并不等于各分电压的代数和而应是各个分电压的矢量和，即 $\dot{U} = \dot{U}_R + \dot{U}_L$。根据 $\dot{U}$、$\dot{U}_R$ 和 $\dot{U}_L$ 构成的直角三角形（称电压三角形），可求得总电压与各分电压的数量关系为

$$U = \sqrt{U_R^2 + U_L^2} \qquad (6\text{-}23)$$

又因 $U_R = IR$，$U_L = IX_L$，将它们代入上式便可求得总电压与电流的数量关系为

$$U = \sqrt{(IR)^2 + (IX_L)^2} = I\sqrt{R^2 + X_L^2}$$

令　$Z = \sqrt{R^2 + X_L^2} \qquad (6\text{-}24)$

可得常见的欧姆定律形式

$$I = \dfrac{U}{Z} \qquad (6\text{-}25)$$

式中 Z 在电路中起着阻碍电流通过的作用，称为电路的阻抗，单位为 Ω。R、X_L 与 Z 又构成一个直角三角形（称阻抗三角形）。

总电压超前电流的角度 φ 由下式求得

$$\varphi = \arctan \dfrac{U_L}{U_R} = \arctan \dfrac{X_L}{R} \qquad (6\text{-}26)$$

6.6.2　功率

电路两端的电压与电流有效值的乘积，

叫做视在功率，用 S 表示，其数学式为

$$S = UI \qquad (6-27)$$

视在功率也称表观功率，它表示电源提供的总功率，即表示交流电源的容量大小，单位为伏安或千伏安，用 VA 或 kVA 表示。

根据有功和无功功率的定义可得电路的有功功率和无功功率分别为

$$P = U_R I = UI\cos\varphi = S\cos\varphi \qquad (6-28)$$
$$Q = U_L I = UI\sin\varphi = S\sin\varphi \qquad (6-29)$$

则 S、P、Q 三者之间满足如下关系

$$S = \sqrt{P^2 + Q^2} \qquad (6-30)$$

可见，电源提供的功率不能被感性负载完全吸收。这样就存在电源功率的利用率问题。为了反映这种利用率，我们把有功功率与视在功率的比值称作功率因数，用 $\cos\varphi$ 表示，由式（6-28）得

$$\cos\varphi = \frac{P}{S} \qquad (6-31)$$

上式表明，当电源容量（即视在功率）一定时，功率因数大，电源输出功率的利用率高，这是人们所希望的。但工厂中的用电器（如交流电动机等）多数是感性负载，功率因数往往较低。对提高功率因数的意义和方法将在后面介绍。

由 $\dot{U}_R$、$\dot{U}_L$ 和 $\dot{U}$ 组成的矢量三角形称做电压三角形。若把电压三角形各边的数值除以电流 I，就可得到电阻 R、感抗 X_L 和阻抗 Z 之间数量关系的阻抗三角形。若把电压三角形各边的数值同乘以电流 I，就可得到表示有功功率 P、无功功率 Q 和视在功率 S 之间数量关系的功率三角形。这三个三角形分别如图 6-18 (a)、(b)、(c) 所示。一般情况下，通过这三个三角形及欧姆定律就可求得全部数量关系。但应注意，只有电压三角形才是矢量三角形，其他两个三角形都不能用矢量表示。

【例 6-6】 将电感为 25.5mH，电阻为 6Ω 的线圈接到电压有效值 $U = 220V$，角频

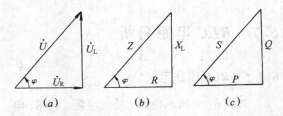

图 6-18 RL 串联电路电压、阻抗及功率三角形
(a) 电压三角形；(b) 阻抗三角形；
(c) 功率三角形

率 $\omega = 314\text{rad/s}$ 的电源上，求：(1) 线圈的阻抗；(2) 电路中的电流；(3) 电路中的 P、S、Q；(4) 求功率因数；(5) 以电流为参考量作电压三角形。

【解】 ①因感抗

$$X_L = \omega L = 314 \times 25.5 \times 10^{-3} = 8(\Omega)$$

则阻抗

$$Z = \sqrt{R^2 + X_L^2} = \sqrt{6^2 + 8^2} = 10(\Omega)$$

②电流 $\quad I = \dfrac{U}{Z} = \dfrac{220}{10} = 22$ （A）

③有功功率

$$P = I^2 R = 22^2 \times 6 = 2\,904(\text{W})$$

无功功率

$$Q = I^2 X_L = 22^2 \times 8 = 3872(\text{Var})$$

视在功率

$$S = UI = 220 \times 22 = 4840(\text{VA})$$

④功率因数 $\quad \cos\varphi = \dfrac{P}{S} = \dfrac{R}{Z} = \dfrac{6}{10} = 0.6$

⑤电阻电压

$$U_R = IR = 22 \times 6 = 132(\text{V})$$

电感电压 $\quad U_L = IX_L = 22 \times 8 = 176$ （V）

电压电流相位差

$$\varphi = \arccos 0.6 = 53°8'（电流滞后电压）$$

则电压三角形如图 6-19 所示。

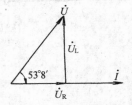

图 6-19 【例 6-6】图

6.7 *RLC* 电路分析

6.7.1 *RLC* 串联电路

如图6-20所示电路，是由电阻、电感、电容所组成的 *RLC* 串联电路。我们首先通过作矢量图的方法讨论总电压与电流的相位关系，再根据矢量图讨论有关量之间的数量关系。

（1）电流与电压的相位关系

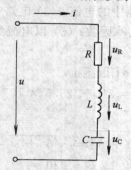

图 6-20 *RLC* 串联电路

以电流为参考矢量，因 $\dot{U}_R$ 与 $\dot{I}$ 同相，$\dot{U}_L$ 超前 $\dot{I}$ 90°，而 $\dot{U}_C$ 又滞后 $\dot{I}$ 90°，所作矢量图如图6-21所示。

由于 $\dot{U}_L$ 与 $\dot{U}_C$ 的相位相反，在矢量图中表现为二者方向相反，因而它们的矢量和也就是代数差，即 $\dot{U}_L+\dot{U}_C$ 在数值上就等于 $|U_L-U_C|$。$\dot{U}_L+\dot{U}_C$ 的方向取决于 U_L 和 U_C 的大小，分三种情况：

$U_L>U_C$ 时，电压 $\dot{U}$ 超前 $\dot{I}$，$\dot{U}$ 与 $\dot{I}$ 的相位差 $\varphi>0$，此时电路是感性电路，矢量图如图6-21（a）所示。

$U_L<U_C$ 时，电流 $\dot{I}$ 超前电压 $\dot{U}$，$\dot{U}$ 与 $\dot{I}$ 的相位差 $\varphi<0$，此时电路是容性电路，矢量图如图6-21（b）所示。

$U_L=U_C$ 时，$\varphi=0$，这时电压 $\dot{U}$ 和电流 $\dot{I}$ 同相位，矢量图如图6-21（c）所示。这是一种特殊情况，称为串联谐振。

（2）电压间的数量关系

由矢量图可看出，$\dot{U}$、$\dot{U}_L+\dot{U}_C$、$\dot{U}_R$ 构成一个直角三角形，称为电压三角形。由电压三角形可求得总电压的数值为：

$$U = \sqrt{U_R^2 + (U_L - U_C)^2} \quad (6\text{-}32)$$

可见 $U \neq U_R+U_L+U_C$。

将 $U_R=IR$，$U_L=IX_L$，$U_C=IX_C$ 代入式（6-32）得，

$$U=I\sqrt{R^2+(X_L-X_C)^2}=I\sqrt{R^2+X^2}=IZ \quad (6\text{-}33)$$

其中 $X=X_L-X_C$

$$Z = \sqrt{R^2 + (X_L - X_C)^2} = \sqrt{R^2 + X^2} \quad (6\text{-}34)$$

式（6-33）具有欧姆定律形式，一般称它为交流电路的欧姆定律，Z 为阻抗，它是电阻、感抗、容抗的统称。

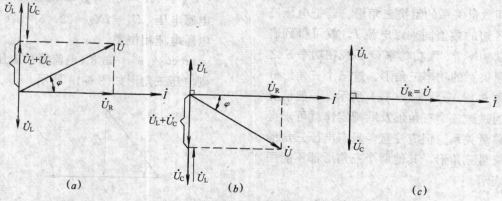

图 6-21 *RLC* 串联电路矢量图

（a）$U_L>U_C$；（b）$U_C<U_C$；（c）$U_L=U_C$

由式(6-34)可知，Z、R、$X=(X_L-X_C)$也构成一个直角三角形，称为阻抗三角形，阻抗三角形与电压三角形相似，用这两个三角形都可以求出总电压与电流的相位差 φ。

$$\varphi = \arctan \frac{U_L - U_C}{U_R} = \arctan \frac{X_L - X_C}{R}$$

(6-35)

6.7.2 RLC 并联电路

图 6-22 所示的电路，是由电阻、电感、电容所组成的 RLC 并联电路。我们通过作矢量图的方法讨论电流与电压的相位关系，再根据矢量图讨论有关量间的数量关系。

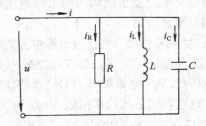

图 6-22 RLC 并联电路

(1) 电流与电压的相位关系

以电压为参考矢量，因 $\dot{I}_R$ 与 $\dot{U}_R$ 同相，$\dot{I}_L$ 滞后 $\dot{U}_L$90°，$\dot{I}_C$ 超前 $\dot{U}_C$90°，而 $\dot{U}_R$、$\dot{U}_L$、$\dot{U}_C$、与 $\dot{U}$ 均相等，所以作出的矢量图如图 6-23 所示。

由于 $\dot{I}_C$ 与 $\dot{I}_L$ 的相位相反，在矢量图中表现为二者方向相反，因而它们的矢量和也就是代数差，即 $\dot{I}_C+\dot{I}_L$ 在数值上就等于 $|I_C-I_L|$。$\dot{I}_C+\dot{I}_L$ 的方向取决于 I_C 与 I_L 的大小，分三种情况：

$I_L>I_C$ 时，电压 $\dot{U}$ 超前电流 $\dot{I}$，此时电路呈感性，矢量图如图 6-23（a）所示。

$I_L<I_C$ 时，电压 $\dot{U}$ 滞后电流 $\dot{I}$，此时电路呈容性。矢量图如图 6-23（b）所示。

$I_L=I_C$ 时，电压 $\dot{U}$ 与电流 $\dot{I}$ 同相，矢量图如图 6-23（c）所示，这种情况称为并联谐振。

(2) 电流间的数量关系

由矢量图可看出 $\dot{I}$、$\dot{I}_R$、$\dot{I}_C+\dot{I}_L$ 构成一个直角三角形，由此三角形可求得总电流的数值为：

$$I=\sqrt{I_R^2+(I_C-I_L)^2}$$

(6-36)

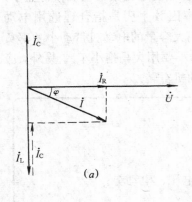
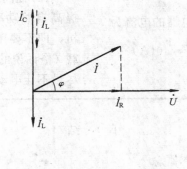
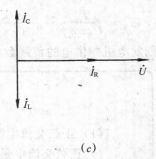

(a) (b) (c)

图 6-23 RLC 并联电路的矢量图

6.8 提高功率因数的意义及一般方法

6.8.1 提高功率因数的意义

我们知道，对于每个供电设备（如发电机、变压器）来说都有额定容量，即视在功率。在正常工作时是不允许超过额定值的，否则极易损坏供电设备。我们又知道，在有感性负载时，供电设备输出的总功率中既有有功功率又有无功功率。由 $P=S\cos\varphi$ 知，当 S 一定时，功率因数 $\cos\varphi$ 越低，有功功率就越小，无功功率自然就越大，这说明电源提供的总功率被负载利用的部分就越少。如当 $\cos\varphi=0.5$ 时，$P=\dfrac{S}{2}$，这说明负载只利用了电源提供能量的一半，从供电的角度来看，显然是很不合算的。但若功率因数能提高到1，则 $P=S$，这说明电源提供的能量全部被负载利用了。

另外，由 $P=UI\cos\varphi$ 还可看出，当电源电压 U 和负载的有功功率 P 一定时，功率因数 $\cos\varphi$ 越低，电源提供的电流就越大。又由于供电线路具有一定的电阻，当电流越大时线路上的电压降就越大。这不仅会使电能白白消耗在线路上，而且还会使负载两端的电压降低，影响负载的正常工作。

【例 6-7】 已知某发电机的额定电压为 220V，视在功率为 440kVA。（1）用该发电机向额定工作电压为 220V，有功功率为 4.4kW，功率因数为 0.5 的用电器供电，能供多少负载？（2）若把功率因数提高到 1 时，又能供多少负载？（设线路无损耗）。

【解】 （1）因发电机的额定电流为

$$I_{\mathrm{n}}=\frac{S_{\mathrm{n}}}{U_{\mathrm{n}}}=\frac{440\times10^3}{220}=2\,000(\mathrm{A})$$

当 $\cos\varphi=0.5$ 时，每个用电器的电流为

$$I_0=\frac{P_0}{U_{\mathrm{n}}\cos\varphi}=\frac{4.4\times10^3}{220\times0.5}=40(\mathrm{A})$$

则发电机能供电的负载数为

$$\frac{I_{\mathrm{n}}}{I_0}=\frac{2\,000}{40}=50(个)$$

（2）当 $\cos\varphi=1$ 时，每个用电器的电流为

$$I'_0=\frac{P_0}{U_{\mathrm{n}}}=\frac{4.4\times10^3}{220}=20(\mathrm{A})$$

则发电机能供电的负载数为

$$\frac{I_{\mathrm{n}}}{I'_0}=\frac{2000}{20}=100(个)$$

6.8.2 提高功率因数的一般方法

既然提高功率因数是必要的，那么如何提高功率因数呢？由于交流用电器多为由电阻和电感串联组成的感性负载，为了既提高功率因数又不改变负载两端的工作电压，通常采用下面两种方法：

（1）关联补偿法 在感性负载电路两端并联一个适当的电容器。若已知有功功率 $P(\mathrm{W})$、电源电压 $U(\mathrm{V})$，电源频率 $f(\mathrm{Hz})$ 及感性负载两端并联电容前后的功率因数 $\cos\varphi_1$ 和 $\cos\varphi$，则并联电容 $C(\mathrm{F})$ 的大小可用下式求出

$$C=\frac{P}{2\pi fU^2}(\tan\varphi_1-\tan\varphi)\quad(6\text{-}37)$$

（2）提高自然功率因数 在机械行业中，提高自然功率因数主要是指合理选用电动机，即不要用大容量的电动机带动小功率负载（俗话说的不要用大马拖小车）。另外，应尽量不让电动机空转。

小　　结

（1）正弦交流电的基本概念

1）正弦交流电是指随时间按正弦规律变化的电流、电压、电动势。

2）正弦交流电可用解析法、波形图和矢量图表示。

3）正弦量的三要素是指最大值、频率（或角频率或周期）和初相。只要三要素确定了，正弦量就会被唯一地确定了。

频率、周期、角频率三者之间的关系为：$\omega=2\pi f=\dfrac{2\pi}{T}$

相位是指正弦交流电瞬时值表达式中的电角度（$\omega t+\varphi$），其中 φ 为初相。

相位差是指两个同频率的正弦交流电的相位之差，其值为初相之差。

4）正弦交流电的有效值与最大值之间的关系为 $I=\dfrac{1}{\sqrt{2}}I_m\approx0.707I_m$。一般交流电表测出的电压、电流均为有效值。电气设备的额定电压、额定电流也是指有效值。

（2）正弦交流电路

1）单一参数正弦交流电路中电压与电流的关系及功率见表 6-1。

单一参数正弦交流电路中的各量关系 表 6-1

电路形式	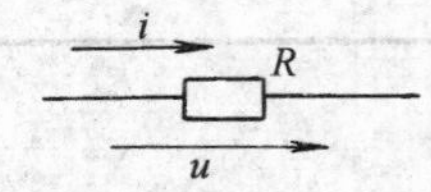	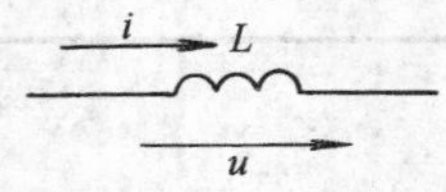	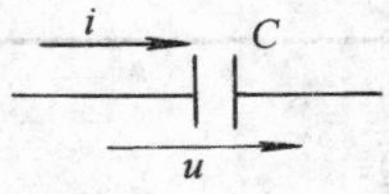
波形图	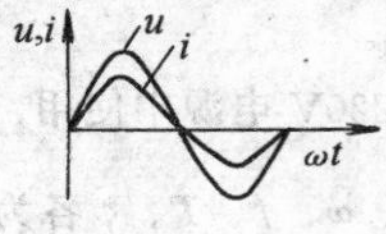	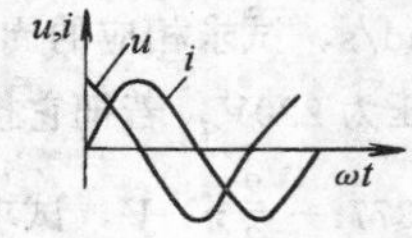	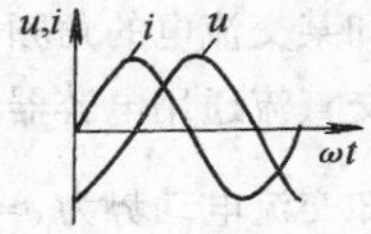
矢量图	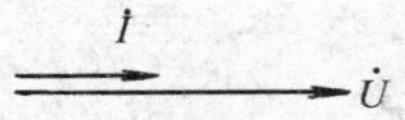	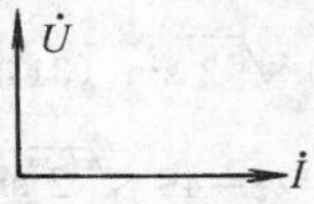	
UI 关系	$U=IR$	$U=IX_L$ $X_L=\omega L=2\pi fL$	$U=IX_C$ $X_C=\dfrac{1}{\omega C}=\dfrac{1}{2\pi fc}$
相位关系	u 与 i 同相	u 超前于 $i90°$	u 滞后于 $i90°$
有功功率	$P=UI=I^2R$	0	0
无功功率	0	$Q_L=UI=I^2X_L$	$Q_C=UI=I^2X_C$
视在功率	$S=P$	$S=Q_L$	$S=Q_C$

2）RL 串联电路的分析与计算采用矢量作图法。借助电压三角形、阻抗三角形和功率三角形可得如下关系：

a. 电阻、电感上电压的电压分别为：

$U_R=IR$，　　$U_L=IX_L$

b. 总电压与各电压间的关系：

$U=\sqrt{U_R^2+U_L^2}=IZ$

c. 阻抗　$Z=\sqrt{R^2+X_L^2}$

d. 总电压与电流间的相位差：

$\varphi=\arctan\dfrac{X_L}{R}=\arctan\dfrac{U_L}{U_R}=\arctan\dfrac{Q}{P}$

e. 有功功率 $P=U_RI=I^2R=\dfrac{U_R^2}{R}$

无功功率 $Q=U_L I=I^2 X_L=\dfrac{U_L^2}{X_L}$

视在功率 $S=UI$

且 $\qquad\qquad\qquad\qquad S=\sqrt{P^2+Q^2}$

$f.$ 功率因数 $\cos\varphi=\dfrac{P}{S}=\dfrac{R}{Z}=\dfrac{U_R}{U}$

3）RLC 串联电路的分析计算及 RLC 并联电路的分析计算方法均采用矢量法。

习　题

1. 已知某交流电的角频率为 628rad/s，试求相应的周期和频率。

2. 某交直流通用电容器的直流耐压为 220V，若把它接到交流 220V 电源中使用，是否安全?

3. 已知交流电动势为 $e=155\sin\left(377t-\dfrac{2}{3}\pi\right)V$，试求 E_m、E、ω、f、T、φ 各为多少?

4. 写出下列两组交流电动势的相位差，指出它们的相位关系。

(1) $e_1=380\sqrt{2}\sin314t V$，$e_2=380\sqrt{2}\sin\left(314t-\dfrac{2}{3}\pi\right)$ V。

(2) $e_1=20\sqrt{2}\sin\left(314t+\dfrac{\pi}{6}\right)$ V，$e_2=40\sqrt{2}\sin\left(314t+\dfrac{\pi}{2}\right)$ V。

(3) $e_1=10\sin314t V$，$e_2=20\sin\left(314t+\pi\right)$ V。

5. 已知某正弦电压的有效值为 380V，频率 $f=50$Hz，初相 $\varphi=-30°$，试写出此电压的瞬时值表达式，并求 $t=0.01$s 时的电压值。

6. 已知 $i_1=100\sin\omega t$A，$i_2=100\sin\left(\omega t+60°\right)$A，试用矢量法求 i_1+i_2。

7. 已知某交流电路两端的电压 $u=220\sqrt{2}\sin\left(314t+\dfrac{\pi}{6}\right)$V，电流 $i=3\sin\left(314t-\dfrac{\pi}{6}\right)$A，试分别写出电压、电流的三要素。求出其有效值。求出电压和电流的相位关系并作出电压和电流的有效值矢量图。

8. 一个 220V60W 的白炽灯泡接在电压 $u=220\sqrt{2}\sin\left(314t+\dfrac{\pi}{6}\right)$ V 的电源上，求流过灯泡的电流，写出电流的瞬时值表达式，画出电压、电流的矢量图。

9. 在纯电阻电路中，下列各式是否正确? 为什么? (1) $i=\dfrac{U}{R}$；(2) $I=\dfrac{U}{R}$；(3) $i=\dfrac{U_m}{R}$；(4) $i=\dfrac{u}{R}$。

10. 把电感 $L=100$mH（电阻可忽略不计）的线圈接到 $u=141\sin\left(100t-\dfrac{\pi}{6}\right)$V 的电源上。(1) 求流过线圈的电流并写出该电流的瞬时值表达式；(2) 作电压和电流相应矢量图；(3) 求无功功率。

11. 在纯电感电路中，下列各式哪些正确? 哪些错误? (1) $i=\dfrac{u}{X_L}$；(2) $i=\dfrac{u}{\omega L}$；(3) $I=\dfrac{U}{L}$；(4) $I=\dfrac{U}{\omega L}$；(5) $I=\omega LU$。

12. 把容量 $C=20\mu$F 的电容器接到 $u=141\sin\left(100t-\dfrac{\pi}{6}\right)$V 的电源上，(1) 求流过电容的电流并写出该电流的瞬时值表达式；(2) 作电压和电流相应的矢量图；(3) 求无功功率。

13. 在纯电容电路中，下列各式哪些正确? 哪些错误? (1) $i=\dfrac{u}{X_C}$；(2) $I=\dfrac{u}{\omega C}$；(3) $I=\dfrac{U}{C}$；(4) $I=\dfrac{U}{\omega C}$；(5) $I=\omega CU$。

14. 在图 6-24 中，设各电源的数值相等，交流电源的频率相同，$R=X_C=X_L$ 且各指示灯规格相同，则（　）图中的灯最亮，（　）图中的灯最暗。

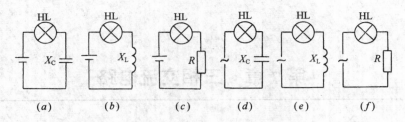

图 6-24 题 14 图

15. 把某线圈接在 220V 的直流电源上,测得流过线圈的电流为 1A;当把它接到频率为 50Hz,电压有效值为 120V 的正弦交流电源时,测得流过线圈的电流为 0.3A。求线圈的直流电阻 R 和电感量 L 各等于多少?

16. 在 RL 串联电路中,已知 $R=3\Omega$,$L=12.7$mH,总电压 $u=220\sqrt{2}\sin314t$V,试求 (1) 电路中的电流,(2) 电阻 R 和电感 L 两端的电压。

17. 已知某发电机的额定电压为 10 000V,视在功率为 30 万 kVA,(1) 用该发电机向额定电压为 380V,有功功率为 190kW、功率因数为 0.5 的工厂供电,能供多少工厂用电?(2) 若把用电工厂的功率因数提高到 1,又能供多少工厂用电 (设供电线路无损耗)?

18. 已知某电站以 220kV 的高压向外输送 110 万 kW 的电力,若输电线路的总电阻为 10Ω,试计算当功率因数由 0.5 提高到 0.9 时,一年内 (以 365 天计) 输电线上少损失多少电能?若每度电价值人民币 2 角,问少损失人民币多少元?

19. 下列几种说法对吗? 为什么?

(1) 在 RLC 串联电路中,容抗和感抗数值越大,电路中的电流就越小,电流和电压的相位差就越大。

(2) 在 RLC 串联电路中,U_R、U_L、U_C 的数值不会大于总电压 U。

(3) 当流过某负载的电流 $i=1.414\sin\left(314t+\dfrac{\pi}{12}\right)$A,其端电压为 $u=311\sin\left(314t-\dfrac{\pi}{4}\right)$V 时,这个负载一定是容性负载。

(4) 电压三角形各边的数值除以电流。就可得阻抗三角形。

20. 40W 的日光灯和镇流器串联,接在 220V 的交流电源上,通过的电流是 0.41A,求日光灯的功率因数。

第7章 三相交流电路

目前在生产实践中，不论是电能的生产，还是电能的输送及其使用，都广泛地采用三相制。所谓三相制，就是由三个频率相同、最大值相等、相位互差120°的交流电动势，按一定的规律联系起来的供电系统。这种与单相交流电相比具有以下优点：（1）三相发电机比尺寸相同的单相发电机输出的功率要大；（2）三相发电机的结构和制造不比单相发电机复杂多少，且使用、维护都较方便，运转时比单相发电机的振动要小；（3）在同样条件下输送同样大的功率时，特别是在远距离输电时，三相输电线比单相输电线可节约25%左右的材料。所以三相交流电获得广泛应用。

本章介绍三相正弦交流电路，主要内容有：对称三相电源的特点，对称三相电路的计算，不对称三相电路的概念，中线的作用等。

7.1 三相交流电动势的产生

三相交流电动势是由三相交流发电机产生的。图7-1为三相交流发电机示意图，它主要由转子和定子构成。转子是电磁铁，其磁极表面的磁场按正弦规律分布。定子中嵌有三个线圈；彼此相隔120°，每个线圈的匝数、几何尺寸相同。各线圈的起始端分别用U1、V1、W1表示；末端分别用U2、V2、W2表示，而且把它们分别叫做第一相线圈、第二相线圈和第三相线圈。

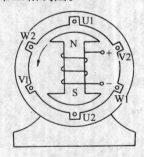

图7-1　三相交流发电机示意图

当原动机如汽轮机、水轮机等带动三相发电机的转子做顺时针转动时，就相当各线圈做逆时针转动，则每个线圈中产生出的感

应电动势分别为e_U、e_V、e_W。由于各线圈的结构相同而互差120°，因此三个电动势的最大值相等、频率相同而初相互差120°。若以第一相为参考正弦量，可得它们的瞬时值表达式如式（7-1），波形图和矢量图分别如图7-2（a）、（b）所示。通常把它们称作对称三相电动势，而且规定每相电动势的正方向是从线圈的末端指向始端，即当电流从始端流出时为正，反之为负。

$$\left.\begin{aligned} e_U &= E_m \sin\omega t \\ e_V &= E_m \sin\left(\omega t - \frac{2}{3}\pi\right) \\ e_W &= E_m \sin\left(\omega t + \frac{2}{3}\pi\right) \end{aligned}\right\} \quad (7\text{-}1)$$

三相电动势达到最大值的先后次序叫做相序。在图7-2中，最先达到最大值的是e_U，

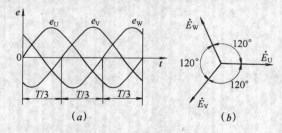

图7-2　三相交流电的波形图、矢量图
(a) 波形图；(b) 矢量图

110

其次是 e_V，再次是 e_W，它们的相序就是 U—V—W—U，称为正序。若最大值出现的次序为 U—W—V—U，恰好与正序相反，称为负序。一般三相对称电动势都是指正序而言，工厂的供电线有时采用黄、绿、红三种颜色分别表示 U、V、W 三相。

7.2 三相电源的联接

我们知道，三相发电机具有三个电源绕组。若每个绕组各接上一个负载，就得到彼此不相关的三个独立的单相电路，构成三相六线制，如图 7-3 所示。由图可看出，用三相六线制来输电需要六根输电线，很不经济，没有实用价值。在现代供电系统中，三相发电机的三个绕组采用两种联接方式，这就是星形联接和三角形联接。

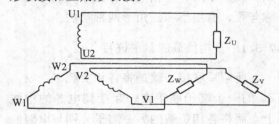

图 7-3 三相六线制

7.2.1 星形联接。

将发电机三相绕组的末端 U2、V2、W2 联接成一个公共点的联接方式，称为星形接法或 Y 接法。如图 7-4 所示。该公共点称为电源中点，以 N 表示。从三个始端 U1、V1、W1 分别引出的三根接负载的导线称为相线或端线（俗称火线）。从电源中点 N 引出一根与负载相接的导线叫做中线或零线。

有中线的三相制叫做三相四线制（图7-4）。右边是它的简画法。无中线的三相制叫做三相三线制，如图 7-5 所示。

每相绕组两端的电压称为相电压，用 $\dot{U}_U$、$\dot{U}_V$、$\dot{U}_W$ 表示。相电压的正方向规定为从始端指向末端。在有中线时，相电压就是各相线与中线之间的电压。两根相线之间的电压称为线电压，用 $\dot{U}_{UV}$、$\dot{U}_{VW}$、$\dot{U}_{WU}$ 表示。

三相四线制可输送两种电压：线电压和相电压。利用矢量图可计算出线电压与相电压之间的关系如图 7-6 所示。因三个线电压等于：

$$\left.\begin{aligned} \dot{U}_{UV} &= \dot{U}_U - \dot{U}_V \\ \dot{U}_{VW} &= \dot{U}_V - \dot{U}_W \\ \dot{U}_{WU} &= \dot{U}_W - \dot{U}_U \end{aligned}\right\} \quad (7\text{-}2)$$

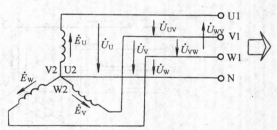

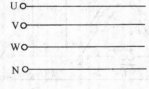

图 7-4 三相四线制

由矢量图 7-6 以及它们之间的几何关系可得：

$$\left.\begin{aligned} U_{UV} &= 2U_U\cos\frac{\pi}{6} = \sqrt{3}\,U_U \\ U_{VW} &= 2U_V\cos\frac{\pi}{6} = \sqrt{3}\,U_V \\ U_{WU} &= 2U_W\cos\frac{\pi}{6} = \sqrt{3}\,U_W \end{aligned}\right\} \quad (7\text{-}3)$$

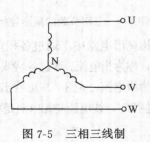

图 7-5 三相三线制

从式（7-3）得出线电压与相电压的数量关系为：

$$U_l = \sqrt{3}\, U_p \qquad (7\text{-}4)$$

式中　U_l——线电压，V；

　　　U_p——相电压，V。

两者的相位关系是：线电压超前对应的相电压30°。

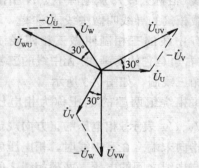

图 7-6　相电压与线电压的关系

7.2.2　三角形联接

将三相发电机每一相绕组的末端和另一相绕组的始端依次相接的联接方式，称为三角形接法或 D 接法，如图 7-7 所示。

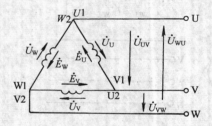

图 7-7　电源绕组的三角形联接

很明显，采用三角形联接时，线电压等于相电压，即

$$U_l = U_p \qquad (7\text{-}5)$$

电源的三角形联接只能向负载提供一种电压。实际应用中，三相发电机一般不用三角形联接，在企业供配电中也很少采用。但是，作为高压输电用的三相电力变压器，有时需要采用三角形联接。

7.3　三相负载的联接

负载接入电源要遵循两个原则，即电源电压应与负载的额定电压一致；全部负载应均匀地分配给三相电源。实际上，有些用电设备需要三相电源，即本身就是一组三相负载，如三相电热炉及工业上大量使用的三相电动机；另一类用电设备只需要单相电源，如照明、电烙铁、电风扇等，这类单相负载也要按一定规则联接起来，组成三相负载。

若三相负载的阻抗值相等（$Z_U = Z_V = Z_W$），阻抗性质相同（$\varphi_U = \varphi_V = \varphi_W$），则称为三相对称负载。若不满足上述条件，就是三相不对称负载。三相电源一般是对称的，如果负载也对称，则称为三相对称交流电路；否则，就是不对称三相电路。三相负载不管对称与否，有星形和三角形两种接法。

7.3.1　三相负载的星形联接

所谓星联接，就是将各相负载 Z_U、Z_V、Z_W 的一个端子联接在一起接到电源的中线上，而将各相负载的另一端子分别与电源的三根端线相联。如图 7-8 所示。

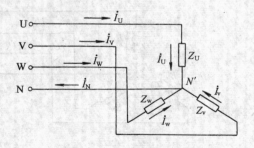

图 7-8　三相负载的星形连接

在三相星形电路中，通过各相负载的电流 I_U、I_V、I_W 称为相电流。通过各端线的电流 I_U、I_V、I_W 称为线电流，从图 7-8 可看出，当三相负载作星形连接时，线电流与相电流是相同的。即

$$I_{lY} = I_{pY} \qquad (7\text{-}6)$$

关于相电流的计算方法，与单相电路基

本一致。若假设三相对称电源的相电压为 U_U、U_V、U_W，根据交流电路的欧姆定律，可分别计算出三个相电流的大小：

$$\left.\begin{array}{l} I_U = \dfrac{U_U}{Z_U} \\[2mm] I_V = \dfrac{U_V}{Z_V} \\[2mm] I_W = \dfrac{U_W}{Z_W} \end{array}\right\} \qquad (7\text{-}7)$$

各相电流与相电压之间的相位关系是：

$$\left.\begin{array}{l} \varphi_U = \arctan\dfrac{X_U}{R_U} \\[2mm] \varphi_V = \arctan\dfrac{X_V}{R_V} \\[2mm] \varphi_W = \arctan\dfrac{X_W}{R_W} \end{array}\right\} \qquad (7\text{-}8)$$

式中 Z_U、Z_V、Z_W 分别为各相负载的阻抗；X_U、X_V、X_W 为各相负载的电抗，R_U、R_V、R_W 为各相负载的电阻。

当三相负载为对称负载时，因 $Z_U = Z_V = Z_W$，所以 $I_U = I_V = I_W = \dfrac{U_p}{Z_p}$，且 $\varphi_U = \varphi_V = \varphi_W$。

由于中线是三相负载的公共回线，所以通过中线上的电流(I_N)应该是三个相电流的矢量和。即

$$\dot{I}_N = \dot{I}_U + \dot{I}_V + \dot{I}_W \qquad (7\text{-}9)$$

在三相对称电路中，因流过各相负载的电流相等，而且每相电流间的相位差为 $120°$，其矢量图如图 7-9 所示（以 U 相电流为参考）。由图可见：

$$\dot{I}_N = \dot{I}_U + \dot{I}_V + \dot{I}_W = 0 \qquad (7\text{-}10)$$

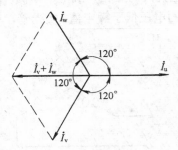

图 7-9　星形负载的电流矢量图

由于中线电流为零，因而如果取消中线也不会影响三相电路工作。通常在高压输电时，由于三相负载都是对称的三相变压器，所示采用三相三线制输电。工厂中广泛使用的三相交流电动机属于对称负载，也采用三相三线制供电。

【例 7-1】　有一星形连接三相对称负载，已知各相负载的电阻 $R = 6\Omega$，感抗 $X_L = 8\Omega$，将它们接入相电压为 220V 的三相交流电路中，试求通过每相负载的电流及线电流。

【解】　因为负载对称，故各相电流都相等。

$$I_U = I_V = I_W = \frac{U_P}{Z_P} = \frac{220}{\sqrt{6^2 + 8^2}} = 22A$$

又　$\because I_{l\cdot Y} = I_{p\cdot Y}$　$\therefore I_l = 22A$

7.3.2　三相负载的三角形联接

所谓三角形连接，就是依次将某相负载的末端，与下一相负载首端相联，组成一个闭合的三角形，并将各负载的联接点 U、V、W 接入三相电源的三根端线上。如图 7-10 所示。

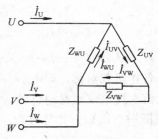

图 7-10　三相负载的三角形联接

由图 7-10 可以看出，不论是对称三相负载还是不对称负载，各相负载都是接在两根端线之间，所以它们承受的相电压就是三相电源的线电压，即：

$$U_{U\cdot p} = U_{UV};\ U_{V\cdot p} = U_{VW};\ U_{W\cdot p} = U_{WU}$$

写成一般形式：

$$U_{p\cdot D} = \dot{U}_{l\cdot D} \qquad (7\text{-}11)$$

当负载接成三角形时，它们的相电流与

线电流是不相同的，图 7-10 中标定了相电流 $\dot{I}_{UV}$、$\dot{I}_{VW}$、$\dot{I}_{WU}$ 及线电流 $\dot{I}_U$、$\dot{I}_V$、$\dot{I}_W$ 的正方向。我们发现，相电流 $\dot{I}_{UV}$ 从 U 端流至 V 端，$\dot{I}_{VW}$ 从 V 端流至 W，$\dot{I}_{WU}$ 从 W 端流到 U 端；线电流的正方向是从电源流到负载。于是可得

$$I_{UV}=\frac{U_{UV}}{Z_{UV}}$$

$$I_{VW}=\frac{U_{VW}}{Z_{VW}}$$

$$I_{WU}=\frac{U_{WU}}{Z_{WU}} \qquad (7\text{-}12)$$

各相电流与对应的端电压的相位角为

$$\varphi_{UV}=\arctan\frac{X_{UV}}{R_{UV}}$$

$$\varphi_{VW}=\arctan\frac{X_{VW}}{R_{VW}}$$

$$\varphi_{WU}=\arctan\frac{X_{WU}}{R_{WU}} \qquad (7\text{-}13)$$

式中 Z_{UV}、Z_{VW}、Z_{WU}——各相负载的阻抗；
X_{UV}、X_{VW}、X_{WU}——各相负载的电抗；
R_{UV}、R_{VW}、R_{WU}——各相负载的电阻。

根据基尔霍夫定律，由图 7-10 可得线电流为

$$\dot{I}_U=\dot{I}_{UV}-\dot{I}_{WU}$$

$$\dot{I}_V=\dot{I}_{VW}-\dot{I}_{UV}$$

$$\dot{I}_W=\dot{I}_{WU}-\dot{I}_{VW} \qquad (7\text{-}14)$$

如果各相负载对称，即 $I_{UV}=I_{VW}=I_{WU}$。那么相电流、线电流也是对称的。这可从图 7-11 矢量图中看出来。并且可知

$$I_{l\cdot D}=\sqrt{3}\,I_{p\cdot D} \qquad (7\text{-}15)$$

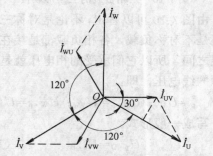

图 7-11　三角形联接的相电流与线电流关系

在相位上线电流滞后相应的相电流 30°。

对于不对称三角形负载，上述关系不成立。

【例 7-2】　在线电压 $U_l=220V$，频率 $f=50Hz$ 的三相电源上，接一个对称三角形感性负载，已知每相阻抗 $Z_p=8\Omega$，功率因数 $\cos\varphi=0.866$。求相电流及线电流。

【解】　相电流

$$I_{p\cdot D}=\frac{U_p}{Z_p}=\frac{U_l}{Z_p}=\frac{220}{8}=27.5\text{（A）}$$

感性负载，相电流滞后相电压 φ 角，其值为

$$\varphi=\arccos 0.866=30°$$

又　　$I_{l\cdot D}=\sqrt{3}\,I_{p\cdot D}=\sqrt{3}\times27.5$
$$=47.6\text{（A）}$$

7.4　中线的作用

前面我们知道：三相负载作星形联接时，若负载对称则中线电流为零，此时中线不起作用，可以去掉。当三相负载不对称时，各相电流的大小不一定相等，相位差也不一定为 120°，这时中线上有电流流过。中线在电路中起重要的作用。

首先为不对称的三相电流提供一个通路，因为不对称的三相电流的矢量和不为零。其次是保证各相负载电压恒定，使各相负载能正常工作。图 7-12 是一无中线的三相不对称电路。图中四只灯泡的额定电压与额定功率均相同，U 相接两只，V、W 相各接一只。理论和实践均表明，阻抗小的一相负载上电压低，阻抗大的一相负载上电压高。即 U 相灯泡上的电压低于额定值，发光暗，V、W 两

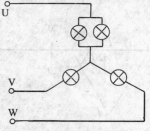

图 7-12　无中线的三相不对称电路

相上的电压高于额定值，发光很亮，但很快烧坏，使电路不能正常工作。如有中线，强迫各相负载上的电压恒为电源相电压，而与负载的大小无关，使用十分方便。

7.5 三相电路的功率

三相电路中各相功率的计算方法与单相电路相同。

三相负载总的有功功率等于各相有功功率之和，以 Y 形为例：

三相有功功率

$$P = P_U + P_V + P_W$$
$$= U_U I_U \cos\varphi_U + U_V I_V \cos\varphi_V$$
$$+ U_W I_W \cos\varphi_W \qquad (7\text{-}16)$$

上式中 U_U、U_V、U_W 为各相电压，I_U、I_V、I_W 为各相电流，$\cos\varphi_U$、$\cos\varphi_V$、$\cos\varphi_W$ 为各相功率因数。

在对称三相电路中，各相电压、相电流的有效值相等，功率因数也相等，因而式 (7-16) 变为：

$$P = 3U_p I_p \cos\varphi = 3P_p \qquad (7\text{-}17)$$

公式 (7-17) 是由相电压、相电流来表示三相有功功率。在实际工作中，测量线电流比测量相电流要方便些（指作 D 形联接的负载），三相功率的计算常用线电流、线电压来表示。

当对称负载作 Y 形联接时，有功功率为：

$$P_r = 3U_p I_p \cos\varphi = 3\frac{U_l}{\sqrt{3}} I_l \cos\varphi = \sqrt{3} U_l I_l \cos\varphi$$

当对称负载作 D 形联接时，有功功率为：

$$P_D = 3U_p I_p \cos\varphi = 3U_l \frac{I_l}{\sqrt{3}} \cos\varphi = \sqrt{3} U_l I_l \cos\varphi$$

因此，对称负载不论是联成星形还是联成三角形，其总有功功率均为：

$$P = \sqrt{3} U_l I_l \cos\varphi \qquad (7\text{-}18)$$

上式中的 φ 仍是相电压与相电流之间的相位差，而不是线电压与线电流间的相位差，这一点要注意。

同理，可得到对称三相负载无功功率的

数学表达式：

$$Q = \sqrt{3} U_l I_l \sin\varphi \qquad (7\text{-}19)$$
$$\text{或} \qquad Q = 3U_p I_p \sin\varphi \qquad (7\text{-}20)$$

对称三相负载的视在功率：

$$S = \sqrt{3} U_l I_l \qquad (7\text{-}21)$$
$$\text{或} \qquad S = 3U_p I_p \qquad (7\text{-}22)$$

【例 7-3】 三相对称负载作星形联接。每相的 $R = 9\Omega$，$X_L = 12\Omega$。电源线电压为 380V，求相电流、线电流、三相有功功率 P、无功功率 Q、视在功率 S。

【解】 ∵ 相阻抗 $Z_p = \sqrt{R^2 + X_L^2}$

$= \sqrt{9^2 + 12^2} = 15$ （Ω）

相电压 $U_p = \dfrac{U_l}{\sqrt{3}} = \dfrac{380}{\sqrt{3}} = 220$ （V）

相电流 $I_p = \dfrac{U_p}{Z_p} = \dfrac{220}{15} = 14.7$ （A）

线电流 $I_{l \cdot Y} = I_{p \cdot Y} = 14.7$ （A）

功率因数 $\cos\varphi = \dfrac{R}{Z} = \dfrac{9}{15} = 0.6$

$\sin\varphi = \dfrac{X_L}{Z} = \dfrac{12}{15} = 0.8$

有功功率

$P = \sqrt{3} U_l I_l \cos\varphi = 1.732 \times 380 \times 14.7 \times 0.6$
$= 5\,804$ （W）

无功功率 $Q = \sqrt{3} U_l I_l \sin\varphi = 1.732 \times$
$380 \times 14.7 \times 0.8 = 7\,740$ （Var）

应在功率 $S = \sqrt{3} U_l I_l = 1.732 \times 380$
$\times 14.7 = 9\,675$ （VA）

【例 7-4】 将例 7-3 中的负载作三角形联接，接于 220V 电源上，求相电流、线电流及三相功率 P、Q、S。

【解】 由负载作三角形联接时的特点，可求得相电压

$$U_{p \cdot D} = U_{l \cdot D} = 220V$$

每相负载的相电流

$$I_p = \frac{U_p}{Z} = \frac{U_l}{Z} = \frac{220}{15} = 14.7 \text{ （A）}$$

线电流

$$I_{l \cdot D} = \sqrt{3} I_{p \cdot D} = 1.732 \times 14.7$$

$$= 25.46 \text{ (A)}$$

三相有功功率

$$P = \sqrt{3}\, U_l I_l \text{ocs}\varphi$$
$$= 1.732 \times 220 \times 25.46 \times 0.6$$
$$= 5\,821 \text{ (W)}$$

三相无功功率

$$Q = \sqrt{3}\, U_l I_l \sin\varphi$$
$$= 1.732 \times 220 \times 25.46 \times 0.8$$
$$= 7\,761 \text{ (Var)}$$

三相视在功率

$$S = \sqrt{3}\, U_l I_l$$
$$= 1.732 \times 220 \times 25.46 = 9\,701$$
(VA)

【例 7-5】 某车间采用线电压为 380V 三相四线制电源供电。现有两台电动机，每相绕组的额定电压第一台为 220V、第二台为 380V，另有几处照明灯泡，额定电压为 220V。试问这些负载应怎样与供电系统正确联接。

【解】 每相负载所承受的电压应该等于每相负载的额定电压。因电动机为三相对称负载，所以第一台应作三线制星形联接，第二台应作三角形联接；照明灯为不对称负载故应接成星形联接四线制，并尽可能地均匀分配于各相。见图 7-13 为实际接线图。

图 7-13　**【例 7-5】**图

小　结

(1) 三相对称电源是指三个大小相等，频率相同，相位互差 120° 的正弦交流电动势。

三相对称电源一般接成星形。当三相对称电源作星形联接时，可以三相四线制供电，也可以三相三线制供电。若以三相四线制供电，则可提供两组不同电压，即线电压与相电压。在数值上，$U_l = \sqrt{3}\, U_p$。在低压供电系统中，一般采用三相四线制。

三相对称电源可以接成三角形，但实际应用很少。三相对称电源作三角形联接时，线电压等于相电压。

(2) 根据电源电压应等于负载额定电压的原则，三相负载可接成星形或三角形。

当负载接成星形时，若是不对称负载，必须采用三相四线制；若是对称负载，由于三相对称电流的矢量和为零，可采用三相三线制。负载作星形联接时，$I_{l\cdot Y} = I_{p\cdot Y}$。

在不对称负载的三相四线制中，中线强迫各负载的相电压等于各电源的相电压，保证各相负载能正常工作，故中线不能断开，也不能接熔断器或开关。

(3) 三相对称负载作三角形联接时，负载相电压等于电源线电压，负载线电流为相电流的 $\sqrt{3}$ 倍，即 $I_{l\cdot D} = \sqrt{3}\, I_{p\cdot D}$，相位上线电流滞后于相应的相电流 30°。

(4) 三相电路的各项关系汇于表 7-1。

负载	电 路	线、相电压关系	线、相电流关系	功 率
对称 Y	i_U U, U_{UV}, Z, Z, Z, i_V V, i_W W	$U_l=\sqrt{3}\,U_p$	$I_p=\dfrac{U_p}{Z}$ $I_l=I_p$	$P=\sqrt{3}\,U_lI_l\cos\varphi$ $Q=\sqrt{3}\,U_lI_l\sin\varphi$ $S=\sqrt{3}\,U_lI_l$
不对称 Y	U, i_U, Z_U, i_V V, Z_V, Z_W, i_W W, i_N N	$U_l=\sqrt{3}\,U_p$	$I_U=\dfrac{U_p}{Z_U}$ $I_V=\dfrac{U_p}{Z_V}$ $I_W=\dfrac{U_p}{Z_W}$ $\dot I_N=\dot I_U+\dot I_V+\dot I_W$	$P=P_U+P_V+P_W$ $P_U=I_U^2Z_U$ $P_V=I_V^2Z_V$ $P_W=I_W^2Z_W$
对称 D	i_u U, i_{WU}, i_{WV}, u_{UV}, Z Z Z, i_V V, i_W W, i_{VW}	$U_l=U_p$	$I_p=\dfrac{U_p}{Z}$ $I_l=\sqrt{3}\,I_p$	$P=\sqrt{3}\,U_lI_l\cos\varphi$ $Q=\sqrt{3}\,U_lI_l\sin\varphi$ $S=\sqrt{3}\,U_lI_l$
不对称 D	i_V U, i_{WU}, i_{UV}, Z_{WU}, Z_{UV} i_V, V, Z_{VW} i_{VW}, i_W W	$U_l=U_p$	$I_{UV}=\dfrac{U_p}{Z_{UV}}$ $I_{VW}=\dfrac{U_p}{Z_{VW}}$ $I_{WU}=\dfrac{U_p}{Z_{WU}}$	$P=P_{UV}+P_{VW}+P_{WU}$

三相电路的各项关系比较表　　　表 7-1

习题

1. 若已知作星形联接的三相对称交流电源的 $e_U=380\sin\left(314t+\dfrac{\pi}{6}\right)$ V，试写出其他两相电动势的瞬时值表达式，并绘出波形图和矢量图。

2. 如图 7-14 所示，已知三个相同负载电阻 $R_U=R_V=R_W=10\Omega$，作星形联接后，接到相电压为 220V 的三相对称电源上，则各电表的读数分别为 Ⓐ₁=＿ A，Ⓐ₂=＿ A，Ⓥ₁=＿ V，Ⓥ₂=＿ V

3. 如图 7-15 所示，已知三相对称负载 $R_{UV}=R_{VW}=R_{WU}=10\Omega$，作三角形联接后再接到线电压为 380V 的三相对称电源上，则各电表的读数分别为 Ⓐ₁=＿ A，Ⓐ₂=＿ A，Ⓥ₁=＿ V，Ⓥ₂=＿ V。

4. 某三相对称感性负载联成 Y 形，接到线电压为 380V 的三相对称电源上，从电源取用的总有功功率为 $P=5.28$kW，功率因数 $\cos\varphi=0.8$，试求负载的相电流和电源的线电流。

5. 额定电压为 220V 的三个单相负载，其阻抗均为电阻 8.67Ω 及容抗 5Ω 串联而成，接于三相四线制电网上，电源线电压为 380V。试问：

(1) 负载应如何接入电源？画出其电路图？

(2) 相电流与线电流为多少？

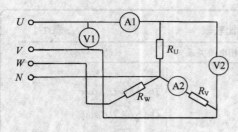
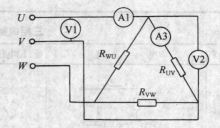

图 7-14 题 2 图   图 7-15 题 3 图

6. 在线电压为 380V 的三相对称电网中,接有一作 D 形联接的感性负载,已知每相负载的电阻 $R = 30\Omega$,感抗 $X_L = 40\Omega$,试求相电流和线电流及三相有功功率、无功功率、总功率。

7. 某三层大楼照明电灯由三相四线制供电,线电压为 380V,每层楼均有 220V40W 的白炽灯 110 盏,三层楼分别使用 U、V、W 三相,试求:

(1) 三层楼电灯全部开亮时总的线电流和中线电流。

(2) 当第一层楼电灯全部熄灭,另两层楼电灯全部亮时的线电流和中线电流。

8. 指出图 7-16 中各负载的联接方式。

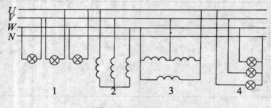

图 7-16 题 8 图

第8章 安全用电知识

随着用电规模越来越大，普及范围越来越广，安全用电在生产和生活中的重要性越来越显著。电气事故的发生具有很大的偶然性和突发性，令人猝不及防，然而任何事物都是有规律可循的，只要人们思想上充分重视安全用电问题，掌握安全用电的知识和技术，在用电实践中采取正确的防范措施，就可减免事故的发生。本章内容：让读者了解电流对人体的危害，弄清触电的原因，学会触电现场急救方法，掌握对触电的防范措施，了解电气消防常识。

8.1 触电及触电急救

8.1.1 电流对人体的危害

（1）触电现象

触电通常是指当人体触及带电体时，若遭到电的伤害就称为触电。人体触电现象有电击和电伤两种情况：

1）电击：是指电流流过人体时对人体内部造成生理机能的伤害。在触电事故中因触电致死的原因大多是电击引起。电击会造成人体全身发麻、肌肉抽搐、引起心脏心室的颤动、昏迷，以致心脏、呼吸停止，然而人体各器官组织细胞在短时内尚未死亡，若此时在现场及时抢救，这种"假死"病人有可能起死回生。电击触电较轻时，虽不发生"假死"但仍会感到头晕、心悸、出冷汗或恶心、呕吐等，若脊髓受影响则可能出现四肢肌肉瘫痪。

2）电伤：是指触电较轻时电流对人体外部造成的局部伤害。其中包括：电灼、电烙印及皮肤金属化。

a. 电灼伤（电烧伤）：有接触灼伤和弧灼伤两种。接触灼伤发生在高压触电事故时，电流进、出人体的接触处造成的灼伤。电烧伤的伤口虽小但较深，大多为三度烧伤，严重的可深达骨骼，甚至使骨骼炭化，伤口难以愈合。电弧灼伤是由电弧的高温或高频电流流过人体产生的热量所致。严重灼伤可造成残废，甚至死亡。造成灼伤的主要原因是人体与高压（1 000V 以上）距离太近，而产生电弧放电；低压大电流断开时或线路短路而拉闸时都会拉弧伤人。

b. 电烙印：发生在人体与带电体有良好接触的部位，在皮肤表面将留下与被接触带电体形状相似的肿块痕迹。单纯的电烙印不会引起严重后果，并可以自行消退。

c. 皮肤金属化：由于电弧的中心温度高达 6 000～10 000℃，金属在高温作用下熔化蒸发飞溅到皮肤表层并沉积于皮肤内；另外皮肤与带电体紧密接触，由金属电解作用也会造成皮肤金属化。金属化后的皮肤随溅入的金属不同呈现不同的颜色，如紫铜呈绿色、黄铜呈兰色等。此种伤害是局部性的，一般不会有不良后果。

（2）各种因素对触电后果的影响

人体对电流的反应是敏感的，触电时电流对人体的危害程度与以下诸多因素有关：

1）人体电阻：包括体内电阻（较小约为 500Ω，且基本不变）和皮肤电阻，它主要取决于皮肤角质外层的电阻值，在正常情况下，人体电阻约 10～100kΩ，角质层破损后降至 800～1 000Ω。人体电阻的大小是影响触电后果的一个重要因素。当接触电压一定时，人体电阻越小，触电时通过人体的电流越大，受伤愈严重；而当人体电阻一定时，加在人体上的电压越高，触电者越危险。然而人体电阻并非常数，它随着电压的升高和电流作用时间的持续而明显减小，故流过人体电流不能完全用欧姆定律来计算。图 8-1 所示为人体电阻与接触电压的关系。

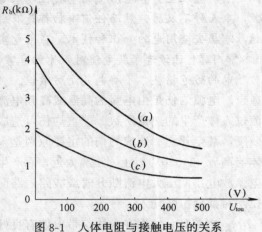

图 8-1　人体电阻与接触电压的关系
(a) 干燥皮肤；(b) 平均值；(c) 潮湿皮肤

总之，人体的电阻除因人而异外，还与皮肤状况（潮湿、干燥）、接触电压高低、接触面积的大小、电流的大小及作用时间有关。特别需要指出的是：人体电阻只对低压触电

有限流作用，而对高压触电则无济于事。

2）不同电流强度对人体的危害

通过人体的电流是触电事故的直接因素，按照人体对电流的反应强弱和电流对人体的伤害程度，可将电流分为感知电流、摆脱电流和致命电流三级。感知电流是指能引起人体感觉但无有害生理反应的最小电流值；摆脱电流是指人触电后能自主摆脱电源的最大电流；所谓致命电流是指引起心室颤动而危及生命的最小电流。根据研究和事故统计资料表明不同数值的电流对人体的影响见表 8-1 所示。

从表 8-1 可见，当频率为 50～60Hz，15～20mA 以下的交流电与 50mA 以下直流电，对人体是安全的，50mA 交流电时导致人的昏迷，100mA 时将导致人的死亡，30mA 是人体所能忍受的极限值称为安全电流。安全电流数值各国有不同的规定：例如英国规定 50mA、法国规定为 25mA，我国尚未统一规定但一般认为是 30mA，在有高度触电危险的场所，应取 10mA 为安全电流，在高空或水面触电时考虑会因触电而引起的二次事故发生，则应取 5mA 为安全电流。

电流对人体的作用特征　　　　　　　　　　　　　　　　　　　表 8-1

电流（mA）	50～60Hz 交流电		直流电
	通电时间	人体反应	人体反应
0～0.5	连续通电	无感觉	无感觉
0.5～1.5	连续通电	开始感到手指麻刺	无感觉
2～3	连续通电	手指强烈麻刺	无感觉
5～7	数分钟内	手指肌肉痉挛	刺痛、感到灼热
8～10	数分钟内	手已难以摆脱带电体，但终能摆脱	灼热感增强
20～25	数分钟内	手迅速麻痹，不能摆脱带电体、剧痛、呼吸困难	灼热更甚、产生不强烈的肌肉痉挛
30～50	数秒	心跳不规则、昏迷、强烈痉挛、心脏颤动	感觉强烈，有剧痛痉挛
50～80	数秒	呼吸麻痹、昏迷、心室颤动、心脏麻痹或停止	剧痛、强烈痉挛或呼吸麻痹

3）电流途径不同对人体的伤害

电流直接通过心脏、中枢神经、呼吸系统时，其后果特别严重，可导致神经失常、心跳停止、血液循环中断，易发生触电死亡。触电时电流通过人体的途径不同，其后果亦不尽相同。见表 8-2 所示。

不同电流途径的危害比较　表 8-2

电流通过人体的途径	通过心脏的电流占通过人体总电流的百分数（%）
从一只手到另一只手	3.3
从右手到脚	3.7
从左手到脚	6.7
从一只脚到另一只脚	0.4

从左手到右脚是最危险的电流路径，此时心脏、肺部、脊髓等重要器官都处于电路内，很容易引起心室颤动和中枢神经失调而死亡。

4）电流持续时间对人体伤害的影响

电流作用于人体时间的长短直接关系到人体各器官的伤害程度，电流通过人体的时间越长，对人体的伤害就越大。例如：工频 50mA 交流电，若作用时间短不会致人于死地，若持续数十秒钟，必然引起心脏室颤，造成死亡事故。其主要原因首先是由于通电时间越长，能量积累越多，较小的电流通过人体就可引起心室颤动；其次是由于心脏在搏动时间间隔（约 0.1s）内对电流最为敏感，通电时间长，重合这段时间间隔的可能性越大，心室颤动的机率越大；第三，通电时间长，电流的热效应和化学效应将使人出汗和组织分解，使人体电阻降低，造成触电伤害更严重。因此一旦发生触电，应尽快使触电者脱离电源，以减小损伤。

5）不同频率的电流对人体的伤害

交流电要比直流电对人体的损害作用大，人体接触直流电高达 250mA 也不一定造成致命损伤，而人体流过工频 50mA 电流数秒钟就可引起心脏室颤而死亡。一般频率在 40～60Hz 交流电对人体触电伤害程度最严重，低于或高于这个频率时，其伤害均有不同程度的减轻，高频电流不仅没危险，还可用于医疗，但电压过高的高频电流仍会使人触电致死。

6）作用于人体的接触电压的影响

触电时，接触电压越高，流经人体的电流越大，其后果也越严重。这不仅是由于就一定的人体电阻而言，电压高、电流大，更由于人体电阻将随着作用于人体电压的升高而呈非线性急剧下降，致使流过人体电流骤增，从而加重电流对人体的伤害。图 8-2 所示为人体电阻不同状况时的电压与电流关系：

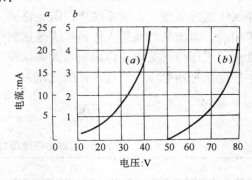

图 8-2　人体电阻不同状况时电压、电流关系
（a）潮湿时人体电阻曲线；（b）干燥时人体电阻曲线

由图可看出：若人体皮肤潮湿，40V 以上电压是危险的，若人体皮肤干燥，80V 以上电压才是危险的。究竟人体能承受多高的电压？通过大量实践发现，36V 以下的电压对人体没有严重威胁，但潮湿环境中也曾发生过 36V 触电事故，所以根据用电场合不同，我国规定安全电压等级为 36V、24V、12V，一般环境的安全电压为 36V。

8.1.2　触电形式及触电原因

（1）触电形式

人体触电事故是多种多样的，一般可分为直接接触触电和间接接触触电两种主要触电方式。所谓直接接触触电即人体直接触及

121

或过分靠近正常带电体导致的触电,其中包括单相触电、两相触电及电弧伤害。间接接触触电是指人体触及正常情况下不带电、而故障时带电的设备外露导体引起的触电,主要形式有电气设备漏电引起的接触电压触电、跨步电压触电。

1) 单相触电

当人站在地面上,人体的任一部位直接触及带电设备或线路的一相导体时所导致的触电称为单相触电。单相触电对人体的伤害程度直接取决于电网中性点是否接地。

a. 中性点接地的电网中发生的单相触电。如图 8-3 (a) 所示。

一般农村或工厂的低压侧 380/220V 线路属于这种系统,在该系统中,若人碰到一根相线,电流从相线经人体再经大地回到中性点形成回路就造成人体触电,此时加在人体的电压是相电压,流过人体的电流为

$$I_b = \frac{U_p}{R_b + R_0 + R_1} \qquad (8-1)$$

式中 U_p——电网相电压(V);
  R_b——人体电阻(Ω);
  R_0——电网中性点工作接地电阻(Ω);
  R_1——人体与地面的接触电阻(Ω),其值按表 8-3 中的情况而决定。

在 380/220V 三相四线制电网,$U_p = 220V$,$R_0 = 4\Omega$,若取 $R_b = 1k\Omega$,$R_1 = 0\Omega$(人直接站在地面上且与地面良好接触),则由上式求出流过人体电流 $I_b = 219mA$,远大于安全电流 30mA,足以造成触电者身亡。若人站在干燥绝缘地板上,由表 8-3 可知 $R_1 = 15 \sim 20M\Omega$,若取 $R_1 = 100M\Omega$,则计算出 I_b 仅为 $0.21\mu A$,远小于安全电流,人体就不会有触电危险了。由此可知单相触电的后果与人体和大地间的接触情况有关,即 I_b 的大小主要决定于 R_1。

两脚站在地面时人体与大地之间的电阻   表 8-3

地 面 种 类	地 面 状 况	电阻值的范围	导 电 性
木块	干燥,清洁	$15 \sim 120M\Omega$	绝缘的
木块	干燥,不清洁	$0.2 \sim 40M\Omega$	绝缘的
木块	潮湿,不清洁	$15 \sim 4M\Omega$	半导电的
木块	有泥浆,受损伤	$3 \sim 13k\Omega$	导电的
混凝土	干燥,清洁	$5 \sim 7M\Omega$	绝缘的
钢筋混凝土	干燥,清洁	$0.5 \sim 4M\Omega$	绝缘的
钢筋混凝土	潮湿,清洁	$4 \sim 8k\Omega$	导电的
沥青混凝土	干燥,清洁	$0.5 \sim 500M\Omega$	绝缘的
钢筋沥青混凝土	干燥,清洁	$1\,000M\Omega$	绝缘的
钢筋沥青混凝土	潮湿,清洁	$8 \sim 50k\Omega$	导电的
泥砖	干燥,清洁	$0.1 \sim 10M\Omega$	半导电的
熔渣	干燥的	$30 \sim 200M\Omega$	绝缘的
石块	干燥的	$5 \sim 15M\Omega$	绝缘的
土壤	干燥的	$0.5 \sim 6K\Omega$	导电的
金属板	干燥的	100Ω	导电的

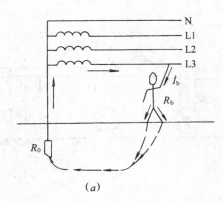
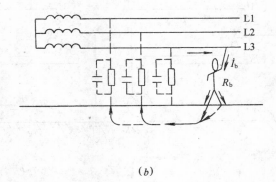

图 8-3 单相触电示意图
(a) 中性点直接接地电网；(b) 中性点不接地电网

b. 中性点不接地电网中发生单相触电情况如图 8-23（b）所示。此时电流将从电源火线，经过人体及另两根相线对地绝缘电阻 R 和分布电容 C 而形成回路，因此，通过人体的电流除与人体电阻有关外，还与线路的绝缘电阻和对地电容的数值有关。由于通常情况下，C 值很小，设备的绝缘电阻较高，故通过人体的电流主要取决于 R 的值，一般很小，不会发生危险。但当线路绝缘下降时，单相触电对人体的伤害是存在的，而在工厂和农村中，一般不接地系统多为 6～10kV，当发生单相触电，由于电压高，线路对地电容较大，所以触电电流大，加上高压触电时又会伴随着电弧灼伤，所以触电后果会更严重。

2）两相触电

人体两个不同部位同时接触到电源两根导线造成触电的方式称为两相触电，如图 8-4 所示。在电流回路中只有人体电阻，(a) 图所示人体电压为线电压,(b) 图所示人体电压也为线电压。发生两相触电时，触电者即使与大地绝缘也同样会发生触电，因此，两相触电是最危险的。

3）接触电压触电和跨步电压触电

一台电气设备正常运行时，其金属外壳或结构是不带电的，当电气设备绝缘老化、受潮、腐蚀等原因，使外壳带电（俗称"碰壳"或"漏电"）时，当人站在地面上接触到该设备外壳时，便会发生接触电压而触电。对于高压设备，人在它的附近站立、行走也可能因其两脚处于不同的电位，而导致跨步电压触电。

a. 接地电流及其造成的大地电位分布

当安放在地上的电气设备发生碰壳、导线断裂落地或线路绝缘击穿而导致单相接地故障时，就有接地电流流过金属外壳及与它相连的大地。如图 8-5 设备碰壳接地电流示意图所示。接地电流在接地点向大地四周流散过程中遇到的电阻（接地电阻）并不是一个集中的电阻，由于接近电流入地点的土层

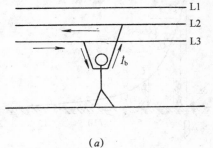
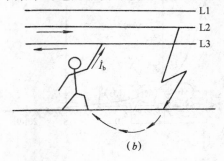

图 8-4 两相触电示意图

123

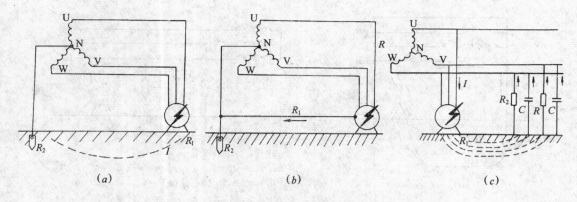

图 8-5　碰壳接地电流示意图

(a) 中性点接地系统；(b) 中性点接零系统；(c) 中点不接地系统设备碰壳接地电流示意图

具有最小的流散截面，呈现出较大的流散电阻，从而产生较大的电压降，在距离接地点越远的地方，电流流散截面越大，相应的流散电阻随之减小，其上的压降也随之降低。实验证明，在接地点 20m 以外的地方，电压降等于 0，于是在电流入地点周围土壤中和地表面各点具有不同的电位分布，如图 8-6 电位分布曲线所示。

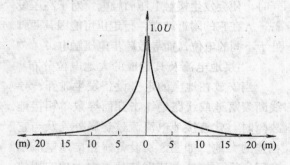

图 8-6　电流入地点周围的地面电位分布

b. 接触电压触电

当电气设备发生接地故障时，如果人站在地面上触及带电设备外壳，人体的手和脚两部分便处于不同的电位，其间的电位差称为接触电压。由于受接触电压作用而导致的触电称为接触电压触电。如图 8-7 (a) 接触电压触电示意图所示。触电者承受的接触电压 $U_{tou}=U_1-U_2$ 接触电压的大小，由人体站立点的位置决定。人体距离接地极越远，承受的接触电压越高，例如图 8-7 (a) 所示中的 2 号电动机的接触电压比 1 号电动机接触电压高。

c. 跨步电压触电

当电气设备发生接地故障时，地面上由于土壤电阻的作用，电流流过土壤电阻会形成不同的电位分布，地面不同两点间会有电压，此时人若在此区域内行走，其两脚处于不同电位上，两脚间（一般人的跨步为 0.8m）

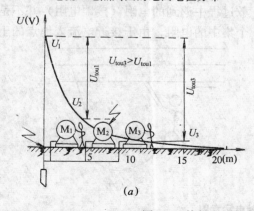

(a)

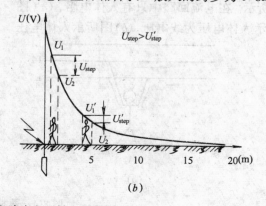

(b)

图 8-7　接触电压触电和跨步电压触电示意图

(a) 接触电压触电示意图；(b) 跨步电压触电示意图

的电压称为跨步电压，因此而导致的触电则称为跨步电压触电，如图8-7（b）所示。由图8-7（b）看出：人体距接地点越近，其承受的跨步电压越高。

综上所述，接触电压和跨步电压的大小与接地电流的大小、土壤电阻率、设备接地电阻及人体所处位置等因素有关。因此防止接触电压和跨步电压触电的又一种方法就是设法增大人与地面的接触电阻，如带绝缘手套、穿绝缘鞋等。

（2）触电原因

人体触电的危害是极大的，据有关资料统计，我国每年因触电而死亡的人数，占全国各类事故总死亡人数的10%，仅次于交通事故，如此惊人的比例不得不引起人们的注意。造成触电事故的主要原因是违章指挥和违章操作。为了最大限度地减少触电事故的发生，我们必须弄清引起不同场合下触电的原因，以便采取相应的防范措施。

1）设备安装不合格

a. 采用一线一地制的违章线路架设。架设配电线路时，由于贪图一时的方便，以大地作零线，只架设一根相线传输电能的方式称为一线一地制。当有人拔出接地零线时，电流将通过人体入地造成触电，这种线路是很危险的。

b. 线路架设过低或在地面拉线，这些不合理的安装拉线有时因刮风、下雨或车轧人踩造成触电事故。室内架线若使用不合格的或破旧导线在接头处没用胶布包好，也很容易触电。

c. 电视天线、广播线、电话线等架设不合格与电力线距离过近或同杆架设，遇风雨天气发生联线故障，使天线等带电，很容易触电。

d. 电器修理工作台布线不合理，如绝缘线被烙铁烫坏，露出带电部分，也会造成触电。

2）用电设备不满足要求，维修不及时

a. 设备的制造不合格，质量差，不能达到线路的要求。

b. 电器设备如电风扇、吹风机、电钻等外壳未接地，由于内部导线破损，绝缘老化等引起外壳带电，一旦触及外壳会触电。

c. 使用床头开关的相线老化、绝缘破损或胶木壳开裂露出带电金属部分易发生触电，螺口灯泡没有保护套，使用不当亦容易触电。

d. 插座安装过低，落地扇电源线拖地太长，有时小孩玩弄而发生触电。

e. 电器的外壳接地引线用得太短或接触不良，当电器漏电时起不到保护作用。

3）规章制度贯彻不严，无安全技术措施

a. 带电修理电器时使用没有绝缘保护的工具，不了解待修电器的工作，酒后修理或操作等均可发生触电。

b. 救护他人触电时，不采取防护措施，造成救护者和触电者的连续触电。

c. 停电检修电路，违章操作，未挂"警告牌"，无人监护，后来人不明情况误合闸，造成触电。

d. 对有大容量电容的线路，停电后未放电就动手检修，会使电容通过人体放电发生触电。

e. 带电操作时，使用不合格的安全工具，无安全保护措施，也易造成触电。

4）用电不谨慎

a. 违反布线规程，乱拉电线，在使用中不慎会造成触电。

b. 湿手开关电器或插拔电源插头，用湿布擦通电的电器等很容易触电。晒衣服的铁丝与电线固定在同一支架上，电线绝缘损坏时，人晾衣服时会发生触电。

c. 未切断电源就去移动台灯、电扇等家用电器，若电器漏电就造成触电。

8.1.3　触电急救

触电事故的特点是多发性、突发性、季节性、高死亡率并有行业特征。只要防范得

125

当，就可最大限度地减免事故的发生，然而一旦发生触电事故，为使触电者尽快脱险，救助人员应保持头脑冷静、动作迅速，果断地采取有效急救措施，最大限度地减免触电死亡的发生。触电现场的紧急救护具体操作可分迅速脱离电源、就地急救和急送医院三大部分。

（1）使触电者迅速脱离电源

发现有人触电，急救的首要措施是使用正确的方法使触电者迅速脱离电源，可根据具体情况，选择以下几种常用的方法。

1）脱离低压电源的方法

a. 切断电源。当电源开关或插头就在事故现场附近时，可立即打开电源开关，拔出电源插头或瓷插保险，使触电者脱离电源。必须指出普通的拉线开关是单极的，只能切断一根导线，且有时断开的不一定是相线，因此关掉电灯开关并不能认为是切断了电源。

b. 用绝缘物移去带电导线。带电导线触及人体引起触电，可用绝缘的物体（如干燥木棒、竹杆等）将电线移走，使触电者脱离电源。

c. 用绝缘工具切断带电导线。当电源开关、插座距触电现场较远时，可用带有绝缘手柄的钢丝钳、偏口钳或有干燥木柄的斧头，刀具等利器切断带电导线，以断开电源。切断时应防止带电导线断落后二次触电的发生，多心绞合线，应分相断开，以防短路伤人。

d. 拉拽触电者衣服，使之摆脱电源。若现场不具备上述条件，而触电者衣服干燥，救护者可用包有干毛巾、干衣服、围巾等干燥物去拉拽触电者的衣服，使其脱离电源。但要注意拉拽时切勿触及触电者的体肤。

2）脱离高压电源的方法

高压电源由于电压等级高，一般的绝缘物不能保证救护人的安全，同时高压电源开关距现场较远，不便拉闸，所以救护高压触电者一定要注意做到如下几点：

a. 立即打电话通知有关供电部门拉闸停电。

b. 若电源开关离现场较近时，救护人应穿绝缘靴、带绝缘手套、使用绝缘耐压高的绝缘杆或绝缘钳拉开高压断路器或高压跌落熔断器以切断电源。

c. 室外架空线路上救护触电者，地面上无法施救时，可往架空线路抛挂裸金属软导线，人为造成线路短路，从而使电源开关跳闸断电。这里要注意两点：一是应注意防止电弧伤人或断线危及人员安全，也要防止重物砸伤人；二是注意不能让触电者从高空跌落。

d. 救护断落在地上的高压导线引起跨步电压触电者时，在未确定线路是否有电之前，为防止跨步电压触电，救护人进入断线落地点 8～10m 区域必须穿绝缘鞋或双脚并拢跳跃靠近触电者进行救护。

3）触电者脱离电源注意事项

a. 救护人不得直接用手或其他金属及潮湿的物件作救助工具，救护过程中，救护人最好单手操作，以保护自身安全。

b. 触电者处于高位时，应采取措施预防因触电引起的二次事故发生，即使触电人在平地，也应注意触电人倒下的方向，避免触电人头部摔伤。

c. 夜间发生触电事故时，应迅速解决临时照明问题。

（2）就地急救

触电者脱离电源后，应立刻就地急救。其目的是为了争分夺秒在现场施行正确的救护，同时派人通知医务人员到场，做好触电者的救护准备工作。

1）简单诊断。脱离电源后，对处于昏迷状态的严重触电者，应尽快对呼吸、心跳的情况作出判断。

a. 观察有无呼吸存在。当有呼吸时，能看到胸廓或腹壁有呼吸产生的起伏运动；用耳朵能听到或面颊能感觉到口鼻处有呼吸产生的气体流动；用手触摸胸部或腹部能感觉到呼吸时的运动；反之，则呼吸已停止。

b. 检查颈动脉有无搏动。检查时可将中指、食指合并、将指尖置于喉结部位的一侧，若有脉搏，一定有心跳；也可用耳朵贴近心前区静听，若有心音则有心跳。

c. 观察瞳孔是否扩大。瞳孔扩大说明人体处于"假死"状态。

2）对症救护。经过简单诊断后，根据具体情况迅速对症救护：

a. 若触电者神志清醒，但感乏力、头昏、心悸，甚至有恶心或呕吐，应使其就地安静休息，并注意观察，必要时送往医院治疗。

b. 若触电者神志昏迷，但呼吸、心跳尚存在，此时应让触电者平静地仰卧，周围空气要流通，并注意保暖，严密观察，并迅速送往医院救护。

c. 若触电者呼吸停止，则用口对口人工呼吸法以维持气体交换；若心跳停止，则用体外人工心脏挤压法来维持血液循环；若呼吸、心跳全停止时，则需同时采取上述两法施救，并立即向医院告急求援。

8.2 触电预防

安全用电的基本方针是"安全第一，预防为主"，在用电实践中，只有采取正确的预防措施，才是安全用电的治本良策。

8.2.1 绝缘防护

任何电气设备和线路组成都包括导体和绝缘两部分，电气设备的寿命取决于绝缘材料的寿命。所谓的绝缘防护是指使用绝缘材料将带电体封闭或隔离起来，使电气设备及线路能正常工作，防止触电事故发生。在设备或线路的绝缘必须与使用的电压等级、周围环境和运行条件相适应的前提下，良好的绝缘可保证人身与设备的安全；否则，绝缘不良，会导致设备漏电、短路，容易引发设备损坏及触电事故，所以绝缘防护是最基本的安全措施。

绝缘材料又称电介质，是应用最广泛的一种电工材料。其绝缘性能包括电气性能、机械性能、热性能等。其中电气性能是绝缘材料的主要性能，它具有极化（用相对介电系数来衡量）、电导（用绝缘电阻和泄漏电流来衡量）、损耗（用介质损耗角的正切值来衡量）和击穿（用击穿电压来衡量）四个基本特征，当绝缘材料的电气性能恶化时，绝缘电阻降低，泄漏电流将增大，介质损耗角的正切值将增大，击穿电压降低，很有可能在运行中绝缘材料被击穿而发生短路或漏电事故。为了防止绝缘事故，电气设备出厂时按规定方法和标准测试上列项目，运行中或大修后的电气设备也需按规定的周期和项目进行测试，这就是绝缘预防性试验。

一般运行的低压设备和线路，绝缘电阻不低于 0.5MΩ，照明灯具及线路绝缘电阻不低于 0.25MΩ，携带式电气设备绝缘电阻不得小于 2MΩ，配电盘的二次线路绝缘电阻不得低于 1MΩ，高压电器及用具应符合有关规定。

耐热性能是绝缘材料的重要性能之一。电流的热效应及绝缘体自身的电导损耗和介质损耗会导致绝缘温度升高，绝缘温升的后果使绝缘能力下降。绝缘材料使用时的极限工作温度称耐热等级，超过此温度运行会加速绝缘材料的老化。绝缘材料的耐热等级如表 8-4 所示。

绝缘材料的耐热等级 表 8-4

耐热等级	Y	A	E	B	F	H	C
极限工作温度(℃)	90	105	120	130	155	180	180 以上

8.2.2 屏护、间距、安全标志及安全电压

（1）屏护

在供电、用电、维修工作中，某些带电体不便于全部绝缘，为了防止发生触电事故

而采用的遮栏、护罩、护网、闸箱等措施称为屏护。

1）屏护的作用

a. 防止工作人员意外碰触或过分接近带电体。

b. 作为检修部位与带电体间距较小时的隔离措施。

c. 保护电气设备不受机械损伤。

2）屏护分类

a. 永久性屏护装置：如配电装置的遮栏、闸箱等。

b. 临时性屏护装置：如检修中使用的临时栅栏和临时设置的屏护装置。

c. 移动性屏护装置：如随天车移动的天车滑触线的屏护装置。

必须指出的是屏护装置与带电体之间的距离应符合安全距离的要求及有关规定，并根据需要配以明显的标志，引起人们的注意。所有屏护装置，都应根据环境条件符合防火、防风要求并具有足够的机械强度和稳定性。

（2）间距

间距是为了防止触电，避免车辆或其他器具碰撞或过分接近带电体及为防止火灾、过电压放电和各种短路等事故而规定的带电体之间、带电体与地面之间、带电体与其他设施之间需要保持的最小空气间隙，称之为安全距离或安全间距。安全距离的大小取决于电压的高低、设备的类型、安装方式等因素，并在规程中作出明确规定。

安全距离的项目很多，有的规定主要针对设备安全（防止相间短路或接地故障），有的规定则主要针对人身安全（防止人体因过分接近带电体而触电）。包括变配电设备的安全净距、室内外配线的安全距离、架空线路的安全距离、电缆线路的安全距离、低压用电装置的安全距离，检修时的安全距离、带电作业时的安全距离等项目。如：屋内外配电装置的安全净距见表8-5中规定。

屋内外配电装置的最小安全净距（cm）　　　　　表8-5

项　　　目		额　定　电　压　（kV）						
		1～3	6	10	15	20	35	60
带电部分至接地部分	屋内	7.5	10	12.5	15	18	30	55
	屋外	20	20	20	30	30	40	65
不同相的带电部分之间	屋内	7.5	10	12.5	15	18	30	55
	屋外	20	20	20	30	30	40	65
带电部分至无孔遮栏	屋内	10.5	13	15.5	18	21	33	58
带电部分至网状遮栏	屋内	17.5	20	22.5	25	28	40	65
	屋外	30	30	30	40	40	50	70
带电部分至栅栏	屋内	82.5	85	87.5	90	93	105	130
	屋外	95	95	95	105	105	115	135
无遮栏导体至地（楼）面	屋内	237.5	240	242.5	245	248	269	285
	屋外	270	270	270	280	280	290	310
不同时停电检修的无遮栏导体间的水平距离	屋内	187.5	190	192.5	195	198	210	235
	屋外	220	220	220	230	230	240	260

为了保证人身安全，《电业安全工作规程》还规定了值班巡视时，工作人员与不停电设备之间的最小距离、在部分设备停电检修时，工作人员正常活动范围与周围带电体之间的最小距离及用绝缘操作杆进行带电作业时，人身与带电体之间的最小距离，见表8-6所示。

人体与带电设备或导体间的安全距离　　　　表8-6

安全距离(m) 工作性质 所指间距 电压等级(kV)	值班巡视 人体与不停电设备之间	检　修 人员正常活动范围 与带电设备（线路）之间	等电位带电作业 人身与带电体之间
10及以下（13.8）	0.70	0.35[1]（1.0）[2]	0.40
20～35	1.00	0.60[1]（2.5）[2]	0.60
44	1.20	0.90[1]（2.5）[2]	—
60～110	1.50	1.50[1]（3.0）[2]	0.70[3]（1.00）[4]
220	3.00	3.00[1]（4.0）[2]	1.80（1.60）[5]
330	4.00	4.00[1]（5.00）[2]	2.60
500	5.00	5.00[1]（6.00）[2]	3.60[6]

[1]该数据为有遮栏时，如无遮栏，安全距离应加大至与值班巡视栏相同，否则应停电检修。

[2]括号内的数据为邻近或与其他电力线路交叉时的安全距离。

[3]该数据为63kV及66kV电压级的安全距离。

[4]括号内的数据为110kV电压级的安全距离。

[5]如因受条件限制达不到1.8m时，经厂（局）主管生产的领导（总工程师）批准，并采取必要的安全措施后，可采用括号内的数据。

[6]由于500kV带电作业的经验不多，此数据为暂定值。

对于其他项目的间距，可参看有关的规定。

（3）安全标志

在有触电危险的地方和存在不安全因素的现场，设置醒目的文字或图形标志的标示牌，提示人们防止触电。

1）安全标志的要求：

a. 文字简明扼要，图形清晰、色彩醒目。

b. 标准统一或符合习惯，以便于管理。例如我国采用的颜色标志的含义基本上与国际安全色标相同，见表8-7所示。

安全色标的意义　　　　表8-7

色标	含　义	举　例
红色	禁止、停止、消防	停止按钮、灭火器、仪表运行极限
黄色	注意、警告	"当心触电"、"注意安全"
绿色	安全、通过、允许、工作	如"在此工作"、"已接地"
黑色	警告	多用于文字、图形、符号
蓝色	强制执行	"必须戴安全帽"

2）常用标志

标志用文字、图形、编号、颜色等方式来描述。例如电工专用的安全牌（标示牌）其内容包括文字、图形和安全色，悬挂于规定的处所，起着重要的安全标志作用。常用的标示牌规格及其悬挂处所如表8-8所示。标示牌在使用过程中，严禁拆除、更换和移动。图8-8所示几种常见的电工用标示牌图形。

常用标示牌规格及悬挂处所　　　　　　　　表8-8

类　型	名　　称	尺寸(mm)	式　样	悬　挂　处　所
禁止类	禁止合闸，有人工作！	200×100 或 80×50	白底红字	一经合闸即可送电到施工设备的开关和刀闸的操作把手上
	禁止合闸，线路有人工作！	200×100 或 80×50	红底白字	线路开关和刀闸的把手上
	禁止攀高，高压危险！	250×200	白底红边黑字	工作人员上下的铁架临近可能上下的另外铁架上，运行中变压器的梯子上
允许类	在此工作！	250×250	绿底，中有直径210mm的白色圆圈，圈内写黑字	室外和室内工作地点或施工设备上
提示类	从此上下！	250×250	绿底，中有直径210mm的白圆圈，圆圈内写黑字	工作人员上下的铁架、梯子上
警告类	止步，高压危险！	250×200	白底红边，黑字，有红色箭头	施工地点临近带电设备的遮栏上；室外工作地点的围栏上；禁止通行的过道上；高压试验地点；室外构架上，工作地点邻近带电设备的横梁上

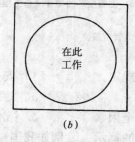

图 8-8　几种标示牌的图形
(a) 禁止类标示牌；(b) 允许类标示牌；(c) 警告类标示牌

（4）安全电压

人体长时间接触的电压对人体各部分组织（如心脏、呼吸系统等）没有任何伤害，称为安全电压。安全电压值是由通过人体的电流（安全电流）与人体电阻的乘积决定的，即：

$$U_s = I_s R_b$$

式中　U_s——安全电压，V；

　　　R_b——人体电阻，Ω；

　　　I_s——安全电流，A。

由于 I_s 与通电时间有密切关系，人体电阻是非线性的且与外界条件及环境等诸多因素有关，两者又均因人而异，故安全电压在理论上并不是一个确定值，然而，通过实践证明安全电压值在一定条件下可以做出一般性的标准规定。安全电压值的规定，各国有所不同，如荷兰和瑞典为24V；美国为40V；波兰、瑞士为50V；我国安全电压的规定值标准为50V以下，叫做安全电压，根据具体环

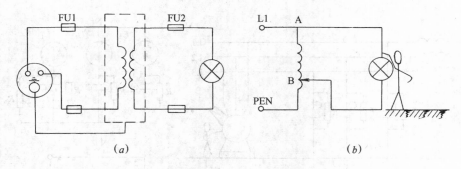

图 8-9　行灯用安全电压的取得方式
(a) 正确（双绕组变压器）；(b) 错误（自耦变压器）

境条件的不同，可使用的安全电压规格有42V，36V，24V，12V 和 6V。实际应用中常用的规格，一般情况下为 36V，在特殊情况下，如非常潮湿、有导电或腐蚀性气体的场所；在金属平台或金属容器内工作均使用12V 以下的安全电压。必须强调的是安全电压不可由自耦变压器或电阻分压器获得，如图 8-9 所示。在图 8-9 (b) 中，负载尽管可从自耦变压器上取得低压，即：$U_{AB}=50V$，然而导线对地电压为 220V，人体触及导线时会发生触电危险。而图 8-9 (a) 中采用双绕组变压器降压时，其输入、输出电路在电气上是被绝缘隔离开的，就不会有触电危险了。

8.2.3　保护接地和保护接零

保护接地和保护接零都是防止间接接触触电的安全措施，采用哪种保护措施，要根据低压供电系统的接地情况来决定。

（1）保护接地

电气装置中某一部位经接地线和接地体与地做良好的电气接触称为接地。根据接地目的不同，可分为工作接地和保护接地。在电力系统中的电力系统中性点直接接地叫工作接地，将电气装置中正常情况下不带电，出现漏电故障（如碰壳）时而带电的外露导电部分（如设备的金属外壳等）与大地作电气联接称为保护接地。采用保护接地的目的是在设备出现漏电故障外露的金属部分带电

时，人无意触及带电部分，由于人体电阻远远大于接地体的电阻，几乎没有电流流过人体，从而保证了人身安全，大大地减少触电危险。

1）保护接地的工作原理

低压供电系统的接地，根据国际电工委员会（IEC）的规定分为三类即：IT 系统、TT系统、TN 系统。

第一个字母表示电源侧接地状况：

T—电源中性点直接接地；

I—电源中性点不接地，或经高阻接地。

第二个字母表示负荷侧接地状况：

T—负荷侧设备的外露可导电部分接地，与电源侧的接地相互独立；

N—负荷侧设备的外露可导电部分，与电源侧的接地直接作电气联接，即接在系统中性线上。

a. 保护接地在 IT 系统中的作用

IT 系统是指电源中性点不接地或经高阻接地，电气设备的外露可导电部分接地的三相三线制低压配电系统，如图 8-10 所示。在图示的中性点不接地电网中，电动机的外壳不接地（无保护接地）时，当电动机发生绝缘故障，此时若有人触及电动机外壳，就可能发生触电。设人体电阻为 R_b，电网对地分布电容为 C 和绝缘电阻 R，且每相的对地绝缘阻抗相等。根据图 8-10 (b) 等效电路可估算流经人体的电流 I_b。

131

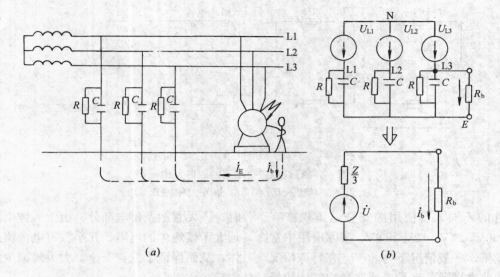

$$(a) \qquad\qquad\qquad\qquad (b)$$

图 8-10 中性点不接地危险性示意图

(a) 示意图；(b) 等效电路图

$$\dot{I}_b = \frac{\dot{U}}{\dfrac{Z}{3} + R_b} = \frac{3\dot{U}}{Z + 3R_b}$$

其有效值为 $\quad I_b = \dfrac{3U}{|Z + 3R_b|}$

式中　U——电网相电压，V；

$\quad\quad$ Z——电网每相导线对地的复阻抗，Ω，是由电网对地分布电容和对地绝缘电阻组成，二者是并联的，$Z = \sqrt{R^2 + X_C^2}$。

人体所承受电压：$U_b = I_b R_b = \dfrac{3UR_b}{|Z + 3R_b|}$ 与电网相电压 U、线路对地绝缘电阻 R 及线路对地分布电容 C 有关。当 C 较大或 R 下降时，人体触电的危险越大。

【例 8-1】 在采用中性点不接地的 380/220V 电网供电，由于电网对地分布电容 C 较小且电网电压较低，$X_C = \dfrac{1}{\omega C}$ 较大，可忽略电网对电容的影响，$Z \approx R$，于是人体承受电压 U_b 为：

$$U_b = \frac{3UR_b}{3R_b + R}$$

若电网绝缘良好（$R \geqslant 0.5 M\Omega$）、$R_b = 1\,700\Omega$，

则由上式可求出：$U_b = \dfrac{3 \times 220 \times 1\,700}{3 \times 1\,700 + 0.5 \times 10^6}$

$= 2.23\,(V) <$ 安全电压值，因而人体没有触电危险。若电网绝缘不良，设 R 降至 800Ω，此时流过人体电流 I_b 为：

$$I_b = \frac{3U}{3R_b + R} = \frac{3 \times 220}{3 \times 1\,700 + 800}$$

$$\approx 50.4\,(mA) > 30mA$$

人体承受电压 $U_b = I_b R_b = 50.4 \times 10^{-3} \times 1\,700 = 85.7\,(V) > 36V$ 由此可见，流过人体电流大于安全电流，人体承受电压亦高出安全电压，很容易造成触电伤害。

【例 8-2】 3～60kV 电网的中性点是不接地运行的，由于此类电网电压较高，绝缘电阻一般高达数百兆欧以上，电网分布广，线路长造成对地分布电容较大，故 $R > \dfrac{1}{\omega C}$，使得 $Z \approx \dfrac{1}{\omega C}$，

则 $\qquad U_b = \dfrac{3VR_b}{\sqrt{9R_b^2 + \dfrac{1}{\omega^2 \cdot C^2}}}$

假设电网线路采用 16mm² 铜心电缆敷设，总长为 1 000m 的工频交流，每千米电缆的对地电容 $C_0 = 0.22 \mu F$，当人体触及漏电设备外

壳时，流过人体电流为：

$$I_b = \frac{3 \times \dfrac{6\,000}{\sqrt{3}}}{\sqrt{9 \times 1\,700^2 + \left(\dfrac{1}{314 \times 0.22 \times 10^{-6}}\right)^2}}$$

$$\approx 677\text{mA} \gg 30\text{mA}$$

$$U_b = I_b R_b = 677 \times 10^{-3} \times 1\,700$$
$$= 1151\ (\text{V}) \gg 36\text{V}$$

很显然对人体是十分危险的。为了解决上述可能出现的危险，可采用图 8-11 所示的保护接地措施。当有人触及漏电设备时，流过人体的电流：

$$\dot I_b = \frac{R_E}{R_E + R_b} \cdot \dot I_E$$

$$\dot I_E = \frac{\dot U}{\dfrac{Z}{3} + (R_E /\!/ R_b)} \ \text{当}$$

$R_E \ll R_b$ 时，$R_E /\!/ R_b \approx R_E$

则有：$I_E \approx \dfrac{3U}{|Z + 3R_E|}$

因此：$U_b \approx \dfrac{3U R_E}{|Z + 3R_E|}$

人体承受的电压主要取决于保护接地电阻 R_E 的大小，只要适当控制 R_E 的大小，就可以把漏电设备的对地电压限制在安全范围内，使流过人体的电流小于安全电流，保证操作人员人身安全。

应特别指出的是 IT 系统中所有设备的外露导电部分都是单独使用 PE 线直接接地的，各台设备的 PE 线间是无电磁联系的。

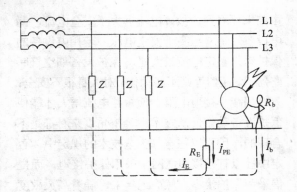

图 8-11　IT 系统发生"碰壳"故障时保护接地的示意图

b. 保护接地在 TT 系统中的应用。

TT 系统是指电力系统中性点直接接地，电气设备的外露可导电部分也接地，但两个接地相互独立的三相四线制低压供电系统，如图 8-12 所示。若图示中无 R_E 时，即电动机金属外壳不接地，当人触及漏电电机外壳时，人体会通过电流发生触电事故，当图中采用保护接地时，若在 380/220V 电网中发生接地短路，其故障电流

$$I_K = \frac{U}{R_0 + (R_E /\!/ R_b)} = \frac{U}{R_0 + R_E}$$

$$\because R_E \ll R_b \quad \therefore R_E /\!/ R_b \approx R_E$$

人体承受的电压：$U_b = U_E \approx I_k R_E$

通常 $R_0 = R_E \leqslant 4\Omega$

故 $I_K = \dfrac{220}{8} = 27.5\text{A}$

$$U_b = 27.5 \times 4 = 110\text{V}$$

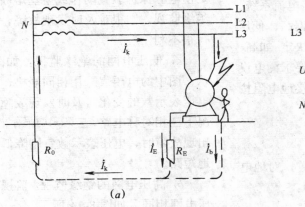

(a)

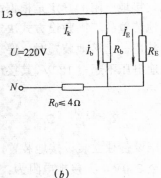

(b)

图 8-12　TT 系统采用保护接地的示意图

133

由结果可看到，故障电流远大于安全电流，漏电设备对地电压高于安全电压，若用电设备的保护动作整定电流较大时，保护设备如空气断路器、熔断器等则不能动作，对人身很不安全；只有用减小接地电阻，使短路电流增大才能使保护设备动作，从技术、经济角度来看都是不合理的，因而以往电气安全技术的规定中，否定中性点直接接地电网中采用保护接地，而提倡采用保护接零。然而近年来，随着高灵敏度漏电保护器的应用，大大放宽了对接地电阻值的要求，保护接地亦已被应用于中性点直接接地的三相四线制电网上。

2）接地电阻的确定

保护接地的原理就是利用人体电阻并联一个远小于其阻值的接地电阻，利用接地电阻小的强分流作用，把漏电设备外壳的对地电压限制在安全电压范围内，达到保护人身安全的目的，由此可见，接地保护效果直接取决于接地电阻的数值。

a. 低压电气设备的保护接地电阻。在380/220V 不接地的供电系统中，电网电压较低，电网对地电容较小，单相接地电流一般很小，由于人体触及低压电气设备的机会较多，故为限制漏电设备外壳的对地电压在安全范围内，一般要求保护接地电阻 $R_E \leqslant 4\Omega$。

b. 高压电气设备的接地电阻。高压电气设备的额定电压高达 3～60kV，接地电流一般不超过 500A，称为小接地短路电流系统。该类系统，接地电阻的确定是根据高、低压设备的接地装置的不同敷设方式决定。如高、低压设备共用一套接地装置时，要求漏电设备外壳对地电压不超过 120V，其接地电阻按下式计算

$$R_E \leqslant \frac{120}{I_E} \quad \Omega$$

若高、低压设备独立装设接地装置，对地电压可放宽至 250V，其接地电阻为：

$$R_E \leqslant \frac{250}{I_E} \quad \Omega$$

式中 I_E——高压接地短路电流。在以上两种情况下，都要求 R_E 不超过 10Ω。

我国额定电压在 110kV 及以上的电网一般采用中性点直接接地方式运行，其接地短路电流很大，在 500A 以上称为大接地短路电流系统。由于系统中接地短路电流很大，事实上已很难限制漏电设备对地电压不超过某一范围，因而要靠线路上的速断保护装置切除接地故障，保证安全。其接地电阻应满足下式要求：

$$R_E \leqslant \frac{2\,000}{I_E} \quad \Omega$$

当接地短路电流 $I_E > 4\,000A$ 时，采用 $R_E \leqslant 0.5\Omega$，该系统中接地的目的在于促使继电保护装置可靠地动作，以切断电源的办法来消除接地过电压。

3）绝缘监视及高压窜入低压电网的防护

上述保护接地都是将正常情况下不带电的电气设备的外壳或金属结构接地，防止因电气设备的绝缘损坏而带电引起触电。对于低压侧不接地电网，配电变压器高、低压绕组间因绝缘击穿而使低压侧电网电压升高，即高压窜入低压的防护和绝缘监视亦是两项重要的安全措施。在不直接接地电网中，当发生一相接地故障时，其它两相对地电压升高接近线电压，由于一相接地的电流很小，不足使电源保护装置动作或熔丝熔断，若没有绝缘监视，则很难及时发现故障，对安全运行很不利。

a. 低压电网的绝缘监视：如图 8-13 所示，图中的电压表采用相同规格，通过观察电压表示数的变化可及时发现故障，正常情况下三相对称电路，三只 Ⓥ 均显示相电压，当出现故障时，电压表示数急剧降低的那相对地短路。

b. 高压电网的绝缘监视：监视方法与低压电网相同，如图 8-14 所示。

监视仪表通过电压互感器 TV 与高压连

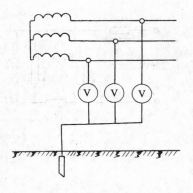

图 8-13　低压电网的绝缘监视

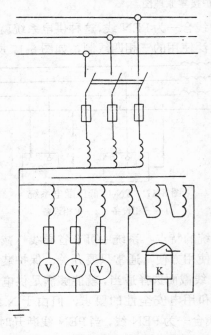

图 8-14　高压电网的绝缘监视

接，TV 有两组低压绕组，星接绕组接监视仪表，开口三角形开口处接信号继电器，正常时，三相电压表读数相同为相电压，三角形开口处电压为零，信号继电器不动作；当出现故障时，电压表示数变化，三角形开口处出现电压，信号继电器动作并发出信号，故障能及时排除，保证安全运行。

c. 高压窜入低压电网的防护方法：把变压器低压电网的中性点或一相经击穿保险器 F 接地，如图 8-15 所示。击穿保险器是由两片铜制电极夹以带孔的云母片制成。正常情

况下，击穿保险器处于绝缘状态下系统不接地，当高压窜入低压时，击穿保险器被高压击穿，流过高压系统的接地短路电流，引起高压系统的保护装置动作，切断高压侧电源或发出信号。若此短路电流不大，不足以使保护装置动作，则可通过选定适当的接地电阻来满足要求，通常情况下，$R_E \leqslant 4\Omega$，一般就可以把低压电网对地电压限制在 120V 以下。

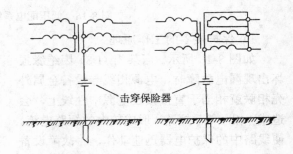

图 8-15　击穿保险器的连接

（2）保护接零。

TN 系统的电源中性点直接接地，电气设备正常情况下不带电的外露可导电部分与电源中性线可靠地联接称保护接零。一般我们把大地电位规定为零，中性点接地后，电源中性线的电位即为零，此时我们称中性线为零线，用符号 N 表示。其作用有：a. 用来通过单相负载的工作电流；b. 用来通过三相电路中的不平衡电流；c. 使不平衡的三相负载的相电压保持对称；d. 设备的金属外壳与 N 线相联，可防止人体间接触电。为了防止触电的发生，而用来与设备或线路的金属外壳、接地母线、接地端子、接地极等作电气联接的导线与导体称为保护线，用 PE 表示；当零线与保护线合二为一，同时具有零线和保护线两种功能的导线称为保护零线，用 PEN 表示。采用保护接零系统的新建企业或基建施工现场，应提倡实行"三相五线制"即，做到保护零线和工作零线单独敷设，原采用的"三相四线制"逐步改为"三相五线制"。

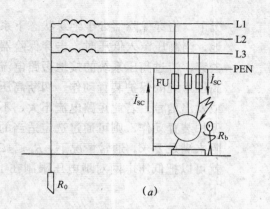

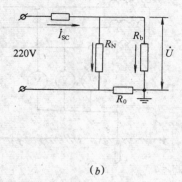

图 8-16　低压配电系统的保护接零原理图

1）保护接零的工作原理

如图 8-16 所示。当某相（L3）因绝缘损坏出现漏电故障时，电源相线与设备金属外壳相联就相当于直接接在电源中性线上，会造成"相一零"短路，形成较大的短路电流，使线路中的保护电器迅速动作，将故障设备上的电源断开，消除触电危险。必须指出的是从设备"碰壳"短路发生到短路电流使保护装置动作切断电源前的时间内，触及漏电设备外壳的人体是要承受电压，有触电危险的，故保护接零的有效性在于线路发生故障时，保护装置动作的灵敏性。

2）保护接零在 TN 系统中的应用

TN 系统是应用得最广泛的一种供电系统，其电源的中性点直接接地，负载设备的外露导电部分经保护线与该接地点相联。根据中性线和保护线的设置，TN 系统又分TN-C 系统、TN-S 系统、TN-C-S 系统。

A. TN-C 系统：在该系统中，中性线和保护线合一为 PEN 线，这种供电系统就是目前广泛使用的三相四线制，如图 8-17 所示。

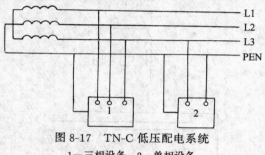

图 8-17　TN-C 低压配电系统

1—三相设备；2—单相设备

该系统的特点：系统中可节省导线，减少投资，使用方便，通常只要开关、保护装置和PEN 线截面选择适当，就能够满足供电的可靠性和用电安全性的要求，但由于 N 线和PE 线合一为 PEN 线，当 PEN 线断开时，断线点后的设备外壳上，因负载中性点的偏移，可能会出现危险高压，如图 8-18 所示，造成触电事故。

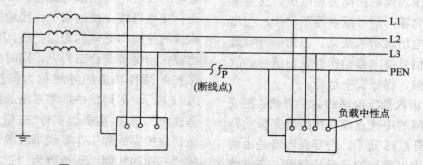

图 8-18　TN-C 系统 PEN 断线时断线点后将出现危险电压

136

B. TN-S 系统：在整个系统中，N 线与 PE 线是分开设置的。所有设备的外露可导电部分均与 PE 线相连，工作时 PE 线中没有电流，只起保护作用称为保护零线（俗称地线）；中性线中流过工作电流故称工作零线（简称零线），这种系统即是目前广泛推广采用的"三相五线制"，如图 8-19 所示。

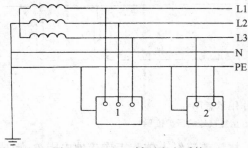

图 8-19　TN-S 低压配电系统

该系统的特点：安全可靠性高，N 线断开时，只影响用电设备不能正常工作，而不会导致像 TN-C 系统中那样出现危险的高压，由于 PE 线在正常情况下没有电流，因此用电设备之间不会产生电磁干扰等，但 TN-S 系统消耗导电材料多，投资较大。

C. TN-C-S 系统：该系统中，N 线与 PE 线起始是合一的，从某一位置开始分开，注意：PE 线与 N 线分开后不允许再合并。如图 8-20 所示。在实际供电中，从变压器引出的往往是 TN-C 系统，三相四线制，进入建筑物后，从建筑物总配电箱开始变为 TN-S 系统，加强建筑物内的用电安全性，也称局部三相五线制。

D. TN 系统保护接零的注意事项：

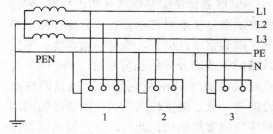

图 8-20　TN-C-S 低压配电系统
1—三相设备；2—单相设备

a）在 TN 系统中，作保护用的导线，无论是 PE 线还是 PEN 线均不能断开，否则设备发生漏电故障时，线路保护电器不动作，设备外壳就会带电而发生触电事故。

b）在 TN 系统中的设备不准再做保护接地。即在同一系统中，不允许保护接地和保护接零混用。如图 8-21 所示的混用情况。当采用保护接地的设备发生碰壳短路时，若该设备没有装设能确保自动快速地切除故障的继电保护装置，其故障电流数值不足以使保护装置动作，碰壳设备外壳对地电压（人体承受电压）为：

$$U_b = \frac{U}{R_0 + R_E} R_0 = \frac{220}{4+4} \times 4 = 110 \text{（V）}$$

PEN 线对地电压：

$$U_{PEN} = \frac{U}{R_0 + R_E} R_E = \frac{220}{4+4} \times 4 = 110 \text{（V）}$$

即：保护接地的设备外壳和保护接零设备的外壳都带有危险电压，若线路保护装置不动作，设备外壳将长时间带电，很容易发生触电。

c）保护接零的保护装置必须动作灵敏可靠，保护接零的保护原理是借助 PE 线将故障电流扩大为短路电流迫使线路的短路保护装置迅速动作而切断电源，达到保护人身和设备安全的目的。因此，为达保护目的，电网及保护装置要满足以下要求：要求单相短路电流 $I_k \geqslant 4I_{NFU}$（I_{NFU} 为熔断器的额定电流），熔断时间不大于 10～15s；$I_k \geqslant 1.5I_N$（I_N 为自动开关脱扣器整定电流），开关瞬时动作时间小于 0.1s 或短路保护延时动作时间不超过 0.1～0.4s。

3）重复接地

在 TN 系统中，除在电源中性点进行工作接地外，将 PE 线或 PEN 线上的一处或多处通过接地装置与大地再次可靠的联接，称为重复接地。重复接地的接地电阻值不应大于 10Ω，其安全作用是：

a. 降低碰壳设备的对地电压如图 8-21（a）所示。前面已述，在发生碰壳短路至保

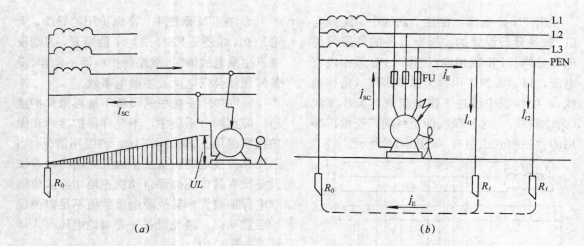

图 8-21　重复接地的作用示意图

(a) 无重复接地的保护接零；(b) 有重复接地的保护接零

护装置动作之前的时间内,设备外壳带电,其对地电压即短路电流在零线上产生的电压降;

$$U_b \approx I_{SC}R_N = \frac{U}{R_p + R_N}R_N$$

式中　R_p——相线的电阻,Ω;

　　　R_N——零线的电阻,Ω;

　　　I_{SC}——单相短路电流,A;

　　　U——相电压,V。

一般情况下,零干线的截面不应低于相线的 1/2,则 $R_N = 2R_p$,因此 $U_b = \frac{220}{R_p + 2R_p}2R_p$ =147V

由此可知没有重复接地的保护接零,在某特定的短时内还是存在触电的危险。如图8-21 (b) 所示,若该系统加上重复接地,设重复接地电阻 $R_i = 10\Omega$,则漏电设备的对地电压为:

$$U'_b = I_{SC}R_i = \frac{U_b}{R_i + R_0}R_i$$

$$= \frac{147}{10 + 4} \times 10 = 105V$$

可见,采用重复接地可降低漏电设备的对地电压,且重复接地点越多,这种效果越显著。

　b. 减轻 PE 线或 PEN 线断线后的危险　如图 8-21 (a) 所示,在没有重复接地时,PEN 线断线后断线点后若有一台设备碰壳漏电

时,故障电流经人体和工作接地电阻 R_0 形成回路,因 $R_b \gg R_0$ 所以人体几乎全部承受相电压。若系统中有重复接地,如图 8-21 (b) 所示,此时故障电流经 R_i 和 R_0 构成回路,断线点前 PEN 线的对地电压 $U_{PEN} = I_{SC}R_0 < U_p$,断线点后 PEN 线对地电压 $U_{PEN} = I_{SC}R_i < U$,因而触电的危险程度有所减轻,然而仍存在触电隐患。由于零线断开,采用保护接零的设备可能出现危险的对地电压,所以不允许在起保护作用的零线上安装单极开关和熔断器。

　c. 缩短碰壳短路故障持续的时间：由于重复接地、工作接地和零线是并联的,所以当线路发生碰壳短路故障时,重复接地还能增加单相接地短路电流,加速线路保护装置的动作,缩短了故障持续时间。

　d. 改善低压架空线路的防雷性能：架空线路的重复接地对雷电流有强分流作用,有利于限制雷电过电压,改善防雷性能。架空线路的干线和分支线长度超过 200m 的分支点处及沿线每 1km 处的零线上以及同杆架设的高、低压架空线路的共同敷设段的两端都应安装重复接地。此外,重复接地还可以降低高压窜入低压电网时低压的对地电压,降低三相负荷不平衡时零线对地电压等。

138

8.2.4 漏电保护

为了防止触电事故发生，我们采取了许多安全措施，如采用保护接地和保护接零方法，然而这些方法只是在用电设备漏电情况下，防止人无意触及漏电设备而发生的触电事故；若人直接触及带电体，它们就无济于事了，这些措施无论如何仍不能从根本上杜绝触电事故的发生，为了使用电更安全，在许多场合都要使用漏电保护器。

(1) 漏电保护器的分类和主要技术参数

1) 漏电保护器的分类

目前，国内使用的漏电保护器，规格、型号多样，称谓各异，如触电保护器、触电保安器、漏电开关、漏电断路器、漏电保护插座等等。按反映信号的种类可分为电压型、电流型漏电保护器两大类，其中，电流型漏电保护器应用最广泛。按执行机构可分为机械脱扣和电磁脱扣；按照极数和线数可分为单极二线、二极、二极三线、三极、三极四线、四极等保护器；按有无中间机构可分为直接传动型和间接传动型，顾名思义直接传动型是直接利用检测来的信号推动执行机构（如电磁式漏电保护器），间接传动型按中间机构的不同又分为储能型（如电容储能式）和放大型（如电子式漏电保护器）。

2) 主要技术参数

a. 额定电流（I_n）：在规定的工作条件下，漏电保护器正常工作所允许长期通过的最大电流值。

b. 额定漏电动作电流（$I_{0.st}$）：制造厂规定的漏电保护器必须动作的最小漏电流值。

c. 分断时间（$t_{0.st}$）：漏电保护器检测元件自实加漏电动作电流起到被保护电路切断为止的时间。表 8-9 列出部分国产漏电保护器的性能参数。

部分国产电流动作型漏电保护器的性能参数　　　　表 8-9

型号	名称	极数	额定电压 (V)	额定电流 (A)	额定漏电动作电流 (mA)	漏电动作时间 (s)	保护功能
DZ5—20L	漏电开关	3	380	3、4、5	30、50	<0.1	过载、短路、漏电保护
DZ15L—40	漏电断路器	3、4	380	6、10、16、20、25、32、40	30、50、75、100	<0.1	过载、短路、漏电保护
DZ15L—63	漏电断路器	3、4	380	10、16、20、25、32、40、50、63	30、50、75、100	<0.1	过载、短路、漏电保护
DZL18—20	漏电开关	2	220	20 以内	10、15、30	≤0.1	漏电保护
		3、4					
JC	漏电开关	2、3、4	220	6、10、16、25、40	30	<0.1	漏电保护
JD1—100	漏电继电器	贯穿孔 φ30	380（500）	100	100、200、300、500	<0.1	漏电保护
JD1—200	漏电继电器	贯穿孔 φ40	380（500）	200	200、300、500	<0.1	漏电保护
20A 集成电路漏电开关		2	220	6、10、15、20	15、30	<0.1	过载漏电保护
200A 集成电路漏电继电器		贯穿孔 φ40	380	200	30、50、100、200、300、500	延时 0.2～1	漏电保护

(2) 漏电保护器的工作原理

1) 电压型漏电保护器的工作原理

电压型漏电保护器是以电压信号作为检测信号的一种保护器，其工作原理如图 8-22 所示。

当发生碰壳漏电时，漏电电流经 KA 线

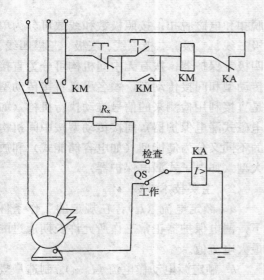

图 8-22 电压型漏电保护器接线图

圈、大地形成闭合回路,KA 线圈承受了外壳对地的电压,若此电压值达到继电器 KA 的启动电压时,则电流继电器 KA 动作,打开串联在交流接触器 KM 线圈回路中的常闭触点,使 KM 线圈失电,KM 主触头断开,切断电源。

当发生直接接触触电时,电压型漏电保护器不会动作,如图 8-23 所示。

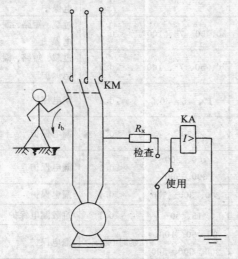

图 8-23 人体直接接触带电体保护器不动作

在三相四线制中性点不接地系统中漏电保护器上端如零线断开,零线对地绝缘降低或短路,保护器都不会动作。由此可见电压

型漏电保护器在使用上受到限制。

2)电流型漏电保护器的工作原理

电流型漏电保护器在低压电网中被广泛使用,它分为直接动作和间接动作两类。

a. 电磁式漏电保护器的原理

纯电磁式漏电保护器是一种无中间机构直接动作式保护器,如图 8-24 所示。它是由零序电流互感器和极化脱扣器两部分组成。正常运行时,脱扣器处于图示中的静止状态。当有人触电或设备漏电时,零序电流互感器中有了零序电流,其二次侧 L_2 产生了感应电动势,L_2 因与 L'_2 接成闭合回路而在 L_2、L'_2 中流过感应电流,L'_2 中感应电流产生的磁场(由右手螺旋定则判别)与永久磁铁的磁场方向相反,起去磁作用,于是磁场引力减小,使得衔铁 4 在弹簧 6 的弹力作用下与铁心 5 分离,即衔铁释放,开关跳闸,切断电源。

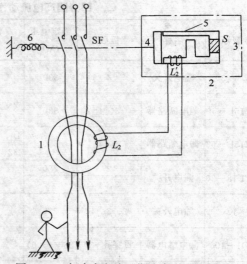

图 8-24 直动式电流型漏电保护器原理图

b. 电容储能式漏电保护器的原理

这种保护器是利用了电容器存储电能的特性,积累信号到一定程度再通过开关设备切断电源,来起保护作用的,如图 8-25 所示。

当发生人身触电或线路漏电时,零序电流互感器,一次绕组有零序电流,于是其二次绕组 L_2 产生感应电动势经整流二极管 2

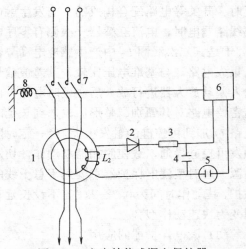

图 8-25　电容储能式漏电保护器

和限流电阻 3 向电容 4 充电，当电容电压达到放电管 5 的放电电压时，脱扣器 6 线圈中有电流通过而动作，断开主触头，切断电源。

c. 电子式漏电保护器

随着电子技术的迅猛发展，电子式漏电保护器已成为当前使用最广泛的保护器。它具有灵敏度高（动作电流<30mA），快速动作

（动作时间<0.1s）的特点。由于电子元器件经历了分立元件向集成电路的过渡，因而电子式漏电保护器也经历了由晶体管组成的放大式保护器→晶闸管式漏电断路器→集成电路组成的漏电断路器的发展过程，并在这一过程中逐步提高保护器的灵敏度和快速性。

a）晶体管放大式漏电保护器的原理：电路组成如图 8-26 所示：V_1—放大管，V_2—执行管，V_7、C_3、V_6 组成放大电路的直流电源。正常运行时，因零序电流互感器一次侧无零序电流，因而其二次侧中无感应电动势，V_1、V_2 处于截止状态。当发生触电或线路漏电时，由于 TA 一次零序电流的存在，而在 TA 二次线圈电感 L_2 中产生感应电动势，L_2、C_1 组成谐振电路以提高输入信号电压抑制其他谐波分量，输入信号电压通过改变 SA 开关位置来调节（即改变漏电动作电流值），加到 V_1 输入端，经 V_1 的电流放大作用，通过 R_6 转换成电压放大信号加到 V_2 的基极，使 V_2 管导通，执行继电器 KA 有电流通过而动作，

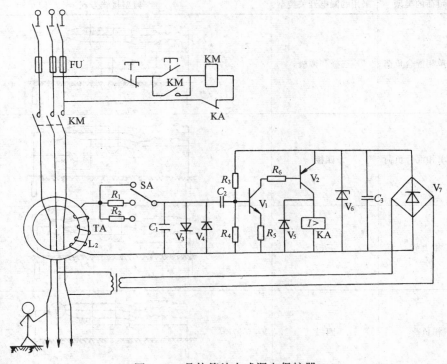

图 8-26　晶体管放大式漏电保护器

断开串联在交流接触器线圈的常闭触头使 KM 线圈失电，切断电源。

　　b）集成电路延时型漏电断路器

　　图 8-27 所示为 M54120P 型集成电路组成的。它是由集成块 M54120P 和直流电源、

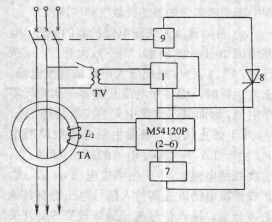

图 8-27　集成电路延时漏电断路器原理框图
1—直流电源；2～6—M54120P 内部元件；
7—长延时电路；8—晶闸管；9—脱扣器线圈

延时、开关等电路配合构成的。当发生触电或线路漏电时，电流互感器一次侧有零序电流，于是其二次线圈 L_2 中产生感应电动势输入集成电路，与基准电压比较，其差值信号送入差动放大器进行放大后经延时电路，由施密特电路对其甄别、整形后输送到长延时电路 7，加到可控硅的触发极上，经一定时限触发可控硅导通，致使脱扣器 9 动作，切断电源。延时型漏电保护器主要用于总干线的保护，其动作时间为 0.2～2s，若不设长延时则变为快速动作型。

（3）漏电保护器的应用

　　1）漏电保护器在 TT 系统中的应用　在 TT 系统中装设漏电保护器是更安全的防护措施，漏电保护器在 TT 系统中的典型接线如表 8-10 所示。

　　2）漏电保护器在 TN 系统中的典型接线如表 8-11 表示。

漏电保护器在 TT 系统中的典型接线方式　　　　　　　　　表 8-10

序号	适用负荷的类型	采用的漏电开关类型	典型接线方式
1	三相和单相混合负荷	三极和两极	
2	三相和单相混合负荷	四极	
3	三相负荷	三极	
4	三相负荷	四极	

序号	适用负荷的类型	采用的漏电开关类型	典型接线方式
5	单相负荷	二极	
6	单相负荷	三极	
7	单相负荷	四极	

漏电保护器在 TN 系统中的典型接线方式　　表 8-11

序号	适用的负荷类型	漏电保护器类型	典型接线方式
1	TN-C 三相和单相混合负荷	四极	
2	TN-S 三相和单相混合负荷	四极	
3	TN-C 三相和单相混合负荷	三极和二极	
4	TN-S 三相和单相混合负荷	三极和二极	
5	TN-C 三相动力负荷	三极	
6	TN-S 三相动力负荷	三极	
7	TN-C 三相动力负荷	四极	

续表

序号	适用的负荷类型	漏电保护器类型	典型接线方式
8	TN—S 三相动力负荷	四极	 L2 L1 L3 PE
9	TN—C 单相负荷	二极	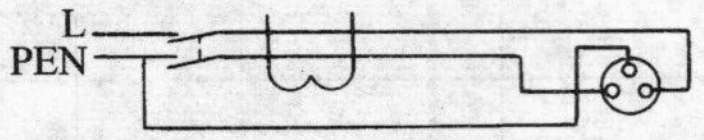 L PEN
10	TN—S 单相负荷	二极	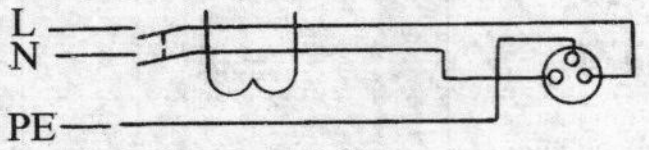 L N PE
11	TN—C 单相负荷	三极	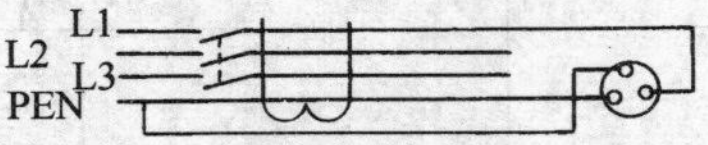 L2 L1 L3 PEN
12	TN—S 单相负荷	三极	 L2 L1 L3 N PE
13	TN—C 单相负荷	四极	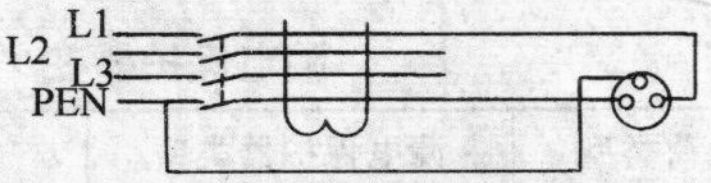 L2 L1 L3 PEN
14	TN—S 单相负荷	四极	 L2 L1 L3 N PE

在 TN 系统中使用漏电保护器时的注意事项：

a. 严格区分 N 线和 PE 线。使用漏电保护器后，从漏电保护器起，系统变为 TN-S 系统，这时 PE 线和 N 线必须严格分开。

b. 漏电保护器后的单相设备一定要接在 L、N 线上，中线不能接在 PE 线上，否则，会合不上闸。

c. 使用漏电保护器后，PE 线可以重复接地，开关后的 N 线不准重复接地。

d. 使用漏电保护器后，从漏电保护器起，系统变为 TN-S 系统，后面的接线不能再变回 TN-C 系统，否则会引起前级漏电保护器误动作。

（4）漏电保护器的使用场所

漏电保护器的使用场所，根据 1990 年劳动部颁发的《漏电保护器安全监察规定》，下列场所应优先采用漏电保护器：

1）建筑施工场所、临时线路的用电设备必须安装漏电保护器。

2）除 Ⅲ 类外的手持式电动工具、移动式生活日常电器，其他移动式机电设备及触电危险大的用电设备，必须安装漏电保护器。

3）潮湿、高温、金属占有系数大的场所及其他导电良好的场所，如冶金、化工、纺织、电子、酿造等行业的生产作业场所以及锅炉房、食堂、医院等辅助场所必须安装漏电保护器。

4）对新制造的低压配电柜、动力柜、开关柜、试验台及机床、起重机械、各种传动机械等机电设备的动力配电箱，用户在使用以上设备时，应优先采用带漏电保护的电气设备。

5）应采用安全电压的场所，不得用漏电保护器代替。如使用安全电压确有困难，须经企业安全管理部门批准，方可用漏电保护器作为补充保护。

此外还有一些相关规定:

1)游泳池的供电设备、喷水池的水下照明,水泵、浴室中的插座及电气设备,住宅的家用电器和插座,试验室、宾馆、招待所客房的插座,有关的医用电器和插座,都应安装漏电保护器。

2)环境潮湿的洗衣房、厨房操作间及其他潮湿场所的插座,宜装漏电保护器。

3)储藏重要文物和其他重要财产的场所内电气线路上,主要为了防火,宜装漏电保护器。

4)连续供电要求高的场所以及其他突然停电后将危及公共安全,或造成巨大经济损失的电气设备、消防水泵、消防电梯、事故照明及报警系统等应急用电设备,可酌情装设漏电报警装置而不自动切断电源。

8.3　电气消防常识

火灾和爆炸事故的危害是众所周知的,然而电气火灾和爆炸事故在整个火灾爆炸事故中又占相当大的比例,应该引起十分重视。

(1) 造成电气火灾和爆炸事故发生的主要原因

电气设备的质量差,安装不当等原因会造成电气线路、电动机、电力变压器、开关、灯泡、电热设备等发生电气火灾和爆炸事故,但除此之外,电气设备运行中,使用不当,出现危险高温、电火花及电弧才是引起电气火灾爆炸的更直接原因。

1) 引发电气设备发热的原因

由于电流的热效应,电气设备在运行中会发热,正常运行条件下,电气设备的温升是不超过其允许的温升范围,当发生故障时,温升超过设备额定温升,会导致严重的后果。引发设备过热的原因就是过电流,造成过电流主要有以下几种原因。

a. 短路。当电气设备的绝缘受到高温、潮湿或腐蚀作用而失去绝缘能力,即可引发短路事故;雷电等过电压的作用,使电气设备的绝缘击穿而造成短路事故等等。发生短路故障时,线路中的短路电流是额定电流的很多倍,发出的热量骤增,容易引起火灾。

b. 过载。设计、选用线路和设备不合理,导致在额定负载下出现高温;线路或设备的负载超过额定值,造成过热;设备故障运行,造成设备和线路过载。

c. 接触不良,散热条件差均可造成设备过热。除此之外,电灯和电炉等电热设备直接利用电能转换为热能进行工作的,若安装、使用不当是很危险的。

2) 电火花和电弧

电火花是电极间的击穿放电现象。大量电火花汇集一起形成电弧。电火花和电弧的温度极高,是引发火灾和爆炸的危险火源。

3) 线路、设备自身或周围存在易燃易爆性混合物。

(2) 防火防爆的预防措施

防火、防爆措施是综合性的措施,为减免电气火灾、爆炸事故的发生,必须以预防为主。

1) 根据使用环境条件(如潮湿、多尘、易燃易爆等)选择相应的设备。

2) 电气装置要保证符合规定的绝缘强度,严格按照安装标准,装设电气装置,质量要合格,保证电气设备正常运行。

3)在火灾爆炸危险场所的电气线路必须满足有关规定的要求。

4)选择合理的安装位置,保持必要的安全间距。

5) 接地、接零要满足规定的要求。

6)良好的通风装置能降低爆炸性混合物的浓度、场所危险等级。

(3) 电气灭火常识

一旦发生了电气火灾和爆炸事故,应及时地采用正确的灭火方法扑灭火灾,同时还要防止人身触电。

1）断电后灭火。火灾发生后，电气设备、线路因绝缘损坏、断线等造成碰壳短路或接地短路，极容易引发触电事故，因此，发现电气火灾，应首先设法切断电源，然后灭火。切断电源时要十分谨慎，以防发生二次伤害事故。

a. 切断电源的地点要适当，以免影响灭火工作的进行。

b. 发生电气火灾后，开关设备的绝缘能力会降低，因此拉闸断电时一定要使用绝缘工具。

c. 剪断电线时，不同相线应在不同部位剪断，以防短路。剪断空中电线时，剪断位置应选在电源方向支持物附近，防止电线切断后，断头接地短路造成跨步电压触电事故。

d. 高压设备应先操作油断路器后再操作隔离开关切断电源，防止引起弧光短路。

2）带电灭火时的安全要求

当发生电气火灾时，因生产需要或其他原因不能及时断电，必须带电灭火时，须注意以下几个方面：

a. 应按灭火剂的种类选择适当灭火机。几种灭火机的主要性能见表 8-12 所示。

b. 用水枪灭火时宜采用喷雾水枪。喷雾水枪通过水柱的漏电流较小，带电灭火比较安全，为了安全起见，灭火人员戴绝缘手套、穿绝缘鞋或穿均压服进行操作。

c. 人体与带电体之间要保持一定的安全距离。用二氧化碳等不导电灭火机灭火时，机体、喷嘴至带电体的安全距离：10kV 不应小于 0.4m，35kV 不应小于 0.6m 等。

d. 遇导线断落地面上，要划出一定范围的警戒区域。

e. 对架空线路等高空设备进行灭火时，人体位置与带电体之间的仰角不应超过45°，保证灭火人员的安全。

灭火机的主要性能   表 8-12

灭火机种类	二氧化碳灭火机	干粉灭火机	"1211"灭火机
规格	2kg 以下 2～3kg 5～7kg	8kg 50kg	1kg 2kg 3kg
药剂	瓶内装有压缩成液态的二氧化碳	钢筒内装有钾盐或钠盐干粉，并备有盛装压缩气体的小钢瓶	钢筒内装有二氟一氯一溴甲烷，并充填压缩氮
用途	不导电 扑救电气、精密仪器、油类和酸类火灾。不能扑救钾、钠、镁、铝等物质火灾	不导电 可扑救电气设备火灾，但不宜扑救旋转电机火灾。可扑救石油、石油产品、油漆、有机溶剂、天然气和天然气设备火灾	不导电 扑救油类、电气设备，化工化纤原料等初起火灾
效能	接近着火地点，保持3m 远	8kg 喷射时间 14～18s，射程4.5m。50kg 喷射时间 50～55s，射程 6～8m	1kg 喷射时间 6～8s，射程 2～3m
使用方法	一手拿好喇叭筒对着火源，另一手打开开关即可	提起圈环，干粉即可喷出	拔下铅封或横锁，用力压下压把即可

灭火机种类	二氧化碳灭火机	干粉灭火机	"1211"灭火机
保养和 检查 方法	保管: ①置于取用方便的地方 ②注意使用期限 ③防止喷嘴堵塞 ④冬季防冻,夏季防晒 检查: ①二氧化碳灭火机,每月测量一次,当低于原重1/10时应充气 ②四氯化碳灭火机,应检查压力情况,少于规定压力时应充气	置于干燥通风处,防受潮日晒。每年抽查一次干粉是否受潮或结块。小钢瓶内的气体压力每半年检查一次,如重量减少1/10,应换气	置于干燥处,勿摔碰。每年检查一次重量

3）充油设备灭火的要求。

若只在设备外部起火,可用二氧化碳等不导电灭火机带电灭火;若油箱破裂,喷油燃烧时,除切断电源外,有事故贮油坑的,应设法把油导入贮油坑,油火可用泡沫灭火,并防止燃烧着的油流入电缆沟而蔓延。电缆沟内的油火只能用泡沫覆盖扑灭。

小 结

（1）触电通常是指当人体触及带电体时,遭到电的伤害。人体触电现象分为电击、电伤两种情况。电击是指触电时对人体内部造成生理机能的伤害,触电事故中,因触电致死的原因大多是电击引起。电伤是指触电较轻时电流对人体外部造成的局部伤害,其中又包括了电灼伤、电烙印和皮肤金属化。

（2）人体对电流的反应是敏感的,触电时电流对人体的危害程度与人体电阻的大小、流过人体电流强度的大小、电流途径的不同、持续时间的长短、电流频率的不同以及作用于人体接触电压高低等诸多因素有关。

（3）触电一般分为直接接触触电和间接接触触电两种主要触电方式。直接接触触电即人体直接触及或过分靠近正常带电体导致的触电,其中包括单相触电、两相触电及电弧伤害几种形式;间接接触触电即人体触及正常情况下不带电而故障时带电的设备外露导体引起的触电,主要形式有接触触电压、跨步电压触电。

（4）造成触电的原因具体反映在设备、线路安装不合格;用电设备不满足要求,维修不及时;规章制度贯彻不严,无安全技术措施;用电不谨慎等方面。

（5）一旦发生触电事故,为使触电者尽快脱险,最大限度地减免触电死亡率的发生,救护人员应果断地采取有效急救措施,具体操作可分为使触电者迅速脱离电源、就地急救和急送医院三个步骤。

（6）安全用电的基本方针是："安全第一，预防为主"。在用电实践中，只有采用正确的预防措施，才是安全用电的根本。常采用的有效保护措施有：绝缘保护、屏护、间距、设安全标志及使用安全电压、保护接地、保护接零、漏电保护等。

（7）电气消防常识：电气火灾和爆炸事故发生的主要原因；防火防爆的预防措施；电气灭火常识。

习题

1. 何谓触电？电击和电伤有何异同？

2. 影响触电后果的因素有哪些？

3. 人体触电的主要方式有哪几种？试简述其区别。

4. 使触电者脱离电源的方法有哪些？应注意哪些事项？

5. 触电者脱离电源后，对"假死"者如何实施正确的现场救护？

6. 在正常情况下，就单相触电的危险程度而言，IT 系统与 TN 系统相比较，哪种更危险？若电网发生单相接地故障呢？

7. 为什么采用了保护接地（零）措施，还要装设漏电保护器？

8. 我国规定的安全电压是多少？各适用什么条件？如何获得安全电压？

9. 什么是保护接地？什么是保护接零？什么是工作接地？

10. 今有 380/220V 工厂系统，电网每相对地电阻 $R=2500-\Omega$，当其中某台电动机发生碰壳故障时，试计算电动机无保护接地和有保护接地（$R_E=4\Omega$）两种情况下，人体触及电动机外壳时承受的电压和流过人体的电流是多少（设人体电阻 $R_b=1700\Omega$）？

11. 简述保护接零的保安原理及适用场合。保护接零和保护接地在防止触电的原理上有何本质的不同？

12. 简述 PEN 和 PE 线重复接地的作用。

13. 为什么在同一台变压器供电系统中，不允许保护接零和保护接地混用？

14. 叙述电流动作型漏电保护器的组成和工作原理。

15. 哪些场所应设置漏电保护器？

第9章 变压器

在日常生产和生活中,常需要各种高低不同的电压;在输电方面,为减少线路损耗和电压损失而采用高电压输电。在实际工作中,常采用各种不同规格的变压器来获得所需要的电压。

变压器是一种静止的电气设备。它是利用电磁感应(互感)的原理,将某一数值的交流电压变为同频率的另一数值的交流电压,既可以升压也可以降压。它除了能改变交流电压外,还能改变交流电流、阻抗、相位或起到隔离的作用。

9.1 变压器的结构及工作原理

9.1.1 变压器的结构

变压器主要由铁心和绕组两大部分组成。某些大、中型变压器,为了散热及防护,还有油箱、散热管、引线套管、油枕和气体继电器等附件。如图 9-1 所示。

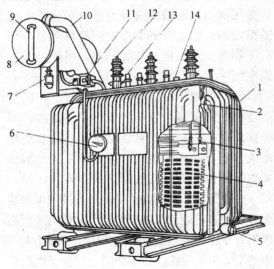

图 9-1 变压器外形

1—散热器;2—油箱;3—铁心;4—线圈及绝缘;
5—放油阀;6—温度计;7—吸湿器;8—贮油柜;
9—油面指示器;10—防爆管;11—气体继电器;
12—高压套管;13—低压套管;14—分接开关

（1）铁心

铁心是变压器的磁路部分,又作为其主体骨架。为提高导磁性能,减少磁滞损耗和涡流损耗,铁心通常采用 0.35～0.5mm 厚的硅钢片叠制而成,硅钢片表层涂有绝缘漆以使片间相互绝缘。特殊变压器也有用其他高导磁材料制成。

铁心分铁心柱和铁轭两个部分,铁心柱用作套装绕组,铁轭用来连接两个铁心柱以使磁路形成闭合回路。

铁心结构的基本型式有心式和壳式两种。心式变压器的一、二次绕组套装在铁心的两个铁心柱上,绕组包围着铁心,适用于容量大而电压高的电力变压器,如图 9-2（a）所示。壳式变压器的一、二次绕组套装在铁心的同一个铁心柱上,铁心包围着绕组,除小型干式变压器采用这种结构外,几乎很少采用,如图 9-2（b）所示。

铁心硅钢片的拼接可分为对接式和叠接式两种。对接式铁心是先把铁心柱和铁轭分别叠装和夹紧,然后再把它们拼在一起,并用特殊的夹件结构夹紧。而叠接式铁心是把铁心柱和铁轭的硅钢片一层一层地交错重叠,如图 9-3 所示。

（2）绕组

绕组是变压器的电路部分,它常用绝缘铜线或铝线绕制而成,还有用铝箔绕制的。

变压器中工作电压高的绕组叫高压绕

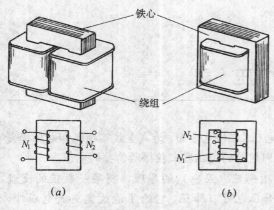

图 9-2　心式铁心与壳式铁心
(a) 心式；(b) 壳式

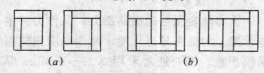

图 9-3　交错叠片
(a) 单相铁心；(b) 三相铁心

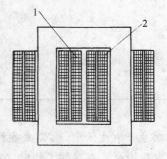

图 9-4　同心式绕组
1—高压绕组；2—低压绕组

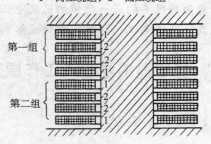

图 9-5　交叠式绕组
1—低压绕组；2—高压绕组

组，工作电压低的绕组叫低压绕组。按高低压绕组相互位置和形状的不同，绕组可分为同心式和交叠式两种。

同心式绕组是将高、低压绕组同心地套装在铁心柱上的，如图 9-4 所示。一般将低压绕组套在里层，靠近铁心，而高压绕组则套在低压绕组外面。高、低压绕组间还留有微小间隙，作为散热介质的通道。同心式绕组根据其绕制方式不同，又分为圆筒式、螺旋式及连续式等。圆筒式根据容量及电压分双层圆筒、多层圆筒式；螺旋式一般由多根导线并联绕制，整个绕组象螺纹一样，适宜于大电流的低压绕组；连续式绕组一般是用扁导线绕制，绕组按顺序，奇数线饼的导线从外侧绕到内侧，偶数线饼的导线从内侧绕至外侧，这样由若干个（偶数个）线饼连续绕成。

交叠式绕组也是做成线饼，高压与低压绕组的排列是交错的，即套上铁心柱时最上层、最下层是低压绕组，中间层是高压绕组，如图 9-5 所示。这样可以减小漏磁，减少损耗。一般用于电炉变压器。

（3）附件

1）油箱及散热管。　油浸式变压器的附件较多，其外壳本身就是一只油箱，用以存放变压器油，油箱四周外侧装有散热管，使油箱内的热油上升到油箱上部经散热管冷却后下降至油箱底部。如此循环，将热量散发到空气中。

油浸式变压器的冷却方式有多种，虽然变压器内部绕组与铁心的散热介质是油，而外部冷却方式有空气自然对流循环的油浸自冷式，还有油浸风冷式、强油风冷式、水冷式以及用散热管的波纹油箱式等。

2）贮油柜又叫油枕。是变压器油的保护装置，它通过连通管与油箱连通，油枕内油面高度随着变压器油热胀冷缩而变动。为防止大气中的水分进入油枕，在上面的一根管子里放有吸湿的硅胶等干燥剂，做成一个吸湿装置，外面的空气必须经吸湿器才能进入油枕。

3）气体继电器又称瓦斯继电器。在油箱与油枕之间的连通管道中，装有气体继电器（小型变压器中未设置），当变压器内部有故障而产生气体时，这些气体上升到油箱顶部，进入气

150

体继电器，使继电器动作，发出信号，提醒值班人员立即进行处理。若变压器内部故障严重，致使继电器另一对触头接触，从而接通跳闸控制回路，使断路器跳闸，以切断变压器的电源，从而达到保护变压器的目的。

4）安全气道，又名防爆管。在油箱顶部，装置一管道，其出口用玻璃板盖住，若变压器的气体继电器失灵，油箱气压迅速升高，气压达到某一限度时，气体即冲破玻璃，从安全气道喷出，从而避免酿成重大事故。

5）绝缘套管由陶瓷绝缘套及导电杆组成，使绕组的引出端与外面的线路相联，并与油箱绝缘。它有高压及低压瓷套管，在超高电压时，还采用电容式瓷套管，即在导电杆外面，包有绝缘纸及金属箔交叠的圆筒，形成许多串联电容，使套管内电场分布均匀，增加其绝缘性能。

6）分接开关。在油箱盖上面，装有可调整变压器变比的开关，叫分接开关。它主要改变高压绕组的匝数，以调节变压器的输出电压。在变压器切除电源条件下调整电压比的分接开关叫无激磁分接开关。若能够在变压器激磁并带有负载的条件下调整电压比的分接开关，则称之为有载分接开关。

9.1.2 变压器的工作原理

变压器的工作原理即互感原理，它是建立在电磁感应定律的基础上的。

（1）空载运行

在变压器的一次绕组上加以正弦交变电压，而二次绕组不带负载的运行叫空载运行。如图 9-6 所示为一理想的单相变压器。图中 $\dot U_1$ 为一次侧电压，$\dot U_{20}$ 为二次侧开路时的电压，$\dot I_0$ 为一次侧电流，此电流为空载电流，该电流在一次绕组产生磁势而在铁心中形成交变磁通 $\dot\Phi_0$（因为是理想变压器，无漏磁），该磁通同时穿越一、二次绕组。于是在一次绕组中产生感应电动势 $\dot E_1$，在二次绕组中产生感应电动势 $\dot E_2$，若一次绕组匝数为 N_1，二次绕组匝数为 N_2。根据法拉第电磁感应定律：

$$\dot E_1 = -N_1\frac{\Delta\Phi_0}{\Delta t}$$

$$\dot E_1 = -N_2\frac{\Delta\Phi_0}{\Delta t}$$

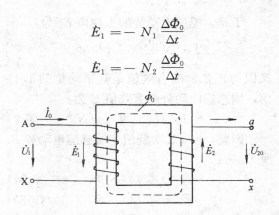

图 9-6　理想变压器的空载运行

根据基尔霍夫第二定律可知，电动势 $\dot E_1$ 与外加电压平衡：

$$\dot U_1 = -\dot E_1 \tag{9-1}$$

该式同时表明，外加电压与一次绕组中感应电动势数值相等且相位互差180°。由于没有磁滞损耗与涡流损耗，空载电流 $\dot I_0$ 只产生磁通 $\dot\Phi_0$，在这样的电路中，一次电路相当于一个纯电感电路。因此，空载电流 $\dot I_0$ 滞后电压 $\dot U_1$ 90°，于是可得到此时理想变压器的电动势、电压、电流的矢量图，如图 9-7 所示。

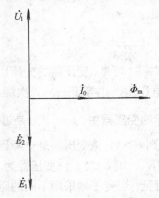

图 9-7　理想变压器空载运行矢量图

由于磁通 $\dot\Phi_0$ 也是一正弦量，因此感应电动势的平均值可取四分之一周期来计算之。而磁通 Φ_0 从 0 到 Φ_m（或从 Φ_m 到 0）均只需四分之一周期。

即　$\Delta\Phi = \Phi_m$

$$\Delta t = \frac{1}{4}T = \frac{1}{4f}$$

于是，感应电动势的平均值 E_p 为：
$$E_p = N \frac{4\Phi_m}{T} = 4fN\Phi_m$$
又因为正弦量的有效值是其平均值的 1.11 倍，则感应电动势的有效值 E 为：
$$E = 1.11E_p = 4.44fN\Phi_m \qquad (9\text{-}2)$$
因此，一、二次绕组中的感应电动势 E_1 及 E_2 为：
$$E_1 = 4.44fN_1\Phi_m \qquad (9\text{-}3a)$$
$$E_2 = 4.44fN_2\Phi_m \qquad (9\text{-}3b)$$
由式（9-3a，b）得，变压器一、二次绕组感应电动势之比为：
$$\frac{E_1}{E_2} = \frac{N_1}{N_2} = k \qquad (9\text{-}4)$$
即变压器的变压比。

一般一次绕组的内阻抗很小，其内阻抗压降可忽略不计，根据式（9-1），一次侧端电压：
$$U_1 = E_1 = 4.44fN_1\Phi_m \qquad (9\text{-}5a)$$
而空载运行时，变压器二次绕组处于开路，二次侧端电压 U_{20} 与感应电动势 E_2 相等。
$$U_{20} = E_2 = 4.44fN_2\Phi_m \qquad (9\text{-}5b)$$
由式（9-5a，b）得，变压器的一、二次侧电压之比：
$$\frac{U_1}{U_{20}} = \frac{N_1}{N_2} = k \qquad (9\text{-}6)$$
从式（9-6）可见，变压器的变压比等于一、二次侧的电压比，也等于一、二次绕组的匝数比。在实际的变压器中，$k = \dfrac{U_1}{U_2}$ 只是近似的。若 $N_1 > N_2$，则 $k > 1$，该变压器是一降压变压器；反之 $N_1 < N_2$，则 $k < 1$，该变压器为一升压变压器。由此可见，当变压器采用不同的匝数比时，就可达到升高或降低电压之目的。

变压器在空载运行时，实际空载电流 $\dot{I}_0$ 所激励的磁通有两部分：一部分是沿着铁心且同时与一、二次绕组交链，叫主磁通，它使一、二次绕组产生感应电动势。而另一部分是通过一次绕组周围的空间形成闭路，且只与一次绕组交链叫漏磁通 Φ_{s1}，它会在一次绕组中产生漏抗电动势 $\dot{E}_{s1}$。当然，由于漏磁通很小，漏抗电动势也很小。

空载电流 $\dot{I}_0$ 除了产生主磁通和漏磁通外，还要克服绕组中的电阻损耗及铁心中的磁滞、涡流损耗。因此，空载电流 $\dot{I}_0$ 的相位，略超前磁通 Φ_0 一个微小角度。而外加的电源电压 $\dot{U}_1$ 要在绕组电阻上及铁心损耗上产生微小的压降。因此，严格地说 $E_1 < U_1$，只是差值较小，所以 $U_1 \approx E_1$。

（2）负载运行

将变压器一次绕组接在电源上，二次绕组接通负载，这样的运行状态叫变压器的负载运行。

图 9-8 是单相变压器负载运行时的原理图，在 $\dot{E}_2$ 的作用下，二次侧有电能输出，有电流 $\dot{I}_2$ 流过。

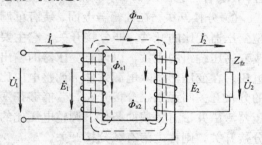

图 9-8　单相变压器的负载运行

从能量平衡的原理来说，二次侧输出的电能必然是通过一次绕组从电源吸收的电能，通过主磁通转换给二次绕组。由于电源电压未变，因此，一次侧电流从 I_0 增至 I_1。

一、二次绕组到底是怎样通过磁通来实现能量传递呢？原来，当二次绕组有电流 $\dot{I}_2$ 通过时，它所产生的磁动势 $\dot{I}_2 N_2$ 会在磁路中与一次绕组的磁动势 $\dot{I}_1 N_1$ 叠加在一起，共同产生磁通 Φ。根据式（9-2）可得：
$$U_1 \approx E_1 = 4.44fN_1\Phi_m \qquad (9\text{-}7)$$
无论变压器空载或有负载，当电源的频率 f、电压 $\dot{U}_1$ 不变时，$\dot{E}_1$ 及 Φ_m 近似不变，即铁心中的主磁通也是不变的。因此，空载时的磁动势为 $\dot{I}_0 N_1$ 与有负载时磁路中的磁动势

$\dot{I}_1N_1 + \dot{I}_2N_2$ 相等。即磁动势平衡方程式：

$$\dot{I}_1 N_1 + \dot{I}_2 N_2 = \dot{I}_0 N_1 \qquad (9\text{-}8)$$

上式表明一次绕组与二次绕组的电流所产生的磁动势的关系。变换式（9-8）得：

$$\dot{I}_1 = \dot{I}_0 + \left(-\frac{N_2}{N_1}\dot{I}_2\right) = \dot{I}_0 + \dot{I}'_1 \quad (9\text{-}9)$$

式（9-9）表明，一次电流 $\dot{I}_1$ 由两部分组成：其中 $\dot{I}_0$ 用来产生主磁通 $\dot{\Phi}_m$，叫它为激磁分量；而 $\dot{I}'_1$ 用以抵消二次电流 $\dot{I}_2$ 的去磁作用，叫它为负载分量。当变压器的负载电流 $\dot{I}_2$ 变化时，一次电流 $\dot{I}_1$ 会相应变化，以抵消二次电流的影响，使铁心中的磁通基本上不变。正是负载电流的去磁作用和一次电流的相应变化，以维持主磁通近似不变的这种效果，使得变压器可以通过磁的联系，把输入到一次电路的功率传递到二次电路中去。

当忽略 $\dot{I}_0$ 微小之值时，可以写成下式：

$$\dot{I}_1 = -\dot{I}_2 \frac{N_2}{N_1} \qquad (9\text{-}10)$$

式中负号仅表示 $\dot{I}_1$、$\dot{I}_2$ 两者相位相反。而一、二次绕组电流有效值大小之间的关系为：

$$\frac{I_1}{I_2} = \frac{N_2}{N_1} = \frac{1}{k} \qquad (9\text{-}11)$$

式（9-11）表明变压器的一、二次绕组的电流与它们的匝数成反比。且说明变压器还具有改变电流的作用。

从前面的分析可知，在变压器的额定值情况下，忽略变压器的损耗时

$U_1 \approx E_1, U_2 \approx E_2, I_2 \approx kI_1$，则

$$\frac{U_1}{U_2} = \frac{N_1}{N_2} = \frac{I_2}{I_1} = k \qquad (9\text{-}12)$$

当然，式（9-12）中的关系是近似的。我们已知二次侧负载阻抗：

$$Z_L = \frac{U_2}{I_2}$$

折算到一次侧的等效阻抗：

$$Z'_L = \frac{U_1}{I_1}$$

则：

$$\frac{Z'_L}{Z_L} = k^2 \qquad (9\text{-}13)$$

式（9-13）表明，变比为 k 的变压器可以把二次侧的负载阻抗变换成对电源扩大了 k^2 倍的等效阻抗，对于电源说，Z'_L 及 Z_L 都是等效的负载，所以变压器还有变换阻抗的功能。

变压器变换阻抗的作用，在电子技术中是常常用到的。如在音响设备中，为获得最大功率输出，要求负载与电源匹配，则要喇叭的阻抗与扩音机阻抗相等。而喇叭本身的阻抗较小，在喇叭前设置一变压器，以变换其阻抗，使其匹配从而达到输出最大功率的目的。

9.2 变压器的铭牌、损耗与效率

变压器制造厂，对该变压器在正常工作时所作的一些规定及该变压器的技术参数，标注在一块金属牌上，这就是它的铭牌。

9.2.1 铭牌

制造厂生产任何一种设备时都规定了一些额定值，并根据这些额定值设计、制造和检验，为了保证变压器的安全、经济运行和延长变压器的使用寿命，要求变压器出厂后严格按照额定值运行。制造厂把有关的额定值标注在铭牌上，供用户参考。铭牌如图9-9所示。

（1）型号

型号主要表示变压器的结构特点、额定容量（kVA）、高压侧的电压等级（kV）。

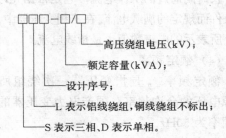

高压绕组电压(kV)；
额定容量(kVA)；
设计序号；
L 表示铝线绕组，铜线绕组不标出；
S 表示三相、D 表示单相。

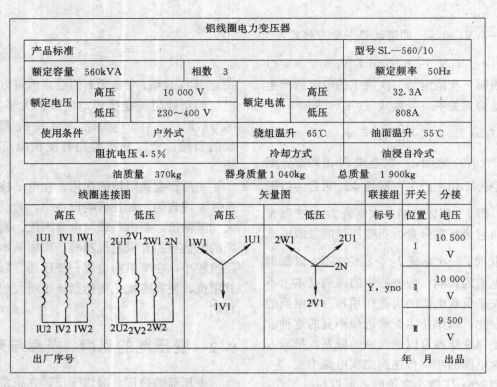

铝线圈电力变压器								
产品标准						型号 SL—560/10		
额定容量　560kVA			相数　3			额定频率　50Hz		
额定电压	高压	10 000 V		额定电流	高压	32.3A		
	低压	230～400 V			低压	808A		
使用条件		户外式		绕组温升　65℃		油面温升　55℃		
阻抗电压 4.5%				冷却方式		油浸自冷式		
油质量　370kg　　器身质量 1 040kg　　总质量　1 900kg								

线圈连接图		矢量图		联接组	开关	分接
高压	低压	高压	低压	标号	位置	电压
1U1 1V1 1W1　1U2 1V2 1W2	2U1 2V1 2W1 2N　2U2 2V2 2W2	1W1　1U1　1V1	2W1　2U1　2N　2V1	Y, yno	I	10 500 V
					II	10 000 V
					III	9 500 V

出厂序号	年　月　出品

图 9-9　变压器铭牌

（2）额定电压

一次绕组的额定电压 U_{1n} 是指在一次绕组上的正常工作电压值，它是根据变压器的绝缘强度和允许的发热条件来规定的。二次绕组的额定电压 U_{2n}，是指在变压器一次绕组加上额定电压 U_{1n} 后，二次绕组空载时的电压。一旦接上负载，二次绕组的端电压将会下降。额定电压的单位为 V 或 kV。对三相变压器，其一、二次绕组额定电压均指线电压。

（3）额定电流

一次绕组的额定电流 I_{1n} 和二次绕组的额定电流 I_{2n} 是指一次和二次绕组在额定负载下，允许长时间通过的工作电流，它是根据允许发热条件而规定的满载电流。在三相变压器中，铭牌上所表示的电流数值也是指线电流。

（4）额定频率

额定频率 f_n 是指变压器一次绕组所用电源电压的允许频率。国产电力变压器的额定频率为 50Hz。

（5）额定容量

额定容量 S_n 是指在额定使用条件下的输出能力，以视在功率（kVA）计。变压器的额定容量按标准规定为若干个等级，如 10kVA、30kVA、50kVA、63kVA、80kVA、100kVA、125kVA、160kVA 等。

一台变压器容量的大小，由它的输出电压 U_{2n} 和输出电流 I_{2n} 的乘积来确定，即：

单相变压器　　$S_n = U_{2n} I_{2n}$　　(9-14a)

三相变压器　　$S_n = \sqrt{3} U_{2n} I_{2n}$

(9-14b)

由于变压器的效率很高，因此可以认为一、二次侧的容量相等，故在忽略变压器损耗时，变压器容量也可表示为：

单相变压器

$$S_n = U_{1n} I_{1n} = U_{2n} I_{2n} \quad (9\text{-}15a)$$

三相变压器

$$S_n = \sqrt{3} U_{1n} I_{1n} = \sqrt{3} U_{2n} I_{2n}$$

(9-15b)

154

当已知一台变压器的额定容量及额定电压后，可用上式计算该变压器的额定电流。

【例 9-1】 某降压用变压器的型号为 S_3—100/10，高压绕组的额定电压 $U_{1n}=$ 10kV，低压侧的额定电压 $U_{2n}=400V$，求高、低压侧的额定电流。

【解】 型号表明此变压器是额定容量为 100kVA 的三相变压器，所以高压侧额定电流为：

$$I_{1n}=\frac{S_n}{\sqrt{3}\,U_{1n}}=\frac{100\times1000}{\sqrt{3}\times10\times1000}$$
$$=5.8(A)$$

低压侧额定电流为：

$$I_{2n}=\frac{S_n}{\sqrt{3}\,U_{2n}}=\frac{100\times1000}{\sqrt{3}\times400}=144.3(A)$$

一台变压器在运行过程中，实际输出的有功功率并不一定达到该数值，而是与负载的功率因数有关。例如一台 $S_n=560kVA$ 的三相变压器，当负载的功率因数 $\cos\varphi=0.8$ 时，虽然它的输出电流已达到其额定值 I_{2n}，但变压器所输出的电功率（即有功功率）为：

$$P_2=\sqrt{3}\,U_{2n}I_{2n}\cos\varphi=S_n\cos\varphi$$
$$=560\times0.8=448(kW)$$

这个数值要比它的额定容量 S_n 小。

由此可见，不能把变压器的实际输出功率 P_2 与它的额定容量 S_n 混为一谈。为用电设备选择变压器容量时，要根据负载的视在功率计算，即按照负载的额定电压和额定电流的乘积来计算，而不能按负载所需的有功功率来计算。

（6）阻抗电压百分比

阻抗电压又称为短路电压，表示在通入额定电流时变压器阻抗压降的大小，通常用它与一次侧额定电压 U_{1n} 的百分比来表示。

（7）温升

温升是指变压器在额定运行状态时，其指定部位的温度允许超过周围环境温度的值。允许温升由变压器所用绝缘材料的等级来决定。

除此之外，铭牌上还有冷却方式、绕组的联接方式、绝缘材料等级、总重、器身重、油重等说明。

9.2.2 变压器的损耗与效率

实际运行中，变压器在进行能量传递时，存在着损耗。诸如绕组的电阻损耗（称铜损耗），铁心的磁滞、涡流损耗（合称铁损耗）以及漏磁损耗等。因此，其输入功率并不等于输出功率。我们将输出功率 P_2 与输入功率 P_1 之比的百分比，叫变压器的效率 η。

$$\eta=\frac{P_2}{P_1}\times100\% \qquad (9-16)$$

变压器的损耗可以通过试验得到，在试验中还可检查变压器内部有无隐患。

（1）空载试验

当变压器处在空载试验运行时，可测得其变压比 k、空载损耗 P_0、激磁阻抗 Z_m。试验线路图如图 9-10 所示。

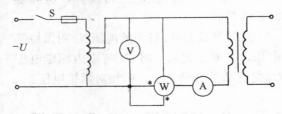

图 9-10 变压器的空载试验电路

试验时，将变压器的高压侧开路，而在低压侧加入其额定电压 U_{2n}，并要求输入的交流电压为正弦波。电压表接在功率表前面，功率表应为低功率因数功率表。此时在功率表上所得读数即为空载损耗 P_0，由于空载电流很小，P_0 近似为铁损 P_{Fe}。

从电压表及电流表读数可求得其激磁阻抗：

$$Z_m=\frac{U_{2n}}{I_0} \qquad (9-17)$$

若发现 P_0 及 I_0 过大时，则说明该变压器内部存在匝间短路。

（2）短路试验

变压器的短路试验是在低压侧短路的条

件下进行的。图 9-11 为短路试验的线路图，

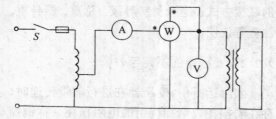

图 9-11　变压器的短路试验

在高压侧加上很高的交流电压，调整自耦变压器，使电流表上读数为高压绕组额定电流，此时功率表的读数就是短路功率 P_s。因为电压很低，所以铁损极小，因此可近似地认为该短路功率就是变压器的原、副绕组之铜损耗 P_{cu}。

由电流表、电压表的读数可求短路阻抗：

$$Z_s = \frac{U_s}{I_s} \qquad (9-18)$$

由于短路试验是在室温下进行，绕组的温升并未达到正常运行时的稳定温升，因此，严格地说，测得的值应进行换算，换算至 75℃ 的数值。

在短路试验时，所得的电压 U_s 叫做短路电压，为便于比较，将 U_s 与原边额定电压 U_{1n} 之比值的百分比数，叫相对阻抗电压。

9.3　单相变压器与三相变压器

9.3.1　单相变压器

当输入电源为单相交流电源时，输出也为一单相交流电，该变压器为单相变压器。它适用于某些特殊的用户或场合。一般小型电气设备及家用电器，由于使用的电源为单相电源，常使用单相变压器。实验室也常用可调节电压的单相变压器提供单相电源，机床上的低压照明，也使用单相电源变压器提供安全电压。

它的结构主要由铁心与绕组两大部分组成，一般不设置油箱。

单相变压器的型式多为壳式，即铁心截面为日字型，中间立柱上缠以绕组，两边立柱的截面小于中间立柱。

9.3.2　三相变压器

由于供电系统多为三相制，因此广泛使用三相变压器。它可以是由三台同容量的单相变压器组成的变压器组，而大部分却是由三个铁心和铁轭构成一个三相磁路结构的三相变压器。

运行原理是这样的，它处在三相对称负载下运行时，各相的电压、电流大小相等，相位彼此相差 120°，因此我们只需取其中任意一相的情况来进行分析讨论，这样就可把三相问题简化为单相问题，前面叙述的基本方程式对于三相变压器也同样能适用。

（1）三相变压器的铁心

铁心是三相变压器的磁路，通常用 0.35～0.5mm 厚的硅钢片叠制而成，片间彼此绝缘，如图 9-12 所示，它的主要形式为三柱式三相磁路对称。

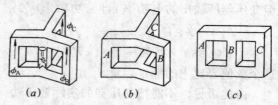

图 9-12　三相心式变压器的铁心

（a）有中间心柱；（b）无中间心柱；（c）常用型

（2）三相变压器的绕组及其联接

每相电源及每相负载都要有一个绕组，三相变压器共有三个一次绕组和三个二次绕组。各相一次绕组的首端分别用 1U1、1V1、1W1，末端用 1U2、1V2、1W2 表示；二次绕组的首端和末端分别用 2U1、2V1、2W1 和 2U2、2V2、2W2 表示。如图 9-13 所示。

绕组的联接方式有多种，我国现行标准中三相变压器绕组只采用星形联接或三角形联接。

把三相绕组的末端联在一起，构成中性

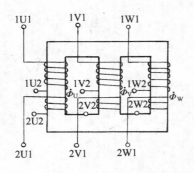

图 9-13　三相变压器

点，而把它们的首端向外引出，称作星形联接。一次绕组作星形联接，用"Y"表示，带中性线时用"YN"表示；二次绕组作星形联接，用"y"表示，带中性线时用"yn"表示。

把一相绕组的末端和另一相绕组的首端联在一起，顺次联成闭合回路，称作三角形联接。一次绕组作三角形联接，用"D"表示；二次绕组作三角形联接，用"d"表示。

三相变压器的联接，不但与三相绕组的接法有关，还与绕组的相序、同名端有关。

1）同名端　若两个绕组产生的磁通在磁路中方向一致，则这两个绕组的电流流进端称为同名端，也称同极性端，如图9-14所示，1、3、6是同名端，2、4、5也是同名端。同名端在图上用相同符号（诸如"·"或"*"等）来表示。

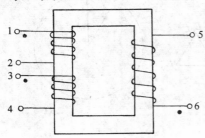

图 9-14　变压器的同名端

2）联接组别　在图9-15（a）中，变压器的一、二次绕组都接成星形，且首端为同名端，故一、二次侧相电动势之间的相位相同，线电动势之间的相位也相同。当一次侧线电动势 $\dot{E}_{1UV}$ 指向时针的"12"时，二次侧线电动势 $\dot{E}_{2UV}$

也是指向"12"的，如图19-15（b）、（c）所示。这种接法就叫做 Y，y0 联接组。

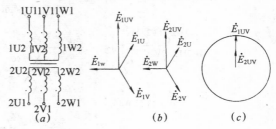

图 9-15　Y，y0 连接组
（a）接线图；（b）矢量图；（c）时钟表示法

若在图 9-15（a）的联接中，变压器一、二次绕组的首端不是同名端，而是异名端，则二次侧的电动势的相位均反向，此时 $\dot{E}_{2UV}$ 就会指向时钟的"6"，从而就成为 Y，y6 联接组了。如图 9-16 所示。

在图 9-17（a）中，变压器绕组采用 Y，d 接法，二次绕组按 2U2 接 2V1、2V2 接 2W1、2W2 接 2U1 的正相序联接而成闭合回路，且一、二次绕组的首端互为同名端，对应的矢量图如图 9-17（b）所示。其中 $\dot{E}_{2UV}$ 就是 $\dot{E}_{2U}$，它滞后于 $\dot{E}_{1UV}$ 30°，故当 $\dot{E}_{1UV}$ 指向"12"时，$\dot{E}_{2UV}$ 是指"1"的，如图 9-17（c）所示。这种接法就叫做 Y，d1 联接组。

在图 9-18（a）中，变压器绕组也采用 Y，d 接法，一、二次绕组首端仍为同名端，但二次绕组按 2U1 接 2V2、2V1 接 2W2、2W1 接 2U2 而成闭合回路（即反相序接法），其矢量图和图 9-17（b）稍有差别，如图 9-18（b）所示。$\dot{E}_{2UV}$ 超前 $\dot{E}_{1UV}$ 30°，是指向"11"的，故为 Y，d11 联接组。

三相变压器一、二次绕组不同接法的组合形式有：Y，y；YN，d；Y，d；Y，yn；D，y；D，d 等，Y，y 和 D，d 连接法所得到的组别都是偶数，即 0、2、4、6、8、10 等组别；Y，d 和 D，y 连接法得到的组别为 1、3、5、7、9、11。

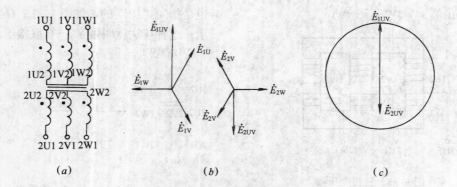

(a)　　　　　　　　　　(b)　　　　　　　　　(c)

图 9-16　Y，y6 联接组

(a) 接线图；(b) 矢量图；(c) 时钟表示图

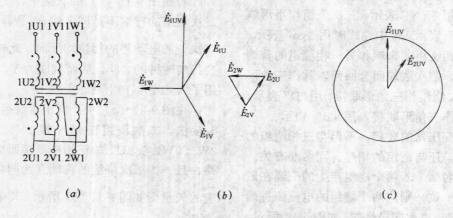

(a)　　　　　　　　　　(b)　　　　　　　　　(c)

图 9-17　Y，d1 联接组

(a) 接线图；(b) 矢量图；(c) 时钟表示图

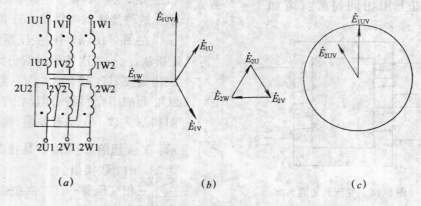

(a)　　　　　　　　　　(b)　　　　　　　　　(c)

图 9-18　Y，d11 联接组

(a) 接线图；(b) 矢量图；(c) 时钟表示图

　　三相变压器的联接组别种类很多，为避免混乱和便于并联运行，我国国家标准规定了五种标准联接组，如图 9-19 所示。

（3）变压器的并联运行

变压器的并联运行，就是将变压器的一次绕组和二次绕组分别并联到公共的母线

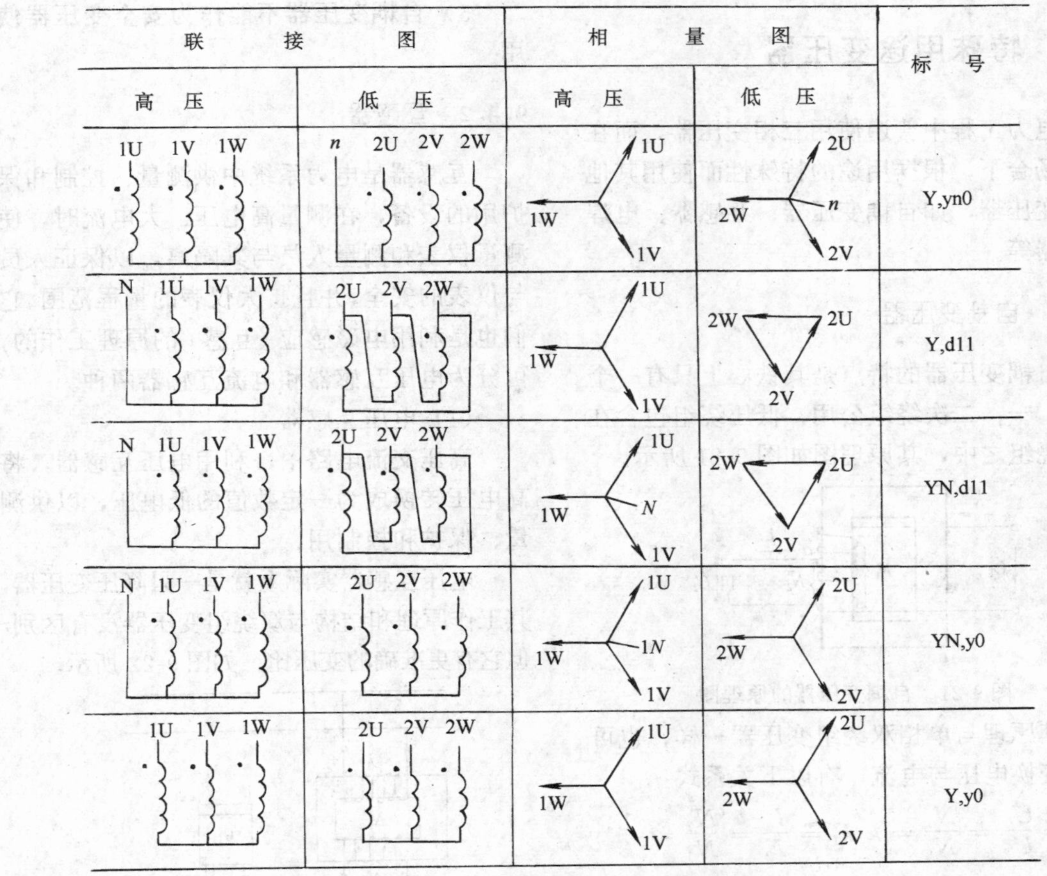

联 接 图		相 量 图		标 号
高 压	低 压	高 压	低 压	
(1U 1V 1W)	(n 2U 2V 2W)	(1U/1V/1W星形)	(2U/2V/2W/n星形)	Y,yn0
(N 1U 1V 1W)	(2U 2V 2W)	(1U/1V/1W星形)	(2W 2U / 2V 三角形)	Y,d11
(N 1U 1V 1W)	(2U 2V 2W)	(1U/1V/1W/N星形)	(2W 2U / 2V 三角形)	YN,d11
(N 1U 1V 1W)	(2U 2V 2W)	(1U/1V/1W/1N星形)	(2U/2V/2W星形)	YN,y0
(1U 1V 1W)	(2U 2V 2W)	(1U/1V/1W星形)	(2U/2V/2W星形)	Y,y0

图 9-19 国家标准规定的三相变压器绕组连接组

上,同时对负载供电,如图 9-20 所示。

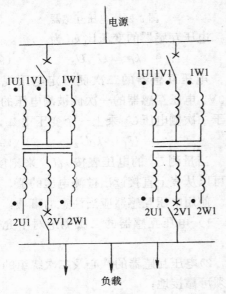

图 9-20 变压器并联运行

在电力系统中,采用多台变压器并联运行,无论从技术上或经济上来看,都有必要。变压器并联运行,有如下优点:1)提高供电可靠性;2)提高运行效率;3)可减少总的备用容量。

投入并联运行的变压器,应满足以下三个条件:1)各台变压器的联接组别必须相同;2)各台变压器的一、二次绕组的额定电压相同(即变压比相等),国家标准规定并联运行变压器的变压比差不超过 $\pm 0.5\%$;3)各台变压器的短路电压相等,我国现行规定并联的变压器的短路电压百分比的比值相差不超过 $\pm 10\%$。

9.4 特殊用途变压器

电力工程中普遍使用三相变压器，而在其他场合下，根据用途的特殊性而使用其他类型变压器，如自耦变压器、互感器、电焊变压器等。

9.4.1 自耦变压器

自耦变压器的特点是其铁心上只有一个绕组，一、二次绕组公用，低压绕组包含在高压绕组之中，其原理图如图9-21所示。

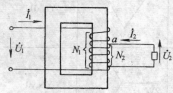

图 9-21 自耦变压器的原理图

其原理与单相双绕组变压器一样，也可用来变换电压与电流，有以下关系式：

$$k_U = \frac{U_1}{U_2} = \frac{N_1}{N_2} = k, k_I = \frac{I_1}{I_2} = \frac{N_2}{N_1} = \frac{1}{k}$$

$$(9-19)$$

实际中，自耦变压器的电压比一般在1.2～2.0的范围内。

若将自耦变压器二次绕组的分接头做成能沿着径向裸露的绕组表面自由滑动的电刷触头，则移动电刷位置改变副绕组的匝数就能无级地调节输出电压，这就是实验室或舞台上常用的调压器。三相自耦变压器也常接成星形，用于三相异步电动机的降压启动。

使用自耦变压器时必须注意：

1) 一、二次绕组不能接错；

2) 一、二次侧的公用端一定要接零线；

3) 可适用于两种电压的三个输入端必须与其电源电压对应，绝对不能接错；

4) 接通电源前，一定要将手柄旋至零位，待接通电源后渐渐转动手柄，将输出电压调到所需数值。

5) 自耦变压器不能作为安全变压器使用。

9.4.2 互感器

互感器是电力系统中供测量、控制和保护用的设备，在测量高电压、大电流时，使测量仪表和测量人员与其隔离，以保证人员与仪表的安全，并且扩大仪表的量程范围。它们也是利用电磁感应（互感）的原理工作的，可分为电压互感器和电流互感器两种。

（1）电压互感器

高压交流电路中，利用电压互感器，将高电压转换成为一定数值的低电压，以供测量、保护和控制用。

电压互感器实际上就是一只降压变压器，其工作原理和结构与双绕组变压器没有区别，但它有更准确的变压比。如图9-22所示。

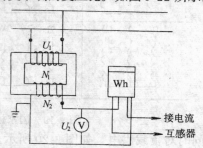

图 9-22 电压互感器

电压互感器的变压比 k_U 为：

$$k_U = U_1/U_2 \qquad (9-20)$$

电压互感器的二次侧额定电压规定为100V。电压互感器的一次侧被测电压的数值等于二次侧电压 U_2 乘上一个变压比 k_U，即：

$$U_1 = k_U U_2 \qquad (9-21)$$

当量测 U_2 的电压表按 $k_U U_2$ 来刻度时，就可以从表上直接读出被测电压的值。

使用电压互感器应当注意的事项：

1) 电压互感器的二次侧绝对不允许短路；

2) 电压互感器的铁心及二次绕组的一端必须可靠接地；

3）电压互感器的二次侧接功率表或电度表的电压线圈时，应当按要求的电压极性联接；

4）电压互感器的二次侧所接的阻抗值不能太小，否则会降低精确度，所以不能多带电压表和电压线圈。

（2）电流互感器

把被测的大电流通入电流互感器的一次侧，利用一、二次绕组匝数不等，匝数多的一侧电流小的原理，将一次侧的大电流变换成二次侧的小电流，通入到电流表或功率表、电度表的电流线圈去进行测量，也可以作为控制信号使用。二次侧的额定电流通常规定为5A。

电流互感器一次绕组的匝数很少，只有1匝到几匝。它串联在被测电路中。如图9-23所示。

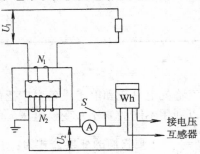

图 9-23　电流互感器

电流互感器实质上是一台小容量的升压变压器。

电流互感器的变流比 k_I 为：

$$k_I = I_1/I_2 \qquad (9-22)$$

一次侧电流 I_1 等于二次侧电流 I_2 与变流比 k_I 的乘积。即

$$I_1 = k_I \cdot I_2 \qquad (9-23)$$

当电流表按 $k_I I_2$ 来刻度时，从电流表上可直接读出被测的大电流的数值。

使用电流互感器的注意事项为：

1）电流互感器的二次侧绝对不允许开路；不许装熔断器和开关；

2）电流互感器的铁心和二次侧要同时可靠地接地；

3）电流互感器的二次侧接电流表及电流

线圈时，一定要注意极性；

4）电流互感器的二次所接电流表及电流线圈不能太多。即二次侧的负载阻抗要小于要求的阻抗值。

9.4.3　电焊变压器

电焊变压器是一种特殊类型的降压变压器，它作为交流弧焊机的主要组成部分。为了保证焊接质量和电弧燃烧的稳定性，对电焊变压器有下列要求：

1）为了保证起弧容易，其空载电压应为60～70V；

2）当电焊起弧后，输出电压应陡然下降，即外特性陡降，一般在30V左右；

3）当其输出端发生短路时，应能限制其短路电流，以免损坏变压器；

4）焊接电流（即输出电流）应可以调节，以满足焊接工艺的需要。

交流弧焊机由于结构简单，成本低廉，制造容易和维护方便而应用广泛，它主要由一个电焊变压器和一个可变电抗器组成，其结构如图9-24所示。

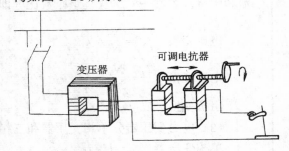

图 9-24　电焊变压器的结构

电焊变压器一次绕组接入电源电压 U_1（380V 或 220V），二次绕组串联一个可调节气隙的电抗器、焊条和焊接工件。焊接时，先将焊条与焊件接触，即相当于短路，电抗器的感抗起着限制短路电流的作用。随即将焊条提起，焊条与焊件之间产生电弧，进行焊接，此时电弧压降约在30V左右。当焊条与焊件间距离略有变化时，电弧长度也相应变化，但由于电弧的电阻比电抗器的感抗小得

多，因此可保证电弧质量的稳定，使焊接正常进行。当然，如果焊条提得太高，将会使电弧拉得过长而使焊弧熄灭。

转动调节手柄，可调整电抗器的空气隙，以改变电抗器的感抗，从而达到调节焊接电流大小以适应焊件的厚薄与大小的目的。

使用电弧焊变压器时，应注意：

1) 接线要正确。一次绕组电流小，电源应接在小的端子上；

2) 导线与焊钳手柄的绝缘必须良好；

3) 电焊变压器副绕组接焊件的一端应妥善接地；

4) 电弧焊变压器的空载电压不得超过 85V；

5) 焊接时要穿戴必要的防护设备，如胶皮手套、胶鞋、防护罩等。

9.4.4 整流变压器和控制变压器

（1）整流变压器

整流变压器是用来单独供给整流电路的电源变压器，它是整流设备中的重要组成部分。其结构和工作原理与普通变压器相同。

（2）控制变压器

控制变压器是一种小型干式变压器。它被广泛地用作电气设备控制电路的电源，还可作为信号灯、指示灯和局部照明的电源。工程上采用的 BK 系列控制变压器有 25VA、50VA、100VA、150VA、300VA 等几种规格。其一次电压一般为 380V、220V、110V 等，二次电压有 6.3V、12V、24V、36V 等多个抽头供负载选用。

小　结

（1）变压器是基于互感原理而工作的，在交流输配电系统和电子设备中广泛使用。其工作部分主要由铁心和绕组所组成。它可以利用不同的变比来变换电压、电流和阻抗。若其一、二次绕组匝数比（即变比）$k = \dfrac{N_1}{N_2}$，则它们的变换公式为：

电压变换　$\dfrac{U_1}{U_2} = \dfrac{N_1}{N_2} = k$

电流变换　$\dfrac{I_1}{I_2} = \dfrac{N_1}{N_2} = \dfrac{1}{k}$

阻抗变换　$Z'_L = k^2 Z_L$

（2）电力变压器分单相变压器和三相变压器，其额定容量分别为：

单相变压器　$S_n = U_{2n} I_{2n}$

三相变压器　$S_n = \sqrt{3} U_{2n} I_{2n}$。

选择变压器时要根据负载的视在功率计算选用。

（3）三相变压器用来变换三相电压，最常用的三相绕组联接方式有 Y，yn；Y，d 等。

（4）自耦变压器只有一个绕组，高压绕组的一部分兼作低压绕组，一、二次绕组间既有磁耦合又有电的直接联系。

电压互感器实质是一台小容量降压变压器，电流互感器实质是一台小容量升压变压器，电压互感器和电流互感器分别可以用来扩大交流电压表和电流表的测量范围。

此外，还有电焊变压器、整流变压器、控制变压器等特殊用途的变压器。

习题

1. 什么是电力变压器？它主要由哪几部分组成？

2. 试述变压器的工作原理。

3. 什么叫三相变压器的联接组别？试举例说明。

4. 自耦变压器和双绕组变压器有何区别？

5. 某单相变压器 $S_n = 10\text{kVA}$、$U_{1n}/U_{2n} = 380/220\text{V}$，$f_n = 50\text{Hz}$。试求：（1）一、二次侧的额定电流；（2）二次侧最多能并联 100W、220V 白炽灯多少盏？

6. 某三相变压器的额定容量 $S_n = 500\text{kVA}$、额定电压 $U_{1n}/U_{2n} = 10\text{kV}/0.4\text{kV}$，采用 Y，d 联接，试求一、二次侧的额定线电流。

第10章 电子电路

半导体器件是近几十年发展起来的新型电子器件，它具有体积小、重量轻、耗电省、寿命长、工作可靠等一系列优点，它在电子、电工技术中应用十分广泛。由半导体器件为核心组成的电路称为电子电路。

本章重点介绍二极管和三极管的结构、工作原理、特性和主要参数，整流电路，放大电路及其各种负反馈电路，功率放大电路，晶闸管，数学电路等。

电子电路具有很强的实践性。学习时一定要以实践为基础，从实际出发，对基本概念、基本器件、典型电路务必搞清楚，要弄懂、弄明白，要把握住问题的提出、引伸、解决。

10.1 整流电路

一般电子设备、电气设备和许多工艺过程都需要直流供电，如：示波器、电解、充电及直流电机等。把供电部门提供的交流电能变换为直流电能的过程称为整流，进行整流的设备叫做整流器。整流变压器的作用是把供电部门提供的交流电压变换为整流电路所需的电压，整流电路主要由整流器件（如二极管）构成，其作用是把大小和方向都随时间变化的交流电变成方向不变，但大小随时间变化的脉动直流电。

10.1.1 晶体二极管

（1）半导体

自然界中的物质，根据其导电能力的强弱，可分为导体，如：银、铜、铝等金属；绝缘体，如：橡胶、塑料、陶瓷等；半导体，如：硅、锗、硒等。半导体的导电能力介于导体和绝缘体之间。

1）本征半导体

纯净晶体结构的半导体称为本征半导体，常用的半导体材料是硅和锗。它们都是四价元素，在原子结构最外层轨道上有四个价电子。晶体中每个原子都和周围的4个原

子以共价键的形式互相紧密地联系。如图10-1所示。

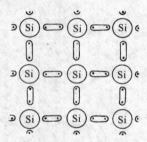

图 10-1　硅单晶结构示意图

在常温下，会有少数价电子受热或光照激发获得足够能量，挣脱共价键的束缚成为自由电子，如图10-2所示。没有外电场时，这些电子的运动是无规则的。若有外电场时，这些电子就逆着电场方向运动形成电子电流，这叫做电子导电。

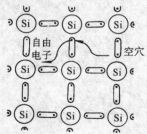

图 10-2　电子的填补运动示意图

当一个价电子挣脱束缚成为自由电子

后，在原来的位置上就留下一个空位，这个空位称为空穴，空穴带正电。空穴的出现是半导体区别于导体的一个重要特点。在外电场作用下，价电子也按一定方向依次填补空穴，即空穴产生定向移动，形成空穴电流，这叫做空穴导电。

半导体中存在着带负电荷的自由电子和带正电荷的空穴。我们把自由电子和空穴都称为载流子。

在本征半导体内，自由电子和空穴是成对出现的，叫做电子-空穴对。自由电子和空穴重新结合，叫做复合。

本征半导体受热使价电子获得能量而激发产生电子-空穴时，这说明温度是影响半导体性能的一个很重要的外界因素。

2）P型半导体

本征半导体的导电性能很差，不能用来制造晶体管器件。若在本征半导体中掺入微量杂质元素，就能使半导体的导电能力大大提高，掺入杂质的半导体称为杂质半导体。

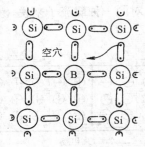

图 10-3　P 型半导体结构示意图

在本征半导体硅中掺入三价元素硼 B（镓 Ga 或铟 In 等）。硼原子与周围硅原子相联系形成三个共价键，而另一个共价键留着一个空位子，在常温下，附近硅原子中的价电子很容易来填补这个空位，如图 10-3 所示。硼原子获得一个价电子后成为不能移动的负离子，同时产生一个空穴，但在产生空穴的同时并不会产生新的自由电子，这与本征半导体有所不同。在掺入三价元素硼的半

导体中，每个硼原子都能提供一个空穴。因此，空穴的数量显著增多，电子数量相对较少，空穴的浓度比电子浓度大得多。这类主要以空穴导电的半导体称为 P 型半导体。在 P 型半导体中，空穴数量较多，称为多数载流子；电子数量较少，称为少数载流子。

在外电场作用下，P 型半导体中电流主要是空穴电流，如图 10-4 所示。

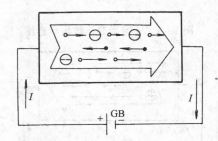

图 10-4　P 型半导体中载流子运动示意图

3）N 型半导体

在本征半导体硅中掺入五价元素磷 P（或锑、砷）等。磷原子外层有五个价电子。其中有四个价电子与硅原子相联系形成共价键，尚多余出一个价电子，在常温下，这个价电子很容易成为自由电子，如图 10-5 所示。在产生自由电子的同时，不会产生新的空穴。磷原子失去一个电子成为不能移动的正离子。在掺入五价元素磷的半导体中，每个磷原子能提供一个自由电子，因而自由电子的数量显著增多，空穴数量相对较少，自由电子的浓度比空穴的浓度大得多，这类主要以电子导电的半导体称为 N 型半导体。在 N 型半导体中，自由电子数量较多，称为多数载流子，空穴数量较少称为少数载流子。

在外电场作用下，N 型半导体中的电流主要是电子电流，如图 10-6 所示。

在杂质半导体中，少数载流子的多少主要由温度决定。相对来说，硅原子核对其价电子的束缚比锗原子核对其价电子的束缚要强些。在同样温度下，硅材料杂质半导体比

锗材料杂质半导体的少数载流子要少得多。因此，用硅材料制成的晶体管比用锗材料制成的晶体管温度特性要好些。

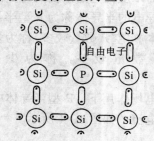

图 10-5　N 型半导体结构示意图

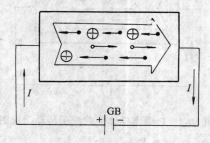

图 10-6　N 型半导体中载流子示意图

从整体来看，P 型半导体和 N 型半导体对外都不显电性，呈电中性。

（2）PN 结及其单向导电性

1）PN 结

把一块 P 型半导体和一块 N 型半导体采用特殊的工艺"结合"起来，如图 10-7（a）所示。P 区多数载流子空穴的浓度比较高；N 区多数载流子电子的浓度比较高。根据扩散原理，P 区的空穴要向 N 区扩散，N 区的电子则要向 P 区扩散，于是就形成了电子和空穴的扩散运动。P 区中的空穴扩散到 N 区后，在 P 区留下了不能移动的负离子；N 区中的电子扩散到 P 区后，在 N 区中留下了不能移动的正离子。这些正、负离子通常称为空间电荷，它们不能自由移动，也不参与导电。在 P 区和 N 区的交界处形成空间电荷区，如图 10-7（b）所示。在空间电荷区由正离子和负离子建立起一个电场，这个电场不是外加电压形成的，而是由内部多数载流子扩散形成的，故称为内电场，其方向从 B 指向 A，如图 10-7（c）所示。

内电场建立起来后，P 区的少数载流子电子向 N 区漂移，N 区的少数载流子空穴向 P 区漂移，对同一种载流子来说，漂移运动与

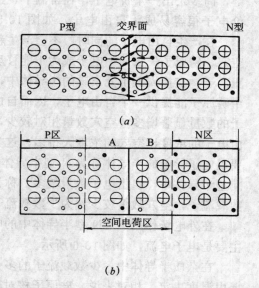

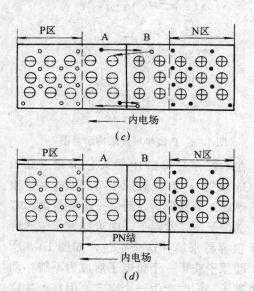

图 10-7　PN 结形成示意图

（a）多数载流子扩散；（b）空间电荷区形成；（c）少数载流漂移；（d）动态平衡

扩散运动方向相反。

当漂移运动和扩散运动达到动态平衡时，即扩散越过空间电荷区的多数载流子数量和漂移越过空间电荷区的少数载流子数量相等。空间电荷区宽度和内电场强度都不再改变，此时形成的空间电荷区就是 PN 结，如图 10-7（d）所示。

2）PN 结的单向导电性

A. 加正向电压 PN 结导通　P 区接电源正极，N 区接电源负极，这种接法称为正向偏置。此时加在 PN 结上的电压叫做正向电压，如图 10-8 所示。从图上可看出，外电场的方向与 PN 结内电场的方向相反，内电场被削弱，空间电荷区变薄，漂移运动减弱，扩散运动增强。P 区的多数载流子空穴和 N 区的多数载流子电子不断地越过 PN 结，形成正向电流 I_F，这个电流等于空穴电流和电子电流之和。

正向电流可以很大，且随正向电压增加而增加。此时 PN 结正向导通，PN 结呈现很小的电阻。

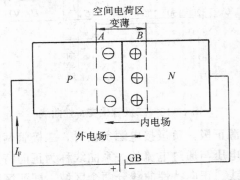

图 10-8　外加正向电压时的 PN 结

B. 加反向电压 PN 结截止　P 区接电源负极，N 区接电源正极，这种接法称为反向偏置。此时加在 PN 结上的电压叫做反向电压，如图 10-9 所示。从图中可看出，外电场的方向与 PN 结内电场的方向相同，内电场被加强，空间电荷区变厚，漂移运动增强，扩散运动几乎停止。P 区的电子、N 区的空穴都是少数载流子，它们所形成的电流很小，并且几乎不能随反向电压的增加而增加，PN 结呈现很大电阻。因此，PN 结加反向电压基本上不导通。这种情况称 PN 结反偏截止。

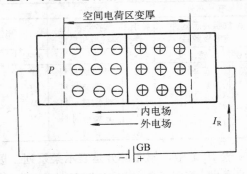

图 10-9　外加反向电压时的 PN 结

反向电流由少数载流子形成。由于少数载流子受温度的影响很大，因此使用半导体时，必须注意环境温度的变化。

我们把 PN 结加正向电压导通，加反向电压截止的特性称为 PN 结的单向导电性。

（3）晶体二极管的结构和伏安特性曲线

晶体二极管由一个 PN 结加上电极引线和管壳制成。

1）晶体二极管的结构和符号

晶体二极管分点接触型二极管、面接触型二极管和平面型二极管等几种结构类型，如图 10-10 所示。

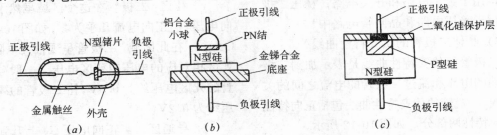

图 10-10　晶体二极管的内部结构示意图

（a）点接触型；（b）面接触型；（c）平面型

167

在一个 PN 结的 P 区和 N 区各接出一条引线，然后再封装在管壳内，就制成一只晶体二极管。

图 10-11　晶体二极管结构与符号

晶体二极管的符号如图 10-11 所示。P 区电极引线为正极（或阳极）；N 区电极引线为负极（或阴极）。

2）晶体二极管的型号和分类

A. 型号　为了区别和选用二极管，每种

二极管都有一个型号。国家标准 GB 249—74 规定，国产二极管的型号由五部分组成，见表 10-1。

晶 体 二 极 管 的 型 号　　　　　　　表 10-1

第一部分		第二部分		第三部分				第四部分	第五部分
用数字表示器件的电极数目		用拼音字母表示器件的材料和极性		用汉语拼音字母表示器件的类型				用数字表示器件的序号	用汉语拼音字母表示规格号
符号	意　义	符号	意　义	符号	意　义	符号	意　义		
2	二极管	A	N 型锗材料	P	普通管	C	参量管		
		B	P 型锗材料	Z	整流管	U	光电器件		
		C	N 型硅材料	W	稳压管	N	阻尼管		
		D	P 型硅材料	K	开关管	BT	半导体		
		E	化合物	L	整流堆		特殊器件		

表 10-1 中，第四部分是表示某系列二极管的序号，序号不同的二极管其特性不同。第五部分表示规格号，系列序号相同，规格号不同的二极管，特性差不多，只有某个或某几个参数不同。某些二极管型号没有第五部分。

B. 分类

a. 按制造材料分类：主要有硅二极管，它的温度特性好，但管压降大；锗二极管，它的温度特性差，但管压降小。

b. 按结构分类：主要有点接触型，用于开关电路；面接触型，用于整流电路。

c. 按用途分类：主要有普通二极管，用于信号检测、取样、小电流整流等；整流二极管，用于各种电源的整流电路中；开关二极管，用于数字电路和开关电路；稳压二极管，用于稳压电路和晶闸管电路中。

3）晶体二极管的伏安特性曲线

二极管的伏安特性曲线是表示加到二极管两端的电压和流过二极管的电流之间的关系曲线，二极管的伏安特性曲线包括正向特性和反向特性两部分，如图 10-12 所示。

A. 正向特性曲线　当二极管的正极接

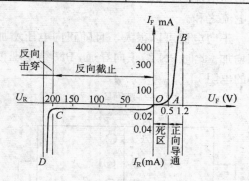

图 10-12　二极管伏安特性曲线

电源正极，负极接电源负极时，二极管两端的电压与通过电流的关系曲线称为正向特性曲线。正向特性曲线分两个区域，即死区和导通区。

a. 死区：二极管在这个区域虽然承受正向电压，但正向电流几乎为零，如图 10-12 中 OA 段。在此区域，二极管呈现很大电阻。与死区相对应的电压叫死区电压。一般硅二极管的死区电压约为 0.5V，锗二极管的死区电压约为 0.2V。

b. 导通区：当正向电压 U_F 上升到大于死区电压时，正向电流 I_F 增长很快，二极管

168

呈现很小的电阻，如图10-12中AB段。此时认为二极管正向导通。导通后二极管两端的电压称为正向压降，近似认为是导通电压。一般硅二极管导通电压约为0.7V，锗二极管导通电压约为0.3V。这个电压比较稳定，几乎不随电流的变化而变化。在导通区，电压与电流的关系近似于线性。

B. 反向特性曲线二极管正极接电源的负极，二极管负极接电源的正极，此状态下二极管的电压与电流的关系曲线称反向特性曲线。反向特性曲线也分为两个区域，即反向截止区和反向击穿区。

a. 反向截止区　二极管两端加反向电压，外电场与内电场方向相同，使二极管呈现很大电阻，反向电流很小，并且反向电压增加，反向电流增加很小，如图10-12中 OC 段。一般硅二极管反向电流约几十微安；锗二极管反向电流约几百微安。这个反向电流 I_R 通常称为反向饱和电流 I_S。

b. 反向击穿区　当加在二极管两端的反向电压增加到某一数值时，如图10—12中C点，反向电流急剧增加，这种现象称为反向击穿。C点对应的电压称为反向击穿电压，CD段称为反向击穿区。

4）晶体二极管的主要参数

在电工设备中要使用各种各样的二极管，选用二极管时主要考虑的参数有两个：

A. 最大整流电流 I_{FM}

最大整流电流 I_{FM} 通常称为额定工作电流，它指的是二极管长期使用时，能够允许通过的最大平均电流值。当二极管实际通过的电流超过这个允许值时二极管将过热，甚至损坏。

B. 最高反向工作电压 U_{RM}

最高反向工作电压 U_{RM} 通常称为额定工作电压。它是指为保证二极管不被反向击穿所规定的最高反向电压。二极管最高反向工作电压通常为反向击穿电压的二分之一以下。

10.1.2　单相整流电路

利用二极管加正向电压导通，加反向电压截止这一单相导电性，可将交流电变换为脉动直流电。在1kW以下小功率直流电源中，经常采用单相整流电路。

（1）单相半波整流电路

图10-13（a）为单相半波整流电路原理图。图中二极管为理想二极管，即正向电阻为零，管压降为零，反向电阻为无穷大。电源变压器内阻为零。

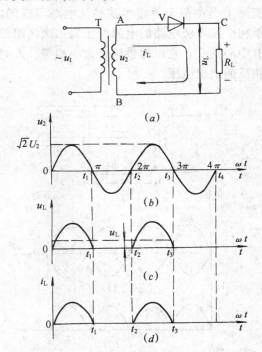

图10-13　单相半波整流电路

(a) 电路图；(b)、(c)、(d) u_2、u_L、i_L 波形图

变压器二次绕组电压 u_2 为正弦交流电压，波形如图10-13（b）所示。当 u_2 为正半周时，即A端为正，B端为负，二极管V承受正向电压而导通，电流 i_L 经 A—V—R_L—B 构成回路，负载电阻 R_L 上电压 u_L 极性为上正下负，并且与 u_2 相等。当 u_2 为负半周时，即B端为正，A端为负，二极管承受反向电压而截止，电路中电流为零，负载电阻上的电压 u_L 也为零，此时二极管承受全部的输入电压 u_2。需要指出

的是，实际二极管加反向电压有很小的反向饱和电流，这个电流受温度影响很大。

由以上讨论可看出，在交流电一个周期内，二极管只有半个周期导通，在另半个周期二极管处于截止状态。负载 R_L 上的电压和电流波形如图 10-13（c）和 10-13（d）所示。输出的脉动直流电的波形是输入的交流电波形的一半，故称为半波整流电路。

（2）单相全波整流电路

图 10-14（a）所示为单相全波整流电路原理图。从图中可看出，单相全波整流电路实际上是由两个单相半波整流电路组成的。单相全波整流电路的电源变压器二次绕组带有中心抽头，它可提供两个大小相等、方向相反的输出电压。

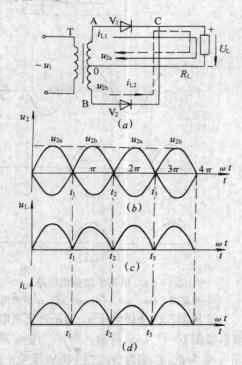

图 10-14　单相全波整流电路

（a）电路图；（b）、（c）、（d）u_2、u_L、i_L 波形图

图 10-14（b）为变压器二次侧 u_{2a} 和 u_{2b} 的波形图。在 0—t_1 时间内，u_{2a} 对二极管 V_1 为正向电压，u_{2b} 对二极管 V_2 为反向电压。二极管 V_1 因加正向电压而导通。电流 i_{L1} 经 A—V_1—R_L—0 构成回路，负载 R_L 上产生上正下

负的压降，V_2 因加反向电压而截止。

在 t_1—t_2 时间内，u_{2a} 对 V_1 为反向电压，u_{2b} 对 V_2 为正向电压，二极管 V_2 因加正向电压而导通，电流 I_{L2} 经 B—V_2—R_L—0 构成回路，负载 R_L 上的压降为上正下负，二极管 V_1 因加反向电压而截止。

可见，在交流电一个周期内，二极管 V_1 和 V_2 交替导通，负载电流 $I_L = I_{L1} + I_{L2}$，这样不论在输入电压的正半周还是负半周，负载 R_L 都有电流流过，从而得到如图 10-14（c）和 10-14（d）所示的脉动全波直流电压和电流。显然，全波整流电路利用了输入电压的正负两个半周，弥补了单相半波整流电路电源利用率低的缺点。

（3）单相桥式整流电路

为了克服全波整流电路变压器利用率低的缺点，常采用桥式整流电路。电路原理图如图 10-15（a）所示，图 10-15（b）为桥式整流电路的另一种画法。

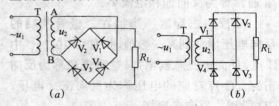

图 10-15　单相桥式整电路

（a）桥式画法　　（b）一般画法

当 u_2 为正半周，如图 10-16（a）所示。0—t_1 时刻，二极管 V_1 和 V_3 承受正向电压。V_1 和 V_3 导通，电流经 A—V_1—R_L—V_3—B 构成回路，负载 R_L 上电压为 u_L，V_2 和 V_4 此时承受反向电压而截止。

当 u_2 为负半周，即 t_1—t_2 时间内，二极管 V_1 和 V_3 承受反向电压而截止，V_2 和 V_4 承受正向电压导通，电流经 B—V_2—R_L—V_4—A 构成回路；负载 R_L 上的电压 u_L 极性与正半周时相同。桥式整流电路的输出电压和电流与全波整流电路输出电压和电流的波形相同，如图 10-16（b）和 10-16（c）所示。

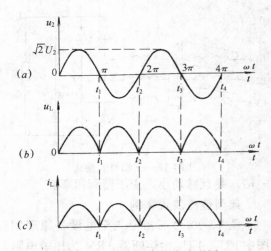

图 10-16　单相桥式整流波形图

(a) u_2 波形图；(b) u_L 波形图；(c) i_L 波形图

10.1.3　三相整流电路

目前我国交流的输配电采用三相制。当单相整流输出功率要求很大，它会使三相负载不平衡，影响供电。对大功率直流电源，一般采用三相整流电路。三相整流电路具有输出电压脉动小，输出功率大，变压器利用率高，并能使三相电网负荷平衡等优点。

三相整流电路最基本的电路是三相半波整流电路。其他类型的整流电路都是由三相半波整流电路以不同方式组合而成的。

(1) 三相半波整流电路

图 10-17 所示为变压器的一次绕组接成三角形，二次绕组接成星形的三相半波整流电路原理图。电源为三相对称正弦交流电源。3 只二极管 V_1、V_3 和 V_5 的负极联在一起，构成共阴极接法三相半波整流电路。

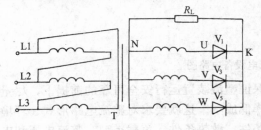

图 10-17　三相半波整流电路

图 10-17 所示中，3 只二极管连接在一

起，那么哪只二极管导通呢？如果几只二极管连接在一起，承受正向电压最大的二极管应首先导通。由于三相半波整流电路变压器二次侧三相交流电压是不断变化的，在某一时刻，只有正极电压最高或负极电压最低的二极管才能导通。

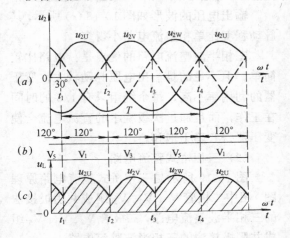

图 10-18　三相半波整流电路电压波形

(a) u_2 波形图；(b) 二极管导通情况；(c) u_L 波形图

图 10-18 (a) 所示为变压器次级三相交流电压波形图。在 t_1—t_2 时间段内，V_1、V_3、V_5 三只二极管负极连接在一点—N 点，电位为同电位，而 U、V、W 三相电压中，U 相为最高。二极管 V_1 承受正向电压最高，V_1 导通。二极管 V_1 一旦导通，K 点电位近似等于 U 点电位，此时 V_3、V_5 因承受反向电压而截止。负载电压近似等于 U 相电压。电流 i_L 经 U—V_1—R_L—N 构成回路。

在 t_2—t_3 时间段内，U、V、W 三相电压中，V 相电压最高，二极管 V_3 承受最大正向电压而导通，二极管 V_3 一旦导通，K 点电位近似等于 V 点电位，此时二极管 V_1 因承受反向电压而转为截止，二极管 V_5 继续承受反向电压，处于截止状态，负载电压近似等于 V 相电压，电流 i_L 经 V—V_3—R_L—N 构成回路。

在 t_3—t_4 时间段内，U、V、W 三相电压中，W 相电压最高，V_5 导通。二极管 V_3 由导通转为截止。二极管 V_1 继续处于截止状态，负载电压近似等于 W 相电压，电流 i_L 经 W—V_5—R_L—

N 构成回路。

由以上讨论得知，在一个周期内，每只二极管导通 1/3 周期，负载 R_L 上电流方向始终不变。30°、150°、270°……分别是三只整流二极管导通的起始点，也是二极管的截止点。每过其中一点，电流就从一相变换到另一相，这些点称为自然换相点。

输出电压的波形如图 10-18（c）所示，其脉动程度比单相整流电路小得多。

三相半波整流电路的优点是：电路比较简单。但不足的是输出电压脉动较大，变压器的利用率不高，每个绕组只有 1/3 的时间在工作，而且通过次级绕组的直流电流会使变压器铁心趋于饱和。

（2）三相桥式整流电路

图 10-19 所示是三相桥式整流电路原理图。图中二极管 V_1、V_3、V_5 组成共阴极接法的三相半波整流电路，二极管 V_2、V_4、V_6 组成共阳极接法的三相半波整流电路。

三相桥式整流电路由两组三相半波整流电路组成。它的输出电压比三相半波整流大

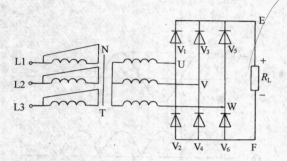

图 10-19　三相桥式整流

一倍，并且脉动小，变压器利用率高。

典型整流装置举例

图 10-20 为三相柜式充电设备原理图。图中 FU_1、FU_2 为熔断器，RV 为压敏电阻，起过压保护作用。电流表 A 和电压表 V 用于监测输出电流和输出电压。TA 为调压变压器。HL_1、HL_2 为指示信号灯。工作原理如下：当按下启动按钮 SB_1，KM 接触器获电，主电路接通，经整流变压器 T 输出适当的三相交流电压，由六只整流二极管组成三相桥式整流电路对其进行整流，在输出端可得到脉动较小的直流电压。

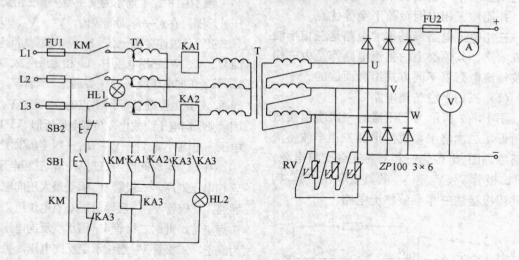

图 10-20　三相柜式充电设备电路图

10.1.4　整流器件的种类和主要参数

整流器件主要包括整流二极管、整流堆和整流组合件等。选用整流器件的原则是：在保证整流装置运行安全可靠的前提下，尽量降低成本。这就要求对整流电路形式、环境条件、散热条件、负载类型、整流电压和电流的平均值有一个全面的了解，以便合理的选择整流器件的额定电压和额定电流。

(1) 整流二极管

硅材料制造的二极管反向电流小，受温度的影响小，PN 结的额定结温高，因而整流二极管一般都采用硅材料制造。由于整流二极管通过的电流比较大，整流二极管的 PN 结面积也较大，因此结电容较大，一般工作频率在 3kHz 以下。

1) 型号：整流二极管的型号大多数按晶体管型号标准命名。主要有 2CZ、2DZ、ZP 系列。同型号二极管各主要参数均相同，最后一位用字母表示规格号，代表反向工作峰值电压档次，可参阅表 10-2。

硅整流管的反向工作峰值电压

表 10-2

组别	A	B	C	D	E	F	G
最高反向工作电压 V	25	50	100	200	300	400	500

2) 主要参数

选用整流二极管主要考虑反向工作峰值电压 U_{RWM} 和正向平均电流 $I_{F(AV)}$ 这两个参数。

反向工作峰值电压 U_{RWM} 指在规定的使用条件下对二极管所允许施加的最大反向峰值电压，它一般规定为二极管反向击穿电压的一半。

正向平均电流 $I_{F(AV)}$ 也称作额定电流或最大整流电流。它指在规定环境和标准散热条件下，允许连续通过的工频正弦半波电流的平均值。

(2) 硅整流堆

将硅整流器件按某种整流方式通过一定的制造工艺，用绝缘瓷、环氧树脂等和外壳封装成一体，就制成硅整流堆，统称硅堆。图 10-21 所示为几种硅整流堆的外形封装和内部结构。

目前，对各种硅整流堆尚无完全统一的命名标准，使用时需参考有关厂家的产品说明书。大部分生产厂按下述方法命名。

各种硅整流堆的主要参数是额定反向工作峰值电压和正向平均整流电流。

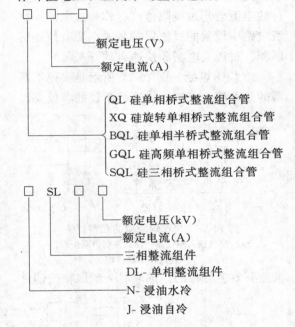

QL 硅单相桥式整流组合管
XQ 硅旋转单相桥式整流组合管
BQL 硅单相半桥式整流组合管
GQL 硅高频单相桥式整流组合管
SQL 硅三相桥式整流组合管

额定电压(kV)
额定电流(A)
三相整流组件
DL- 单相整流组件
N- 浸油水冷
J- 浸油自冷

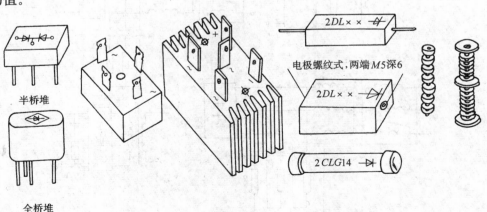

半桥堆

全桥堆

电极螺纹式，两端 M5 深6

2DL× ×

2DL× ×

2CLG14

图 10-21　几种硅整流堆的外形、封装和内部结构

173

10.1.5 整流器件的保护

硅整流器件与其他电气件相比,其过载能力较差。当电路中出现电流、电压超过正常值时,为了防止整流装置损坏,要采取保护措施。

对于小电流的整流电路,通常是在选取整流器件时,电流和电压参数留有较大余量。当整流设备输出功率较大时,必须安装抑制过电流和过电压的保护器件。

(1)过电流保护 当整流电路过载,负载短路或内部元件击穿短路时,流过整流器件的电流会超过极限值,这称为过电流。整流电路中设置的过流保护装置主要有快速熔断器、过流继电器和快速自动开关等。

1)快速熔断 图10-22所示是快速熔断器的几种接入方法。快速熔断器的容量是以

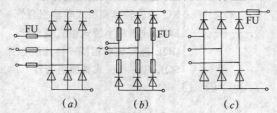

图 10-22 快速熔断器的几种接法
(a) 交流输入端快熔;(b) 桥臂串联快熔;
(c) 直流输出端快熔

电流有效值标称的,选取时一般取整流器件额定平均电流的 1.57 倍。

2)过流继电器 图10-20所示电路中的过流继电器KA1、KA2就是起过流保护作用的。当发生过电流时,过流继电器动作,使中间继电器KA3动作,进而断开交流接触器KM,使整流器脱离电网。

3)自动开关 在交流输入端串接自动空气开关或快速真空开关,一旦出现过载或短路就自动切断电路。

(2)过电压保护 在电路中出现瞬间高电压,这种现象称为过电压。如整流器件的换流时刻。用作过压保护的器件主要有阻容吸收回路和压敏电阻。

1)阻容吸收回路 利用电容器两端电压不能突变的特性,将电容器并联在电路中,一旦发生过电压,它就被充电,使电压不能突变过高,起到缓冲作用。图10-23所示是阻容吸收电路的几种接入电路的方法。

2)压敏电阻 压敏电阻又称 VYT 浪涌吸收器。图10-24所示是压敏电阻的几种接入电路的方法。正常工作时,压敏电阻没有击穿,漏电极小,遇过电压时,压敏电阻被击穿,它可通过高达数千安培的放电电流,当这一电流消失后,压敏电阻可恢复正常。

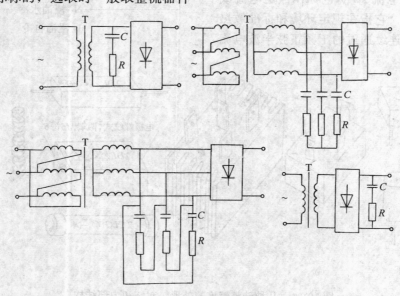

图 10-23 阻容吸收电路的几种接法

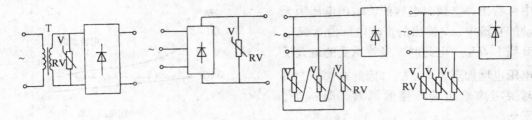

图 10-24　压敏电阻的几种接法

10.2　滤波电路

从前面介绍的各种整流电路的输出电压波形图中可看出，它们输出的都是脉动直流电压，其中含有较大的交流成分。这种直流电源仅能用于电镀、电焊、蓄电池充电等要求不高的设备中。对于一些仪器、仪表、电气设备，要求直流电源的输出电压比较平滑，要求把整流输出的脉动直流电变为平滑的直流电。保留直流成分，滤除交流成分，这就是滤波，具有这样功能的电路叫滤波电路。

10.2.1　电容滤波电路

图 10-25（a）所示为单相桥式整流电容滤波电路，电容与负载电阻并联。利用电容器两端的电压不能突变这一特性可滤除部分交流成分。

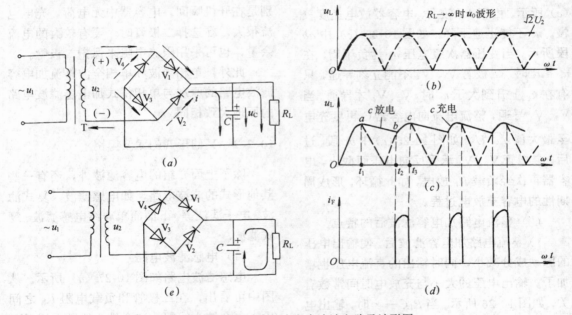

图 10-25　单相桥式整流电容滤波电路及波形图

（1）工作原理

1）输出端开路　输出端开路，相当于 $R_L \to \infty$。当变压器二次电压 u_2 处于正半周时，二极管 V_1、V_3 导通，并对电容器 C 充电，在充电回路中，等效电阻很小，充电速度很快。

电容器 C 两端的充电电压几乎跟 u_2 同步增加，直到被充至 u_2 的最大值 U_{2m}。此后电容无放电回路，二极管的电压总是小于零或等于零，二极管均处于截止状态，输出电压 u_L 为恒值，波形如图 10-25（b）所示。由波形图中可看出，空载时电容滤波输出电压为无脉动的直流电压，输出的直流电压由 $0.9U_{2m}$ 上升到 $1.4U_{2m}$。但此时二极管承受的最大反向电压也增加至 $2\sqrt{2}U_{2m}$，因此在选择二极管时要考虑输出端开路的因素，即 $u_R \geqslant 2\sqrt{2}U_{2m}$。

2）输出端接入负载　在变压器二次侧电压 u_2 为正半周时，二极管 V_1、V_3 承受正向电压导通，二极管 V_2、V_4 承受反向电压截止。整流电流经 V_1、V_3 同时向电容器 C 和负载电阻 R_L 提供电流。由于电容支路的等效电阻较小，在 u_2 达到最大值 U_{2m} 时，电容器上的电压也被充到接近 $\sqrt{2}U_{2m}$，如图 10-25 (c) 中 t_1 时刻。

过 t_1 时刻后，u_2 按正弦规律下降。此时 $u_2 < u_C$ 二极管 V_1、V_3 承受反向电压而截止。电容器 C 经 R_L 放电，放电回路如图 10-25 (e) 所示。由于 R_L 较大，电容器放电速度较慢。u_C 不能迅速下降，如图 10-25 (c) 中 ab 段所示。当变压器次级电压 u_2 为负半周，在 $u_C > u_2$ 时，二极管 V_2、V_4 不能立刻导通，只有在 u_2 上升到大于 u_C 时，V_2、V_4 才导通。当 V_2、V_4 导通，整流电流向电容器 C 再度充电至最大值 $\sqrt{2}U_2$，如图 10-25 (c) 中 bc 段。过后，二极管 V_2、V_4 承受反向电压而截止，电容器再次经负载 R_L 放电，如此循环，形成周期性的电容充放电过程。

（2）整流电路加电容滤波后的特点

1）整流电路加电容滤波后，使输出电压的脉动成分减小，同时输出的直流电压也增加了。输出电压的大小与充放电时间常数有关，如图 10-26 所示。当 $R_LC \rightarrow \infty$ 时，输出电压最高 $U_L = \sqrt{2}U_2 = 1.4U_2$。输出电压最高时，滤波效果也最好。因此，滤波电容器应选择大容量的，同时负载电阻 R_L 也要大。因此电容滤波适用于小电流场合。

2）电容滤波的输出电压随输出电流的变化而变化。当输出电流增加，电容器 C 放电

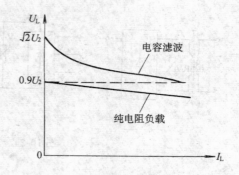

图 10-26　电容滤波的外特性

加快，输出电压的平均值随之降低。输出电压 U_L 与输出电流 I_L 的关系如图 10-26 所示。由关系曲线可看出，电容滤波的外特性较差。

3）加电容滤波后，整流二极管的导通时间减小，如图 10-25 (d) 所示。充放电时间常数愈大，二极管导通时间愈小。在这短暂的时间内，要流过一个很大的冲击电流，特别是在开机瞬间，电容器中无电荷，充电电流很大，在选择二极管时，要有较大的电流余量，也可采用限流电阻来保护二极管。

此外，单相半波和单相全波整流加电容滤波电路的原理与单相桥式加电容滤波电路的原理大致相同。

10.2.2　其他形式的滤波电路

除了上面介绍的电容滤波外，还有一些其他形式的滤波电路，如电感滤波、复式滤波、电子滤波等。下面简单介绍电感滤波、复式滤波。

（1）电感滤波电路

电感滤波电路如图 10-27 (a) 所示。从图中可看出，在二极管和负载电阻 R_L 之间串入一个铁心线圈，这个铁心线圈电感量一般较大，它对交流电呈现很大电阻，脉动直流电的交流成分很难通过电感线圈，交流成分的电压几乎都降在电感线圈上，对脉动直流中的直流电压成分，电感线圈的电阻很小。直流分量几乎全部加到负载上，从而使输出

电压中的脉动减小,输出电压平滑性比电容滤波要好,输出电压波形如图 10-27 (b) 所示。

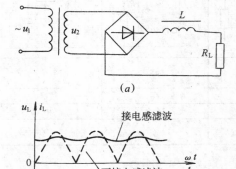

(a)

(b)

图 10-27 单相桥式整流电感滤波
(a) 电感滤波电路;(b) 电感滤波电压波形

一般来说,电感愈大,脉动愈小,滤波效果也就越好,但电感太大,线圈的铜线直流电阻相应增加,铁心也要增大。这样,不但成本提高,体积增加,而且输出的直流电压和电流也下降。通常滤波电感取几亨到几十亨。

当负载是感性负载时,如电机线圈、继电器线圈等,负载本身可起到电感滤波的作用,可不另加专用电感滤波线圈。

(2) 复式滤波电路

当用单一的电容或电感滤波电路不能满足输出电压平滑性要求时,可以用复式滤波电路,常见的复式滤波电路有 LC 型、LCπ 型、RCπ 型等几种。它们的滤波效果比单一的电容或电感要好的多。

1) LC 型滤波电路 在电感滤波输出端并联一个电容,就组成 LC 型滤波电路,如图 10-28 所示。整流输出的脉动电压经电感和电容的双重滤波作用,大部分交流分量降在电感线圈上,剩余的小部分交流分量再经电容器滤波,这样负载上交流分量很小,达到滤除交流分量的目的。

LC 滤波电路对负载的适应能力较强,

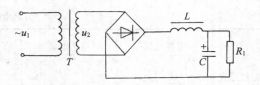

图 10-28 LC 型滤波电路

特别适用于电流变化较大的场合。

2) LCπ 型滤波电路 在 LC 型滤波电路前再并一个电容器就组成 LCπ 型滤波电路,如图 10-29 所示。这个滤波电路可看成一个电容滤波加上一个 LC 滤波电路。它的滤波效果则更好,输出电压更平滑。C_1 一般应小于 C_2 的容量,以减小浪涌电流。

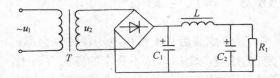

图 10-29 LCπ 型电路

3) RCπ 型滤波电路 在 LCπ 型滤波电路中,电感线圈的体积较大,成本较高。在负载电流不大的情况下,可用一个电阻 R 来代替电感 L。电路如图 10-30 所示。图中 C_2 的容量和 R 的阻值越大,滤波效果越好。但 C_2 容量越大,体积越大,成本增加;R 的阻值越大,直流在 R 上压降越大。一般 R 取几十欧到几百欧。

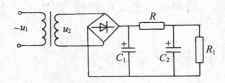

图 10-30 RCπ 型滤波电路

以上介绍的各种滤波电路特点有所不同,表 10-3 列出各种滤波电路的特点供参考。

除了电容、电感和电阻组成的滤波电路外,还有滤波性能较好,体积小的电子滤波电路,有关这部分内容将在 **10.4.2** 中介绍。

滤波形式	电容滤波	电感滤波	LC 型滤波	LCπ 型滤波	RCπ 型滤波
	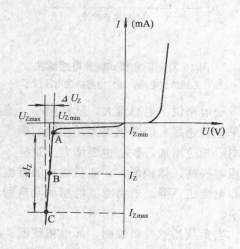				
滤波效果	较好（小电流时）	较差（小电流时）	较好	好	较好
输出电压	高	低	低	高	较高
输出电流	较小	大	大	较小	小
外特性	差	好	较好（大电流时）	差	差

10.3 稳压电路

整流滤波后直流输出电压往往也会不稳定。造成直流输出电压不稳定的原因有两个：其一是当负载改变时，输出电流要随之改变。由于整流滤波有一定内阻，当输出电流改变时，直流输出电压也随之改变；其二是电源电压变化，一般交流电网的电压允许有±10%的变化，即使负载不变，直流输出电压也会随之变化。

稳压电路就是当电网电压波动或负载变化时，能使直流输出电压稳定的电路。常见的稳压电路有硅稳压管稳压电路和晶体管串联型稳压电路。本节只介绍硅稳压管稳压电路。晶体管串联型稳压电路将在 10.4.2 中介绍。

10.3.1 硅稳压二极管

硅稳压管也是二极管的一种。它的伏安特性曲线与二极管的相似，只是硅稳压管的反向特性曲线的击穿区更陡，如图 10-31 所示。图 10-32 所示为稳压二极管的符号与外形。

（1）硅稳压管的稳压原理

整流二极管工作在伏安特性曲线的正向导通区，而硅稳压管则工作在伏安特性曲线的反向击穿区，如图 10-31 所示 AC 段。在 AC 段区域，曲线很陡，反向电压几乎保持不

图 10-31 硅稳压管伏安特性

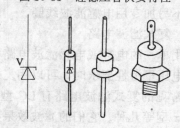

图 10-32 硅稳压管符号外形

变，即反向电流大范围变化，而反向电压的变化很小。稳压管正是利用伏安特性曲线中反向击穿区来进行稳压的。

硅稳压管在使用时必须注意两点，一是管子的联接和外加反向电压的大小。硅稳压管必须加反向电压，即负极接高位，正极接低电位；反向电压要大于最小反向击穿电压 U_{zmin}，使硅稳压管工作在反向击穿区；二是流

过硅稳压管的反向电流必须小于管子的最大允许电流,使管子的功耗小于最大耗散功率。

（2）硅稳压管的主要参数

1）稳定电压 U_Z 指稳压管工作在反向击穿区时的稳定工作电压（如图 10-31 中 U_{zmin} 到 U_{ZM} 之间），不同型号的稳压管,其稳压值不同,即使同一型号的管子,由于制造工艺的离散性,各个管子的稳压值 U_Z 也有差别。

2）稳定电流 I_Z 指稳压管正常工作时的最小电流 I_{Zmin}。低于此值时稳压效果差。工作时应使稳压管的电流大于此值。

3）最大工作电流 I_{ZM} 指稳压管允许通过的最大工作电流,超过此值,稳压性能变坏,甚至会烧坏管子。

4）最大耗散功率 P_{ZM} 指通过稳压管的电流产生耗散功率的允许值。$P_{ZM}=I_{ZM}U_z$,大功率的稳压管工作时要加装散热器。

除以上参数外,还有动态电阻和温度系数等参数。动态电阻越小,稳压管的稳压性能越好;温度系数越小,稳定电压值受温度影响越小。

稳压管可串联使用,串联使用时,稳压值等于各稳压管的稳压值之和,但稳压管不能并联使用。

10.3.2 硅稳压管稳压电路

硅稳压管稳压电路原理如图 10-33 所示。图中 R 的作用有两个。其一是限制电流,使稳压管的电流小于最大允许电流 I_{Zmax};其二是使输出电压 U_L 趋于稳定。稳压管 V 工作在反向击穿区,并与负载 R_L 并联。利用它两端电压基本不变的原理,稳定输出电压,稳压原理如下:

1）电网电压不变,负载电阻 R_L 增大时,I_L 减小,电阻 R 上的压降减小,输出电压 U_L 升高。由于稳压管并联在输出端,根据伏安特性曲线,当稳压管两端的电压略有升高时,通过稳压管的电流 I_z 将急剧增加,由于 $I =$

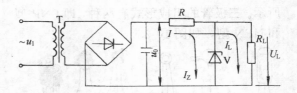

图 10-33 硅稳压管稳压电路

I_L+I_z,所以 I 基本保持不变。R 上的压降也维持不变。则输出电压 U_L 也保持不变。即:

$$R_L \uparrow \longrightarrow I_L \downarrow \longrightarrow IR \downarrow \longrightarrow U_L \uparrow \longrightarrow I_z \uparrow$$
$$U_L \downarrow$$

如果负载电阻 R_L 减小,其工作过程与上述相反,U_L 仍保持不变。

2）负载电阻 R_L 不变,电网电压 U_1 降低,使整流输出电压 U_0 降低。稳压管 V 两端的电压减小。由稳压管工作反向击穿区的特性可见,I_z 将急剧减小。电阻 R 上的电压也随之减小。由于 $U_0=U_L+U_R$,从而使输出电压 U_L 基本保持不变。即:

$$U_1 \downarrow \longrightarrow U_0 \downarrow \longrightarrow U_L \downarrow \longrightarrow I_z \downarrow \longrightarrow I \downarrow \longrightarrow IR \downarrow$$
$$U_L \uparrow$$

如果电网电压升高,其工作过程与上述相反,U_L 仍保持不变。

10.4 晶体三极管和放大电路

10.4.1 晶体三极管

晶体三极管是在晶体二极管的基础上发展起来的。将两个 PN 结按一定的工艺要求结合在一起,就组成了晶体三极管。晶体三极管的特性完全不同于晶体二极管。

（1）晶体三极管的结构、符号、型号

1）晶体三极管的结构

在一块半导体基片上,采用特殊工艺制作出两个 PN 结,把半导体分为三层,每层引出一个电极,再封装在管壳中就制成了晶体三极管,晶体三极管外形和封装如图 10-34

所示。三极管的组成形式有两种，即 PNP 型和 NPN 型，如图 10-35。

玻璃封装　　陶瓷环氧封装　　硅酮塑料封装

金属封装

图 10-34　几种晶体三极管的外形和封装

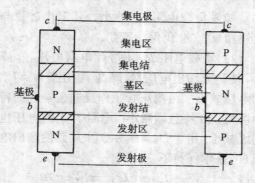

图 10-35　晶体三极管的结构

晶体三极管的三个电极分别为发射极，用 e 表示；基极，用 b 表示；集电极，用 c 表示。这三个极所对应的半导体层分别称为发射区、基区和集电区。发射区与基区之间的 PN 结称为发射结，集电区与基区之间的 PN 结称为集电结。

晶体三极管的内部结构必须满足以下三点要求：

(a) 发射区掺杂的浓度大，这个区域多数载流子的浓度很大。

(b) 基区做得很薄，通常只有几微米到几十微米。

(c) 集电结的面积大于发射结的面积，以保证尽可能多地收集发射区的多数载流子。

2）符号：

晶体三极管的文字符号用"V"表示，图

形符号如图 10-36 所示。PNP 型晶体三极管发射极上的箭头指向里，NPN 型晶体三极管发射极上的箭头指向外。箭头指向表示发射结加正偏置时，发射极的电流方向。

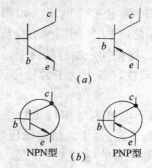

(a)

NPN型　(b)　PNP型

图 10-36　晶体三极管的符号
(a) 符号；(b) 大功率管外壳为集电极

3）型号和分类：

A. 型号：

晶体三极管的种类很多，每种晶体三极管都用一个型号来代表。三极管的型号可大致表示三极管的特性。按照国家 GB249—74 的规定，国产晶体三极管的型号是由五部分组成。第一部分用"3"表示三极管；第二部分用"A"、"B"、"C"、"D"、"K"、"CS"表示三极管的材料和极性；第三部分用"X"、"G"、"D"、"A"、"U"表示三极管的类型；第四部分用数字表示三极管的序号；第五部分用汉语拼音表示三极管的规格号，具体内容见表 10-4。

3DG130C 是 NPN 硅高频小功率三极管，3CK20A 是 PNP 硅开关三极管。

B. 分类：

a. 根据制作材料三极管可分为硅管和锗管两类。硅管受温度影响小，工作稳定。

b. 根据内部结构三极管可分为 PNP 型和 NPN 型两类。NPN 型多为硅管，PNP 型多为锗管。

c. 根据工作频率不同，三极管可分为高频管和低频管两类。高频管的工作频率大于或等于 3MHz，低频管的工作频率小于 3MHz。

晶体三极管的型号 表 10-4

第一部分		第二部分		第三部分				第四部分	第五部分
用数字来表示器件的电极数目		用拼音字母表示器件的材料和极性		用汉语拼音字母表示器件的类型				用数字表示器件的序号	用汉语拼音字母表示规格号
符号	意义	符号	意义	符号	意义	符号	意义		
3	三极管	A	PNP 型,锗材料	X	低频小功率管 $(f_a<3MHz, P_c<1W)$	D	低频大功率管 $(f_a<3MHz, P_c\geqslant1W)$		
		B	NPN 型,锗材料						
		C	PNP 型,硅材料	G	高频小功率管 $(f_a\geqslant3MHz, P_c<1W)$	A	高频大功率管 $(f_a\geqslant3MHz, P_c\geqslant1W)$		
		D	NPN 型,硅材料						
		K	开关管			U	光电器件		
		CS	场效应器件						

d. 根据用途不同三极管可分为放大管和开关管两类。

e. 根据耗散功率的不同,三极管可分为大功率管和小功率管两类。大功率管的耗散功率大于或等于 1W,小功率管的耗散功率小于 1W。

（2）晶体三极管的电流放大作用

在晶体三极管的三个电极分别加上适当的电压,即在基极和发射极之间加正向电压,保证发射结正向偏置;在基极和集电极之间加反向电压,保证集电结反向偏置,在这样的电压作用下,三极管的电流放大作用通过载流子的运动体现出来,如图 10-37 所示。下面我们以 NPN 型三极管为例来讨论三极管的电流放大作用。

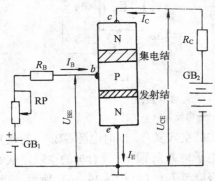

图 10-37　NPN 型三极管示意图

1）三极管内部电流分配关系

图 10-38 是晶体三极管电流放大实验电路。基极接一个微安表。调节 RP 的阻值,就能改变基极电流的大小。两只毫安表分别测量发射极和集电极电流。表 10-5 为在不同的基极电流情况下得到的发射极和集电极电流值。

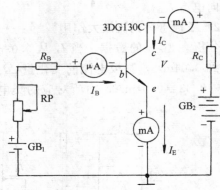

图 10-38　晶体三极管放大实验

表 10-5

项目	一	二	三	四	五	六	七
$I_B(mA)$	−0.001	0	0.01	0.02	0.03	0.04	0.05
$I_C(mA)$	0.001	0.01	0.56	1.24	1.74	2.33	2.91
$I_E(mA)$	0	0.01	0.57	1.26	1.77	2.37	2.96

从上表可看出:

a. 发射极电流 I_E 等于集电极电流 I_C 与基极电流 I_B 之和,即:

181

$$I_E = I_C + I_B \qquad (10\text{-}1)$$

例如 $I_B = 0.02\text{mA}$ 时，$I_C = 1.24\text{mA}$，

$$I_E = 0.02 + 1.24 = 1.26 \text{ (mA)}.$$

由此可看出，流入三极管的电流等于流出三极管的电流。

此外，基极电流比集电极或发射极电流小得多。因此可认为集电极电流近似等于发射极电流，即：

$$I_C \approx I_E$$

b. 当 $I_E = 0$ 时，集电极电流 I_C 与基极电流 I_B 大小相等。$I_E = 0$，即为发射极开路，此时集电结处于反向偏置。集电区和基区的少数载流子越过集电结构成反向电流。其电流与基极正向电流方向相反，所以，此时基极电流为负值。我们把此电流称为集电极——基极反向电流 I_{CBO}。

c. 当 $I_B = 0$ 时，I_C 并不为零。$I_B = 0$，即为基极开路，这个电流称为集电极——发射极反向电流 I_{CEO}。

2）三极管的电流放大作用

分析表 10-5 的数据，当 I_B 从 0.03mA 变化到 0.04mA，基极电流的变化量 $\Delta I_B = 0.04 - 0.03 = 0.01\text{mA}$，而所对应的集电极电流则从 1.74mA 变化到 2.33mA，集电极电流的变化量 $\Delta I_C = 2.33 - 1.74 = 0.59\text{mA}$，这两个变化量的比值：

$$\frac{\Delta I_C}{\Delta I_B} = \frac{0.59}{0.01} = 59$$

这就说明基极电流有一个微小的变化，必然引起集电极电流较大的变化，这就是三极管的电流放大作用。我们把集电极电流与基极电流变化量之比，称为三极管交流放大系数，用符号 β 表示。

$$\beta = \frac{\Delta I_C}{\Delta I_B} \qquad (10\text{-}2)$$

三极管的电流放大系数是三极管的重要参数，它是衡量三极管电流放大能力的一个重要指标。

a. 发射区向基区发射电子，发射结在外加电压作用下处于正向偏置。发射区的多数载流子电子源源不断地通过发射结扩散到基区，形成发射极电流 I_E，其方向与电子流方向相反，如图 10-39 (a) 所示。同时，基区的多数载流子空穴也扩散到发射区，但因基区掺杂浓度低，与电子流相比，这部分空穴流可忽略不计。

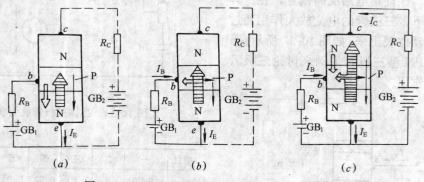

图 10-39　NPN 型三极管内部载流子运动示意图
　　▭▭▭▷电子流；　⇨空穴流；　——电流方向

b. 电子在基区的扩散和复合　在基区，发射区注入的电子使基区靠近发射结处的电子浓度很高，而靠近集电结处的电子浓度很低，这样在基区就形成了电子浓度差。电子就靠扩散作用向集电区运动，在扩散中，电子要不断与基区中的空穴复合，同时电源 GB_1 不断从基区拉走电子，补充不断被复合掉的空穴，从而形成基极电流 I_B，如图 10-39 (b) 所示。

c. 电子被集电极收集　集电结加反向电压，处于反向偏置，通过扩散到达集电结边缘

的电子在内电场的作用下做漂移运动，漂移的电子被集电极收集形成集电极电流 I_C，如图 10-39 (c) 所示。因为集电结的面积制作的较大，所以基区扩散过来的电子基本上全部被集电极收集，从而形成集电极电流 I_C。

d. 电流放大原理　发射区注入的电子按比例分成基极复合电流 I_B 和集电极扩散电流 I_C，当一只三极管制成后，这个比例基本保持不变，所以基极电流有微小的变化就能使集电极电流产生较大的变化，这就是三极管的电流放大原理。

以上我们是以 NPN 三极管为例来讨论三极管的电流放大作用，对于 PNP 型三极管，原理是一样的，只是电压极性和载流子的运动情况不同。

3）三极管电流放大的条件

要保证三极管具有电流放大作用，必须满足三极管的内部条件和外部条件。所谓内部条件就是前面我们提到的：发射区掺杂浓度大；基区做得很薄，且掺杂浓度低，集电结的面积大；而外部条件就是发射结正偏，集电结反偏。对于 NPN 型三极管，集电极电位高于基极电位，基极电位高于发射极电位，即：$V_C > V_B > V_E$；对于 PNP 型三极管，发射极电位高于基极电位，基极电位高于集电极电位，即：$V_E > V_B > V_C$。

（3）晶体三极管的特性曲线

三极管的特性曲线是用来描述三极管各电极电压和电流相互关系的曲线。它能全面地反映各极电压和电流的关系，是选用三极管的一个主要依据。晶体三极管的基极电流 I_B 与基极、发射极之间的电压 U_{BE} 以及集电极电流 I_C 与集电极、发射极之间电压 U_{CE} 的关系可用曲线的形式描绘出来，此曲线称为三极管的特性曲线。常用的特性曲线有输入特性曲线和输出特性曲线。三极管的接法不同，它的特性曲线是不相同的。下面我们仅以三极管共发射极接法为例来讨论三极管的特性曲线。

图 10-40 为三极管共发射极特性曲线测试电路。

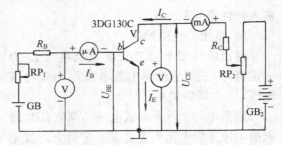

图 10-40　晶体三极管输入、输出特性实验电路

1）输入特性曲线

输入特性曲线是指当三极管的集电极与发射极之间的电压保持为某一定值时，发射结电压 U_{BE} 与基极电流 I_B 之间的关系。按图 10-40，把 U_{CE} 固定在 0V 和 1V 状态下，调整 RP_1，测得 I_B 和 U_{BE} 的值，结果见表 10-6。

三极管输入特性曲线　表 10-6

I_B（mA）		0	0.10	0.20	0.30	0.40	0.50
$U_{CE} = 0V$	U_{BE}	$0 \sim 0.3$	0.41	0.53	0.57	0.62	0.64
$U_{CE} = 1V$	（V）	$0 \sim 0.5$	0.62	0.65	0.67	0.69	0.71

a. 保持 $U_{CE} = 0$，相当于集电极和发射极短路，发射结和集电结并联，此时的特性曲线与二极管的伏安特性曲线极为相似，如图 10-41 所示。

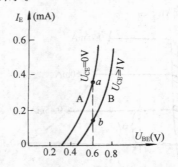

图 10-41　晶体三极管输入特性曲线

b. 保持 $U_{CE} = 1V$，集电结反偏，在 U_{BE} 不变的情况下，基极电流将减小，因此，曲线 B 相对曲线 A 右移一段距离，这说明 U_{CE} 对 I_B 是有一定影响的。但当 $U_{CE} > 1V$ 以后，I_B

与U_{CE}几乎无关。输入特性曲线基本上重合在一起。一般$U_{CE} \geqslant 1V$时，都按$U_{CE} = 1V$的输入特性曲线来分析。

2）输出特性曲线

输出特性就是当三极管基极电流I_B为一定值时，三极管的集电极电流I_C与集电极电压U_{CE}之间的关系。

用图10-40所示测试电路，调整RP_1的阻值，使基极电流固定在某一定值上，改变RP_2的阻值，可以测量几组U_{CE}与I_C的值，见表10-7。将表中的数值逐点描绘，就得到U_{CE}和I_C的关系曲线。如图10-42所示。

改变I_B值，可测出相应的U_{CE}和I_C的值，这样可描绘出一簇输出特性曲线，如图10-43所示。

$I_B = 0.30mA$ 时 U_{CE} 与 I_C 数据　　**表 10-7**

U_{CE}（V）	0	0.5	1	1.5	10	15	20
I_C（mA）	0	11	17	19	20	21	23

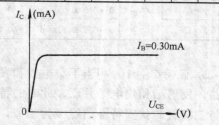

图 10-42　$I_B = 0.30mA$ 时输出特性曲线

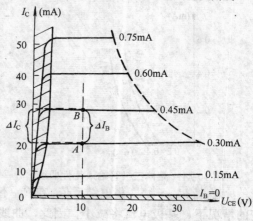

图 10-43　晶体三极管的输出特性曲线簇

我们把输出特性曲线簇划分为三个区域，即截止区、放大区和饱和区。

a. 截止区　在$I_B = 0$这条曲线以下的部分称为截止区。截止区各极电流都基本上等于零，三极管没有放大作用。

从图中看到，当I_B等于零时，I_C并不等于零。此时的这个I_C叫穿透电流I_{CEO}，穿透电流不受基极控制，与放大无关，但受温度的影响。

三极管截止状态的特征是：$I_B \leqslant 0$；$I_C \approx 0$；$U_{CE} \approx U_{GB}$；三极管的二个PN结都处于反向偏置状态。

b. 饱和区　输出特性曲线几乎垂直上升的部分与纵轴之间的区域称为饱和区。在此区域，所有不同的I_B值的上升特性几乎都是重合的。三极管的集电极电流I_C基本上不随基极电流I_B而变化。

三极管工作于饱和状态的特征是：它的集电结和发射结都处于正向偏置状态。

U_{CE}很小，约为$0.3 \sim 0.5V$。此时三极管失去放大作用，$I_C = \beta I_B$不成立。

c. 放大区　截止区和饱和区之间的区域称为放大区。放大区各组特性曲线的间距近似相等，并且基本与纵轴平行。当I_B一定时，I_C基本不随U_{CE}变化，这称为三极管的恒流特性。I_C主要由I_B控制，当基极电流发生微小变化时，相应的集电极电流将产生较大的变化，即：

$$\Delta I_C = \beta \Delta I_B \qquad (10\text{-}3)$$

式（10-3）也体现了三极管的电流放大作用。

三极管工作于放大区的特征是：它的发射结正偏，集电结反偏。即：对于NPN管$U_C > U_B > U_E$；对于PNP管$U_E > U_B > U_C$。

在实际工作中，可按表10-8所列数据测量三极管各极之间电压，以判别三极管的工作状态。

（4）晶体三极管的主要参数

三极管参数描述了三极管的性能，是评价三极管质量以及选用三极管的依据。下面介绍几种主要的特性参数和极限参数。

1）电流放大系数

a. 共发射极交流电流放大系数β　在共

发射极放大电路中，当 U_{CE} 为一定值，集电极电流的变化量与基极电流变化量的比值，即：

$$\beta = \frac{\Delta I_C}{\Delta I_B}$$

NPN 型三极管的电压典型数据　　**表 10-8**

管 型 \ 各极电压 \ 工作区	饱和区		放大区		截止区
	U_{BE}	U_{CE}	U_{BE}	U_{CE}	U_{BE}
硅	0.7	0.3	0.7	>1	0
锗	0.2	0.1	0.3	>1	-0.1

注：对 PNP 型电压极性相反。电压单位：V。

b. 共发射极直流电流放大系数 h_{FE}　在共发射极放大电路中，当 U_{CE} 为一定值，无交流信号输入时，集电极直流与基极直流电流 I_B 的比值，即：

$$h_{FE} = \frac{I_C}{I_B} \tag{10-4}$$

在应用中，因 h_{FE} 和 β 很接近，为了方便，一般不加严格区分。常用的小功率三极管，β 约为 20～150，其大小与管子工作在特性曲线哪一部分有关。当 I_C 很小或很大时，β 值均较小；而在输出特性曲线中间间隔比较大的部分，β 值较大。

2）极间反向电流

a. 集电极——基极反向饱和电流 I_{CBO}

它表示当发射极开路时，集电极与基极之间加上一定反向电压时的反向电流。

在室温下，小功率锗管的 I_{CBO} 约为 $10\mu A$ 左右，而小功率硅管的 I_{CBO} 小于 $1\mu A$。

b. 集电极—发射极反向饱和电流（又叫穿透电流 I_{CEO}）　它表示当基极开路时，集电极与发射极之间加上一定反向电压时的反向电流。

I_{CEO} 与 I_{CBO} 的关系是：

$$I_{CEO} = (1 + \beta) I_{CBO} \tag{10-5}$$

I_{CEO} 和 I_{CBO} 都是衡量三极管质量的一个标准，对于 I_{CEO} 要求愈小愈好。一般 β 大的管子放大倍数大。但 β 大，势必引起 I_{CEO} 增大，

I_{CEO} 大对三极管的放大性能不利。故选择三极管时，不可盲目追求增大 β 值。

3）极限参数

极限参数是表示使用时不宜超过的限度值，超过极限值就难以保证三极管正常工作。

A. 集电极最大允许电流 I_{CM}　当 I_C 较大时，若再增加 I_C，β 就会有较大的下降，I_{CM} 就是表示当 β 下降到 β 额定值的 2/3 时所允许的最大集电极电流。使用时，必须使 $I_C <$ I_{CM}，如果 $I_C > I_{CM}$，不但 β 会下降，还可能因耗散功率增加而损坏三极管。

B. 反向击穿电压

a. 集电极开路时，发射极——基极间反向击穿电压 $BU_{(BR)EBO}$：它是发射结允许加的最大反向电压。超过这个极限值，发射结将被击穿。

b. 发射极开路时，集电极——基极反向击穿电压 $BU_{(BR)CBO}$：$BU_{(BR)CBO}$ 的值由集电结的反向击穿电压决定，一般 $BU_{(BR)CBO}$ 在几十伏到 1 千多伏。

c. 基极开路时，集电极——发射极间反向击穿电压 $BU_{(BR)CEO}$：三极管工作于放大时，集电结反偏，当集电结反向电压超过其反向击穿电压时，会出现反向电流剧增，以致烧毁。所以使用中必须使 $BU_{(BR)CEO} > U_{CE}$，同时应留有余地。

C. 集电极最大允许耗散功率 P_{CM}：它表示集电结上允许损耗的最大功率。超过此值，三极管性能将变坏甚至烧毁。

使用三极管时必须注意，满足 $I_C < I_{CM}$，$U_{CE} < U_{(BR)CEO}$ 的同时，必须使 $P_{CM} \geqslant I_C U_{CE}$。由 I_{CM}、$U_{(BR)CEO}$、P_{CM} 围成的内部区域称为安全区，如图 10-44 所示。

D. 温度对三极管参数的影响

几乎所有的三极管参数都与温度有关，了解温度对参数的影响，进而加以克服，就成为十分现实的问题。

a. 温度对 I_{CBO} 的影响

理论和实验结果都证明，I_{CBO} 随温度按

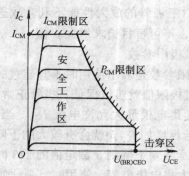

图 10-44　限制区域示意图

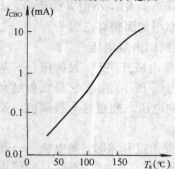

图 10-45　温度对 I_{CBO} 影响示意图

指数函数的规律急剧变化,如图 10-45 所示。一般说来,温度每升高 10℃,锗管和硅管的 I_{CBO} 将增大一倍。由于 I_{CEO} 是 I_{CBO} 的 $(1+\beta)$ 倍,因此,穿透电流受温度影响更大。I_{CEO} 增大,输出特性曲线上移,如图 10-46 所示。

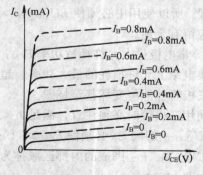

图 10-46　温度对输出特性曲线影响示意图

b. 温度对 β 的影响

三极管的电流放大系数也随温度升高而增大。硅管的 β 与温度的关系曲线如图 10-47 所示。当温度从 15℃ 增加到 45℃ 时,β 大约增加 30%,其结果就是在相同的 I_B 情况下,I_C 随温度升高而增加。

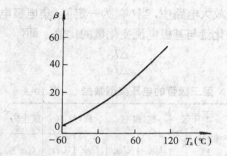

图 10-47　温度对 β 的影响示意图

c. 温度对 U_{BE} 的影响

在相同的基极电流 I_B 情况下,温度每升高 10℃,发射结的正向电压降 U_{BE} 下降约 25mV。

此外,集电极最大耗散功率 P_{CM} 和反向击穿电压 $U_{(BR)CEO}$ 受温度影响也较大,温度升高使 P_{CM} 降低,$U_{(BR)CEO}$ 也会降低。

10.4.2　放大电路

放大电路是指把微弱的电信号(电流、电压或功率)转换为较强的电信号的电子电路。例如收音机、电视机将天线接收到的微弱信号加以放大,使扬声器发出宏亮的声音、使电视机屏幕显示出清晰的图像。

本章主要介绍利用晶体三极管的放大特性组成的共发射极基本放大电路和多级放大电路的工作原理。

(1) 基本放大电路

利用三极管的电流放大特性可组成三种基本放大电路,即共发射极放大电路、共集电极放大电路和共基极放大电路。下面我们仅以共发射极接法为例,说明放大电路的工作原理。

1) 对基本放大电路的要求

放大电路必须使三极管工作在放大状态,而工作在放大状态的三极管必须满足发射结正向偏置,集电结反向偏置。这是放大电路必须具备的条件。其次,放大电路要保证输入、输出信号的传输畅通无阻。此外,还有放大电路放大能力、非线性失真、工作的稳定性等技术要求,这里就不一一例举了。

2) 基本放大电路的组成

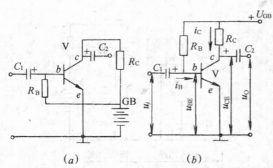

图 10-48　共发射极基本放大电路的习惯画法
(a) 单电源供电；(b) 习惯画法

图 10-48 为共发射极基本放大电路，图中三极管 V 为 NPN 型，它担负着放大作用，是放大电路的核心器件；R_B 称为基极偏置电阻，它向三极管的基极提供合适的偏置电流，同时使三极管的发射结处于正向偏置；R_C 称为集电极负载电阻，它是把三极管的电流放大作用以电压放大的形式表示出来；GB 称为集电极直流电源，它一方面通过 R_B 给三极管发射结提供正向偏置电压，同时给三极管集电极提供反向偏置电压，使三极管处于放大工作状态。另一方面给放大电路提供能源，输出信号的能量来源于集电极电源 GB，它是放大电路能源的提供者。C_1、C_2 称为耦合电容器，C_1 能使交流信号顺利通过，并加到放大电路的输入端，同时隔断直流电源与信号源之间的联系；C_2 的作用与 C_1 基本相似，它使放大电路的输出信号顺利传递至负载，同时隔断直流电源与负载的联系。

用 PNP 型三极管也可组成放大电路，如图 10-49 所示，但必须注意电源和电容器的极性。

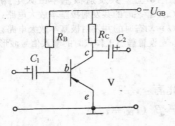

图 10-49　由 PNP 型三极管组成的
共发射极基本放大电路

3）基本放大电路的静态工作点

a. 从图 10-50 可以看出，当放大电路的输入端加入正弦交流信号时，由于发射结只能单向导通，而且输入特性曲线在开始一段的非线性很严重，使得基极电流不随输入电压线性变化，结果基极电流 i_B 和集电极 i_C 的波形就不是完整的正弦波，这就产生了失真。

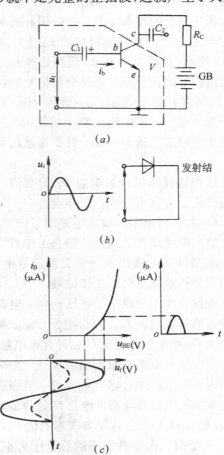

图 10-50　不设静态工作点的放大电路
(a) 不设静态工作点的输入回路；
(b) 发射结等效电路；
(c) 不设静态工作点时的输入信号波形

b. 为了减小非线性失真，基极电流 i_B 不但应该在输入电压的正半周随输入电压的变化而变化，而且还应在输入电压的负半周随输入电压的变化而变化。

为此，对放大电路要设置合适的静态工作点。所谓静态工作点是指在放大电路无交

流信号输人时，三极管各极电压、电流对应
在输入特性曲线和输出特性曲线的点，静态
工作点用 Q 表示。Q 点对应的各极直流电量
分别用基极电流 I_{BQ}、集电极电流 I_{CQ}、基极
电压 U_{BEQ}、集电极电压 U_{CEQ} 表示。

c. 设置适当的静态工作点。当有交流信
号输入时，交流信号 u_i 和基极电压 U_{BEQ} 一起
叠加到三极管的发射结上，由 u_i 引起的基极
变化电流 i_b 也叠加在基极电流 I_{BQ} 上，如图
10-51 所示。从图中可看出，适当选择 I_{BQ}，无
论交流信号的正半周，还是交流信号的负半
周，加到发射结上的电压 u_{BE} 始终为正，并且
大于死区电压，这样在 u_i 整个周期内，三极
管的集电极总电流 $i_C = \beta i_B$，处于正常放大状
态。

适当选择基极偏置电阻 R_B 的数值，就
可使三极管有适当的静态工作点。

4）共发射极基本放大电路的工作原理

放大电路设置了适当的静态工作点，在
放大电路的输入端加入一个交流信号电压，
我们来分析放大电路的工作原理。

在没有加入交流信号电压 u_i 时，电路只
有静态的基极电流 I_{BQ}、基极电压 U_{BEQ}、集电
极电流 I_{CQ} 和集电极电压 U_{CEQ} 等直流电量。

当在放大电路的输入端加入一个交流信
号电压 u_i 时，u_i 通过耦合电容 C_1，送到三极
管的发射结上，并与基极电压 U_{BEQ} 叠加，如
图 10-52（a）所示。这里要求静态的 U_{BEQ} 大
于 u_i 的峰值，保证叠加后的总电压为正值，
并且要大于死区电压，使三极管发射结总是
处于正偏导通状态。此时的基极总电压为：

$$u_{BE} = U_{BEQ} + u_i \qquad (10-6)$$

我们把式（10-6）右边第一项称为直流分
量，第二项称为交流分量。

基极的总电流也是由静态基极电流 I_{BQ}
和输入信号 u_i 引起的交变信号电流 i_b 的叠
加，如图 10-52（b）所示，即：

$$i_B = I_{BQ} + i_b \qquad (10-7)$$

根据三极管的电流放大作用，集电极电流：

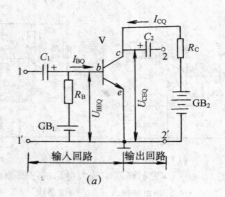

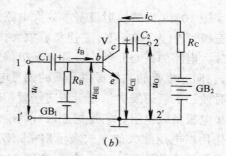

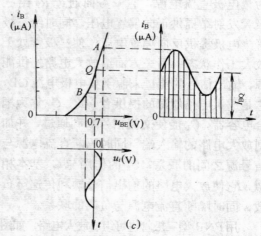

图 10-51　共发射极基本放大电路
（a）静态时的共发射极基本放大电路；
（b）动态时的共发射极基本放大电路；
（c）设置静态工作点时的输入信号波形

$$i_C = \beta i_B$$

因此有：

$$i_C = \beta i_B = \beta（I_{BQ} + i_b）$$
$$= \beta I_{BQ} + \beta i_b = I_{CQ} + i_c \qquad (10-8)$$

可见，集电极的总电流 i_C 也是由静态的
集电极电流 I_{CQ} 和交流的信号电流 i_c 的叠

加，如图 10-52（c）所示。

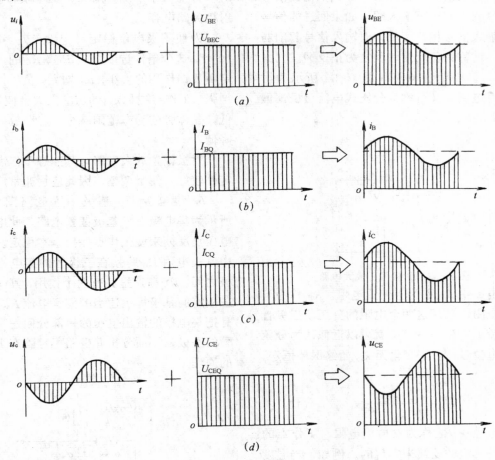

图 10-52　共发射极基本放大电路各极电压电流波形

从图 10-48 中可得出，集电极电压 u_{CE} 等于电源电压 u_{GB} 减去集电极电阻上的压降 $i_c R_C$，因此，集电极总电压：

$$u_{CE} = u_{GB} - i_c R_C$$
$$= u_{GB} - (I_{CQ} + i_c) R_C \qquad (10\text{-}9)$$

当 i_B 增加，i_c 也增加，$i_c R_C$ 随着增加，从而使 u_{CE} 减小；当 i_B 减小，i_c 减小，u_{CE} 就增加，所以 u_{CE} 的波形是在 U_{CEQ} 上叠加一个与 i_c 变化相反的交流电压 u_{ce}，如图 10-52（d）所示。

$$u_{CE} = U_{CEQ} + (-u_{ce}) \qquad (10\text{-}10)$$

由于放大电路的输出有电容器 C_2 的隔离作用，放大电路的输出端只有集电极总电压的交流分量 $-u_{ce}$ 放大电路的输出电压为：

$$u_0 = -u_{ce} = -i_c R_C \qquad (10\text{-}11)$$

式中负号表示输出电压 u_0 与输入电压 u_i 是反相关系。

（2）静态工作点的稳定

1）影响静态工作点的因素

要使放大电路对输入的交流信号进行不失真的放大，就必须对电路设置合适的静态工作点，但放大器在工作时要受到外界的影响，如环境温度的变化、电源波动、晶体管老化引起参数改变等，都会引起工作点的移动，严重时会使放大电路不能正常工作。

2）稳定工作点的措施

针对温度对三极管集电极电流的影响，常在电路中引入负反馈，以保持静态工作点基本稳定。

所谓反馈，是指用某种方式把输出信号的部分或全部送至输入端。如果回送的信号与原输入信号相位相反，对输入信号起削弱作用，就称为负反馈，反之为正反馈。

a. 射极偏置电路 图 10-53 所示为射极偏置电路，又可称为分压式电流负反馈偏置电路。

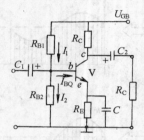

图 10-53 射极偏置放大电路

电路中 R_{B1} 称为上偏置电阻，R_{B2} 称为下偏置电阻，利用这两个电阻的分压使三极管的电流 $I_2 \gg I_B$，$I_1 \approx I_2$，就可以近似认为分压点的电位 U_B 与 I_B 变化无关，始终保持恒定，显然：

$$U_B = \frac{R_{B2}}{R_{B1} + R_{B2}} U_{GB} \qquad (10\text{-}12)$$

电路中 R_E 称为发射极电阻，工作点的稳定是靠它的反馈来实现的。例如，当温度升高使集电极电流 I_C 增大时，R_E 上的电压降 $U_E = I_E R_E$ 也增大，由于 U_B 基本不变，$U_{BE} = U_B - U_E$ 减小，使基极电流减小，从而阻止了 I_C 的增大，其稳定过程如下：

$$温度 \uparrow \rightarrow I_C(I_E) \uparrow \rightarrow I_E R_E \uparrow \rightarrow U_{BE} \downarrow \rightarrow I_B \downarrow$$
$$I_C \downarrow \longleftarrow$$

这个电路的反馈元件是 R_E，通过流经 R_E 上电流的变化，最终引起 I_B 的变化，去阻止 I_C 的变化，故称为电流负反馈。

接入发射极电阻 R_E 能抑制 I_{CQ} 的变化，但 R_E 同时也对交流信号有抑制作用。为了减小交流信号的损耗，常在发射极电阻 R_E 两端并联一只大容量的电容器 C_E，它对交流信号的阻碍作用很小，从而使交流信号从 C_E 上顺利通过。而电容对直流具有隔离作用，故

C_E 对静态工作点影响很小，通常称 C_E 为发射极旁路电容。

为使基极电位稳定，一般按 $I_1 \gg (5\sim10) I_{BQ}$ 这个条件选取 R_{B1}、R_{B2}、R_E 的大小决定负反馈作用的大小。R_E 增大，负反馈作用增强，工作点更稳定，但 R_E 太大会使 U_{CE} 降低，晶体管的动态范围减小，电路放大倍数降低。

射极偏置放大电路，其静态工作点的稳定性较好，便于调整，因此应用非常广泛。

b. 集电极——基极偏置电路 图 10-54 所示为集电极——基极偏置电路。此电路用电压负反馈来使工作点保持基本稳定。电路中基极电阻 R_B 跨接在三极管的集电极和基极之间。R_B 在这里具有两个作用，其一是给三极管的基极提供适当的偏置电流 I_{BQ}，其二是把集电极的输出电压的一部分回送到三极管的基极，下面分析此电路稳定静态工作点的原理。

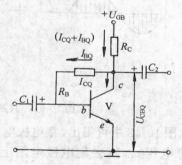

图 10-54 集电极—基极偏置电路

当集电极电流 I_C 由于温度升高而增大时，集电极电压 U_{CE} 将下降，由于：

$$I_{BQ} = \frac{U_{CEQ} - U_{BEQ}}{R_B} \qquad (10\text{-}13)$$

使得 I_B 减小，从而阻止 I_C 的增大，实现了工作点的稳定，其过程如下：

$$温度 \uparrow \rightarrow I_{CQ} \uparrow \rightarrow U_{CEQ} \downarrow \rightarrow I_{BQ} \downarrow$$
$$I_{CQ} \downarrow \longleftarrow$$

显然，集电极——基极偏置电路是利用 U_{CEQ} 的变化通过反馈元件 R_B 回送到三极管的输入端，由 I_{BQ} 来抑制 I_{CQ} 的变化，即利用

电压负反馈来稳定工作点。电路的 R_C 越大，R_B 越小，稳定工作点的效果越显著。

此外，由于输出的交流信号在 R_C 上也产生变化电压，所以 R_B 对交流信号也同样产生负反馈作用，使放大电路的放大倍数降低。

c. 温度补偿偏置电路　以上介绍的两种偏置电路不能完全消除温度对静态工作点的影响。对稳定性要求较高的放大电路，常利用对温度敏感的元件（如压敏电阻、二极管等）来补偿三极管参数随温度变化而带来的影响，从而使静态工作点稳定。

（3）多级放大电路

单级放大电路，其电压放大倍数一般在几十至几百。然而，在实际应用中，需要放大的信号往往十分微弱，一般为毫伏或微伏数量级。这样微弱的信号，单级放大电路往往不能满足负载的需求。为此，常把若干个基本放大电路联接起来，组成多级放大电路。图 10-55 为多级放大电路的方框图。

```
信号源─→输入级─→中间级─→输出级─→负载
```
图 10-55　多级放大电路框图

1）多级放大电路的基本要求

多级放大电路是由两个或两个以上的单级放大电路组成。多级放大电路级与级之间的联接方式叫耦合，常用的耦合方式有阻容耦合、直接耦合、变压器耦合等。要使多级放大电路正常工作，需要满足以下几个基本要求。

a. 保证前级的电信号顺利地传输给后级。

b. 耦合电路对前、后级放大电路的静态工作点无影响。

c. 电信号在传输过程中失真要小，级间传输效率要高。

2）阻容耦合放大电路

把电容器作为联接元件和下一级输入电阻联接起来的方式称为阻容耦合。如图 10-56 所示。阻容耦合的优点：利用电容器的隔直作用，使前、后级之间的静态工作点相互独立、互不影响，这样各级放大电路的静态工作点可单独考虑，这给放大电路的分析和调试带来很大方便，耦合电容器的容量越大，低频信号在传输过程中的损失越小，一般电容器的容量选择为几微法到几十微法。

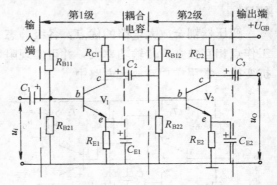

图 10-56　阻容耦合放大电路

阻容耦合的缺点：对缓慢变化的信号，电容器呈现的容抗很大，衰减很大，所以它不适用于传送变化缓慢的信号；大容量的电容不易在集成电路中制造。

3）直接耦合放大电路

将前级放大电路直接和后级放大电路的输入端联接的方式称为直接耦合。如图 10-57 所示。由图中看出，前级的信号直接输入到后级放大电路，它们的静态工作点必然相互影响，因此带来零点漂移等一系列问题。直接耦合放大电路适用于放大直流信号及变化极其缓慢的交流信号。直接耦合易制成集成电路，因而在集成电路中大量应用直接耦合方式。

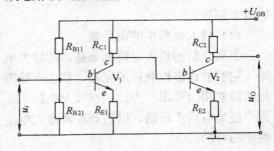

图 10-57　直接耦合放大电路

4）变压器耦合放大电路

利用变压器把前后两级联接的多级放大

电路称为变压器耦合放大电路。如图 10-58 所示。变压器通过磁路的耦合，把前级的交流信号传输到后级，变压器作为耦合元件，不仅适用于多级放大电路的级与级之间的联接，而且也适用于输入端和输出端传输交流信号。

变压器耦合放大电路的优点：各级静态工作点相互独立，传输功率大，并可实现阻抗变换，常用在功率放大电路中。

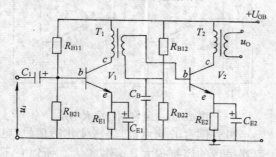

图 10-58　变压器耦合放大电路

它的缺点是体积大、成本高、频率响应差等。

5）多级放大电路的放大倍数

在分析多级放大电路时，任何相邻的两级放大电路之间相互影响，可以用后级的输入电阻 R_{i2} 作为前级的负载电阻 R_{L1} 来考虑。于是前级带上这个负载以后的输出电压 u_{o1} 就是后级的输入电压 u_{i2}，这样就可以把计算两级放大倍数的问题转化为分别计算两个单级放大电路放大倍数的问题，然后再计算总的放大倍数。

（4）放大电路中的负反馈

上面介绍的放大电路都是基本的放大电路，它们的许多性能还不完善，往往不能满足实际应用的要求。为此，在放大电路中非常广泛地应用负反馈，以达到改善放大电路性能的目的。

1）反馈的定义

所谓反馈就是将放大电路的输出量（电压或电流）的一部分或全部，通过一定的方式送回到放大器的输入端，并与输入信号（电压或电流）相合成的过程。可用图 10-59 方框图表示。

图 10-59　反馈放大电路的示意图

为了把放大电路的输出信号送回到放大电路的输入端，通常采用外接电阻或电容器等元件组成引导反馈信号的电路，这个电路叫反馈电路。图 10-59 中，取样环节是表示反馈信号从放大电路的输出端取出，取出的方式不同，反馈的类型也不同；合成环节是表示反馈信号送至放大电路的输入端和原来的输入信号进行合成。合成的方式不同，反馈的类型也不同。一般反馈放大电路是由基本放大电路与传输反馈信号的反馈电路组成。

2）反馈的分类及判断

a. 按反馈极性分类　反馈信号加强原来输入信号叫正反馈；反馈信号削弱原来输入信号叫负反馈。正反馈多用于振荡电路，负反馈多用于改善放大器的性能。判断正、负反馈通常采用瞬时极性法判别，首先设定输入信号的瞬时极性（相对于地来说）如有一个正极性的变化，用符号 $\oplus$ 表示，意思是指电位在升高；然后根据三极管集电极瞬时极性与基极瞬时极性相反，发射极与基极的瞬时极性相同，电阻、电容等反馈元件不会改变瞬时极性的关系来决定各点的瞬时极性；最后再看反馈到输入端的量是正极性 $\oplus$ 还是负极性 $\ominus$。如果是 $\ominus$ 极性，表明反馈量削弱输入信号，使净输入量下降，故为负反馈，反之为正反馈。以图 10-60 为例，三极管 V 的基极瞬时极性为 $\oplus$ 时，其余三极管的各极在该瞬时的极性都在图中标出，图中三极管发射极是 $\oplus$ 极性，相当于对三极管 V 的基极反馈负极性信号，从三极管输入端来看，反馈信号起着削弱输入信号的作用，因此是负反馈。

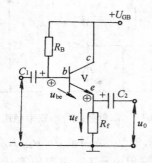

图 10-60　反馈的极性判断

b. 按交直流性质分类　若反馈回输入端的信号是直流成分，则称为直流反馈，它可以稳定静态工作点；若反馈回输入端的信号是交流成分，则称为交流反馈，它主要用于改善放大电路的性能。

c. 按输出端取样对象分类　反馈信号的取样对象是输出电压，称为电压反馈，其特点是反馈信号与输出电压成正比。反馈信号的取样对象为输出电流，称为电流反馈，其特点是反馈信号与输出电流成正比。

根据电压反馈、电流反馈的特点，假设输出端短路，即 $u_0 = 0$。若反馈信号消失，则为电压反馈；若反馈信号仍存在，则为电流反馈。

d. 按输入端联接方式分类　放大电路的净输入信号由原输入信号与反馈信号串联而成的，称为串联反馈；放大电路的净输入信号由原输入信号与反馈信号并联而成的，称为并联反馈。若反馈电路与输入端串接在输入电路，即反馈端与输入端不在同一个电极，为串联反馈；若反馈电路与输入端并接在输入电路，即反馈端与输入端在同一个电极，为并联反馈。

3) 负反馈有以下四种基本形式
a. 电压并联负反馈；
b. 电压串联负反馈；
c. 电流并联负反馈；
d. 电流串联负反馈。

4) 负反馈对放大电路性能有如下影响
a. 负反馈使放大倍数降低；
b. 负反馈使放大倍数的稳定性得到提高；
c. 负反馈使非线性失真减小；
d. 负反馈使输入电阻和输出电阻发生改变。见表 10-9。

负反馈对输入电阻和输出电阻的影响

表 10-9

反馈类型	输入电阻	输出电阻
电压并联负反馈	减小	减小
电压串联负反馈	增大	减小
电流并联负反馈	减小	增大
电流串联负反馈	增大	增大

(5) 电子滤波和晶体管串联稳压电路

1) 电子滤波电路

在电容滤波或复式滤波中，为了提高滤波效果，往往需要大容量的电容器，而电容的容量太大后，电容器的体积、价格和漏电等都要相应增大。为了克服这个缺点，可采用电子滤波器。

图 10-61 所示为电子滤波器电路，图中晶体三极管相当于一个对脉动的交流成分呈现很大阻抗，而对直流成分呈现很小阻抗的器件。由三极管的输出特性曲线可知，三极管工作在放大状态时，集电极电流主要由基极电流控制，几乎不受集电极-发射极之间电压变化的影响。

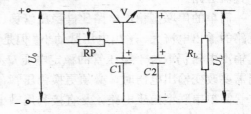

图 10-61　电子滤波器

在电路中，RP 作为基极电阻的同时，与

193

C_1 构成一个 RC 滤波电路，由于 $I_B = I_E / (1 + \beta) = I_L (1 + \beta)$，因此流经 RP 的基极电流很小。这样 RP 可以取得很大，提高了滤波效果，在三极管输入端得到一个脉动很小的基极电压。当把 RP 固定后，三极管 V 的基极电流就基本不变，相应的三极管 V 的集电极电流也就十分稳定。在工作中，输入的是脉动直流电压 U_0，三极管集电极-发射极间电压也在波动，但集电极电流基本不变，负载 R_L 两端电压也就基本不变，相当于把脉动电压的交流分量降在三极管内部。输出电压再经 C_2 进一步滤波，就得到了一个交流成分很小，比较平稳的直流输出电压。由此可见，晶体三极管在这里相当于一个很好的滤波器，它对脉动直流电中变化的交流成分呈现很大阻抗，而对直流成分则呈现很小电阻。

电子滤波与 RC 和 LC 滤波器相比较，滤波性能更优良，且体积小、重量轻、成本低，常用在电流不很大、滤波要求高的场合。

2）晶体管串联型稳压电路

硅稳压管电路是依靠稳压管中电流 I_Z 的变化引起限流电阻 R 上压降的变化来起稳压作用的。

图 10-62 是一个最简单的晶体管串联型稳压电路。图中 R_1 有两个作用：其一是 V_1 的限流电阻，它和稳压管 V_1 组成基本稳压电路，向调整管 V_2 基极提供一个稳定的直流电压 U_Z，叫基准电压；其二是三极管 V_2 的基极偏置电阻，使调整管工作在放大区。当负载 R_L 开路时，由电阻 R_2 提供给调整管一个直流通路。

简单的串联型稳压电路比硅稳压管稳压电路的输出电流大，输出电压脉动小。但是，其输出电压仍取决于稳压管的稳定电压 U_Z，当需要改变输出电压时，必须更换稳压管。

简单串联型稳压电路，是直接利用输出电压的变化量来控制调整管 U_{CE} 的变化，灵敏度不高，电压稳定的性能也不理想。图 10-63 所示为带有放大器的串联型晶体管稳

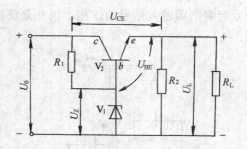

图 10-62　简单晶体管串联型稳压电路

压电路。图中 V_2 是调整管。R_3、R_4 组成分压电路。从输出电压 U_L 中取出变化的信号电压。稳压管与限流电阻 R_2 组成基准电压。V_3 是比较放大管，R_1 是它的集电极电阻，同时也是调整管 V_2 的偏置电阻。比较放大管 V_3 把从取样电路送来的部分输出电压与基准电压相比较。如果输出电压产生变化，比较结果将出现一个差值电压，V_3 管就加以放大，并用它来控制调整管 V_2 的管压降 U_{CE}，以达到稳定电压的作用。由于加了放大器，只要有很小的输出电压变化，就足以控制调整管 V_2 的很大变化，大大提高了调整的灵敏度，改善了输出电压的稳定性。

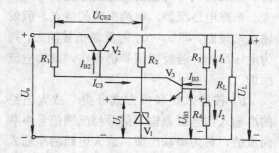

图 10-63　串联型稳压电路

10.5　晶闸管及其应用

晶闸管是硅晶体闸流管的简称，早期习惯称为可控硅，它是一种新型大功率变流半导体器件。前面我们介绍的由硅整流二极管组成的各种整流电路，在交流输入电压一定时，直流输出电压都是相对固定的。而晶闸管不仅具有硅整流器件的特性，更重要的是

它的工作过程可以控制，它能用小功率信号去控制大功率系统，从而使电子技术从弱电领域进入强电领域。在电工设备里，晶闸管变流技术主要应用在可控整流、交流调压、无触点交直流开关、逆变和直流斩波等方面。

晶闸管分为普通型、双向型、可关断型和快速型等。这里主要介绍普通型晶闸管的特点和基本应用。

10.5.1 晶闸管的结构和工作原理

普通晶闸管的外型有两种形式：一种是螺栓式，一种是平板式，如图 10-64 所示。

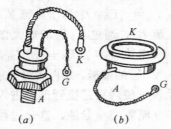

图 10-64 普通晶闸管外形

螺栓式的晶闸管适用于 100A 以下中小型容量的设备中，螺栓的一端是阳极，使用时把它拧在散热器上。平板式的晶闸管适用于 200A 以上的设备中，使用时两个散热器把晶闸管紧紧地夹在中间，提高散热效果。

（1）晶闸管的结构

晶闸管是由四层半导体构成，如图 10-65 所示。在 PNPN 四层半导体之间形成三个 PN 结。由最下层的 P 层引出一个电极，称为阳极，用 A 表示；由最上层的 N 层引出一个电极，称为阴极，用 K 表示；由中间的 P 层引出的电极称为门极（通常也称控制极），用 G 表示；其管心结构及符号如图 10-66 所示。晶闸管用文字符号 V 表示。

（2）晶闸管的工作原理

1）工作原理

我们可用图 10-67 所示的实验电路来直观的说明晶闸管的工作特点。

a. 当给晶闸管加正向电压，即阳极接电

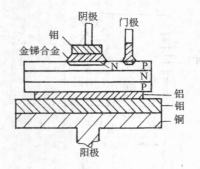

图 10-65 晶闸管的结构

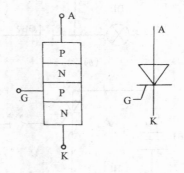

图 10-66 晶闸管心结构及其符号

源正极，阴极接电源负极，门极不加电压，开关 S 断开。如图 10-67（a）所示。此时灯不亮，说明晶闸管不导通。

b. 晶闸管的阳极和阴极之间依然加正向电压，在门极与阴极之间也加正向电压，即门极接电源正极，阴极接电源负极，如图 10-67（b）所示，此时灯泡发光，说明晶闸管导通。

c. 晶闸管导通后，把开关 S 断开，或者给门极加反向电压，灯泡仍然发光，这表明晶闸管仍然导通。

d. 在晶闸管的阳极和阴极间加反向电压，如图 10-67（c）所示，这时门极加或不加正向电压，灯泡都不亮，晶闸管关断。

e. 门极加反向电压，晶闸管阳极和阴极之间无论加正向电压还是反向电压，晶闸管都不导通。

通过上面的实验，可得出晶闸管有如下特点。其一是：晶闸管不仅具有反向阻断能力，而且还具有正向阻断能力；其二是：在

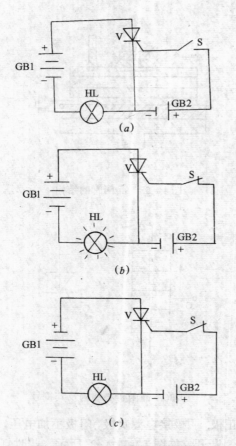

图 10-67　晶闸管导通试验电路

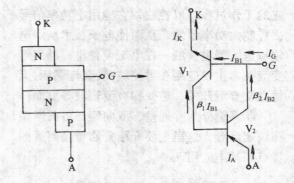

图 10-68　晶闸管工作原理

晶闸管阳极与阴极之间加正向电压，同时在晶闸管的门极也加正向电压，这样晶闸管才能导通；其三是：晶闸管一旦导通，门极就失去了对晶闸管的控制。

晶闸管的上述特性，可从晶闸管的工作原理中进一步得到说明。

图 10-68 所示为晶闸管的工作原理图，图中晶闸管被等效成一个 PNP 型三极管和一个 NPN 型三极管组成的组合器件，中间的 PN 结两管共用。

当在 A、K 之间加上正向电压时，V_2 管发射结和 V_1 管集电极都处于正的电压。在门极断开时，V_1 管的基极电流 $I_{B1}=0$，V_1 管处于截止状态，此时晶闸管处于关断状态，中间的 PN 结承受反向电压。

如果在门极 G 上加正向电压，相当于对

V_1 管的发射结提供一个正向偏压，V_1 管的基极电流 I_{B1} 通过其放大作用，使 V_1 管的集电极电流 $I_{C1}=\beta_1 I_{B1}$，I_{C1} 这个电流又是 V_2 管的基极电流 I_{B2}，通过 V_2 管的放大作用，V_2 管的集电极电流 $I_{C2}=\beta_2 I_{B2}=\beta_1\beta_2 I_{B1}$，这个电流又注入 V_1 管的基极，并再次得到放大。强烈的正反馈，使两只三极管迅速进入饱和状态，这时晶闸管完全导通，这一过程称为触发导通过程，门极上所加的使晶闸管触发导通的正向电压称为触发电压。

晶闸管导通后，V_1 管的基极一直有 V_2 管集电极提供的电流，即便失去了触发电压，晶闸管仍保持导通，门极失去控制作用。

若要关断晶闸管，可减小晶闸管的阳极电压、减小阳极电流 I_A，使其不能维持正反馈过程，也可在晶闸管阳极和阴极之间加一个反向电压，或者将阳极电源切断。

当晶闸管加反向电压，V_1 和 V_2 都处于反向电压下，它们都没有放大作用，不管门极加什么样的控制电压，晶闸管都处于关断状态。

2）晶闸管的伏安特性

图 10-69 所示为晶闸管的伏安特性曲线，横轴表示阳极电压，纵轴表示阳极电流。

在正向工作区，即 $U_A>0$，在门极电流 $I_G=0$ 的情况下，即使正向电压较大，阳极电流一直很小，只有几毫安，这个电流称为正向漏电流，我们把这段区域称为"高阻区"，晶闸管处于正向阻断状态。当正向阳极电压继

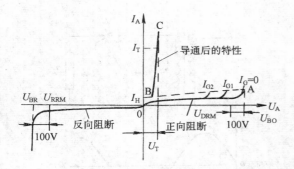

图 10-69 晶闸管阳极伏安特性

续升高到某一数值时,虽然 $I_G=0$,但阳极电流突然增大,而阳极电压突然跌到很小,电源电压几乎全部加到负载电阻上,晶闸管由正向阻断状态突然转化为导通状态,这时对应的电压称为正向转折电压 U_{BO}。晶闸管导通后,它本身的压降只有 1V 左右,电流由负载电阻来限定,曲线由 A 处跳到 B 处,I_A 沿 BC 段曲线变化,其特性与二极管的正向特性相似。

当门极加正向电压时,即 $I_G>0$,晶闸管会在较低的正向阳极电压下导通,也就是转折电压降低。而 I_G 越大,相应的阳极电压比 U_{BO} 降低越多。

在晶闸管导通后,如果逐渐减小电源电压,阳极电流 I_A 也就减小,一直减到某一值时 I_H 时,晶闸管从导通状态转化为阻断状态,这时阳极电压突然增大,电源电压几乎都加在晶闸管上,电流 I_H 是使晶闸管保持导通状态所需的最小正向阳极电流,称为维持电流。

如果将阳极电压反接,即 $U_A<0$,晶闸管工作于特性曲线的左下方,此时只有很小的反向漏电流,晶闸管处于反向阻断状态。当反向电压增加到某一数值时,反向漏电流急剧增加,使晶闸管反向击穿导通,这时所对应的电压称为反向转折电压 U_{BR}。晶闸管一旦反向击穿就永久损坏,这在实际运用时是不允许的。

3) 晶闸管的主要参数

晶闸管的工作参数较多,而在实际应用中考虑的晶闸管参数有以下几项:

a. 断态重复峰值电压 U_{DRM} 在额定结温、门极断路和晶闸管正向阻断的条件下,允许重复加在阳极和阴极间的最大正向峰值电压称为断态重复峰值电压 U_{DRM}。一般 U_{DRM} 取得比 U_{BO} 低 100V。

b. 反向重复峰值电压 U_{RRM} 在额定结温和门极断路的情况下,允许重复加在阳极和阴极间的反向峰值电压称为反向重复峰值电压 U_{RRM},一般 U_{RRM} 取得比 U_{BR} 低 100V,通常 U_{DRM} 和 U_{RRM} 数值大致相等,习惯上统称为峰值电压。通常所说的多少伏的晶闸管,就是指的这个电压。

c. 通态平均电流 $I_{T(AV)}$ 在规定的环境温度,标准散热和全导通的条件下,结温稳定且不超过额定值时,晶闸管在电阻性负载时允许通过的工频正弦半波电流在一个周期内的最大平均电流值称为通态平均电流 $I_{T(AV)}$,通常所说多少安的晶闸管就是指这个电流。由于正弦半波电流的有效值等于其平均值的 1.57 倍,所以晶闸管的额定电流有效值等于 $1.57I_T$。

d. 通态平均电压 $U_{T(AV)}$ 在规定条件下,通过正弦半波的额定通态平均电流时,晶闸管阳极与阴极间电压降的平均值称为通态平均电压 $U_{T(AV)}$,习惯称作管压降,其数值为 0.6~1V。

e. 维持电流 I_H 在室温下,门极开路,维持导通状态所必须的最小电流称为维持电流 I_H。

f. 门极触发电流 I_{GT} 在室温下,阳极和阴极加 6V 直流电压,使晶闸管完全导通所必须的最小门极直流电流称为门极触发电流 I_{GT},一般 I_{GT} 在几十到几百毫安。

g. 门极触发电压 U_{GT} 在室温下,阳极和阴极加 6V 直流电压,使晶闸管完全导通所必须的最小门极直流电压称为门极触发电压 U_{GT},一般为 1~5V。

h. 浪涌电流 I_{TSM} 晶闸管在工频正弦

半周内允许的不重复过载峰值电流称为浪涌电流 I_{TSM}。

上述八项是普通晶闸管的主要参数，在选择和使用时，必须对它们有所了解，其他参数在必要时可参考有关资料。

4）晶闸管的型号

对工频 50Hz，通态平均电流为 1A 及 1A 以上的 KP 系列普通晶闸管，其型号及含义如下：

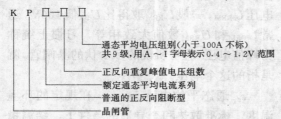

通态平均电压组别(小于100A 不标)
共 9 级，用 A ～ I 字母表示 0.4 ～ 1.2V 范围

正反向重复峰值电压组数

额定通态平均电流系列

普通的正反向阻断型

晶闸管

例如 KP20—10 表示额定通态平均电流为 20A，正反向重复峰值电压为 1 000V 的普通正反向阻断型晶闸管，又如 KP200—10B 表示额定通态平均电流为 200A，正反向重复峰值电压为 1 000V，B 组通态平均电压是 0.5V 的普通正反向阻断型晶闸管。

10.5.2 晶闸管可控整流电路

有许多直流负载需要直流电源的输出电压大小连续可调，如直流电动机的转速与所加直流电压的大小成正比，要使电动机转速能够大幅度变化，就要求有一个电压能大幅度变化的直流电源。前面介绍的各种二极管整流电路的输出电压都是不可调的。如果用晶闸管全部或部分取代二极管整流电路中的整流二极管，我们就能制成输出电压连续可调的可控整流电路。

（1）单相可控整流电路

1）单相半波可控整流电路

图 10-70(a) 所示是单相半波可控整流电路，负载为电阻性负载 R_L，u_2 是整流变压器二次侧的正弦交流电压。

在 u_2 的正半周，晶闸管承受正向电压，若在 t_1 时刻给门极加上触发脉冲 u_G，晶闸管

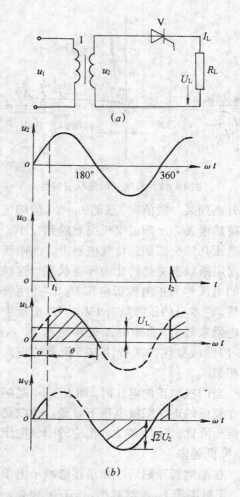

图 10-70　单相半波可控整流电路及波形
(a)电路图；(b)波形图

触发导通，忽略管压降，u_2 全部加到 R_L 上，同时有电流流过 R_L。门极所加触发脉冲消失后，晶闸管仍继续导通。

当 u_2 下降到接近零值时，晶闸管正向电流小于维持电流，晶闸管关断。

在 u_2 的负半周，晶闸管承受反向电压，此时不论有无触发脉冲信号，晶闸管总是处于反向阻断状态，负载的电压和电流均为零。这时晶闸管承受的最大反向电压为 u_2 的峰值，即 $\sqrt{2}\,U_2$，如图 10-70(b) 所示。

在 u_2 的第二个正半周，再在相应的 t_2 时刻加入触发脉冲，晶闸管再次触发导通。这样触发脉冲周期性地重复出现在门极上，负载

R_L 就可以得到单向脉动的直流电压。

若在晶闸管承受正向电压的时间内,改变门极触发脉冲的输入时刻,负载上所得的电压就会不同,这样就达到了调节输出电压的目的。

晶闸管在承受正向电压下不导通的电角度称为控制角,用 α 表示,与晶闸管导通时间对应的电角度称为导通角,用 θ 表示。显然,导通角越大,输出电压越高,并且有 $\alpha+\theta=180°$。控制角 α 变化的范围称为移相范围。理论上移相范围是 $180°$。控制角 $\alpha=0°$ 时,输出电压最大,这时称为晶闸管全导通,控制角 $\alpha=180°$ 时,输出电压为零,称它为全封闭。

单相半波可控整流电路只用一只晶闸管,调整比较方便。但此电路输出电压脉动大,变压器整流效率低,一般此电路只适用于要求较低的小容量可控整流设备中。

2)单相全波可控整流电路

单相全波可控整流电路如图 10-71(a)所示,它是由两个单相半波可控整流电路并联组成的,电路中变压器的二次绕组由中心抽头处等分为两部分,提供两个大小相等、相位相反的二次侧电压 u_2 和 u'_2,其波形如图 10-71(b)所示。

工作期间两只晶闸管 V_1 和 V_2 轮流导通,其工作原理如下:设在 t_1 时刻加入门极触发脉冲 u_{G1},此时 V_1 管承受正向电压而被触发导通,V_2 管因承受反向电压而关断。V_1 一旦导通,c 点电位和 a 点的电位相同,V_2 管承受的反向电压是 $2u_2$,其最大反向电压为 $2\sqrt{2}U_2$。当 u_2 过零时,V_1 管的电流小于维持电流而自动关断。在 $\pi\sim2\pi$ 范围内,设在 t_2 时刻加入门极触发脉冲 u_{G2},V_2 管因承受正向电压而导通,V_1 管承受 $2u_2$ 的反向电压,其最大值也是 $2\sqrt{2}U_2$。u'_2 过零时,V_2 管自动关断。显然,只要控制 α 的大小,就可使两只晶闸管的导通角改变,从而使输出电压大小得到控制。R_L 上的直流平均电压是半波可

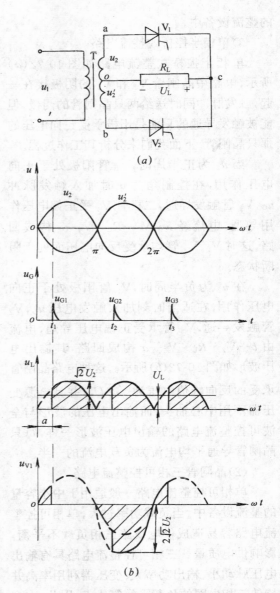

图 10-71 单相全波可控整流电路及波形
(a)电路图;(b)波形图

控整流时的两倍。

从上面的分析可看出,每只晶闸管承受的最大峰值电压为 $2\sqrt{2}U_2$,导通平均电流为负载平均电流的一半。

单相全波可控整流电路比单相半波可控整流电路输出电压的脉动小,输出电压高,但变压器的利用率较低,晶闸管承受的反向电压高,这种电路一般只适用于小容量、低电压

的整流设备中。

3)单相半控桥式整流电路

单相半控桥式整流电路如图 10-72(a) 所示,电路中晶闸管 V_1 和 V_2 的阴极接在一起,触发脉冲同时送给两只晶闸管的门极,但能被触发导通的只能是阳极承受正向电压的那只晶闸管,下面我们来分析其工作过程。

当 u_2 为正半周时,V_1 管阳极处于正向电压作用,在控制角为 α 时加入触发脉冲 u_G,V_1 管触发导通,二极管 V_4 受正偏电压作用导通,电流经 $a—V_1—R_L—V_4—b$ 构成回路,这时 V_2、V_3 管均承受反向电压而处于阻断状态。

在 u_2 为负半周时,V_2 管阳极处于正向电压作用,在适当时刻加入触发电压 u_G,V_2 管触发导通,V_3 管承受正偏电压导通,电流由 $b—V_2—R_L—V_3—a$ 构成回路,其输出电压波形如图 10-72(b) 所示。这种电路晶闸管承受的反向峰值电压为 $\sqrt{2}\,U_2$,并且电源变压器不用中心抽头,而输出电压的波形与全波可控整流电路的输出电压波形一样,每只晶闸管导通平均电流为负载电流的一半。

(2)晶闸管三相可控整流电路

单相可控整流电路一般适用于中小容量的整流设备中。当负载功率过大,单相可控整流电路容易造成供电线路三相负载不平衡,影响供电质量。三相可控整流电路具有输出电压脉动小、输出功率大、变压器利用率高并能使三相电网的负荷平衡等优点。因此,中型以上的整流装置都采用三相可控整流电路。

1)三相半波可控整流电路。

图 10-73(a) 为三相半波整流电路,图中 V_1、V_2、V_3 三只晶闸管的阴极连在一起,这种接法称为共阴极接法。整流电流从晶闸管阴极流出,经负载电阻 R_L 从变压器次级中性点 N 流进,从而构成电流回路。

2)三相半控桥式整流电路

三相半控桥式整流电路如图 10-73(b) 所示。它是由一组共阴极接法的三相半波可

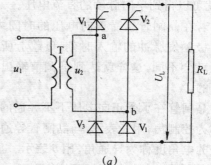

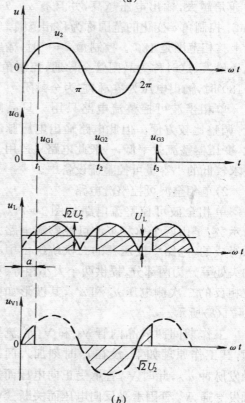

图 10-72 单相半控桥式整流及波形
(a)电路图;(b)波形图

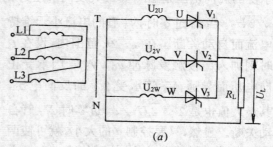

图 10-73 三相可控整流电路(一)
(a)三相半波可控整流电路;

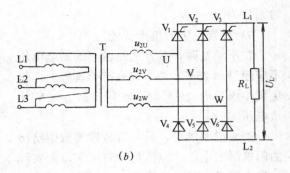

图 10-73 三相可控整流电路(二)

(b)三相半控桥式整流电路

控整流电路与另一组共阳极接法的三相半波整流电路串联组成的。由于共阳极接法的三只二极管 V_4、V_5、V_6 的负极分别接在三相电源上,因此任何时刻总有一只二极管的负极电位最低而导通。当然若共阴极接法的三只

晶闸管没有得到触发脉冲电压,则整个电路还是没有整流电压输出。当共阴极接法的三只晶闸管 V_1、V_2、V_3 中阳极电压最高者加上合适的触发脉冲而导通时,整流电路有整流输出电压。

3)几种常见晶闸管可控整流电路的比较:

表10-10 是几种常见的晶闸管可控整流电路的基本参数,这些参数是在晶闸管全导通的情况下得到的。考虑到实际运用情况,表中以电阻性负载或带续流二极管的电感性负载为例。有关带续流二极管的电感性负载的特点,可参阅有关资料,这里就不给大家介绍了。

表中 U_2 为电源变压器二次侧相电压有效值;U_L 为输出电压平均值,I_L 为整流输出电流平均值。

常用晶闸管整流电路比较　　　　　　　　表 10-10

名　称		单相半波	单相全波	单相半控桥	三相半控桥	三相双反星形
输出电压平均值		$0\sim0.45U_2$	$0\sim0.9U_2$	$0\sim0.9U_2$	$0\sim2.34U_2$	$0\sim1.17U_2$
移相范围		π	π	π	π	$\frac{2}{3}\pi$
导通角 θ		最大 π	最大 π	最大 π	最大 $\frac{2}{3}\pi$	最大 $\frac{2}{3}\pi$
最大正向电压		$\sqrt{2}\,U_2$	$\sqrt{2}\,U_2$	$\sqrt{2}\,U_2$	$2.45U_2$	$\sqrt{2}\,U_2$
最大反向电压		$\sqrt{2}\,U_2$	$2\sqrt{2}\,U_2$	$\sqrt{2}\,U_2$	$2.45U_2$	$2.45U_2$
晶闸管	电阻性负载(全导通) 电流平均值	I_L	$\frac{1}{2}I_L$	$\frac{1}{2}I_L$	$\frac{1}{3}I_L$	$\frac{1}{6}I_L$
	电流有效值	$1.57I_L$	$0.785I_L$	$0.785I_L$	$0.587I_L$	$0.289I_L$
	波形系数 $K=\dfrac{有效值}{平均值}$	1.57	1.57	1.57	1.76	1.73
	电感负载(全导通) 电流平均值	$\frac{1}{2}I_L$	$\frac{1}{2}I_L$	$\frac{1}{2}I_L$	$\frac{1}{3}I_L$	$\frac{1}{6}I_L$
	电流有效值	$0.707I_L$	$0.707I_L$	$0.707I_L$	$0.587I_L$	$0.289I_L$
	波形系数 $K=\dfrac{有效值}{平均值}$	1.41	1.41	1.41	1.76	1.73
性能比较		只用一只晶闸管、简便、经济、调整方便、输出脉动大、变压器利用率低,适用于对波形要求不高的低压负载	较之单相半波可控整流的输出电压高,脉动成分小,但元件承受反向电压高、变压器必须中心抽头	两个晶闸管共用一套触发电路,电感性负载要加续流二极管,广泛应用于小功率负载	输出脉动小,变压器利用率高,使用元件较多,电路较复杂,用于大功率、高电压负载	输出脉动小,触发电路复杂,用于低电压、大电流负载

10.5.3 晶闸管触发电路

晶闸管导通并能正常工作的条件是除在阳级与阴极之间加上正向电压外，还必须在门极与阴极之间加上适当的触发电压。我们把产生和控制触发电压的电路称为触发电路。

（1）晶闸管触发电路基本要求

为了保证晶闸管准确无误的工作，对触发电路有一些基本要求。

1）触发电路必须与主电路同步

触发电路产生的触发电压必须与晶闸管在每个半周中获得触发电压的时刻一致，保证晶闸管每次的导通角相同，从而使晶闸管主电路获得稳定的输出电压。在实际电路中，主电路和触发电路均应经同步变压器接于同一电源。

2）触发电路满足主电路移相范围的要求

触发电压的相位能平稳移动，同时要求移相的范围足够宽，以达到控制晶闸管导通角从而平稳控制输出电压的目的。对于单相可控整流电路，移相范围要求接近或大于150°。

3）触发脉冲电压的前沿要陡

为使触发时间准确，要求触发脉冲电压的上升前沿小于 $10\mu s$。

4）触发脉冲电压要有足够的宽度

普通晶闸管的开通时间为 $6\mu s$ 左右。为了满足晶闸管主电路的电流建立时间，触发脉冲宽度应不小于 $6\mu s$。一般要求脉冲宽度大于 $20\mu s$，否则脉冲电压消失时晶闸管导通电流尚未建立，晶闸管就不能可靠导通。

5）触发时能提供足够大的触发脉冲电压和功率

为保证触发可靠，触发电路要根据晶闸管容量的大小及同时导通晶闸管的数量等因素，对其提供足够大的电压和功率。一般要求在触发电路接到晶闸管门极时，输出脉冲的幅度为 $4\sim10V$。

6）具有一定的抗干扰能力

在不触发时，触发电路输出的漏电电压不应超过 $0.25V$。为了提高抗干扰能力，以免发生误导通，必要时可在门极加 $1\sim2V$ 的负电压。

需要说明的是：晶闸管特性参数中给出的门极触发电压、电流均为直流量，而实际触发电压通常是脉冲形式的。因此，触发电压、电流的幅值允许比参数表中大，脉冲越窄，允许的幅值就越大，只要触发功率不超过规定值即可。

（2）触发脉冲的输出方式

触发电路一般有两种输出方式，即直接输出和脉冲变压器输出。

1）直接输出方式

触发电路的输出端直接与晶闸管门极连接的方式称为直接输出。图 10-74（a）为触发电路直接触发单只晶闸管的电路，图 10-74（b）为触发电路直接触发两只晶闸管的电路。直接输出的优点是效率较高，对脉冲信号前沿的陡度影响小、电路简单、成本低；缺点主要是触发电路与主电路有电的直接联系，在要求触发电路与主电路相互隔离的场合不适用，只有在触发少量晶闸管而触发电路与主电路无须绝缘的场合才能使用。

2）脉冲变压器输出方式

这种输出方式克服了直接输出方式的缺点，使触发电路与主电路电气隔离。由于使用了脉冲变压器，它要消耗一部分触发脉冲的功率，使输出脉冲的幅度和前沿受到一些损失。

图 10-74（c）是利用脉冲变压器二次出线端电位相反来获得不同极性的输出脉冲电压。为了防止负极性电压加到门极，导致门极 PN 结反向击穿，常在门极电路中接入二极管，如图 10-74（d）、（e）所示。图 10-74（f）所示电路是在脉冲变压器初一次侧级并联二极管，它能抑制负脉冲的输出。

（3）几种常见触发电路

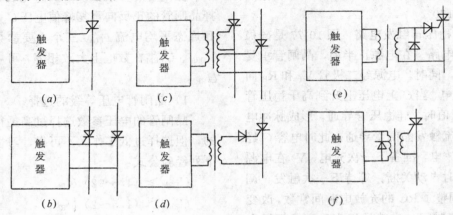

图 10-74　触发脉冲输出方式

我们知道当晶闸管阳极承受正向电压的同时，门极上正向电压由零上升到某一数值时，管子就触发导通。基于这一点，我们给大家介绍几种简单的触发电路。

1）简单触发电路它由电阻、电容和二极管组成。图 10-75 是一个简易实用的电子调压电路，交流电源经桥式整流后，给晶闸管 V_5 加上正向电压，同时又经 RP 向电容 C 充电，当电容 C 上电压上升到晶闸管门极触发电压时，V_5 导通，一直到电源电压过零时关断。显然，调整 RP 的值，就可改变 RP—C 支路的时间常数，从而调整了 C 上电压，达到 V_5 门极最小触发电压的时刻。也就是说，调整 RP 就调整了控制角，实现了调压。

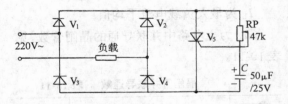

图 10-75　简易电子调压电路

图 10-76 是串励式电机的大转矩稳速电路。在电源正半周，晶闸管阳极承受正向电压，电源电压通过电阻 R_1、整流二极管 V_1 向电容 C 充电，V_2 正偏导通，当 C 上的电压上

升到 V_3 的最小门极触发电压时，晶闸管 V_3 导通，调整 R_2 就改变了 C 的充放电时间，从而控制了晶闸管的导通时刻。利用晶闸管输出电压的变化，就能调整电机的工作电压，实现调速。当转矩较大时，电机转速应随负荷加重而下降，电机绕组的反电动势增加，这个反电动势与 C 上的充电电压串联加到晶闸管 V_3 的门极上，使控制角减小，导通角增大，电机的工作电压上升，转速增加，达到了大转矩时电机稳速的目的。

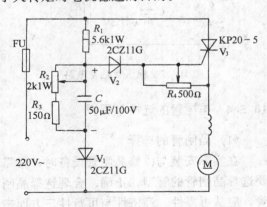

图 10-76　电阻电容和二极管触发电路

电阻、电容和二极管组成简单触发电路，是利用晶闸管阳极电压作触发电压，以满足触发电路与主电路同步的要求。它们依靠调整 RC 充放电时间常数进行移相控制，触发电压由电容充放电获得，触发电压波形近似

为三角波，触发信号前沿较平稳，移相范围约为0°～170°。

2) 硅稳压管触发电路　图10-77是硅稳压管触发电路。在电源正半周，晶闸管承受正向电压，同时，电源经二极管 V_1 和 R_P 向电容 C 充电，当 C 上电压上升到高于稳压管 V_3 的稳压值时，硅稳压管导通，形成脉冲电流，此电流触发晶闸管导通。此时电容 C 经 V_3 和 V_2 放电，准备下一次充电，V_2 在电源电压过零时自动关断，等待下一次触发。调整 R_P 就调整了 RC 的充放电时间常数，改变了 V_3 击穿时间，也就是相应改变了门极上加正向触发信号的时刻，实现了移相和控制输出电压的目的。

稳压管触发电路输出的触发脉冲前沿较陡。选用的稳压管稳定电压越低，电阻、电容越大，移相范围也越大。

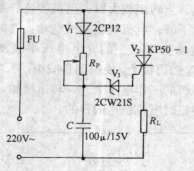

图10-77　稳压管触发电路

10.5.4　晶闸管的选择与保护

(1) 晶闸管的选择

在实际安装与维修晶闸管设备时，常需要选择晶闸管的管型。正确、合理选择晶闸管，应从可靠性、经济性与可行性三方面来考虑。一般应首先按具体电路的要求，计算出所需晶闸管的参数，然后再考虑环境温度、散热条件、负载性质等因素的影响，并对计算结果加以修正，最后依据计算出的数据，查阅晶闸管手册、产品合格证或特性参数表。选取满足要求的管型。

晶闸管的参数很多，实际先取时，常选择晶闸管的正反向重复峰值电压 U_{DRM}、U_{RRM} 和通态平均电流 $I_{T(AV)}$ 三个主要参数。一般 U_{DRM}、U_{RRM} 在数值上大致相等，可主要考虑 U_{RRM}。

1) 晶闸管电压等级的选择

晶闸管的电压参数选择过高是很不经济的，但选择过低工作又不可靠，习惯上使用下列经验公式：

$$U_{DRM} \geqslant (1.5 \sim 2) U_{DM} \qquad (10\text{-}14)$$

$$U_{RRM} \geqslant (1.5 \sim 2) U_{RM} \qquad (10\text{-}15)$$

式中 U_{DM}、U_{RM} 是晶闸管在工作中实际承受的正反向峰值电压。1.5～2 是安全系数。

晶闸管承受的正反向电压与电源电压、控制角以及电路形式有关。

2) 晶闸管电流等级的选择

由于晶闸管的电流过载能力较差，一般按电路最大工作电流来选择晶闸管。在各种主电路中，晶闸管电流波形都是不一样的。此外晶闸管导通角不同时，其电流有效值也不相同，这样会使计算显得很繁琐。习惯上以晶闸管全导通时为参考，按下面的经验公式估算晶闸管的工作电流平均值：

$$I_{t(AV)} = \frac{K}{1.57 m_K} I_L \qquad (10\text{-}16)$$

式中 K 为不同主电路中每只晶闸管的电流波形系数，从表10-10中可查得；

I_L 为最大负载电流平均值；

m_K 为主电路中并联导通的晶闸管数，见表10-11。

晶闸管并联导通数　表10-11

主回路形式	单相半波	单相桥式单相全波	三相桥式三相半波	三相双反星
m_K	1	2	3	6

根据上式估算出 $I_{t(AV)}$ 后，晶闸管通态平均电流 $I_{T(AV)}$ 取 $I_{t(AV)}$ 的 1.5～2 倍。

3）影响晶闸管选择的一些因素

具体选择晶闸管时，除了依据上述的估算外，还要考虑负载的性质与实际工作条件。

a. 负载为电容性，接通电路时，充电电流较大；负载是电动机时，启动电流较大，对于这类负载，在选择晶闸管时要考虑适当增加管子的电流容量。

b. 晶闸管在交流电路中使用时，很少处于全导通状态，导通角一般不到180°，要满足输出电流的要求，势必在导通期间通过比全导通时更高的峰值电流，也就是说，在输出电流平均值相同的情况下，导通角小的电流峰值要比导通角大的电流的峰值要大。因此，晶闸管的导通角小时，其允许输出的平均电流应比全导通时小。在不同导通角下工作的晶闸管，其实际允许的平均电流应等于手册给出的 $I_{T(AV)}$ 乘以相应的系数。当导通角为180°、120°、90°、60°、30°时，乘上相应的系数为 1.0、0.83、0.71、0.54、0.38。

c. 晶闸管手册或出厂合格证上标注的通态平均电流是在额定结温和环境温度40℃时测定的，如果工作环境超过40℃，晶闸管的实际容量会下降。

d. 大容量晶闸管的工作条件若不符合规定的要求，例如强迫风冷风速不够，风冷改为自然冷却，这时晶闸管的电流容量应降低40%，如果风冷改为水冷，则可提高40%。

（2）晶闸管的保护

尽管我们在计算、选用晶闸管时，电压、电流都留有余量，但晶闸管的热容量很小，承受过电压和过电流能力很差，很容易因过电压而击穿，因过电流而烧毁。因此，必须重视晶闸管的保护。

1）主电路过流保护

流过晶闸管的电流有效值超过它的额定通态平均电流的有效值称为过电流。晶闸管允许在一个较短的时间内承受一定的过电流。

过流时结温迅速上升，长时间过流，会造成晶闸管永久性破坏。因此，晶闸管过流保护的意义就是在晶闸管过流的允许时间内切断过电流电路。如果出现过流，能在一个周波（即 0.02ms）内保护装置动作，就更为可靠。

在 10.1.5 介绍的整流电路中设备的过流保护方法在晶闸管可控整流电路中也普遍适用，这里就不再重复。

2）主电路过压保护

当加在晶闸管上的电压超过其额定电压时称为过电压。晶闸管主电路的过压保护也可以采用与二极管整流电路过压保护相类似的措施，用阻容元件吸收过电压，用压敏电阻来限制过电压。在设备中可视具体情况选择其中一种或几种接在输入或输出端，其元件数据的计算与整流设备的保护电路计算方式相同，只不过将二极管整流的导通电流换为晶闸管的平均通态电流 $I_{T(AV)}$。

3）门极电路过流过压保护

晶闸管在一个周波（0.02ms）中允许过载能力一般是 5 倍，如果发生 10 倍、20 倍的过电流则必须在半个周波内消除，否则晶闸管会损坏。但半周内快速熔断器、快速继电器等来不及动作，只有靠门极保护电路才能满足要求。

根据晶闸管的特点，它是由门极触发导通的，当电压过零时，晶闸管自行关断。晶闸管在导通时，如果出现过流过压情况，就应让触发电路及时关断，这样才能有效地在半个周波中关断晶闸管。图 10-78 所示为门极过流过压保护电路。

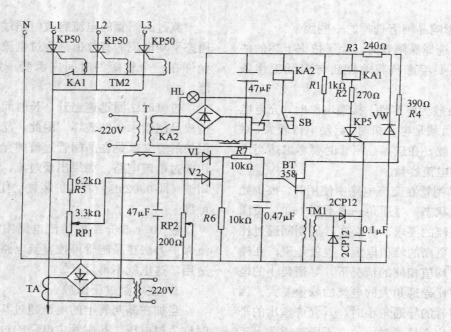

图 10-78   晶闸管过流过压保护单元电路

10.6   数字电路

电子技术把工作信号分为模拟信号和数字信号两大类。模拟信号是指在时间上和数值上都是连续变化的信号，如前面讨论的正弦信号、电视的图像和伴音信号。传输、处理模拟信号的电路称为模拟电路。数字信号是指在时间上和数值上都是断续变化的离散信号，如生产中自动记录零件个数的计数信号，数字式石英表的数显信号等。传输、处理数字信号的电路称为数字电路。

10.6.1   数字电路基础知识

（1）脉冲信号与数字信号

数字电路的工作信号是不连续变化的脉冲信号。在电子技术中，把作用时间很短，数值上突变的电压或电流称为脉冲。数字信号是用脉冲的有无或电平的高低来表示数字信息。

脉冲的波形有很多种，如图 10-79 所示。常见的有矩形波、尖脉冲波、锯齿波等。脉

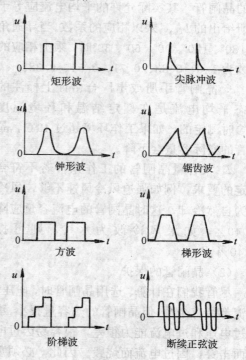

图 10-79   几种常见的脉冲波形

冲的作用时间是极为短促的，通常用毫秒、微秒，甚至纳秒来计算。在数字电路中常见的脉冲是矩形波，下面以矩形波为例介绍脉冲

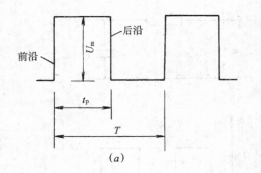

(a)

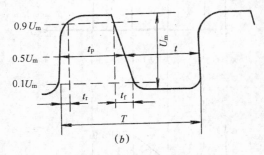

(b)

图 10-80　矩形脉冲波形的参数

(a) 理想矩形波；(b) 实际的矩形波

波形的几个主要参数，见图 10-80。

a. 脉冲周期 T　周期性重复的脉冲中，两个相邻脉冲的时间间隔为脉冲周期，有时也用频率 $f=1/T$ 表示单位时间内脉冲重复的次数。

b. 脉冲幅度 U_m　脉冲电压的最大变化幅度称为脉冲幅度。脉冲有正脉冲和负脉冲之分。若脉冲的峰值大于静态值，称为正脉冲；峰值小于静态值，则称为负脉冲，参见图 10-81。

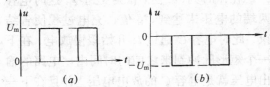

(a)　　　　　　*(b)*

图 10-81　正、负脉冲波形

(a) 正脉冲；(b) 负脉冲

c. 脉冲宽度 t_p　从脉冲前沿上升到 $0.5U_m$ 起到脉冲后沿下降到 $0.5U_m$ 止的一段时间称为脉冲宽度。

d. 上升时间 t_r　脉冲前沿从 $0.1U_m$ 上升到 $0.9U_m$ 所需的时间称为上升时间。

e. 下降时间 t_f　脉冲后沿从 $0.9U_m$ 下降到 $0.1U_m$ 所需的时间称为下降时间。

f. 脉冲间隔 t_g　前一脉冲后沿的 $0.5U_m$ 处到后一脉冲前沿 $0.5U_m$ 处之间的时间称为脉冲间隔。

（2）脉冲波形的产生和变换电路

在数字电路中，脉冲是不可缺少的，我们把能够产生和变换各种脉冲波形的电路称为脉冲电路。

1）微分电路

图 10-82（a）是由 RC 组成的微分电路，它的作用是把矩形脉冲信号变换为尖脉冲信号。电路中 R 两端作为输出端，当输入脉冲如图 10-82（b）所示的矩形波时，对应的输出脉冲波形如图 10-82（c）所示。下面分析 RC 微分电路的工作过程。

当矩形波脉冲到来时，即在 t_r 时刻，输入脉冲电压 u_i 由零突变到 U_H，而电容两端电压 u_c 不能突变，仍然为零，u_i 全部加在电阻 R 的两端，此刻的输出电压就等于输入电压。

在 t_r 到 t_f 这段时间内，电容 C 处于充电状态，其两端的电压 u_c 按指数规律上升，最后使 $u_c=U_H$。在电路的输出端，输出电压的数值等于输入电压 u_i 和电容两端电压 u_c 之差，因而输出电压是按指数规律下降的正的尖脉冲。

在 t_f 时刻，输入电压 u_i 由 U_H 突变到零，这时输入端相当于短路，此时电容通过 R 放电，放电电流与充电电流方向相反，输出电压为负的尖脉冲。

从上面的分析可看出，RC 微分电路每输入一个矩形脉冲，输出端就得到一对正、负尖脉冲。微分电路的特点是：它的输出脉冲反映了输入脉冲的突变部分，即对应于输入脉冲的上升时间 t_r 和下降时间 t_f 时刻。要得到图示 u_o 波形，要求电路的 RC 时间常数相对于输入波形 u_i 的上升时间 t_r 要相近或更小。

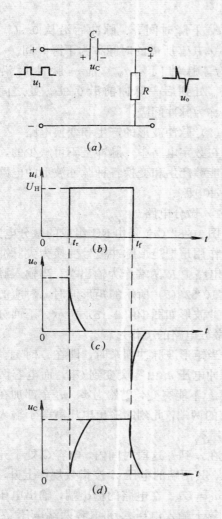

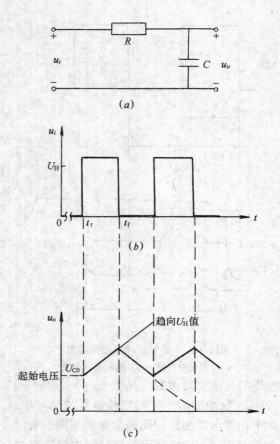

图 10-82　RC 微分电路及其波形

(a) 电路；(b) 输入脉冲；(c) 输出尖脉冲；

(d) 电容两端电压

2) 积分电路

积分电路与微分电路在电路的形式上相比，仅仅是 R、C 的位置互换，但电路的性质则完全不同，积分电路如图 10-83 (a) 所示。下面分析积分电路的工作过程。

假定加入的输入矩形脉冲已作用了一定时间，电容 C 两端已有了起始电压 U_{C0}。

在 t_r 时刻，输入电压 u_i 由零突变到 U_H，因电容两端的电压不能突变，故仍为起始电压 U_{C0}。在 $t_r \sim t_f$ 时间段内，电容在 U_H 的作用下充电，其两端电压 u_C 按指数规律上升。

图 10-83　RC 积分电路及其波形

(a) RC 积分电路；(b) 输入波形；(c) 输出波形

若我们让电路的时间常数 τ（$\tau = RC$）远大于输入脉冲的宽度 t_p。在 $t_r \sim t_f$ 时间段内，电容两端的电压变化可近似看作是线性上升。

在 t_f 时刻，u_i 由 U_H 突变到零，这时电容两端的电压未达到 U_H 值，充电过程便告结束，此时电容 C 通过 R 开始缓慢放电。在下一个矩形脉冲到来之前的时间内，电路的输出电压就是电容 C 的放电电压，并且在下一个脉冲到来时电容上的电压已降至起始电压 U_{C0}，此后重复以上过程。从图 10-83 (c) 所示可看出，输出电压的波形是一个锯齿波。

3) 限幅电路

限幅电路也称削波电路，它的作用是把输入波形的幅度限制在一定范围内。

a. 二极管串联限幅电路　二极管 V 和

负载 R 串联，如图 10-84（a）所示，这个电路称为串联限幅电路。

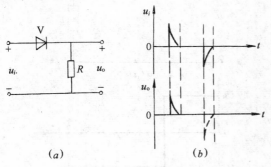

图 10-84　二极管串联限幅电路
（a）电路；（b）波形

设输入电压 u_i 的波形如图 10-84（b）所示，当输入电压为正脉冲时，二极管 V 导通。忽略二极管正向压降的影响，输出电压 u_o 近似等于输入电压 u_i。R 的值越大，u_o 与 u_i 越接近。当输入电压为负脉冲时，二极管 V 截止，忽略漏电流的影响，输出电压近似为零。这时输入的负脉冲被削去，得到的输出电压只是一个正脉冲，如图 10-84（b）所示。

如果要获得负脉冲输出，只要将图 10-84（a）中的二极管反接即可。

b. 二极管并联限幅电路　当二极管 V 与负载（输出端未画出）并联，如图 10-85（a）所示，这个电路称为二极管并联限幅电路。

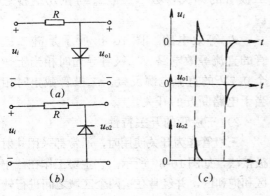

图 10-85　二极管并联限幅电路
（a）上限幅；（b）下限幅；（c）波形图

设输入电压 u_i 的波形如图 10-85（c）所示，当输入电压为正脉冲时，二极管 V 导通，这时二极管的管压降很小，可忽略不计，输出电压为零。当输入为负脉冲时，二极管截止，输入电压全部加在输出端，输出电压近似等于输入电压。由以上分析可看出，此电路削掉了正脉冲，而保留负脉冲。如图 10-85（c）所示。

当二极管反接时，如图 10-85（b）所示，负脉冲被削掉，正脉冲被保留。

（3）晶体管的开关特性

所谓晶体管开关特性是指：二极管的导通和截止、三极管的饱和和截止相当于开关的"通"和"断"状态这一特性。利用二极管和三极管的开关特性能制成无触点开关，它比机械式触点开关动作速度快、寿命长、反应灵敏，在自动控制技术中被广泛应用。另外，运用二极管和三极管开关特性的两种状态可实现脉冲的有和无，也可用来表示数字电路的"0"和"1"两种状态。因而，二极管、三极管的开关特性也是数字电子技术的基础。

1）二极管的开关特性

一个理想的开关，在闭合时，它两端的电压应为 0；在断开时，流过开关的电流应为 0；而且开关状态的转换可以瞬间完成。下面让我们以硅二极管作为开关运用为例分析二极管的开关特性。图 10-86 为二极管开关电路。

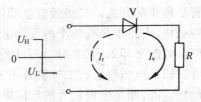

图 10-86　二极管开关电路

a. 导通条件及导通时的特点　由二极管的伏安特性可知，当给二极管加上正向电压，并且大于死区电压时，管子导通。通过二极管的电流随着管子两端电压的增加而急剧增加,在管子两端达到0.7V时,伏安特性曲线已经很陡。此时二极管电流若在一定范围变化,二极管两端的电压基本保持不变,约为0.7V。因此,在数字电路的分析估算中,常把二极管两端的电压大于0.7V看成是硅二极管导通的条件,而且一旦导通就近似认为二极管两端的电压保持0.7V不变,如同一个具有0.7V压降的闭合开关,有时甚至将0.7V忽略不计。

b. 截止条件及截止时的特点 由硅二极管的伏安特性可知,当给二极管所加电压小于死区电压时,二极管的电流很小,因此,在数字电路的分析中,常把外加电压小于死区电压0.5V看成是硅二极管的截止条件,而且一旦截止之后,就近似认为零,如同断开的开关。

c. 反向恢复时间 t_{re} 二极管从正向导通转换为反向截止或者是由反向截止转换为正向导通都需要一定的时间,而不是瞬间完成。但这两种转换过程所需的时间不同,正向导通转换为反向截止所需时间要比反向截止转换为正向导通所需时间长,一般后者的转换时间可以忽略。二极管反向恢复时间指的是二极管从正向导通到反向截止的转换过程所需的时间。

图10-87所示是二极管开关由正向导通转换为反向截止状态的瞬态波形图。

当输入电压从U_H跳变到$-U_L$时,如果二极管是理想的开关,二极管应立即由导通转换为截止,电路中只有极小的反向电流。但实际电流的波形却如图10-87(*c*)所示,当二极管的输入电压跳变,二极管并不立即转换为截止状态,而是出现较大的反向电流,说明二极管仍然是导通的。二极管的电流由I_H跳变到$-I_L$,I_L数值上近似为输入电压U_L与负载电阻R_L之比。I_L在保持一段时间t_s后才逐渐减小,再经过t_t时间后进入稳定的反向截止状态。

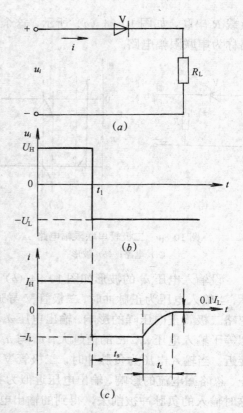

图10-87 二极管由导通转换为截止过程
(*a*) 电路;(*b*) 输入电压;(*c*) 二极管电流

我们把维持最大反向电流的时间t_s称为存贮时间,反向电流由最大值I_L减小到$0.1I_L$所需时间t_t称为渡越时间,把t_s和t_t之和定义为二极管的反向恢复时间t_{re},它是二极管的开关参数,一般t_{re}约在几纳秒之内。

d. 等效电路 图10-88所示是硅二极管的直流等效电路。二极管导通时相当于一个0.7V的直流电源反接。二极管截止时相当于电路断开的开关。

2) 三极管的开关特性

三极管作为开关使用时,通常都采用共射极接法,如图10-89所示。它主要工作在截止区和饱和区,并经常在这两个区域之间进行转换,截止区和饱和区之间转换必须经过放大区。但放大区在这个转换过程中出现的时间极短,是瞬间即逝的。下面我们来讨论三极管的开关

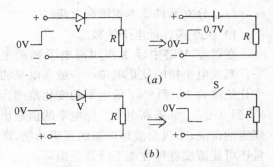

图 10-88　硅二极管的近似直流等效电路

(a) 正向时；(b) 反向时

条件及其在开关状态下的特点。

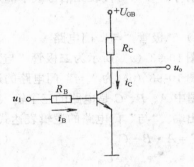

图 10-89　三极管开关电路

a. 饱和导通条件及饱和时的特点

饱和导通条件：三极管临界饱和时，根据图 10-89 所示电路可得集电极临界饱和电流 I_{CS}：

$$I_{CS} = \frac{U_{GB} - U_{CES}}{R_C} \approx \frac{U_{GB}}{R_C}$$

基极临界饱和电流 I_{BS}：

$$I_{BS} = \frac{I_{CS}}{\beta} \approx \frac{U_{GB}}{\beta R_C}$$

在工作中，若三极管的基极电流 I_B 大于临界饱和电流 I_{BS}，则三极管一定处于饱和导通状态，即：

$$I_B > I_{BS} \approx \frac{U_{GB}}{\beta R_C}$$

则三极管工作于饱和状态。

当三极管作为开关使用时，把 $I_B > I_{BS}$ 作为判断管子是否饱和导通的条件。

饱和时的特点：由输入特性和输出特性得知，三极管饱和导通以后，$U_{BE} \approx 0.7V$，U_{CE}

$\approx U_{CES} \leqslant 0.3V$，如同闭合的开关。图 10-90 是硅管饱和时各电极电压的典型数据。

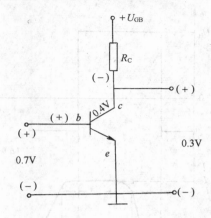

图 10-90　NPN 型三极管饱和时
各电极电压值

b. 截止条件及截止的特点

截止条件：　$U_{BE} < 0.5V$　（硅管）

由三极管的输入特性可知，当 $U_{BE} < 0.5V$ 时，管子基本处于截止状态，因此常把 $U_{BE} < 0.5V$ 作为三极管截止的条件。三极管工作在截止状态，集电极和发射极之间近似于开路，如同断开的开关。为了保证截止可靠，常使 $U_{BE} = 0$，或加反向偏压。

c. 开关时间

三极管由截止状态转换到饱和状态，必须经过放大区，所以这两种状态之间的转换过程总是需要一定的时间。在图 10-89 所示的电路输入端加一个如图 10-91 (a) 的理想矩形波，则输出电流的波形如图 10-91 (b) 所示。从图中可看出，输出电流波形的起始部分和平顶部分都延迟了一段时间，上升和下降沿都变得缓慢了。三极管由截止到饱和导通所需要的时间称为开启时间，用 t_{on} 表示，它等于延迟时间 t_d 与上升时间 t_r 之和，即：$t_{on} = t_d + t_r$。三极管由饱和导通到截止所需要的时间称为关闭时间，用 t_{off} 表示。t_{off} 等于存储时间 t_s 与下降时间 t_f 之和，即 $t_{off} = t_s + t_f$。

三极管的开关时间 t_{on}、t_{off} 一般在几十到几百纳秒之间，通常 $t_{off} > t_{on}$，$t_s > t_f$，因此 t_s

的大小是影响三极管开关速度的最主要原因。

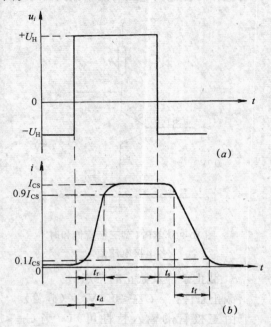

图 10-91 三极管开关电路的波形
(a) 输入电压波形; (b) 输出电流波形

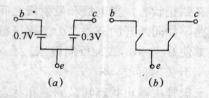

图 10-92 三极管的近似直流等效电路
(a) 饱和时; (b) 截止时

d. 等效电路

三极管在开关状态下的近似直流等效电路如图 10-92 所示。

10.6.2 逻辑门电路

在数字电路中,实现一些基本逻辑关系的电路称为门电路。它是构成数字电路的基本单元,每一个门电路的输入与输出之间,都有一定的逻辑关系。通过逻辑函数的学习,我们知道最基本的逻辑关系是"与"、"或"、"非"三种。在数字电路中,与之对应的最基本逻辑电路有"与门"、"或门"、"非门"。

(1) 分立元件基本逻辑门电路

1) 关于高、低电平的概念

在数字电路中经常使用高电平和低电平,其实电平指的就是电位。一般高电平的变化范围为 2V 到 5V,低电平的变化范围为 0V 到 0.8V。如果高电平、低电平的值超出规定的范围,不仅会破坏电路的逻辑功能,而且还可能造成器件性能下降甚至损坏。

在数字电路中,用"1"表示高电平,用"0"表示低电平。"1"可代替有信号或满足逻辑条件,"0"可代表无信号或不满足逻辑条件。

2) 二极管"与"门电路

图 10-93 (a) 所示为二极管"与"门电路。图 10-93 (b) 为"与"门电路的逻辑符号。图中 A、B、C 是电路的三个输入端,F 为输出端。"与"门电路的逻辑表达式为

$$F = A \cdot B \cdot C。 \tag{10-17}$$

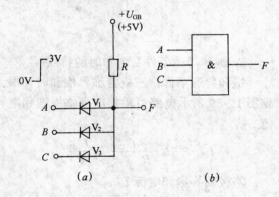

图 10-93 二极管"与"门电路及逻辑符号
(a) 电路; (b) 逻辑符号

当 A、B、C 三个输入端同时为高电平 3V 时,三只二极管都导通。此时输出端 F 的电位比 3V 略高,其电位约等于 3.7V。输出为高电平。

当输入端 A、B、C 有一个为低电平时,如 A 端为低电平 0V,此时 V_1 承受正向电压最大,它首先导通。V_1 一经导通,它的正极电位仅比负极高 0.7V 左右。此刻二极管 V_2、V_3 都承受反向电压处于截止状态。输出端 F

为低电平。若其他的输入端为低电平时，情况与此类似，输出都为低电平。

若用"1"表示高电平，"0"表示低电平，则图 10-93（a）二极管"与"门电路的真值表如表 10-12 所示。

二极管"与"门真值表　　表 10-12

A	B	C	$F = A \cdot B \cdot C$
0	0	0	0
0	0	1	0
0	1	0	0
0	1	1	0
1	0	0	0
1	0	1	0
1	1	0	0
1	1	1	1

数字电路中的工作信号通常是含有高电平和低电平的方波，电路的工作状态和逻辑关系也可以通过波形图来分析。例如图 10-94（a）所示的"与"门逻辑电路中，输入信号如图 10-94（b）所示。输入信号 A 和 B 波形都是相同方波，根据"与"门电路的逻辑功能可知，只有在 A、B 两个输入信号都为高电平，且控制端 C 也同时为高电平输入时，电路才有高电平输出。若判断信号 C 为低电平，无论 A、B 两输入信号处于何种状态，输出端 F 都不会有高电平输出。输出信号 F 的波形如图 10-94（b）所示。

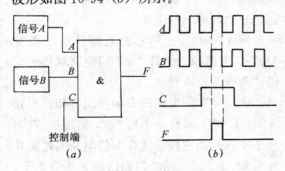

图 10-94　"与"门控制原理及波形图
（a）"与"门逻辑电路；（b）波形图

3）二极管"或"门电路

图 10-95（a）所示为二极管"或"门电路，图 10-95（b）为"或"门电路的逻辑符号。A、B、C 是逻辑电路的三个输入端，F 为输出端。"或"门电路的逻辑表达式为：

$$F = A + B + C \qquad (10\text{-}18)$$

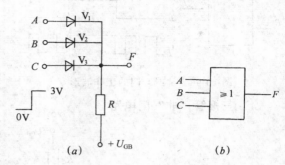

图 10-95　二极管"或"门电路及逻辑符号
（a）电路；（b）逻辑符号

当 A、B、C 都为低电平零伏时，由图 10-95（a）可看出，二极管 V_1、V_2、V_3 的正极电位高于它的负极电位，因而三只二极管都同时导通，输出端 F 的电位为负 0.7V 左右，即 F 为低电平。

当 A、B、C 中有一个为高电平时，例如 A 端为高电平，B、C 端为低电平。二极管 V_1 承受的正向电压最大，它优先导通，V_1 一旦导通，F 端电位仅比 A 端电位低 0.7V 左右，此时 V_2、V_3 都承受反向电压，它们处于截止状态，输出端 F 为高电平。其余情况依此类推，输出端 F 也为高电平。

图 10-95（a）所示的二极管"或"门电路真值表如表 10-13 所示。

二极管"或"门真值表　表 10-13

A	B	C	$F = A + B + C$
0	0	0	0
0	0	1	1
0	1	0	1
0	1	1	1
1	0	0	1
1	0	1	1
1	1	0	1
1	1	1	1

图 10-96 是有两个输入端的"或"门电路

的工作波形，由波形图可以直观地分析"或"门电路的输入和输出之间的关系。

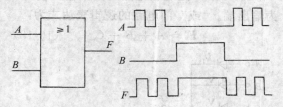

图 10-96 "或"门的工作波形

4）三极管"非"门电路

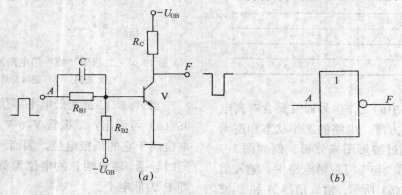

图 10-97 "非"门电路及逻辑符号
(a) 电路；(b) 逻辑符号

当输入端 A 为高电平时，三极管工作于饱和状态。U_{CE} 近似为零，输出端 F 为低电平；当输入端为低电平时，三极管处于截止状态，F 的电位近似等于 U_{GB}，输出为高电平，从而实现逻辑"非"的关系。电路中加电源 $-U_{GB}$ 和电阻是为了使三极管可靠截止。表 10-14 为"非"门电路真值表。

"非门"电路真值表　　表 10-14

A	$F=\overline{A}$
0	1
1	0

（2）分立元件的"与非"门和"或非"门

由于二极管门电路没有放大作用，在传递逻辑信号时，要产生电流的衰减和电平位移。特别是多级联用时，可能造成前级推不动后级，或者使最后输出的高、低电平难以

我们知道逻辑"非"的关系是：输入为"1"，则输出就为"0"；输入为"0"，则输出就为"1"。它的逻辑表达式为：

$$F = \overline{A} \qquad (10-19)$$

上式应读作"A 非"或"A 反。"

利用三极管共发射极接法具有反相作用的特性，可组成"非"门电路。

图 10-97 (a) 所示的电路就是由三极管组成的最简单的"非"门电路。"非"门电路的逻辑符号如图 10-97 (b) 所示。

分辨，整个电路无法正常工作。而"非"门电路的优点恰好是没有电平位移，带负载能力和抗干扰能力强。因此，把它们联接起来构成的"与非"门和"或非"门电路，就成为应用很广、更加典型的门电路。

1）"与非"门电路

图 10-98 (a) 所示的电路是由二极管"与"门电路和三极管"非"门电路联接而成的"与非"门电路。

由"与"门电路的逻辑功能可知，只要 A、B、C 输入端有一个是"0"，输出 U_p 就为低电平，再由三极管"非"门电路的逻辑功能可知，此时"与非"门输出端 F 为高电平。

当 A、B、C 输入端都是"1"时，"与"门的输出才是高电平，"非"门的输出 F 为低电平。

"与非"门电路的逻辑功能表达式为：

214

$$F = \overline{A \cdot B \cdot C} \qquad (10\text{-}20)$$

图 10-98 (b) 为"与非"门逻辑符号。

表 10-15 为三端输入"与非"门逻辑电路的真值表。

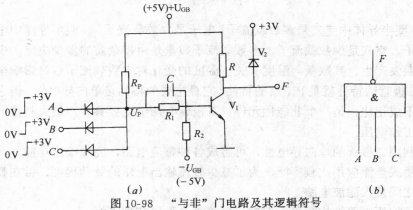

(a)

图 10-98 "与非"门电路及其逻辑符号

(a) 电路；(b) 逻辑符号

(b)

"与非"门真值表　　表 10-15

A	B	C	$F = \overline{A \cdot B \cdot C}$
0	0	0	1
0	0	1	1
0	1	0	1
0	1	1	1
1	0	0	1
1	0	1	1
1	1	0	1
1	1	1	0

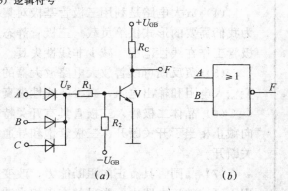

图 10-99 "或非"门电路及其逻辑符号

(a) 电路；(b) 符号

在图 10-98 (a) 所示电路输出端接有二极管 V_2 和 +3V 电源，它们的作用是当输出端 F 电位高于 +3V 时，V_2 导通，使电路的输出电平保持在 +3V 左右，这个数值与输入电平一致。而输出端 F 为低电平时，V_2 处于截止状态，+3V 电源被隔开，不影响输出电平。

2）图 10-99 所示电路为二极管"或"门电路和三极管"非"门电路联接而成的"或非"门电路。

由"或"门电路的逻辑功能可知，只要 A、B、C 三个输入端中有一个为高电平"1"，输出 U_P 就为高电平，再由三极管"非"门电路的逻辑功能可知，此时"或非"门输出端 F 为低电平。只有当 A、B、C 三端都为低电平"0"时，"或非"门的输出端 F 才为高电平"1"。

"或非"门的逻辑表达式为

$$F = \overline{A + B + C} \qquad (10\text{-}21)$$

图 10-99 (b) 为"或非"门逻辑符号。其真值表如表 10-16 所示。

"或非"门真值表　　表 10-16

A	B	C	$F = \overline{A + B + C}$
0	0	0	1
0	0	1	0
0	1	0	0
0	1	1	0
1	0	0	0
1	0	1	0
1	1	0	0
1	1	1	0

小　　结

（1）P 型半导体中空穴是多数载流子，电子是少数载流子；N 型半导体中电子是多数载流子，空穴是少数载流子。多数载流子数量是由掺杂质的多少决定，少数载流子由热激发产生，其数量与温度有关，温度的变化对少数载流子数目影响很大。

（2）二极管的特性就是 PN 结的特性，它最主要的特性是单向导电性。但它的电压和电流不成正比，是一个非线性元件。二极管有两个主要参数：最大整流电流和最高反向工作电压。

（3）利用二极管的单向导电性，可组成各种整流电路，完成整流功能。其中单相、三相桥式整流应用比较广泛。为了减少整流输出电压的脉动程度，常在整流电路和负载之间接入滤波电路。

稳压管稳压电路结构简单，但输出电流小，稳压特性不好。

（4）放大电路是利用三极管基极对集电极的控制作用，将直流电源的能量转化为我们需要的形式供给负载。三极管静态工作点的设置是十分重要的，它可保证三极管工作在线性范围，减少非线性失真。

（5）负反馈可改善放大电路放大器的性能：稳定工作点，提高工作稳定性，改变输入电阻和输出电阻，减少非线性失真等。

（6）晶体二极管、三极管具有开关特性，二极管正向导通相当于开关接通，反向截止相当于开关断开；三极管饱和导通相当于开关接通，三极管截止时相当于开关断开。

（7）晶闸管具有正向阻断能力，改变触发时间，可控制晶闸管的导通时间，常用于可控整流电路中，常见的有单相半波可控整流、三相半波可控整流、三相半控桥式整流电路。

（8）逻辑电路中三种最基本的逻辑电路是："与"、"或"、"非"门。常用的表示方法有逻辑表达式、真值表、工作波形图等。

习题

1. 什么是半导体？半导体最主要的导电特性是什么？
2. 杂质半导体中，多数载流子和少数载流子的浓度由什么决定？和温度有无关系？
3. 试述 PN 结的单向导电性。
4. 解释下列二极管型号的意义。

    2CZ52B   2AP10

5. 什么是整流？整流器由哪几部分组成？
6. 整流输出的电压与直流电、交流电有什么不同？
7. 为什么二极管可作为整流器件用在各种整流电路中？
8. 在选用整流二极管时，主要考虑的是哪些参数？
9. 试画出单相桥式整流电路的原理图，当输入为正弦交电流电时，试定性分析其工作原理。

10. 什么是滤波？常用的滤波电路形式有哪些？

11. 在电容滤波电路中，电容器应如何联接？

12. 试述稳压管稳压电路的工作原理。

13. 在二极管整流电路中，输出直流电压脉动最小的是哪种整流电路？

14. 三极管主要的功能是什么？

15. 三极管三个电极的电流哪个最大？哪个最小？哪两个差不多？

16. 三极管有哪几种工作状态？每一种状态的条件是什么？特征是什么？

17. 解释下列三极管型号的意义。

    3AG56C   3DA10A   3CK9A   3BX31M

    3DD62D   3CD5E

18. 三极管有哪些主要参数？

19. 放大电路的基本功能是什么？

20. 对放大电路有哪些基本要求？

21. 放大电路为什么要设置静态工作点？

22. 试画出共发射极基本放大电路原理图，并分析其工作原理。

23. 试画出射极偏置电路的原理图。

24. 多级放大器常用的级间耦合方式有哪几种？分别适用什么场合？

25. 负反馈的基本形式有哪几种？

26. 负反馈对放大电路性能的影响有哪些？

27. 三极管作为开关使用时，应工作在什么区域？

28. 什么是脉冲？试举例说明。

29. 逻辑运算中的"1"和"0"表示什么？

30. 试列出具有三端输入的"与"门电路的逻辑符号、逻辑表达式和真值表。

31. 试列出具有三个输入端的"或"门电路的逻辑符号、逻辑表达式和真值表。

32. 晶闸管的结构有什么特点？其导通条件是什么？

33. 导通后的晶闸管要关断，条件是什么？

34. 晶闸管的参数有哪些？

35. 晶闸管对触发电路有什么要求？

第 11 章 常用电工仪表与测量

为了保证生产的正常进行，人们必须了解各种电气设备的工作情况。采用电工仪表测量各种电量（如电压、电流、电阻、电能、相位等）是了解电气设备工作情况的重要手段。自动化生产系统本身和科研工作也都离不开电气测量。

本章将对常用电工仪表的结构、原理及使用要求进行介绍。

11.1 常用电工仪表的分类及符号意义

11.1.1 电工仪表的分类

电工仪表的种类繁多，分类方法也各有所异。按照电工仪表的结构和用途，大体上可分三类。

（1）指示仪表类 指示仪表是应用最为广泛的一类电工仪表。各种交、直流电压表和电流表以及万用表等，大多为指示仪表。指示仪表的特点是，将被测电量转换为驱动仪表可动部分偏转的转动力矩，以指针偏转的大小来反映被测量的大小，使操作者可以从标尺上直接读数。所以指示仪表是一种直读式仪表。

（2）较量仪器类 较量仪器是利用直接比较方式进行测量的仪器。如各类交、直流电桥、电位差计等。较量仪器一般用于高精度测量或校对指示仪表。

（3）数字仪表类 数字仪表是利用数字测量技术，并以数码形式直接显示被测量值的仪表。数字仪表通过模拟量/数字量（A/D）转换可以测量随时间连续变化的模拟量（如电压、温度、压力等），也可以测量随时间断续、跃变的数字量。其结果可以由数码形式直接显示，也可用编码形式送往计算机进行数据处理，为实现智能化提供条件。数字仪表具有很高的灵敏度和准确度，显示清晰直观。常用的数字仪表有数字电压表、数字万用表等。

11.1.2 指示仪表的分类

由于指示仪表种类繁多，故又将它们按下列八种方式进行分类。

（1）按工作原理分类 有磁电系、电磁系、电动系、感应系、整流系、静电系等类型。

（2）按测量对象分类 有电流表、电压表、功率表、电度表、兆欧表、功率因数表等类型。

（3）按准确度等级分类 有0.1、0.2、0.5、1.0、1.5、2.5、5.0等七个准确度等级类型的仪表。如表 11-1 所示。仪表的准确度反映仪表的基本误差范围。一般 0.1 级和 0.2 级的仪表用作标准仪表。0.5 级至 1.5 级的仪表用于实验室测量，1.5 级至 5.0 级的仪表用于工程测量。

仪表的基本误差 表 11-1

准确度等级	0.1	0.2	0.5	1.0	1.5	2.5	5.0
基本误差（%）	±0.1	±0.2	±0.5	±1.0	±1.5	±2.5	±5.0

（4）按使用方法分类 有安装式和便携式仪表。安装式仪表是固定安装在开关板或电气设备的面板上，又称面板式仪表。它广泛用于供电系统的运行监视和测量中。便携

式仪表是可以携带和移动的仪表。其精度较高，广泛用于电气试验、精密测量及仪表检定中。

（5）按使用的条件分类 有 A、B、C 三组类型的仪表。A 组仪表适用于环境湿度为 85％条件下，温度在 0～40℃范围内；在同样湿度条件下，B 组为－20～50℃；C 组为－40～60℃。

11.1.3 电工仪表的符号

在电工仪表的刻度盘或面板上，通常用各种不同的符号来标注仪表各类技术特性，把这类反映仪表技术特性的符号叫做仪表的标志。有关标志的符号规定见表 11-2 所示。

表 11-2

1. 测量单位的符号

名　称	符　号	名　称	符　号	名　称	符　号
千　安	kA	瓦　特	W	毫　欧	mΩ
安　培	A	兆　乏	Mvar	微　欧	μΩ
毫　安	mA	千　乏	kvar	相位角	φ
微　安	μA	乏　尔	var	功率因数	$\cos\varphi$
千　伏	kV	兆　赫	MHz	无功功率因数	$\sin\varphi$
伏　特	V	千　赫	kHz	微　法	μF
毫　伏	mV	赫　芝	Hz	皮　法	pF
微　伏	μV	兆　欧	MΩ	亨	H
兆　瓦	MW	千　欧	kΩ	毫　享	mH
千　瓦	kW	欧　姆	Ω	微　享	μH

2. 仪表工作原理的图形符号

名　称	符　号	名　称	符　号	名　称	符　号
磁电系仪表		电动系仪表		感应系仪表	
磁电系比率表		电动系比率表		静电系仪表	
电磁系仪表		铁磁电动系仪表		整流系仪表（带半导体整流器和磁电系测量机构）	
电磁系比率表		铁磁电动系比率表		热电系仪表（带接触式热变换器和磁电系测量机构）	

3. 电流种类的符号

名　称	符　号	名　称	符　号	名　称	符　号	名　称	符　号
直流	——	交流（单相）	∿	直流和交流	∿	具有单元件的三相平衡负载交流	≈

219

4. 准确度等级的符号

名　　称	符　号	名　　称	符　号	名　　称	符　号
以标度尺量限百分数表示的准确度等级,例如1.5级	1.5	以标度尺长度百分数表示的准确度等级,例如1.5级	⟨1.5⟩	以指示值百分数表示的准确度等级,例如1.5级	(1.5)

5. 工作位置的符号

名　　称	符　号	名　　称	符　号	名　　称	符　号
标度尺位置为垂直的	⊥	标度尺位置为水平的	⌐	标度尺位置与水平面倾斜成一角度,例如60°	∠60°

6. 绝缘强度的符号

名　　　称	符　号	名　　　称	符　号
不进行绝缘强度试验	☆0	绝缘强度试验电压为2kV	☆2

7. 端钮、调零器的符号

名　称	符　号	名　称	符　号	名　称	符　号	名·称	符　号
负端钮	—	公共端钮	✳	与外壳相联接的端钮	⟂	调零器	⌒→
正端钮	┼	接地用的端钮	⏚	与屏蔽相联接的端钮	⦿		

8. 按外界条件分组的符号

名　　称	符　号	名　　称	符　号	名　称	符　号
Ⅰ级防外磁场(例如磁电系)	⊓	Ⅲ级防外磁场及电场	Ⅲ Ⅲ	B组仪表	△B
Ⅰ级防外电场(例如静电系)	⊡	Ⅳ级防外磁场及电场	Ⅳ Ⅳ	C组仪表	△C
Ⅱ级防外磁场及电场	Ⅱ Ⅱ	A组仪表	△A		

11.2　常用电工仪表

11.2.1　指示仪表的一般原理

指示仪表由测量机构和测量线路组成,其核心是测量机构。测量机构可分为固定部分和可动部分,在工作时主要产生三个力矩。

（1）转动力矩

测量机构在与被测量有关的电磁能量作用下,产生转动力矩,驱动可动部分（包括指针在内）偏转。转动力矩可由电磁力、电动力、电场力或其他力产生。根据产生转动力矩的不同方式和原理,可构成不同系列的指示仪表，如磁电系、电动系、电磁系等。

（2）反作用力矩

仪表的可动部分在转动力矩作用下产生偏转时，测量机构中的游丝或其他控制装置，便产生与偏转角成正比的反作用力矩。反作用力矩的方向与转动力矩的方向相反，其作用是平衡转动力矩。如果只有转动力矩，没有反作用力矩，则仪表的指针在大小不等的被测量作用下，都要偏转到最终位置。这样的仪表只能反映被测量的有无，不能反映被测量的大小。有了反作用力矩，则当转动力矩和反作用力矩完全相等时，可动部分由于力矩平衡而不再偏转。这时，偏转角的大小就能反映被测量的大小。

（3）阻尼力矩　当仪表的可动部分达到平衡位置时，由于惯性作用，不会立即停下来，而是在平衡位置附近来回摆动一段时间后才能稳定。为了能够尽快读数，测量机构中通常都设了阻尼装置，产生阻尼力矩，以吸收摆动能量，使可动部分迅速在平衡位置处稳定下来。阻尼力矩只在可动部分运动时产生，它的大小和可动部分的运动速度有关，和偏转角无关，它的方向和可动部分的运动方向相反。所以阻尼力矩仅对可动部分的运动起阻尼作用。

测量机构中除了具有产生以上三个力矩的装置外，还有指示装置、调零器、平衡锤等部分。

11.2.2　磁电系仪表

磁电系仪表是用于测量直流电量的指示仪表。它利用永久磁铁的磁场和载流线圈的相互作用而产生转动力矩。在磁电系测量机构中，若可动部分是载流线圈，则为动圈式结构；若可动部分是永久磁铁，则为动磁式结构。动圈式结构是应用最广泛的一种结构。在动圈式结构中，又可根据永久磁铁位于可动线圈外部、内部或者内外部都有这三种情况，将磁电系仪表分为外磁式、内磁式和内

外磁式三种类型。下面以外磁式为例，介绍磁电系仪表的工作原理。

（1）外磁式磁电系仪表的测量机构

外磁式磁电系仪表的测量机构分为固定部分和可动部分，其结构如图 11-1 所示。

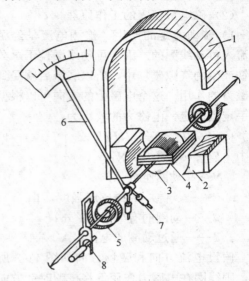

图 11-1　磁电系测表机构

1—永久磁铁；2—极掌；3—圆柱形铁心；4—可动线圈；5—游丝；6—指针；7—平衡锤；8—调零器

固定部分由永久磁铁 1、极掌 2 和圆柱形铁心 3 组成。固定部分的主要作用是产生磁场。由于永久磁铁是由磁性很强的硬磁材料制作的，极掌和铁心是由导磁性能良好的软磁材料制作的。因此，永久磁铁的磁力线可以穿过铁心，均匀分布在铁心和极掌之间的空气隙中，这样在气隙中就产生了一个较强的呈辐射状分布的均匀磁场。

可动部分是由可动线圈 4、线圈两端装的转轴以及与转轴相连的指针 6、游丝 5、平衡锤 7 和调零器 8 组成的。其中可动线圈 4 绕在一个铝框上，它可以绕铁心在气隙中转动。两个游丝绕向相反，其外端固定在支架上，内端固定在转轴上，与可动线圈相连，线圈的初始位置由游丝保持。整个可动部分支承在轴承上，为了使可动部分的重心落在转轴上，需要调节平衡锤 7，以保持整个可动部

分的机械平衡。

若仪表指针的起始点不在零位，则需调节调零器。调零器有一端和游丝相连，在仪表外部调节调零器螺杆时，可以改变游丝的松紧程度，使指针指零。

（2）磁电系仪表的工作原理

1）转动力矩的产生　被测电流是经游丝流入可动线圈的。因为可动线圈位于永久磁铁产生的气隙磁场中，所以载流后就受到电磁力的作用。这个电磁力的方向可以根据左手定则确定，电磁力的大小为：

$$F = NBlI \qquad (11\text{-}1)$$

式中　F——电磁力，N；

　　　N——动圈匝数；

　　　B——气隙中的磁感应强度，T；

　　　l——动圈的有效边长，m；

　　　I——通过动圈的电流，A。

假设电流方向和磁场方向如图 11-2 所示，则线圈在电磁力作用下将按顺时针方向偏转，对应的转动力矩 T 为：

$$T = 2Fr = 2NBlrI \qquad (11\text{-}2)$$

式中　r——转轴中心到线圈有效边的距离，m。

上式中，N、B、l、r 在仪表做好后均为定值，所以转动力矩的大小仅与被测电流 I 成正比，而转动力矩的方向则决定于流入线圈的电流方向。当线圈在转动力矩作用下偏转时，指针也随之偏转。

2）反作用力矩的产生　当可动线圈偏转时，游丝被扭转而产生变形。由于游丝是一种弹性元件，故具有力图恢复原状的特性；当其变形后，就产生与变形方向相反（即与可动线圈偏转方向相反）的力矩，这就是反作用力矩。线圈偏转越多，游丝变形越厉害，其产生的反作用力矩就越大。可见，反作用力矩 T_R 的大小正比于线圈（或指针）的偏转角，即

$$T_R = D\alpha \qquad (11\text{-}3)$$

式中　D——游丝的反作用力矩系数，其大

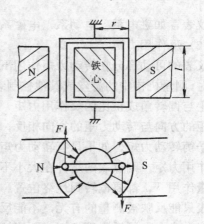

图 11-2　磁电系测量机构的工作原理

　　　　　小决定于游丝的材料和尺寸；

　　　α——指针的偏转角。

反作用力矩是阻碍游丝变形的，其方向与引起游丝变形的转动力矩方向相反。因此，当反作用力矩和转动力矩大小相等时，由于力矩的平衡，指针就停止偏转。此时指针的偏转角 α 可以通过力矩平衡关系（即 $T = T_R$）求得，即

$$\alpha = \frac{2NBlr}{D}I \qquad (11\text{-}4)$$

令　　　　$S_I = \frac{2NBlr}{D}$

则　　　　$\alpha = S_I I \qquad (11\text{-}5)$

S_I 称为磁电系仪表测量机构的灵敏度。对某一仪表而言，S_I 是一个常数。因此，指针的偏转角 α 正比于流入线圈的电流 I，指针的位置即能反映被测电流的大小。

3）阻尼力矩的产生　磁电系仪表利用绕制线圈的铝框产生阻尼力矩，如图 11-3 所示。当线圈在磁场中运动时，闭合的铝框也切割磁力线，在框内产生了感应电流 i_e，i_e 的方向可根据右手定则确定。i_e 和磁场相互作用又产生电磁力 F_e，F_e 的方向可根据左手定则确定。与 F_e 对应的力矩就是阻尼力矩。阻尼力矩的方向和铝框的运动方向相反，因此可以使指针在读数位置上尽快地停下来。一旦指针停止（即铝框静止）后，由于它不再切割磁力线运动，故没有感应电流，阻尼力

矩也就不再存在。

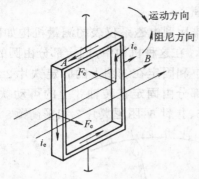

图 11-3　阻尼力矩的产生

（3）磁电系仪表的特点

1）测量对象只能是直流　由于永久磁铁的磁场方向是固定不变的，如果通入交流电流，则会产生方向交变的转动力矩，因惯性的作用，可动部分来不及交变偏转，故指针不能进行指示。因此，磁电系仪表只能测量直流电量，且测量时，电流必须从仪表的正极性端流入，以免指针反向偏转而损坏。

2）仪表的准确度高　由于磁电系仪表中永久磁铁产生的磁场较强，因此，仪表受外界磁场的影响较小，仪表的准确度较高。

3）仪表的灵敏度较高　由于磁电系仪表中的磁场较强，只要流入很小的电流（μA级），就可以产生足够大的转动力矩，使指针偏转。因此，磁电系测量机构的灵敏度较高。

4）刻度均匀　在磁电系仪表中，指针的偏转角正比于被测电流，因此仪表的刻度是均匀的。

5）消耗功率小　因为磁电系仪表测量机构流入的电流很小，所以仪表本身消耗的功率也相应很小。

6）过载能力小　由于被测电流是通过截面积很小的游丝进入动圈的，动圈本身的导线也很细，因此，仪表中不能流入过大的电流，以免游丝过热而失去弹性或线圈过热而烧坏。

磁电系仪表在电工仪表中占有重要的地位，它广泛应用于直流标准仪表和安装式仪表，尤其适合制成小量程的直流电流表和高灵敏度的直流电压表；在使用分流器和附加电阻后，可以扩大电流表和电压表的量程；在附加整流装置后，也可用于测量交流；在配以换能器后，还可以用于非电量的测量。

11.2.3　电磁系仪表

电磁系仪表是测量交流电流和交流电压的最常用的指示仪表。它是利用铁磁性物质在磁场中被磁化后产生电磁吸引力或排斥力的原理制作的。根据电磁力的不同类型，电磁系仪表的测量机构可分为吸引型和排斥型两种。

（1）吸引型电磁系仪表的测量机构和工作原理

吸引型电磁系仪表的结构如图 11-4 所示。在这种机构中，固定部分是、扁的固定线圈 1，可动部分由装在转轴上的偏心可动铁片 2、指针 3、阻尼片 4 和游丝 5 组成，阻尼片 4 和永久磁铁 6 以及磁屏蔽体 7 组成磁感应阻尼器。

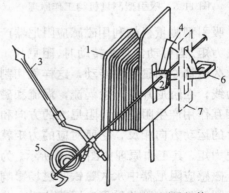

图 11-4　扁线圈吸引型测量机构
1—固定线圈；2—可动铁片；3—指针；4—阻尼片；
5—游丝；6—永久磁铁；7—磁屏

吸引型测量机构的工作原理如图 11-5 所示。当固定线圈中通入电流时，线圈就产生磁场，磁场的方向可根据右手螺旋定则确定。由于磁场的存在，不仅线圈两端呈现磁性，而且可动铁片也被磁化，磁化后的极性方向与线圈的磁场方向一致，即铁片靠近线圈一侧的极性与该侧线圈的磁性相反，所以线圈就对铁片产生了电磁吸引力 F，并形成转动力矩 T 使指针发生偏转。指针的偏转使游丝变形，由此产生反作用力矩。当反作用力矩和转动力矩平衡时，在阻尼力矩的作用下，指针便稳定地指在某一位置。从图 11-5 中可以看出，如果改变线圈中电流的方向，则线圈磁场方向和可动铁片的磁化极性也随之改变，这样线圈和可动铁片之间的电磁力仍然是吸引力，所以转动力矩方向不变，指针的偏转方向也不变。这表明，吸引型测量机构的电磁系仪表可以测量交流电量。

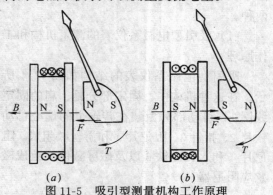

图 11-5 吸引型测量机构工作原理

吸引型测量机构利用磁感应阻尼器产生阻尼力矩。当可动铁片 2 转动时，阻尼片 4 也在永久磁铁 6 的磁场中转动，这样就切割了磁力线，在阻尼片中产生涡流，涡流和磁场又相互作用产生阻尼力，阻尼力的方向和阻尼片的运动方向相反，它所对应的力矩就是阻尼力矩，其工作原理如图 11-6 所示。为了防止磁感应阻尼器中永久磁铁的磁场影响固定线圈的磁场，因此采用磁屏蔽体对永久磁铁进行屏蔽。

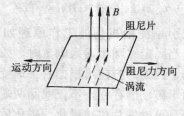

图 11-6 磁感应阻尼器工作原理

（2）排斥型电磁系仪表的测量机构和工作原理

排斥型电磁系仪表的测量机构如图 11-7 所示。在这种机构中，固定部分由圆的固定线圈 1 和固定在线圈上的固定铁片 2 组成；可动部分由固定在转轴 3 上的可动铁片 4、游丝 5、指针 6、阻尼翼片 7 和平衡锤 8 组成。

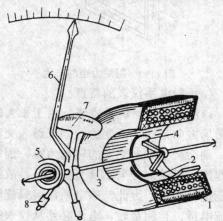

图 11-7 圆形线圈排斥型测量机构
1—固定线圈；2—定铁片；3—转轴；4—动铁片；
5—游丝；6—指针；7—阻尼片；8—平衡锤

排斥型测量机构的工作原理如图 11-8 所示。当固定线圈通入电流时，线圈就产生磁场。在磁场作用下，固定铁片 2 和可动铁片 4 同时被磁化，并且磁化极性是相同的。由于两铁片的同一侧是同性的磁极，所以固定铁片对可动铁片产生电磁排斥力，所对应的转动力矩使可动铁片带动转轴和指针产生偏转。转轴的偏转使游丝变形，产生反作用力矩。当反作用力矩的大小和转动力矩相等时，可动铁片处于平衡状态，在阻尼力矩的作用下，指针停止偏转，进行指示。从图 11-8 中可以看出，如果改变线圈中电流的方向则线圈内的磁场方向随之改变，可动铁片和固定铁片的磁化极性也同时改变，但这时两铁片之间的电磁力仍为排斥力，所以指针的偏转方向不变。可见，排斥型测量机构的电磁系仪表也可以测量交流电量。

排斥型测量机构采用阻尼装置产生阻

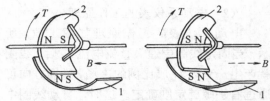

图 11-8 排斥型测量机构工作原理

尼力矩。当指针在平衡位置附近来回摆动时，阻尼翼片也在阻尼盒内摆动，盒内的空气对阻尼翼片的摆动起阻尼作用，以便摆动尽快停止。

（3）电磁系仪表的特点

1）电磁系仪表的刻度是不均匀的　在吸引型测量机构中，电磁吸引力的大小取决于线圈磁场的大小和可动铁片磁化极性的强弱，而这两个因素都与线圈中电流的大小有关，所以电磁吸引力就与线圈中电流的平方有关。在排斥型测量机构中，电磁排斥力的大小取决于可动铁片和固定铁片磁化极性的强弱，而这两个因素也都和线圈中电流的大小有关，所以电磁排斥力也与线圈中电流的平方有关。由此可见，在电磁系仪表中，无论哪种类型的测量机构，其转动力矩的大小都与线圈中电流的平方有关；如果测量交流电，则转动力矩与交流电流有效值的平方有关。这一特性决定了电磁系仪表的刻度是不均匀的，具有前密后疏的平方律特性。

2）电磁系仪表防御外磁场干扰的性能较差　因为电磁系仪表中的磁场，是由固定线圈中的电流产生的，其磁通主要通过空气磁路闭合，所以其磁场比较弱，容易受外磁场的影响，只有当线圈磁场方向与外界磁场方向互相垂直时，才能避免干扰。为了提高电磁系仪表防御外磁场的能力，通常采用磁屏蔽措施和无定位结构。磁屏蔽就是将电磁系仪表的测量机构装在导磁良好的屏蔽罩内，使外界磁场的磁力线沿磁屏蔽罩通过，这样就不进入测量机构，从而消除了对测量机构的干扰。无定位结构是将测量线圈分为两个反向串联的部分，如图 11-9 所示。当线圈中

通入电流后，两部分线圈产生的磁场方向相反，但驱动指针偏转的转动力矩却是相加的。当有外界磁场影响时，一个线圈的磁场被削弱，另一个线圈的磁场相应被加强。于是，反应到转动力矩上，外界磁场的影响就被抵消了。采用这种措施后，仪表的位置可以随意放置，故称无定位结构。

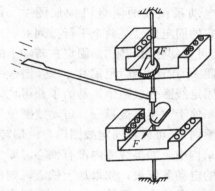

图 11-9　无定位结构示意图

3）电磁系仪表可交直流两用　电磁系仪表从其工作原理来看，既可测量直流，也可测量交流。但由于测量直流时，铁片被磁化后会有磁滞误差，故造成测量值不够稳定、不很准确。如测量缓慢增加的直流时，仪表会给出较低的读数；而测量缓慢减小的直流时，仪表会给出较高的读数。所以，一般的电磁系仪表只能测量交流量，这时指针指示的数值是交流量的有效值。只有采用优质导磁材料（如坡莫合金）制造铁片的电磁系仪表方可交直流两用。

4）电磁系仪表的过载能力较强　在电磁系仪表中，由于电流只流入固定线圈，不通过可动部分和游丝，所以，只要固定线圈的导线粗一些，就可以承受较大的电流。

5）电磁系仪表结构简单　由于电磁系仪表结构简单，因此成本较低，在电力系统中得到广泛的应用，绝大部分安装式交流电流表和电压表都是电磁系仪表。但因它功耗较大，灵敏度较低，故在容量小的电气设备上和电子仪器中很少采用。

11.2.4 电动系仪表

电动系仪表可以测量交、直流电流和电压，特别适用于测量功率。它是利用两个通电线圈之间产生电磁力的原理而制成的。这类仪表在电工仪表中也占有比较重要的地位。

(1) 电动系仪表的测量机构

电动系仪表的测量机构如图 11-10 所示。它的固定部分是两个平行排列的固定线圈 1，可动部分由转轴 7、固定在转轴上的可动线圈 2、指针 3、阻尼翼片 4 以及游丝 5 组成。固定线圈分成两个，是为了获得均匀的磁场和便于改换电流量程。可动线圈位于固定线圈内部，可以在固定线圈内自由偏转。在这种结构中，如果线圈内没有铁心，即为无铁心的电动系仪表；如果加上铁心，则称为铁磁电动系仪表。无铁心的电动系仪表磁场较弱，容易受外磁场的干扰，但测量的准确度较高。在铁磁电动系仪表中，由于铁磁物质的磁滞影响，导致仪表的误差增大，但仪表的磁场较强，故防御外磁场的能力较强，一般多用于安装式仪表。

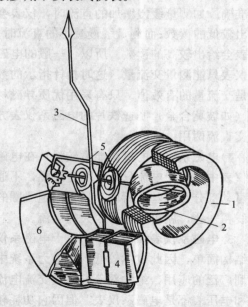

图 11-10 电动系仪表的测量机构
1—固定线圈；2—可动线圈；3—指针；4—阻尼片；
5—游丝；6—阻尼盒

(2) 电动系仪表的工作原理

电动系仪表的工作原理如图 11-11 所示。当固定线圈中通入直流电流 I_1 后，线圈就产生一个与 I_1 成比例的磁场，磁场方向可通过右手螺旋定则确定。这时，可动线圈中也通入直流电流 I_2，所以载流后的可动线圈在固定线圈的磁场中受到电磁力 F 的作用，F 的方向可以通过左手定则确定。电磁力 F 所对应的力矩就是转动力矩。在转动力矩作用下，可动线圈及指针等产生偏转，游丝也被扭曲产生反作用力矩，当反作用力矩和转动力矩相平衡时，可动部分稳定下来，指针即进行相应的指示。因为磁感应阻尼器中具有永久磁铁，容易干扰线圈的磁场，所以电动系仪表的测量机构一般都采用空气阻尼器，如图 11-10 中的阻尼翼片 4 和空气阻尼盒 6。

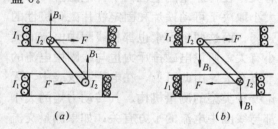

图 11-11 电动系仪表的工作原理

在上述工作过程中，如果 I_1 和 I_2 的方向同时改变，则线圈磁场的方向也随之改变，这时载流的可动线圈所受的电动力 F 的方向仍保持不变，所以电动系仪表可以用于测量交流。同时，由于指针偏转角的大小，取决于固定线圈磁场的强弱和可动线圈中电流 I_2 的大小，而固定线圈磁场的大小又取决于电流 I_1 的大小，因此，指针偏转角的大小与 I_1、I_2 的乘积有关。如果是测量交流，则指针的偏转角与 I_1、$I_2\cos\alpha$ 有关，I_1 和 I_2 分别为固定线圈和可动线圈中交流电流的有效值，α 为两线圈中交流电流的相位差。

(3) 电动系仪表的特点

1) 电动系仪表的使用范围较广 电动系仪表可以交直流两用，而且它的测量机构中有两个线圈,可以分别通入两个不同的电流,其测量值不仅反应两组线圈中电流的乘积,而且在测量交流时还可以自动计入两电流相位差的余弦。因此,功率表大多采用电动系仪表。

2)电动系仪表的准确度较高 电动系仪表中,特别是无铁心的电动系结构,由于测量机构中没有铁磁物质,故不存在电磁系仪表中普遍存在的磁滞误差。因此,仪表的准确度较高,可制成0.5级以上(最高达0.1级)的仪表。

3)电动系仪表的刻度因表而异 由于电动系仪表中指针的偏转角和两个线圈中电流的乘积有关,因此,在电动系电压表和电流表中,其偏转角分别和被测电压或被测电流的平方成正比,故其标度尺成平方律特性,刻度不均匀。但在电动系功率表中,由于两个线圈中的电流分别反应被测电压和被测电流,故其指针偏转角正比于功率,标度尺呈线性,刻度是均匀的。

4)电动系仪表防御外界磁场干扰的性能较差 由于电动系仪表,特别是无铁心的电动系结构中,仪表的自身磁场较弱,因此容易受外界磁场的干扰,一般都要采用磁屏蔽和无定位结构来提高防御外界磁场的能力。

5)电动系仪表的过载能力较差 由于电动系仪表的可动线圈是通过游丝而导引电流的,而且整个测量机构都较脆弱,因此它的过载能力比电磁系仪表要差。

6)仪表的功耗较大 由于电动系仪表固定线圈的磁场必须满足一定的安匝数,才能保证一定的磁场强度,因此仪表的功耗较大。

综上所述,若电动系仪表仅用于测量直流,则在抗外界磁场干扰和功耗等方面的性能均不如磁电系仪表。所以电动系仪表通常多作为交、直流两用的电流表、电压表及功率表。近几年来,随着电磁系仪表结构的不断改进,其准确度不断提高。因此,在电压表和电流表领域内,大有电磁系取代电动系

的趋势,但交、直流功率表仍主要采用电动系测量机构。

11.2.5 感应系仪表

感应系仪表是利用电磁感应的原理制作的。它由载流线圈产生交变磁场,使可动部分导体中产生感应电流,感应电流又和交变磁场相互作用,产生驱动力矩,使仪表工作。感应系仪表普遍用作各种交流电度表,如民用的单相电度表和工厂用的三相电度表。本节将以单相电度表为例,介绍感应系仪表的测量机构和工作原理。

(1)单相交流电度表的测量机构

电度表主要用于测量发电机发出的电能或用电设备消耗的电能,而电能是一种随时间的延长而不断累积增加的量,这个特点决定了电度表具有和指针式仪表不同的测量机构。

首先是可动机构不同。指针式仪表的测量机构只能偏转一定的角度,而电度表的测量机构则可以连续旋转。

其次是指示方式不同。指针式仪表采用指针和标度尺组成指示装置,而电度表则必须设有"积算机构",将电能总和累计后再指示出来。因此,这种类型的仪表又称积算仪表。

图11-12(a)所示的是单相交流电度表测量机构的示意图,它主要包括四个部分。

1)驱动元件 包括电压元件7和电流元件6。电压元件由电压线圈及其铁心组成,电压线圈是由匝数较多的细导线绕制而成的,感抗较大,它和负载的并联方式联接,可以承受全部负载电压。电流元件由电流线圈及其铁心组成,电流线圈是由匝数较少的粗导线绕制而成的,它和负载的串联方式联接,流过的电流就是负载电流。

2)转动元件 包括铝盘4和转轴1,铝盘能自由转动。

3)制动元件 由永久磁铁(制动磁铁)

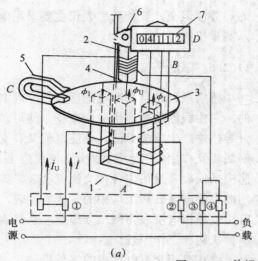
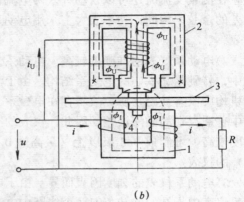

(a) | (b)

图 11-12 单相交流电度表示意图

(a) 单测量机构；(b) 磁通分布

1—电流元件；2—电压之件；3—铝制圆盘；4—转轴；5—永久磁铁；6—蜗转蜗杆传动机构；7—数码

5产生磁场，当铝盘转动时，切割磁力线产生制动力矩，使铝盘以匀速转动。

4）积算机构　包括装在转轴上的蜗杆2、蜗轮3和计数装置。铝盘的转动通过蜗杆和蜗轮传到计数装置，使其中的"字轮"转动，以显示出铝盘的"转数"，这就是所测电能的"度"数。

（2）单相交流电度表的工作原理

将电度表接入交流线路中，电压线圈两端加上交流电压（负载电压），线圈内产生交流电流；同时电流线圈中也接入交流电流（负载电流），这两个交流电流产生相应的交变磁通，如图 11-12 (b) 所示。穿过铝盘的磁通为一个电压主磁通 Φ_U 和一个电流主磁通 Φ'_I，这两个磁通在铝盘中分别感应出三个涡流，这三个涡流和磁通相互作用产生转动力矩，驱动铝盘转动。由感应系仪表的工作原理可知，转动力矩的大小正比于 $UI\cos\varphi$，U 为电压线圈上负载电压的有效值，I 为电流线圈中负载电流的有效值，φ 为负载电压和负载电流之间的相位差。因此，转动力矩的大小正比于负载的有功功率。

图 11-12 (b) 中，不穿过铝盘而自行闭合的磁通 Φ'_U 称为非工作磁通，调节 Φ'_U 的

大小，可以改变 Φ_U 和电压 U 的相位差，以调整电度表运行的准确性。

铝盘转动，切割制动磁铁的磁力线，在铝盘中产生感应电流，它和制动磁铁的磁场相互作用，产生制动力矩。制动力矩的方向和转动力矩方向相反，制动力矩的大小正比于铝盘转速。当制动力矩和转动力矩相等时，铝盘就保持匀速旋转，并带动积算机构进行计数。

由上述过程可知，负载的功率越大，转动力矩就越大，铝盘转速也越快；用电时间越长，铝盘转的圈数就越多，积算机构计量的值也就越大。所以，最终只要知道铝盘的转数，就可以知道所测电能的大小。

一般地，在电度表铭牌上都注明每度电（1kWh）的转数。例如："2400r/kWh"表示 1kWh 的电能对应的铝盘转数为 2400r。这一数值称为电度表常数，国产表的"电度表常数"约为 75～5000r/kWh。

（3）感应系仪表的特点

从单相电度表的测量机构及其工作原理中可以看出，感应系仪表具有下列特点：

1）只能测量固定频率的交流　因为感应系仪表是靠电压和电流线圈中的交流电流产

生交变磁通而进行工作的，所以只能测量交流。同时，由于铝盘内感应涡流的大小和线圈中交流电流的频率有关，以致仪表中转动力矩的大小也和频率有关。因此，感应系仪表只能测量某一固定频率的交流。

2）仪表的转动力矩较大，防御外界磁场干扰的性能较强　感应系仪表中的线圈都带有铁心，因此自身的磁场较强，防御外界磁场的能力也较强。同时，仪表所产生的转动力矩较大，可以满足电度表中要带动整个积算机构的要求。

3）仪表的准确度较低　由于感应系仪表中的转动力矩是铝盘中感应的涡流和交变磁场相互作用产生的，而涡流会使铝盘温度升高，电阻增大；这种变化，又会使涡流减小，相应的转动力矩也将变小。因此，感应系仪表的读数容易受温度的影响，仪表的准确度较低。

11.2.6　整流系仪表

由磁电系仪表的测量机构和整流电路组合而成的仪表称为整流系仪表。由于正弦电流经过整流后变成单向脉动电流，因此可以利用磁电系仪表的测量机构作为测量机构（表头），进行交流电的测量。

（1）整流电路的类型

整流系仪表中采用的整流电路常用的有半波整流电路、全波整流电路两种。

（2）整流系仪表的工作原理

在整流系仪表中，经过整流后，流入测量机构的是单向脉动电流，形成的转动力矩是一个方向不变大小却随时间变化的力矩。在这样的力矩作用下，仪表指针的偏转方向不变，因测量机构可动部分的惯性，偏转角的大小取决于转动力矩在一个周期内的平均值，即取决于整流电流的平均值。在正弦交流电路中，整流电流的平均值正比于其有效值，偏转角的大小也正比于有效值，因此整流系仪表的标度尺可以按照有效值进行刻

度。必须注意，上述这种关系仅适用于正弦交流电路中，如果用整流系仪表测量非正弦交流，则读出的有效值将有一定的误差。

（3）整流系仪表的特点

1）测量交流时频率范围较宽　由于整流系仪表中的电感较小，因此可以测量较高频率的交流电流或电压，一般情况下，测量时工作频率可达几千赫兹，若加入补偿电路，则可达上万赫兹。

2）仪表的准确度较低　因为仪表中整流二极管的特性受温度影响较大，所以整流系仪表的准确度较低，一般在 1.0 级以下。

3）保留了磁电系仪表的优点　测量机构灵敏度高、功耗小、标尺刻度均匀等。

11.2.7　数字式仪表

电工测量用的数字仪表大多由数字式电压基本表扩展而成。数字式电压基本表相似于指示仪表的测量机构，在数字电压基本表的基础上，附加各种输入电路、转换装置就可构成测量各种电量和电参量的数字式电测仪表。

数字电压基本表是利用模拟量——数字量的变换原理（简称模/数变换或 A/D 变换）将被测电压的模拟量（连续量）转换成数字量（断续量），经数字编码处理后再将测量结果以数字形式显示出来的一种电测仪表，其基本量程为 200mV。数字式电压基本表主要由 A/D 转换器、数码显示器组成，A/D 转换器是数字电压基本表的核心。

A/D 转换器的类型很多，且各有特点。其中，双积分式 A/D 转换器性能稳定，抗干扰能力强，现已实现集成比，电工测量仪表中应用广泛。下面对双积分 A/D 转换器、数码显示器进行介绍。

（1）双积分式 A/D 转换器集成电路简介

双积分 A/D 转换器集成电路是一种大规模集成电路，它将 A/D 转换有关电路全部集成在一块心片上，通过管脚引出与外电路

联接就可实现 A/D 转换功能。

双积分 A/D 转换器集成电路按位数分为 $3\frac{1}{2}$ 位和 $4\frac{1}{2}$ 位两种。所谓 $\frac{1}{2}$ 位是指 A/D 转换器最高位不能输出 0～9 十个数,只可能输出数字"1",故称 $\frac{1}{2}$ 位(半位)。

$3\frac{1}{2}$ 位的双积分 A/D 转换器集成电路心片有 CC7106 或 CC7107 等,它能将被测电压转换成数字量,经数字编码后其输出信号能直接驱动液晶显示器或发光二极管显示器,最大显示值为 1999。具有自动调零功能(输入为零时输出自动调零)。CC7106 广泛用于便携式数字仪表,CC7107 广泛用于数字面板表。CC7106 采用双列直插式,共 40 个管脚,排列如图 11-13 所示。

$4\frac{1}{2}$ 位双积分 A/D 转换器集成电路心片有 CC7135,由于精度较高,输出最大值为19999,可用于要求较高的数字仪表。

用上述大规模双积分 A/D 转换集成电路,配接少量外围电路元件和数码显示器,就可构成数字式电压基本表。

(2) 数码显示器

数字仪表的显示器普遍采用发光二极管式显示器、液晶显示器,也有用荧光数码显示器的。它们的发光原理虽各不相同,但要显示数字,必须按数字符号的笔段制作发光电极,才能构成显示器。如数字 0～9 可用 7 个笔段 abcdefg 的不同组合来表示,如图 11-14 所示。

1) 发光二极管式(LED)数码显示器

LED 显示器由七个条状发光二极管,排成如图 11-15(a)所示的字形,图 11-15(b)为共阴极接法,11-15(c)为共阳极接法。若某几段发光二极管通以直流电流,则该几段就发光。如要显示数字"5"时,就必须让 acdfg 这几段通电,使其发光,而 b、e 段,使其熄灭。它的特点是发光亮度较高,但驱动电流较大(约 5～10mA),适用于固定场合使用的台式数字仪表及数字面板表。

2) 液晶(LCD)显示器

液晶显示器的液晶是具有晶体特性的流体,具有光电效应,在液晶层上加电压,液晶就改变了透明性,变浑浊;电压除去,液晶又恢复透明。利用这个特性可制作成反射型液晶显示器。在透明的绝缘薄板上(如玻璃板),按要求显示字符笔段,制作透明导电膜,并引出电极。用反光的金属薄板作背电极,在两极之间充填液晶,用绝缘密封框封装,就构成如图 11-16 所示液晶显示器。

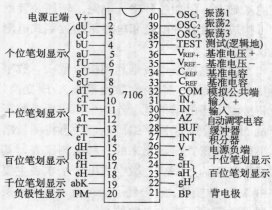

图 11-13 7106 引脚排列

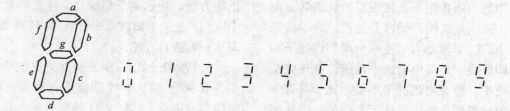

图 11-14 十进制数的笔段及数字图

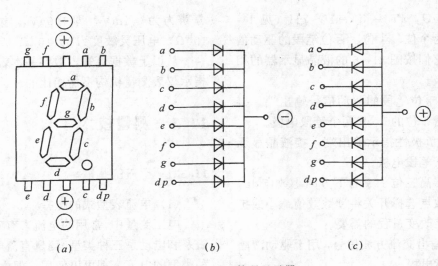

图 11-15 LED 数码显示器

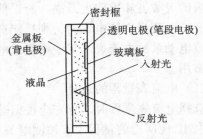

图 11-16 液晶显示器结构图

信号的负端、基准电压的负端相联。

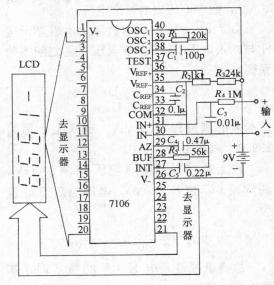

图 11-17 数字电压基本表电路图

液晶显示器的特点是本身不发光,只能反射光线,环境亮度愈高,显示愈清晰。此外它要求驱动器提供 $30 \sim 200Hz$ 的交流方波电压($3 \sim 10V$)驱动。由于它的功耗低,广泛用于便携式数字仪表。

(3)数字式电压基本表

1)数字式电压基本表的结构

用 CC7106 与少量外围阻容之件和液晶显示器配合,就可构成具有 200mV 基本量程的数字电压基本表,简称基本表。图 11-17 为数字电压基本表电路图,各元件及引脚功能如下:

$OSC_1 \sim OSC_3$ 时钟振荡器引出端,在该三端接阻容元件 R_1、C_1 构成多谐振荡器。

IN_+、IN_- 模拟量输入端。外接电阻 R_4、电容 C_3 以增强基本过载能力和抗干扰性能。

COM 模拟信号公共端,使用时与输入

INT BUF 接积分电容 C_s 和积分电阻 R_5。

AZ 接自动调零电容 C_4。

C_{REF} 接基准电容 C_2。

V_{REF+}、V_{REF-} 基准电压的正、负入端。数字基本表的基准电压由集成电路内部高稳定稳压电源提供,即从 V_+ 至 COM 端输出 2.8V,由电阻 R_2 和可调电阻 R_3 分压,调节 R_2 可改变基准电压值。

231

aU～gU，aT～gT，aH～gH（见 11-13）分别为个位、十位、百位笔段的驱动信号输出，它们按图 11-16 的液晶显示器的相应笔段电极。

abk　千位笔段的驱动信号输出端。接液晶显示器千位的 a、b 两个笔段电极。

PM　负极性指示输出端，接液晶显示器千位的 g 笔段电极。

显示器高三位 199 右下方的小数点 dp，可配合小数点选择开关将读数数值缩小或扩大，以满足改变量程的需要。

BP　输出交流方波信号，用于驱动液晶显示器的背电极。

V_+、V_-　电源正负端，接入 9V 电压。

2）数字电压表的基准电压

以 7106/7 为核心的数字基本表显示值 N 与输入电压 U_{IN}、基准电压 U_{REF} 之间的关系固定为

$$N = 1\ 000\ \frac{U_{IN}}{U_{REF}}$$

基本表的满量程为 200mV（最大显示值为 199.9，通常写作 200.0）。

按上式，满量程输入电压 $U_{IN}=200mV$，满量程显示值 N＝2000，基准电后 U_{REF} 应为：

$$U_{REF} = \frac{1\ 000}{2\ 000}U_{IN} = \frac{1}{2}U_{IN}$$

故满量程输入电压值为 200mV 时，基准电压应调到 100mV。

7106/7 的 A/D 转换器的满量程最大输入电压可为 2V，则基准电压应为 1V。基准电压不能超过 1V，否则易引起集成电路损坏。

对双积分 A/D 转换器，基准电压实际上是一个标度电压。调整基准电压，可改变输入电压与显示值的比值。弄清它们三者之间的关系对数字仪表的扩展应用，用处极大。

3）数字基本表的准确度、分辩力、输入阻抗及电压灵敏度。

基本表的准确度为±0.05%±1 个字，分辨力为 0.1mV，即 100μV，输入阻抗为 $10^{10}\Omega$，电压灵敏度为 $5\times10^{11}\Omega/V$。

从以上数据可知，数字基本表的特性是指示仪表测量机构不能相比的。

11.3　测量技术

11.3.1　电流的测量

（1）电流表型式的选择

电工测量中，常用的电流表有磁电系、电磁系和电动系三种类型。测量直流电流时，三种类型的电流表都可以使用，但由于磁电系电流表的灵敏度和准确度最高，所以使用最为广泛；而测量交流电流时，则只能选用电磁系或电动系的电流表，其中电磁系电流表较为常用。

（2）电流表量程的选择

选择电流表量程时，首先应根据被测电流的大小，使所选的量程大于被测电流的值，以避免损坏电流表。如果测量时不能确定被测电流的大小，则应先选用电流较大的量程试测后，再换适当的量程。为了减小测量误差，在选择量程时还应注意使指针尽可能接近于满刻度值，一般最好工作在不小于满刻度值的 1/2～2/3 区域。

（3）电流表的接线方法

测量电流时，电流表必须和负载串联。其接线方法如图 11-18 所示。使用磁电系电流表测量直流，接线时还应注意让电流从表的"＋"极性端钮流入，否则，指针将反向偏转，电流表会受到损伤。

（4）电流表内阻对测量值的影响

为了减小电流表接入电路后对原电路原始状态的影响，要求电流表的内阻尽可能小。电流表的内阻越小，测量结果就越接近于实际值。

例如，在图 11-18（a）所示电路中，若电源电压为 E，负载电阻为 R，则被测电流为

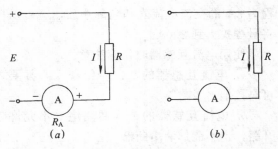

图 11-18　电流表的接线方法
(a) 直流电流表；(b) 交流电流表

$I = \frac{E}{R}$。当接入了内阻为 R_A 的电流表后，测量电流值变为 $I = \frac{E}{(R+R_A)}$。显然，测量电流值小于被测电流的实际值；如果电流表的内阻 R_A 小一些，测量结果就相应准确些。因此，测量时应选择内阻较小的电流表；当被测电路的电阻比电流表的内阻大得多时，电流表内阻的影响一般可以忽略。

(5) 电流表扩大量程的方法

1) 磁电系电流表扩大量程的方法

磁电系电流表工作时，被测电流是经过截面积很小的游丝和导线较细的可动线圈而形成回路的；因此，允许通过的电流值很小，只能在几十微安到几十毫安之间。如果要测量大电流，一般都采用附加分流器的方法来扩大量程。

分流器的接线如图 11-19 所示。其工作原理是将电阻为 R_P 的分流器和内阻为 R_A 的电流表并联，使被测电流 I 分成两路，一路为 I_A，流经电流表，另一路为 I_P，流经分流器，结果 $I = I_A + I_P$。

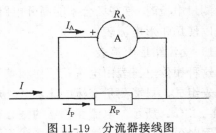

图 11-19　分流器接线图

由于　$I_A R_A = I \dfrac{R_A R_P}{R_A + R_P}$

所以　　$I = \dfrac{R_A + R_P}{R_P} I_A$

令　　$\dfrac{I}{I_A} = n$　即 $\dfrac{R_A + R_P}{R_P} = n$

则　　　$R_P = \dfrac{R_A}{n-1}$　　　　(11-6)

由此可见，如需将电流表的量程扩大 n 倍，选用的分流器电阻应为电流表内阻值的 $\dfrac{1}{n-1}$ 倍。式中 n 为电流的扩程倍数。

通常，采用电阻温度系数很小的锰铜来制作分流器。小量程的电流表一般采用内附式分流器，即将分流器装在电流表内部；大量程的电流表（50A 以上）一般采用外附式分流器，即分流器接在电流表外部。外附式分流器的接法如图 11-20 所示。它有两对接线端钮，粗的一对叫"电流端钮"（即图 11-20 中 1、2 端钮），应串接在被测的大电流电路中；细的一对叫"电位端钮"（即图 11-20 中的 3、4 端钮），它应和电流表并联。分流器的额定值通常不用电阻表示，而是标明"额定电压"和"额定电流"值。常见的额定电压规格有 75mV 和 45mV 两种。若电流表的电压量限（即满刻度时的电流和内阻的乘积）符合分流器额定电压规格，就可以和分流器并联，这时电流表的量程扩大到分流器上所标注的额定电流值。例如，200A、75mV 的分流器和电压量限为 75mV 的电流表并联后，电流表的量程就扩大到 200A。

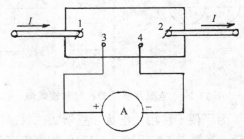

图 11-20　外附分流器的接线图

2) 电磁系电流表和电动系电流表扩大量程的方法

由于电磁系和电动系电流表都是利用固

233

定线圈产生磁场的,为了保证足够的磁场强度,线圈的匝数一般都比较多,因此电流表本身的内阻就比较大。如果仍采用分流器扩大量程,则所需的分流器电阻也必须相应增大,这就使分流器的尺寸、功耗都随之增大。因此,在电磁系电流表和电动系电流表中一般不采用附加分流器的方法来扩大量程,而采用加大固定线圈导线直径或改变线圈串、并联的方法来扩大量程。

3)采用电流互感器扩大交流量程

在使用电磁系或电动系电流表测量交流电流时,还可以使用电流互感器来扩大量程。

电流互感器是一只一次绕组匝数远远小于二次绕组匝数的"降流"变压器,其符号如图 11-21 (a) 所示。一次绕组用一根直线表示,端钮标记为 L_1、L_2,二次绕组的端钮标记为 K_1、K_2。使用电流互感器时,其接线方法如图 11-21 (b) 所示,一次绕组端钮 L_1、L_2 与被测负载串联,二次绕组端钮 K_1、K_2 与电流表并联。若一次绕组匝数为 N_1,二次绕组匝数为 N_2,则变流比 $k_I = \dfrac{N_2}{N_1}$。如果电流表读数为 I_2,则被测电流 $I_1 = k_I I_2$。可见,使用电流互感器后,能将电流表的量程扩大 k_I 倍。

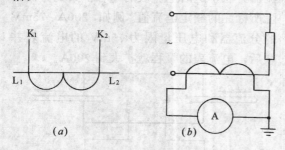

图 11-21　电流互感器的符号和接线图

为了便于使用,电流互感器的二次额定电流一般都是 5A,因此与它配用的电流表量程也应选择 5A。根据测量需要,只要选择适当变流比的电流互感器,就可以将电流表的量程扩大到所需范围。例如,200A/5A 的电流互感器,其变流比是 40,因此只要选用量

程为 5A 的交流电流表和它配用后,就可以将量程扩大到 200A。

使用电流互感器时,应注意:

a. 电流互感器的二次绕组和铁心都要可靠接地。

b. 电流互感器的二次回路绝对不允许开路,也不能加装熔断器。

(6) 数字式电流表扩程方法

数字式直流电流表扩程方法是在数字式电压基本表的基础上并联附加分流器(即分流电阻)。如图 11-22 所示。

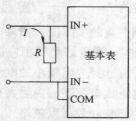

图 11-22　数字式直流电流表

由于数字式电压基本表输入阻抗极高,对电流的分流作用极小(可忽略不计)。这里分流电阻 R_P 仅起着将电流 I 转换成输入电压 U_{IN} 的作用,用欧姆定律就可计算出分流电阻 R_P 值。设电流量程 $I_m = 2A$,基本表电压量程为 $U_m = 200\text{mV}$ (0.2V),则分流电阻值 R_P 为

$$R_P = \frac{U_m}{I_m} = \frac{0.2\text{V}}{2\text{A}} = 0.1\Omega$$

分流电阻 R_P 又是数字式直流电流表的输入阻抗。

(7) 钳形电流表

测量电流时,有些场合不能断开电路,这时可以使用钳形电流表。

1) 交流钳形电流表

这种钳形电流表由电流互感器和整流系电流表组成,只能测量交流电流,其外形如图 11-23 (a) 所示。电流互感器的铁心在捏紧扳手时可以张开,被测电路的导线不必断开就可以穿过铁心和缺口,然后再松开扳手,使铁心闭合。这时,位于铁心中间的载流导

线就相当于电流互感器的一次绕组，导线中的交流电流产生交变磁场，在电流互感器的二次绕组中产生感应电流。二次绕组是与测量机构连接的，所以感应电流就流经整流系电流表，使指针发生偏转，指示出被测电流的数值。在使用这种类型的钳形电流表时，还可以通过调节电流互感器的变比来变换电流表的量程。

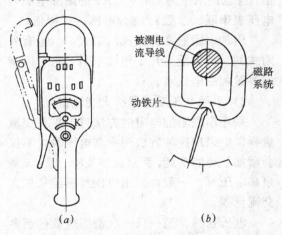

图 11-23　钳形电流表

2）交、直流两用钳形电流表

这种钳形表采用电磁系测量机构，其结构示意图如图 11-23（b）所示。它将钳口中被测电路的导线作为电磁系测量机构中的固定线圈，以产生工作磁场，可动铁片位于铁心缺口之中；在线圈磁场的作用下，可动铁片和铁心之间产生转动力矩，带动指针偏转，指示出被测电流的数值。

3）注意事项

使用钳形电流表时应注意以下几点：

1）根据被测对象，正确选择不同类型的钳形电流表。例如，测量交流电流时，可选择交流钳形电流表，如 T—301 型；测直流电流时，应选择交、直流两用的钳形电流表如 MG20 或 MG21 型等。

2）选择适当的量程。选择的量程应大于被测电流的数值，不能用小量程档测量大电流。

3）被测导线必须置于钳口中部，钳口必须紧闭。

4）变换量程时，必须先将钳口打开，不允许在测量过程中变换量程。

5）不允许用钳形电流表去测量高压电路的电流，以免发生事故。

11.3.2　电压的测量

（1）电压表型式的选择

磁电系、电磁系和电动系测量机构都可以制成电压表。选型的方法与电流表相同，即磁电系电压表只能测量直流电压，电磁系和电动系电压表可以交、直流两用。

（2）电压表量程的选择

选择电压表量程时，应使所选用的量程大于被测电压的值，以免损坏电压表。例如，工厂内低压配电装置的电压一般为 380V 或 220V，测量时应选用量程为 450V 或 330V 的电压表。此外，最好让电压表工作在不小于满刻度值 $\frac{2}{3}$ 的区域，以提高测量的准确性。

（3）电压表的接线方法

测量电压时，电压表必须并联在被测电压的两端，如图 11-24 所示。使用磁电系电压表测量直流电压时，还应注意电压表接线端钮上的"＋"、"－"极性标记，以免指针反向偏转。

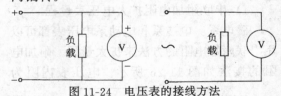

图 11-24　电压表的接线方法

（a）直流电压表；（b）交流电压表

（4）电压表内阻对测量值的影响

为了减小电压表接入电路后对电路原始状态的影响，要求电压表的内阻尽可能大。例如，在图 11-25 中，如选用内阻为 R_V 的电压表来测量 R_2 两端的电压，则被测电压的实际值为 $\frac{R_2}{R_1+R_2}U$，而测量值却为 $\frac{R'_2}{R_1+R'_2}U$，其中，$R'_2=\frac{R_2 R_V}{R_2+R_V}$。显然，测量值与实际值是有差异的。如果电压表内阻 R_V 远远大于 R_2，则 R'_2 就近似等于 R_2，测量值就比较接近于实际值。所以，应选择内阻比被测电阻大得多的电压表进行测量，以保证测量的准确度。

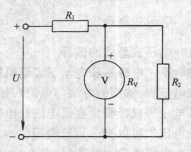

图 11-25　电压表内阻对测量结果的影响

为了表明电压表的内阻，在电压表的标度盘上都标注出"电压灵敏度"这一参数。电压灵敏度以电压表每伏的内阻值来表示。例如，标度盘上标明电压表的电压灵敏度为"2000Ω/V"，假设使用 10V 档量程，则电压表的内阻为 $(2000Ω/V)×10V=20kΩ$。显然，电压表灵敏度高，相应的内阻就大，测量值也就准确。常用的电压表中，磁电系电压表的内阻较大，灵敏度较高，一般为每伏几千欧，最高可达 100kΩ/V；而电磁系和电动系电压表的灵敏度较低，一般为每伏几十欧。

（5）电压表扩大量程的方法

1）串联附加电阻扩大电压表量程

磁电系、电磁系和电动系电压表都可以用串联附加电阻的方法来扩大量程。附加电阻的接法如图 11-26 所示。电压表内阻为

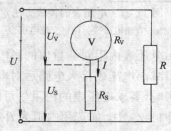

图 11-26　附加电阻的接法

R_V，附加电阻为 R_S，流过电压表的电流为 I。一般，R_S 的阻值大于 R_V，所以被测电压的大部分都加在 R_S 上，R_S 起了分压的作用。由于

$$I = \frac{U_V}{R_V} = \frac{U}{R_V + R_S}$$

$$U = \frac{R_V + R_S}{R_V} U_V$$

令

$$\frac{U}{U_V} = m = \frac{R_S + R_V}{R_V}$$

则

$$R_S = (m-1)R_V \qquad (11\text{-}7)$$

由此可见，如需将电压表的量程扩大 m 倍，应选用阻值为 $(m-1)R_V$ 的附加电阻与电压表串联。系数 m 称为电压的扩程倍数。

附加电阻通常都做成内附式，但也有外附式的。如果配有几个附加电阻，则可以制成多量程的电压表。

2）采用电压互感器扩大交流量程

采用串联附加电阻的方法可以扩大交流量程，但采用这种方法测量高电压时，不仅会增加仪表的功耗，而且很不安全。因此，测量高电压时，一般都采用电压互感器来扩大交流量程。

电压互感器是一只一次绕组匝数远远多于二次绕组匝数的"降压"变压器，其符号如图 11-27（a）所示；一次绕组的端钮标记为 1U1、1U2，二次绕组的端钮标记为 2U1、2U2；其接线方法如图 11-27（b）所示，一次绕组 1U1—1U2 与被测负载并联，二次绕组 2U1—2U2 与电压表并联。若一次绕组匝数为 N_1，二次绕组匝数为 N_2，则变压比 $k_U = \frac{N_1}{N_2}$。如果电压表读数为 U_2，则被测电压 $U_1 = k_U U_2$，这样就能把电压表量程扩大 k_U 倍。

为了便于使用，电压互感器的二次额定电压都做成 100V，因此与电压互感器配合用的电压表量程也应选择 100V 的。对于不同的被测电压，只要选择适当变压比的电压互感器，就可以将电压表的量程扩大到所需要的范围。例如，6000V/100V 的电压互感器，其变压比为 60，只要选用 100V 量程的交流电压表和它配用后，就可以将量程扩大到 6000V。

使用电压互感器时，必须注意以下几点：

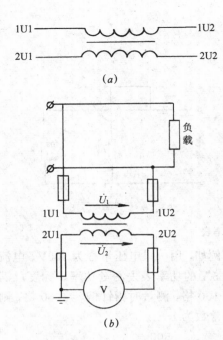

图 11-27 电压互感器的符号和接线图

大显示值为 1999，因此量程扩展时的满量程也应是这个值，仅仅是单位和小数点的位置不同而已。例如：需要将数字基本表（量程 200mV）扩展为能测 150V 电压的数字电压表（仪表量程应为 200V），若要求仪表的输入电阻为 10MΩ，即仪表总内阻 $R_0=R_1+R_2$ =10MΩ，则按分压比

$$k_U = \frac{U_{IN}}{U_m} = \frac{0.2}{200} = \frac{1}{1000}$$

得分压电阻

$$R_2 = k_U R_0 = \frac{1}{1000} \times 10 = 0.01(M\Omega)$$

$$R_1 = R_0 - R_2 = 10 - 0.01 = 9.99(M\Omega)$$

a. 电压互感器的一次绕组和二次绕组都应接熔断器，以防止短路事故而损坏电压互感器。特别是二次绕组，在测量过程中是不允许短路的，否则电压互感器将因过热而烧坏。

b. 电压互感器的二次绕组、铁心和外壳都应可靠接地，以防绕组绝缘损坏时，一次电路的高压窜入二次电路而造成人身和设备事故。

3）数字式电压表扩程方法

数字式直流电压表是在数字式电压基本表的基础上采用分压器进行扩程，如图 11-

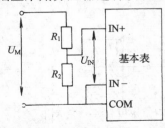

图 11-28 数字式直流电压表

28 所示。在计算分压器的分压电阻时，由于数字基本表输入电阻极大，可忽略其影响，按无穷大处理。此外，数字式电压基本表的最

11.3.3 功率和电能的测量

（1）直流电路功率的测量

直流电路中的功率 $P=UI$，因此可以用直流电压表和直流电流表分别测出电压值 U 和电流值 I，再算出功率值 P。

但是，还有一种更简便的方法，就是使用功率表（又称瓦特表）直接测量功率。功率表大多为电动系结构，其中两个线圈的安排如图 11-29（a）所示。固定线圈 A 匝数少，导线粗，用作电流线圈；可动线圈 D 匝数多、导线细，用作电压线圈。测量功率时，电流线圈和负载串联，线圈中通过的是负载电流；电压线圈串联附加电阻 R_S 后与负载并联，线圈上承受的电压正比于负载电压；指针偏转角大小取决于负载电流和负载电压的乘积。因此，在功率表的标度盘上可以直接指示出被测功率的大小。

功率表的符号及电路图如图 11-29（b）所示。粗线表示电流线圈，垂直的细线表示电压线圈。电压线圈和电流线圈上各有一端标有"＊"号，称为电源端钮或发电机端，表示电流应从这一端钮流入线圈。

使用功率表时，应注意以下几个问题。

1）正确选择功率表的量程

功率表的量程包括电流量程和电压量

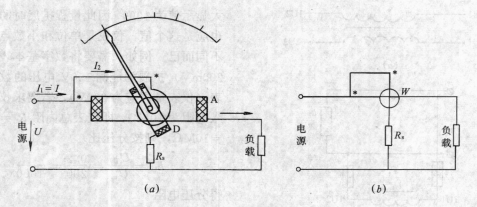

图 11-29　电动系功率表

程，选择时，既要使电流量程能承受负载电流的大小，又要使电压量程能承受负载电压的大小，而不能仅从功率量程来考虑。例如，有两只功率表，量程分别为 300V、5A 和 150V、10A。显然，它们的功率量程都为 1500W。如果要测一个电压为 220V、电流为 4.5A 的负载功率，则应选用 300V、5A 的功率表，而 150V、10A 的功率表，则因电压量程小于负载电压，不能选用。一般，在测量功率前，应先测出负载的电压和电流，然后再选择适当量程的功率表。

2）正确读出功率表的读数

可携式功率表一般都是多量程的，标度尺上只标出分度格数，不标注瓦特数。读数时，应先根据所选的电压、电流量程以及标度尺满度时的格数，求出每格瓦特数（又称功率表常数），然后再乘上指针偏转的格数，即得到所测功率的瓦特数。

例如，用一只电压量程为 500V、电流量程为 5A 的功率表去测量功率，标度尺满度时为 100 格，测量时指针偏转了 60 格，则功率表常数为

$$C = \frac{500 \times 5}{100} = 25(\text{W}/\text{格})$$

被测功率为

$$P = C\alpha = 25 \times 60 = 1500(\text{W})$$

3）注意功率表的正确接线

电动系仪表测量机构的转动力矩方向和两线圈中的电流方向有关，为了防止电动系功率表的指针反偏，接线时必须使电流线圈和电压线圈的电源端钮接到同一极性的位置，以保证两个线圈的电流都从标有"＊"号的电源端钮流入。满足这种要求的接线方法有两种，如图 11-30（a）为电压线圈前接法，图 11-30（b）为电压线圈后接法。

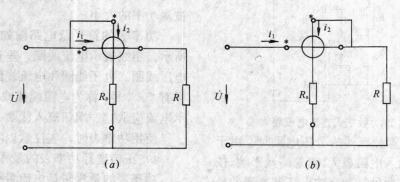

图 11-30　功率表的接线方法

当负载电阻远远大于电流线圈内阻时，应采用电压线圈前接法。这时电压线圈所测电压是负载和电流线圈的电压之和，功率表反映的是负载和电流线圈共同消耗的功率。如果负载电阻远远大于电流线圈内阻，则可以略去电流线圈分压所造成的功耗影响，其测量值比较接近负载的实际功率值。

当负载电阻远远小于电压线圈支路电阻时，应采用电压线圈后接法。这时电流线圈中的电流是负载和电压线圈支路的电流之和，功率表反映的是负载和电压线圈支路共同消耗的功率。如果负载电阻远远小于电压线圈支路的电阻，则可以略去电压线圈支路分流所造成的功耗影响，测量值也比较接近负载的实际功率值。

如果被测功率本身较大，不需要考虑功率表的功耗对测量值的影响时，则两种接线法可以任意选择，但最好选用电压线圈前接法，因为功率表中电流线圈的功耗一般都小于电压线圈支路的功耗。

测量功率时，如出现接线正确而指针反偏的现象，则说明负载侧实际上是一个电源，负载支路不是消耗功率而是发出功率。这时可以通过对换电流端钮上的接线使指针正偏；如果功率表上有极性开关，也可以通过转换极性开关，使指针正偏。此时，应在功率表读数前加上负号，以表明负载支路是发出功率的。

（2）单相交流电路功率的测量

单相交流电路的功率为：

$$P = UI\cos\varphi$$

式中　U——负载电压的有效值；

　　　I——负载电流的有效值；

　　　φ——负载电压和负载电流之间的相位差。

如果交流电路是纯电阻电路，则$\cos\varphi = 1$、$P = UI$，这时可以用交流电压表和交流电流表测出电压U和电流I，再算出功率数值。如果交流电路不是纯电阻电路，$\cos\varphi \neq 1$，这时就必须利用功率表进行测量。

电动系仪表的测量机构在测量交流时，指针偏转角的大小是正比于负载有功功率（$UI\cos\varphi$）的，因此，电动系功率表可以直接测量单相交流电路的功率，其使用方法和注意事项与测量直流电路功率时基本相同。

（3）三相交流电路功率的测量

测量三相交流电路功率时，一般都利用单相功率表组成一表法、二表法和三表法进行测量。

1）一表法测量三相对称负载电路的功率

在三相对称负载电路中，三相负载是对称的，故每相负载的功率都相等。这时可以用一只功率表测量其中任一相的负载功率，将测量结果乘以3，就是三相负载的总功率。

即：
$$P = 3P_1 \qquad (11-8)$$

由于这种方法只用一只功率表，所以称一表法。一表法的接线如图11-31所示。图11-31(a)测量的是三相星形接法的对称负载的功率，图11-31(b)测量的是三相三角形接法的对称负载的功率。由图可见，功率表中电流线圈通过的都是单相负载的相电流，电压线圈承受的是单相负载的相电压，因此功率表测出的是单相负载的功率，将此读数乘以3后即为三相负载的总功率。

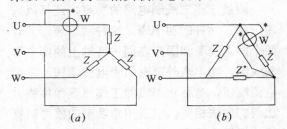

(a)　　　　　　　　(b)

图11-31　一表法测三相功率

2）二表法测量三相三线制电路的功率

在三相三线制电路中，不论三相负载是否对称，一般都采用二表法测量三相总功率。

以Y接法负载为例，二表法测量的接线如图11-32所示。两只功率表的电流线圈分别流过U相和V相的瞬时相电流i_U和i_V，两个电压线圈支路的电源端钮分别接U线和V线，而另一端钮均接到W线上。因此两表所加的电压分别

239

为瞬时线电压 u_{UW} 和 u_{VW}。这样，两只功率表反映的瞬时功率分别为

$$p_1 = u_{UW}i_U \quad p_2 = u_{VW}i_V$$

两表的功率和为

$$p_1 + p_2 = u_{UW}i_U + u_{VW}i_V$$

$$= (u_U - u_W)i_U + (u_V - u_W)i_V$$

$$= u_U i_U + u_V i_V - u_W(i_U + i_V)$$

在三相三线制中，$i_U + i_V + i_W = 0$，

即 $i_W = -(i_U + i_V)$

因此 $p_1 + p_2 = u_U i_U + u_V i_V + u_W i_W$

$$= p_U + p_V + p_W$$

由上式可知，二表法中，虽然每只功率表中的读数没有什么意义，但两只功率表所反映的瞬时功率之和却等于三相总瞬时功率，所以只要将两只功率表的读数相加，即可求得三相总功率。

即：$P = P_1 + P_2 = P_U + P_V + P_W$ (11-9)

如果在二表法测量时，接线虽然正确但有一只功率表指针反偏或读数为零，这时应将这只功率表的电流线圈端钮反接，使指针正偏，取得读数后要加上一负号，再与另一表的读数相加。所以，二表法测出的三相电路总功率，应为两只功率表读数的代数和。

测量三相三线制电路的功率，还可以采用三相二元件的功率表。这种功率表内部有两个固定线圈和固定在同一转轴上的两个可动线圈，功率表外部有四个电流端钮、三个电压端钮，这种功率表的工作原理和接线方法与二表法相同，但三相总功率的值可以直接从标尺上读出。

3）三表法测量三相四线制不对称负载的功率

在三相四线制电路中，如果各相负载对称，则可用一表法测量功率；如果各相负载不对称，则必须使用三表法测量功率。三表法接线如图 11-33 所示。图中，三只单相功率表分别测出各相功率，三表读数之和就是三相总功率。

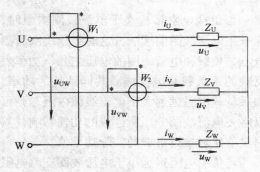

图 11-32　二表法测量三相功率

即：$P = P_1 + P_2 + P_3 = P_U + P_V + P_W$

(11-10)

测量三相四线制电路的功率，还可以使用三相三元件的功率表。这种功率表具有三个独立单元，每一单元相当于一只单相功率表，而三个单元的可动部分都固定在同一转轴上。显然，其工作原理和接线方法与三表法相同，但三相总功率的值可以从标尺上直接读取。

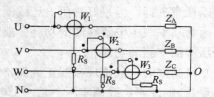

图 11-33　三表法测量三相功率

（4）三相交流无功功率的测量

单相交流电路的无功功率 $Q = UI\sin\varphi = UI\cos(90° - \varphi)$。所以，只要适当改变瓦特表的接线方法，使其电压线圈上的电压和电流线圈中的电流保持 $(90° - \varphi)$ 的相位差，就可以利用瓦特表来测量无功功率。下面以三相对称负载电路为例，介绍无功功率的测量方法。

在三相对称负载电路中，每相的无功功率为 $U_P I_P \sin\varphi$。三相总无功功率为单相无功功率的三倍，所以只要测出单相的无功功率，总无功功率就可算出。

用一只功率表测量三相对称负载电路无功功率的接线方法如图 11-34 所示。由图可见，流过功率表电流线圈的是 U 相的相电流 i_u，而电压线圈承受的是线电压 u_{VW}，根据三相交流电路知识可知，线电压 $\dot{U}_{VW}$ 和相电压

$\dot{U}_U$ 之间有 90°的相位差，而相电压和相电流之间的相位差为 φ，这样，$\dot{U}_{VW}$ 和 $\dot{I}_U$ 之间的相位差为（90°－φ），瓦特表的读数正好反映了 $U_{VW}I_U\cos(90°-\varphi)$ 的大小。根据 Y 接法电路计算公式，$U_{VW}=\sqrt{3}U_U$，$\cos(90°-\varphi)=\sin\varphi$，所以瓦特表的读数为 $\sqrt{3}U_UI_U\sin\varphi$，只要将瓦特表的读数再乘以 $\sqrt{3}$，就得于 $3U_UI_U\sin\varphi$，即为三相负载的总无功功率。

即：$$Q = \sqrt{3}Q_1 \qquad (11\text{-}11)$$

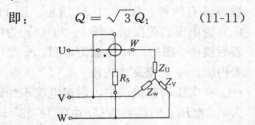

图 11-34 用一个功率表测三相对称电路的无功功率

测量三相对称电路无功功率的第二种方法是有功两表相减法。这种方法的接线与图 11-32 所示的二表法接线相同。将两只瓦特表的读数之差再乘以 $\sqrt{3}$，就是三相负载的总无功功率。

即：$$Q = \sqrt{3}(Q_1 - Q_2) \qquad (11\text{-}12)$$

（5）单相交流电路电能的测量

测量交流电能时，应用最多的仪表是感应系电度表。

在单相交流电路中，电度表的接法，原则上与功率表相同，如图 11-35 所示。电度表的电流线圈与负载串联，电压线圈与负载并联，两个线圈的"＊"端接电源的同一端。

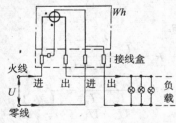

图 11-35 单相交流电度表的接线方法

一般电度表都有专门的接线盒，电压线圈和电流线圈的电源端在出厂时已联好。接线盒有四个端钮，即火线的"进"、"出"端和零线的"进"、"出"端，如图 11-35 所示。配线时，进端接电源端，出端接负载端，并将电流线圈的进端接火线。

测量时，如果被测电路是低电压、小电流的单相交流电路，可将电度表按上述接线方法直接接入电路中。如果负载电流超过电度表电流线圈的额定值，则应通过电流互感器再接入电度表，使电流互感器的一次与负载串联，二次与电度表的电流线圈串联。如果负载电压超过电度表电压线圈的额定值，则应通过电压互感器再接入电度表，使电压互感器的一次与负载并联，二次与电度表的电压线圈并联。应当注意，凡经过互感器的电度表，其读数要乘以互感器的变比才是实际的数值。如电流互感器的变比是 100A/5A，读数就应乘以 20；如电压互感器的变比是 6000V/100V，则读数再乘以 60。所乘的数值，称为电度表的倍率。

（6）三相交流电路电能的测量

测量三相交流电路的电能，仍可用单相电度表，其接法和测量三相交流电路功率时相同，也有一表法、二表法和三表法之分。例如，在三相三线制电路中，按照功率表的二表法接线，只要接入两只单相电度表，则两表读数之和就是三相电路的总电能。

但在电力系统中，使用最多的是三相电度表测量电能，这样可以从标度盘上直接读出三相总电能的数值。

三相电度表可分为二元件三相电度表和三元件三相电度表。它们的结构实际上就是两只或三只单相电度表的组合，只是表中的铝盘装在一根公用的转轴上，用一个积算机构累计和指示出三相总电能的数值

二元件三相电度表用于三相三线制电路电能的测量，其工作原理与二表法测量功率的原理相同，其接线方法如图 11-36 所示。

三元件三相电度表用于三相四线制电路电能的测量，其工作原理与三表法测量功率

的原理相同，其接线方法如图 11-37 所示。

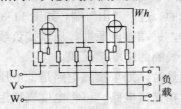

图 11-36　二元件三相电度表的接线方法

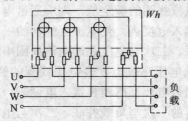

图 11-37　三元件三相电度表的接线方法

　　如果被测电路的电流或电压超过电度表电流线圈或电压线圈的额定值，则应通过电流互感器或电压互感器再接入电度表，并将电度表的读数乘以互感器的变比。

11.3.4　电阻的测量

　　在电工测量中，通常把电阻分为低阻值（1Ω 以下）、中等阻值（1Ω～0.1MΩ）和高阻值（0.1MΩ 以上）三档，其测量方法也有所不同。本节仅介绍常用的几种方法。

　　（1）伏安表法

　　根据欧姆定律，电阻 R 等于其两端的电压 U 除以电阻中流过的电流 I，即 $R=\dfrac{U}{I}$。如果用电压表和电流表测出电阻 R 上的 U 和 I，即可算出 R 的大小。由于这种方法仅用到电压表和电流表，所以称为伏安表法。其接线方法有两种，如图 11-38 所示。图 11-38（a）为电压表前接法，图 11-38（b）为电压表后接法。图中，R_x 是被测电阻，r_A 是电流表内阻，r_V 是电压表内阻。

　　在电压表前接法中，假定电流表的读数为 I_x，电压表的读数为 U，由图 11-38（a）可知，$U=I_x r_A + U_x$，即电压表的读数中包括了电流表内阻的压降。因此，根据两表读数求出的电阻为

$$R'_x = \frac{U}{I_x} = \frac{I_x r_A + U_x}{I_x} = r_A + R_x \quad (11\text{-}13)$$

可见，电阻测量值中包括电流表的内阻 r_A。如被测电阻 R_x 远远大于电流表内阻 r_A，则 r_A 的影响可以忽略不计，测量值 R'_x 就较接

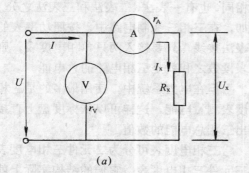

（a）

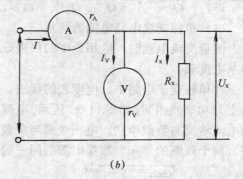

（b）

图 11-38　伏安法测电阻

$$R_x = \frac{U}{I} = \frac{U_x}{I_v + I_x}$$

$$= \frac{1}{\dfrac{I_v}{U_v} + \dfrac{I_x}{U_x}} = \frac{1}{\dfrac{1}{r_v} + \dfrac{1}{R_x}} \quad (11\text{-}14)$$

近于实际值 R_x。所以，这种电压表前接法适用于测量阻值较大的电阻。

　　在电压表后接法中，假定电流表的读数为 I，电压表的读数为 U，由图 11-38（b）可知，$U=U_x$，$I=I_v + I_x$，即电流表的读数中包括了电压表内阻的分流值。因此，根据两表的读数求出的电阻为：

可见，电阻测量值是被测电阻 R_x 和电压表内阻 r_v 的并联电阻值。如果被测电阻远远小于电压表内阻 r_v，则 r_v 的影响可以忽略不计，

测量值 R'_x 也较接近实际值 R_x。所以，这种电压表后接法适用于测量阻值较小的电阻。

由此可见，伏安表法测量电阻时，必须根据被测电阻的大小，选择适当的接线方法，以减小测量误差。

伏安表法是一种间接测量法，它需要经过计算才能求出电阻值，而且测量精度较低，受仪表内阻影响较大。但是它能在通电的工作状态下进行测量，这一特点是有实际意义的。例如对非线性电阻的测量，就必须在通电状态下进行，因为非线性电阻的阻值会随其电压或电流的改变而变化，故应选用伏安法进行测量。

（2）兆欧表法

兆欧表又称摇表或高阻表，是一种专门测量高阻值电阻（主要是绝缘电阻）的仪表。兆欧表的读数以兆欧（$1M\Omega = 10^6\Omega$）为单位。

1）兆欧表的结构

常用的兆欧表主要由磁电系比率表和手摇直流发电机两部分组成。

磁电系比率表测量机构示意图如图 11-39 所示，和一般磁电系测量机构相比，比率表的特点是没有游丝，反作用力矩由电磁力产生。在图 11-39 中，可动部分为两个绕向相反的线圈，线圈 1 的作用是产生转动力矩，线圈 2 的作用是产生反作用力矩，两个线圈装在同一转轴上；固定部分包括永久磁铁、极掌、铁心等部件，和一般磁电系测量机构不同之处在于它的极掌和铁心的形状比较特殊。例如图 11-39 中所示的铁心带有缺口，使铁心和极掌间气隙中的磁场分布不均匀，中间磁通密度较高，两边则较低。兆欧表中的手摇直流发电机可以发出较高的电压，常用的有 100V，250V，500V，1 000V，2 500V 等几种规格。手摇发电机产生的电压越高，兆欧表的量程就越大。

2）兆欧表的工作原理

兆欧表的原理电路图如图 11-40 所示。图中，G 表示手摇发电机，P 表示磁电系比率

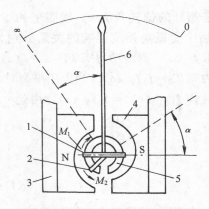

图 11-39　磁电系比率表

1、2—动圈；3—永久磁铁；4—极掌；5—铁心；6—指针

表的测量机构，其中 1、2 表示两组互相交叉的线圈，R_1 和 R_2 是串接在两组线圈中的限流电阻。兆欧表有三个接线端钮："线"端钮（L）、"地"端钮（E）和"屏"端钮（G）。被测电阻 R_x 接在 L 和 E 两个端钮上。

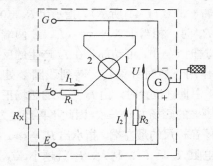

图 11-40　兆欧表的原理电路图

由图 11-40 可知，兆欧表电路中有两个回路，一个是电流回路，它从发电机的正端→R_x→R_1→线圈 1→发电机的负端；另一个是电压回路，它从发电机的正端→R_2→线圈 2→发电机的负端。当发电机的电压 U 和限流电阻 R_1、R_2 保持某定值不变时，电压回路中的 I_2 也为定值，电流回路中 I_1 的大小由被测电阻 R_x 决定。由于线圈 1 的作用是产生转动力矩，线圈 2 的作用是产生反作用力矩，所以，转动力矩与 I_1 有关，反作用力矩与 I_2 有关。另外，气隙中磁场分布是不均匀的，所以转动力矩还与线圈 1 在磁场中的位置有关，反作用力矩也与线圈 2 在磁场中的位置有关。

若指针的偏转角为 α，线圈 1 和线圈 2 在磁场中受磁场强度影响的关系分别为 $f_1(\alpha)$ 和 $f_2(\alpha)$，则转动力矩 $T_1 = I_1 f_1(\alpha)$，反作用力矩 $T_2 = I_2 f_2(\alpha)$。当力矩平衡时，$T_1 = T_2$，即 $I_1 f_1(\alpha) = I_2 f_2(\alpha)$，由此可得

$$\frac{I_1}{I_2} = \frac{f_2(\alpha)}{f_1(\alpha)} = f(\alpha) \qquad (11\text{-}15)$$

所以

$$\alpha = F\left(\frac{I_1}{I_2}\right) \qquad (11\text{-}16)$$

上式表明，兆欧表中指针的偏转角与 I_1、I_2 的比率有关，所以这种测量机构称为磁电系比率表。

由于 I_2 是固定不变的，而 I_1 是随被测电阻 R_x 而变化的。所以，当 $R_x = 0$（相当于 L、E 两端钮短路）时，I_1 为最大值，转动力矩也最大，兆欧表的指针将顺时针偏转到标度尺的最右端（如图 11-41 所示），指示出 $R_x = 0$；当未接 R_x 时，相当于 $R_x = \infty$（L、E 两端钮开路），这时 $I_1 = 0$，可动部分在 I_2 产生的反作用力矩作用下逆时针偏转。转到线圈 2 处于图 11-39 中垂直位置时，由 I_2 形成的磁场正好与永久磁铁的磁场方向一致，因此不再产生力矩，指针停在标尺的最左端，指示出 $R_x = \infty$；接入被测电阻 R_x 后，R_x 越大，I_1 就越小，I_1 所产生的转动力矩也越小，所以指针逆时针偏转得较多，指示值较大。可见，兆欧表指针的偏转角可以表达被测电阻 R_x 的大小。

图 11-41 兆欧表的标度尺

使用兆欧表时，如果手摇发电机产生的电压 U 发生变化，则 I_1 和 I_2 将同时变化，但两者的比率保持不变，因此，兆欧表的指针偏转角也保持不变，这表明手摇发电机的转速在允许范围内有所变化时，不会影响兆欧表的读数。

（3）电桥法

电桥是一种利用比较法测量电路参数的仪表，其灵敏度和准确度都很高。电路参数分为直流和交流两类。直流参数是指电路或元件的电阻；交流参数包括交流电路中的电阻 R、电感 L、电容 C、互感 M 等。电桥也相应分为直流、交流两种，分别用于测量这两类参数。

电桥的种类很多，直流电桥有单臂电桥、双臂电桥和单双臂两用电桥；交流电桥有电容电桥、电感电桥、变压器电桥以及多功能的万用电桥等。这里仅介绍两种用于测量电阻的直流电桥：单臂电桥和双臂电桥。

1）直流单臂电桥

直流单臂电桥的特点是测量精度高、范围大，适用于测量 $1\Omega \sim 10\mathrm{M}\Omega$ 左右的中阻值电阻。

直流单臂电桥的工作原理：直流单臂电桥又称惠斯登电桥，是一种用于精确测量电阻的仪表，如图 11-42 所示为其电路原理图。

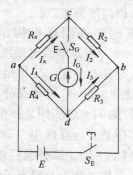

图 11-42 直流单臂电桥原理电路图

图中，被测电阻 R_x 与已知的标准电阻 R_2、R_3、R_4 联接成四边形的桥式电路，四个支路 ac，bc，bd，ad 称为桥臂。从 a、b 端经按钮开关 S_E 接入直流电源 E，从 c、d 端经按钮开关 S_G 接入检流计 G，作为指零仪。按钮 S_E、S_G 接通后，调节三个标准电阻 R_2、R_3、R_4 的阻值，使检流计指针指零，电桥达到平衡。此时 $I_G = 0$，c 端和 d 端电位相等，这样 $U_{ac} = U_{ad}$，$U_{cb} = U_{db}$，即

$$I_x R_x = I_4 R_4$$

$$I_2R_2 = I_3R_3$$

将两式相除，得

$$\frac{I_x R_x}{I_2 R_2} = \frac{I_4 R_4}{I_2 R_2}$$

由于 $I_G = 0$，所以 $I_x = I_2$，$I_4 = I_3$，代入上式可得

$$R_x = \frac{R_2}{R_3} R_4 \qquad (11\text{-}17)$$

R_2 与 R_3 称为电桥的比例臂，其比值 R_2/R_3 常配成十进位关系，如 0.001、0.01、0.1、1、$10 \cdots\cdots$ 等，称为比例臂的倍率，供测量时选择。R_4 称为电桥的比较臂，一般为可调电阻，供测量时调节，使检流计指零；此时用比较臂阻值乘以比例臂的倍率，就是被测电阻 R_x 的阻值。由于 R_2、R_3、R_4 都是高精度的标准电阻，检流计的灵敏度也很高，故 R_x 的测量精度很高。

直流单臂电桥的种类很多，国产的型号用 QJ 表示（Q—桥，J—直流），QJ23 型便携式单臂直流电桥的测量范围是 $1 \sim 9999000\Omega$，准确度为 0.2 级。其原理电路及面板布置如图 11-43 所示。

比例臂倍率分成 7 档，分别为 0.001、0.01、0.1、1、10、100、1000，由倍率转换开关选择。比较臂 R_4 由四组可调电阻串联而成，每组均有 9 个相同的电阻，第一组为 9 个 1Ω，第二组 9 个 10Ω，第三组 9 个 100Ω，第四组 9 个 1000Ω，由比较臂转换开关调节。这样，面板上的四个比较臂转换开关构成了个、十、百和千位，比较臂 R_4 的阻值为四组读数之和。

2）直流双臂电桥

直流双臂电桥又称凯尔文电桥，适用于测量低阻值电阻（1Ω 以下），如短导线电阻、

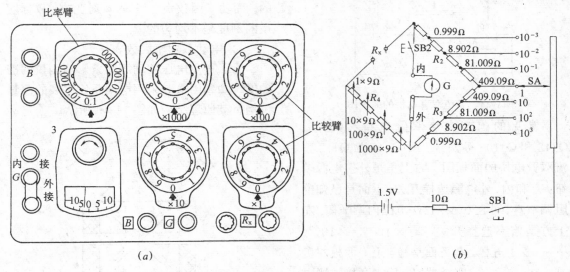

(a)　　　　　　　　　　　(b)

图 11-43　QJ—23 型直流单臂电桥面板及原理图

分流器电阻、大中型电机和变压器绕组的电阻、开关的接触电阻等。若用直流单臂电桥测量低阻值电桥，则会因联接导线和接线端钮接触电阻的影响，造成很大的测量误差，而直流双臂电桥可以避免这些误差。

直流双臂电桥的原理电路如图 11-44 所示。它和直流单臂电桥不同的地方，是被测

电阻 R_x 和已知电阻 R'_1 串联后组成电桥的一个臂，已知电阻 R_s 和 R'_2 串联后组成相邻的另一个臂，它相当于单臂电桥的比较臂。另外 R_x 和 R_s 间用粗导线联接，其阻值 r 很小。为了消除引线电阻和端钮接触电阻的影响，当被测电阻 R_x 的两根引线接入电桥时，要同时接在四个端钮上，其中 p_1、p_2 接入桥臂，称

为电压端钮，c_1、c_2 称为电流端钮。

电阻 R_1、R'_1 和 R_2、R'_2 均为可调电阻，调节时不会小于 10Ω；结构上做成两组电阻同步调节，使 R_1 与 R'_1、R_2 与 R'_2 始终保证 $R'_1/R_1=R'_2/R_2$，即 $R_1/R_2=R'_1/R'_2$。由于 R_x 接在四个端钮上，其中 p_1、p_2 的接触电阻位于 R_1、R'_1 支路中，电阻 R_s 的引线、接触电阻位于 R_2、R'_2 支路中。与始终大于 10Ω 的 R_1、R_2、R'_1、R'_2 的阻值相比，这些引线和接触电阻的数值要小得多，完全可以忽略不计。而 c_1 端钮的接触电阻在供电回路中，与电桥平衡无关。所以，直流双臂电桥把引线和接触电阻由被测支路转移到比例臂支路，消除了它们对测量的影响。

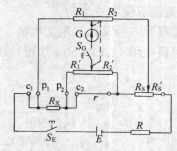

图 11-44　直流双臂电桥的原理图

常见的国产直流双臂电桥有 QJ28、QJ42 和 QJ103 等型号。图 11-45 为 QJ42 直流双臂电桥的面板图。右上角是外接电源端钮 $E_{外}$ 和内、外电源选择开关；下面是已知电阻调节盘，可在 $0.5\sim11\Omega$ 范围内调平衡。左上方是倍率选择开关，有 $\times10^{-4}$、$\times10^{-3}$、……、$\times1$ 五档，其下面是检流计。面板左侧是 c_1、p_1、p_2、c_2 四个端钮，用来联接被测电阻 R_x。电桥平衡后，用已知电阻值（即调节盘读数）乘以倍率，就是被测电阻的阻值。

11.3.5　功率因数和频率的测量

相位差 φ 或功率因数 $\cos\varphi$，以及频率 f 是反映交流电路中电源或负载工作状态的重要参数。测量时常用功率因数（或相位）表和频率表，它们大多为电动系仪表。

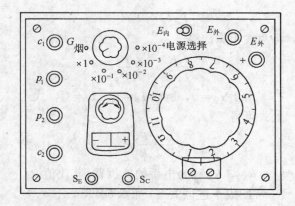

图 11-45　QJ—42 型直流双臂电桥的面板图

（1）功率因数表

φ 为交流电路中电压与电流间的相位差角，$\cos\varphi$ 为功率因数。每一个 φ 都对应一个 $\cos\varphi$ 的值，所以相位表和功率因数表实质上是同一种仪表；两者的差别仅在于相位表的标度尺是以 φ 刻度的，标度尺的刻度是均匀的；而功率因数表是以 $\cos\varphi$ 刻度的，故标度尺的刻度是不均匀的。

1）电动系功率因数表

为了避免电压波动等因素影响测量的准确度，功率因数表采用电动系比率表的测量机构，其原理结构如图 11-46 所示。

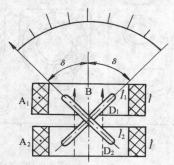

图 11-46　电动系功率因数表的原理结构图

图中的固定线圈 A 分 A_1 和 A_2 两段绕制，可以使可动线圈 D 得到较为均匀的磁场。两个可动线圈 D_1、D_2 交叉安置，两者保持固定的夹角 2δ（一般为 $2\times30°$）。可动线圈和指针一起固定在转轴上。

功率因数表接入电路的方法如图 11-47 所示。固定线圈（定圈）与被测电路的负载串联，

流过负载电流 $\dot{I}$；可动线圈（动圈）D_1 与表内测量线路中的 R_1 和 L_1 串联，D_2 与 R_2 串联，再分别与负载并联，电流分别为 $\dot{I}_1$ 和 $\dot{I}_2$。

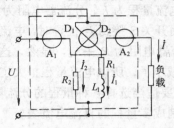

图 11-47　功率因数表接入电路的方法

测量时，定圈中流过被测电路的负载电流 $\dot{I}$，产生固定磁场，对动圈中流过的 $\dot{I}_1$、$\dot{I}_2$ 两个电流产生电磁力，一个是转动力矩（工作力矩），另一个是反作用力矩。可动部分在这两个力矩的作用下，一直旋转到两个力矩互相平衡为止。其偏转角的大小，仅与两个动圈电流的比值 I_1/I_2 有关，而与定圈电流 I 无关。当电源电压、环境温度等因素变化时，虽然 I_1、I_2 也随之变化，但其比值仍保持不变，因此指针的偏转角不受其影响，比率表的测量机构是不装游丝的，未通电时指针可以停留在任意位置上。相位表和功率因数表的"零点"（$\varphi=0$ 或 $\cos\varphi=1$ 的点）选在标度尺的中间；如果指针向右边偏，表示负载是感性的；向左边偏，则表示负载是容性的。常见的电动系便携式相位表、功率因数表有 D3—φ、D—$\cos\varphi$ 等型号。

测量时，仪表必须在规定的频率范围内使用，否则会造成仪表的附加误差。另外，仪表的额定电压和额定电流必须大于或等于负载的额定电压和额定电流。

2）电动系三相功率因数表

三相功率因数表，用于测量三相三线制对称负载的功率因数，也是由电动系比率表的测量机构加测量线路构成的，如D31—$\cos\varphi$ 型。

3）铁磁电动系功率因数表

电动系功率因数表功耗大，转动力矩小，灵敏度不高。安装式功率因数表通常采用铁磁电动系并在测量机构中采用了软磁材料制成的导磁体，以增大转动力矩。如 1D1—$\cos\varphi$、1D5—$\cos\varphi$ 等型号。

（2）频率表

1）电动系频率表

电动系频率表也是由电动系比率表的测量机构加测量线路构成。图 11-48（a）为电动系频率表的原理结构图，图中 A_1、A_2 为串联的两个定圈，B_1、B_2 为两个动圈且相差 90° 安装；图 11-48（b）为其测量线路。测量时频率表与被测电路并联，定圈与动圈产生的电磁力使动圈连同指针一起偏转。

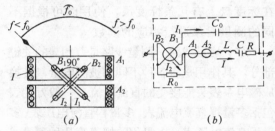

图 11-48　电动系频率表
（a）测量机构；（b）电路图

电动系频率表量程的中间值一般都是标度尺的中心分度值 f_0。例如国产 D3—Hz 型电动系频率表，量程为 45～55Hz，中心分度值为 50Hz；量程为 1350～1650Hz，中心分度值是 1500Hz。

电动系频率表也没有游丝，接入电路之前，指针处于随遇平衡状态。

2）变换器式频率表

变换器式频率表由半导体变换器电路和磁电系测量机构组成。半导体变换器电路把电流频率转换成与其成正比的直流电流，然后用磁电系表头进行测量。这种频率表的外形尺寸比电动系频率表小，且重量轻、功耗小，近年来在安装式频率表中得到广泛应用。

11.4　万用表

万用表是一种多用途、多量程的可携式仪表。由于它可以进行交、直流电压和电流以及电阻等多种电量的测量，因此，在电气安装、维修、检查等工作中应用极为广泛。

11.4.1　万用表的结构

万用表由三大部分组成。

（1）表头　万用表的表头一般采用磁电系测量机构，并以该机构的满度偏转电流表示万用表的灵敏度。满度偏转电流越小，表头的灵敏度越高，测量电压时表的内阻也越大。一般，万用表表头的满度偏转电流为几微安到几百微安。由于万用表是多用途仪表，测量各种不同电量时都合用一个表头，所以，在标度盘上有几条标度尺，使用时可根据不同的测量对象进行相应的读数。

（2）测量线路　测量线路是万用表的关键部分，其作用是将各种不同的被测电量，转换成磁电系表头能接受的直流电流。一般万用表包括多量程直流电流表、多量程直流电压表、多量程交流电压表、多量程欧姆表等几种测量线路。测量范围越广，测量线路就越复杂。

（3）转换开关　转换开关用于选择万用表的测量种类及其量程。转换开关中有固定触点和活动触点。当转换开关转到某一位置时，活动触点就和某个固定触点闭合，从而接通相应的测量线路。一般地，转换开关的旋钮都安装在万用表的面板上，操作很方便。

11.4.2　万用表的工作原理

（1）直流电流档的工作原理　万用表的直流电流档实际上是一只采用分流器的多量程直流电流表，常用的原理电路图如图11-49所示。

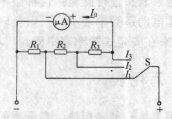

图 11-49　多量程直流电流表的原理电路图

当转换开关 S 换接到不同位置时，由于与表头支路并联的分流器电阻值不同，因此可以改变电流量程。例如，开关 S 接到 I_3 位置时，电流量程为 I_3，分流器电阻为 $R_1+R_2+R_3$；而开关 S 接到 I_2 位置时，电流量程为 I_2，分流器电阻为 R_1+R_2，显然，这时分流器电阻减小了，所以电流量程扩大了，即 $I_2>I_3$。只要适当选择各种量程的分流器电阻，就可以制成多量程的直流电流表。

在图 11-49 所示的原理电路中，由于各分流电阻串联后再与表头并联，形成一个闭合回路，所以称闭路式分流器。这种分流器的特点是：变换量程时，分流器中的电阻和表头支路电阻是同时变化的，而闭合回路的总电阻始终保持不变。这样，假如某量程档因转换开关接触不良而造成该档电阻不通时，表头却可以因闭合回路中电阻不变而不受影响。

（2）直流电压档的工作原理　万用表的直流电压档实际上是一只采用附加电阻的多量程直流电压表，常用的原理电路图如图11-50所示。

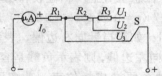

图 11-50　多量程直流电压表的原理电路图

当转换开关 S 接到不同位置时，由于与表头串联的附加电阻不同，在此电压的量程也就不同。例如，开关 S 接到 U_1 位置时，电压量程为 U_1，附加电阻为 $R_1+R_2+R_3$；而开关 S 接到 U_2 位置时，电压量程为 U_2，附加电阻为 R_1+R_2，由于附加电阻减小，所以电压量程也减小，即 $U_2<U_1$。可见，只要适当选择各种量程的附加电阻，就可以制成多量程的直流电压表。

在图 11-50 所示的电路中，低量程档的附加电阻被高量程档所利用，因此称为共用式附加电阻电路。采用这种电路时，可以少用电阻，以节约绕制电阻的材料；但是，一旦低量程档的附加电阻损坏时，高量程档将同时受到影响。

（3）交流电压档的工作原理　由于万用表的表头是磁电系测量机构，因此测量交流电压时，必须采取整流措施。所以万用表的交流电压档实际上是一只多量程的整流系交流电压表，即在带有表头的半波整流或全波整流电路中再接入各种数值的附加电阻，其原理电路如图 11-51 所示。其中，图 11-51（a）为半波整流共用附加电阻式的交流电压表，图 11-51（b）为全波整流共用附加电阻式的交流电压表。使用交流电压档测量时，仪表的读数为交流电压的有效值。

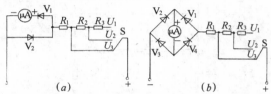

图 11-51　多量程整流系交流电压
表的原理电路图
（a）半波整流；（b）全波整流

（4）直流电阻档的工作原理　万用表的直流电阻档实际上是一只多量程的欧姆表。测量时的原理电路如图 11-52 所示。图中，电源 E 为干电池；电源、表头和电阻 R_1 相互串联；被测电阻 R_x 从 a、b 端钮接入；与表头并联的电阻 R_0 是调零电阻。当 R_x 为 0（相当于 a、b 两端钮短路时），这时表头指针应满度偏转，指在欧姆表的零位上。如果由于电池电压不足等原因达不到上述要求时，可调节 R_0 以改变分流电流，使指针回到零位。由于这个调零电阻仅在万用表的欧姆档起作用，所以称为欧姆调零器。

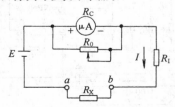

图 11-52　欧姆表测量时的原理电路图

根据欧姆定律，图 11-52 电路中的电流为

$$I = \frac{E}{R_x + R_1 + \dfrac{R_c R_0}{R_c + R_0}} \quad (11-18)$$

式中　R_x——被测电阻；

　　　　R_1——串联电阻；

　　　　R_0——调零电阻；

　　　　R_c——表头内阻。

由于 R_1、R_c、R_0 都为已知值，所以，被测电阻 R_x 阻值大，电流 I 就小，相应的指针偏转角也小。当 $R_x = \infty$（相当于 a、b 两端钮开路）时，电流 $I = 0$，指针不产生偏转，停在机械零位上；当 $R_x = 0$（相当于 a、b 两端钮短路）时，电流 I 最大，指针应满度偏转，指在欧姆零位上。由此可见，欧姆表的标度尺是反向刻度的，当被测电阻在 0～∞ 范围内变化时，表头指针在欧姆零位（满度偏转）和机械零位（无偏转）之间进行指示。由于电流 I 和被测电阻 R_x 不成线性关系，所以，欧姆表的分度是不均匀的，如图 11-53 所示。

图 11-53　欧姆表标度尺

由上述分析可知，当 $R_x = 0$ 时，电流 I 为满度偏转电流，欧姆表回路中的电阻为 $R_1 + \dfrac{R_c R_0}{R_c + R_0}$，这就是欧姆表的总内阻。当被测电阻 R_x 和欧姆表的总内阻相等时，则欧姆表中的电流必为满度偏转电流的一半，指针将指在标度尺中间。因此，欧姆表标度尺的中心值就是表的总内阻值，通常称为欧姆中心值。

由于欧姆表的分度是不均匀的，一般在靠近欧姆中心值的一段范围内，分度较细，读数也较准确。所以使用欧姆表时，应根据被测电阻值，选择欧姆中心值与被测电阻值相近的档去测量。通常，欧姆表标度尺的有效读数范围为欧姆中心值的 0.1～10 倍左右。

为了能测量各种阻值的电阻，欧姆表都制成多量程的。一般万用表中的欧姆档有 $R×$ 1、$R×10$、$R×100$、$R×1k$、$R×10k$ 等。这些量程的改变主要采用两种方法。第一种方法是保持电池电压不变，通过改变表头的分流电阻来改变电阻量程，其原理电路如图 11-54 所示。图中 R_3、R_4、R_5、R_6 组成闭路式分流器，使欧姆表分为 $R×1$、$R×10$、$R×100$、$R×1k$ 四个倍率档。低阻档用小的分流电阻，高阻档用大的分流电阻。例如，$R×1$ 档的分流电阻是 R_3，$R×10$ 档的分流电阻是 R_3+R_4。当被测电阻 R_x 的阻值较大时，则转换开关应接到高阻档。这时，虽然整个电路的电流因 R_x 的增大而减小，但由于分流电阻也相应增大，分流减小，所以流过表头的电流仍保持不变，同一指针位置所表示的电阻值相应扩大。因此，被测电阻的实际值应等于标度尺上的读数乘以所用电阻档的倍率。

在图 11-54 中，R_1 和 R_2 组成分压式欧姆调零器。调零电阻 R_2 和电阻 R_1 串联，可使支路的分流作用限制在一定范围内，R_7、R_8 和 R_9 为各相应档的串联电阻，它们的作用是使各档总内阻都等于该档的欧姆中心值。

万用表的欧姆低阻档一般均采用上述方法扩大量程。如果用这种方法还达不到测量

大电阻的最高倍率，则可采用第二种方法，即通过提高电池电压来扩大量程。测量时，虽然被测电阻 R_x 增大了，但由于提高了电源电压，所以流过表头的电流仍可保持不变，在同一指针位置上所表示的电阻值就扩大了。使用这种方法扩大量程时，为了保证 $R_x=0$ 时，流过表头中的电流仍保持原满度偏转值，应适当增加串联电阻。一般，万用表的欧姆高阻档，如 $R×10k$ 等都采用第二种方法扩大量程。所用的电池一般为体积较小的叠层电池，叠层电池的标称电压有 4.5V、6V、9V、15V 等。

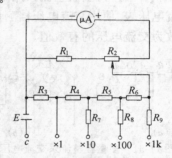

图 11-54　多量程欧姆表的原理电路图

11.4.3　万用表实际电路示例

以上介绍了万用表各种测量档的工作原理，万用表的实际电路是各种测量线路的组合。图 11-55 是 U—101 型万用表的原理电路图。

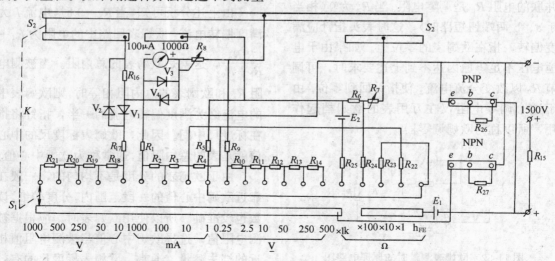

图 11-55　U—101 型万用表总电路图

U—101 型万用表当量程转换开关 S_1、S_2 位于不同的档位时，可组成不同的测量电路。

(1) 直流电流测量电路

将转换开关 S_1 置于 mA 档位，就可组成图 11-56 直流测量电路。

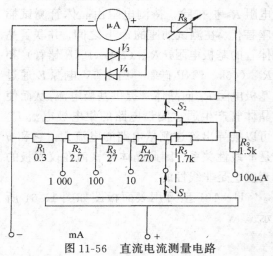

图 11-56 直流电流测量电路

图中可调电阻 R_8 始终与表头串联，作温度补偿。$R_1 \sim R_5$ 为分流电阻，R_9 为 100μA 直流电流档和 0.25V 直流电压档的附加电阻，该档无分流电阻。1～1000mA 档的分流电阻接成闭路式，与表头并接的二极管作过载保护用。

(2) 直流电压测量线路

电路如图 11-57 所示。$R_9 \sim R_{14}$ 为测量电压的附加电阻，接成共用式。用 S_1 直接切换可得到 0.25V、2.5V、10V、50V、250V、500V 的电压量程，0.25V 档和 100μA 档共用。测量高压 1 500V 时，开关可拨在 500V 档，测试棒与"1 500V"端和"ϕ"孔端插孔相接。1500V 档专用一个 10MΩ 电阻作附加电阻。

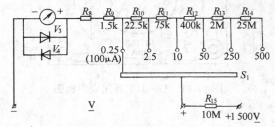

图 11-57 直流电压测量电路

(3) 交流电压测量电路

电路如图 11-58 所示。将转换开关 S_1 置于 V 档位置，S_2 将表头切换至交流电压测量线路，其电路由 V_1、V_2 构成半波整流电路。R_{16} 为表头分流电阻，$R_{17} \sim R_{21}$ 为交流电压测量电路的附加电阻，用 S_1 切换，可得到 10V、50V、250V、500V、1000V 的交流电压量程。

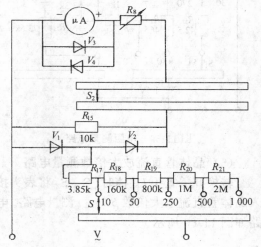

图 11-58 交流电压测量电路

此外，利用该电路 10V 档还可进行电容和电感的测量。测量时将电容或电感与 10V 交流电压串联后，接入该档，可在表盘电容、电感刻度线上读出待测电容值或电感值。

利用交流电压档还可测量音频电压，为防止直流分量串入，最好串联一个 0.1μF 电容。测量时可在 db 标尺上读得电平值。

(4) 电阻测量电路

电路如图 11-59 所示。将转换开关 S_1 置于电阻测量档，由 S_2 将表头切换至电阻测量线路。图中 R_7 为欧姆调零电位器，用来在被测电阻等于零时使表头电流为满偏值，仪表共四个量程。通过 S_1 切换改变欧姆中心值（即各档分流电阻和各档串联电阻值），在 1.5V 下可得到 ×1、×10、×100 等三档。在 22.5V 电压下可得到 ×1k 档。该档的分流电阻与直流电流测量的分流电阻大部分共用，节省了元件。

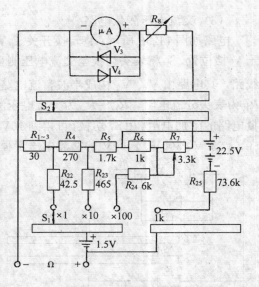

图 11-59　电阻测量电路

（5）晶体管直流放大倍数测量电路

转换开关置于 h_{FE} 档时，S_1、S_2 将表头接入晶体管直流放大倍数 β（h_{FE}）测量电路。电路如图 11-60 所示。

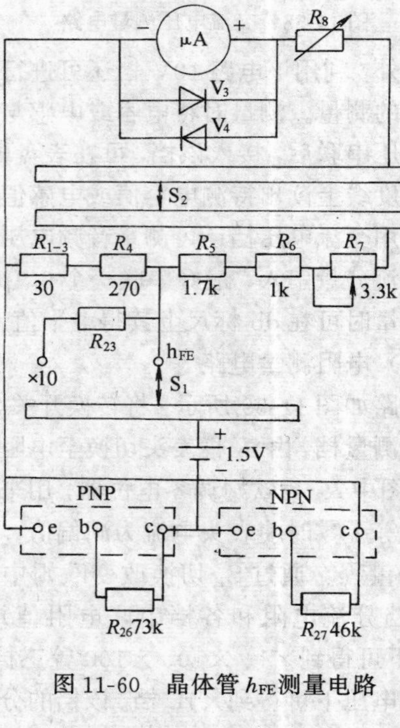

电路中 $R_1 \sim R_7$ 为表头分流电阻，从 R_4 至 R_5 之间抽头正好与 $R \times 10\Omega$ 档共用分流电阻。当在 $R \times 10$ 档短路表棒时，调 R_7 使表头指针满偏指向 0Ω，此时电路测试电流为 2mA。当 S_1、S_2 转至 h_{FE} 时，$R \times 10$ 档的串联电阻 R_{23} 被排除，待测电阻由晶体管测试插座替代。在测试插座的 c、b 之间，并联了晶体管的基极电阻。R_{26}（75k、PNP 锗管）和 R_{27}（46k、PNP 硅管）由 1.5V 电源 E 通过基极电阻 R_b 向晶体管提供基极电流，从而使晶体管产生通过测量电路的集电极电流 I_c。可以推导出流过测量电路的电流 I_e，它和 β 是非线性关系，因此晶体管 β 值在仪表板的刻度也是非线性的。

U—101 型万用表面板图如图 11-61 所示。

图 11-60　晶体管 h_{FE} 测量电路

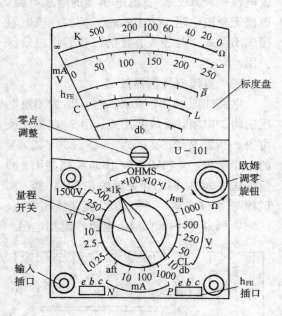

图 11-61　U—101 万用表面板图

<h1 style="text-align:center">小　结</h1>

(1) 电工仪表按结构和用途分为指示仪表、较量仪表、数字仪表。而指示仪表按工作原理分为磁电系、电磁系、电动系、感应系、整流系等。

(2) 指示仪表由测量机构和测量线路组成。测量机构是核心，它可分为固定部分和可动部分。

(3) 磁电系仪表是利用永久磁铁的磁场和载流线圈的相互作用而产生转矩工作的。它的特点是准确度、灵敏度均高，刻度均匀，功耗小，但过载能力小，只能测直流。

(4) 电磁系仪表是利用铁磁物体在磁场中被磁化后产生电磁吸引力或排斥力的原理来工作的，所以它分吸引型和排斥型两种。它的特点是结构简单、过载能力强、能交直流两用，但刻度不均匀、易受外磁场的干扰。

(5) 电动系仪表是利用两个通电线圈之间产生电磁力的原理工作的。它的特点是准确度高，可交直流两用，还可制成功率表，但仪表损耗大，过载能力较差，易受外磁干扰。

(6) 感应系仪表是利用电磁感应原理工作的，它普遍用作各种电度表。电度表由驱动元件、转动元件、制动元件、积算机构组成。感应系仪表的特点是只能测固定频率的交流，转动力矩大，防御外磁场的干扰性能较强，准确度较低。

(7) 整流系仪表由磁电系测量机构和整流电路组合而成。它分半波整流和全波整流。整流系仪表的特点是测交流时频率范围较宽，保留着磁电系仪表的优点，但准确度较低。

(8) 数字式仪表由数字电压基本表、各种输入电路、转换装置组成。数字电压基本表是利用模拟量——数字量的变换（简称 A/D 变换）原理将被测电压的模拟量变换成数字量，位数字编码处理后再将测量结果显示出来。数字电压表主要由 A/D 转换器、数码显示器组成。数字式仪表准确度、分辨力、输入阻抗、电压灵敏度均高。

(9) 电流的测量　测电流时，电流表应与负载串联。磁电系电流表常用来测直流电流，它通过并联分流器扩程；电磁系、电动系电流表则用来测交流电流，它们则是利用加大固定线圈直经或改变线圈串、并联方法扩大量程，以及利用电流互感器来扩大量程。钳形电流表是由电流互感器和整流系电流表组成，它可用来在不断开电路情况下方便地测电流。

(10) 电压的测量　用电压表测电压时，电压表必须并联在电路中。扩大电压表量程的方法是串附加电阻和用电压互感器。

(11) 功率和电能的测量　用来测量功率的仪表称为功率表又称瓦特表。它接入电路应遵守发电机原则，它的接线方式有电压线圈前接、电压线圈后接两种。三相功率的测量根据不同情况可用一表法、二表法和三表法进行测量。测量电能的仪表叫电度表。它的接线原则同功率表。三相电能的测量可用单相电度表测，但常用三相电度表测量三相电能。

(12) 电阻的测量　测量电阻的方法有伏安法、兆欧表法、电桥法。伏安法是一种间接测量电阻方法。兆欧表常用来测量高阻值电阻（主要是绝缘电阻）。它由磁电系比率表和手摇发电机两部分组成。电桥测电阻是一种比较法，它分单臂电桥和双臂电桥，单臂电桥适用于测 $1\Omega \sim 10M\Omega$ 的电阻，双臂电桥适用测 1Ω 以下的电阻。

（13）功率因数常用电动率系功率因数表或铁磁电动系功率因数表测量。频率则用电动系频率表和变换器式频率表测量。

（14）万用表由表头、测量线路、转换开关组成。它是一种多用途、多量程的便携式仪表。可用来测交、直流电流，电压及电阻等多种电量。

习题

1. 指示仪表的测量机构在工作时有哪些力矩？它们的作用是什么？
2. 磁电系仪表的测量机构和工作原理是什么？它为什么不能直接用来测量交流？
3. 电磁系仪表是根据什么原理进行测量的？常见的测量机构有哪几种？
4. 为什么磁电系仪表的分度是均匀的，而电磁系仪表的分度是不均匀的？
5. 电动系仪表的主要特点是什么？当它测量交流或直流时，其偏转特性有什么不同？
6. 为什么交、直流功率表都采用电动系仪表？
7. 感应系电度表是怎样计量电能的？
8. 整流系仪表是如何组成的？其中整流电路有哪几种类型？
9. 数字式仪表的特点是什么？
10. 什么叫 $3\frac{1}{2}$ 位数字电压基本表？
11. 电流表和电压表有什么区别？如果在测量电路中正确使用电流表和电压表？
12. 有一只磁电系电流表，其量程原为 5A，内阻为 0.228Ω，将它与一只 0.012Ω 的分流电阻并联后，量程变为多少？
13. 将量程 50V，内阻为 $20k\Omega$ 的直流电压表改装成量程为 600V 的电压表，需串联多大的附加电阻？
14. 什么是电压表的灵敏度？常用电压表中哪一类电压表灵敏度较高？
15. 怎样扩大电流表和电压表的量程？
16. 怎样使用电压互感器和电流互感器？
17. 钳形电流表有何特点？
18. 如何利用单相功率表测量三相有功功率和无功功率？
19. 单相电度表应如何接线？
20. 常用的三相有功电度表有哪几种？应如何接线？
21. 怎样利用电流表和电压表来测量直流电阻的大小？
22. 简述兆欧表的结构和特点？使用兆欧表测量绝缘电阻时应注意哪些问题？
23. 电桥有什么特点？它有哪些用途？
24. 简述直流单臂电桥的工作原理？并说明它为什么能对电阻进行精密测量？
25. 为什么双臂电桥能测量低阻值电阻？
26. 万用表由哪几部分组成？一般能进行哪些测量？
27. 万用表的直流电流档和直流电压档是怎样组成的？
28. 万用表是如何测量交流电压的？其交流电压档的刻度有何特点？
29. 什么是万用表的欧姆中心值？它有什么特殊意义？

第 12 章　工厂变配电所

本章谈到工厂配电常见的变电所与配电所的类型。所址及主要设备的选择、布置。文中介绍了控制室、高低压配电室、电容器室、变压器室及杆上变电所的结构特点，以及各种电气主接线的形式、要求。

文中还着重介绍了各种高低压配电装置的结构、分类、原理及使用常识，并介绍了各种保护系统的原理和特点。

12.1　变配电所的类型和选择

12.1.1　变配电所的类型

变配电所是各级电压的变电所和配电所的总称。变电所担负着从电力系统受电，经过变压，然后配电的任务；配电所担负着从电力系统受电，然后直接配电的任务。

变配电所按电压等级可分为以下两种情况：

（1）35kV 变电所

35/10（6）kV 变电所常称总变电所，而35/0.38kV 变电所称为直降变电所。

（2）10（6）kV 配电所

10（6）kV 配电所常带有 10（6）kV 变电所，高压侧电压为 10（6）kV，在工厂企业内又称车间变电所。

变电所按其变压器安装的地点来分，有以下几种型式：

（1）户内变电所

1）车间附设变电所　变压器室的一面墙或几面墙与车间的墙共用，变压器的大门向车间外开。

2）车间内变电所　变压器室位于车间内的单独房间内，变压器室的大门向车间内开。

3）独立变电所　整个变电所设在与车间建筑物有一定距离的单独建筑物内。

4）地下变电所　整个变电所装在地下的设施内。

（2）户外变电所

1）露天变电所　变压器装在户外露天的地面上。如果变压器的上方设有顶板或挑檐的，则称为半露天变电所。

2）杆上变电站（台）　变压器装在户外的电杆上面。

12.1.2　变配电所所址的选择

（1）变配电所所址选择应根据下列要求综合考虑确定：

1）接近负荷中心，接近电源侧。

2）进出线方便，运输设备方便。

3）不应设在有剧烈震动或高温的场所。

4）不宜设在多尘或有腐蚀性气体的场所。

5）不应设在厕所、浴室或地势低洼和可能积水的场所，也不宜与上述场所相贴邻。

6）不应设在有爆炸危险的区域内。

7）不宜设在有火灾危险区域的正上面或正下面。

（2）装有可燃性油浸电力变压器的车间内变电所，不应设在耐火等级为三、四级的建筑物内；如设在耐火等级为二级的建筑物内，建筑物应采取局部防火措施。

（3）多层建筑中，装有可燃性油的电气设备的变配电所应布置在底层靠外墙部位，但不应设在人员密集场所的正上方、正下方、贴邻或疏散出口的两旁，并采取相应的防火措施。

（4）露天或半露天的变电所，不应设在下列场所：

1）有腐蚀性气体的场所。

2）挑檐为燃烧体或耐火等级为四级的建筑物旁。

3）附近有棉、粮及其他易燃物大量集中的露天堆场。

4）有可燃粉尘、可燃纤维的场所，容易沉积灰尘或导电尘埃，且严重影响变压器安全运行的场所。

12.1.3 变配电所型式的选择

（1）在负荷大而集中、设备布置比较稳定的大型生产厂房内，可以考虑采用车间内变电所的型式。这种车间内变电所，位于车间的负荷中心，可以降低电能损耗和有色金属消耗量，并减小线路的电压损耗，容易保证电压质量，所以这种型式的技术经济指标比较好。

（2）对那些生产面积较紧和生产流程要经常调整的车间，宜采用附设变电所的型式。

（3）露天、半露天变电所的型式，比较简单经济，在小厂中较多，这种型式的安全可靠性较差。

（4）负荷小而分散的工业企业和大中城市的居民区，宜设独立变电所。

（5）环境允许的中小城镇居民区和工厂的生活区，当变压器容量在 315kVA 及以下时，宜设杆上式变电所。

（6）配电所一般为独立式建筑物，也可与 10（6）kV 变电所一起附设于负荷较大的厂房或建筑物。

（7）35kV 变电所宜采用户内式。

（8）地下变电所由于全部装置设在地下，因此一般散热条件较差，湿度较大，建造费用较高，但相当安全，环境指标好。

12.2 变配电所变压器的选择

为了降低电能损耗，应选用低损耗节能变压器。在电压偏差不能满足要求时，35kV 降压变电所的主变压器应首先采用有载调压变压器；10（6）kV 配电变电所的变压器不宜采用有载调压变压器。

12.2.1 35kV 主变压器的选择

（1）主变压器的台数和容量，应根据地区供电条件、负荷性质、用电容量和运行方式等条件综合考虑确定。

（2）在有一、二级负荷的变电所中，宜装设两台主变压器。当技术经济比较合理时，主变压器台数可多于两台。如变电所可由中、低压侧电力网取得足够容量的备用电源时，可装设一台主变压器。

（3）装有两台及以上主变压器的变电所中，当断开一台时，其余主变压器的容量应保证用户的一、二级负荷，且不应小于 60% 的全部负荷。

（4）具有三种电压的变电所中，如通过主变压器各侧绕组的功率均达到该变压器容量的 15% 以上，主变压器宜采用三绕组变压器。

（5）在确定变电所主变压器台数时，应适当考虑负荷的发展，留有一定的余地。

12.2.2 10（6）kV 配电变压器的选择

（1）10（6）kV 变电所中配电变压器的台数和容量应根据负荷大小、供电可靠性和电能损耗的要求及经济运行进行选择。当有大量一、二级负荷，或季节负荷变化较大，或集中负荷较大时，宜装设两台及以上变压器。

（2）一般车间变电所宜采用一台变压器。变电所的变压器台数越少，主接线就越简单，运行的可靠性也越高。

（3）主变压器容量应根据计算负荷选择。

一般应考虑以下几点：

1) 只装有一台主变压器的变电所

主变压器容量 S_N 应满足全部用电设备总计算负荷 S_C 的需要，即

$$S_N \geqslant S_C \qquad (12\text{-}1)$$

2) 装有两台变压器的变电所

每台变压器的容量 S_N 应该同时满足以下两个条件：

A. 任一台变压器单独运行时，宜满足总计算负荷的 70% 的需要，即

$$S_N \approx 0.7 S_C \qquad (12\text{-}2a)$$

B. 任一台变压器单独运行时，应满足全部一、二级负荷 S_C（Ⅰ＋Ⅱ）的需要，即

$$S_N \geqslant S_C(\text{Ⅰ} + \text{Ⅱ}) \qquad (12\text{-}2b)$$

3) 车间变电所主变压器的每台容量，一般不宜大于 1250kVA，以使变压器更能接近负荷中心，减少电能损耗。

（4）对昼夜或季节性波动较大的负荷供电的变压器，经技术经济比较，可采用容量不一致的变压器，并可在高峰时，适当过载运行。对短时负荷供电的变压器要充分利用其过载能力。

变压器在特殊情况下允许短时间超过额定电流值过载运行，但不得超过下面表 12-1 中规定的允许运行时间。

变压器的过负荷能力　表 12-1

过电流（%）	允许运行时间（min）	
	油浸式变压器	干式变压器
20		60
30	120	45
40		32
45	80	18
50		
60	45	
75	20	5
100	10	

（5）在下列情况下可设专用变压器：

1) 当照明负荷较大，或动力和照明共用变压器由于负荷变动引起的电压闪变或电压升高，严重影响照明质量及灯泡寿命时，可设照明专用变压器。

2) 单台单相负荷很大时，可设单相变压器。

3) 冲击性负荷（如电焊机群等）较大，严重影响电能质量时，可设专用变压器。

4) 在民用建筑中某些特殊设备（如大型空调冷冻机等）的功能需要，可设专用变压器。

（6）多层建筑或高层建筑主体内变电所，宜选用不燃或难燃型变压器。

（7）在多尘或有腐蚀性气体严重影响变压器安全运行的场所，应选用密闭型变压器或防腐型变压器。

12.3　变配电所的结构与布置

12.3.1　总体布置

（1）变配电所总体布置的要求

变配电所的总体布置，应满足以下要求：

1) 布置紧凑合理，便于设备的操作、搬运、检修、试验和巡视，还要考虑发展的可能性。

2) 适当安排建筑物内各房间的相对位置，使配电室的位置便于进出线，如果是架空进线，则高压配电室宜位于进线侧。低压配电室应靠近变压器室，35kV 主变压器室宜靠近 10（6）kV 配电室。电容器室宜与变压器室及相应电压等级的配电室相毗连。控制室、值班室和辅助房间的位置便于运行人员工作和管理等。

3) 变压器室应避免朝西开门，以免变压器遭到西晒，控制室尽可能朝南。变配电所各室的大门都应朝外开，以利于紧急情况时，人员外出和处理事故。为保证值班人员安全，值班室内不得有高压配电装置。

4) 35kV 屋内变电所宜双层布置,变压器室应设在底层;采用单层布置时,变压器宜露天或半露天安装。10(6)kV 变配电所宜单层布置;采用双层布置时,变压器应设在底层。屋内变电所的每台油量为100kg 及以上的三相变压器,应设在单独的变压器室内。

5) 注意节约占地面积和建筑费用。当变电所有低压配电室时,值班室可与低压配电室合并,但这时低压配电屏的正面或侧面离墙的距离不得小于3m。当高压开关柜的数量较少时(不多于4倍),允许与低压配电屏布置在一个室内,但当高压开关柜与低压配电屏为单列布置时,高压柜与低压屏间的距离不得小于2m,这时值班室宜另设。

6) 当地震设防烈度为7度及以上时,安装在室内二层及以上的电气设备应采取防震措施。

(2) 变配电所总体布置的方案

变配电所总体布置方案应该通过几个方案的技术经济比较后确定。

变配电所总体布置方案见图12-1～图12-4。

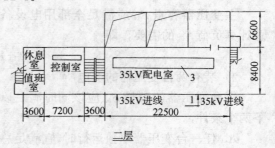

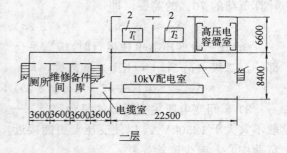

图 12-1 35/10kV 变电所布置方案(双层)

1—35kV 架空进线;2—主变压器 6300kVA;

3—JYN1—35 型开关柜;4—KYN—10 型开关柜

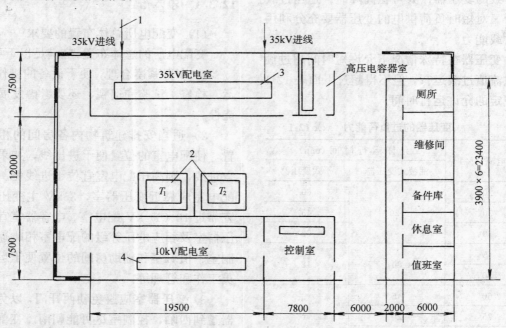

图 12-2 35/10kV 变电所布置方案 (单层)

1—35kV 架空进线;2—主变压器 4000kVA;

3—GBC—35A (F) 型开关柜;4—GFC—3B (F) 型开关柜

258

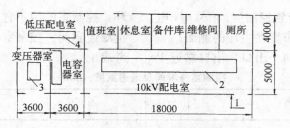

图 12-3 10 (6) kV 配电所布置方案
1—10 (6) kV 电缆进线；2—高压开关柜；3—10 (6) /0.4kV 变压器；4—低压配电屏

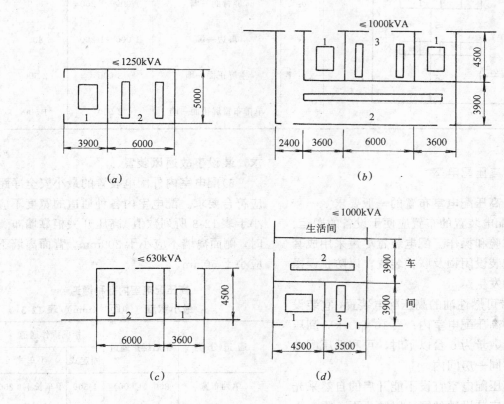

图 12-4 10 (6) kV 变电所布置方案
(a)、(b) 车间内附式；(c)、(d) 车间外附式
1—变压器室；2—低压配电室；3—低压电容器室

12.3.2 控制室

控制室布置应满足以下要求：

(1) 控制室应位于运行方便、电缆较短和朝向良好的地方，一般毗连于高压配电室。当整个变电所为多层建筑时，控制室一般设在上层。

(2) 控制室内设置集中的事故信号和预告信号。室内安装的设备主要有控制屏、信号屏、所用电屏、电源屏，以及要求安装在控制室内的电能表屏和保护屏等。

(3) 屏的布置要求监视、调试、维护方便，力求紧凑，并注意整齐美观，要使电缆最短、交叉最少。屏的排列方式科学合理，主环一般采用一字形，L 形或 Ⅱ 形布置。

259

(4) 主环的正面布置控制屏、信号屏，电源屏和所用电屏一般布置在主环的侧面。

(5) 控制室应有两个出口，出口靠近主环。控制室的门不宜直接通向屋外，宜通过走廊或套间。控制室各屏间及通道宽度可参考表 12-2。

控制室各屏间及通道宽度（mm） 表 12-2

简　图	符号	名　称	一般值	最小值
	b_1	屏正面—屏背面		2 000
	b_2	屏背面—墙	1 000～1 200	800
	b_3	屏边—墙	1 000～1 200	800
	b_4	主屏正面—墙	3 000	2 500
		单排布置屏正面—墙	2 000	1 500

12.3.3 高压配电室

（1）高压配电室布置的一般要求

1）配电装置的布置应便于设备的搬运、检修、试验和操作。配电装置尽量采用成套设备，应装设闭锁及联锁装置，以防止误操作事故的发生。

2）带可燃性油的高压配电装置，宜装设在单独的高压配电室内；当 10（6）kV 高压开关柜的数量为 6 台以下时，可和低压配电屏装设在同一房间内。

3）高压配电室宜设不能开启的自然采光窗，窗外应装设铁丝网，以防止雨、雪、小动物及风沙进入。窗台距室外地坪不宜低于 1.8m，但临街的一面不宜开窗。

4）配电装置的长度大于 6m 时，其柜（屏）后的通道应为两个出口，各通道应保证畅通无阻。室内配电装置裸露带电部分上方不应有明敷的照明或电力线路跨越。

5）高压配电室内应有消防器材。配电室的门应为向外开的防火门，门上应装有弹簧锁，严禁用门闩。相邻配电室之间有门时，应能向两个方向开启。配电室应按事故排烟要求，装设事故通风装置。

6）配电室内外配电装置的最小安全净距应符合要求。配电室内各种通道的宽度不应小于表 12-3 所列数值。高压开关柜靠墙布置时，侧面离墙不应小于 200mm，背面离墙不应小于 50mm。

高压配电室内各种通道
最小宽度（净距）（mm） 表 12-3

通道分类	柜后维护通道	柜前操作通道	
		固定式	手车式
单列布置	800（1 000）	1 500	单车长＋1 200
双列面对面布置	800	2 000	双车长＋900
双列背对背布置	1 000	1 500	单车长＋1 200

（2）高压配电室配电装置的布置

1）JYN1—35 型高压开关柜的布置如图 12-5 所示。

2）GBC—35A（F）型高压开关柜的布置如图 12-6 所示。

3）GG—1A（F）型高压开关柜的布置如图 12-7 所示。

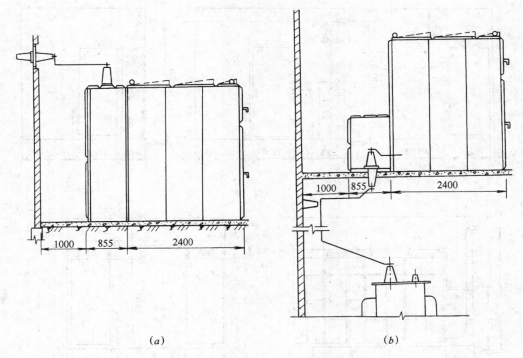

(a) (b)

图 12-5　JYN1—35 型高压开关柜的布置

(a) 柜后架空进（出）线；(b) 楼上布置

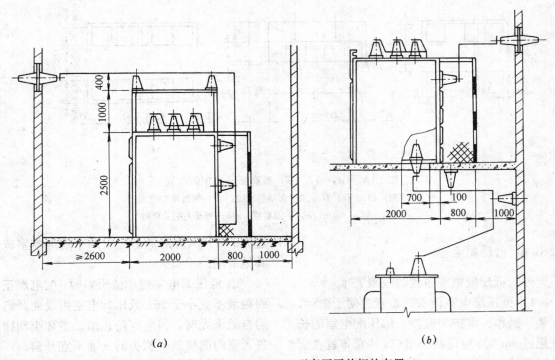

(a) (b)

图 12-6　GBC—35A（F）型高压开关柜的布置

(a) 柜前架空进（出）线；(b) 在同一排同时布置柜后架空进（出）线和穿越楼板向下出线

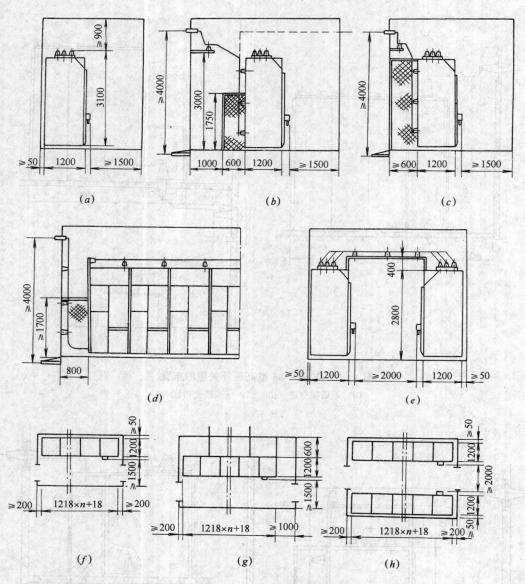

图 12-7 GG—1A（F）型高压开关柜的布置

(a) 单列；(b)、(c) 背面或正面架空出线；(d) 侧面架空进线；
(e) 双列；(f)、(g)、(h) 平面布置；n——一列开关柜的台数

12.3.4 低压配电室

（1）低压配电室布置的一般要求

1）低压配电室设备的布置应便于搬运、安装、操作、维护和监测。低压配电室的长度超过 8m 时，应设两个出口，并宜布置在配电室两端。成排布置的低压配电屏的长度超过 6m 时，其屏后通道应设两个通向本室或其他房间的出口。

2）低压配电室兼作值班室时，配电屏正面距墙不宜小于 3m。低压配电室可设能开启的自然采光窗，但应有防止雨、雪和小动物进入室内的措施。临街的一面不宜开窗。

3）低压配电室的高度应和变压器室综合

考虑，一般可参考下列尺寸：

A. 与抬高地坪变压器室相邻时，其高度为 4～4.5m。

B. 与不抬高地坪变压器室相邻时，其高度为 3.5～4m。

C. 配电室为电缆进线时，其高度为 3m。

4）低压配电室内各种通道宽度不应小于表 12-4 所列数值。

（2）低压配电室的布置

低压配电室的布置见图 12-8 所示。

低压配电室内各种通道最小宽度（净距）（mm） 表 12-4

布置方式	屏前操作通道	屏后操作通道	屏后维护通道
固定式屏单列布置	1 500	1 200	1 000
固定式屏双列面对面布置	2 000	1 200	1 000
固定式屏双列背对背布置	1 500	1 500	1 000
单面抽屉式屏单列布置	1 800		1 000
单面抽屉式屏双列面对面布置	2 300		1 000
单面抽屉式屏双列背对背布置	1 800		1 000

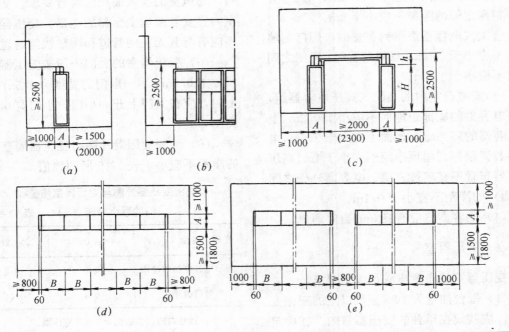

低压屏型号	尺 寸（mm）								
	A		B				H	h
PGL_2^1	600		400	600	800	1000	2200	300
GGL1	600	1000	600	800			2200	550
BFC-2B	520	900	550				2000	400
GCK1	500	1000	800				2200	420
GCK4	600	1000	400	600	800	1000	2200	500
GCL1	1200		600	800	1000		2200	420

图 12-8 低压配电室的布置

（a）单列离墙安装；（b）侧面进线；（c）双列离墙安装；（d）、（e）平面布置

注：括号内的数值用于抽屉式低压配电屏

263

12.3.5 电容器室

电容器室的布置应满足以下要求：

（1）室内高压电容器组宜装设在单独房间内。当容量较小时，可装设在高压配电室内，但与高压开关柜的距离应不小于1.5m。低压电容器组可装设在低压配电室内，当电容器组容量较大时，考虑通风和安全运行，宜装设在单独房间内。

（2）成套电容器柜单列布置时，柜正面与墙面之间的距离不应小于1.5m。双列布置时，柜面之间的距离不应小于2m。

装配式电容器组单列布置时，网门与墙距离不应小于1.3m；双列布置时，网门之间距离不应小于1.5m。

（3）安装在室内的装配式高压电容器组，下层电容器的底部距地面不应小于0.2m，上层电容器的底部距离地面不宜大于2.5m，电容器装置顶部到屋顶净距不应小于1m。高压电容器布置不宜超过三层。电容器外壳之间（宽面）的净距不宜小于0.1m。

（4）电容器室应有良好的自然通风。

13.3.6 变压器室

变压器室的布置应满足以下要求：

（1）每台油量为100kg及以上的三相变压器，应装设在单独的变压器室内。在确定变压器室面积时，应考虑变电所所带负荷发展的可能性，一般按能装设大一级容量的变压器考虑。

（2）室内安装的干式变压器，其外廓与四周墙壁的净距不应小于0.6m；干式变压器之间的距离不应小于1m，并应便于巡视、维修。变压器室内可安装与变压器有关的负荷开关、隔离开关和熔断器，在考虑变压器布置及高、低压进出线位置时，应尽量使负荷开关或隔离开关的操动机构装在近门处。

（3）有下列情况之一时，可燃性油浸变压器室的门应为甲级防火门：

A. 变压器室位于车间内。

B. 变压器室位于高层主体建筑物内。

C. 变压器室下边有地下室。

D. 变压器室位于容易沉积可燃粉尘、可燃纤维的场所。

E. 变压器室附近有粮、棉及其他易燃物大量集中的露天堆场。

此外，变压器室之间的门、变压器室通向配电室的门，也应为甲级防火门。

（4）变压器室的通风窗应采用非燃烧材料，通风窗的有效面积应符合要求。变压器室内宜安装搬运变压器的地锚。变压器室内不应有与其无关的管道和明敷线路通过。

（5）变压器室的大门一般按变压器外形尺寸加0.5m，当一扇门的宽度为1.5m及以上时，应在大门上开一小门，小门宽0.8m，高1.8m。

（6）油浸变压器外廓与变压器墙壁和门的净距不应小于表12-5所列数值。

油浸变压器外廓与变压器室墙壁和
门的最小净距（m）　　　表12-5

变压器容量（kVA）	≤1 000	≥1 250
与后壁和侧壁的净距	0.6	0.8
与门的净距	0.8	1.0（1.2）

注：括号内的数值适用于35kV变压器。

12.3.7 露天变压器和杆上变电所

露天或半露天变压器的安装应满足以下要求：

（1）10（6）kV变压器四周应设不低于1.7m的固定围栏（或墙）。变压器外廓与围栏的净距不应小于0.8m，其底部距地面的距离不应小于0.3m。相邻变压器之间的净距不应小于1.5m。

（2）供给一级负荷用电或油量均为2 500kg以上的相邻可燃性油浸变压器的防

火净距不应小于 5m，否则应设置防火墙。

（3）靠近建筑物外墙安装的普通型变压器不应设在倾斜屋面的低侧，以防止屋面冰块或水落到变压器上。当建筑物外墙与变压器外廓的距离为 5～10m 时，可在外墙上设防火门，并可在变压器高度以上设非燃烧性的固定窗。

杆上变电所的布置应满足以下要求：

（1）杆上变电所应尽量避开车辆和行人较多的场所。在布线复杂、转角、分支、进户、交叉路口等的电杆上，不宜装变压器台。

（2）单柱式杆上变电所适用于装设容量不超过 30kVA 的变压器；双柱式杆上变电所可用于容量为 50～315kVA 的变压器。

（3）采用杆上变电所的用电单位，其用电量不宜超过 160kVA。

12.3.8 变配电所对土建的要求

变配电所的土建工程应满足以下要求。

（1）建筑物耐火等级

油浸变压器室为一级；高压配电室、高压电容器室、控制室和值班室为二级；低压配电室为三级。

（2）屋面、顶棚与屋檐

变配电所各房间的屋面应有保温、隔热层及良好的防水和排水措施。顶棚应刷白。屋檐的结构能防止屋面的雨水沿墙面流下。

（3）内墙面

油浸变压器室的内墙面勾缝并刷白，墙基应防止油浸蚀。其他各室邻近带电部分的内墙面应刷白，其他部分抹灰并刷白。

（4）地坪

油浸变压器室敞开式及封闭低式布置采用卵石或碎石铺设，厚度为 250mm，变压器四周沿墙 600mm 需用混凝土抹平；高式布置采用水泥地坪，应向中间通风及排油孔作2%的坡度。其他各室的地坪一般采用水泥抹

面并压光。

（5）采光和采光窗

高压配电室和高压电容器室可设固定的自然采光窗，窗叶应加铁丝网，防止雨、雪和小动物进入，其窗台距室外地坪宜≥1.8m。在寒冷、尘埃或风沙大的地区，宜设双层玻璃窗，临街一面不宜开窗。

低压配电室可设能开启的自然采光窗，并应设置纱窗。临街的一面不宜开窗。

值班室应设开启的窗并设置纱窗，在寒冷或风沙大的地区采用双层玻璃窗。

油浸变压器室不设采光窗。

（6）通风窗

高压配电室、高压电容器室和油浸变压器室可装设百叶窗，内加铁丝网，以防雨、雪和小动物进入。

（7）门

高压配电室、高压电容器室应为向外开的防火门。油浸变压器室采用铁门或木门内侧包铁皮。低压配电室、控制室和值班室允许用木制门。

（8）电缆沟

一般采用水泥抹光，并采取防水、排水措施。

（9）采暖

高压配电室、电容器室一般不采暖，但严寒地区，室内温度影响电气设备元件和仪表正常运行时，应有采暖措施。控制室、值班室及低压配电室兼作控制室或值班室时，在采暖地区应采暖。

（10）给排水

有人值班的独立变配电所宜设厕所和给排水设施。

KYN—10 型高压开关柜土建设计参考如图 12-9 所示。

GBC—35A（F）型高压开关柜土建设计参考如图 12-10 所示。

低压配电屏（柜）、低压电容柜土建设计参考如图 12-11 所示。

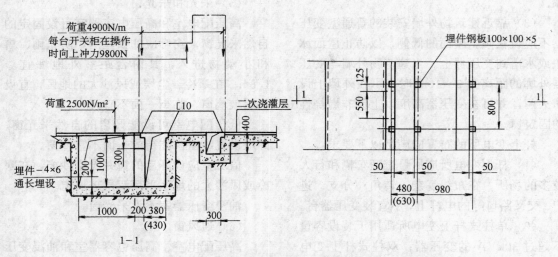

图 12-9　KYN—10 型高压开关柜土建设计参考图

注：括号中的数字用于架空进（出）线柜

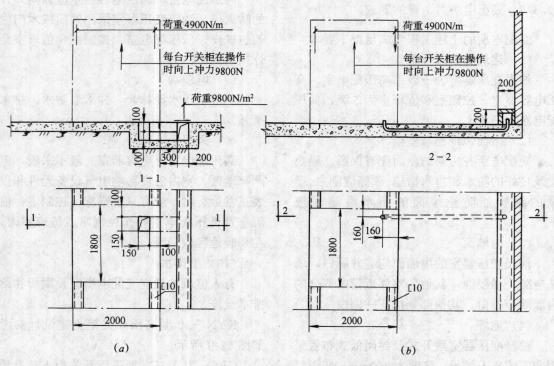

图 12-10　GBC—35A（F）型高压开关柜土建设计参考图

（a）控制电缆沟形式一；（b）控制电缆沟形式二

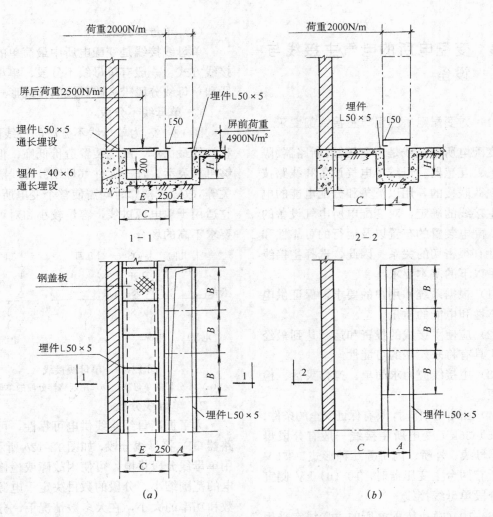

图 12-11　低压配电屏（柜）、低压电容器柜土建设计参考图

(*a*) 屏后有电缆沟；(*b*) 屏后无电缆沟

注：括号中的数字适用于进线柜

适用屏（柜）名称	型　号	尺　寸（mm）				
		B				A
低压配电屏	PGL_2^1	400	600	800	1 000	500
低压配电屏	GGL1	600	800			400（800）
抽屉式低压配电屏	BFC-2B	550				420　800
动力中心	GCL1	600	800	1 000		370
电动机控制中心	GCK1	800				370（800）
低压抽出式开关柜	GCK4	400	600	800	1 000	500　900
低压电容器屏	PGJ1	800	1 000			500
低压电容器屏	BJ（F）-3	900				500

12.4 变配电所的电气主接线与设备

12.4.1 对变配电所的电气主接线的要求

变配电所主接线是由变压器、断路器、隔离开关、互感器、母线等电气设备和线路按一定规律联接的，用以汇集和分配电能的电路。主接线的确定，对变配电所电气设备的选择、配电装置的布置以及运行的可靠性和经济性有很密切的关系。因此，选择主接线应满足以下的基本要求：

（1）根据系统和用户的要求，保证供电的可靠性和电能的质量。

（2）应使主接线的投资和运行达到最经济，应具有将来发展的可能性。

（3）主接线应力求简单、操作灵活、检修方便。

（4）在倒闸操作时，具有保证安全的条件。

（5）35kV 变电所主接线一般有分段母线、单母线、外桥、内桥等几种形式。35kV 变电所有两台主变压器时，10（6）kV 侧宜采用分段单母线接线。

（6）10（6）kV 配电所的主接线宜采用单母线或分段单母线；当供电连续性要求很高，不允许停电检修断路器或母线时，可采用双母线或分段单母线加旁路的接线。

（7）低压母线一般采用单母线或分段单母线。

（8）每段高压母线上应装设一组电压互感器。如需防雷电波侵入及防操作过电压时，还应在每段母线上装设一组避雷器。接在母线上的避雷器和电压互感器，宜合用一组隔离开关。架空进出线上的避雷器回路中，可不装设隔离开关。

12.4.2 变配电所电气主接线的基本形式

变配电所电气主接线有以下几种形式：

（1）单母线接线

单母线接线是变配电所中最简单的一种接线方式。一般有单母线不分段、单母线分段和单母线分段带旁路母线的接线形式。

1）单母线不分段

图 12-12a 为单母线不分段的接线图。这种接线最简单，配电装置造价低廉，但是不够可靠灵活，任一元件（母线、母线隔离开关等）故障或检修时均需使整个变电所停电。它适用于单电源进线，容量较小和对可靠性要求不高的场合。

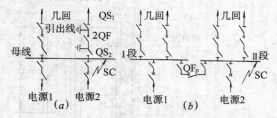

图 12-12 单母线接线
(a) 不分段的单母线；(b) 用断路器分段的单母线

2）单母线分段

为了提高母线接线供电可靠性，可用断路器 QF_p 将母线分段，如图 12-12b 所示。采用单母线分段供电，可使因故障或检修而停电的范围缩小。分段的数目决定于电源的个数和功率的大小，在大多数情况下，分段数目等于电源数。此接线形式适用于双电源进线、较重要负荷的场合。单母线分段断路器也可用隔离开关来代替，但这样当某段母线发生故障时，整个变电所仍需短时停电，待用隔离开关将故障母线分开后，方能恢复故障母线供电。

3）单母线分段带旁路母线

图 12-13 为单母线分段带旁路母线的接线图。它的主要特点是：主母线用断路器分段，且有一旁路母线配合。它适用于双电源进线配电线路较多，负荷性质较重要的场合。

这种接线方式较灵活，平时旁路断路器 $1QF_p$ 和 $2QF_p$ 及旁路隔离开关 $1QS_p$、$2QS_p$ 都是断开的，如果需检修引出线 $L-1$ 的断

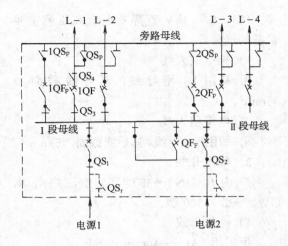

图 12-13 单母线分段带旁路母线的接线

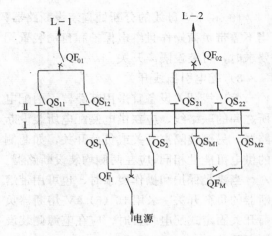

图 12-14 双母线接线图

路器 1QF 时，首先投入 $1QF_p$ 两侧隔离开关，再接通 $1QF_p$，接通 $L-1$ 的 QS_p，然后断开 1QF，再拉开隔离开关 QS_4 和 QS_3。这时由 $1QS_p$ 代替 1QF 工作，引出线 $L-1$ 由旁路母线供电，使线路不停电。

（2）双母线接线

1）双母线不分段

双母线可克服单母线接线的缺点，对重要用户的供电具有较高的可靠性和灵活性，而且便于扩延，图 12-14 为双母线不分段接线图。从图中可知，电源和每条线路都经过一台断路器和两组隔离开关分别接在两组母线 Ⅰ、Ⅱ 上，一组为工作母线，一线为备用母线。

正常工作时，工作母线上的隔离开关是接通的，备用母线的隔离开关是断开的。这种接线，任意一组母线都可以是工作母线或备用母线，两组母线用联络断路器 QF_M 联接起来，其优点是：

a. 检修任一组母线，而不中断供电。

b. 检修任一线路母线隔离开关时，可只断该隔离开关所属的一条线路。

c. 当工作母线发生故障时，可将全部负荷转移到备用母线上，从而使变电所迅速恢复供电。

2）双母线分段

对有双电源进线的重要用户可采用双母线分段的接线形式，如图 12-15 所示。因分段断路器 QF_0 将工作母线分成两段，而每段则分别用母联断路器 QF_{M1} 和 QF_{M2} 与备用母线 Ⅱ 相联。

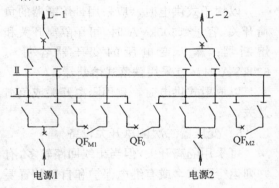

图 12-15 双母线分段

12.4.3 变配电所电气设备的选择

（1）10(6)kV 变配电所主要设备的选择

1）母线进线开关

专用电源线引自电力系统时，宜采用断路器或熔断器负荷开关；分变配电所的专用电源线引自用电单位总变配电所时，若需要带负荷操作或继电保护和自动装置有要求时，应采用断路器。

非专用电源线的进线侧，应装设带保护的开关设备。

2）母线分段开关

10（6）kV 母线的分断处宜装设断路器；当不需带负荷操作且继电保护和自动装置无要求时，可装设隔离开关。

3）配电引出线开关

引出线开关设备宜采用断路器；两配电所之间的联络线，应在供电侧配电所装设断路器，另侧装隔离开关或负荷开关，如两侧的供电可能性相同，应在两侧均装设断路器。

当满足保护和操作要求时，也可用带熔断器的负荷开关。采用 10（6）kV 熔断器负荷开关固定式配电装置时，应在电源侧装设隔离开关。

4）出线侧线路隔离开关

10（6）kV 固定式配电装置的出线侧，在架空出线回路或有反馈可能的电缆出线回路中，应装设隔离开关。

5）变压器高压侧开关设备

以树干式供电时，应采用带熔断器的负荷开关，容量≤500kVA 时，可用隔离开关和熔断器；露天变电所的变压器容量≤630kVA 时，宜采用跌落式熔断器。

以放射式供电时，宜用隔离开关或负荷开关。

6）变压器二次侧总开关设备

可采用隔离开关，但当出线回路较多，有并列运行要求，或有继电保护和自动装置要求时，应采用断路器。

7）变压器低压侧总开关设备

当低压母线为双电源，变压器低压侧总开关设备采用低压断路器时，在总开关设备的出线侧，宜装设刀开关。当无继电保护或自动切换电源要求且不需要带负荷操作时，可用隔离开关。

8）母线分段开关

380/220V 母线分段开关当有继电保护或自动切换电源要求时，应采用低压断路器；当低压母线为双电源、母线分段开关采用低压断路器时，在母线分段开关的两侧宜装设刀开关或隔离开关。

（2）35/0.4kV 直降变电所高压侧主要设备的选择

1）架空引入线

可采用 LJ 型导线，其导线截面≥35mm^2。

2）电缆引入线

可采用铝心导线，其导线截面≥50mm^2。

3）隔离开关

户内用 GN2—35T/400 型，户外用 GW2—35G/600 型。

4）高压母线

可采用 LMY—40mm×4mm。

5）阀式避雷器

可采用 FZ—35 型，配放电记录器。

6）熔断器

可采用 RN3—35 型，具体规格见表 12-6。

35/0.4kV 直降变电所高压侧熔断器规格表　　　表 12-6

名　　　称	变压器额定容量（kVA）							
	315	400	500	630	800	1000	1250	1600
变压器 35kV 侧额定电流（A）	5.2	6.6	8.2	10.4	13.2	16.5	20.6	26.4
RN3—35 型熔断器熔管电流/熔丝电流（A）	20/10	20/15	30/20	40/25	40/30	50/40	50/50	75/75

（3）10（6）/0.4kV 变电所高、低压侧主要设备的选择

1）架空引入线

一般采用 LJ 型导线，导线截面≥25mm^2。变压器容量为 1 600kVA 时，导线截面≥35mm^2。

2）铝心电缆引入线

变压器容量在 500kVA 以下时，导线截面应≥3×16mm^2，变压器容量在 500kVA 以上时，导线截面应≥3×25mm^2，容量越大，导线截面也应适量加大。

3）隔离开关或负荷开关

变压器容量为 630kVA 以下时,额定电压 10kV 的用户内用 GN19—10/400—12.5,CS6—1T 型,户外用 GW1—10/400,CS8—1 型;额定电压 6kV 的户内用 GN19—6T/400—12.5,CS6—1T 型,户外用 GW1—6/400,CS8—1 型。

变压器容量为 800kVA 及以上时,户内采用 FN3—$\frac{10}{6}$(R)/CS3 型,户外采用 FW5—10 型。

4)柱上油开关

可采用 DW5—10G 型,额定电流为 200A。

5)高压母线

一般用导线 LWY—40mm×4mm。

其他选择见表 12-7 所示。

10(6)/0.4kV 变电所高低压侧设备选择   表 12-7

名 称	电压 (kV)	变 压 器 额 定 容 量 (kVA)									
		200	250	315	400	500	630	800	1000	1250	1600
变压器额定电流 (A)	10	11.6	14.4	18.2	23	29	36.4	46.2	57.7	72.2	92.4
	6	19.3	24.1	30.3	38.5	48.1	60.6	77	96.2	120.3	154
	0.4	289	361	455	577	722	909	1155	1443	1804	2309
RN3 型熔断器熔断器熔管电流/熔丝电流 (A)	10	20/20	50/30	50/40	50/50		100/75		100/100	150/150	
	6	75/40	75/50		75/75		100/100	200/150		200/200	
RW4 型跌开式熔断器熔管电流/溶丝电流 (A)	10	50/20	50/30	50/40		50/50	100/75				
	6	50/40	50/50		100/75		100/100				
低压断路器型号及额定电流 (A)	0.4	DW15—630		DW15—630 ME—630 (DW17)		DW15—1000 ME—1000 (DW17)		DW15—1500 ME—1600 (DW17)		ME—2000 (DW17)	ME—2500 (DW17)
隔离开关及操动机构	0.4	GN6—10T/400 CS6—1T		GN19—10/630—20 CS6—1T		GN19—10/1000—31.5 CS6—1T			GN2—10/2000 CS6—2T		GN2—10/3000 CS7
电流互感器 (A)	0.4	400/5	500/5	600/5	800/5	1000/5		1500/5	2000/5		3000/5

12.5 变压配电装置

12.5.1 电弧的产生及灭弧方法

(1)电弧

电弧是电气设备在运行中经常遇到的一种物理现象,其特点是光亮很强和温度很高。从实质上说,电弧是由于强烈的电游离所产生的。例如,用断路器切断有电流的高压线路,在切断的瞬间,触头之间会产生一种强烈白光,这种现象称为弧光放电,其白光叫做电弧。

电弧的产生对电气设备的安全运行有着极大的影响:首先,电弧延长了电路开断的时间。在开关分断短路电流时,开关触头上的电弧就延长了短路电流通过电路的时间,使短路电流危害的时间延长,对电气设备造成更大的损坏。同时,电弧的高温可能烧损开关的触头,烧毁电气设备及导线电缆,还可能引起电路的弧光短路，甚至引起火灾和爆炸事故。

（2）电弧的产生

1）产生电弧的原因

开头触头在分断电流时之所以会产生电弧，根本的原因在于触头本身及触头周围的介质中含有大量可被游离的电子。这样，当分断的触头间存在着足够大的外施电压的条件下，而且电路电流也达到最小生弧电流时，就会强烈游离而形成电弧。

2）发生电弧的游离方式

A. 热电发射　当开关触头分断电流时，阴极表面由于大电流逐渐收缩集中而出现炽热的光斑，温度很高，因而使触头表面的电子吸收足够的热能而发射到触头间隙中去，形成自由电子。

B. 高电场发射　开关触头分断之初，电场强度很大。在这种高电场的作用下，触头表面的电子可能被强拉出来，使之进入触头间隙中去，也形成自由电子。

C. 碰撞游离　当触头间存在着足够大的电场强度时，自由电子以相当大的动能向阳极移动，在移动中碰撞到中性质点，就可能使中性质点中的电子游离出来，从而使中性质点变成为带电质点——正离子和自由电子。这些游离出来的带点质点浓度足够大时，介质击穿而发生电弧。

D. 热游离　电弧稳定燃烧时，弧柱的温度很高，可达 $5000 \sim 13000\,℃$，在这样的高温下，电弧中的中性质点可游离为正离子和自由电子，又加强了电弧中的游离。

电弧的发生和维持是上述几种游离方式综合的结果。

（3）电弧的熄灭

1）电弧的去游离及其方式

从上可知，电弧的形成是由于游离的结果，要使电弧熄灭，必须减少或消除游离，使触头间的带电质点大为减少，此现象称为去游离。要使电弧熄灭，必须使触头间电弧中的去游离率大于游离率。去游离的方式有以下两种：

A. 复合　复合是带有异性电荷的质点，即正负离子互相接触而形成中性质点的现象。电弧中的电场强度越弱，电弧温度越低，电弧截面越小，则带电质点的复合越强。另外，如电弧接触表面为固体介质，则由于较活泼的电子先使表面带一负电位，这负电位的表面就吸引正离子而造成强烈的复合。

B. 扩散　带电质点从弧柱中逸出进入周围介质中去的现象称为扩散。电弧中发生扩散的原因是电弧与周围介质的温度相差很大，以及弧柱内与周围介质中的离子浓度相差很大的缘故。扩散作用的存在，使弧柱内带电质点减少，有助于电弧的熄灭。

2）影响去游离的因素

A. 介质特性　电弧中去游离的强度，在很大程度上决定于电弧燃烧所在介质的特性，如气体介质的导热系数、介质强度等。若上述系数越大，则去游离过程越强烈，电弧越容易熄灭。如氢气具有良好的灭弧性能和导热性能，其灭弧能力约为空气的 7.5 倍，六氟化硫（SF_6）气体的灭弧能力约为空气的 100 倍。

B. 冷却电弧　降低电弧的温度可以减弱热游离，减少新带电质点的形成，同时使带电质点运动速度降低，加强复合作用。

C. 气体介质的压力　电弧在气体介质燃烧时，气体介质的压力对电弧去游离的影响很大。气体压力越大，则单位体积内质点数目就越多，质点间的距离就越小，复合作用就越强。因此，增加气体介质的压力，电弧就容易熄灭。

D. 触头材料　触头应采用熔点高，导热性能好的耐高温的金属材料，以减少热电子发射和电弧中的金属蒸汽。

3）灭弧方法

A. 拉长灭弧　迅速拉长电弧，可使弧隙的电场强度骤降，离子的复合迅速增强，从而加速电弧的熄灭。这种灭弧的方法是开关电器中普遍采用的最基本的一种灭弧法，如图12-16所示。

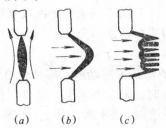

图 12-16 拉长灭弧

(a) 纵吹；(b) 横纵；(c) 绝缘灭弧栅横吹

图 12-16 (a) 为纵吹。当触头分开后，触头间的电弧受到压缩空气的猛烈吹动，使弧柱强烈冷却而灭弧。

图 12-16 (b) 为横吹。电弧在横向吹动下，使其长度和表面积增大，电弧熄灭。

图 12-16(c) 为绝缘灭弧栅的横吹。电弧在横向吹动下，进入绝缘灭弧栅，从而大大增加了电弧的长度和表面积，使其电弧熄灭。

B. 长弧切短灭弧 将长弧切成若干个短电弧，也有利于电弧的熄灭。由于电弧的电压降主要降落在阴极和阳极上，弧柱的电压降是很小的。如果利用金属片将长弧切成若干短弧，则电弧上的压降将近似地增大若干倍；当外施电压小于电弧上的压降时，则电弧就不能维持而迅速熄灭。如图12-17所示，当触头分开时，电弧进入与电弧垂直放置的金属片栅内，将电弧分成一串短电弧，使电弧熄灭。

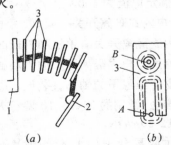

图 12-17 钢灭弧栅对电弧的作用

1—静触头；2—动触头；3—栅片

C. 冷却灭弧 降低电弧的温度，可使电弧中的热游离减弱，正负离子的复合增强，有助于电弧迅速熄灭。这种灭弧方法在高低压开关电器中应用较普遍。

D. 狭沟灭弧 使电弧在固体介质所形成的狭沟中燃烧。由于电弧的冷却条件改善，从而使电弧的去游离增强，同时介质表面带电质点的复合也比较强烈，从而使电弧加速熄灭。

E. 真空灭弧 真空具有较高的绝缘强度，如果将开关触头装设在真空容器内，则在电流过零时就能立即熄灭电弧而不致复燃。

在具体的高低压开关设备中，常常依据具体情况综合地利用上述几种灭弧方法来达到迅速灭弧的目的。

(4) 对电气触头的基本要求

为了减少电弧对电气设备安全运行的影响，开关设备在结构设计上要保证操作时电弧能迅速地熄灭。而电气触头是开关电器的重要组成部分，它与灭弧有着密切的关系，对电气触头的基本要求是：

1) 具有足够的热负荷值

当正常额定工作电流及过负荷电流长期通过触头时，触头的发热温度不应超过允许值。要求触头接触必须紧密良好，尽量减小或消除触头表面的氧化层，尽量降低接触电阻。

2) 具有足够的机械强度

在规定的通断次数内，触头本身不发生机械故障或损坏。

3) 具有足够的动稳定度和热稳定度

在可能最大的短路冲击电流通过时，触头不致因电动力作用而损坏，不致使触头过度烧损或熔焊。

4) 具有足够的断流能力

在通断所规定的最大电流时，触头不应被电弧过度烧损，更不应发生熔焊现象。

12.5.2 隔离开关

高压隔离开关是用来开断或切换电路的一种开关，由于它没有专门的灭弧装置，所以不能带负荷操作，但可用来通断一定的小电流。

（1）隔离开关的用途

1）隔离高压电源，以保证其他电气设备的安全检修。如图12-18所示，在断路器3两侧隔离开关2和4就起这样的作用。在检修断路器3时，先将断路器断开，然后再依次断开隔离开关4和2，这就确保断路器3不带电了。为了更安全，在隔离开关断开后，还要把它挂上接地线，或专设的接地刀闸，将隔离开关不带电的一极接地。

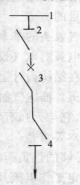

图 12-18　隔离开关工作图

2）用隔离开关与油断路器相配合来改变运行接线方式以及按规程规定断、合电流电路。如在某些采用双母线接线的变电所中，用隔离开关将设备和供电线路从一母线换接到另一母线。

3）用以接通或断开小负荷电流，但这时要保证隔离开关触头上不发生较大的电弧。如激磁电流不超过2A的空载变压器、电容电流不超过5A的空载线路以及电压互感器和阀型避雷器回路等。

（2）对隔离开关的要求

1）隔离开关要有足够的热稳定、动稳定、机械强度和绝缘强度，还需装设机械闭锁或电磁闭锁装置，以防电动力作用使隔离开关自动打开。

2）隔离开关在结构上要有明显可见的断开间隙，而且断开间隙的绝缘及相间绝缘都是足够可靠的，能够充分保证人身和设备的安全。

3）隔离开关的动触头应在受电侧，这样刀闸打开时，刀片不带电。此外，当隔离开关垂直放置时，要求断口朝上，如图12-19所示。这是因为电动力的作用使电弧有一法线方向的电动力，将电弧向外拉长。同时，因电弧的高温而形成空气对流，冷空气自下而上运动，有利于电弧拉长而熄灭。

图 12-19　隔离开关的断口

（3）隔离开关的分类

高压隔离开关按安装地点分为户内式和户外式两大类，其区别在于绝缘子不同和电气距离不同。

隔离开关的型号如GN6—10/400，G表示隔离开关，N表示户内式（W为户外式），6为设计序号，10/400表示额定电压为10kV，额定电流为400A。

1）户内式隔离开关

户内式隔离开关有单极和三极的，一般都是闸刀式。户内隔离开关的可动触头（闸刀）与支持绝缘子的轴垂直装设，而且大多数是线接触。常用的GN6—10型三极隔离开关如图12-20所示。

图示隔离开关用于6～10kV，电流为400A的电路中。隔离开关的动触头是每相的两条铜制闸刀，用弹簧紧夹在静触头两边形成

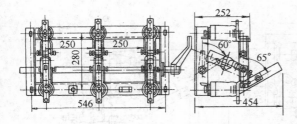

图 12-20　GN6—10/400 型三极隔离开关

线接触。这种结构的优点是，电流平均流过两片闸刀，所产生的电动力使接触压力增大，为了提高短路时触头的电动稳定度，在触头上装有磁锁，它是由装在两闸刀外侧的钢片组成。当电流通过闸刀时，产生磁场，磁通沿钢片及其空隙形成回路，而磁力线力图缩短本身的长度，使两侧钢片互相靠拢产生压力。在通过冲击短路电流时，触头便可得到很大的附加压力，因此提高了它的电动稳定度。

GN8 系列产品，其支柱绝缘子采用瓷套管，它与 GN6 在结构上相同。其中 GN8—$\frac{6}{10}$ Ⅱ（Ⅲ）T 型是一边为支柱绝缘子，一边为瓷套管，如图 12-21a、b 所示；GN8—$\frac{6}{10}$ⅣT 型是两边为瓷套管，如图 12-21c 所示。

隔离开关可以垂直和倾斜安装，其操动机构有近距离手动和其他原动力的远距离操作，上面介绍的 GN6、GN8 系列隔离开关，均采用 CS6—1T 型手动操作机构。

2）户外式隔离开关

户外式隔离开关的工作条件比较差，绝缘要求较高，应保证在冰、雨、风、灰尘、严寒和酷热等条件下可靠地工作。户外隔离开关应具有较高的机械强度，因为隔离开关可能在触头结冰时操作，这就要求开关触头在操作时有破冰作用。户外式隔离开关有单柱式、双柱式和三柱式三种，其型号有 GW2、GW4、GW5、GW9 型。

如 GW4—35 型隔离开关由底座、绝缘支柱及导电部分组成。每极有两个瓷柱，分别装在底座两端轴承座上，以交叉连杆连接，可以水平旋转。导电刀闸分成两半，触头接触处是在两个瓷柱的中间，分别固定在支柱

瓷瓶的顶上。当操动机构操作时，带动两个绝缘支柱中的一个绝缘支柱转动 90°，另一个绝缘支柱由于连杆传动也同时转动 90°，于是刀闸便向同一侧 方向分闸或合闸。接地刀闸是在垂直面上运动的，它和主刀闸的联锁是通过本体的机械联锁或操动机构的联锁来实现的。

（4）隔离开关的操动机构

1）操动机构的特点

装设隔离开关一般都配有操动机构。由于操动机构把手与隔离开关相隔一定距离，使隔离开关的操作既方便又安全。另外，由于隔离开关应用了操动机构，可以实现隔离开关操动机构和断路器操动机构相互联锁，避免误操作。

隔离开关操动机构有手动、电动和气动等。其特点如表 12-8 所示。

隔离开关的特点　　　表 12-8

类　型	基　本　特　点	使用场合
手动机构	用人力合闸及分闸，不能遥控操作	主要用于不要遥控操作中的开关站
电动机机构	以电动机通过机械减速或液压减速实现合闸与分闸，可以进行遥控操作，可以进行交流操作，操作平稳	主要用于电压较高的开关站
气动机构	用压缩空气推动活塞合闸与分闸，可遥控操作，需要有压缩空气源	有压缩空气的开关站

户内隔离开关一般采用手动操动机构，轻型隔离开关采用杠杆式手动机构，额定电流在 3 000A 及以上的重型隔离开关则采用蜗轮式手动机构。

2）CS6 型手动操动机构

CS6 型手动操动机构适用于额定电流在 3 000A 以下的户内隔离开关，其工作原理如图 12-22 所示。

图中实线表示合闸位置，虚线表示开断位置，箭头表示开断时操作手柄的转动方向。

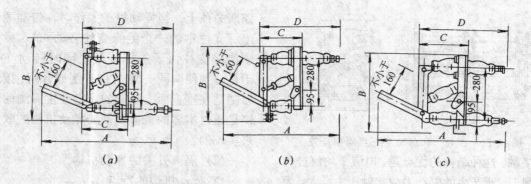

图 12-21　GN8 型隔离开关

(a) GN8—$_{18}$ⅡT 型；(b) GN8—$_{18}$ⅢT 型；(c) GN8—$_{18}$ⅣT 型

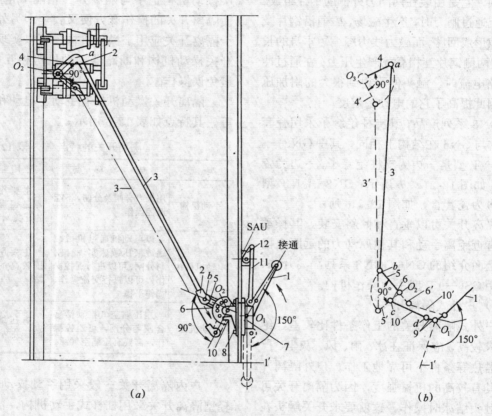

图 12-22　CS6 型手动操动机构及其工作原理

(a) 手动操动机构；(b) 工作原理

　　分闸时，操纵操作手柄 1 向下转动 150°时，连杆 9 也转过 150°，而后舌头 5 随着扁形板 6 只转过 90°，拐臂 4 也只转过 90°，分闸结束，如图虚线所示。合闸时，上述各部件转动情况一样，只是方向相反。

　　隔离开关在合闸位置时，拐臂 4 与牵引杆 3 之间夹角接近 90°，因而在合闸过程结束时，或分闸过程开始时，隔离开关轴上的驱动力矩接近最大值。在合闸位置时，连杆 9 和后舌头 5 与相应的连杆 10 和牵引杆 3，处于靠近死点位置。因此，可防止短路电流通过隔离开关时，而自动断开。

在操动机构上装有辅助开关SAU,其中装有若干对触点,这些触点经转臂12,和连杆11与操作手柄联动。用于接通或断开信号及自动装置等回路,以指示隔离开关的分、合闸位置及有关自动切换回路等。

12.5.3 负荷开关

（1）负荷开关的用途和特点

负荷开关是一种专门用来开断和闭合网络负荷电流的开关电器。其结构与隔离开关相似,在断开状态下有明显可见的断开点,但是它具有特殊的灭弧装置,所以可以分断和闭合负荷电流及规定的过负荷电流,也可以分断和闭合空载长线路、空载变压器及电容器电流。

负荷开关的灭弧装置是按接通和切断负荷电流而设计的,故不能切断系统的短路电流。但在实际中往往是把负荷开关和高压熔断器串联成一整体,用负荷开关分断负荷电流,而用熔断器作过载和短路保护。这种串联组成开关能很好地代替价格昂贵的高压断路器。

由于负荷开关断开时,与隔离开关一样具有明显可见的断开间隙,因此它也能起隔离电源保证安全检修的作用。

（2）负荷开关的种类和结构

负荷开关按灭弧方法可分为:自产气式、外产气式、压气式、油负荷开关和六氟化硫负荷开关等。下面介绍几种常见的负荷开关。

1）自产气式负荷开关

FN1—10型为10kV200A的自产气式负荷开关,用于户内装置,最大开断电流为400A。而FN1—10R型负荷开关又增加了RN1型高压熔断器,成为组合型开关,其外形如图12-23所示。

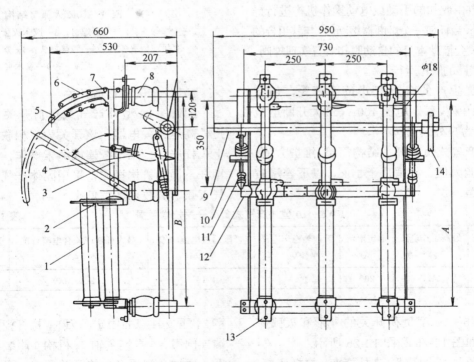

图12-23 FN1—10R型负荷开关外形图

1—RN1型熔断器;2—刀架;3—主闸刀;4—操作绝缘子;5—弧闸刀;

6—灭弧室;7—主静触头;8—支柱绝缘子;9—主轴;10—开断弹簧;

11—缓冲器;12—底架;13—出线端;14—拉杆

FN1—10R 型负荷开关是在三极隔离开关的基础上增加灭弧闸刀 5、静弧触头、灭弧室 6 和开断弹簧构成的。

FN1—10 型负荷开关的灭弧结构如图 12-24 所示。这种负荷开关的工作过程是：闭合时，弧闸刀先由灭弧室的狭孔进入灭弧室，紧贴着有机玻璃片的表面往下运动，插入弧静触头，然后露在空气中的主闸刀才闭合。开断时触头按相反的程序开断，弧闸刀和弧静触头之间形成的电弧紧贴着有机玻璃片，在电弧高温作用下有机玻璃分解出大量气体，使室中压力剧增。在此压力作用下，当弧闸刀离开灭弧室时，气体便立即从狭孔中冲出，对电弧进行纵吹，使电弧熄灭。每次调换有机玻璃片后，可以可靠地进行 200～300 次额定电流的开断。

负荷开关在分闸位置时，闸刀张开一个很大的角度，显示出明显的分断位置。负荷开关可以用具有自由脱扣的手动或电动操作机构进行操作。另外，当任何一个熔断器熔断时，与其组合的负荷开关会借助本身的自动脱扣装置实现掉闸，避免了线路的缺相运行。

我国生产的自产气式负荷开关，还有 FW1—10 型，额定电流 400A，最大开断电流 800A，为户外装置。

自产气式负荷开关结构简单，维护方便，但灭弧能力低，只适用于 10kV 以下容量较小的线路。

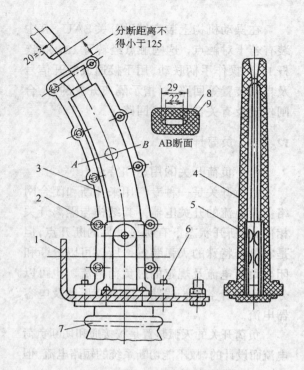

图 12-24　FN1—10R 灭弧室结构

1—主静触头；2—夹紧螺钉；3—胶木灭弧罩；
4—有机玻璃灭弧片；5—弧静触头；6—螺钉；
7—支柱瓷瓶；8—灭弧片；9—胶木夹

2）外产气式负荷开关

FW5—10 型外产气式负荷开关为三相户外高压开关电器。该开关为三相联动，柱上单杆安装，用绝缘棒或绳索操作，也可配用杆下操动机构操作，采用固体产气材料产气灭弧，其技术数据见表 12-9。

FW5—10 型外产气式负荷开关技术数据　　表 12-9

额定电压 （kV）	最高工作电压 （kV）	额定电流 A	千秒热稳定电流 （kV）	极限通过电流峰值 （kV）	最大开断或关合电流峰值 （kA）	重　量 （kg）
10	11.5	200	4	10	1.5（一次）	75

FW5—10 型负荷开关的外形和灭弧室的结构如图 12-25 和图 12-26 所示。

负荷开关由底架、支柱瓷瓶、拉杆瓷瓶、灭弧室、闸刀及机构几部分组成。其底架 1 由角钢焊成，下部带安装架，直接装于电杆上，上部装有支柱瓷瓶 3；上支柱瓷瓶固定灭弧室 2，下支柱瓷瓶固定闸刀 5；拉杆瓷瓶 4 一端连闸刀，一端连主轴 7；机构 6 附装于底架上，通过合闸手柄 8 使开关合闸，操作分闸拉环 9 使开关分闸；灭弧室主要由消弧管 13、保护管 18、喷口 15、导电杆 16、消弧头 14、静触指 12 及推力弹簧 11 组成。分闸状

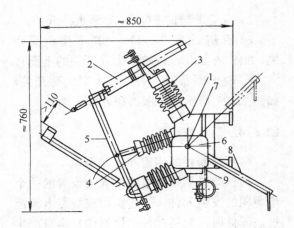

图 12-25 FW5—10 型灭弧室外形图

1—底架；2—灭弧室；3—支柱瓷瓶；

4—拉杆瓷瓶；5—闸刀；6—机构；

7—主轴；8—合闸手柄；9—分闸拉环

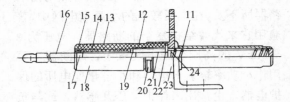

图 12-26 FW5—10 型灭弧室结构图

11—推力弹簧；12—静触指；13—消弧管；

14—消弧头；15—喷口；16—导电杆；

17—保护环；18—保护管；19—保护环；

20—锁紧螺帽；21—触头室；22—静触座；

23—接线端子；24—弹簧片

态下，导电杆与静触指形成内断口起灭弧作用，导电杆与闸刀形成外断口起隔离作用。底架上有传动轴、分闸弹簧及缓冲器。

合闸过程：第一步动作首先将合闸手柄 8 轻轻拉下，使闸刀与导电杆初步轻轻接触，此时操作线路不通。第二步再用力快速合闸，一次合闸使导电杆快速插入静触指 12，此时线路接通。在弹簧被压缩的情况下，机构保持合闸状态。

分闸过程：将分闸拉环 9 下拉，机构脱扣，主轴 7 在分闸弹簧作用下带动拉杆瓷瓶和闸刀，导电杆在闸刀带动和推力弹簧推动下与静触指脱离，形成内断口产生电弧。随着导电杆的快速运动，电弧被迅速拉长，并

在消弧管 13 和消弧头 14 间的窄缝内燃烧。消弧材料由于电弧作用产生大量气体沿喷口 15 高速喷出，形成强烈的吹弧作用，使电弧很快熄灭，电路切断。闸刀继续运动并与导电杆分离，形成外断口。

3）压气式负荷开关

FN3—10 型户内压气式负荷开关适用于 10kV 的网络中，作为分断和闭合负荷电流及过负荷电流之用，其技术数据见表 12-10。

FN3—10 型高压负荷开关技术数据

表 12-10

型号	额定电压 (kV)	最高工作电压 (kV)	额定电流 (A)	最大开断电流 (A)	关合电流峰值 (kA)	极限通过电流，峰值 (kV)
FN3—10	10	11.5	400	1450	15	25

FN3—10 型负荷开关的外形结构如图 12-27 和 12-28 所示。

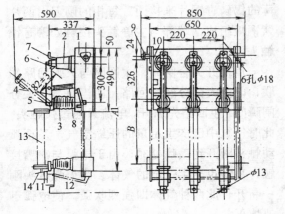

图 12-27 FN3—10R 型外形图

1—框架；2—上绝缘子；3—下绝缘子；

4—闸刀；5—下触头；6—弧动触头；

7—主静触头；8—绝缘拉杆；9—拐臂；

10—接地螺钉；11—熔断器；12—拉杆；

13—熔断器；14—插座

开关的底部为框架，传动机构装于其中。

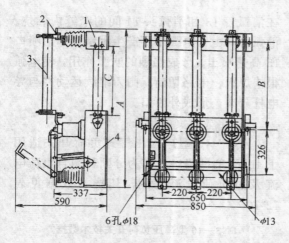

图 12-28　FN3—10R/S 外形图
1—框架；2—插座；3—熔断管；4—负荷开关本体

框架上装有六只绝缘子，上部的三只绝缘子兼作支持气缸之用，活塞装于其内，由主轴带动，下部三只绝缘子仅起支持作用。上、下绝缘子上均装有触座，导电部分由闸刀与触座组成，闸刀与下触座之间靠六片蝶形弹簧片固紧，在闸刀的端部装有弧动触头，上触座为主静触头。主静触头内装有弧静触头及灭弧喷嘴，弧静触头与主静触头间通过二片薄的锡磷青铜片来接通。每相的闸刀由两片紫铜板组成，端部与主静触头接触处铆有银触头。

负荷开关合闸时，主回路与灭弧回路并联，电流大部分经主回路；而当负荷开关分闸瞬间，主回路先断开，电流只通过弧触头，此时气缸中已产生足量的压缩空气，及至弧动触头断开到喷嘴处时，由于电弧与喷嘴接触，喷嘴也产生一定的气体。当灭弧触头刚一断开，此两种气体即强烈吹弧，使电弧迅速熄灭。

负荷开关在框架上配有跳扣、凸轮与快速合闸弹簧，组成了开关的快速合闸动作。高压熔断器可装在 FN3—10 型负荷开关的上端或下端。操动机构与开关相连之拐臂可装在开关的左侧或右侧。

FN3—10 型负荷开关有三种组合形式：

a. 无熔断器的 FN3—10 型负荷开关。

b. 有熔断器的 FN3—10R/S 型负荷开关，如图 12-28 所示（熔断器在开关的上面）。

c. 有熔断器的 FN3—10R 型负荷开关，如图 12-27 所示（熔断器在开关下面）。

12. 5. 4　高压熔断器

（1）熔断器的用途和工作原理

高压熔断器是在电路中人为设置的一个最薄弱的发热元件。当过负荷或短路电流流过该元件时，利用元件（即熔体）本身产生的热量将自己熔断，从而使电路开断，达到保护电路和电气设备的目的。

熔断器结构简单，价格低廉，维护使用方便，不需任何附属设备，这些特点均为断路器所不及。在电压较低的小容量电网中，普遍用它来代替结构复杂的断路器。电压为 3～35kV 的高压变配电装置中，熔断器主要用作小功率辐射形电网和小容量变电所的保护电器，也常用来保护电压互感器，或与负荷开关配合替代高压断路器。

对熔断器的动作，要求既能像断路器那样可靠地切断过负荷和短路电流，又要具有继电器所具有的动作选择性。熔断器的工作过程大致可以分为以下几个过程：a. 熔断器熔件因过载或短路而加热到熔化温度；b. 熔件的熔化和气化；c. 间隙击穿和产生电弧；d. 电弧熄灭，电路被断开。熔断器的动作时间为上述四个过程所经过的时间总和。熔件熔化时间的长短，取决于流过电流的大小和熔件熔点的高低。当流过很大的短路电流时，熔件带爆炸性地沿全长同时熔化并气化；当负荷电流不大时，温度上升很慢，熔件熔化时间很长。熔件材料的熔点低则熔化快，熔点高则熔化慢。

熔断器的动作时间与通过熔断器电流的关系称为安秒特性，其特性曲线如图 12-29 所示。

根据安秒特性选择熔件，可以得到熔断

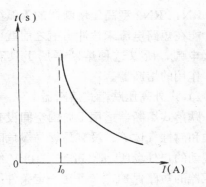

图 12-29　熔断器的安秒特性

器动作的选择性。如在图 12-30 中,熔断器 1 作为熔断器 2 的后备保护(即熔断器 2 因故障而拒动,熔断器 1 动作),要使 1 的动作时间比 2 的动作时间长,只要选择熔断器的安秒特性高于 2 即可,如图 12-31 所示。

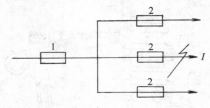

图 12-30　熔断器保护的选择性

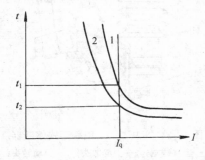

图 12-31　熔断器安秒特性的配合

图 12-31 中 I_q 称为最小熔化电流,理论上在最小熔化电流通过时,动作时间为无穷大。若将最小熔化电流 I_q 选择得仅仅比额定电流大很小一点,则当负载稍有变化就可能造成不必要的熔断;反之选择得太大时,又会失去应有的保护作用。一般取 I_q 为额定电流 I_N 的 1.2～1.5 倍,如 $I_q = 1.25 I_N$。

(2) **熔断器的结构**

6～10kV 高压熔断器中,户内广泛采用

RN1、RN2 型管式熔断器,户外则广泛采用 RW1、RW3 和 RW4 型跌落式熔断器。

1) 户内高压管式熔断器

RN1、RN2 型熔断器的结构基本相同,都是充有石英砂填料的密闭管式熔断器(因此也称为充填式熔断器)。RN1 主要用于 3～35kV 电力线路和电气设备的短路保护;RN2 用于 3～35kV 的电压互感器的短路保护。

RN1、RN2 型高压熔断器的外形如图 12-32 所示,其熔管内部结构如图 12-33 所示。

由图可知,工作熔体(铜熔丝)上焊有小锡球。锡是低熔点金属,过负荷时锡球受热首先熔化,包围铜熔丝,铜锡互相渗透形成熔点较低的铜锡合金,使铜丝能在较低的温度下熔断,这就是所谓"冶金效应"。它使得熔断器能在较小的故障电流或过负荷时动作。这种熔断器采用几根熔丝并联,以便它们熔断时能产生几根并行的电弧,也就是利用粗弧分细灭弧法来加速电弧的熄灭。

当短路电流或过负荷电流通过熔体时,首先工作熔体上的小锡球熔化,其冶金效应引起工作熔体熔断。接着指示熔体熔断,红色的熔断指示器弹出,如图 12-33 中虚线所示。

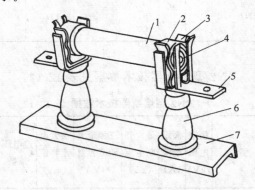

图 12-32　RN1、RN2 型高压熔断器
1—瓷熔管;2—金属管帽;3—弹性触座;
4—熔断指示器;5—接线端子;
6—瓷绝缘子;7—底座

281

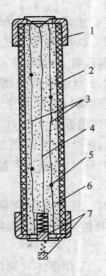

图 12-33 RN1、RN2 型高压熔断器的
熔管部面示意图

1—管帽；2—瓷熔管；3—工作熔体；

4—指示熔体；5—锡球；6—石英砂填料；

7—熔断指示器

RN1 型熔断器技术数据见表 12-11。

RN1 型熔断器技术数据 表 12-11

型号	额定电压 (kV)	额定电流 (A)	熔体电流 (A)	额定断流容量 (MVA)	最大断开电流有效值(kA)	过电压倍数
RN1—10	6	25 50 100	2,3,5 7.5,10 15,20 25,30 40,50 60,75 100	200	20	2.5
RN1—10	10	25 50			11.6	

RN2 型熔断器技术数据见表 12-12。

RN2 型熔断器技术数据 表 12-12

型号	额定电压 (kV)	额定电流 (A)	最大开断电流 (kA)	三相最大断流容量 (MVA)	最大电流峰值 (kA)	过电压倍数
RN2—10	6	0.5	85	1000	300	2.5
RN2—10	10	0.5	50	1000	1000	2.5
RN2—35	35	0.5	17	1000	700	2.5

RN1、RN2 型高压熔断器的灭弧能力很强，能在短路电流未达冲击值之前就可完全熄灭电弧，所以这种熔断器属于具有"限流"作用的熔断器。

2）户外高压跌落式熔断器

跌落式熔断器适用于周围空间没有导电尘埃和腐蚀气体等、没有易燃易爆危险及剧烈震动的户外场所，既可作 6～10kV 线路和变压器的短路保护，又可在一定条件下，直接用高压绝缘钩棒来操作熔管的分合，以断开或接通小容量的空载变压器、空载线路和小负荷电流。

RW4—10 型跌落式熔断器的结构如图 12-34 所示。

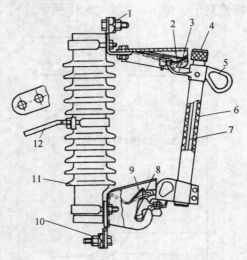

图 12-34　RW4—10 型跌落式熔断器

1—上接线端；2—上静触头；3—上动触头；

4—管帽；5—操作环；6—熔管；7—熔丝；

8—下动触头；9—下静触头；10—下接线端；

11—绝缘瓷瓶；12—固定安装板

这种跌落式熔断器在正常运行时，是串联在线路上的。熔管上部动触头借熔丝张力拉紧后，推入上静触头内锁紧，同时下动触头与下静触头也相互压紧，从而使电路接通。

当线路上发生故障时，故障电流使熔丝迅速熔断，形成电弧。消弧管因电弧的灼热作用，而分解出大量气体使管内形成很大的压力，并沿管道形成强烈的纵向吹弧，使电弧迅速拉长而熄灭。熔丝熔断后，熔管上动触头因失去张力而下翻，使锁紧机构释放熔管，在触头弹力及熔管自重作用下，回转跌落，形成明显可见的断开间隙。

RW4—10 型跌落式熔断器采用了"逐级排气"新结构。由图 12-34 可以看出，其熔管上端在正常运行时是封闭的，可防止雨水浸入。在分断小故障电流时，由于上端封闭形成单端排气，使管内保持足够大的压力，这样有利于熄灭小故障电流产生的电弧。而在分断大的故障电流时，由于产生的气压大，使上端冲开而形成两端排气，这样就有助于防止分断大故障电流造成熔管机械性破坏，有效地解决了自产气式电器分断大小电流的矛盾。但灭弧速度不高，因此没有"限流"作用。

RW4—10 型跌落式熔断器的技术数据见表 12-13。

RW4—10 型跌落式熔断器技术数据

表 12-13

型　号	额定电压（kV）	额定电流（A）	断流容量（MVA）	
			上限	下限
RW4—10/50	10	50	75	—
RW4—10/100	10	100	100	—
RW4—10/200	10	200	100	30

高压熔丝为跌落式熔断器不可缺少的配件，安装于熔断器的熔体管中，以保证熔断器可靠地工作。6、10 及 35kV 的高压熔丝由熔体、铜套圈和铜绞线等三部分组成，又分带钮扣和不带钮扣两类。熔体由特种合金材料制成，具有良好的熔化稳定性。熔丝的尾线采用经镀锡处理的多股紫铜绞线，不仅接线方便，而且性能可靠。铜套圈采用紫铜管材，起连接绞线和熔体的作用。6、10、35kV 熔丝的额定电流为：3A、5A、7.5A、10A、15A、20A、30A、40A、75A、100A、150A、200A。熔丝的过负荷特性为：在 1.3 倍额定电流通过时，1h 内不熔断；在 2 倍额定电流通过时，1h 内熔断。

（3）熔断器的选择

选择熔断器时，应满足可靠性、选择性等基本要求。

1）可靠性

A. 熔断器的工作电压要与其额定电压相符，不宜使用在工作电压低于其额定电压的电网中，例如额定电压 10kV 的熔断器就不能用于 6kV 的线路上。当然，线路电压高于熔断器的额定电压是不允许的。

B. 在断流容量满足要求的前提下，熔体的额定电流应有足够的裕度，以便当运行中出现冲击电流时不致将熔体熔断。

保护 35kV 及以下电力变压器的高压熔断器，其熔体的额定电流 I_n 可按下式选择：

$$I_n = KI_{max} \tag{12-1}$$

式中　K——系数，当不考虑电动机自起动时，可取 1.1～1.3，当考虑电动机自起动时，可取 1.5～2；

I_{max}——电力变压器回路最大工作电流（A）。

保护并联电容器的高压熔断器熔体的额定电流按下式选择：

$$I_n = KI_{nc} \tag{12-2}$$

式中　K——系数，对限流式高压熔断器，当保护一台电力电容器时，系数取 1.5～2.0，当保护一组电力电容器时，系数取 1.3～1.8；

I_{nc}——电力电容器回路的额定电流（A）。

C. 最大负荷电流通过熔体时，不应误熔断。为了保证熔体可靠工作，最大负荷电流应小于熔体的额定电流。一般将长期允许通过的最大负荷电流定为熔体额定电流的 70％，熔体可保证长期工作可靠。

D. 被保护电容器、变压器投入电网时熔体不应误熔断。变压器投入电网时的激磁涌流或电容器投入电网时的暂态电流的特点是电流数值很大，而持续时间较短。在最大电流时，熔体的熔断时间应大于 0.5s，以保证被保护变压器或电容器投入电网时熔体不致误熔断。

E. 电动机启动时，熔体不应误熔断。电动机的启动电流为其额定电流的 5～7 倍，因此熔体的安秒特性曲线应高于电动机启动时的安秒特性曲线，时差大于 0.5s，在最大启电流时，熔体的熔断时间应大于 0.5s。

2）选择性

选择熔体时，应保证前后两级熔断器之间，熔断器与电源侧继电保护之间，以及熔断器与负荷侧继电保护之间动作的选择性，当在本段保护范围内发生短路时，应能在最短的时间内切断故障，以缩小停电范围，并防止熔断时间过长而加剧被保护电器的损坏。

A. 配电变压器高压侧熔断器与低压出线保护的配合。配电变压器低压出线有故障时，高压侧熔断器不应误熔断。低压侧采用低压熔丝，由于低压侧短路电流大，因此熔断时间约为 0.1s 左右。为此，高压侧熔体的熔断时间应大于 0.6s，以满足选择性的要求。

B. 10kV 及以下出线熔断器与支线熔断器的配合。出线总熔断器的安秒特性曲线应高于支线熔断器的安秒特性曲线，上下级熔体的熔断时差应大于或等于 0.5s。

C. 降压变压器 35kV 侧熔断器保护与 10kV 及以下线路保护的配合。10kV 及以下出线和采用跌落式熔断器或无重合闸的继电保护，上下级之间保护动作时差大于或等于 0.5s 即可满足选择性要求；如 10kV 及以下出线采用重合闸熔断器或带有重合闸的继电保护，则时差应大于或等于 0.8s 方能保证选择性。

D. 降压变压器高压侧熔断器与电源线继电保护的配合。为了满足选择性要求，电源侧继电保护动作特性曲线应高于支线变压器熔断器特性曲线，要求最小时差大于或等于 0.5s。当线路较长，采用定时限二段过流保护不能同时满足灵敏度及选择性要求时，可增加一套过流第三段保护，其启动电流应保证线路末端故障有足够的灵敏度，动作时间可以适当提高，使之与支线熔断器保护取得配合。

12.5.5　高压断路器

高压断路器专门用在高压装置中通断负荷电流，并在严重过负荷和短路时自动跳闸，切断过负荷或短路电流。为此，高压断路器具有相当完善的灭弧装置和足够大的断流能力。

（1）断路器的种类

高压断路器按灭弧介质的不同可分为：

1）油断路器

油断路器是利用绝缘油作为灭弧和绝缘介质的断路器，是高压配电装置中最常用的开关设备。油断路器按其触头和灭弧装置的结构及油量多少，分为多油式和少油式两类，它们都是利用触头产生的电弧使油分解，产生气体，通过气体的吹动和冷却作将电弧熄灭。

2）压缩空气断路器

压缩空气断路器是利用压缩空气作为灭弧介质的。压缩空气有吹弧作用，可使电弧受到冷却而熄灭。同时压缩空气作为触头断开后的绝缘介质，起绝缘作用。另外，压缩空气还是分、合闸的操作动力。

3）六氟化硫（SF_6）断路器

六氟化硫断路器是利用具有优良灭弧性能和绝缘性能的 SF_6 气体作为灭弧介质的。SF_6 气体能大量吸收电弧能量，使得电弧收缩，迅速冷却以致熄灭，它的灭弧能力约为空气的 100 倍。

4）真空断路器

真空断路器是利用真空的高绝缘强度来

熄灭电弧的。这种断路中的触头不易氧化,寿命长,行程短,体积也小。

5) 自动产气断路器和磁吹断路器

自动产气断路器是利用固体绝缘材料在电弧的作用下,分解出大量的气体进行气吹灭弧的,材料有聚氯乙烯和有机玻璃等。

磁吹断路器靠磁力吹弧,利用狭缝灭弧原理将电弧吹入狭缝中冷却灭弧的。

(2) 高压断路器的型号和技术数据

根据国家技术标准的规定,高压断路器型号的意义如下:

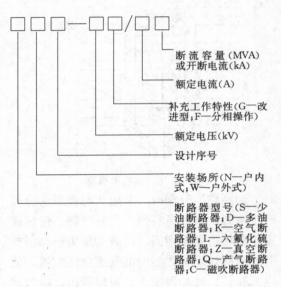

断流容量(MVA)或开断电流(kA)

额定电流(A)

补充工作特性(G—改进型;F—分相操作)

额定电压(kV)

设计序号

安装场所(N—户内式;W—户外式)

断路器型号(S—少油断路器;D—多油断路器;K—空气断路器;L—六氟化硫断路器;Z—真空断路器;Q—产气断路器;C—磁吹断路器)

举例:

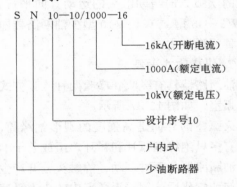

16kA(开断电流)

1000A(额定电流)

10kV(额定电压)

设计序号10

户内式

少油断路器

断路器的主要技术参数如下:

1) 额定电压

额定电压是容许断路器连续工作的工作电压,是由断路器的绝缘尺寸和灭弧能力决定的。按国家标准规定断路器的额定电压等级有:10kV、35kV、110kV 等。

2) 最高工作电压

按国家标准规定,对于额定电压在 110kV 及以下的设备,其最高工作电压为额定电压的 1.15 倍。

3) 额定电流

额定电流是断路器中长期允许通过的电流,在该电流下各部分的温升不得超过容许值。按国家标准规定,额定电流有 200、400、600、1 000A 等各级。

4) 开断电流

开断电流是在一定的电压下断路器能安全无损地开断的最大电流。在额定电压下的开断电流称为额定开断电流。当电压低于额定电压时,允许开断电流可以超过额定开断电流,但有一个极限值,这个极限值称为极限开断电流。

5) 断流容量

断流容量 S_{NOC} 由下式决定:

$$S_{NOC} = \sqrt{3}\, U_N I_{NOC} \text{(MVA)} \quad (12-3)$$

式中 U_N—— 额定电压 (kV)

I_{NOC}—— 开断电流 (kA)

6) 极限通过电流

极限通过电流是断路器在合闸位置时允许通过的最大短路电流,它由各导电部分所能承受最大电动力的能力所决定。

7) 热稳定电流

断路器在合闸位置,在一定的时间内通过短路电流时,不因发热而造成触头熔焊或机械破坏,这个电流值称为一定时间的热稳定电流。热稳定电流表明了断路器承受短路电流热效应的能力。

8) 动稳定电流

动稳定电流表明断路器在冲击短路电流作用下,承受电动力的能力。这个值的大小由导电及绝缘等部分的机械强度所决定。

9) 合闸时间

对有操作机构的断路器,从合闸线圈加电压到断路器接通止所经过的时间,称为断路器的合闸时间。

10）分闸时间

分闸时间是从跳闸线圈加上电压到三相中电弧完全熄灭时所经过的时间。一般合闸时间大于分闸时间，分闸时间为 0.06～0.12s。

（3）油断路器

1）油断路器的特点

多油断路器的特点是，绝缘油一方面作为灭弧介质，另一方面作为断路器内部导电部分之间和导电部分对地的绝缘介质。多油断路器结构比较简单。但它的用油量多，容易引起火灾和爆炸，同时金属材料用量多，体积大，运输、安装和检修的工作量大，而且动作时间长，断流时间受限制，因此这种产品用得较少。

少油断路器中的绝缘油只作为灭弧介质用。其载流部分的绝缘是由支持绝缘子、瓷套管和有机绝缘部件等构成。少油断路器用油量少，体积小，重量轻，断流容量大，构造较坚固，使用比较安全，在高压配电装置中得到广泛应用。

2）油断路器的灭弧

油断路器是依靠电弧本身能量产生的油气来熄灭电弧的。其基本原理是利用电弧燃烧产生的气体压力把油气吹向弧隙，在导热、膨胀和压力的作用下，使电弧受到冷却和拉长而熄灭。

按油气冲击电弧的方向不同，油断路器其灭弧方式有以下几种：

A. 横吹式灭弧

油断路器有横吹灭弧室，如图 12-35 所示。

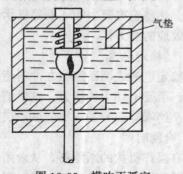

图 12-35　横吹灭弧室

油断路器在分闸时，动、静触头产生电弧，其热量将油气化并分解，使灭弧室中的压力急剧增高，这时灭弧室内的气垫受压缩，储存压力。当动触头继续运动使喷口打开时，高压力的油自喷口喷出，横向吹弧，使电弧拉长、冷却而熄灭。可以看出，横吹式灭弧的吹弧方向与动触头的运动方向垂直。

B. 纵吹式灭弧

油断路器有纵向灭弧室，如图 12-36 所示。

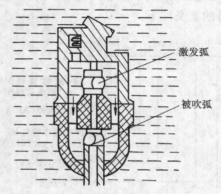

图 12-36　纵吹灭弧室

油断路器分闸时，动触头与静触头分开产生电弧，其热量将油气化并分解，使灭弧室中的压力急剧增高，沿着动触头移动所打开的纵吹口形成强烈的油气流纵向吹弧，使电弧拉长、冷却而熄灭。可以看出，纵吹式灭弧的吹弧方向与动触头的运动方向平行。如 SW3—35 型、SW4—110 型少油断路器即为此种灭弧方式。

C. 纵横吹式灭弧

油断路器具有纵吹和横吹两种吹弧方式的灭弧室，如图 12-37 所示。

灭弧室的外面是高强度的圆形绝缘筒，筒里有多只绝缘隔弧片和衬环，组成若干油囊。油断路器分闸时，动、静触头分开产生电弧使油气化后分解，灭弧室内的压力迅速增高，高压油气汇成一股猛烈的气流从上纵吹口和横吹口喷出。当动触头移动到灭弧室的高压区以后，高压油气又从下纵吹口喷出。

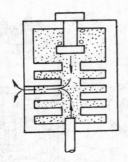

图 12-37　纵横灭弧式

纵吹和横吹的作用迫使电弧强烈冷却和弯曲拉长而熄灭。即使切断小电流，也能保证电弧在下部油囊内熄灭，如 SN10—10 型少油断路器即为此种灭弧方式。

D. 去离子栅灭弧

去离子栅是由很多片马蹄形的板按一定秩序叠集而成，如图 12-38 所示。

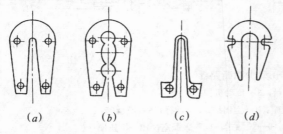

(a)　　　(b)　　　(c)　　　(d)

图 12-38　去离子栅的组成元件

去离子栅各片板的形状都不一样，有绝缘纤维板和软钢板等，各板的厚度约为 3～4mm。这些叠集的板组成去离子栅的若干组，每组中有一块软钢片和几块绝缘板，用四个绝缘的螺钉紧固在静触头座上。

当断路器断开时，电弧在马蹄形的钢片内形成强大的磁场，这磁场又把电弧吸到狭缝的各个纵槽里。在电弧的通道上，各个纵槽缝中的油都被蒸发分解，蒸发分解出来的气体向外喷出，结果把电弧劈成许多细弧，使电弧冷却而熄灭。如 DW1—35 型多油断路器即为这种灭弧方式。

3）SN10—10 型少油断路器

在 10kV 配电装置中，现在大多采用 SN10—10 系列少油断路器，该系列断路器是三相户内高压断路器，可用于电力设备和电力线路的控制与保护。

SN10—10 系列断路器可安装于固定式开关柜内或手车式开关柜的使用，也可单独装配后使用。该系列断路器有三种型式：Ⅰ、Ⅱ、Ⅲ，各配 CD10Ⅰ、CD10Ⅱ、CD10Ⅲ 型操动机构，其主要技术数据如表 12-14 所示。

A. SN10—10 系列断路器基本结构

SN10—10 系列断路器由框架、传动系统和油箱三部分组成，如图 12-39 所示。

SN10—10 型少油断路器主要技术数据　　　　　表 12-14

型　号	SN10—10 Ⅰ		SN10—10 Ⅱ		SN10—10 Ⅲ	
	SN10—10/630—16	SN10—10/1000—16	SN10—10/1000—31.5	SN10—10/1250—43.3	SN10—10/2000—43.3	SN10—10/3000—43.3
额定电压(kV)	10	10	10	10	10	10
最高电压(kV)	11.5	11.5	11.5	11.5	11.5	11.5
额定电流(A)	630	1000	1000	1250	2000	3000
断流容量(MVA)	300	300	500	750	750	750
开断电流(kA)	16	16	31.5	43.3	43.3	43.3
极限电流峰值(kA)	40	40	80	130	130	130
热稳定电流(kA)	16	16	31.5	43.3	43.3	43.3
固有合闸时间(s)	≤0.2	≤0.2	≤0.2	≤0.2	≤0.2	≤0.2
固有分闸时间(s)	≤0.06	≤0.06	≤0.06	≤0.06	≤0.06	≤0.06

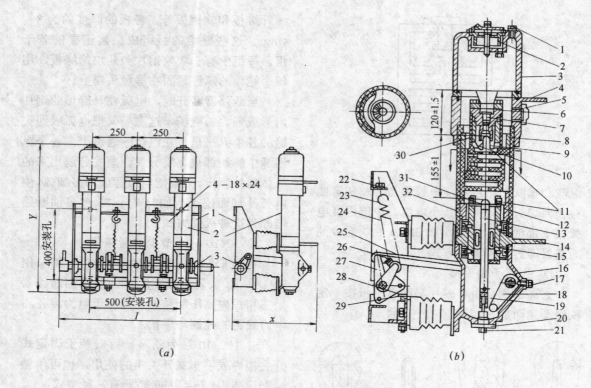

图 12-39 SN10—10型少油断路器

(a) 1—框架；2—油箱；3—传动机构；

(b) 1—注油螺钉；2—油气分离器；3—上帽；4—上出线；5—油标；6—静触座；
7—逆止螺钉；8—螺纹压圈；9—指形触头；10—弧触指；11—灭弧室；12—下压圈；
13—导电杆；14—下出线；15—滚动触头；16—基座；17—定位螺钉；18—转轴；19—连板；
20—分闸缓冲；21—放油螺钉；22—螺母；23—分闸弹簧；24—框架；25—绝缘拉杆；26—分闸限位；
27—大轴；28—绝缘子；29—合闸缓冲；30—绝缘套筒；31—动触头；32—绝缘筒

框架由角钢或钢板焊接而成。在框架上每相装有两个支持瓷瓶、分闸弹簧、分闸限位器和合闸缓冲弹簧。

传动系统包括大轴、轴承、拐臂、绝缘拉杆。大轴、轴承装于框架上，在大轴上焊有若干个拐臂，其主拐臂通过绝缘拉杆与油箱上的转轴相连，组成四连杆机构。

油箱固定在支持绝缘子上。油箱下部是用球墨铸铁制成的基座，基座内装有转轴、拐臂和连板组成的变直机构。基座下部装有油缓冲器的活塞杆和放油螺栓。当分闸时，导电杆下端的孔正好套入活基杆起缓冲作用。油箱中部是用高强度的环氧玻璃布管做成的

绝缘筒，以减少涡流和磁滞损耗，提高防爆能力。绝缘筒用压圈由螺栓经下出线座固定在基座上，绝缘筒内部装有灭弧室，绝缘筒上部是铸铝合金的上帽和上出线，上帽内装有油气分离器，上出线下部有油位指示器。在静触头靠近吹弧口处的三片触片上镶有铜钨合金，下出线内有滚动触头，通过滚动触头将导电杆与下出线连接在一起，导电杆上端装有铜钨合金动触头。

SN10—10系列断路器导电回路由上出线、静触头、导电杆、滚动触头和下出线组成。如图12-40和图12-41所示。

在静触头中间装有逆止阀，分闸开始时，

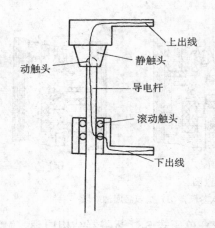

图 12-40 SN10—10 I 、II 和 SN10—
10 III/1250 回路

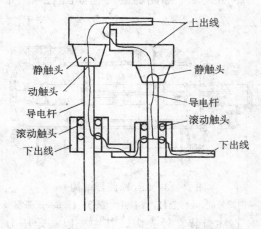

图 12-41 SN10—10 III/$\frac{2000}{3000}$导电回路

逆止阀的钢球向上升起堵住沟通油箱与上幅的圆孔，使电弧在密封的灭弧室内燃烧，以保证足够的灭弧压力。分闸后期，逆止阀钢球落下，高温混合气流经上帽中的油气分离器将气体由上帽排气孔排出。SN10—10 型断路器的油气分离器采用惯性式结构，它由三片带有许多斜孔的油气分离片组成。它的原理是利用油和气体密度不同，当油气混合物速度和方向改变时，油和气体所受的惯性不同。惯性大的油滴被甩到周围器壁上，而其余的油气仍继续向上运动，再经过第二、第三片油气分离片将油气进一步分离，最后气体经排气孔排出。

B. SN10—10 系列断路器的灭弧原理

动、静触头刚分开时，如图 12-42 (a) 所示，产生电弧。因压力差作用，油气通过喷口，向上帽流动。而排气上部有油层，气体成封闭状态。排气的速度受到限制，气流在喷口附近对电弧的冷却作用很弱，故这个阶段电弧很难熄灭。

经过很短时间后，如图 12-42 (b) 所示，触头间的开距增大，依次打开一、二个横吹道，气体高速横向吹动电弧并吹向上帽。同时，由于导电杆向下运动时所形成的附加油流射向电弧，在此联合作用下，喷口附近的电弧被强烈冷却和去游离。当电流过零时，电弧熄灭。

在开断小电流时，如图 12-42 (c) 所示，由于电弧能量小，产生的压力不足以形成有效的横吹。这时，只有电弧被拉入灭弧室下部中央孔内，使油囊内的油变成气体，在纵吹口形成附加纵吹作用，电弧才能熄灭。

电弧熄灭后，如图 12-42 (d) 所示，残存的气体继续排向上帽，上部的油回流到动、静触头之间，为下次灭弧做准备。

C. SN10—10 系列断路器的特点

a. 防爆性能大大提高。

b. 断路器应用了逆流原理，即静触头在上，动触头在分闸过程中自上而下运动。此结构可加速电弧熄灭，还可提高分闸速度。

c. 因采用纵横气吹和机械油吹联合作用的灭弧形式，故开断大、中、小电流电弧的熄弧时间基本相等，一般不超过 0.02s。

d. 体积小、重量轻、检修方便。

e. 加装了中间滚动触头，中间滚动触头的作用是实现下出线与导电杆之间的电气联接。同时中间滚动触头对导电杆也起着导向作用，以免导电杆歪斜，在分、合闸时损坏设备。

（4）六氟化硫断路器

六氟化硫断路器是利用六氟化硫（SF_6）气体作为绝缘介质和灭弧介质的高压断路器。

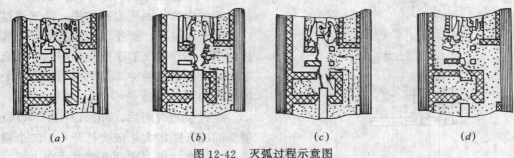

图 12-42　灭弧过程示意图

(a) 封密气泡阶段；(b) 横吹阶段；(c) 纵吹横吹阶段；(d) 熄弧后回油阶段

SF_6 气体是无色、无臭、不燃烧，无毒的惰性气体，它的相对密度是空气的 5.1 倍。SF_6 分子有个特殊的性能，它能在电弧间隙的游离气体中吸附自由电子，在分子直径很大的 SF_6 气体中，电子的自由行程是不大的，在同样的电场强度下产生碰撞游离机会少了，故 SF_6 气体有优异的绝缘和灭弧能力。

1）SF_6 断路器的类型

SF_6 断路器按其结构原理可分为单压式和双压式两种。

A. 双压式

双压式 SF_6 断路器有两个压力系统。一个压力约为 0.2～0.3MPa 的低压气体系统，主要用来保证断路器内部绝缘。另一个压力约为 1.4MPa 的高压气体系统，用于灭弧。分闸时阀门被打开，高压气体吹灭电弧，此时，灭弧气体吹向断路器内部低压区，再经由气体循环系统及压缩机打回高压区。

双压式 SF_6 断路器结构复杂，维护困难，但断流容量大，动作迅速。

B. 单压式

单压式 SF_6 断路器中 SF_6 气体的压力约为 0.3～0.5MPa，作为断路器的内绝缘。在断路器开断过程中，电弧靠开断时与动触头同时运动的压气活塞压出 SF_6 气流来熄灭。当断路器分闸完毕，压气作用同时停止，触头间又恢复低压状态。

单压式 SF_6 断路器结构简单，易于制造，可靠性较高，维护容易，但断流容量较小。

2）单压式 SF_6 断路器结构原理

A. 结构

单压式 SF_6 断路器的结构如图 12-43 所示。

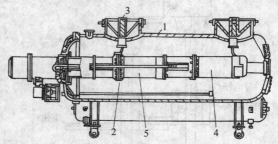

图 12-43　SF_6 断路器结构

1—钢筒外壳；2—心柱；3—引线端子；4、5—灭弧室

心柱封装在外壳内，其中充以一定压力的 SF_6 气体，心柱由两个串联灭弧室 4、5 和两端的由环氧玻璃布制成的支持绝缘筒组成。灭弧室的两端用软连接与引线端子相联，通过盒式绝缘子引出，构成导电回路。

单压式 SF_6 断路器的灭弧室采用活塞式结构，即利用压气活塞运动时形成的气流来熄灭电弧，如图 12-44 所示。

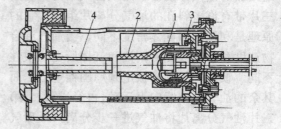

图 12-44　SF_6 断路器的灭弧室

1—动触头；2—绝缘喷嘴；3—压气活塞；4—静触头

动触头 1、绝缘喷嘴 2 和压气活塞 3 连在一起，由操动机构通过传动系统带动。静触头 4 制成管形，动触头是插座式的，它们的端部嵌有铜钨合金以减轻烧毁。绝缘喷嘴用耐高温、耐腐蚀的聚四氯乙烯塑料制成。

B. 工作原理

断路器分闸时，操动机构带动动触头、活塞和喷嘴一起向右运动，在动、静触头分离时产生电弧。由于活塞右侧的 SF_6 气体被压缩而增大了压力，产生的气流通过喷嘴射向电弧，使电弧熄灭。然后，气体经管形静触头和冷却器排入钢筒。排气器内装有金属丝网包裹的活性氧化铝，用以吸收在电弧作用下分解出的低氟化合物和气体中的水分。断路器合闸时，操动机构带动动触头、喷嘴和活塞向左运动，完成合闸动作。灭弧室绝缘筒上有四个长孔，以便活塞左侧的 SF_6 气体排出灭弧室，以减少合闸阻力。

3）SF_6 断路器的特点

A. 吸弧能力极强，与普通空气相比，它的绝缘能力高 2.5～3 倍，灭弧能力则高近百倍。故采用 SF_6 作电器的绝缘介质或灭弧介质，可以缩小电器的外形尺寸，减少占地面积，并能达到很大的开断能力。目前国内产品的开断电流已达 40kV 以上，电压达 300～750kV。

B. 因电弧在 SF_6 中燃烧时对触头的烧损很轻微，燃烧时间也短，不仅适用于频繁操作，同时也延长了检修周期。

C. 散热性能好，流通能力大。

D. SF_6 断路器的缺点是加工精度要求高，防漏、密封水分与气体的检测控制等要求严格，制造难度大。

（5）真空断路器

真空断路器是指触头在高真空中开断电路的断路器。真空具有很高的介质强度，当真空度为 $1.33 \times 10^{-4} Pa$ 时，其击穿电场强度为 100kV/mm。

1）ZN2—10 型真空断路器的结构

ZN2—10 型真空断路器是由支持框架、操作机构、真空灭弧室等三部分组成。支持框架由铁板焊成，用以固定和支持真空灭弧室和操动机构。

真空灭弧室如图 12-45 所示。它是由玻璃外壳、上下端盖、动静头、屏蔽罩、波纹等组成。真空灭弧室的触头开距为 15mm。

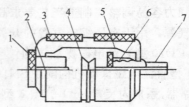

图 12-45　真空灭弧室结构

1—空端；2—空导杆；3—玻璃外壳；4—动静触头；5—屏蔽罩；6—波纹管；7—动导杆

2）真空断路器的特点

A. 触头开距短，操作功率小，动作快。

B. 燃弧时间短，触头寿命长。

C. 体积小、重量轻、能防火防爆。

D. 运行维护简单，能频繁操作。

（6）断路器的操动机构

操动机构的作用是使断路器准确的合闸和分闸，并维持合闸状态。操作机构一般由合闸机构、分闸机构和维持合闸机构（搭钩）三部分组成，有独立的型号。

1）操动机构的类型

根据断路器合闸所需能量不同，操动机构可分为以下几种类型：

A. 手动机构　用人力合闸，用已储能的弹簧分闸，不能遥控合闸及自动重合闸。有自由脱扣机构，结构简单。用于电压 10kV 及以下的断路器。

B. 直流电磁机构　用直流螺管电磁铁合闸，用已储能的分闸弹簧分闸。可遥控操作与自动重合闸。需大功率直流电源。用于 110kV 及以下的断路器。

C. 弹簧机构　用合闸弹簧合闸，用已储能的分闸弹簧分闸。动作快，能快速自动重合闸。能源功率小，结构较复杂，构件强度要求较高。用于 220kV 及以下的断路器，可交流操作。

D. 液压机构　用高压油推动活塞实现合闸与分闸。动作快，能快速自动重合闸。结构较复杂，密封要求高，操作力大，动作平稳。用于110kV及以上的断路器。

E. 气动机构　用压缩空气推动活塞，使断路器分、合闸。动作快，能快速自动重合闸。合闸力容易调整，制造工艺要求高，需压缩空气源。用于有压缩空气源的开关站。

2）CD10型直流电磁操动机构

CD型直流电磁操动机构配用SN10—10系列断路器，系户内装置，分Ⅰ、Ⅱ、Ⅲ型，分别用来操动SN10—10Ⅰ、Ⅱ、Ⅲ型断路器。操动机构是一种悬挂式结构，主要由自由脱扣机构、电磁系统、底座三部分组成，如图12-46所示。

自由脱扣机构位于机构上部的铸铁支架上，是由几对连板组成的四联杆机构。支架下面的板构成合闸电磁铁磁路的一部分，其右面装有分闸电磁铁，其铁心的外露部分可用作手力分闸，在支架的左面和右上侧装有辅助开关，在支架的前面装有接线板。整个自由脱扣机构辅助开关及接线板用一个可拆卸的铁壳罩住，

铁罩中间有一个小窗孔，内有分、合指示牌，以指示操动机构的分合位置。

电磁系统位于操动机构的中下部，铸铁支架下面的板和底座的上部分别构成磁路的上下部分，方形磁轭作为磁路的外围部分。为使合闸线圈内表面不被合闸铁心擦伤。在合闸线圈与合闸铁心之间装有一个黄铜圆筒。磁系统的活动部分是由圆柱形铁心和旋入其内部的顶杆组成，顶杆穿过支架下部的孔来推动操动机构的滚子，进行合闸。

底座是一个铸铁件，位于操动机构的下部，它由四个与螺杆与方形磁轭一起装在操动机构的铸铁支架上，底座内部的下面装有橡皮垫，用以缓和合闸后铁心落下时的冲击，底座下部装有手力合闸曲柄，且合闸曲柄可按情况装置于需要的方位。

3）CD10型直流电磁铁操动机构的控制回路

CD10型直流电磁操动机构控制回路的接线图如图12-47所示。其工作原理如图12-48所示。

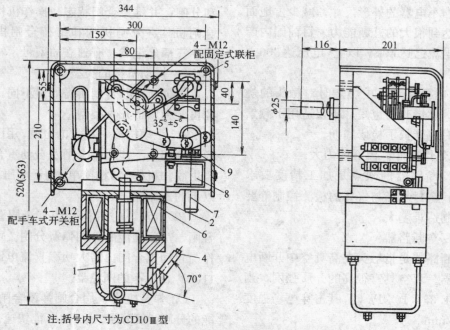

注：括号内尺寸为CD10Ⅲ型

图12-46　CD10型电磁操动机构外形图

1—合闸铁心；2—板；3—F4—8Ⅲ/W型辅助开关；4—操作手柄；5—F4—2Ⅱ/W型辅助开关；6—合闸线圈；7—分闸电磁铁铁心；8—分闸线圈；9—支架；10—机构主轴；11—接线板；12—分合位置指示牌

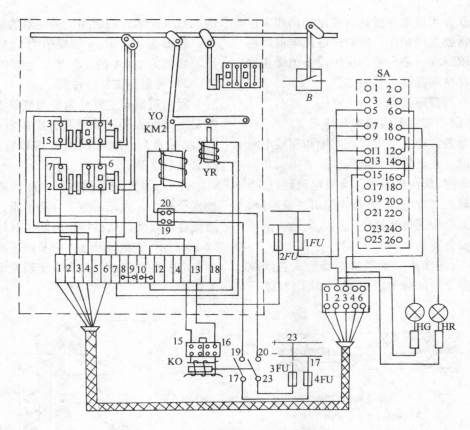

图 12-47 CD10 型电磁操动机构内部接线图

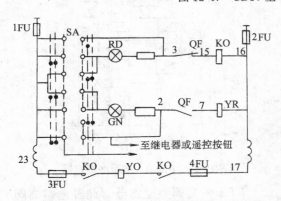

图 12-48 CD10 型电磁操动机构原理接线图
YO—合闸线圈;YR—分闸线圈;1～4FU—熔断器;
QF—辅助开关触头;KO—直流接触器;
RD—分闸信号灯(红灯);GN—合闸信号灯(绿灯);
SA—控制开关

远距离电动合闸时,操纵控制开关 SA 于合闸位置,通过断路器 QF 辅助接点 3、15,使直流接触器 KO(合闸辅助线圈)接通,其 KO 接点闭合,接通合闸线圈 YO,于是断

路器合闸。此时,断路器辅助接点 3、15 断开,接点 2、7 接通,合闸信号灯 GN 发光,并做好跳闸准备。

远距离电动分闸时,操纵 SA 于分闸位置,通过 QF 辅助接点 2、7 接通跳闸线圈 YR,使 QF 跳闸,其辅助接点 3、15 接通分闸指示灯 RD 发光。

12.5.6 避雷器

在供用电系统的运行过程中,由于雷击、操作、短路等原因,产生危及电气设备绝缘的电压升高,称为过电压。电气设备在运行中,除承受工作电压外,还会遭到过电压的作用。因此,必须采取各种措施来限制过电压。避雷器就是用来限制过电压的一种主要保护电器。

避雷器通常接于导线和地之间,与保护

设备并联。当过电压值达到规定的动作电压时,避雷器立即动作,释放过电压电荷,将过电压限制在一定水平,保护设备绝缘免遭破坏,使电网能够正常供电。

(1) 阀型避雷器

1) 阀型避雷器的结构及特点

阀型避雷器主要由火花间隙和阀性电阻串联组成。在正常工频电压作用下,火花间隙不会击穿,阀性电阻中不会有电流通过。当系统出现大气过电压,火花间隙很快被击穿,使雷电流很快通过阀性电阻引入大地,从而使电气设备得到保护。

A. 火花间隙 阀型避雷器的火花间隙组是由多个单间隙串联而成,如图 12-49 所示。

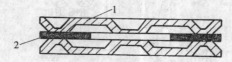

图 12-49 火花间隙结构
1—黄铜电极;2—云母片

每个火花间隙由上下两个黄铜电极及一个云母垫圈组成,云母垫圈的厚度为 0.5～1mm。由于电极间的距离小,电极的电场就比较均匀,所以火花间隙的伏秒特性比较平。每个单间隙的击穿电压为 2.5～3.0kV,并能熄灭 80A (最大值) 的工频续流电弧。

B. 阀性电阻(阀片) 阀片是由金刚砂和结合剂 (如水玻璃或瓷泥等) 在一定的温度下烧结而成的直径为 55～100mm 的圆饼。它是一个非线性电阻,其阻值是随通过的电流大小而变化的。当通过的电流大时,其电阻值小;通过的电流小时,其电阻值大。

阀片除具有良好非线性特性外,还应具有较高的通流容量。通流容量表示阀片通过电流的能力。避雷器中通过的电流主要有雷电流和工频续流两种,所以通流容量以有一定波形和幅值的雷电流所允许通过的次数和以具有一定幅值的工频半波电流所允许通过

的次数来表示。普通阀型避雷器的通流能力为:波形为 20～40μs 而幅值为 5kV 的雷电压,幅值为 100A 的工频半波电流各 20 次。

2) 阀型避雷器的种类

阀型避雷器主要分为普通型避雷器和磁吹避雷器两大类。普通阀型避雷器有 FS 和 FZ 两种系列。磁吹阀型避雷器有 FCD 和 FCZ 两种系列。

A. FS 系列阀型避雷器 此种避雷器阀片直径较小,火花间隙无分路电阻,所以其通流容量较低,伏秒特性较陡。其结构如图 12-50 所示。主要用于 10kV 及以下小型工厂企业的配电系统中,作为变压器及电气设备的保护。

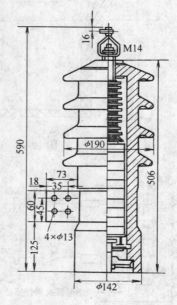

图 12-50 FS—10 型阀型避雷器

B. FZ 系列阀型避雷器 此种避雷器阀片直径较大,火花间隙并有分路电阻,所以其通流容量较大,残压和冲击放电电压都比 FS 型避雷器低。其结构如图 12-51 所示。

FZ 系列阀型避雷器主要用于保护 35kV 及以上大中型工厂企业中的总降压变电所的电气设备。

C. 磁吹避雷器

磁吹避雷器的特点是利用磁场对电弧产

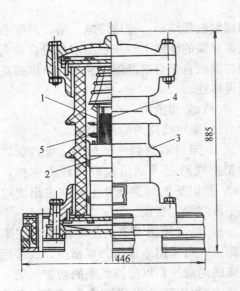

图 12-51 FZ—10 型阀型避雷器
1—火花间隙；2—阀片；
3—瓷套；4—云母片；5—分路电阻

生的电动力，使电弧运动来提高间隙的灭弧能力，从而增大续流达到改善保护特性的目的。结构上是在磁场线圈上并联一个分流间隙，如图 12-52 所示。

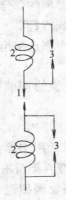

图 12-52 磁场线圈并联分流间隙
1—主间隙；2—磁场线圈；3—分流间隙

当雷电流通过时，线圈两端压降很大，分流间隙动作线圈短路，工频续流通过时，线圈两端压降很小，分流间隙灭弧，于是续流通过线圈产生磁场使电弧运动。

磁吹避雷器有 FCD 系列和 FCZ 系列。FCD 系列由于冲击放电电压和残压均低于同级电压的其他避雷器，因此，通常用于旋转电机保护。FCZ 系列，阀片直径较大，通流容量较大，通常用于变电所的高压电气设备保护。

（2）管型避雷器

管型避雷器由产气管、内部间隙和外部间隙三部分构成，如图 12-53 所示。产气管由纤维、有机玻璃或塑料制成。内部间隙装在产气管的内部，一个电极为棒形，另一个电极为环形。图中的 S_1 为管型避雷器的内部间隙，S_2 为装在管型避雷器与带电的线路之间的外部间隙。

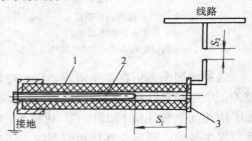

图 12-53 管型避雷器
1—产气管；2—内部电极；3—外部电极；
S_1—内部间隙；S_2—外部间隙

当线路上遭到雷击或发生感应雷时，大气过电压使管型避雷器的外部间隙和内部间隙击穿，强大的雷电流通过接地装置入地。同时，供电系统的工频续流也较大，雷电流和工频续流在管子内部间隙发生的强烈电弧，使管内壁的材料燃烧，产生大量灭弧气体。由于管子容积很小，这些气体的压力很大，因而从管口喷出，强烈吹弧，在电流经过零值时，电弧熄灭。这时外部间隙的空气恢复了绝缘，使管型避雷器与系统隔离，恢复系统的正常运行。

管型避雷器外部间隙的最小值：3kV，8mm；6kV，10mm；10kV，15mm。管型避雷器一般只用于线路上。

（3）保护间隙

保护间隙是最为简单经济的防雷设备。

其结构简单、成本低、维修方便，常见的两种角型间隙的结构如图12-54所示。

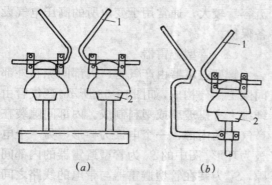

图12-54　角型间隙
(a) 装于水泥杆的铁横担上；
(b) 装于木杆的木横担上
1—羊角形电极；2—支持绝缘子

这种角型间隙俗称羊角避雷器。角型间隙的一个电极接线路，另一个电极接地。但为了防止间隙被外物（如鼠、鸟、树枝等）短接而发生接地，通常在其接地引下线中还串联一个辅助间隙，如图12-55所示。

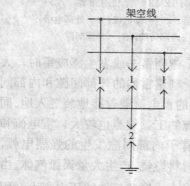

架空线

图12-55　三相角型间隙和辅助间隙的联接
1—主间隙；2—辅助间隙

保护电力变压器的角型间隙，一般都应装在高压熔断器的内侧，即靠近变压器的一边。这样在间隙放电后，熔断器能迅速熔断，以减少变电所线路断路器的跳闸次数，并缩小停电范围。

保护间隙的保护性能较差，灭弧能力小，容易造成接地或短路故障，引起线路开关跳闸或熔断器熔断，造成停电。所以对于装有保护间隙的线路上，一般要求装设自动重合闸装置或自重合熔断器与它配合，以提高供电可靠性。

（4）防雷措施
1）架空线路的防雷措施
A．架设避雷线　一般在63kV及以上的架空线路上采用沿全线装设避雷线，在35kV及以下的架空线路上只在进出变电所的一段线路上装设。

B．提高线路本身的绝缘水平　在架空线路上，可采用木横担、瓷横担，或采用高一级的绝缘子，以提高线路的防雷水平。

C．利用三角形顶线作保护线　用于3～10kV线路，通常是中性点不接地的，因此如在三角形排列的顶线绝缘子上装保护间隙，则在雷击时顶线承受雷击，间隙击穿，对地泄放雷电流，从而保护了下面的两根导线，一般也不会引起线路跳闸。

D．装设避雷器和保护间隙　可保护线路上个别绝缘最薄弱的部分，包括个别特别高的杆塔、带拉线的杆塔、木杆线路中的个别金属杆塔、或个别铁横担电杆以及线路的交叉跨越处等。

E．装设自动重合闸装置或自重合熔断器。

2）变配电所的防雷措施
A．装设避雷针用来保护整个变配电所建筑物，使之免遭直接雷击。

B．高压侧装设阀型避雷器或保护间隙　主要用来保护主变压器，以免高电位沿高压线路侵入变电所。为此要求避雷器或保护间隙应尽量靠近变压器安装，其接地线应与变压器低压中性点及金属外壳联在一起接地，如图12-56所示。

对3～10kV配电装置，为防止高电位侵入，在每路进线终端和母线上应装有阀型避雷器。如果进线是具有一段电缆的架空线路，则阀型或管型避雷器应装设在架空线路终端

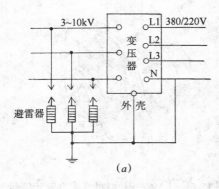

(a)

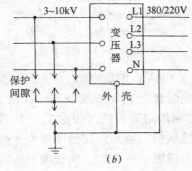

(b)

图 12-56　电力变压器的防雷保护

(a) 高压侧装设阀型避雷器；

(b) 高压侧装设保护间隙

的电缆终端头处。

C. 低压侧装设阀型避雷器或保护间隙

主要是在多雷区用来防止雷电波由低压侧侵入而击穿了变压器的绝缘。当变压器低压侧中性点为不接地的运行方式时，其中性点也应加装避雷器或保护间隙。

12.5.7　互感器

互感器包括电压互感器和电流互感器，是一次系统和二次系统间的联络元件，用来向测量仪表、继电器的电压线圈和电流线圈供电，从而正确反映电气设备的正常运行和故障情况。

互感器的用途主要是：

a. 用来使仪表、继电器与主电路绝缘。这可避免主电路的高电压直接引入仪表、继电器，又可避免仪表、继电器的故障影响主电路，提高了安全性和可靠性。

b. 用来扩大仪表、继电器的使用范围。如一只 5A 的电流表，通过电流互感器可测量任意大的电流。同样，一只 100V 的电压表，通过电压互感器就可测量任意高的电压。另外，由于采用互感器，就可以使二次仪表、继电器的规格统一，有利于制造。

（1）电流互感器

1）电流互感器的结构特点

电流互感器按原线圈匝数可分为单匝式和多匝式。单匝式的电流互感器一次线圈由穿过铁心的实心或管形截面的载流体或母线制成，环形铁心再绕上二次线圈如图 12-57 *(a)* 所示。

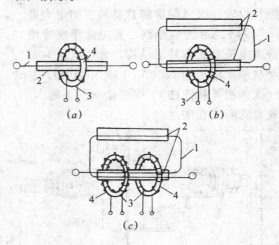

图 12-57　电流互感器的结构

(a) 单匝式；*(b)* 多匝式；

(c) 具有两个铁心的多匝式

1—一次线圈；2—绝缘；3—铁心；4—二次线圈

按安装地点可分为户内式和户外式。35kV 及以上多制成户外式。

按安装方法可分为穿墙式、母线式、套管式和支持式等。穿墙式装在墙壁或金属结构的孔中，可代替穿墙套管，广泛用于电压为 10kV 及以下屋内配电装置中；母线式利用母线作为一次线圈，安装时将母线穿入电流互感器瓷套的内腔；套管式是将电流互感器装入 35kV 及以上的变压器或多油油断路器的瓷套管内；支持式是将电流互感器安装在平台或支柱上。

按绝缘结构可分为干式、浇注式、油浸式和电容式。干式互感器用于低压户内使用，浇注式是利用环氧树脂作绝缘，浇注成型，适用于 35kV 及以下户内；油浸式多用于户外；电容式多用于 110kV 及以上户外。

多匝式电流互感器的一次线圈由多匝穿过环形铁心，铁心上绕有二次线圈，如图 12-57（b）所示。这种互感器的准确度较高。

两个铁心的多匝式电流互感器，每个铁心都有自己单独的两个线圈，但一次线圈为两个铁心分用，如图 12-57（c）所示。各铁心可制成不同的准确度等级，用来分别接入测量仪表、继电保护和自动装置的继电器。

图 12-58 为两个铁心瓷绝缘单匝穿墙式户内电流互感器外形结构，额定电压 10kV，一次额定电流为 1000A，LDC—10 型。它的一次绕组是载流柱 1，穿过瓷套管 2 的内部，瓷套管固定在法兰盘 3 上。

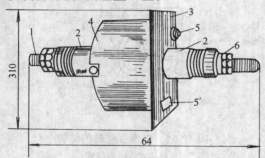

图 12-58　LDC—10 型电流互感器

1—一次线圈；2—瓷套管；3—法兰盘；4—封闭外壳；

5、5′—二次线圈接线板；6—螺帽

图 12-59 为瓷绝缘母线型单匝穿墙式户内电流互感器外型。其额定电压为 10kV，额定电流为 3 000A，LMC—10 型。它本身不带载流导体，而是在安装时，将母线穿入电流互感器的瓷套管 6 内腔，铁心和二次线圈装在密闭外壳内。

图 12-60 为 LFC—10 型电流互感器，外形具有两个铁心多匝穿墙式瓷绝缘户内用，

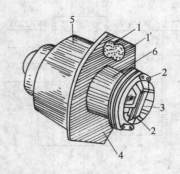

图 12-59　LMC—10 型母线式电流互感器

1、1′—二次侧接线板；2—母线支持板；

3—用来引入母线的孔；4—法兰盘；

5—封闭外壳；6—绝缘套管

额定电压 10kV，额定电流 100A。一次线圈穿过瓷绝缘套管 1，绝缘套管固定在法兰盘 2 上，它的两端附有铸铁接头盒 3。一次线圈的两端由接线板 4 引出。在封闭外壳 6 内装有绕着两个线圈的铁心，二次线圈的两端，接在 5 和 5′ 上。

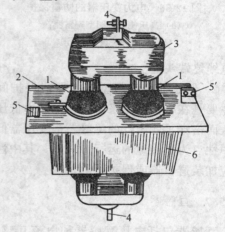

图 12-60　LFC—10 型电流互感器

1—瓷套管；2—法兰盘；

3—铸铁接头盒；4—一次线圈接线板；

5、5′—二次线圈接线端子；6—封闭外壳

图 12-61 为 LQJ—10 型浇注式电流互感器外形，用于 10kV 及以下的配电装置中。其绝缘性能高、体积小、重量轻，也很稳定。

2）电流互感器的工作原理

电流互感器（TA）的工作原理如同变压

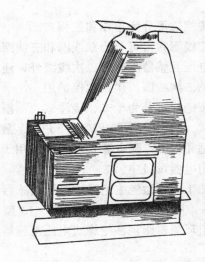

图 12-61 LQJ—10 型电流互感器

器，其一次线圈串联于一次电路内，二次线圈与测量仪表和继电器的电流线圈串联，如图 12-62 所示。

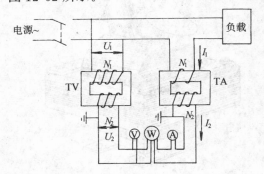

图 12-62 电流和电压互感器的原理接线

U_1—一次电压；U_2—二次电压；I_1—一次电流；
I_2—二次电流；N_1—一次线圈；N_2—二次线圈；
A—电流表；V—电压表；W—电度表；
TV—电压互感器；TA—电流互感器

电流互感器的一、二次额定电流之比，称为电流互感器的额定变流比 k_i，即：

$$k_i = \frac{I_{1N}}{I_{2N}} = \frac{N_2}{N_1} \approx \frac{I_1}{I_2} \qquad (12\text{-}4)$$

式中 I_{1N}——一次绕组额定电流；

I_{2N}——二次绕组额定电流；

N_1——一次绕组匝数；

N_2——二次绕组匝数。

电流互感器的一次线圈匝数为一匝或几

匝，与被测电路串联，一次电流取决于被测电路的负荷电流，与二次电流无关。电流互感器的二次回路一般串联的是测量仪表和继电器的线圈，其阻抗很小，故电流互感器的二次接近短路状态。二次线圈的额定电流一般为 5A。

电流互感器在运行中，二次侧不准开路。因为当二次侧开路时，二次线圈中会感应出极高电压，对人身安全和设备都有很大危害。为了防止二次开路，规定电流互感器二次侧不准装熔断器。在运行中如要拆除仪表或继电器时，先将电流互感器二次线圈短接，以防开路。

3）电流互感器的极性判别方法

电流互感器在联接时应注意极性，一般用 L_1 与 K_1，L_2 与 K_2 表示同极性端子，如图 12-63a 所示。也可在同极性端子上注以"＊"号表示，如图 12-63b 所示。

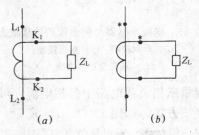

图 12-63 电流互感器端子标号图

(a) 第一种标号方法；(b) 第二种标号方法

电流互感器的同极性端子可用试验的方法确定。按图 12-64 所示接线，一次线圈串接一个电池，二次线圈接入一电流计。合上开关 S，如电流计正方偏转，则电池正极所接端子 L_1 与电流计正表笔所接的端子 K_1 为同极性端子；如果电流计反向偏转，则 L_1 与 K_1 为反极性端。

4）电流互感器的接线方式

常用的电流互感器接线方式有三种，如图 12-65 所示。

测量三相对称负载电路中的一相电流，可采用单相接线方式，如图 12-65（a）所示。

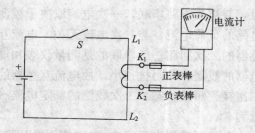

图 12-64　同极性端子试验判别法

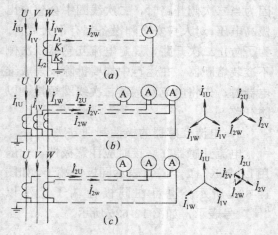

图 12-65　电流互感器与测量仪表的接线方式
(a) 单相接线；(b) 星形接线；
(c) 不完全星形接线

测量三相负载电路中各相电流，可采用星形接线方式，如图 12-65 (b) 所示。

在三相对称、不对称负载电路中，也可采用不完全星形接线方式，如图 12-65 (c) 所示。

电流互感器在使用中，二次线圈有一端必须接地，以免一、二次线圈之间的绝缘击穿使二次线圈也带上高压，危及人身和设备的安全。另外，应注意同极性联接，当一次电流从 L_1 流向 L_2 时，二次电流从 K_1 经仪表流向 K_2，如图 12-65 (a) 所示。若极性接反，将造成功率型仪表错误及继电保护装置不正确动作。

(2) 电压互感器

1) 电压互感器的结构特点

电压互感器按安装地点可分为户内和户外式。35kV 以下多制成户内式，35kV 及以上则制成户外式。

按相数可分为单相和三相式。

按线圈数目可分为双线圈和三线圈，三线圈电压互感器除一、二次线圈外，还有一组辅助二次线圈，供接地保护用。

按绝缘可分为干式、浇注式、油浸式和充气式。干式适用于 6kV 以下户内装置，浇注式适用 35kV 配电装置，充气式用于 SF6 全封闭电器设备中。

图 12-66 为浇注绝缘式电压互感器，有 JDZJ—10 型单相三绕组和 JDZ—10 型单相双绕组环氧树脂浇注绝缘式电压互感器两种型式。

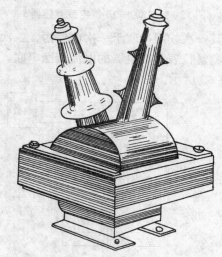

图 12-66　JDZ—10 型电压互感器

图 12-67 为油浸式电压互感器，其额定电压为 3～35kV，这种电压互感器的铁心和线圈浸在充有变压器油的油箱内。

图 12-68 为 JSJW—10 型三相五柱式电压互感器，用于屋内配电装置中。

2) 电压互感器的工作原理

电压互感器是一种降压变压器，其工作原理、构造和联接方法与电力变压器相似。电压互感器的工作状态与电力变压器相比，有以下特点：

A. 容量很小，一般只有几十到几百伏安。

B. 电压互感器的一次线圈电压 U_1（即

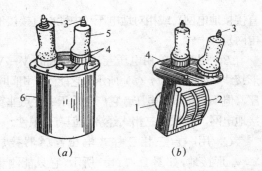

图 12-67 JDJ—10 型油浸自冷式单相电压互感器
1—铁心；2—原线圈；3—一次线圈引出端；
4—二次线圈引出端；5—套管绝缘子；6—外壳

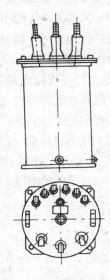

图 12-68 JSJW—10 型三相五柱式电压互感器

电网额定电压）不受互感器二次侧负荷的影响，其负荷是恒定的。

C. 电压互感器二次侧负荷是仪表、继电器等电压线圈，其阻抗很大，通过的电流很小，所以电压互感器在接近于空载状态下工作。二次侧额定电压一般为 100V 或 $100/\sqrt{3}$ V，而一次侧额定电压取与电网额定电压相同值。

电压互感器的一、二次线圈的额定电压之比，称为电压互感器的额定变压比 k_u，即：

$$k_u = \frac{U_{1N}}{U_{2N}} = \frac{N_1}{N_2} \approx \frac{U_1}{U_2} \quad (12-25)$$

式中 N_1、N_2——一、二次线圈的匝数。

电压互感器在运行中，二次不能短接。因为电压互感器在正常工作时二次电压为 100V，短路后在二次回路中会产生很大的短路电流，造成电压互感器线圈的烧毁。

3）电压互感器极性的判别方法

电压互感器一次线圈端子用 1U1 和 1U2 表示，二次端子用 2U1 和 2U2 表示。在某一瞬间 1U1 和 2U1 同为高电位，1U2 和 2U2 同为低电位，此时称 1U1 和 2U1 或 1U2 和 2U2 为同名端，这种接线称为同极性或减极性。

如果二次线圈与一次线圈绕向相反，则线圈端子电位极性相反，这种接线称为异极性或加极性，此时称 1U1 和 2U2 或 1U2 和 2U1 为同名端。

电压互感器极性测定方法有以下三种：

A. 直流法

用 1.5～3V 干电池或 2～6V 蓄电池，正极接互感器高压侧 1U1 端，负极接于高压侧 1U2 端，直流毫伏表的正极接低压侧的 2U1 端，负极接低压侧 2U2 端，如图 12-69 所示。

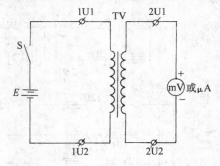

图 12-69 直流法测互感器极性接线图

当开关 S 闭合瞬间表针正偏，断开瞬间表针反偏，则该被试互感器为减极性，1U1 和 2U1 为同名端。若指针摆动方向与上述相反，则为加极性，1U1 和 2U2 为同名端。

B. 交流法

将互感器高、低压线圈的一对同名端 1U1 和 2U1（或 1U2 和 2U2）用导线联接起来，在高压侧加交流电压（如 220V 电源），同时用两个电压表测量电压：表 V_1 测量高压侧的交流电压，另一表 V_2 测量另一对同名端子 1U2 和 2U2（或 1U1 和 2U1）间电压，如图 12-70 所示。

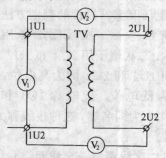

图 12-70 交流法测互感器极性接线图

若测得 $U_1 > U_2$，则为减极性；反之为加极性。

4）电压互感器的接线方式

电压互感器常见的接线方式有以下五种，如图 12-17 所示。

A. 一台单相电压互感器的接线，如图 12-71（a）所示，可测量某一相间电压（中性点非直接接地电网）或相对地电压（中性点直接接地电网）。

B. 用两台单相电压互感器接成的 V—V 形接线，如图 12-71（b）所示，它能测量相间电压，但不能测量相电压。它广泛用于中性点非直接地电网，比采用三相式经济，但有局限性。

C. 用一台三相三柱式电压互感器接成 Y，y_n 形接地，如图 12-71（c）所示，它只能测量间电压。由于在中性点非直接接地电网中发生单相接地时，其他两相对地电压升高 $\sqrt{3}$ 倍，三相对地电压失去平衡，出现零序电压。在零序电压的作用下，电压互感器的三个铁心柱中将出现零序磁通。由于零序磁通是同相位的，在三个铁心柱中不能形成闭合回路，而只能经过空气隙和互感器的外壳构成通路。由于空气磁阻很大，零序激磁电流亦很大，比正序激磁电流大好几倍，这将引起电压互感器过热，甚至烧毁。为避免出现上述不良后果，这种电压互感器一次线圈的中性点是不引出的，故不能测量对地电压，也不能监视电网的绝缘。

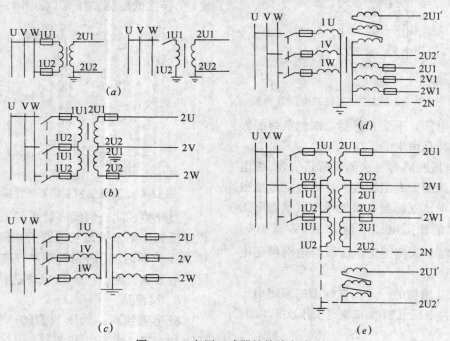

图 12-71 电压互感器的接线方式

（a）单相电压互感器；（b）V—V 接线；（c）三相三柱式；

（d）三相五柱式 YN，y_n，d_0 接线；（e）三单相电压互感器 YN，y_n，d_0 接线

D. 用一台三相五柱式电压互感器接成 YN,y_n,d_0 形的接线,如图 12-71 (*d*) 所示。它将一次线圈、基本二次线圈接成星形,且中性点接地,将三个辅助二次线圈接成开口三角形,供接地保护装置的接地信号(绝缘监察)继电器用。

三相五柱式电压互感器既可用于测量线电压,也可用于测量相电压,还可以作绝缘监察用,故广泛用于小接地电流电网中。

E. 三台单相线圈电压互感器的接线,如图 12-71 (*e*) 的所示。广泛用于 35～330kV 电网中,基本二次线圈可供测量线电压和相对地电压用;三个辅助二次线圈接成开口三角形,可供单相接地保护用。

在高压电网中,电压互感器一般经过隔离开关和熔断器接入电网。高压熔断器可以保护电压互感器内部短路,以及在电压互感器与电网联接线上的短路,而电压互感器的过负荷及二次侧短路由低压侧的熔断器来保护。在 380～500V 配电装置中,电压互感器可以直接经熔断器与电网相联接。

电压互感器的一、二次侧都必须装设熔断器进行保护,防止二次侧在工作时短路。电压互感器的二次侧有一端必须接地,防止一次侧的高压窜入二次侧,危及人身和设备的安全。另外,在联接时要注意一、二次线圈接线端子的极性。

12.6 低压电器

低压电器广泛应用于电力输配电系统与电力拖动系统和自动控制设备中,它对电能的产生、输送、分配与应用起着开关、控制、保护与调节等作用。

低压电器通常是指工作在交、直流电压为 1 200V 及以下的电路中的电气设备。低压电器按它在电气线路中的地位和作用可分为低压配电电器和低压控制电器两大类。低压配电电器主要有刀开关、转换开关、熔断器

和自动开关等。低压控制电器主要有接触器、继电器、主令电器和电磁铁等。低压电器按动作方式分有自动切换电器(依靠本身参数的变化和外来信号的作用,自动完成接通或分断等动作)和非自动切换电器(主要是用手直接操作来进行切换)。

12.6.1 低压开关

低压开关主要用来隔离、转换及接通和分断电路,可作为机床电路的电源开关、局部照明电路的控制,也可直接控制小容量电动机的启动、停止和正反转控制。

低压开关一般为非自动切换电器,常见的类型有刀开关、转换开关和自动空气开关等。

(1) 刀开关

刀开关常用于不经常操作的电路中。普通的刀开关不能带负荷操作,装有灭弧罩的或者在动触头上装有辅助速断触头的刀开关,可以切断小负荷电流。刀开关一般与熔断器串联配合使用。

刀开关按其极数可分为:单极、双极和三极;按灭弧结构可分为:带灭弧罩和不带灭弧罩;按转换方向可分为:单投、双投;按操作方式可分为:直接手柄式、连杆式等。其额定电流最大为 1 500A。

刀开关的型号说明如下:

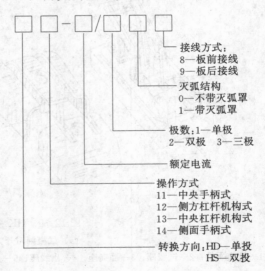

接线方式:
8—板前接线
9—板后接线

灭弧结构
0—不带灭弧罩
1—带灭弧罩

极数:1—单极
2—双极　3—三极

额定电流

操作方式
11—中央手柄式
12—侧方杠杆机构式
13—中央杠杆机构式
14—侧面手柄式

转换方向:HD—单投
HS—双投

HD13 型刀开关的结构如图 12-72 所示。它由固定触头 1、动触头 2、灭弧罩 3、手柄 4 和杠杆 5 组成，灭弧罩如图 12-73 所示。

RTO 熔断器 1、固定触头 2、手柄 3 和底座 9 组成，具有熔断器和刀开关的基本性能。

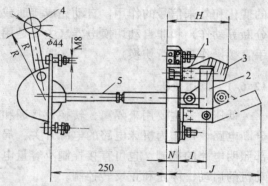

图 12-72　HD13 型刀开关

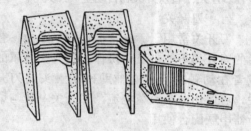

图 12-73　HD13 型刀开关灭弧罩

HR3 型熔断器刀开关（简称刀熔开关），如图 12-74 所示。它是一种组合开关，主要由

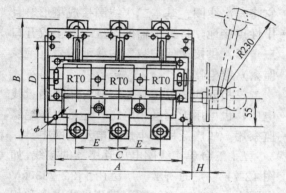

图 12-74　HR3 型刀熔开关

在一般的照明电路和小功率（5kW 以下）电动机的控制电路可采用瓷座胶盖闸刀开关，图 12-75 为 HK 系列闸刀开关结构图，它由刀开关和熔断器组合而成，均装在瓷底板上。

HK 系列闸刀开关没有灭弧装置，仅利用胶盖的遮护以防电弧灼伤人手，因此不宜带负载操作，若带一般性负载时，应动作迅速，使电弧很快熄灭。

HK 系列闸刀开关也称开启式负荷开关，其技术参数如表 12-15 所示。

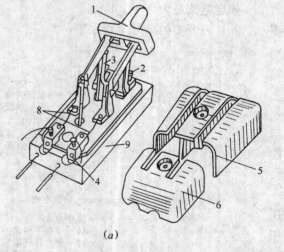

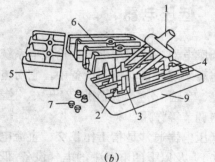

(a)　　　　　　　　　　　(b)

图 12-75　HK 系列瓷座胶盖刀开关

(a) 二极闸刀开关；(b) 三极闸刀开关

1—瓷质手柄；2—进线座；3—静夹座；4—出线座；5—上胶盖；6—下胶盖；7—胶盖固定螺母；8—熔丝；9—瓷底座

HK1 系列开启式负荷开关

表 12-15

型号	极数	额定电流值(A)	额定电压值(V)	可控制电动机最大容量(kW) 220V	380V	配用熔丝规格 熔丝成分 铅	锡	锑	熔丝线径(mm)
HK1 15	2	15	220	—	—				1.45~1.59
30	2	30	220	—	—				2.30~2.52
60	2	60	220	—	—				3.36~4.00
15	3	15	380	1.5	2.2	98%	1%	1%	1.45~1.59
30	3	30	380	3.0	4.0				2.30~2.52
60	3	60	380	4.5	5.5				3.36~4.00

还有一种刀开关为铁壳开关（又称封闭式负荷开关），其灭弧性能、操作性能、通断能力、安全防护性能等都优于闸刀开关。常用的铁壳开关有 HH4 系列，外形及结构如图 12-76 所示。

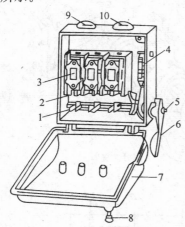

图 12-76 HH4 系列铁壳开关
1—U 形动触刀；2—静夹座；3—瓷插式熔断器；
4—速断弹簧；5—转轴；6—操作手柄；
7—开关盖；8—开关盖锁紧螺栓；
9—进线孔；10—出线孔

铁壳开关主要由触头系统（包括动触刀和静夹座）、操作机构（包括手柄、转轴、速断弹簧）、熔断器、灭弧装置及外壳构成。

铁壳开关配用的熔断器，额定电流为 60A 及以下者，配用瓷插式熔断器；额定电流为 100A 及以上者，配用无填料封闭管式熔断器。开关的三把闸刀固定在一根绝缘方轴上，受手柄操纵。操作机构装有机械联锁，使盖子打开时手柄不能合闸，或者手柄合闸时盖子不能打开，以保证操作安全。另外，操作机构中装有速动弹簧，使刀开关能快速接通或切断电路，其分合速度与手柄的操作速度无关，有利于迅速切断电弧。

铁壳开关分为一般用途负荷开关和高分断能力的负荷开关两种，其型号说明如下：

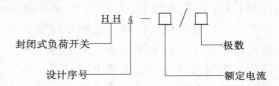

HH4 系列负荷开关技术参数如表 12-16 所示。

HH4 系列封闭式负荷开关技术参数

表 12-16

额定电流(A)	额定电压(V)	极数	熔体参数 额定电流(A)	材料	线径值(mm)	触头极限电流值(A) 电流	cosφ	熔断丝极限分断电流值(A) 电流	cosφ
15	380	2 3	6 10 15	软铅丝	1.08 1.25 1.98	60	0.4	500	0.8
30			20 25 30	紫铜丝	0.61 0.71 0.80	120		1 500	0.7
60			40 50 60	紫铜丝	0.92 1.07 1.20	240	0.4	3 000	0.6

（2）转换开关

转换开关又称组合开关，它实质上是一种刀开关，它具有多触头、多位置，可以控制多个电路，用作非频繁地接通和分断电路、换接电源和负载、测量三相电压以及控制小容量异步电动机的正反转和星形—三角形起动。

转换开关按操作机构可分为无限位型和有限位型两种。

1）无限位型转换开关

无限位型转换开关手柄可以在 360°范围内旋转，无固定方向、无定位限制。常用的型号为 HZ10 系列，其外形结构如图 12-77 所示。

开关的动触片和静触片分别装在数层成型的胶木绝缘垫板内，绝缘垫板可以一层一层的堆叠起来，最多可达六层。通过选择不同类型的动触片，按照不同方式配置动触片和静触片，再组合起来，可得到 30 余种接线方案。当转动手柄时，每一动触片即插入相应的静触片中，使电路接通。为了使开关在切断电流时所产生的电弧能迅速熄灭，在开关的转轴上都装有快速动作机构。

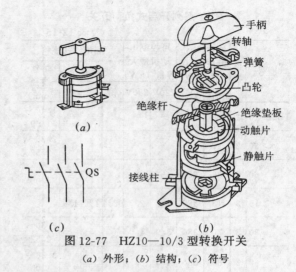

图 12-77　HZ10—10/3 型转换开关
(a) 外形；(b) 结构；(c) 符号

2）有限位型转换开关

有限位型转换开关也叫倒顺开关，可以在 90°范围内旋转，有定位限制。常用的型号为 HZ3 系列，其外形结构如图 12-78 所示。

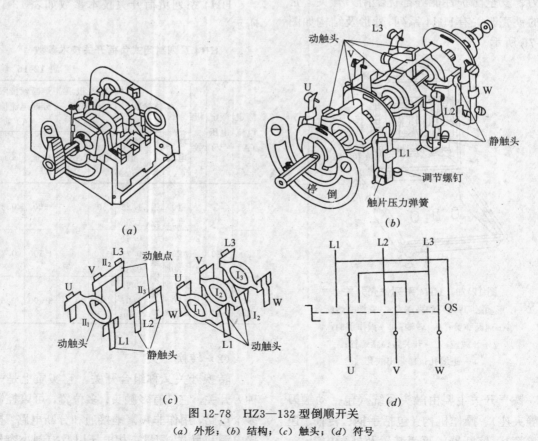

图 12-78　HZ3—132 型倒顺开关
(a) 外形；(b) 结构；(c) 触头；(d) 符号

开关的手柄有倒、停、顺三个位置，手柄只能从"停"位置左转45°和右转45°。HZ3系列转换开关多用于控制小容量异步电动机的正、反转及双速异步电动机D，yy，Y，yy的变速切换。开头的型号如下：

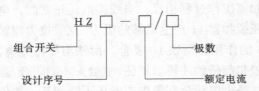

转换开关有单极、双极和多极的。常用转换开关的技术数据如表12-17所示。

常用转换开关主要技术数据

表 12-17

型　号	额定电压(V)	额定电流(A)	控制功率(kW)	用　　途
HZ5—10 HZ5—20 HZ5—40 HZ5—60	交流 380	10 20 40 60	1.7 4 7.5 10	在电气设备中作电源引入，接通或分断电路，换接电源或负载
HZ10—10 HZ10—25 HZ10—60 HZ10—100	直流 220	10 25 60 100		在电气线路中接通或分断电路，换接电源或负载，控制小型电机正反转

（3）自动空气开关

自动空气开关又称自动空气断路器，它是一种既有开关作用，又能进行自动保护的低压电器，当电路中发生短路、过载、电压过低（欠压）及逆电流等故障时能自动切断电路。

1）自动空气开关的类型

按极数分：单极、两极和三极。

按保护形式分：电磁脱扣器式、热脱扣器式、复式脱扣器式和无脱扣器式。

按结构型式分：塑壳式、框架式、限流式、直流快速式、灭磁式和漏电保护式。

按合分断时间分：一般式和快速式。

2）自动空气开关的结构

自动空气开关是以空气作灭弧绝缘介质，主要由触头系统、灭弧系统、保护装置和操作传动机构等组成。

图12-79为DZ5—20型自动空气开关的外形及结构。

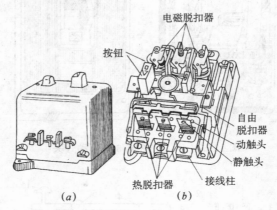

图 12-79　DZ5—20 型自动空气开关
(a) 外形；(b) 结构

DZ5—20型自动空气开关结构采用立体布置，操作机构在中间，外壳顶部突出红色分断按钮和绿色停止按钮，通过贮能弹簧连同杠杆机构实现开关的接通和分断。壳内底座上部为热脱扣器，由热元件和双金属片构成，作过载保护，还有一电流调节盘，用以调节整定电流。下部为电磁脱扣器，由电流线圈和铁心组成，作短路保护用，也有一电流调节装置，用以调节瞬时脱扣整定电流。主触头系统在操作机构的下面，由动触头和静触头组成，用以接通和分断主电路的大电流并采用栅片灭弧。其常开、常闭辅助触头各一对，可作为信号指示或控制电路用，主、辅触头接线柱伸出壳外，便于接线。

图12-80为塑料外壳式自动空气开关的外形结构图，除操作手柄和板前接线头露出外，其余部分全安装在壳内，体积小，操作方便。

3）自动空气开关的工作原理

自动空气开关的工作原理如图12-81所示。

图中1为主动触头，2为主静触头。若需

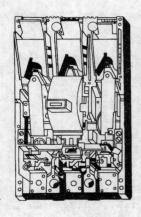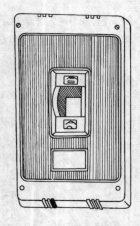

图 12-80   DZ10—250/3 型自动开关

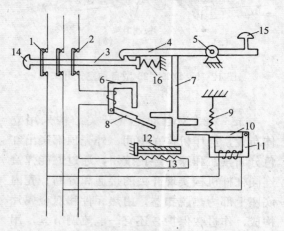

图 12-81   自动空气开关原理示意图

1—动触头；2—静触头；3—锁扣；4—搭钩；
5—转轴座；6—电磁脱扣器；7—杠杆；8—电磁脱
扣器衔铁；9—拉力弹簧；10—欠压脱扣器衔铁；
11—欠压脱扣器；12—热双金属片；13—热元件；
14—接通按钮；15—停止按钮；16—压力弹簧

接通电路时，按下接通按钮 14，此时外力使锁扣 3 克服压力弹簧 16 的压力，将固定在锁扣上面的动触头 1 与静触头 2 闭合，并由锁扣锁住搭钩 4，使开关闭合。

当线路发生短路或严重过电流时，短路电流超过瞬时脱扣整定值，电磁脱扣器 6 产生吸力将衔铁 8 吸合并撞击杠杆 7，使搭钩 4 绕转轴座 5 向上转动与锁扣 3 脱开，锁扣在压力弹簧 16 的作用下，将三对主触头分断，切断电源。

当线路发生一般性过载时，过载电流会使热元件 13 产生一定的热量，使双金属片 12 受热向上弯曲，推动杠杆 7 使搭钩与锁扣脱开将主触头分断。

欠电压脱扣器 11 的工作过程与电磁脱扣器工作过程相反。当线路电压正常时，电压脱扣器 11 产生足够的吸力，克服拉力弹簧 9 的作用将衔铁 10 吸合，衔铁与杠杆脱离，锁扣与搭钩才得以锁住，主触头才能闭合。当线路上电压全部消失或电压下降到某一数值时，欠压脱扣器吸力消失或减小，衔铁被拉力弹簧拉开并撞击杠杆，主电路电源被分断。当按下停止按钮 14 时，自动空气开关动作，电路被分断。

自动空气开关的型号说明如下：

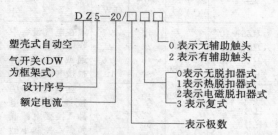

DZ5—20 型自动空气开关的技术数据如表 12-18 所示。

12.6.2   接触器

接触器是用来频繁地远距离接通或断开交直流主电路及大容量控制电路的控制电器。它具有手动切换电器所不能实现的远距离操作功能和失压保护功能，但不能切断短路电流，也不具备过载保护的功能。它主要用于控制电动机、电热设备、电焊机、电容器组等，是电力拖动自动控制的重要组成元件。

接触器按主触头通过电流的种类，可分为交流接触器和直流接触器。

（1）交流接触器

交流接触器的种类很多，大量使用的是我国自动设计生产的 CJO 及 CJ10 等系列产

型号	额定电压（V）	主触头额定电流（A）	极数	脱扣器型式	热脱扣器额定电流（括号内为整定电流）（A）	电磁脱扣器瞬时动作整定值（A）
DZ5—20/330	交流 380	20	3	复式	0.15 (0.10～0.15)	为电磁脱扣器额定电流的 8～12 倍
DZ5—20/230			2		0.20 (0.15～0.20)	
					0.30 (0.20～0.30)	
					0.45 (0.30～0.45)	
DZ5—20/320			3	电磁式	0.65 (0.45～0.65)	
DZ5—20/220					1.0 (0.65～1.0)	
					2 (1.5～2)	
DZ5—20/310			3		3 (2～3)	
					4.5 (3～4.5)	
DZ5—20/210	直流 220		3	热脱扣器式	6.5 (4.5～6.5)	
					10 (6.5～10)	
DZ5—20/300			2		15 (10～15)	
					20 (15～20)	
DZ5—20/200			3 2	无脱扣器式		

品，新引进的产品如 B 系列、3TB 系列等以及比较先进的产品如 CJK1 系列真空接触器、CJW1—200A/N 型晶闸管接触器等，也在电力系统中开始应用。

1）交流接触器的结构

交流接触器主要由电磁系统、触头系统、灭弧装置和辅助部件等组成，其外形如图 12-82 所示。其内部结构以 CJO—20 为例如图 12-83 所示。

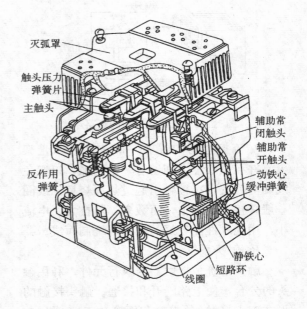

图 12-83　交流接触器的结构

铁（动铁心）三部分组成。交流接触器的衔铁运动方式，对额定电流为 40A 及以下的，采用衔铁直线运动的螺管式，如图 12-84 (b) 所示；对于额定电流为 60A 及以上的，多采用衔铁绕轴转动的拍合式，如图 12-84 (a) 所示。

铁心及衔铁形状均为 E 形，用硅钢片叠

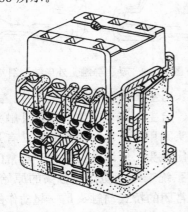

图 12-82　交流接触器的外形

A. 电磁系统

电磁系统由线圈、铁心（静铁心）和衔

309

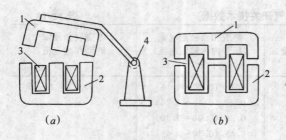

图 12-84 交流接触器衔铁运动方式示意

1—衔铁；2—铁心；3—吸引线圈；4—轴

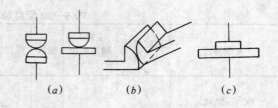

图 12-86 触点的三种接触形式

(a) 点接触；(b) 线接触；(c) 面接触

如图 12-87 所示。

压铆成，可减少交变磁场在铁心中产生的涡流和磁滞损耗，防止铁心过热。为消除衔铁振动和噪音，在铁心和衔铁的两个不同端部各开一个槽，槽内嵌装一个用铜、康铜或镍铬合金材料制成的短路环，又称减振环或分磁环，如图 12-85 所示。

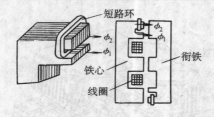

图 12-85 交流接触器的短路环

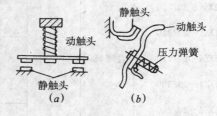

图 12-87 触头结构型式

(a) 双断点桥式触头；(b) 指形触头

动触头桥一般用紫铜片冲压而成，具有一定的钢性，触头块用银或银基合金制成，镶焊在触头桥的两端；静触头桥一般用黄铜片冲压而成，一端镶焊触头块，另一端为接线座。动、静触头的外形和结构如图 12-88 所示。

交流接触器的线圈一般绕在胶木骨架上，并与铁心柱之间留有一定间隙，以避免线圈与铁心直接接触引起过热而烧坏。线圈一般并接在电源上，匝数多、阻抗大、电流小，用绝缘性能较好的电磁线绕制而成。

B. 触头系统

触头系统是接触器的执行元件，利用触头的分合，使电路断开和接通。触头接触的形式有点接触、线接触和面接触三种。图 12-86 (a) 所示为点接触，它由两个半球形触点或一个半球形触头与一个平面形触点构成，在负荷电流不大时采用点接触较为合适。图 12-86 (b) 为线接触，它的接触区为一条线，由两个弧形面触头构成。图 12-86 (c) 为面接触，它的接触区是一个面，由两个平面触头构成，适用于大电流的负载。

触头的结构型式有桥式、指形触头两种，

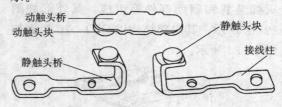

图 12-88 动、静触头外形结构图

触头有主触头和辅助触头之分。主触头用以分、合主回路，常为三对常开触头；而辅助触头则用以分、合控制回路，有几对常开和常闭触头。所谓触头的常开与常闭，是指电磁系统未通电动作前触头的原始状态。常开和常闭的桥式动触头是一起动作的，当线圈通电时，常闭触头先分断，常开触头随即接通；线圈断电时，常开触头先恢复分断，随即常闭触头恢复原来的接通状态。

C. 灭弧装置

交流接触器在断开大电流或高电压电路时，在动、静触头之间会产生很强的电弧。电弧一方面烧蚀触头，减低使用寿命；另一方面还使电路切断时间延长，甚至造成火灾。因此应迅速地熄灭电弧。

容量较小的交流接触器，如CJO—10型，一般采用双断口结构的电动力灭弧方法，这种方法一方面利用电路分断时的两个断点，将电弧分割成两段；另一方面利用触头回路两方向相反电流互相排斥的电动力，迫使电弧拉长，如图12-89所示。

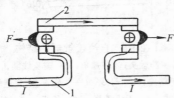

图12-89　双断口结构灭弧示意图
1—静触头；2—动触头

容量较大的交流接触器，如CJO—20型，采用半封闭式绝缘栅片陶土灭弧罩；CJO—40型采用半封闭式金属栅片陶土灭弧罩。其金属栅片由镀铜或镀锌铁片制成，形状为人字形，栅片插在灭弧罩内，各片之间是相互绝缘的，如图12-90所示。

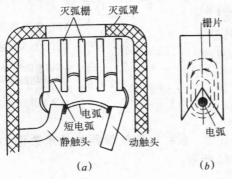

图12-90　金属栅片灭弧示意图
(a)栅片灭弧原理；(b)栅片中的磁场分布

D. 辅助部件
交流接触器的辅助部件主要有：
反作用弹簧：安装在动铁心和线圈之间的反作用弹簧，其作用是当线圈断电后，使动铁心迅速释放，各触头恢复原始状态。

缓冲弹簧：安装在静铁心与线圈之间的缓冲弹簧，其作用是缓冲动铁心在吸合时对静铁心的冲击力，保护外壳免受冲击。

动触头固定弹簧：它安装在传动杆的空隙间，其作用是通过活动夹利用弹力将动触头固定在传动杠杆的顶部，便于触头的维修或更换。

动触头压力弹簧片：安装在动触头上面的弹簧片、其作用是增加动、静触头之间的压力，增大接触面积，减小接触电阻，防止触头过热。

传动杠杆：它的一端固定动铁心，另一端固定动触头，安装在胶木壳体的导轨上，其作用是在动铁心或反作用弹簧的作用力下，带动动触头与静触头接通或分断。

2）交流接触器的工作原理
当吸引线圈通电后，线圈电流产生磁场，产生足够的电磁吸力以克服反作用力，将动铁心吸合，使三对主触头接通，两对常开辅助触头同时接通，而两对常闭辅助触头同时分断。当线圈电压消失或线圈电压降到某一数值，由于衔铁端面产生的磁通减小，电磁吸力小于反作用弹簧、触头弹簧等产生的作用力使衔铁释放，各触头也恢复原始状态。

交流接触器的线圈电压在85%～105%额定电压时，能保证可靠工作。电压过高，交流接触器磁路趋于饱和，线圈电流将显著增大，会使线圈烧毁；电压过低，电磁吸力不够，衔铁吸不上，线圈也可能烧毁。

交流接触器的型号说明如下：

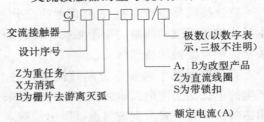

常用CJO、CJ10系列交流接触器的技术参数如表12-19所示。

CJO和CJ10系列交流接触器技术数据

表 12-19

型号	主触头			辅助触头			线圈		可控制三相异步电动机最大功率(kW)		额定操作频率(次/h)
	对数	额定电流(A)	额定电压(V)	对数	额定电流(A)	额定电压(V)	电压(V)	功率(V·A)	220V	380V	
CJO-10	3	10						14	2.5	4	
CJO-20	3	20						33	5.5	10	
CJO-40	3	40		两常开两常闭	5	380	可为36 110 127 220 380	33	11	20	≤600
CJO-75	3	75	380					55	22	40	
CJ10-10	3	10						11	2.2	4	
CJ10-20	3	20						22	5.5	10	
CJ10-40	3	40						32	11	20	
CJ10-60	3	60						70	17	30	

（2）直流接触器

直流接触器主要是用于远距离接通与分断额定电压至440V、额定电流至600A的直流电路，或频繁地操作和控制直流电动机的一种控制电器，它广泛地用于冶金机械和机床的电气控制设备中。其结构与工作原理基本上与交流接触器相同，也是由电磁系统、触头和灭弧装置等组成，其结构如图12-91所示。

直流接触器的电磁系统为沿棱角转动的拍合式铁心，由整块铸钢或铸铁制成。由于铁心中不会产生涡流，而线圈匝数多，阻值大，所以线圈本身发热是主要的，因此线圈制成长而薄的圆筒形。在磁路中为保证衔铁的可靠释放，常垫以非磁性垫片。

直流接触器也有主触头、辅助触头之分。主触头常采用滚动接触的指形触头，辅助触头常采用点接触的桥形触头。

直流接触器主触头在分断直流电路时，产生的电弧比交流电弧难以熄灭，为此常采用磁吹式灭弧装置。直流接触器吸引线圈通的是直流电，工作时没有冲击的启动电流，不

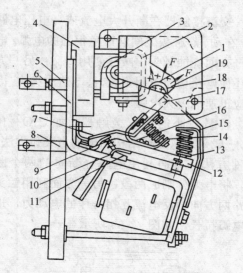

图 12-91　直流接触器的结构

1—静触头；2—弧角；3—磁吹线圈；
4—绝缘座；5—母线；6—铁轭；7—软连结；
8—母线；9—压棱弹簧；10—压板；11—棱角；
12—衔铁；13—释放弹簧；14—触头弹簧；
15—弧角；16—动触头支架；17—动触头；
18—电弧；19—磁吹线圈产生的磁通

会产生对铁心的撞击现象，因而寿命长，适用于频繁启动的场合。

直流接触器除CZO系列外，还有CZ18、CZ21、CZ22等系列，其型号说明如下：

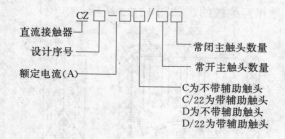

CZO系列直流接触器的技术数据如表12-20所示。

12.6.3　主令电器

主令电器是在自动控制系统中发出指令的操纵电器，用来控制接触器、继电器或其他电器线圈，使电路接通或分断，从而实现生产机械的自动控制。

型　号	额定电流 (A)	额定电压 (V)	主触头数量		辅助触头数量		辅助触头额定电流 (A)	额定操作频率 (次/h)	操作线圈功率 (W)	额定控制电源电压 (V)	飞弧距离 (mm)
			常开	常闭	常开	常闭					
CZO—40/20	40		2					1200	23	220 110 48 24	15
CZO—40/02				2				600	24		
CZO—100/10	100		1		2	2	5	1200	24		30
CZO—100/01				1				600	180/27		
CZO—100/20			2					1200	33		
CZO—150/10	150		1					1200	33		35
CZO—150/01				1				600	310/21		
CZO—150/20			2					1200	41		
CZO—250/10	250		1		可以在 5 常开、1 常闭或 5 常闭、1 常开之间任意组合		10	600	220/36	220 110	100
CZO—250/20			2					600	292/48		
CZO—400/10	400		1					600	350/30		120
CZO—400/20			2					600	430/49		
CZO—600/10	600		1					600	320/60		150

主令电器应用广泛，种类繁多，按其工作职能可分为：控制按钮、行程开关、万能转换开关、主令控制器及其他主令电器如脚踏开关、倒顺开关、紧急开关、钮子开关等。

（1）控制按钮

控制按钮是一种接通或分断小电流电路的主令电器。主要用于远距离操纵接触器、继电器等电磁装置或用于信号和电气联锁装置的线路中。控制按钮的触头允许通过的电流很小，一般不超过 5A。

控制按钮根据使用要求、安装形式、操作方式不同，其类型很多，常见的控制按钮的外形如图 12-92 所示。

控制按钮的结构一般都是由按钮帽、复位弹簧、桥式动触头、静触头、外壳及支柱连杆等组成。控制按钮按静态时触头分合状况，可分为常开按钮（启动按钮）、常闭按钮（停止按钮）及复合按钮（常开、常闭组合为一体的按钮）。控制按钮的结构、符号如图 12-93 所示。

当按下按钮时，按钮的常闭触头断开，常开触头接通；当松开后，按钮在复位弹簧的作用下恢复原始状态。复合按钮在按下时，先分断常闭触头，然后再闭合常开触头；当松开后，常开触头先断开，然后常闭触头闭合。

根据不同需要，可将单个按钮合成双联按钮与三联按钮，用于电动机的启动、停止及正反转控制。有时也将多个按钮集中安装于一块控制板上，实现集中控制。

为了标明各个按钮的作用，避免误操作，通常在按钮上作出不同标志或涂以不同的颜色予以区分，其颜色有红、黄、蓝、白、绿、黑等，一般以红色表示停止按钮，绿色表示启动按钮。

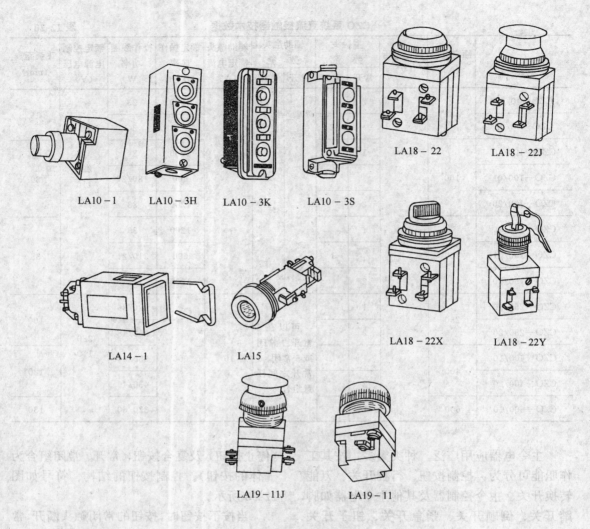

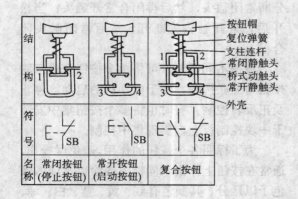

图 12-92 控制按钮外形图

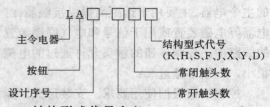

图 12-93 按钮开关结构、符号

控制按钮的型号说明如下:

```
        L A □ — □ □ □
```

主令电器 —— 结构型式代号
　　　　　　　(K、H、S、F、J、X、Y、D)
按钮 —— 常闭触头数
设计序号 —— 常开触头数
```

结构形式代号含义:

K—开启式；H—保护式；S—防水式；
F—防腐式；J—紧急式；X—旋钮式；
Y—钥匙式；D—带指示灯式。

常用控制按钮的主要技术数据如表12-21所示。
```

常用按钮主要技术数据

表 12-21

型 号	型 式	触头数量 常开	触头数量 常闭	信号灯 电压(V)	信号灯 功率(W)	额定电压、电流和控制容量	按钮 钮数	按钮 颜色
LA10—1	元件	1	1				1	黑、绿、红
LA10—1A	开启式	1	1				1	黑、绿、红
LA10—2K	开启式	2	2				2	黑、红或绿、红
LA10—3K	开启式	3	3			电压：	3	黑、绿、红
LA10—1H	保护式	1	1			交流 380V	1	黑、绿或红
LA10—2H	保护式	2	2			直流 220V	2	黑、红或绿、红
LA10—3H	保护式	3	3			电流：	3	黑、绿、红
LA10—1S	防水式	1	1			5A	1	黑、绿或红
LA10—2S	防水式	2	2			容量：	2	黑、红或绿、红
LA10—3S	防水式	3	3			交流 300VA	3	黑、绿、红
LA10—2F	防腐式	2	2			直流 60W	2	黑、红或绿、红
LA14—1	元件（带灯）	2	2	<6	<1		1	乳白
LA15	元件（带灯）	1	1	6	<1		1	红、绿、黄、白
LA18—22	一般式	2	2				1	红、绿、黄、白、黑
LA18—44	一般式	4	4				1	红、绿、黄、白、黑
LA18—66	一般式	6	6				1	红、绿、黄、白、黑
LA18—22J	紧急式	2	2				1	红
LA18—44J	紧急式	4	4				1	红
LA18—66J	紧急式	6	6				1	红
LA18—22X₂	旋钮式	2	2				1	黑
LA18—22X₃	旋钮式	2	2				1	黑
LA18—44X	旋钮式	4	4				1	黑
LA18—66X	旋钮式	6	6				1	黑
LA18—22Y	钥匙式	2	2				1	锁芯本色
LA18—44Y	钥匙式	4	4				1	锁芯本色
LA18—66Y	钥匙式	6	6				1	锁芯本色
LA19—11A	一般式	1	1				1	红、绿、黄、白、黑
LA19—11J	紧急式	1	1				1	红
LA19—11D	带指示灯式	1	1	6	<1		1	红、绿、蓝、白、黑
LA19—11DJ	紧急带灯式	1	1	6	<1		1	红
LA20—11	一般式	1	1				1	红、绿、黄、蓝、白
LA20—11J	紧急式	1	1				1	红
LA20—11D	带灯式	1	1	6	<1		1	红、绿、黄、蓝、白
LA20—11DJ	带灯紧急式	1	1	6	<1		1	红
LA20—22	一般式	2	2				1	红、绿、黄、蓝、白
LA20—22J	紧急式	2	2				1	红
LA20—22D	带灯式			6	<1		1	红、黄、绿、蓝、白
LA20—2K	开启式	2	2				2	红、白

（2）位置开关

位置开关又称行程开关或限位开关，它是利用生产机械某些运动部件的碰撞来控制触头动作的小电流开关电器，用以自动接通或断开控制电路。通常，这类开关被用来反映机械动作或位置，广泛地应用在冶金机械、起重运输机械、各类机床及闸门装置等设备上，用以限制它们的动作或位置，并能实现运动部件极限位置的保护。

位置开关的类型很多，但其结构大体相

同，主要由操作头、触头系统和外壳组成。操作头是开关的感测部分，它接受机械设备发出的动作信号，并将此信号传递到触头系统。触头系统是开关的执行部分，它将操作头传来的机械信号通过本身的转换动作，变换为电信号，输出到有关控制回路，使之作出必要的反应。

位置开关按动作及结构可分为按钮式（直动式）、旋转式（滚轮式）和微动式三种，其外形如图12-94所示。

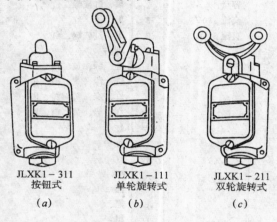

JLXK1－311
按钮式
（a）

JLXK1－111
单轮旋转式
（b）

JLXK1－211
双轮旋转式
（c）

图12-94 JLXK1系统行程开关

位置开关按其触头动作方式可分为蠕动型和瞬动型，两种类型的触头动作速度不同。

蠕动型位置开关的触头分合速度取决于生产机械挡块触动操作头的移动速度。图12-95为LX—11型位置开关的结构图，该开关为按钮式（直动式）蠕动型。

瞬动型位置开关的触头动作速度与操作速度无关。图12-96为LX19K型位置开关的结构图，该开关为瞬动型。

LX19K型位置开关的工作原理如下：当运动机械挡块碰压顶杆1时，使它向下移动，压迫弹簧4使其贮存一定能量，当到达一定的位置时，弹簧的弹力方向改变，所贮存的能量也得以释放，迫使接触桥6向上急弹与常闭静触点7分断，与常开静触点5接通，完成了瞬动快速换接动作。当挡块离开顶杆时，顶杆在恢复弹簧8的作用下上移，接触桥6

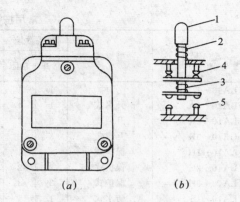

图12-95 直动式位置开关
1—顶杆；2—弹簧；3—触点弹簧；
4—常闭触点；5—常开触点

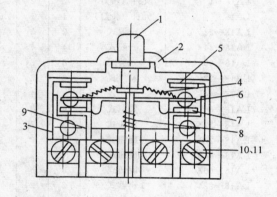

图12-96 LX19K型位置开关结构图
1—顶杆；2—外壳；3—常开静触桥；4—触点弹簧；
5—触点；6—接触桥；7—触点；8—恢复弹簧；
9—常闭静触桥；10、11—螺钉和压板

又瞬动快速换接，触头恢复原状。

晶体管无触点位置开关（又称接近开关）是一种非接触型的物体检测装置，它可使微动开关、行程开关实现无接触、无触点，它具有工作可靠、寿命长、消耗功率低、操作频率高以及能适应恶劣工作环境等特点，在机床控制等方面已逐渐推广使用。

从工作原理上分，接近开关有高频振荡型、电容型、感应电桥型、永久磁铁型、霍尔效应型等，其以高频振荡型为最常用，它占全部接近开关产量的80%以上。

高频振荡型接近开关的工作是以高频振荡电路状态的变化为基础，其工作原理是：当

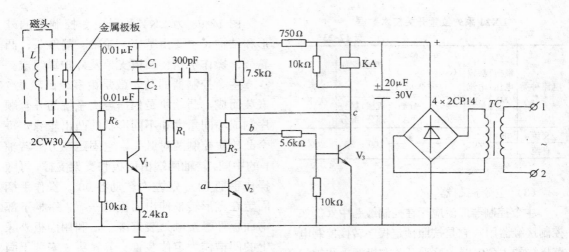

图 12-97 LXJO 接近开关电路图

有金属物体进入一个以一定频率稳定振荡的高频振荡器的线圈磁场时，由于该物体内部产生涡流损耗（如果是铁磁金属物体，还有磁滞损耗），使振荡回路电阻增大，能量损耗增加，以致振荡减弱，直至终止。因此，在振荡电路后面接上合适的开关，即能检测出金属物体的存在，并发出相应的控制信号。所以高频振荡型接近开关由振荡器、晶体管放大器与输出器三部分组成。振荡器起振，产生足够强的正弦振荡，输出高频交流电压，经交流放大并检波后送入输出器，将信号输出，再用此信号去控制继电器或其他电器。

接近开关有 LJ、LXJ、LXU 等系列，图 12-97 为 LXJO 型晶体管无触点接近开关的原理接线圈，图中 L 为磁头的电感，它与电容器 C_1、C_2 组成了电容三点式振荡电路，采用电容分压反馈信号。其使用电压有交流 127、220、380V 及直流 24V 四种，可在电源电压为 $(85 \sim 105)\% U_N$ 范围内可靠地工作。位置开关的型号说明如下：

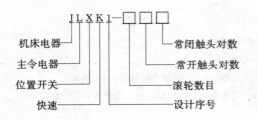

LX19 系列、LX22 系列位置开关的技术数据如表 12-22 和表 12-23 所示。

LX19 系列位置开关技术数据

表 12-22

型号	结构型式	触头对数 常开	触头对数 常闭	工作行程	触头超程(mm)	触头转换时间(S)
LX19K	元件			3	1	
LX19—111	单轮，滚轮在传动杆内侧，能自动复位			~30	~20	
LX19—121	单轮，滚轮在传动杆外侧，能自动复位			~30	~20	
LX19—131	单轮，滚轮装在传动杆凹槽内，能自动复位	1	1	~30	~20	≤0.04
LX19—212	双轮，滚轮装在 U 形传动杆内，不能自动复位			~30	~15	
LX19—222	双轮，滚轮装在 U 形传动杆外侧，不能自动复位			~30	~15	
LX19—232	双轮，滚轮装在 U 形传动杆内、外侧各一个，不能自动复位			~30	~15	
LX19—001	无滚轮，仅有径向传动杆，能自动复位			4	3	

LX22 系列位置开关技术数据

表 12-23

电流种类	额定电压(V)	额定电流(A)	电寿命(cos φ=0.35)(万次)		机械寿命(万次)		操作频率次/h
			接通20A	分断4A	机械部分	触头部分	
交流	380	20	5		100	25	200
直流	220		—				

（3）主令控制器

主令控制器广泛应用在控制线路中（例如控制接触器用），它是按照预定程序转换控制电路接线的主令电器。这种开关在机械上和被控制的生产机械没有联系，而是靠操作人员的手或采用辅助电动机来使它进行动作，向控制系统发出指令，通过接触器以达到控制电动机的启动、制动、调速及反转的目的。

主令控制器按其结构的不同分为凸轮调整式（如 LK4 系列）和凸轮非调整式（如 LK1、LK5、LK6 系列）。

图 12-98 为 LK1 系列主令控制器的外形和结构，主要由基座、轮轴、静触头、凸轮鼓、操作手柄、面板支架及外护罩组成。

主令控制器的凸轮鼓是由多个凸轮块 7 嵌装而成，凸轮块是根据触头系统的开合顺序制成不同角度和不同形状的凸出轮缘，每个凸轮块控制两对触头，它固定在方形转轴 1 的中间，转轴两端由面板和支架支撑，可随操作手柄 10 一起左右转动各 90°。操作手柄固定在方形转轴伸出面板的一端，手柄下部与面板外缘接触处装有滚子，利用面板外缘上的凹槽作为定位装置。静触头 3 安装于固定在面板和支架上的两块绝缘板 11 上，由桥式动触头 4 完成闭合和分断。动触头 4 固定在能绕侧轴 6 转动的杠杆架 5 上，侧轴 6 亦固定在面板和支架上。当转动操作手柄 10，使方形转轴（侧轴）6 带动凸轮 7 转动，杠杆架 5 上的小轮 8 位于凸轮块凹处时，由于复位弹簧 9 的作用，使动触头 4 与静触头 3 闭

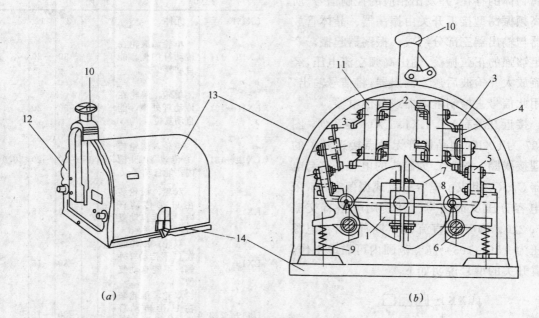

(a)　　　　　　　　(b)

图 12-98　主令控制器

(a) 外形；(b) 结构

1—方形转轴；2—固定触头接线柱；3—静触头；4—动触头；5—动触头杠杆架；6—侧轴；
7—凸轮块；8—小轮；9—复位弹簧；10—操作手柄；11—绝缘板；12—面板；13—外护罩；14—底座

合；相反，当凸轮块 7 的凸缘处推压小轮 8 时，被压的小轮带动杠杆架向外张开，使动触头 4 与静触头 3 分开。所有触头的闭合与接通的顺序由凸轮块的形状及在方形转轴（侧轴）上的排列决定。

主令控制器常制成多种不同的触头工作位置图表，称为触头合断表，以满足不同控制电路的需要，如表 12-24 所示。

LK1-12/90 型主令控制器触头合断表
表 12-24

触头	下 降					零位	上 升					
	5	4	3	2	1	J	0	1	2	3	4	5	6
S1							×						
S2	×	×	×										
S3				×	×			×	×	×			×
S4	×	×	×	×	×			×	×	×	×		×
S5	×	×	×										
S6				×	×						×	×	×
S7	×	×	×		×	×			×	×			×
S8	×	×			×	×			×	×	×		×
S9	×	×	×									×	×
S10	×	×										×	×
S11	×	×									×	×	×
S12	×												×

注：图中"×"表示触头闭合，空格表示断开。

LK1—12/90 型主令控制器在电气原理图中的符号如图 12-99 所示。

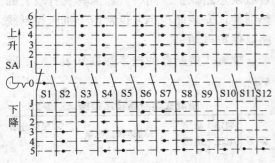

图 12-99 主令控制器符合

主令控制器型号的说明如下：

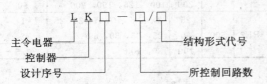

LK1—14 系列和 LK14—12 系列的技术数据如表 12-25 所示。

LK1 和 LK14 系列主令控制器技术数据
表 12-25

型　号	额定电压(V)	额定电流(A)	控制电路数	接通与分断能力(A)	
				接通	分断
LK1—12/90					
LK1—12/96	380	15	12	100	15
LK1—12/97					
LK14—12/90					
LK14—12/96	380	15	12	100	15
LK14—12/97					

12.6.4 熔断器

熔断器是低压电路中最常用的电器之一。它串联在线路中，当线路或电气设备发生过电流或短路时，熔断器中的熔体首先熔断，使线路或电气设备自动脱离电源，起到一定的保护作用，所以它是一种保护电器。

（1）熔断器的结构与主要技术参数

熔断器主要由熔体和安装熔体的熔管或熔座两部分组成。熔体是熔断器的主要部分，常做成丝状或片状，熔体的材料有两种：一种是低熔点材料如铅、锌、锡以及锡铅合金等；另一种是高熔点材料如银和铜。熔管是熔体的保护外壳，在熔体熔断时兼有灭弧作用。

每一种熔体都有两个参数，额定电流与熔断电流。所谓额定电流是指长时间通过熔体而不熔断的电流值。熔断电流一般是额定电流的两倍。一般规定通过熔体的电流为额定电流的 1.3 倍时，应在 1h 以上熔断；通过额定电流的 1.6 倍时，应在 1h 以内熔断；达到熔断电流时，熔体在 30～40s 后熔断；当达到 9～10 倍额定电流时，熔体在瞬间熔断。因此，熔断器具有反时限的保护特性。当发生轻度过载时，熔断时间很长，故熔断器一般不宜做过载保护，主要用作短路保护。

熔管有三个常数：额定工作电压、额定电流和断流能力。额定工作电压是从灭弧角度提出来的，当熔管的工作电压大于额定电压时，在熔体熔断时就可能出现电弧不能熄灭的危险。熔管的额定电流是由熔管长期工作所允许温升决定的电流值，所以熔管中可装入不同等级额定电流的熔体，但所装入熔体的额定电流不能大于熔管的额定电流值。断流能力是表示熔管在额定电压下断开电流故障时所能切断的最大电流值。

（2）常用的低压熔断器

1）RC1A系列瓷插式熔断器

RC1A系列瓷插式熔断器由瓷盖、瓷座、触头和熔丝四部分组成，如图12-100所示。

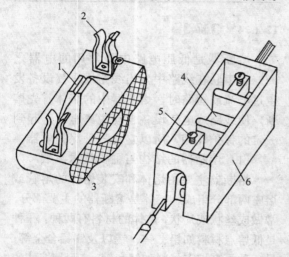

图12-100 RC1A系列瓷插式熔断器
1—熔丝；2—动触头；3—瓷盖；
4—空腔；5—静触头；6—瓷座

瓷座由电工瓷制成，两端固装着静触头，中间有一空腔，它与瓷盖的突起部分共同形成灭弧室。额定电流为60A及以上的产品，灭弧室中还垫有石棉带以保护瓷件。瓷盖也是由电工瓷制成，动触头固装在它的两端。瓷盖中段有一突起部分，熔丝沿此突起部分跨接在两个动触头上。使用时，电源线与负载线分别接于熔断器瓷座的静触头上，瓷盖装上熔丝，将瓷盖合于瓷座上即可。

RC1A系列瓷插式熔断器的技术数据如表12-26所示。

RC1A系列瓷插式熔断器技术数据

表12-26

型　号	额定电压（V）	熔断器额定电流（A）	熔体额定电流（A）	极限分断能力（A）
RC1A—5	380	5	2.5	250
RC1A—10	380	10	2、4、6、10	500
RC1A—15	380	15	15	
RC1A—30	380	30	20、25、30	1 500
RC1A—60	380	60	40、50、60	3 000
RC1A—100	380	100	80、100	
RC1A—200	380	200	120、150、200	

2）RL1系列螺旋式熔断器

RL1系列螺旋式熔断器主要由瓷帽、熔管、瓷套、上接线端、下接线端及瓷座等部分组成。外形结构如图12-101所示。

熔管是一个瓷管，内装石英砂和熔体，熔体的两端焊在熔管两端的导电金属端盖上，其上端盖中央有一个熔断指示器，当熔体熔断时，指示器便弹出，透过瓷帽上的玻璃可以看见。当熔断器熔断后，只要更换熔管即可。使用时，电源线接下接线端，负载线接上接线端，装上熔管，拧上瓷帽，便接通电路。

螺旋式熔断器一般用于配电线路中作为过载及短路保护。同时，还因其具有较大的热惯性，安装面积小，也常用于机床控制线路以保护电动机。

螺旋式熔断器的技术数据如表12-27所示。

螺旋式熔断器技术数据　表12-27

型　号	额定电压（V）	额定电流（A）	熔体额定电流（A）	极限分断能力（kA）
RL1	500	15	2,4,6,10,15	2
		60	15,20,30,35,40,50,60	3.5
		100	60、80、100	20
		200	100、125、150、200	50
RL2	500	25	2、4、6、10、15、20、25	1
		60	25、35、50、60	2
		100	80、100	3.5

低压熔断器。当熔断器熔体熔断后，用户可以自行拆开，重装新的熔体，检修较为方便。其组成主要有熔断管、熔体、夹头及夹座等部分，外形与结构如图12-102所示。

以100A及以上熔断器为例，其熔管由钢纸管制成，两端紧套黄铜套管以防熔断时钢纸管爆破，在套管上旋有黄铜帽来固定熔体，熔体在装入钢纸管前，用螺钉紧固在插片上。

这种结构的熔断器具有两个特点：一是采用钢纸管作熔管，二是采用变截面锌片作熔体。这样，当熔片熔断产生电弧时，电弧热量能使钢纸管局部分解而产生气体。这种气体一方面在管壁形成漩涡，加强离子的复合作用；另一方面又产生强大的压力，使弧柱的电位梯度提高，消电离作用增强，促使电弧迅速熄灭。采用锌质变截面熔体，一方面是锌质熔体熔点较低，便于同钢纸管配合；另一方面是为了兼顾到过载保护和短路保护两者的需要，同时宽部又能将窄部的热量传开，以免在额定电流下窄部出现高温，把钢纸管内壁烤焦。

RM10无填料封闭管式熔断器的技术数据如表12-28所示。

4）RTO系列有填料封闭管式熔断器

RTO系列熔断器是一种大分断能力的熔断器，其外形结构如图12-103所示。

本系列熔断器的熔管由高频滑石陶瓷制

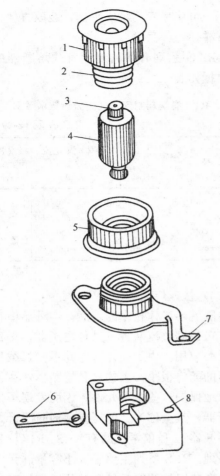

图 12-101　RL1 系列螺旋式熔断器

1—瓷帽；2—金属管；3—指示器；4—熔管；

5—瓷套；6—下接线端；7—上接线端；8—瓷座

3）RM10 系列无填料封闭管式熔断器

无填料封闭管式熔断器是一种可拆卸的

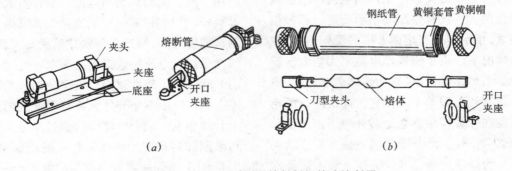

图 12-102　RM10 系列无填料封闭管式熔断器

(a) 外形；(b) 结构

RM10 无填料封闭管式熔断器技术数据

表 12-28

型 号	熔断器额定电压 (V)	熔断器额定电流 (A)	熔片额定电流 (A)
RM10—15	交流 220,380 或 500 直流 220,440	15	6,10,15
RM10—60		60	15,20,25,35,45,60
RM10—100		100	60,80,100
RM10—200		200	100,125,160,200
RM10—350		350	200,225,260,300,350
RM10—600		600	350,430,500,600

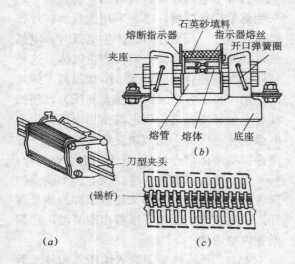

图 12-103　RTO 有填料封闭管式熔断器
(a) 外形；(b) 结构；(c) 锡桥

成，具有耐热性强、机械强度高之特点，其熔体是两片网状紫铜片，中间用锡焊起来，构成锡桥，以降低熔体熔化温度，然后围成笼状，管内充满石英砂，在切断电流时起迅速灭弧作用。也具有熔断器指示器这一机械信号装置，指示器有与熔体并联的康铜熔丝。在正常情况下，由于康铜丝电阻很大，电流基本上都由熔体流过，只有在熔体熔断之后，电流才转移到康铜丝上，使它立即熔断，而指示器便在弹簧作用下立即向外弹出，显示醒目的红色信号。熔断器的插刀插在底座的夹座内，为保证接触良好，夹座上装有弹簧圈以增加接触压力。

当熔体熔断后，需要把熔断管从熔座上取下，可使用专用绝缘手柄，装取方便，安全可靠。

RTO 系列有填料封闭管式熔断器的技术数据如表 12-29 所示。

RTO 有填料封闭管式熔断器技术数据

表 12-29

型 号	熔断器额定电压 (V)	熔断器额定电流(A)	熔体额定电流等级 (A)	极限断流能力 (kA)	功率因数
RTO—100	交流 380 直流 400	100	30,40,50,60,100	交流 50	>0.3
RTO—200		200	120,150,200,250		
RTO—400		400	300,350,400,450	直流 25	
RTO—600		600	500,550,600		

5）快速熔断器

随着半导体技术的发展，各种晶体管元件、可控硅整流装置及其他电子器件得到了广泛的应用。由于晶体管电路承受过载和过电压的能力很小，上述各种熔断器往往不能有效地保护这些电子元件，因而发展了快速熔断器，其全称为"低压有填料封闭管式快速熔断器"。目前常用的有 RLS、RLO、RS3 等系列。RLS 系列主要用于小容量硅元件及其成套装置的短路保护和某些适量的过载保护。RSO 系列主要用于大容量晶闸管元件的短路和某些不允许过电流的保护。

这几种快速熔断器有的是在 RTO 系列的基础上发展而来的。其管体和 RTO 系列通用，所不同的是它与电路的联接方式做成母线式，用螺钉紧固在汇流排上，其熔体的制造精度较高，较适合于快速熔断对灭弧、限流及限制过电压特性提出的要求。能在很短的时间（几个周波以内）安全分断或消除故障电流，以限制半导体元件将要受到的急剧上升的热能，限制电流峰值通过半导体元件和限制加到正常半导体元件上的电弧电压。也有 RL1 系列螺旋式熔断器的派生产品，它可以作为硅整流元件及其装置内部短路和过载保护之用。

RLS 系列螺旋式快速熔断器技术数据如表 12-30 所示。

RLS 系列螺旋式快速熔断器技术数据

表 12-30

型　号	额定电压 (V)	额定电流 (A)	熔体额定电流 (A)	极限分断电流 (kA)
RLS—10		10	3,5,10	
RLS—50	500	50	15,20,25,30,40,50	40
RLS—100		100	60,80,100	

6）自复式熔断器

前面介绍的几种熔断器都是"一次性"的，即其熔体熔断后必须更换新熔体方能再次使用。近年来制成了一种"自复式"熔断器。它是利用金属钠在高温下电阻值迅速增加的特点制成的。在正常情况下，电流从导电性能较好的钠电路流过。当发生短路时，金属钠由于被大电流加热而立即气化成高温、高压、高电阻的等离子状态，使熔断器两端的电阻急剧增加，从而使线路上的短路电流很快地被限制在某一数值之下。当短路电流消失后，在压力缓冲机构的作用下，钠立即冷却成为固体，回到钠腔中，即恢复到动作前的低电阻状态。

由于自复式熔断器不需要更换熔体，可以反复使用多次，有显著的限流效应，故可与 DZ10 系列的自动开关组合，能够大大提高其分断能力，还可保证在一定的故障范围内提高电网的连续供电性能。

12.6.5　继电器

继电器是一种根据电气量或非电气量（如电流、电压、转速、时间、温度等）的变化，开闭控制电路（小电流电路），自动控制和保护电力拖动装置的电器。根据继电器的作用对它的要求如下：反应灵敏准确，动作迅速，工作可靠，结构坚固，使用耐久。

闭合或者分断电路是继电器与接触器的共同点，两者的区别是：继电器是用来切换自动控制、电力系统保护、电讯、仪表和电子装置等小电流电路，而接触器是用来控制电动机、加热器和其他大功率的动力开关装置。另外，继电器可以对各种物理因素（如各种电量、温度、压力等）作出反应，而绝大部分接触器只是在一定电压下动作。

继电器的种类和型式很多，按用途可分为控制用继电器和保护用继电器；按工作原理可分为电磁式继电器、感应式继电器、机械式继电器、电动式继电器、热力式继电器和电子式继电器；按反应参数（动作信号）可分为电流继电器、电压继电器、时间继电器、速度继电器、温度继电器、压力继电器和热继电器；按动作时间可分为瞬时继电器（动作时间为 0.05s 以下）和延时继电器（动作时间为 0.15s 以上）。

（1）电磁式继电器

电磁式继电器是应用最早的一种继电器，其结构及工作原理与电磁式接触器相同，也是由电磁机构、触头系统组成。它广泛应用于电力拖动系统中，起控制、放大、联锁、保护与调节的作用，以实现控制过程的自动化。

电磁式继电器按吸引线圈的电流种类，可分为直流电磁继电器与交流电磁继电器；按继电器反映的参数可分为中间继电器、电流继电器、电压继电器和时间继电器等。

1）中间继电器

中间继电器是将一个输入信号变成一个或多个输出信号的继电器。其结构及工作原理与接触器相同，所不同的是中间继电器的触头对数较多，不分主、辅，允许通过的额定电流都为 5A。

图 12-104 所示为 JZ7 系列中间继电器的外形与结构，它与小型交流接触器很相似。

继电器采用立体布置，铁心和衔铁用 E 型硅钢片叠装而成，线圈置于铁心中柱，组成双 E 直动式电磁系统。触头采用桥式双断

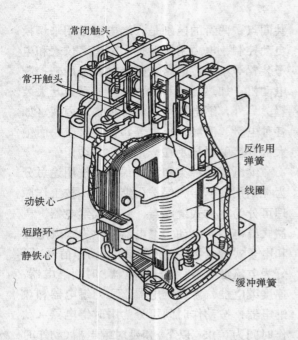

常闭触头
常开触头
动铁心
短路环
静铁心
反作用弹簧
线圈
缓冲弹簧

图 12-104 JZ7 系列中间继电器外形结构

点结构，数量为 8 对，触头可按 8 动合、4 动合 4 动断或 6 动合 2 动断几种方式组合。JZ7 系列除作一般中间继电器使用外，有时也可充当小型交流接触器，使用于电动机的启动和停止。

JZ14 系列为交直流中间继电器，它采用螺管式电磁系统及双断点桥式触头。有 8 对

触头，可进行组合。继电器还有手动操作钮，便于点动操作和作为动作指示。

中间继电器的主要用途有两个：

A. 当电压或电流继电器的触头容量不够时，可借助中间继电器来控制，用中间继电器作为执行元件，这时中间继电器可看作功率放大器。

B. 当其他继电器触头数量不够时，可利用中间继电器来切换多条电路。

中间继电器型号的说明如下：

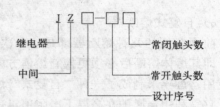

J Z □ — □ □

继电器
中间
常闭触头数
常开触头数
设计序号

常用中间继电器的技术数据如表 12-31 所示。

2）电流继电器

电流继电器的线圈串接在被测量的电路中，继电器按一定的电流值动作，能反映电路电流的变化。为使串入电流继电器的线圈后不影响电路工作情况，所以电流继电器吸引线圈的匝数少，导线粗，线圈阻抗小。电

常用中间继电器技术数据　　　　表 12-31

型　　号	触　头　参　数						操作频率（次/h）	线圈消耗功率（VA）	动作时间（s）	线圈电压	
	常开	常闭	电压（V）	电流（A）	分断电流（A）	闭合电流（A）				交流	直流
JZ7—44	4	4	380	5	2.5	13				12,24,36,48,110	
JZ7—62	6	2	220	5	3.5	13	1 200	12		127,220,380,420	
JZ7—80	8	0	127	5	4	20				440，500	
JZ8—J Z	6 开 2 闭		交流 500		1	10					12
JZ8 S J Z	4 开 4 闭		交流 380	5	1.2	12	2 000	直流 7.5W	0.05	110,127,220,380	24
			直流 110		0.6	4					48
JZ8 P J Z	6 开 2 闭		直流 220		0.3	2		交流 10VA			110
			直流 440		0.15	1					220

流继电器有两种：欠电流继电器和过电流继电器。

电磁式通用继电器的典型结构如图12-105所示。

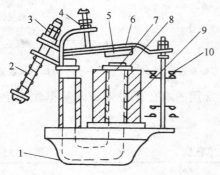

图 12-105　电磁式继电器的典型结构
1—底座；2—反力弹簧；3、4—调节螺钉；
5—非磁性垫片；6—衔铁；7—铁心；
8—极靴；9—电磁线圈；10—触头系统

当电磁线圈得电激磁后，衔铁和铁心间就产生磁通和吸力。如果这个吸力大于反力弹簧的作用力时，衔铁便吸合，使常开触头闭合。当线圈中输入量不足甚至消失时，电磁吸力将小于反作用力，在弹簧的作用下，衔铁将恢复到释放位置，其上的常开触头又断开，同时常闭触头闭合。

在这个继电器上，当带有电流线圈时，便成为电流继电器；当带有电压线圈时，可成为电压继电器；当带有电压线圈并带有很多触头时，即成为中间继电器。同样在这个继电器上，当铁心用整块圆钢制成时，成为直流电磁式继电器；当铁心用硅钢片叠成的铁心并装有短路环时，成为交流电磁式继电器。

过电流继电器主要用于频繁启动和重载启动的场合，作为电动机或主电路的过载和短路保护。一般交流过电流继电器调整在 $110\% \sim 400\% I_N$ 动作，直流过电流继电器调整在 $70\% \sim 300\% I_N$ 动作。

欠电流继电器的吸引电流为线圈额定电流的 $30\% \sim 65\%$，释放电流为额定电流的 $10\% \sim 20\%$。因此，当线圈电流降到额定值

的 $10\% \sim 20\%$ 时，继电器即释放，给出信号，使控制回路作出应有的反应。

继电器的动作值与释放值可用调整反力弹簧的方法来整定。旋紧弹簧，反作用力增大，动作电流和释放电流都被提高；反之，旋松弹簧，反作用力就减小，动作电流和释放电流都降低。另外，调整夹在衔铁、铁心柱的吸合端面之间的非磁性垫片的厚度也能改变继电器的释放电流。垫片越厚，磁路的气隙和磁阻就越大。与此相应，产生同样吸力所需的激磁安匝也越大，当然释放电流也要大些。

电流继电器的型号说明如下：

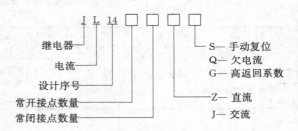

JL14系列电流继电器的技术数据如表12-32所示

JL14 系列交直流电流继电器技术数据

表 12-32

电流种类	型　号	吸引线圈额定电流值（A）	吸合电流调整范围	接点组合型式
直流	JL14—Z	1,1.5,2.5,5, 10, 15, 25,40,60, 100, 150, 300, 600, 1200,1500	$70\% \sim 300\% I_N$	三常开，三常闭 二常开，一常闭
	JL14—ZS			
	JL14—ZQ		$30\% \sim 65\% I_N$ 或释放电流在 $10\% \sim 20\% I_N$	一常开，二常闭 一常开，一常闭
交流	JL14—J		$110\% \sim 400\% I_N$	二常开，二常闭 一常开，一常闭
	JL14—JG			一常开，一常闭

3）电压继电器

电压继电器外形结构与电流继电器相似，不同的是，电压继电器吸引线圈为并激的电压线圈，所以线圈匝数多，导线细，阻抗大。在刻度上标明的是动作电压而不是动

作电流。

电压继电器有过电压、欠电压和零电压之分。过电压继电器是当电压超过规定电压高限时，衔铁吸合。动作电压为 $105\%\sim120\%U_N$ 以上时对电路进行过电压保护；欠电压继电器是当电压不足于所规定的电压低限时，衔铁释放。动作电压为 $40\%\sim70\%U_N$ 以下时对电路进行欠电压保护；零电压继电器是当电压降到接近零时，衔铁释放。动作电压为 $10\%\sim35\%U_N$ 时对电路进行零电压保护。

电压继电器的型号说明如下：

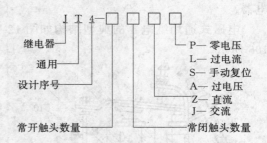

常用的电压继电器技术数据如表 12-33 所示。

JT4 系列电压继电器技术数据   表 12-33

型号	可调参数调整范围	误差	返回系数	接点数量	吸引线圈		复位方式	机械寿命（万次）	电寿命（万次）
					额定电压（V）	消耗功率（W）			
JT4—A 过电压继电器	吸合电压 $105\%\sim120\%U_N$	±10%	0.1～0.3	一常开，一常闭	110，220，380	75	自动	1.5	1.5
JT4—P 零电压继电器	释放电压 $10\%\sim35\%U_N$		0.2～0.4	一常开，一常闭或二开开闭	110，127，220，380	75		100	10

（2）热继电器

热继电器是利用电流的热效应原理来工作的电器，主要用于电动机的过载保护、断相保护、电流不平衡的保护及其他电气设备发热状态的控制。常用的热继电器有 JR16B、JRS 和 T 系列热继电器。另外，新型保护热继电器 JL—10 型和 EMT6 系列热敏电阻过载继电器也在推广使用。

1）热继电器的结构

热继电器的外形如图 12-106 所示。

热继电器主要由以下几部分组成：

A. 加热元件　一般用康铜、镍铬合金材料制成，使用时将加热元件串接在被保护电路中，利用电流通过时产生的热量使主双金属片弯曲变形。

B. 主双金属片　由两种热膨胀系数不同的金属片以机械碾压方式成为一体，材料为铁镍铬合金和铁镍合金。受热后会弯曲变形，冷却后又恢复原状。

C. 动作机构和触头系统　动作机构为杠杆传递及弓簧跳跃式，触头系统为单断点弓簧跳跃式，触头为一常开一常闭。

D. 电流整定装置　电流整定值的调节是通过调整推杆间隙，改变推杆移动距离实现的。

E. 温度补偿元件　也为双金属片，其弯曲方向与主双金属片的弯曲方向相同，能使热继电器的动作性能稳定。

F. 复位机构　有手动和自动两种形式，可根据需要选用。

2）两相结构的热继电器

两相结构的热继电器为双金属片间接加热式，其结构原理和符号如图 12-107 所示。

继电器有两个主双金属片 1、2 与两个发热元件 3、4，两个热元件分别串接在主电路的两相中。动触头 8 和静触头 9 与控制回路接触器的线圈串联。当负载电流超过整定电流值并经过一定时间后，发热元件产生的热

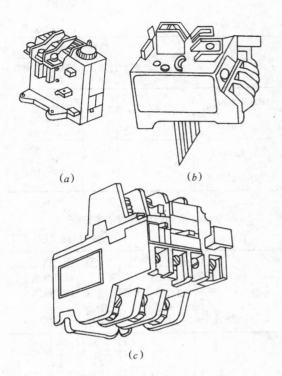

(a)   (b)

(c)

图 12-106　热继电器
(a) JR0、JR16 系列；(b) JRS 系列；(c) T 系列

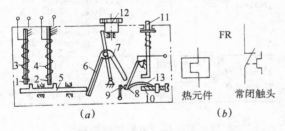

FR

热元件　　　常闭触头

(a)　　　　　　　(b)

图 12-107　热继电器原理和符号
(a) 热继电器原理；(b) 符号

1、2—主双金属片；3、4—发热元件；5—导板；
6—温度补偿片；7—推杆；8—动触头；9—静触头；
10—螺钉；11—复位按钮；12—凸轮；13—弓簧；
14—支撑杆

量使双金属片受热向右弯曲，推动导板 5 向右移动一定距离，导板又推动温度补偿片 6 与推杆 7，使动触头 8 与静触头 9 分离，最后使接触器线圈断电，将电源切除起到保护作用。电源切断后，双金属片逐渐冷却恢复原状，动触头靠弓簧 13 的弹性自动复位与静触头闭合。

上述热继电器也可采用手动复位，将螺钉 10 向外调到一定位置，使动触头弓簧的转动超过一定角度失去反弹性。在此情况下，即使主双金属片冷却复原，动触头也不能自动复位。必须采用手动复位，按下复位按钮 11 使动触头弓簧恢复到具有弹性的角度，使之与静触头恢复闭合。

热继电器的整定电流是指热继电器连续工作而不动作的最大电流，超过整定电流，热继电器将会动作。整定电流的调节是改变旋转凸轮 12 的位置来实现，旋钮上刻有整定电流值的标尺，转动旋钮，改变凸轮位置便改变了支撑杆 14 的位置，即改变了推杆 7 与动触头连杆 8 的距离，调节范围可达 1∶1.6。

3）三相结构的热继电器

当三相电源因供电线路故障而发生严重的不平衡情况时，或因电动机绕组内部发生短路或接地故障时，电动机某一相电流可能会比另外二相电流要高。此时，必须使用三相结构的热继电器才能实现保护。

三相结构的热继电器外形、结构及工作原理与两相结构的热继电器基本相同。仅是在两相结构的基础上，增加了一个发热元件和一个主双金属片。三相结构的热继电器又分为带断相保护装置和不带断相保护装置两种。对于绕组是三角形接法的电动机进行断相保护，必须采用三相结构带断相保护装置的热继电器。而对于绕组是星形接法的电动机，采用普通的两相结构或三相结构的热继电器都可以起到断相保护作用。

热继电器的型号说明如下：

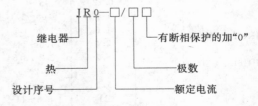

常用热继电器的技术数据如表 12-34 所示。

327

JR0 系列热继电器技术数据

表 12-34 （一）

型 号	额定电流（A）	热元件等级	
		热元件额定电流（A）	整定电流调节范围（A）
JR0-20/3 JR0-20/3D	20	0.35	0.25~0.35
		0.50	0.32~0.50
		0.72	0.45~0.72
		1.1	0.68~1.1
		1.6	1.0~1.6
		2.4	1.5~2.4
		3.5	2.2~3.5
		5.0	3.2~5.0
		7.2	4.5~7.2
		11.0	6.8~11.0
		16.0	10.0~16.0
		22.0	14.0~22.0
JR0-40	40	0.64	0.40~0.64
		1.0	0.64~1.00
		1.6	1.0~1.6
		2.5	1.6~2.5
		4.0	2.5~4.0
		6.4	4.0~6.4
		10.0	6.4~10
		16.0	10~16
		25.0	16~25
		40.0	25~40
JR0-60/3 JR0-60/3D	60	22.0	14~22
		32.0	20~32
		45.0	28~45
		63.0	40~63
JR0-150/3 JR0-150/3D	150	63.0	40~63
		85.0	53~85
		120.0	75~120
		160.0	100~160

注：1. JR0-40 为两相结构，其余均为三相结构。
2. D 为带断相保护装置。

JR16B 系列热继电器技术数据

表 12-34 （二）

型 号	额定电流（A）	热元件等级	
		热元件额定电流（A）	整定电流调节范围（A）
JR16B-20/3 JR16B-20/3D	20	0.35	0.25~0.35
		0.50	0.32~0.50
		0.72	0.45~0.72
		1.1	0.68~1.1
		1.6	1.0~1.6
		2.4	1.5~2.4
		3.5	2.2~3.5
		5	3.2~5
		7.2	4.5~7.2
		11	6.8~11
		16	10~16
		22	14~22

型 号	额定电流（A）	热元件等级	
		热元件额定电流（A）	整定电流调节范围（A）
JR16B-60/3 JR16B-60/3D	60	22	14~22
		32	20~32
		45	28~45
		63	40~63
JR16B 150/3 JR16B-150/3D	150	63	40~63
		85	53~85
		120	75~120
		160	100~160

JRS 系列热继电器技术数据

表 12-34 （三）

型 号	主电路		控制触头		热 元 件		
	额定绝缘电压（V）	额定电流（A）	额定工作电压（V）	额定工作电流（A）	编号	额定整定电流（A）	额定电流调节范围（A）
JRS1-12/Z JRS1-12/F	660	12	220	4	1	0.15	0.11~0.13~0.15
					2	0.22	0.15~0.18~0.22
					3	0.32	0.22~0.27~0.32
			380	3	4	0.47	0.32~0.40~0.47
					5	0.72	0.47~0.60~0.72
					6	1.1	0.72~0.90~1.1
					7	1.6	1.1~1.3~1.6
					8	2.4	1.6~2.0~2.4
					9	3.5	2.4~3.0~3.5
			500	2	10	5.0	3.5~4.2~5.0
					11	7.2	5.0~6.0~7.2
					12	9.4	6.8~8.2~9.4
					13	12.5	9.0~11~12.5
JRS1-25/Z JRS1-25/F	660	25	220	4	14	12.5	9.0~11~12.5
			380	3	15	18	12.5~15~18
			500	2	16	25	18~22~25

JRS 系列热继电器的保护特性

整定电流倍数	动作时间	起始条件	周围空气温度（℃）
10.5	>2h	冷态	20±5
1.20	<20min	热态	
1.50	<3min	热态	
6	>5s	冷态	
任意两相1.0 另一相0.9	>2h	冷态	
任意两相1.1 另一相0	<20min	热态	
1.00	>2h	冷态	55±2
1.20	<20min	热态	
1.05	>2h	冷态	-10±2
1.30	<20min	热态	

注：1. h 为小时；min 为分；s 为秒。
2. 手动复位时间小于 2min。

型号\项目	T16	T25	T45	T85	T105	T170	T250	T370
整定电流调节范围（A）	0.11~0.16	0.17~0.25	0.25~0.40	6.0~10	35~52	90~130	100~160	160~250
	0.14~0.21	0.22~0.32	0.30~0.52	8.0~14	45~63	110~160	160~250	250~400
	0.19~0.29	0.28~0.42	0.40~0.63	12~20	57~82	140~200	250~400	310~500
	0.27~0.40	0.37~0.55	0.52~0.83	17~29	70~105			
	0.35~0.52	0.50~0.70	0.63~1.0	25~40	80~115			
	0.42~0.63	0.60~0.90	0.83~1.3	35~55				
	0.55~0.83	0.70~1.1	1.0~1.6	45~70				
	0.70~1.0	1.0~1.5	1.3~2.1	60~100				
	0.90~1.3	1.3~1.9	1.6~2.5					
	1.1~1.5	1.6~2.4	2.1~3.3					
	1.3~1.8	2.1~3.2	2.5~4.0					
	1.5~2.1	2.8~4.1	3.3~5.2					
	1.7~2.4	3.7~5.6	4.0~6.3					
	2.1~3.0	5.0~7.5	5.2~8.3					
	2.7~4.0	6.7~10	6.3~10					
	3.4~4.5	8.5~13	8.3~13					
	4.0~6.0	12~15.5	10~16					
	5.2~7.5	13.5~17	13~21					
	6.3~9.0	15.5~20	16~25					
	7.5~11	18~23	21~35					
	9.0~13	21~27	27~45					
	12~17.6	26~35	28~45					
三相热元件、结构形式	摩擦脱扣式	摩擦脱扣式	跳跃式	摩擦脱扣式	背包跳跃式	背包式	主回路带互感器跳跃式	
断相保护	有	有	有	有	有	有	有	有
手动和自动复位	只有手动	有	有	有	有	有	有	有
操作频率（次/h）	15	15	15	15	15	15	15	15
电寿命（万次）	5	5	5	5	5	5	5	5

（3）时间继电器

在电力系统继电保护和电力拖动自动控制中，不仅需要瞬时动作的继电器，而且还需要一种吸引线圈通电或断电后，其触头经过一定时间才动作的时间继电器。时间继电器是一种利用电磁原理或机械动作原理来延迟触头接通或分断的自动控制电器。它的种类很多，有电磁式、空气阻尼式、电动式和晶体管式等。

1）空气阻尼式时间继电器

空气阻尼式时间继电器，是利用空气通过小孔节流的原理来获得延时动作的。它由电磁系统、延时机构和触头系统三部分组成。

电磁机构为直动式双 E 型，触头系统是借用 LX5 型微动开关，延时机构是利用空气通过小孔时产生阻尼作用的气囊式阻尼器。

空气阻尼式时间继电器，可以做成线圈通电延时动作的，也可以做成线圈断电延时动作的。电磁机构可以是直流的，也可以是交流的。气囊式延时机构如图 12-108 所示。

当电磁铁的线圈通电时，电磁铁就推动顶杆 6 向左移动，将弹簧 5 压缩，并使套 9 与橡皮膜 3 分开。这时，卡圈 4 将橡皮膜向左压缩，使空气室 8 内的空气由分离处的间隙以及卡圈的缺口处外逸，装置也无从产生延时。在电磁铁线圈断电以后，电磁铁恢复到

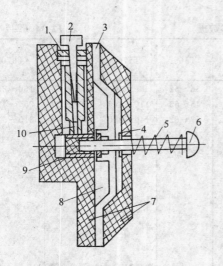

图 12-108 气囊式阻尼器

1—吸尘呢；2—锥形杆；3—橡皮膜；4—卡圈；
5—弹簧；6—顶杆；7—空气室壁；8—空气室；
9—套；10—气孔

原来的位置。于是，弹簧也力图使顶杆恢复
原位。这时，套和橡皮膜贴合，使空气室容
积增大，产生负压。但空气只能通过锥形小
气孔进入空气室，所以顶杆也只能缓慢向右
移动。在顶杆回到原位的过程中，与顶杆连

接的推杆就带动微动开关，使之动作，实现
断电延时。这种机构的延时长短决定于锥形
孔与锥形杆之间的配合间隙的大小。将锥形
杆上下调节，即可调整延时时间。

从结构上讲，只要改变电磁系统的安装
方向，便可获得通电或断电两种不同的延时
方式，即当衔铁位于铁心和延时机构之间时
为通电延时，而当铁心位于衔铁和延时机构
之间时则为断电延时。图 12-109 为 JS7—A
系列时间继电器的动作原理示意图。其中图
12-109（a）为通电延时的类型，图 12-109
（b）为断电延时的类型。

空气阻尼式时间继电器具有延时范围
大，不受电压和频率波动的影响，可以做成
通电延时型及断电延时型两种，且可装有瞬
动触头。其结构简单、寿命长、价格低廉。但
延时误差大（±10%～±20%），无调节刻度
指示，不宜用于对延时精度要求较高的场
合。

JS7—A 系列空气式时间继电器的技术
数据如表 12-35 所示。

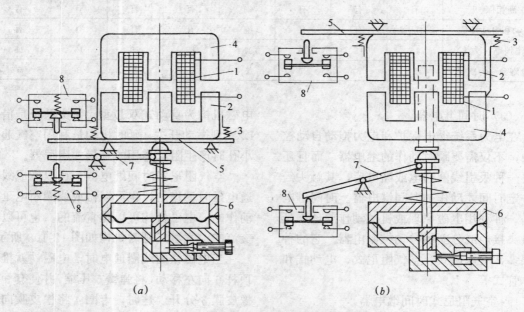

图 12-109 JS7—A 系列时间继电器动作原理

（a）通电延时；（b）断电延时

1—线圈；2—衔铁；3—反力弹簧；4—铁心；5—推板；6—气囊式阻尼器；7—杠杆；8—微动开关

JS7—A 系列空气式时间继电器技术数据 表 12-35

型　号	瞬时动作触头数量		有延时的触头数量				触头额定电压(V)	触头额定电流(A)	线圈电压(V)	延时范围(s)	额定操作频率(次/h)
			通电延时		断电延时						
	常开	常闭	常开	常闭	常开	常闭					
JS7—1A	—	—	1	1			380	5	24, 36, 110, 127, 220, 380, 420	0.4 ～ 60 及 0.4 ～ 180	600
JS7—2A	1	1	1	1							
JS7—3A	—	—			1	1					
JS7—4A	1	1			1	1					

2）电动式时间继电器

电动式时间继电器是由微型同步电动机拖动减速齿轮以获得延时的时间继电器。图 12-110 为 JS11 通电延时型时间继电器原理结构图。通电延时型和断电延时型是指电动式时间继电器中的离合电磁铁线圈的通电或断电。

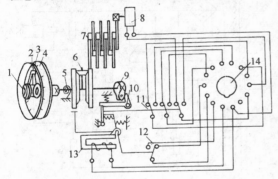

图 12-110　JS11 通电延时型时间继电器原理结构

1—延时整定处；2—指针定位；3—指针；
4—刻度盘；5—复位游丝；6—差动轮系；
7—减速齿轮；8—同步电动机；9—凸轮；
10—脱扣机构；11—延时触头；12—不延时触头；
13—离合电磁铁；14—凸轮

JS11 型时间继电器由微型同步电动机、离合电磁铁、减速齿轮组、差动轮系、复位游丝、触头系统、脱扣机构和延时整定装置等零部件组成。当只接通同步电动机电源时，只是齿轮 Z_2 和 Z_3 绕轴空转，轴本身是不转动的。如果需要延时，就要接通（指通电延时型）或者断开（指断电延时型）离合电磁铁的激磁线圈电路，使离合电磁铁的衔铁动作（或释放），从而将齿轮 Z_3 刹住。于是，齿轮 Z_2 在继续旋转的过程中，还同时沿着齿轮 Z_3 的伞形齿以轴为圆心同轴一起作圆周运动。一旦固定在轴上的凸轮随轴转动到适当的位置，即所需延时整定的位置，它就推动脱扣机构，使延时触头组作相应的动作，并通过一对常闭触头的分断来切断同步电动机的电源。需要继电器复位时，只须将离合电磁铁的激磁线圈电源切断（或接通）。延时时间可利用改变整定装置中定位指针的位置来实现，实质上这就是改变凸轮的初始位置。

电动式延时继电器的延时范围可以做得很宽，如 JS11 型的延时有 0～8s、0～40s、0～4min、0～20min、0～2h、0～12h 和 0～72h 等七档。

JS11 型电动式时间继电器的技术数据如表 12-36 所示。

JS11 型电动式时间继电器技术数据 表 12-36

型号	额定电压(V)	触头参数									允许作频率(次/h)
		数量						交流 380V 时触头电流(A)			
		通电延时		断电延时		瞬时		接通电流	分断电流	长期工作电流	
		常开	常闭	常开	常闭	常开	常闭				
JS11—1	交流 110、127、220	3	2			1	1	3	0.3	5	1200
JS11—2	380			3	2	1	1				

3）晶体管时间继电器

晶体管时间继电器具有体积小、重量轻、精度高、寿命长、耐震动等优点，因此在自动控制系统中得到了广泛的应用。晶体管时间继电器可以用晶体管、单结晶体管或场效应管等配合电阻、电容等组成，虽然所用元件各不相同，但是它们的延时原理是一样的，都是利用电容的充电或放电来获得延时的。

晶体管时间继电器的型号很多，现以具有代表性的 JS20 型和 JSJ 型为例说明其电路和工作原理。

A. JS20 型单结晶体管延时继电器的电路如图 12-111 所示。其电路由延时环节、鉴幅器、输出电路、电源和指示灯电路等五部分组成，其原理框图如图 12-112 所示。

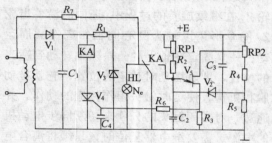

图 12-111　JS20 型单结晶体管时间
继电器原理图

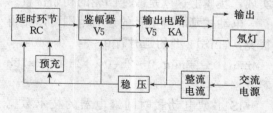

图 12-112　JS20 型单结晶体管时间
继电器原理框图

该电路电源的稳压部分由电阻 R_1 和稳压管 V_3 构成，可供电给延时环节和鉴幅器，输出电路中的 V_4 和 KA 则由整流电源直接供电。电容器 C_2 的充电回路有两条，一条是通过充电电阻 RP1 和 R_2，另一条是通过由低电阻值电阻 RP2、R_4、R_5 组成的分压器经二极管 V_2 向电容器 C_2 提供的预充电电路。

电路的工作原理如下：当接通电源后，经二极管 V_1 整流、电容器 C_1 滤波以及稳压管 V_3 稳压的直流电压，通过 RP2、R_4、V_2 向电容 C_2 快速充电。当 C_2 上电压大于单结晶体管的峰点电压时，单结晶体管导通，输出电压脉冲触发晶闸管 V_4。V_4 导通后使继电器 KA 吸合，其触点接通或分断外电路，并将 C_2 短路，使 C_2 迅速放电，同时氖泡 HL 起辉。当切断电源时，继电器 KA 释放，电路恢复原始状态。调节 RP1 和 RP2 便可调整延时时间。

B. JSJ 型晶体管时间继电器的电路如图 12-113 所示。电路由主电源、辅助电源、双稳态触发器及其附属电路等组成。

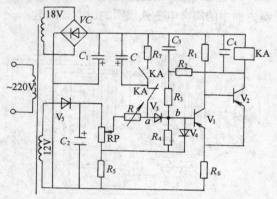

图 12-113　JSJ 型晶体管时间继电器原理图

该电路主电源由桥式整流经电容 C_1 滤波后而得，它是触发器和输出继电器的工作电源。辅助电源是带电容滤波的半波整流电路，它与主电源叠加起来作为 RC 环节的充电电源。

电路的工作原理如下：当电源接通时，V_1 由 R_3、R_2、继电器线圈 KA 获得偏流，处于导通状态，V_2 处于截止状态。此时 KA 因电流小而不动作。主电源与辅助电源叠加后，通过电位器 RP、可变电阻 R 及 KA 常闭触头对电容 C 充电，在充电过程中 a 点电位逐渐升高，直至 a 点的电位高于 b 点的电位，二极管 V_3 导通，使辅助电源的正电压加到晶体管 V_1 的基极上，V_1 由导通变为截止。V_2

由 R_1 获得偏流而导通，又通过 R_2、R_3 产生正反馈，使 V_1 加速截止，V_2 迅速导通，于是继电器 KA 动作，其触头接通或分断控制信号。同时，电容 C 通过 R_7 放电，为下次工作做准备。调节电位器 RP 可以整定延时时间。

JS 系列时间继电器的型号说明如下：

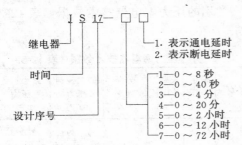

继电器
时间
设计序号

1. 表示通电延时
2. 表示断电延时

1—0～8 秒
2—0～40 秒
3—0～4 分
4—0～20 分
5—0～2 小时
6—0～12 小时
7—0～72 小时

JS20 系列晶体管时间继电器的技术数据如表 12-37 所示。

JS20 系列时间继电器技术数据

表 12-37

名　称	额定工作电压（V）		延时等级（s）
	交流	直流	
通电延时继电器	36、110、127、220、380	24、48、110	1、5、10、30、60、120、180、240、300、600、900
瞬动延时继电器	36、110、127、220		1、5、10、30、60、120、180、240、300、600
断电延时继电器	36、110、127、220、380		1、5、10、30、60、120、180

（4）速度继电器

速度继电器主要用在反接制动电路中，也可用在能耗制动的电路中作为电动机停转后自动切断电动机电源之用。

速度继电器的外形及结构如图 12-114 所示。

速度继电器的结构原理如图 12-115 所示。它主要是由定子、转子、端盖、可动支架、触头系统等组成。

继电器定子 3 由硅钢片叠成并装有笼形的短路绕组 4，定子与转轴 1 同心，定、转子间有一很小气隙，并能独立偏摆；转子 2 是用

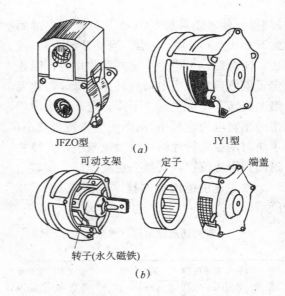

图 12-114　速度继电器外形及结构图
（a）外形；（b）结构

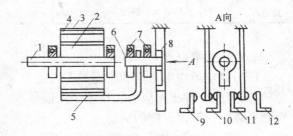

图 12-115　速度继电器的结构原理
1—轴；2—永久磁铁；3—笼型定子；4—短路绕组；
5—支架；6—轴；7—轴承；8—顶块；
9、12—常开触头；10、11—常闭触头

一块永久磁铁制成，固定在转轴上；支架 5 的一端固定在定子上，可随定子偏摆；顶块 8 与支架的另一端由小轴 6 连接在一起，转轴与小轴分别固定，顶块可随支架偏摆而动作。

速度继电器的工作原理如下：当电动机旋转时，与电动机同轴连接的速度继电器转子也旋转，永久磁铁制成的转子就像鼠笼式电动机的定子那样，产生旋转磁场。这样，带有鼠笼短路绕组的定子也就好像鼠笼电动机的转子一样，跟着旋转磁场转动。定子的偏转带动支架和顶块，当定子偏转到一定程度时，顶块推动动触头弹簧片 13 或 14（反向偏

转时），使常闭触头 10（或 11）断开，继而常开触头 9（或 12）闭合。当常开触头 9（或 12）闭合后，可产生一定的反作用力，阻止定子继续偏转。当电动机转速下降时，速度继电器转子速度也随之下降，定子绕组内产生的感应电流也减小，从而使电磁转矩减小，顶块对动触头簧片的作用力也减小，使顶块返回到原始位置，其触头也复位。

常用速度继电器的技术数据如表 12-38 所示。

常用速度继电器技术数据

表 12-38

型号	触头额定电压（V）	触头额定电流（A）	触头数量		额定工作转速（r/min）	允许操作频率（次/h）
			正转时动作	反转时动作		
JY1 JFZO	380	2	1 组转换触头	1 组转换触头	100～3600 300～3600	<30

（5）压力继电器

压力继电器在电力拖动中通过不同压力源的压力变化，发出相应的工作指令或信号，实现操纵、控制、保护的目的。

压力继电器的结构原理如图 12-116 所示。

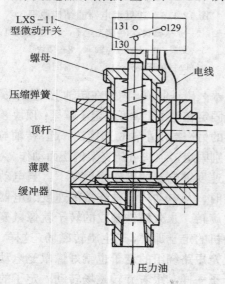

图 12-116　压力继电器的结构原理

压力继电器主要由缓冲器、橡皮薄膜、顶杆、压缩弹簧、调节螺母和微动开关等组成。压力继电器装在气路、水路或油路的分支管路中。当管路中压力超过整定值时，通过缓冲器、橡皮薄膜推动顶杆，使微动开关动作，常闭触头 129—130 分断，常开触头 129—131 闭合。当管路中压力低于整定值后，顶杆脱离微动开关，使触头复位。

常用的压力继电器技术数据如表 12-39 所示。

压力继电器技术数据　表 12-39

型号	额定电压（V）	长期工作电流（A）	分断功率（VA）	最大控制压力（10^2Pa）	最小控制压力（10^2Pa）
YJ—0	交流 380	3	380	6.0795	2.0265
YJ—0				2.0265	1.0133

（6）感应式电流继电器

在中小型工厂供电系统中，广泛采用感应式电流继电器作过电流保护，因为感应式电流继电器兼有上述电磁式电流继电器、时间继电器、中间继电器的作用，从而使继电保护装置大为简化。

GL—10 型感应式电流继电器的结构见图 12-117 所示。

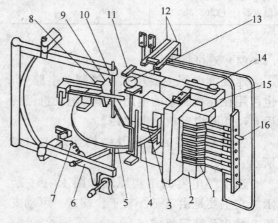

图 12-117　GL—10 型感应式电流继电器的结构
1—线圈；2—电磁铁；3—短路环；4—铝盘；
5—钢片；6—框架；7—调节弹簧；8—制动永久磁铁；
9—扇形齿轮；10—蜗杆；11—扁杆；12—继电器触点；
13—调节时限螺杆；14—调节速断电流螺钉；15—衔铁；
16—调节动作电流的插销

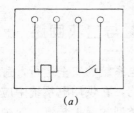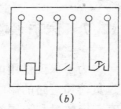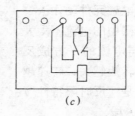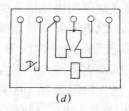

(a)　　　　　　(b)　　　　　　(c)　　　　　　(d)

图 12-118　GL—10 型电流继电器的内部接线

(a) GL—11、12；(b) GL—13、14；(c) GL—15；(d) GL—16

GL—10 型电流继电器由两组元件组成：一组是动作时间特性为"有限反时限"的感应元件；另一组是动作时间特性为"瞬时"（速断）的电磁元件。感应元件主要包括线圈 1、带短路环 3 的电磁铁 2 及装在可偏框架 6 上的转动铝盘 4。电磁元件主要包括线圈 1、电磁铁 2 和衔铁 15。线圈和电磁铁是两组元件共用的。其内部接线如图 12-118 所示。

GL—10 型电流继电器的常开、常闭触点，根据继电保护的要求，它们动作顺序是常开触点先闭合，然后常闭触点再断开，如图 12-119 所示。

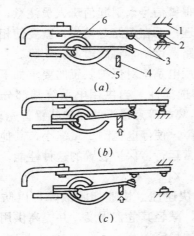

(a)

(b)

(c)

图 12-119　GL—10 型电流继电器触点系统
动作原理示意图

(a) 正常位置；(b) 动作后常开触点首先闭合；

(c) 接着常闭触点再断开

1—上止档；2—常闭触点；3—常开触点；

4—衔铁杠杆；5—下止档；6—簧片

继电器的工作原理如下：

图 12-117 中，当线圈 1 通过电流 I_K 时，电磁铁 2 在短路环 3 的作用下产生两个相位一前一后的磁通 Φ_1 和 Φ_2，都穿过铝盘 4。这时作用于铝盘上的转矩 M_1：

$$M_1 \propto \Phi_1 \Phi_1 \sin\varphi$$

式中　φ——Φ_1 与 Φ_2 间的相位差。

由于 Φ_1 和 Φ_2 都正比于 I_K，而 φ 为常数，故

$$M_1 \propto I_K^2$$

继电器的铝盘在转矩 M_1 的作用下开始转动后，由于铝盘切割永久磁铁 8 的磁通而在铝盘上产生涡流，这涡流与永久磁铁的磁通作用，又产生一个与转矩 M_1 的方向相反的制动力矩 M_2，制动力矩的大小与铝盘转速 n 成正比，即

$$M_2 \propto n$$

当铝盘的转速增大到某一定值时，$M_1 = M_2$，这时铝盘以匀速旋转。

继电器的铝盘在上述转矩 M_1 和制动力矩 M_2 的作用下，铝盘受力有使框架 6 绕轴顺时针偏转的趋势，当电流增大到继电器的动作电流值时，弹簧 7 的阻力被克服，框架顺时针偏转，铝盘前移，使涡杆 10 与扇形齿轮 9 啮合，这就叫做继电器的感应元件动作。在框架偏转后，利用钢片 5 与电磁铁 2 之间的吸力，以维持蜗杆与扇形齿轮紧密地啮合，直至继电器触点换接为止。

当继电器线圈中的电流增大到整定的速断电流值时，电磁铁立即将衔铁吸下，使触点瞬时闭合，同时掉下信号牌，显示出红色

信号，这就叫做继电器的电磁元件动作。

当继电器起动后而线圈中的电流不太大时感应元件的动作时限与电流的平方成反比。线圈电流越大，铝盘转矩越大，转速越高，动作时限越短，这就是"反时限特性"，如图 12-120 所示曲线的 ab 段。

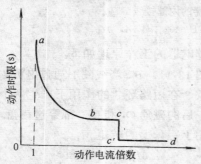

图 12-120　GL—10 型电流继电器动作特性曲线

当继电器线圈中的电流继续增大时，铁心中的磁通达到饱和状态。这时尽管线圈电流增大，但作用于铝盘的转矩不再增大，从而使动作时限也不再变化。这一阶段的动作特性，叫做"定时限特性"，如图 12-120 所示曲线的 bc 段。

当继电器线圈中的电流增大到速断电流时，电磁元件瞬时动作。这一阶段的动作特性，叫做"速断特性"，如图 12-120 所示曲线的 c'd 段。

继电器感应元件的动作电流，可利用插销 16 来改变线圈 1 的抽头（即匝数）来进行调节，也可用改变框架弹簧 7 的拉力来进行平滑的细调。电磁元件的速断电流，可用螺钉 14 来改变衔铁 15 与电磁铁 2 之间的气隙来调节，气隙越大，速断电流越大。感应元件的动作时限，可用螺杆 13 来改变挡板的位置，即改变扇形齿轮顶杆行程的起点，而使继电器的动作特性曲线上下移动。但要注意，继电器时限调整螺杆的刻度尺是以 10 倍整定电流的动作时限来标度的，与其他电流值相对应的实际动作时限可以由相应的动作特性曲线查得。

12.7　保护装置与二次回路

为了保证供用电系统的安全运行，避免过负荷和短路的影响，在供用电系统中应装有一定数量和不同类型的保护装置。保护装置一般有：熔断器保护、自动开关保护和继电保护。

熔断器保护，适用于高低压供电系统。但它的断流能力较小，选择性较差，且熔体熔断后更换不便，不能迅速恢复供电，因此在要求供电可靠性较高的场所不宜采用。自动开关保护，适用于要求供电可靠性较高，操作灵活方便的低压供电系统中。继电保护装置，适用于要求供电可靠性较高、操作灵活方便、特别是自动化程度较高的高压供电系统中。

熔断器保护和自动开关保护都能在过负荷和短路时动作，断开电路，以切除过负荷和短路部分，而使系统的其他部分恢复正常运行。继电保护装置在过负荷动作时，一般只发出报警信号，引起值班人员注意，以便及时处理；而在短路时动作，就要使相应的高压断路器跳闸，将故障部分切除。

供用电系统对保护装置的要求如下：

a. 选择性　当供用电系统某部分发生故障时，离故障点最近的保护装置首先动作，切除故障，使停电范围尽量缩小，其他部分仍然正常运行。保护装置的这种性能，叫选择性。

b. 快速性　快速切除故障可以防止故障扩大，减轻其危害程度，并提高供用电系统运行的稳定性。

c. 可靠性　投入运行的保护装置，应经常处在准备动作状态，当被保护设备发生故障和不正常工作状态时，保护装置应正确动作，不应拒动，其他设备的保护装置不应误动。保护装置的可靠程度，与保护装置的接线方案、元件质量以及安装、整定和运行维护等因素有关。

d. 灵敏性 保护装置对被保护电气设备可能发生的故障和不正常运行情况的反应能力为灵敏性。如果保护装置对其保护区内极轻微的故障都能及时地反应动作，就说明保护装置的灵敏性高。

以上四项要求在一个具体的保护装置中，不一定都是同等重要的，而应根据需要有所侧重。

12.7.1 熔断器保护

（1）熔断器在供用电系统中的配置

熔断器在供用电系统中的配置，应符合选择性保护的原则，要使故障范围缩小到最低限度，还要配置简单、数量尽量少。

图 12-121 是放射式供电系统中熔断器配置的方案，该方案既满足了保护选择性的要求，数量又较少。图中熔断器 5FU 用来保护电动机及其支线，当 SC—5 处短路时，5FU 熔断。熔断器 4FU 主要用来保护动力配电箱母线，当 SC—4 处短路时，4FU 熔断。熔断器 3FU 主要用来保护配电干线，2RD 主要用来保护低压配电屏母线，1FU 主要用来保护电力变压器，在 SC—1～SC—3 处短路时，也都是靠近短路点的熔断器熔断。为了保证前后熔断器之间能选择性动作，一般要求前一级的熔断器为后一级熔断器作后备。

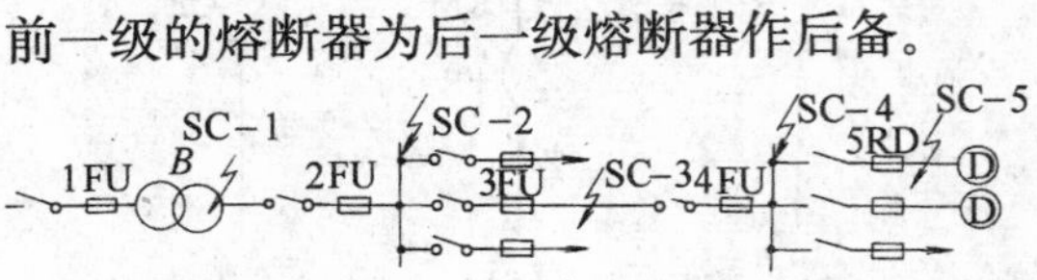

图 12-121　熔断器在放射式线路中的配置方案

（2）熔断器熔体电流的选择与校验

1）供用电线路熔断器保护的熔体电流选择

熔体电流的选择，应满足以下两个条件：

A. 按正常工作电流选择　熔体额定电流 $I_{FU \cdot N}$ 应不小于线路的计算电流 I_c，在线路正常运行的不应熔断，即

$$I_{FU \cdot N} \geqslant I_c$$

B. 按启动尖锋电流选择　熔体额定

流 $I_{FU \cdot N}$ 还应躲过线路的尖峰电流 I_{max}，在线路出现正常的尖峰电流时也不应熔断，即

$$I_{FU \cdot N} \geqslant K I_{max}$$

式中　K——小于 1 的计算系数。电动机启动时间 $t<3s$ 时，取 $K=0.25$～0.4；$t=3$～8s 时，取 $K=0.35$～0.5；$t>8s$ 时，或为频繁启动、反接制动情况时，取 $K=0.5$～0.6。

2）变压器熔断器保护的熔体电流选择

熔体电流的选择，应满足以下两个条件：

A. 熔体电流要躲过变压器允许的长期过负荷电流。

B. 熔体电流要躲过变压器正常的尖峰电流，包括电动机的启动电流和变压器的激磁涌流。

因此，6～10kV 降压变压器，凡容量在 1 000KVA 及以下采用熔断器保护时，其熔体电流可取变压器额定一次电流的 1.4～2 倍，即

$$I_{FU \cdot N} = (1.4 \sim 2)I_{1N}$$

（3）熔断器保护灵敏度的校验

为了保护熔断器在其保护范围内发生最轻微的短路故障时能可靠地熔断，熔断器必须按下式进行校验：

$$I_{SCm} \geqslant (4 \sim 7)I_{FU \cdot N}$$

式中　I_{SCm}——熔断器保护范围内末端的单相短路电流或两相短路电流。对于保护降压变压器的高压熔断器，I_{SCm} 取为低压侧母线的两相短路电流折合到高压侧之值；

4～7——为保证熔体可靠动作的灵敏系数，在线路电压为 380V，$I_{FU \cdot N} \leqslant 100A$ 时，取 7；$I_{FU \cdot N}=125A$ 时，取 6.4；$I_{FU \cdot N}=160A$ 时，取 5；$I_{FU \cdot N}=200A$ 时取 4；电力变压器的熔断器保护，也取 4。

（4）熔断器的选择和校验

选择熔断器时应满足以下条件：

1）熔断器的额定电压应不低于线路的额定电压。

2）熔断器的额定电流应不小于它所装设的熔体额定电流。

3）熔断器的类型应符合安装条件及被保护设备的技术要求。

熔断器的断流能力应进行校验：

一般熔断器的最大开断电流应大于被保护线路最大三相短路冲击电流有效值。

为了简化校验，如已知熔断器的极限分断能力为交流电流周期分量有效值时，其有效值应大于被保护线路三相短路电流周期分量有效值。

（5）熔断器之间的选择性配合

选择性配合，就是在线路上发生故障时，靠近故障点的熔断器最先熔断，切除故障部分，而系统的其他部分应恢复正常运行。

一般在后一熔断器出口发生最严重的短路时，前一熔断器根据保护特性曲线得出的熔断时间，至少应为后一熔断器根据保护特性曲线得出的熔断时间的 3 倍，才能保证前后两熔断器动作的选择性。如果不能满足这一要求时，则应将前一熔断器的熔体电流提高 1～2 级，再进行校验。

前后级熔断器之间过电流保护的选择性，也可按 1.6：1 或 2：1 来考虑。例如，后一熔断器的额定电流为 100A 时，前一熔断器的额定电流应为 160A 或 200A。

（6）熔断器保护与导线、电缆之间的配合

为了使熔断器在线路过负荷和短路时可靠地保护导线和电缆，不致在线路发生过负荷或短路时绝缘导线和电缆出现过热甚至起燃而熔断器不熔断的事故，因此应满足以下条件：

$$I_{FU \cdot N} \leqslant k_L \cdot I_{L \cdot N}$$

式中　$I_{FU \cdot N}$——熔断器的熔体额定电流；

I_L——绝缘导线和电缆的允许载流量；

$K_{L \cdot N}$——绝缘导线和电缆的允许短时过负荷系数；如果熔断器只作短路保护，绝缘导线明敷时，可取 $K_{L \cdot N}=1.5$，绝缘导线穿管或是电缆时，可取 $K_{L \cdot N}=2.5$；如果熔断器作短路保护，也作过负荷保护时，则应取 $K_{L \cdot N}=0.8～1$。

当上述条件不能满足时，应适当增大导线和电缆的截面，或者改选熔断器的熔体规格。

12.7.2　自动空气开关过流保护

（1）自动空气开关在低压系统中的配置

自动空气开关的配置有以下几种方式：

1）单独接自动开关的方式

图 12-122（a）为单独接自动开关的方式，这种方式适用于从变压器二次侧引出的低压供电干线。为了检修自动开关安全，在自动开关 QF 前，宜装设一个刀开关 QS，用以隔离电源。

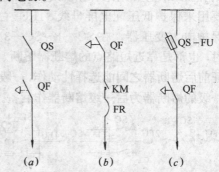

图 12-122　自动开关常用的配置方式
(a) 单独接自动开关；(b) 自动开关与接触器配合；
(c) 自动开关与熔断器配合

2）自动开关与接触器配合的方式

图 12-122（b）为自动开关与接触器配合的方式，这种方式适用于操作频繁的电路。接触器 KM 用作电路的控制电器，热继电器 FR 用作过负荷保护，自动开关 QF 用作短路保护。

3）自动开关与熔断器配合的方式

图 12-122 (c) 为自动开关与熔断器配合的方式，这种方式适用于自动开关断流能力不足以断开电路的短路电流的情况。自动开关只装热脱扣器和失压脱扣器，在过负荷或失压时能够断开电路，而电路发生短路时，必须靠熔断器进行保护。

（2）自动空气开关脱扣器的选择和整定

1）电磁式过流脱扣器的选择和整定

过流脱扣器的额定电流应不小于线路的计算电流。

瞬时动作的电磁式过流脱扣器的整定电流（即脱扣电流）应躲过线路中可能出现的尖峰电流，其整定电流应为尖峰电流的 1.3～2 倍。

为保证自动开关保护具有足够的灵敏度，在自动开关保护的线路末端发生单相短路（对中性点直接接地系统）或两相短路（对中性点不接地系统）时，其最小的短路电流应不小于瞬时过流脱扣器整定电流的 1.5 倍。

2）热脱扣器的选择和整定

热脱扣器的额定电流应不小于线路的计算电流。

热脱扣器的整定电流（即动作电流），应躲过允许的正常的最大负荷电流和尖峰电流，但在过负荷时应可靠地工作。

（3）自动空气开关的选择和校验

选择自动开关时应满足以下条件：

1）自动开关的额定电压应不低于线路的额定电压。

2）自动开关的额定电流应不小于其脱扣器的额定电流。

3）自动开关的类型应符合安装条件和操作方式的要求。

自动开关的断流能力应进行校验：

动作时间在 0.02s 以上的自动开关（如 DW 型），其极限断路电流应不小于通过它的三相短路电流周期分量有效值。

对动作时间在 0.02s 及以下的自动开关（如 DZ 型），其极限断路电流应不小于通过它的三相短路冲击电流有效值。

（4）自动空气开关之间的选择性配合

对于前后两级相同型号的自动开关，前一级自动开关的脱扣电流应比后一级自动开关的脱扣电流大一级以上；而对于前后级型号不同的自动开关，前一级自动开关最好带延时动作的脱扣器，以确保动作的选择性。

（5）自动空气开关保护与导线或电缆之间的配合。

为了使自动开关能可靠地保护导线和电缆，不致在线路发生过负荷和短路时绝缘导线或电缆出现过热甚至起燃而自动开关不跳闸的事故，要求自动开关瞬时过流脱扣器的整定电流应为绝缘导线或电缆允许载流量的 1～4.5 倍。

12.7.3　6～10kV 线路保护

工业企业中内部供电线路多采用放射式供电方式，继电保护常用过流保护。根据保护的工作原理，过电流保护有以下三种形式：

（1）定时限过电流保护

1）工作原理

图 12-123 所示为单侧电源供电的电网，各线路 L—1、L—2、L—3 电源端装设断路器 1QF、2QF、3QF 及保护装置 1、2、3，各保护装置分别有固定的动作时限，保证有选择地切除线路上发生的短路故障。

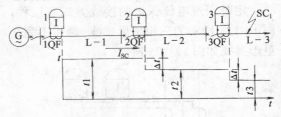

图 12-123　定时限过电流保护

当线路上 SC_1 点发生短路故障时，短路电流 I_{SC} 由电源经线路 L—1、L—2 及 L—3 流至短路点。为了保证选择性要求。装于线路 L—3 上的保护装置 3 应动作，使断路器 3QF 跳闸，为此各个保护装置应具有不同的

延时动作时间，即

$$t_1 > t_2 > t_3$$
$$t_1 = t_2 + \Delta t$$
$$t_2 = t_3 + \Delta t$$

式中 t_1、t_2、t_3 分别为保护装置 1、2、3 的延时动作时间，即动作时限。Δt 为时限级差，一般取 0.5s。各保护装置的动作时限大小不同，越靠近电源的动作时限越长，好比一个阶梯，故称为阶梯形保护。这种电流保护装置的保护时限是固定的，为定时限过流保护。

定时限过流保护装置接线如图 12-124 所示。

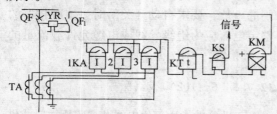

图 12-124 定时限过流保护接线图

保护装置中的电磁式电流继电器 1KA、2KA、3KA，完成保护装置的测量任务。时间继电器 KT，建立保护装置需要的动作时限。信号继电器 KS，通过掉牌信号表明保护装置的动作。KM 为出口中间继电器。TA 为电流互感器，YR 是断路器 QF 的跳闸线圈，QF_1 是断路器的常开辅助接点。

2）保护的接线方式

定时限过电流保护的接线方式有三种，图 12-124 所示为三相星形接线。两相不完全星形接线如图 12-125 所示。

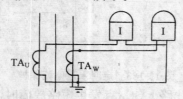

图 12-125 两相不完全星形接线

两相不完全星形接线反映相间短路故障，在非直接接地系统中得到广泛应用。图 12-126 为两相电流差接线，这种接线在 UV

或 UW 两相短路时灵敏度较差。

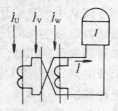

图 12-126 两相电流差接线

（2）反时限过流保护

利用 GL—10 型感应式过流继电器实现的过流保护称为反时限过流保护。反时限过流保护的接线如图 2-127 所示。

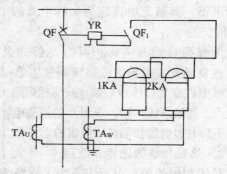

图 12-127 反时限过流保护的接线

这种保护的特点是在同一线路不同点短路时，由于短路电流不同，保护具有不同的动作时限。在线路靠近电源端短路时，短路电流较大，动作时限较短。这种保护主要应用在低压线路及电动机保护上。

（3）电流速断保护

电流速断保护可以迅速切除故障，主要有以下两种方式：

1）瞬时电流速断保护

一般过流保护的动作电流是按躲过最大负荷电流整定的，而瞬时电流速断保护的动作电流是按躲过末端最大短路电流整定。显然，在线路末端短路时速断保护不会动作，它的保护范围被限制在被保护线路内，保证了选择性，故可瞬时跳闸。

瞬时电流速断保护的接线如图 12-128 所示。

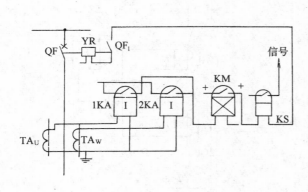
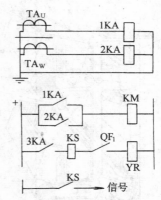

图 12-128　瞬时电流速断保护装置接线

2）带时限的电流速断保护

瞬时电流速断只能保护线路的首端，线路其余部分故障时，它不动作。故瞬时电流速断不能单独使用，常与带时限电流速断及过流保护配合使用。

带时限电流速断可以保护全线路，可用来作为被保护线路末端故障的主要保护，以线路末端短路校验其灵敏度。

12.7.4　电力变压器保护

（1）电力变压器保护装置的类型

变压器是供用电系统中的重要设备，在运行中变压器可能出现的故障有内部绕组的多相短路、单相匝间短路、单相接地短路等，还有外部绝缘套管及引出线上的多相短路、单相接地短路等。为此变压器应装设的保护装置如下：

1）瓦斯保护

容量在 800kVA 以上的变压器应装设瓦斯保护，用以反映变压器油箱内部故障和油面的降低，瞬时作用于信号或跳闸。

2）纵差保护或电流速断保护

容量在 10 000kVA 及以上的变压器应装设纵差保护，用以反应变压器内部绕组、绝缘套管及引出线相间短路，以及中性点直接接地电网侧绕组、引出线的接地短路和绕组匝间短路，瞬时作用于跳闸。

3）过流保护

变压器的过流保护可作为外部短路及变压器内部短路的后备保护。

4）过负荷保护

变压器过负荷保护可以发出信号。

5）温度信号

监视变压器温度升高和油冷却系统的故障作用于信号。

（2）变压器的瓦斯保护

在油浸式电力变压器的油箱内发生短路故障时，由于绝缘油和其他绝缘材料要受热分解而产生气体（即瓦斯），因此利用可反应气体变化情况的瓦斯继电器来作为变压器内部故障的保护。

瓦斯保护的主要元件是瓦斯继电器（又叫气体继电器），它装设在变压器的油箱与油枕之间的联通管上。

新式干簧式瓦斯继电器具有较高的耐振能力，动作可靠，其构造如图 12-129 所示。该继电器的结构特点是上、下浮子采用开口杯，下浮子同时有挡板，接点采用干簧接点。

瓦斯继电器的工作原理如下：

正常运行时，继电器内充满了油，上、下开口杯内也充满了油。因有平衡锤 2、7 的作用，使重力和浮力平衡，开口杯处于翘起的位置，与开口杯固定在一起的磁铁 10、13 也翘起，磁铁处于干簧接点的上方，接点不振动，继电器为断开状态。

当变压器内部发生轻微故障时，油箱内

341

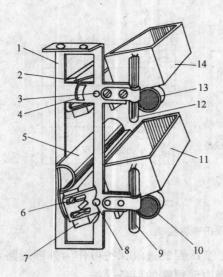

图 12-129 FJ3—80 型气体继电器的结构

1—框架；2、7—平衡锤；3、8—轴；4—限位杆；
5—挡板；6—平衡锤调整螺钉；9、12—干簧接点；
10、13—磁铁；11、14—开口杯

产生的气体聚集在继电器的上方，使油面下降，开口杯 14 和磁铁 13 都随之下降，到干簧接点口附近，干簧接点 12 闭合，动作于发出信号。

当变压器内部发生严重故障时，产生大量气体，造成强烈油流冲击挡板 5，使下开口杯向下转动，磁铁 10 也下降，干簧接点 9 闭合，动作于跳闸。

当变压器漏油而使油面下降时，继电器内油面也下降，同样也可发出信号和动作于跳闸。一般上接点表示轻瓦斯动作，动作后通过信号继电器发出信号。下接点表示重瓦斯动作后，启动中间继电器去跳变压器两侧的断路器。

（3）变压器的差动保护

差动保护是反映变压器两侧电流差额而动作的保护装置，其动作原理如图 12-130 所示。

从上图可以看出，流入继电器的电流等于两侧电流互感器二次电流之差。适当选择电流互感器的变比和接线，可使在正常运行和外部短路时流入电流继电器内的电流为

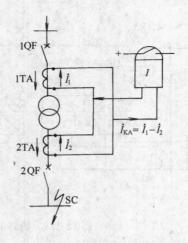

图 12-130 变压器差动保护原理

零，保护装置不动作。而在保护区内发生短路时，继电器动作，不带时限地将变压器两侧的断路器断开。

差动继电器的保护范围是变压器两侧电流互感器安装地点之间的区域。因此它可以保护变压器内部及两侧套管和引出线上的相间短路，在保护范围外短路不会动作。

（4）变压器的过电流、过负荷保护

容量在 10 000kVA 以下的变压器，一般装设过流保护。保护装置及电流互感器都装在变压器的电源侧，它既能反应外部故障，也可以作为变压器内部故障的后备保护。

过流保护的动作电流应躲开变压器的最大负荷电流。为提高灵敏度，可采用低电压启动的过流保护或复合电压启动的过流保护。

过负荷保护是反映变压器正常运行时的过载情况，一般动作于信号。一般只需一相上装一个电流互感器，再装设一个时间继电器，使其动作延时大于过流保护装置的延时。

过负荷保护的起动作电流是按躲过变压器的额定电流整定，其动作电流一般为变压器额定电流的 1.2～1.25 倍。

12.7.5 其他二次系统

（1）二次回路的基本知识

在供用电系统中，凡对一次设备进行操作、控制、保护、测量的设备以及各种信号装置，统称为二次设备。与二次设备有关的线路叫二次回路。常用的二次设备有各种继电器、熔断器、切换开关、压板、接线端子、警铃及蜂鸣器等。二次回路按其性质分为电流回路、电压回路、操作回路及信号回路等。

二次回路的图纸分为原理接线图、展开图和安装图。原理接线图能清楚地表示出二次回路中各设备间的电气联系和动作原理。展开图是根据原理接线图将各元件按电气联接的关系分解成各组成部分，分别画在交流电流、交流电压、直流等各种回路中。展开图中各继电器的接点及开关、刀闸的辅助接点的位置，都以继电器不带电或开关、刀闸等设备断开时的位置为准。安装图是根据原理图和展开图绘制的全部元件位置和实际接线，根据此图可进行实际安装。

为了便于二次回路在运行中的维护和检查，在保护和控制回路的展开图中，根据回路的不同用途进行了各种数据标号，如：

直流保护回路——01～099

直流控制回路——1～599

交流电流回路——401～599

交流电压回路——601～799

（2）断路器的操作回路

断路器操作回路的原理接线如图12-131所示。

1）断路器的手动合闸与跳闸

断路器在跳闸位置时，QF_1闭合，QF_2断开；断路器合闸后，位置相反。

当手动合闸时，控制开关的手柄转到"合闸"的位置，使SA的5—8接点接通，合闸接触器的线圈KO激磁，其常开接点KO_1闭合后接通主合闸电路，使YO带电，断路器合闸。此时QF_2接点断开，切断了合闸回路的电源。

当手动跳闸时，控制开关的手柄转到"跳闸"位置，使SA的6—7接点接通，跳闸

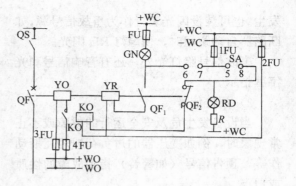

图 12-131　断路器控制回路原理图
QF—断路器；WC—控制母线；WO—合闸母线；
SA—控制开关的接点；KO—合闸接触器；
YO—合闸线圈；YR—跳闸线圈；FU—熔断器；
RD—红灯；GN—绿灯；R—电阻

线圈YR带电，断路器跳闸，此时QF_1断开，切断了跳闸回路的电源。

2）断路器的自动合闸与跳闸

将继电保护的出口中间继电器1KM的常开接点与控制开关SA的6—7接点并联，同时将继电保护的出口中间继电器2KM的常开接点与控制开关SA的5—8接点并联，则可实现断路器的自动合闸与跳闸，其展开图如图12-132所示。

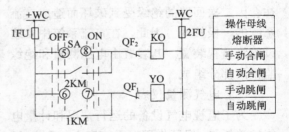

图 12-132　断路器的自动操作回路

断路器控制回路中的绿灯GN与断路器的常开接点QF_1串联，用来表示断路器的合闸位置；红灯RD与断路器的常闭接点QF_2串联，用来表示断路器的跳闸位置。

（3）信号装置

供用电系统中的信号装置有以下几种：

1）事故信号

可以用某种颜色的指示灯亮表示故障的

发生。也可装设闪光装置作为事故信号源，如断路器自动跳闸时，使绿灯 RD 闪光。

事故信号除灯光外，还有音响信号和光字牌指示。

2）预告信号

当设备发生危及安全运行的故障或不正常现象时，例如变压器的过负荷或轻瓦斯动作等，预告信号（如警铃）指示故障的性质或地点。

3）位置信号

上述断路器控制回路中的绿灯 GN 亮，表示断路器在合闸位置；红灯 RD 亮，表示断路器在跳闸位置。这红绿信号灯就是断路器的位置信号。

（4）绝缘监视装置

在 6～10kV 小接地电流系统（即中性点不接地和中性点经消弧线圈接地的系统）发生单相接地故障时，为了及时处理而不使故障扩大，应在 6～10kV 母线上装设绝缘监视装置。其装置可用三个单相双线圈电压互感器和三只电压表组成。

直流系统在运行中其正、负极都是不接地的。但由于二次回路的接线比较复杂，往往会因二次回路的绝缘受到破坏而造成直流系统的一极接地。因此，在直流系统中要装设绝缘监视装置。其装置由电压测量和绝缘监视两部分组成。

（5）电气测量仪表

为了监视电气设备的运行情况和计量电能的消耗量，保证供用电系统安全、可靠、经济、优质地运行，在变配电装置中必须装设一定数量的电气测量仪表，其配置如下：

1）母线

每段母线上都必须配置一只电压表，加上电压切换开关，以检查电压的质量。对于 6～10kV 的母线，还要加装一套检查对地绝缘的电压表。

2）降压变压器

为了解变压器的负荷情况，变压器电路中必须装设一只电流表。需要计量电能消耗时，应加装一只三相有功电度表和一只三相无功电度表。

3）6～10kV 高压配电线路

为了解线路的负荷情况，线路中必须装设一只电流表。为了计量电能，还必须装设一只三相有功电度表和一只三相无功电度表。图 12-133 为 6～10kV 高压线路电气测量仪表原理接线图。

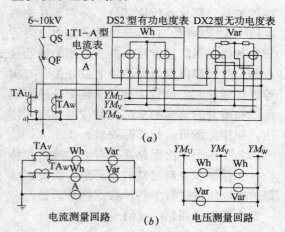

图 12-133　6～10kV 高压线路电气测量仪表原理接线图
(a) 接线图；(b) 展开图

4）低压三相四线制线路

考虑到三相负荷不平衡的情况，线路一般应装三只电流表，或一只电流表加上电流切换开关。为计量消耗的电能，还必须装设一只三相四线有功电度表。

5）移相电容器

为监视其三相负荷是否平衡，必须装设三只电流表，还应装设一只电压表，为计量它供出的无功电能，必须装设一只三相无功电度表。

小　结

　　工厂变配电所涉及的内容较多，通过本章学习应对各种变配电所的类型、所址、主要设备的选择方法应有深入了解，掌握变配电所的主要组成部分（如控制室、高低压配电室、电容器室、变压器室、变压器等）的具体技术要求，以及电气主接线的具体要求，给结合实际进行安装、接线打下理论基础。

　　对各种高低压配电装置（如隔离开关、负荷开关、熔断器、断路器、低压开关、主令开关、继电器等元件）的性能、分类、使用、选择等基本知识应有所了解，重点在会选择、能安装使用。在学习时要多结合实物和现场，这样理解更深刻、效果更好。

习题

1. 变配电所的任务是什么？它有哪几种类型？

2. 在选择变配电所所址时应考虑哪些因素？

3. 如何选择 35kV 变压器和 10（6）kV 配电变压器？

4. 举例说明变配电所总体布置方案的特点。

5. 控制室应如何布置？

6. 高压配电室的布置有哪些要求？

7. 低压配电室的布置有哪些要求？

8. 电容器室的布置有哪些要求？

9. 变压器室的布置有哪些要求？

10. 对变配电所电气主接线有哪些要求？

11. 变配电所电气主接线有哪几种形式？各有什么特点？

12. 10（6）/0.4kV 变电所（变压器容量为 800kVA）高、低压侧主要电气设备如何选择？

13. 什么是电弧？产生电弧的原因有哪些？

14. 熄灭电弧的方法有哪些？

15. 试比较高压隔离开关、高压负荷开关和高压断路器的作用、结构特点？

16. 负荷开关有哪些类型？

17. 熔断器有何作用？有哪些类型？

18. 高压跌落式熔断器有何用途？其结构有什么特点？

19. 如何选择高压熔断器？

20. 多油断路器与少油断路器有哪些区别？

21. 按灭弧介质的不同，断路器分为哪些类型？

22. 避雷器有何作用？

23. 叙述阀型避雷器的组成和特点？

24. 架空线路和变配电所应采取哪些防雷措施？

25. 互感器有什么用途？

26. 电流互感器和电压互感器的极性如何确定？

27. 电流互感器有哪几种接线方式？

28. 电流互感器二次侧在工作时为什么不能开路？而电压互感器二次侧在工作时为什么不能短路？
29. 刀开关有哪些类型？
30. 转换开关有哪几种类型？各有什么特点？
31. 叙述自动空气开关的结构特点和工作原理？
32. 接触器有什么用途？
33. 交流接触器由哪些部件组成？其工作原理如何？
34. 主令电器有什么用途？有哪些类型？
35. 常用的低压熔断器有哪些？各有什么特点？
36. 继电器与接触器有哪些相同点和不同点？
37. 按工作原理分继电器有哪些类型？
38. 中间继电器的主要用途是什么？
39. 电流继电器有哪几种型式？
40. 热继电器有什么用途？
41. 时间继电器的作用是什么？主要有哪几种类型？
42. 叙述电动式时间继电器的结构和工作原理。
43. 什么是速度继电器？主要作用是什么？
44. 压力继电器的作用是什么？
45. 叙述感应式电流继电器的工作原理？
46. 保护装置有几种型式？各适用于哪些场合？
47. 对保护装置有哪些要求？
48. 熔断器熔体电流的选择应满足什么条件？
49. 如何保证熔断器之间的选择性配合？
50. 自动空气开关的配置有几种？
51. 自动空气开关的过流脱扣器、热脱扣器的额定电流如何选择？
52. 叙述 6～10kV 线路定时限过电流保护的工作原理。
53. 定时限过电流保护有哪三种接线方式？
54. 电力变压器在运行中会出现哪些故障？应装设哪些继电保护装置？
55. 叙述瓦斯继电器保护的工作原理。
56. 什么是二次设备？常用的二次设备有哪些？
57. 叙述断路器手动、自动合闸与跳闸的动作过程。
58. 在供电系统中，应配置哪些电气测量仪表？

第 13 章 电动机及其控制线路

根据电磁原理进行电能与机械能互相转换的旋转机械称为电机。把机械能转换为电能的称为发电机,现在电力网所用的发电机几乎都是同步交流电机。而把电能转换为机械能的电机称为电动机。电动机可分为直流电动机和交流电动机两大类,交流电动机又有异步电动机和同步电动机之分。

三相异步电动机构造简单、价格便宜、工作可靠,目前大部分生产机械,如起重机、车床、鼓风机、泵等均用三相异步电动机来拖动。而在没有三相电源的场所,如风扇、洗衣机等家用电器的电机则是用单相异步电动机。对需要平滑调速的生产机械,则多采用直流电动机来拖动。

13.1 三相异步电动机

三相异步电动机根据其转子结构的不同,可分为鼠笼型和绕线型两大类,其中以鼠笼型应用最广,鼠笼型电动机按其外壳防护形式的不同又分为开启式(IP11)、防护式(IP22 及 IP23)、封闭式(IP44)等几种。

13.1.1 三相异步电动机的结构

不论何种形式的异步电动机,均由两个基本部分组成:固定部分——定子;转动部分——转子。

（1）定子

电机的静止部分称定子。定子主要由定子铁心、定子绕组及机座、端盖等组成(如图 13-1 所示),其作用是用来产生旋转磁场。

定子铁心的作用是作为电机磁路的一部分,并在其上嵌放定子绕组。定子铁心一般由 0.35～0.5mm 厚彼此绝缘的硅钢片冲制、叠压而成,如图 13-2 所示。在定子铁心内圆均匀冲有沟槽,作为嵌放定子绕组的空间。槽型有开口型、半开口型、半闭口型三种。

定子绕组的作用是作为电机电路的一部分,通入三相电流,产生旋转磁场。定子绕

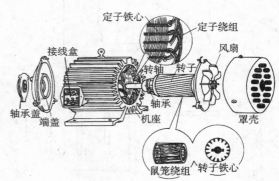

图 13-1 三相鼠笼式异步电动机的组成部件图

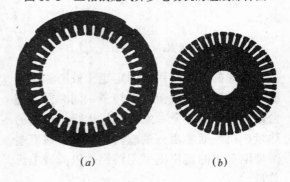

（a） （b）

图 13-2 定、转子冲片
（a）定子冲片；（b）转子冲片

组(有三组,称三相绕组)对称分布在定子铁心上,为保证定子绕组的各导电部分与铁心之间的可靠绝缘以及绕组本身之间的可靠绝缘,三相异步电动机定子绕组制造过程中

347

必须采取对地绝缘（定子绕组与铁心间）、相间绝缘、匝间绝缘等绝缘措施。

三相定子绕组的首端分别用U1、V1、W1表示，对应的末端分别用U2、V2、W2表示。绕组可以接成星形（Y）或三角形（D）。为了便于改变接线方式，三相绕组的六个线头都接在电动机外壳上的接线盒内，如图13-3所示。

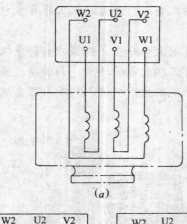

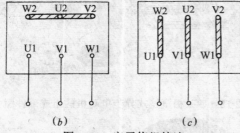

图 13-3 定子绕组接法
(a) 接线柱布置图；(b) Y 接法；(c) D 接法

机座的作用是用来固定定子铁心和定子绕组，并以两个端盖支承转子，同时保护整台电机的电磁部分和发散电机运行中产生的热量。机座通常由铸铁或铸钢制成，而有些微型电动机的机座则采用铸铝件以减轻电机重量。

（2）转子

电机的转动部分称为转子。转子主要由转子铁心、转子绕组和转轴等组成。

转子铁心的作用是作为电机磁路的一部分，用来嵌放转子绕组。转子铁心一般用0.5mm厚彼此绝缘的硅钢片冲制、叠压而

成，硅钢片外圆冲有均匀分布的沟槽，用来嵌放转子绕组。通常是用定子铁心冲落下的硅钢片来冲制转子铁心硅钢片，如图13-2所示。一般小型异步电动机的转子铁心直接压装在转轴上，而大、中型异步电动机的转子铁心则借助于转子支架压在转轴上。

转子绕组的作用是切割定子旋转磁场以产生感应电动势和感应电流，并在旋转磁场的作用下受力而使转子转动。三相异步电动机的转子有鼠笼式和绕线式两种型式。

鼠笼式转子的绕组分铸铝绕组和铜条绕组。铸铝绕组是将熔化了的铝浇铸在转子铁心槽内成为一个整体，并连同两端的短路环和风扇叶片一起铸成。就绕组的形状来看，与鼠笼相似，如图13-4所示。铜条绕组是在转子铁心槽内放置裸铜条，铜条的两端分别焊接在两个铜环上，形成一个鼠笼形状，如图13-5所示。

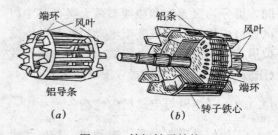

图 13-4 铸铝转子结构
(a) 铸铝转子绕组；(b) 铸铝转子

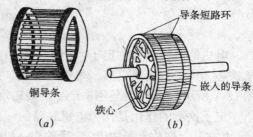

图 13-5 铜条转子结构
(a) 铜条转子绕组；(b) 铜条转子

为改善电动机的启动及运行性能，鼠笼型电动机转子铁心一般采用斜槽结构，转子绕组并不与电动机转轴轴线在同一个平面上，而是扭转了一个角度，如图13-1所示。对

大容量鼠笼电动机，还可采用双鼠笼或深槽结构的转子，如图 13-6 所示。

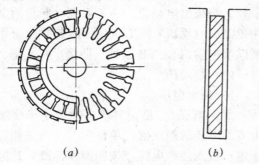

图 13-6　双鼠笼转子及深槽转子
（a）双鼠笼转子槽形；（b）深槽转子的槽形

绕线式转子绕组系仿照定子绕组的型式制成的。通常把三相绕组的三个末端接在一起，联接成 Y 形，三个首端分别接到固定在转轴上的三个铜滑环上，滑环除与转轴绝缘外，还彼此绝缘。每个滑环配置相应的电刷，电刷由固定在机座上的电刷架支撑。通过电刷与滑环的接触，把转子绕组与外电路接通，如图 13-7、13-8 所示。

转轴的作用是用来传递转矩及支承转子的重量的。一般是由中碳钢或合金钢制成。

（3）其他附件

电机的端盖分别装在机座的两端，起支

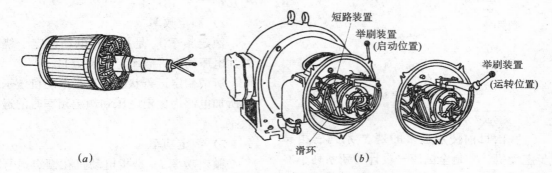

图 13-7　绕线式转子和电刷装置
（a）绕线式转子；（b）滑环和电刷装置

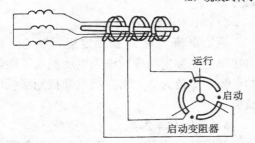

图 13-8　绕线式转子绕组与外加电阻接线图

承转子的作用，一般由铸铁制成。

轴承是用来连接转动部分与静止部分的，多用滚动轴承。轴承要用轴承端盖保护起来，以免其润滑油溢出。

风扇装在电动机端部，用来冷却电动机。

13.1.2　铭牌

异步电动机的铭牌如图 13-9 所示。

三 相 异 步 电 动 机				
型号	Y315S—6	标准	DAGT,510 019	
额定功率	110 kW	额定电压	380 V	额定电流　205 A
额定频率	50 Hz	额定转速	984 r/min	绝缘等级　B级
外壳防护等级	IP23	接法	D	质量　905 kg
定额　S_1		出产年月　年　月		
× × 电机厂				

图 13-9　电动机铭牌示例

（1）型号

为不同用途和不同工作环境的需要，电机制造厂把电动机制成各种系列，每个系列的不同电动机用不同的型号来表示。电动机的型号格式通常为：

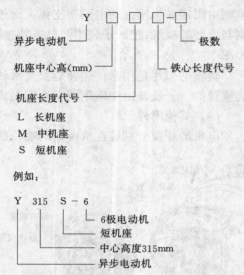

例如：

我国目前使用最多的是 Y 系列三相异步电动机。它是全国统一设计的新系列小型鼠笼转子电动机，功率和机座号等级分别采用 IEC 有关标准，且功率等级与安装尺寸的关系也与国际上通用标准相同，因此 Y 系列电动机与国际上同类产品有较好的互换性。它具有许多优点：

1）效率高，比旧系列电机提高 0.41%。

2）启动性能好，比旧系列电机提高 30%。

3）功率和机座等级分别采用 IEC 有关标准，因此 Y 系列电动机与国际上同类产品有较好的互换性。

4）Y 系列电机与同功率的旧系列电机体积平均缩小 15%，重量平均减轻 12%。

5）噪音低，符合 IEC 噪音指标。

6）采用 B 级绝缘，定子绕组的温升限度不超过 80℃，最高允许温度达 130℃。

Y 系列电动机，在功率为 3kW 以下时，其定子绕组为 Y 接法；4kW 以上时，其定子绕组均为 D 接法。

Y 系列电动机还有派生系列电机：YR 系列（绕线型电动机）、YZ 系列（起重冶金用鼠笼型电动机）和 YZR 系列（起重冶金用绕线型电动机）、YB 系列（防爆电机）等。

（2）额定值

1）额定电压

额定电压 U_n 是指异步电动机定子绕组上应加电压的规定值，单位为 V，对三相异步电动机则指线电压。按照国家标准，我国规定的交流电动机额定电压等级有 220V、380V、660V、3 000V、6 000V、10，000V 等几种。

2）额定频率

额定频率 f_n 是指异步电动机定子绕组外加电压的允许频率，单位为 Hz。

所谓额定运行状态，是指电动机定子绕组所加电源为额定电压和额定频率时的运行状态。

3）额定功率

额定功率 P_n 是指电动机在额定运行状态下满载运行时轴上所输出的机械功率，单位为 kW。

4）额定电流

额定电流 I_n 表示在额定运行状态下输出功率达到额定功率时流入电动机定子绕组的电流，单位为 A，对三相电动机则指线电流值。

5）额定功率因数

额定功率因数 $\cos\varphi_n$ 表示电动机在额定运行状态下定子每相电路的功率因数。

6）额定转速

额定转速 n_n 表示电动机在额定运行状态下的转子转速，单位为 r/min。

7）允许温升

允许温升表示电动机在运行中，其温度高于周围环境温度的允许值。

8）噪声等级

噪声等级表示电动机运行时产生的噪声

不得大于铭牌值，单位为db。

（3）定额

定额又称工作方式，是指电动机的运行情况。是由制造厂对符合指定条件的电机所规定的，并在铭牌上用 $S_1 \sim S_9$ 的方法表示。电动机的定额分为五类：

1）最大连续定额 S_1　是指在额定负载范围内允许连续长期工作。

2）短期定额 S_2　是指只能在规定的短时间内，在额定负载下运行。持续运行时间为10min、30min、60min 或90min。例S-60min，则为 60min 内可以在额定负载下运行。

3）等效连续定额　是指制造厂为简化试验而作的规定与 $S_3 \sim S_9$ 工作制之一等效。

4）周期工作定额　是指工作制符合 $S_3 \sim S_8$ 工作制之一，负载持续率为15％、25％、40％或60％，每一周期为 10min。

5）非周期定额 S_9　是指电动机运行情况为非周期性的。

（4）绝缘等级

表示电动机绕组所用的绝缘材料的耐热

等级。包括电磁线、槽绝缘、相间绝缘以及浸漆等。标准规定绝缘材料按其耐热性能不同，共分为 7 个等级。见表13-1。

目前电机使用最多的 E、B 或 F 级绝缘。应当注意的是，超过绝缘材料的最高允许温度，会加速绝缘老化，其寿命将显著缩短。

表 13-1

绝缘等级	Y	A	E	B	F	H	C
最高允许温度（℃）	90	105	120	130	155	180	>180

（5）防护等级

防护型式分为两大类：

第一类防护型式是指防护固体异物进入内部及防止人体触及内部的带电及运行部分的防护，分为 7 级，见表13-2。

第二类防护型式是指防止水进入内部达到有害程度的防护，分为 9 级，见表13-3。

第一类防护型式分级及定义　　　　　　　表 13-2

防护等级	简　称	定　　义
0	无防护	没有专门的防护
1	防护直径大于 50mm 的物体	能防止直径大于 50mm 的固体异物进入壳内，能防止人体的某一大面积部分（如手）偶然或意外触及壳内带电或运动部分，但不能防止有意识地接触这些部分
2	防护直径大于 12mm 固体	防止直径大于 12mm 的固体进入壳内 能防止手触及壳内带电或运动部分
3	防护直径大于 2.5mm 的固体	能防止直径大于 2.5mm 的固体异物进入壳内 能防止厚度（或直径）大于 2.5mm 的工具、金属线等触及壳内带电或运动部分
4	防护直径大于 1mm 的固体	能防止直径大于 1mm 的固体异物进入壳内 能防止厚度（或直径）大于 1mm 的工具、金属线等触及壳内带电或运动部分
5	防尘	能防止灰尘进入达到影响产品运行的程度 完全防止触及壳内带电或运动部分
6	尘密	完全防止灰尘进入壳内 完全防止触及壳内带电或运动部分

防护等级	简　称	定　义
0	无防护	没有专门的防护
1	防滴	垂直的滴水应不能直接进入产品内部
3	防淋水	与铅垂线成 60° 角范围内的淋水，应不能直接进入产品内部
4	防溅	任何方向的溅水对产品应无有害的影响
5	防喷水	任何方向的喷水对产品应无有害的影响
6	防海浪或强力喷水	猛烈的海浪或强力喷水对产品应无有害的影响
7	浸水	产品在规定的压力和时间内浸在水中，进水量应无有害的影响
8	潜水	产品在规定的压力下长时间浸在水中，进水量应无有害的影响

电动机外壳防护等级由"IP"及两个数字组成。第一位数字表示上述第一类防护型式的等级，第二位数字则表示上述第二类防护型式的等级。如只需单独标志一类防护型式的等级时，则被略去数字的位置用"X"代替。如 IPX3 为第二类防护型式 3 级，IP5X 为第一类防护型式 5 级。

（6）接法

接法是指电动机定子三相绕组六个线端的连接方法。有星形（Y）接法和三角形（D）接法两种。

（7）铭牌上没有标明的数据

1）效率　是指电动机满载时，轴上输出的机械功率与定子绕组输入的电功率之比，通常用百分数表示。

$$\eta = \frac{P_2}{P_1} \times 100\%$$

2）过载能力　是指异步电动机最大转矩与额定转矩的比值，用过载系数 K_m 表示。

$$K_m = \frac{T_m}{T_n}$$

3）堵转（启动）转矩倍数　是指异步电动机启动转矩 T_{st} 与额定转矩 T_n 的比值。

4）启动电流倍数　是指电动机启动时定子绕组从电源中取用的电流 I_{st} 与额定电流 I_n 的比值。

这些数据均可从有关手册中查出。

13.1.3　三相异步电动机的工作原理

异步电动机是依靠定子绕组从交流电源中获取能量，在电机内膛中建立旋转磁场，根据电磁感应原理，将能量传递给转子，在转轴上输出转矩，从而将电能转变为机械能输出。

（1）旋转磁场的产生

为了简单起见，我们用三个彼此独立的线圈表示电动机三相定子绕组，这三相绕组的匝数和几何形状完全相同且在空间位置上彼此相隔 120°，现以三相绕组接成 Y 形为例说明旋转磁场的产生。

在如图 13-10 所示电路中，把三相定子绕组首端 U1、V1、W1 接到三相电源上，定子绕组中便通过三相对称电流 i_U、i_V、i_W，其波形图如图 13-11 所示。规定电流的正方向为由绕组的首端流入，末端流出。

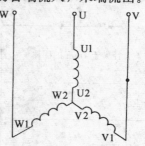

图 13-10　定子绕组电路

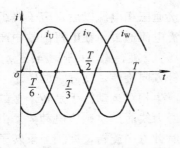

图 13-11　三相电流波形

当 $t=0$ 时，$i_U=0$，U 相绕组中无电流；i_V 为负值，V 相绕组中的电流与正方向相反，这时电流从 V2 端流入、V1 端流出；i_W 为正值，W 相绕组中的电流与正方向相同，这时电流从 W1 端流入、W2 端流出。用右手螺旋定则，可以确定出这一瞬间三相定子电流的合成磁场如图 13-12（a）所示。

当 $t=\dfrac{T}{6}$ 时，i_U 为正值，电流从 U1 端流入、U2 端流出；i_V 仍为负值，电流从 V2 端流入、V1 端流出；$i_W=0$。这时合成磁场如图 13-12（b）所示。其合成磁场的方向比 $t=0$ 时

在空间按顺时针方向转了 60°。

当 $t=\dfrac{T}{3}$ 时，i_U 是正值，$i_V=0$，i_W 是负值，其合成磁场又向前转了 60°，如图 13-12（c）所示。

当 $t=\dfrac{T}{2}$ 时，其合成磁场再向前转了 60°，与 $t=0$ 时相比，共转了 180°，如图 13-12（d）所示。

比较图 13-12 中（a）、（b）、（c）、（d）可以看出，当三相定子电流的相位变化了 60°时，它们产生的合成磁场的方向也在空间旋转了 60°；当电流相位变化 120°时，合成磁场在空间转过 120°；当电流相位变化 180°时，合成磁场在空间转过 180°。以此类推，当三相定子电流完成一个周期变化时，其合成磁场在空间也转过一周。

由此可见：三相交变电流通入三相定子绕组中，所产生的合成磁场也随着电流的不断变化而在空间中不断地旋转，该合成磁场称为旋转磁场。

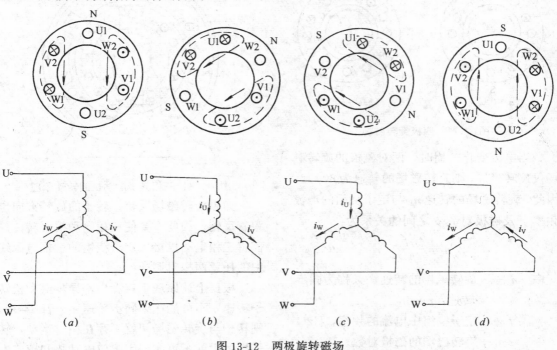

图 13-12　两极旋转磁场

(a) $t=0$；(b) $t=\dfrac{T}{6}$；(c) $t=\dfrac{T}{3}$ (d) $t=\dfrac{T}{2}$

我们把三相交变电流依次达到最大值的先后次序称为相序，旋转磁场的旋转方向是由三相定子电流的相序来决定的。图 13-12 中，通入三相定子绕组的电流相序是顺时针方向排列的，为正序（顺序），其旋转磁场也是按照 U-V-W（顺时针）方向旋转的。若将三相电源接到定子绕组的三根导线 L1、L2、L3 中任意两根对换，此时流入定子三相绕组中的电流相序发生了变化（即按逆时针方向排列），于是旋转磁场的方向也就逆时针方向旋转。

前面讨论的是两极旋转磁场（定子绕组每相只有一个线圈）电流每变化 $T/4$，旋转磁场就旋转 $90°$；当电流变化一周时，旋转磁场就旋转 $360°$。设通入定子绕组的三相电流频率是 f，则一对磁极旋转磁场的转速为 $60f$。若每相绕组有两个线圈，则能获得两对磁极的旋转磁场，如图 13-13 所示。

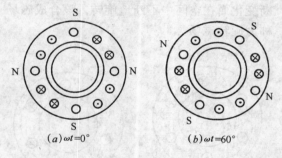

$(a)\omega t=0°$　　　$(b)\omega t=60°$

图 13-13　四极旋转磁场

当电流变化一周时，两对磁极的旋转磁场仅旋转半周，则旋转磁场的转速为 $60f/2$。因此，旋转磁场的转速 n_1 与定子绕组的电流频率 f 及磁极对数 p 之间的关系为：

$$n_1=\frac{60f}{p} \qquad (13\text{-}1)$$

式中　n_1——旋转磁场的转速，又称为同步转速，r/min。

　　f——定子绕组中电流的频率，Hz。

　　p——旋转磁场的磁极对数。

（2）三相异步电动机的转动原理

如图 13-14 所示，当三相异步电动机定子绕组接通三相电源以后，定子绕组中便有三相交流电流通过，在电机内膛中产生了一旋转磁场。设旋转磁场以同步转速 n_1 在空间沿顺时针方向旋转，使静止的转子与旋转磁场之间产生相对运动，于是转子上的导体就因切割磁力线而产生感应电动势。由于旋转磁场顺时针方向旋转，即相当于转子导体是以逆时针方向切割磁力线，根据右手定则可确定转子上半部导体感应电动势的方向是穿入（即背向读者）的，而转子下半部导体感应电动势的方向是穿出（即朝向读者）的。又由于转子导体是闭合电路，在感应电动势作用下，转子导体中形成了感应电流。而转子电流又与旋转磁场相互作用，产生电磁力 F，其方向可由左手定则来判定，这个力对转轴形成一个电磁转矩 T。由图 13-14 可见，电磁转矩的方向与旋转磁场的方向是一致的。转子也就顺着旋转磁场的旋转方向而转动。

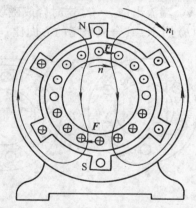

图 13-14　三相异步电动机的转动原理

如果旋转磁场反转，转子的旋转方向也跟着反转。因此，要使三相电动机反转，只需将三相电动机接入定子绕组的三根电源线中的任意两根对调即可。

根据上述原理不难看出，异步电动机转子转速 n 不可能达到同步转速 n_1。若 $n=n_1$，则转子与旋转磁场间就不存在相对运动，转子导体中就不可能产生感应电动势和感应电流，转子也就不会受到电磁转矩的作用而要停下来。但当转子的转速 n 降低后，转子与旋转磁场间又有相对运动，转子又重新受到电磁转矩的作用。由此可知，异步电动机的转速 n 永远低于同步转速 n_1，故得名为异步电动机。又因为这种电动机转子电流是由电磁感应产生的，所以又称感应电动机。

综上所述：

1）异步电动机的转动原理是基于定子旋转磁场与转子导体中感应电流的相互作用；

2）转子的转向与旋转磁场的转向一致；

3）转子的转速总是低于旋转磁场的同步转速，即 $n<n_1$。

（3）转差率

由于异步电动机转子转速 n 低于同步转速 n_1，因此它们之间存在着转速差 n_1-n。通常将同步转速 n_1 与转子转速 n 之差与同步转速 n_1 的比值，称为异步电动机的转差率，用 S 表示，即

$$S=\frac{n_1-n}{n} \qquad (13-2)$$

转差率是异步电动机的一个重要参数，在分析异步电动机的运行特性时极为重要。通常用百分数来表示。

由式（13-2）可得异步电动机的转速

$$n=（1-S）n_1 \qquad (13-3)$$

当电动机定子绕组通电而转子尚未转动（即启动瞬间）时，$n=0$，$S=1$；而当转速趋近于同步转速时，则 S 趋近于零。所以转差率的变化范围为 $0\sim1$。转子转速越高，转差率越小。异步电动机在正常使用时 $S=0.02\sim0.08$，可见电动机从空载到满载转速下降不大。

（4）异步电动机的工作过程

当异步电动机的转子受到电磁转矩作用转动起来以后，若转子的轴上带有机械负载，则转子带动机械负载共同旋转，这时机械负载作用在转子轴上一个反抗转矩 T_L，不难理解，反抗转矩 T_L 的方向是与转子旋转方向相反的。当电动机的电磁转矩 T 与轴上负载的反抗转矩 T_L 大小相等、方向相反时，转矩处于

平衡状态，于是电动机就以稳定转速旋转。

当电动机轴上所带负载增加时，作用在轴上的反抗转矩也要增加，使反抗转矩一时大于电磁转矩（$T_L>T$），转矩平衡关系暂时被打破，此时转子转速下降，转差率增大，同时引起转子导体中感应电动势、感应电流的增大，电动机的电磁转矩 T 也随之增大，从而达到新的转矩平衡，转子不再减速，电动机以一个比原转速稍低一点的转速稳定运转。反之，机械负载减小，$T_L<T$，转子转速上升，使之达到新的转矩平衡，电动机便以一个比原转速稍高一点的转速稳定运转。

异步电动机和变压器都是利用电磁感应原理工作的。异步电动机在负载运行时，电源向定子输送电能，通过电磁感应将能量传送给转子，转子将获得的能量转换为机械能输出。当异步电动机轴上负载增大时，则转子转速下降，引起转子导体感应电流增大，同时定子绕组从电源中取用的电流就相应地增大，输入的电功率也就相应地增大。反之负载减小时，则转速上升，转子导体感应电流减小，同时定子绕组从电源中取用的电流减小，输入的电功率也减小。空载时，转子转速接近于同步转速，此时定子绕组的电流称为空载电流，用 I_0 表示。由于异步电动机磁路中有气隙，因此其空载电流比变压器的空载电流大，一般约为定子绕组额定电流的 $20\%\sim40\%$。

13.1.4 三相异步电动机的工作特性

对用来拖动其他机械工作的电动机而言，我们最关心的是其输出转矩和转速。

（1）三相异步电动机的转矩特性

异步电动机的转矩 T 与转子转速 n 有关。可以证明，电磁转矩 T 与转差率 S 的关系近似为

$$T=\frac{CSR_2U_1^2}{f\left[R_2^2+（SX_{20})^2\right]} \qquad (13-4)$$

式中 T——电磁转矩，Nm；

  C——电机结构常数（与电动机结构有关）；

  S——转差率；

  R_2——转子每相绕组的电阻，Ω；

  X_{20}——转子不动时，转子每相绕组的漏电抗，Ω；

  U_1——定子绕组电源电压，V；

  f——定子绕组电源频率，Hz。

我们把不同的 S 值代入式（13-4），便可绘出异步电动机的转矩特性曲线，如图13-15所示。

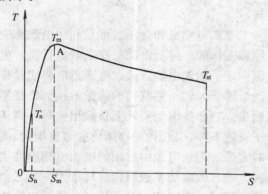

图 13-15 异步电动机的转矩特性曲线

曲线中出现的转矩最大值称为最大转矩 T_m，产生最大转矩的转差率称为临界转差率 S_m。

由图可见：

1）稳定运行区与不稳定运行区

转矩曲线在 $0<S<S_m$ 范围内，电磁转矩 T 随转差率 S 的增加而增加，电动机能在这个范围内正常运行，这个范围称为稳定运行区。

而在 $S_m<S<1$ 范围内，电磁转矩 T 随转差率 S 的增加反而减小，电动机一般不能在该区域内正常稳定运行，这个范围称为不稳定运行区。

2）电压对转矩的影响

由式（13-4）可以看出，对于一定的转差率，异步电动机的电磁转矩 T 与定子绕组外加电压 U_1 的平方成正比。

如异步电动机在运行中，外加电压突然降到原来电压的 90%，则电磁转矩下降到原来的 81%。电源电压的波动对异步电动机的转矩有明显的影响，对于一些带动较重负载的电动机，如果电源电压下降过多，很可能使电动机的最大转矩小于负载的反抗转矩 T_L 而造成电动机停转，如不及时断开电源，还会烧毁电动机。

（2）三相异步电动机的机械特性

异步电动机的机械特性是指电动机的转速 n 与其电磁转矩 T 之间的关系，曲线 $n=f(T)$ 称作机械特性曲线。它可由转矩特性曲线 $T=f(S)$ 得到，把 $T=f(S)$ 曲线的转差率 S 换成转子转速 n，再把曲线顺时针转过 $90°$，则可得到异步电动机的机械特性曲线，如图 13-16 所示。

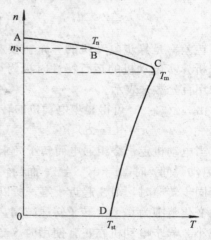

图 13-16 异步电动机的机械特性曲线

由图可见，异步电动机具有如下主要特性：

1）异步电动机具有一定的过载能力

电动机满载运行时，运行在 B 点，曲线上 B 点称为额定工作点，这时的转矩称为额定转矩 T_n，对应的转速称为额定转速 n_n，转差率为额定转差率 S_n。

制造厂家选定额定工作点时留有充分的余地，使 $T_n<T_m$。曲线上 C 点的转矩为最大

转矩 T_m，最大转矩 T_m 与额定转矩 T_n 的比值，称为电动机的过载能力，用 Km 表示。

$$Km = \frac{T_m}{T_n} \qquad (13-5)$$

一般异步电动机的过载系数 λ 为 1.8～2.5。

2）具有硬的机械特性

机械特性曲线 ABC 部分为电动机的稳定运行区，这部分曲线几乎是一条稍下降的直线。因此当轴上的机械负载改变时，其转速变化不大。这样的机械特性称作硬特性，即使是电动机从空载到满载，其转速下降也很少。

3）堵转转矩不大

电动机刚接入电网但尚未开始转动（即 $S=1$，$n=0$）的一瞬间轴上产生的转矩叫堵转转矩（又称启动转矩）T_{st}，即图 13-16 中的 D 点。

我们用异步电动机的堵转转矩 T_{st} 与额定转矩 T_n 的比值（称堵转转矩倍数）来衡量电动机的启动性能。Y 系列电动机堵转转矩倍数为 1.7～2.2，特殊用途的电动机该值为 2.6～3.1。具体数据可从产品样本中查找。

但是，一台异步电动机，若增加转子电路电阻，则堵转转矩可增大。

13.2　三相异步电动机的控制

电动机运行控制主要是电动机的启动、反转、制动和调速。电动机控制电路的功能除了实现电动机的运行控制外，还应具有保障安全运行，实现自动、远距离和多点控制等功能。

13.2.1　三相异步电动机的启动控制

电动机的启动就是使静止的电动机从开始转动到稳定运行的过程。异步电动机在开始启动时，因为定子绕组接通电源，而转子尚未转动，此时转速 $n=0$，转子导体与旋转磁场间相对速度最大，所以在转子导体中产生很大的感应电动势，从而产生很大的转子电流。与此相应定子绕组从电源取用的电流很大，此时定子电流称为异步电动机的启动电流。

启动电流虽然很大，但启动过程非常短暂，随电动机转速的不断升高，转子电流、定子电流将随之减小到稳定值。过大的启动电流通过供电线路时，在线路上将造成较大的电压降，以致于使电压波动，影响其他用电设备正常工作，故电动机应采取适当的启动方法。

（1）鼠笼型异步电动机的启动

鼠笼型异步电动机有全压（直接）启动和减压启动两种方法。

1）全压启动

全压（直接）启动就是将电动机的定子绕组直接加上额定电压来启动。一般根据电动机启动频繁程度、供电变压器容量大小来决定允许全压启动电动机的容量。对于启动频繁的电动机，允许全压启动的电动机容量不大于变压器容量的 20%；对于不经常启动的电动机，允许全压启动电动机容量不大于变压器容量的 30%；通常容量在 11kW 以下的鼠笼型电动机可采用全压启动。

A. 单向旋转开关控制电路　图 13-17 为电动机单向旋转开关控制电路，其中图 13-17（a）为刀开关控制电路，图 13-17（b）为断路器控制电路。它适用于不频繁启动的小容量电动机，但不能实现远距离控制和自动控制。

B. 单向旋转按钮点动控制　图 13-18 所示为电动机单向旋转按钮点动控制电路。按下按钮 SB，接触器 KM 线圈通电吸合，KM 主触点闭合，使电动机通电旋转。松开 SB 时，KM 线圈断电释放，KM 主触点断开，电动机停止旋转。

C. 单向旋转接触器连续控制　图 13-19 所示为电动机单向旋转接触器连续控制电

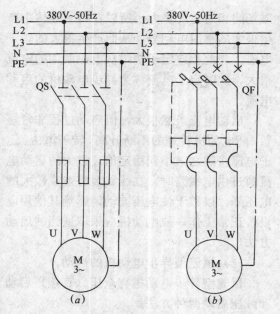

图 13-17 电动机单向旋转开关控制电路

(a) 刀开关控制电路;(b) 断路器控制电路

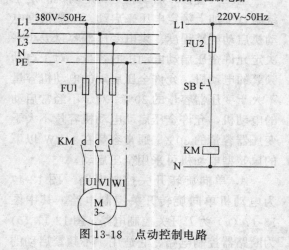

图 13-18 点动控制电路

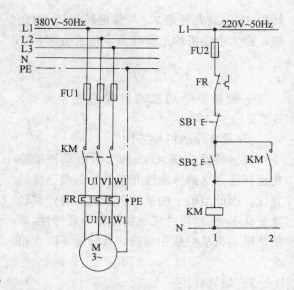

图 13-19 有过载保护的单向连续控制电路

电动机需停转时,可按下停止按钮 SB1,接触器 KM 线圈断电释放,KM 主触点断开切断主电路停机,KM 常开辅助触点断开切断控制电路使之复原。

在这一控制电路中,具有下列保护环节:

a. 短路保护 由熔断器 FU1、FU2 分别实现主电路和控制电路的短路保护。

b. 过载保护 由热继电器 FR 实现电动机的长期过载保护。

c. 欠压和失压保护 由接触器 KM 实现电动机的失压和失压保护。

2) 减压启动

三相鼠笼型电动机减压启动方法有:定子绕组串电阻或电抗器减压启动、自耦变压器减压启动、Y-D 换接减压启动、延边三角形减压启动等。尽管方法各异,但目的都是为了限制启动电流,减少供电线路因电机启动引起的电压降,且当电动机转速升至额定值时再将定子绕组电压恢复到额定值,电动机进入正常运行。减压启动时,电压降低后,启动转矩与电压的平方成比例减小,常用于轻载或空载下启动。下面讨论几种常见的减压启动控制电路。

A. 定子绕组串电阻减压启动控制三相

路。按下启动按钮 SB2,其常开触点闭合,接触器 KM 线圈通电吸合,KM 主触点闭合,电动机 M 接通三相电源启动。与此同时,与 SB2 并联的 KM 常开辅助触点闭合,使 KM 线圈经 SB2 触点与 KM 自身常开辅助触点通电,当松开 SB2 时,KM 线圈仍通过自身常开辅助触点继续保持通电,从而使电动机获得连续运转。这种依靠接触器自身辅助触点保持线圈通电的电路,称为自保持电路,而这时常开辅助触点称为自保持触点。

鼠笼型电动机定子绕组串电阻，使绕组电压降低，从而减小启动电流，待电动机转速接近额定转速时，再将串接电阻短接，使电动机在额定电压下运行。它不受电动机接线方式限制，设备简单、经济，故得到广泛应用。

图 13-20 为自动短接电阻减压启动电路。图 13-20（a）为自动短接电阻启动控制电路，KM1 为启动接触器，KM2 为运行接触器，KT 为时间继电器，按下启动按钮 SB2，KM1、KT 线圈同时通电并自保持，此时电动机 M 定子串接电阻 R 而减压启动。经一定时间后，电动机转速接近额定转速，时间继电器 KT 延时闭合辅助触点闭合，KM2 线圈通电吸合并自保持。一则 KM2 主触点闭合短接电阻，使电动机全压运行；二则分别与 KM1、KT 串联的 KM2 两对常闭辅助触点断开，使 KM1、KT 线圈断电释放复原，KM1 主触点断开。

图 13-20（b）为自动与手动短接电阻减压启动电路。图中 SA 为选择开关，当 SA 置于"A"位置时为自动控制，电路情况同图 13-20（a）。若 SA 置于"M"位置时为手动控制，则将时间断电器切除，此时按下启动按钮 SB2 后，电动机经 KM1 主触点串接电阻 R

减压启动。当电动机转速接近额定转速时，按下运行按钮 SB3，使 KM2 线圈通电并自保持，一则 KM2 主触点闭合短接电阻 R，电动机 M 在全压下运行，二则 KM1 断电释放复原。

常用的电阻减压启动器有 QJ7 型，用于控制 20kW 电动机的减压启动。

由于串接的电阻在启动过程中有能量损耗，往往将电阻换成电抗，其启动情况相同。

定子绕组串接电阻或电抗器减压启动方法适用于空载或轻载启动的场合。

B. 自耦变压器减压启动控制 鼠笼型电动机经自耦变压器减压启动时，定子绕组得到的是自耦变压器的二次侧电压 U_2，利用自耦变压器减压启动时的电压为额定电压的 $1/K$，电动机定子绕组上的启动电流为全压启动时的 $1/K$，在这里，它是自耦变压器的二次电流，而自耦变压器的一次电流又是其二次电流的 $1/K$，因此，采用自耦变压器减压启动时电网供给的启动电流为全压启动时的 $1/K^2$ 倍，而此时的启动转矩也为全压启动时的 $1/K^2$。

自耦变压器减压启动有手动与自动控制两种：

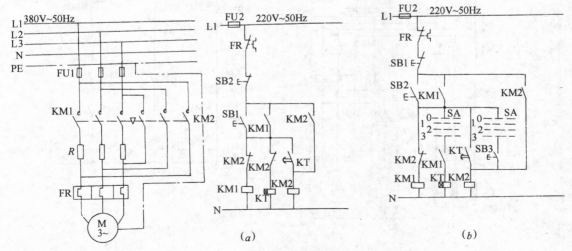

图 13-20 串联电阻减压启动控制线路

（a）时间断电器自动控制；（b）手动自动混合控制

a. 手动控制的自耦变压器减压启动器

常用的 QJ10 型手动自耦减压启动器如图 13-21 所示。这种启动器内部构造主要包括自耦变压器、保护装置、触点系统和操作机构等部分。自耦变压器的低压侧有 65%U_n 和 80%U_n 两种电压抽头，可根据需要选择不同的电压抽头，由于电压比不同，可获得不同的启动转矩。保护装置有采用热继电器 FR 的过载保护和采用欠压脱扣器 FV 的欠压保护。操作机构包括操作手柄、主轴和机械联锁装置等。触点系统包括两排静触点与一排动触点，全部装在箱体下部，浸于绝缘油中。

其动作原理如下：当操作手柄置于"停止"位置时，装在主轴上的动触点与两排静触点都不接触，电动机不通电，处于停止状态；当手柄置于"启动"位置时，动触点与上面一排静触点接触，电源经自耦变压器抽头供给电动机，获得减压启动。当电动机转速接近额定转速时，将手柄迅速扳向"运行"

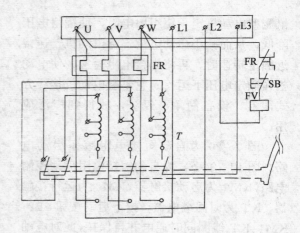

图 13-21　QJ10 系列自耦减压起动器电路

位置，三相电源直接送入电动机定子绕组，电动机 M 在全压下运行。若要停止，只要按下停止按钮 SB，欠压脱扣器 FV 线圈断电释放，通过机械机构使操作手柄回到"停止"位置，为下次启动作准备，电动机 M 停转。

b. 自动控制的自耦减压启动器　串自耦变压器减压启动自动控制电路如图 13-22 所示。

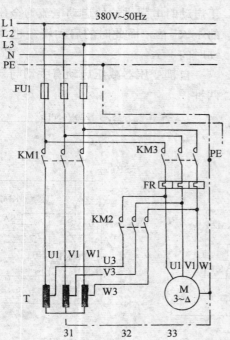

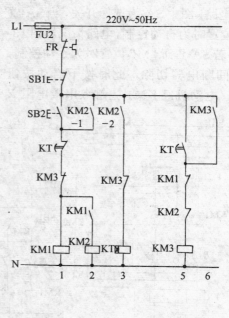

图 13-22　自动控制的自耦变压器减压启动电路

动作原理如下：

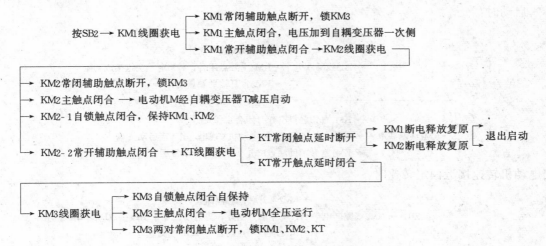

C. 星形——三角形（Y-D）减压启动控制　Y-D 减压启动只适用于正常工作时定子绕组作三角形联接的鼠笼型电动机。启动时，定子绕组先接成 Y 形加上三相交流电源，由于每相绕组的电压下降到正常工作电压的 $1/\sqrt{3}$ ，因此启动电流和启动转矩均下降到全压启动时的 1/3。当电动机启动旋转后，其转速接近额定转速时，将电动机定子绕组改成 D 形联接，电动机进入正常运行。

a. 手动控制 Y-D 减压启动电路　如图 13-23 所示，SB2 为启动按钮；SB3 为运行按钮；KM2 主触点闭合将电动机定子绕组接成 Y 形，KM3 主触点闭合就将电动机定子绕组接成 D 形。KM2 与 KM3 两接触器不能同时获电，否则电动机定子绕组将发生相间短路故障。为此在 KM2 和 KM3 线圈各自支路中相互串联了对方的一对常闭辅助触点，这两对触点在线路中所起的作用称为联锁或互锁，这两对常闭触点称作联锁（或互锁）触点。

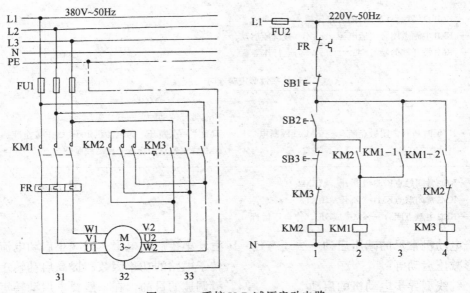

图 13-23　手控 Y-D 减压启动电路

动作原理如下：
启动时：

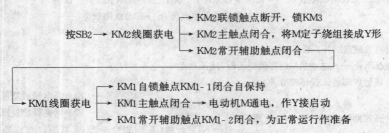

按SB2→KM2线圈获电
→ KM2联锁触点断开，锁KM3
→ KM2主触点闭合，将M定子绕组接成Y形
→ KM2常开辅助触点闭合

→ KM1线圈获电
→ KM1自锁触点KM1-1闭合自保持
→ KM1主触点闭合→电动机M通电，作Y接启动
→ KM1常开辅助触点KM1-2闭合，为正常运行作准备

当电动机转速接近额定转速时：

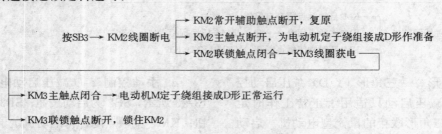

按SB3→ KM2线圈断电
→ KM2常开辅助触点断开，复原
→ KM2主触点断开，为电动机定子绕组接成D形作准备
→ KM2联锁触点闭合→KM3线圈获电

→ KM3主触点闭合→电动机M定子绕组接成D形正常运行
→ KM3联锁触点断开，锁住KM2

b. 自动控制 Y-D 减压启动电路　如图　　　　动作原理如下：
13-24 所示，KT 为减压启动时间继电器。

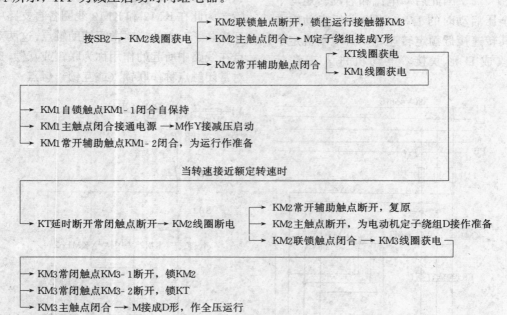

按SB2→ KM2线圈获电
→ KM2联锁触点断开，锁住运行接触器KM3
→ KM2主触点闭合→M定子绕组接成Y形
→ KM2常开辅助触点闭合
→ KT线圈获电
→ KM1线圈获电

→ KM1自锁触点KM1-1闭合自保持
→ KM1主触点闭合接通电源→M作Y接减压启动
→ KM1常开辅助触点KM1-2闭合，为运行作准备

当转速接近额定转速时

→ KT延时断开常闭触点断开→KM2线圈断电
→ KM2常开辅助触点断开，复原
→ KM2主触点断开，为电动机定子绕组D接作准备
→ KM2联锁触点闭合→KM3线圈获电

→ KM3常闭触点KM3-1断开，锁KM2
→ KM3常闭触点KM3-2断开，锁KT
→ KM3主触点闭合→M接成D形，作全压运行

　　鼠笼电动机常见的减压启动方法还有延边三角形减压启动等。
　　（2）绕线型异步电动机的启动
　　三相绕线型异步电动机转子绕组可通过滑环串接启动电阻达到减小启动电流、提高转子电路的功率因数和提高启动转矩以及平滑调速的目的。在一般要求启动转矩较高的场合，绕线型电动机得到了广泛的应用。

按电动机转子绕组在启动过程中串接装置不同分串电阻启动与串频敏变阻器启动两种控制电路。

1）转子绕组串电阻启动控制

A. 转子串电阻时间原则启动控制电路

如图 13-25 所示，它是用三个时间继电器和三个接触器的相互配合来依次自动切除转子绕组中的三级电阻的。

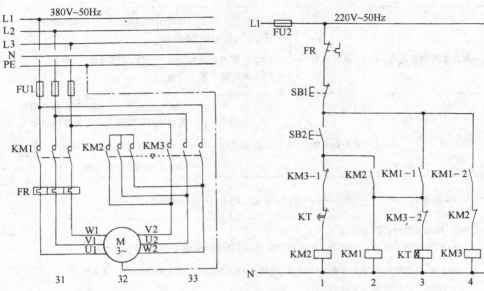

图 13-24 自动控制的 Y-D 减压器启动电路

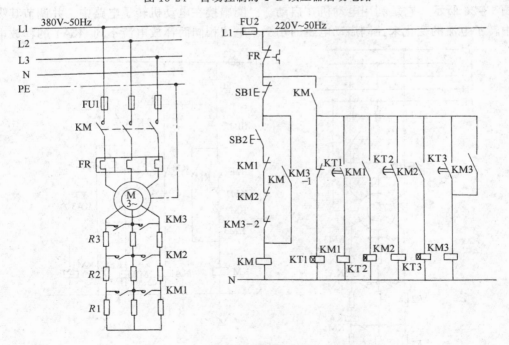

图 13-25 转子电路串电阻启动时间继电器自动控制线路

动作原理如下：　　　　　　　　　　　　　　启动时：

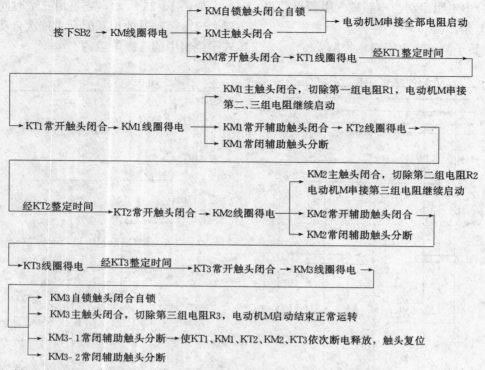

按下SB2 → KM线圈得电 → KM自锁触头闭合自锁
　　　　　　　　　　　→ KM主触头闭合 → 电动机M串接全部电阻启动
　　　　　　　　　　　→ KM常开触头闭合 → KT1线圈得电 —经KT1整定时间—

→ KT1常开触头闭合 → KM1线圈得电 → KM1主触头闭合，切除第一组电阻R1，电动机M串接第二、三组电阻继续启动
　　　　　　　　　　　　　　　　　→ KM1常开辅助触头闭合 → KT2线圈得电 →
　　　　　　　　　　　　　　　　　→ KM1常闭辅助触头分断

经KT2整定时间 → KT2常开触头闭合 → KM2线圈得电 → KM2主触头闭合，切除第二组电阻R2 电动机M串接第三组电阻继续启动
　　　　　　　　　　　　　　　　　　　　　　　　→ KM2常开辅助触头闭合 →
　　　　　　　　　　　　　　　　　　　　　　　　→ KM2常闭辅助触头分断

→ KT3线圈得电 —经KT3整定时间— → KT3常开触头闭合 → KM3线圈得电 →

→ KM3自锁触头闭合自锁
→ KM3主触头闭合，切除第三组电阻R3，电动机M启动结束正常运转
→ KM3-1常闭辅助触头分断 → 使KT1、KM1、KT2、KM2、KT3依次断电释放，触头复位
→ KM3-2常闭辅助触头分断

B. 转子串电阻电流原则启动控制电路 如图 13-26 所示，它是利用电动机在启动 过程中转子电流的变化来控制启动电阻的切 除。图中电流继电器 KA1、KA2、KA3 的线 圈串接在电动机转子电路中，并调节其吸合 电流相同而释放电流不同（KA1 的释放电流

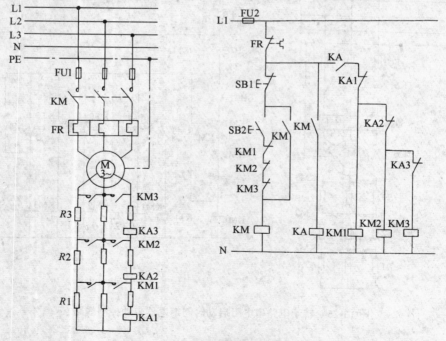

图 13-26　电流继电器自动控制线路

最大，KA2 次之，KA3 最小）。刚启动时三个电流继电器同时吸合动作，其常闭触点全断开，使接触器 KM1～KM3 线圈全断电，转子电阻全部接入。当电动机转速升高、转子电流减小后，KA1 首先释放，KM1 线圈获电，短接一段电阻 $R1$。转子电流重新增加，启动转矩增大，转速再上升，这样又使转子电流减小，当减小至 KA2 释放电流时，KA2 释放，其常闭触点闭合使 KM2 线圈获电吸合，短接第二段启动电阻 $R2$。如此继续，直至启动电阻全部短接，电动机启动过程结束。

2）转子绕组串接频敏变阻器启动　频敏变阻器是一种阻抗值随频率明显变化（敏感于频率）、静止的无触点电磁元件。它实质上是一个铁心损耗非常大的三相电抗器。在电动机启动时，串接在转子绕组中的频敏变阻器等值阻抗随电流频率减小而减小，从而达到自动变阻的目的，因此只需用一级频敏变阻器就可以平稳地把电动机启动起来。

图 13-27 所示为转子绕组串接频敏变阻器的启动控制线路。启动过程可以利用转换开关 SA 实现自动控制和手动控制。

采用手动控制时，将 SA 扳至 "M" 位置，时间继电器 KT 将不起作用，用按钮 SB2 手动控制中间继电器 KM 和接触器 KM2 的得电动作，完成短接频敏变阻器 RF 的工作。

采用自动控制时，将 SA 扳向 "A" 位置，KT 将起作用。其动作原理如下：

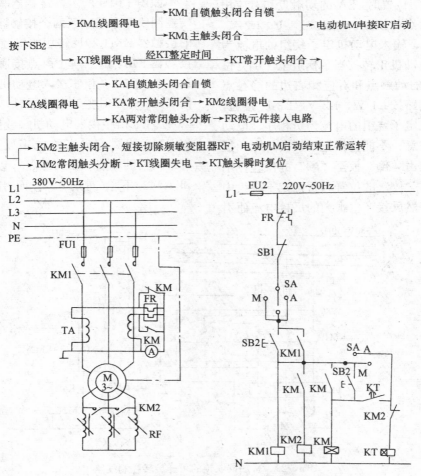

图 13-27　转子绕组串接频敏变阻器启动控制线路

13.2.2　三相异步电动机的可逆旋转控制

前面讲的单向旋转控制电路只能使电动机朝一个方向旋转，但许多生产机械往往要求运动部件能向正反两个方向运动。当改变通入电动机定子绕组的三相电源相序，即把接入电动机三相电源进线中的任意两根对调接线时，电动机就可以反转。

常用的电动机可逆旋转控制电路有以下几种。

（1）倒顺转换开关可逆旋转控制

图 13-28 所示为倒顺开关可逆旋转控制电路。手柄处于"停"位置时，SA 的动、静触点不接触，电路不通，电动机不转；当手柄扳至"顺"位置时，SA 的动触点和对应相左边的静触点相接触，电路按 L1-U、L2-V、L3-W 接通，输入电动机定子绕组的电流为正相序，电动机正转；当手柄扳至"倒"位置时，SA 的动触点和对应相右边的静触点相接触，电路按 L1-W、L2-V、L3-U 接通，输入电动机定子绕组的电流为负相序，电动机反转。注意，不能直接把手柄由"顺"扳至"倒"或由"倒"扳至"顺"的位置，中间必须经由"停"的位置，否则定子绕组中会因电源突然反接产生很大的反接电流而引

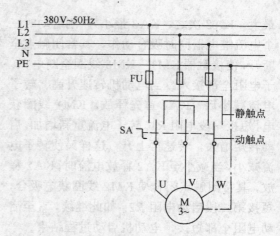

图 13-28　倒顺开关正反转控制线路

起过热损坏电机。它一般只用于 10A、3kW 以下的小容量电动机。

（2）接触器联锁的可逆旋转控制

如图 13-29 所示，接触器联锁的可逆旋转控制线路中采用了两个接触器，即正转用的接触器 KM1 和反转用的接触器 KM2。当接触器 KM1 的三对主触点接通时，三相电源按 L1-L2-L3 相序接入电动机；而当接触器 KM2 的三对主触点接通时，三相电源按 L3-L2-L1 相序接入电动机。线路中在 KM1 和 KM2 线圈各自支路中串联了对方的一对常闭辅助触点（联锁触点），以保证 KM1 和 KM2 不会同时获电而引发短路故障。

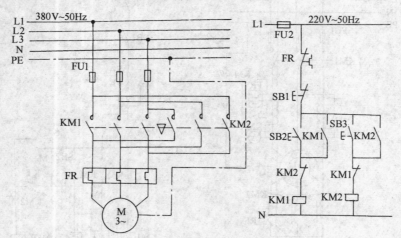

图 13-29　接触器联锁的可逆旋转控制线路

动作原理如下：

1）正转控制：

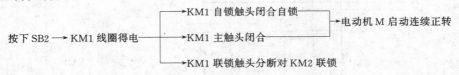

2）反转控制：

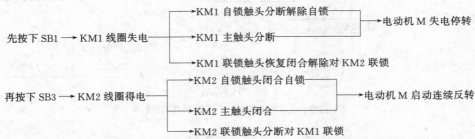

这种电路要改变电动机转向，必须先按下停止按钮，再按另一个启动按钮换向。

（3）按钮联锁的可逆旋转控制

按钮联锁的可逆旋转控制电路如图13-30所示。

其动作原理与前述接触器联锁的可逆旋转控制电路基本相似。但由于采用了复合按钮，当按下反转按钮SB2时，使接在正转控制支路中的SB2联锁触点先断开，正转接触器KM1断电释放，电动机M断电；接着反转按钮SB2的常开触点闭合，使反转接触器KM2线圈获电，KM2主触点闭合，电动机即反转启动。这样可以在不按停止按钮而直接按另一个启动按钮的情况下实现换向旋转，且保证了正、反转接触器KM1和KM2不同时通电。这种电路虽操作方便，但易产生短路故障，安全可靠性较差。

（4）按钮——接触器双重联锁的可逆旋转控制

图13-31所示为按钮——接触器双重联锁的可逆旋转控制电路。这种电路是将按钮联锁和接触器联锁两种可逆旋转控制电路复合起来的兼有两种联锁控制电路的优点，具有操作方便、工作安全可靠等优点，因此应用广泛。

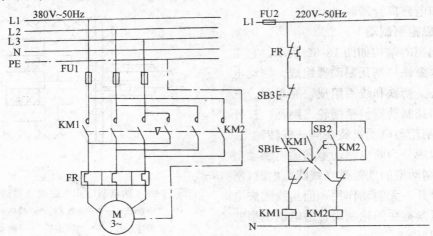

图 13-30　按钮联锁的可逆旋转控制线路

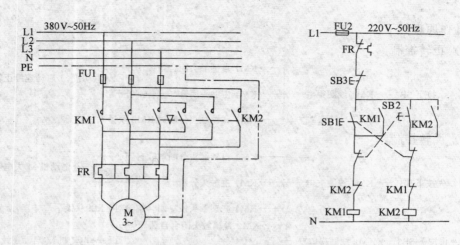

图 13-31　双重联锁的可逆旋转控制线路

13.2.3　三相异步电动机的制动控制

使电动机在脱离电源后立即停转的方法叫制动。三相异步电动机的定子绕组脱离电源，因惯性作用，转子需经一定时间才停止旋转，为满足生产机械的工艺要求，使运动部件停位准确，并提高生产率，保证工作安全性，应对拖动电动机采取有效的制动措施。

制动的方法一般有两类：机械制动和电力制动。

（1）机械制动

机械制动就是利用机械装置使电动机在切断电源后迅速停转的制动方法。常用的有电磁抱闸和电磁离合器制动。

1）电磁抱闸制动

电磁抱闸的结构如图 13-32 所示。它主要由制动电磁铁和闸瓦制动器组成。制动电磁铁由铁心、衔铁和线圈组成，有单相、三相之分。闸瓦制动器包括闸轮、闸瓦、杠杆和弹簧等，闸轮与电动机装在同一根转轴上。

电磁抱闸分为断电制动型和通电制动型两种。断电制动型的性能是当线圈得电时，闸瓦与闸轮分开，无制动作用；而当线圈失电时，闸瓦紧紧抱住闸轮制动。通电制动型的性能刚好相反。

2）电磁离合器制动

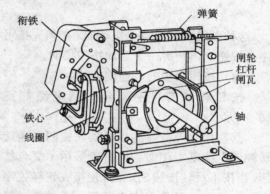

图 13-32　电磁抱闸

电磁离合器制动的原理和电磁抱闸的制动原理类似。图 13-33 所示为断电制动型电磁离合器的结构示意图。

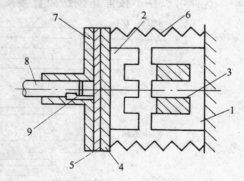

图 13-33　断电制动式电磁离合器结构示意图
1—静铁心；2—动铁心；3—激磁线圈；
4—静摩擦片；5—动摩擦片；6—制动弹簧；
7—法兰；8—绳轮轴；9—键

368

电磁离合器主要由制动电磁铁（包括静铁心 1、动铁心 2 和激磁线圈 3）、静摩擦片 4、动摩擦片 5 以及制动弹簧 6 等组成。电磁铁的静铁心 1 靠导向轴（图中未画出）连接在电动葫芦本体上，动铁心 2 与静摩擦片 4 固定在一起，并只能做轴向移动而不能绕轴转动。动摩擦片 5 通过连接法兰 7 与绳轮轴 8（与电动机共轴）由键固定在一起，可随电动机一起转动。

电动机静止时，激磁线圈 3 无电，制动弹簧 6 将静摩擦片 4 紧紧地压在动摩擦片上，此时电动机通过绳轮轴 8 被制动。当电动机通电运转时，激磁线圈 3 也同时得电，电磁铁的动铁心 2 被静铁心 1 吸合，使静摩擦片 4 与动摩擦片 5 分开，于是动摩擦片 5 连同绳轮轴 8 在电动机的带动下正常启动运转。当电动机切断电源时，激磁线圈 3 也同时失电，制动弹簧 6 立即将静摩擦片 4 连同动铁心 2 推向转动着的动摩擦片 5，强大的弹簧张力迫使动、静摩擦片间产生足够大的摩擦力，使电动机断电后立即受制动停转。

（2）电力制动

电力制动常用的方法有反接制动、能耗制动、电容制动和再生发电制动等。

1）反接制动

反接制动是依靠改变定子绕组中电流相序而迫使电动机迅速停转。

如图 13-34（a）所示，当转换开关 SA 扳至"正转运行"位置时，电动机定子绕组电源相序为 L1-L2-L3，电动机将沿旋转磁场方向以 $n<n_1$ 的转速正常运转。当电动机需要停转时，可拉开开关 SA，使电动机先脱离电源（此时电动机转子在惯性作用下依旧按原方向旋转），随后将开关 SA 迅速扳至"反接制动"，由于 L1、L2 两相电源线对调，电动机定子绕组电源相序变为 L2-L1-L3，其定子内膛内旋转磁场反转，如图 13-34（b）中虚线所指方向，此时转子将以 (n_1+n) 的相对转速沿原转动方向切割旋转磁场，在转子绕

组中产生感应电流，其方向由右手定则判定，如图 13-34（b）所示。而转子绕组一旦产生感应电流又将受到旋转磁场的作用产生电磁转矩，其方向由左手定则判断。可见此转矩方向与电动机的转动方向相反，使电动机受到制动而迅速停转。但应注意：在电动机转速接近零值时，应立即切断电动机电源。

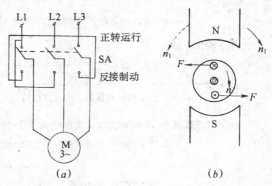

图 13-34　反接制动原理图
（a）接线图；（b）原理图

反接制动控制线路如图 13-35 所示。其主电路和可逆旋转控制线路的主电路相同，只是在反接制动时增加了三个限流电阻 R。线路中 KM1 为正转运行接触器，KM2 为反接制动接触器，SR 为速度继电器，其轴与电动机轴相连（图中用点划线表示）。

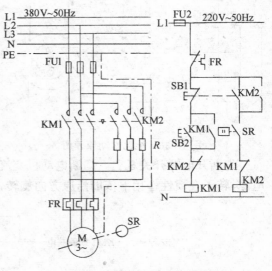

图 13-35　电源反接制动控制线路

369

启动时的动作顺序如下：

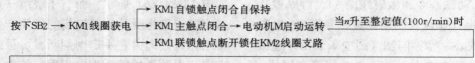

按下SB2 → KM1线圈获电
→ KM1自锁触点闭合自保持
→ KM1主触点闭合 → 电动机M启动运转 当n升至整定值(100r/min)时
→ KM1联锁触点断开锁住KM2线圈支路

→ SR常开触点闭合为制动作准备

反接制动时的动作顺序如下：

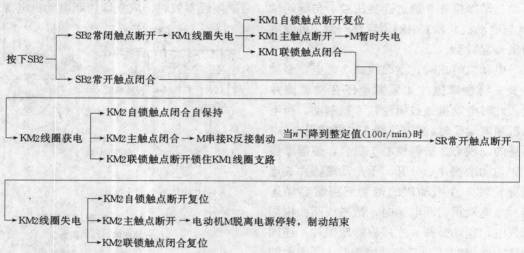

按下SB2
→ SB2常闭触点断开 → KM1线圈失电
　→ KM1自锁触点断开复位
　→ KM1主触点断开 → M暂时失电
　→ KM1联锁触点闭合
→ SB2常开触点闭合

→ KM2线圈获电
→ KM2自锁触点闭合自保持
→ KM2主触点闭合 → M串接R反接制动 当n下降到整定值(100r/min)时 → SR常开触点断开
→ KM2联锁触点断开锁住KM1线圈支路

→ KM2线圈失电
→ KM2自锁触点断开复位
→ KM2主触点断开 → 电动机M脱离电源停转，制动结束
→ KM2联锁触点闭合复位

2）能耗制动

能耗制动的方法是在电动机切断交流电源时立即在定子绕组的任意两相中通入直流电，迫使电动机迅速停转。其制动原理如图13-36所示。

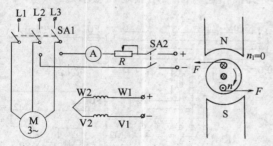

图13-36　能耗制动原理图

先断开电源开关SA1，切断电动机交流电源，转子在惯性作用下依旧沿原方向旋转，随即合上开关SA2，并将SA1向下合闸，电动机的V、W两相定子绕组通入直流电，使电动机在定子内膛中建立一个恒定的静磁场，于是做惯性运转的转子导体因切割磁力线而产生感应电流，其方向用右手定则判断出。而该电流又受到静磁场的作用产生电磁转矩，由左手定则判得此转矩的方向正好与电动机的转向相反，使电动机受到制动而迅速停转。由于这种制动方法是在定子绕组中通入直流电以消耗转子惯性运转的动能而制动的，因此称之为能耗制动。

①无变压器半波型整流能耗制动　无变压器半波整流单向启动能耗制动自动控制线路如图13-37所示。

单向启动运转时的动作顺序如下：

按下SB2 → KM1线圈获电
→ KM1自锁触点闭合自保持
→ KM1主触点闭合 → 电动机M启动运转
→ KM1联锁触点断开，锁住KM2

能耗制动停转时的动作顺序如下：

按下SB1 → SB1常闭触点断开 → KM1线圈失电 → KM1自锁触点断开复位
→ KM1主触点断开 → M暂时失电
→ KM1联锁触点闭合

→ SB1常开触点闭合 → KM2线圈获电 → KM2自锁触点闭合自保持
→ KM2主触点闭合 → M接入直流电源能耗制动
→ KM2联锁触点断开，锁KM1

→ KT线圈获电 → KT常闭触点经整定时间延时后断开 → KM2线圈失电

→ KM2自锁触点断开复位
→ KM2主触点断开 → M切断直流电源停转，能耗制动结束
→ KM2联锁触点闭合复位

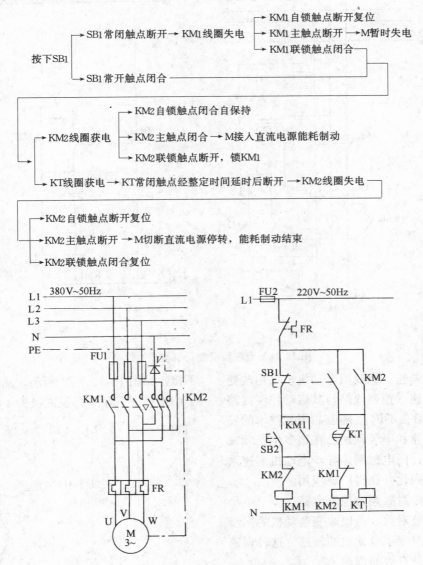

图 13-37　半波整流能耗制动控制线路

②有变压器全波整流能耗制动　有变压器全波整流单向启动能耗制动自动控制线路如图 13-38 所示。

图 13-38 中，直流电源是由单相桥式整流器 VC 供给，TC 是整流变压器，电阻 R 是用来调节直流电流的，从而调节制动强度。

图 13-38 与图 13-37 的控制电路相同，故其工作原理也基本相同，在此不再赘述。

13.2.4　三相异步电动机的调速控制

由异步电动机转速 $n = \dfrac{60f}{p}(1-s)$ 可知，电动机的调速方法不外乎变极对数、变转差率及变频调速三类，其中变转差率的方法可通过调定子电压、转子电阻及采用串级调速、电磁转差离合器调速等来实现。

目前，鼠笼型电动机仍广泛采用变更定

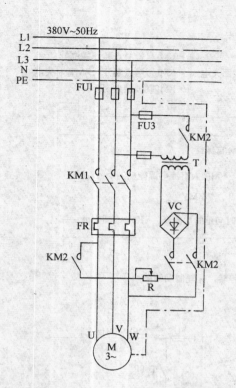

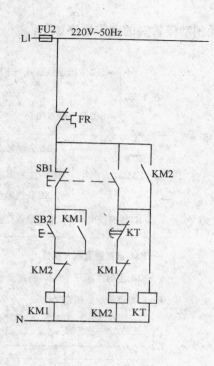

图 13-38　全波整流能耗制动控制线路

子磁极对数调速，绕线型电动机多采用改变转子电阻调速（控制线路与其启动控制线路共用，在此略去不讲）。随着晶闸管技术的发展，变频调速和串级调速已在很多生产领域中得到应用，而电磁调速异步电动机调速系统也已经系列化并获得广泛应用。

（1）变极对数调速控制电路

改变磁极对数，可以改变电动机的同步转速，也就改变了电动机的转速。这种调速是跳跃式的、有级的调速。

鼠笼型电动机采用以下两种方法来改变定子绕组的极对数：一是改变定子绕组的联接，即改变定子绕组的半相绕组电流方向；二是在定子上设置具有不同极对数的两套相互独立的绕组。在此仅以前者为主进行介绍。

如图 13-39 所示为单绕组双速异步电动机定子绕组的 D-YY 接线图。要使电动机在低速工作时，就把三相电源分别接至定子绕组作 D 形联接顶点的三个出线端 U1、V1、W1 上，另外三个出线端 U2、V2、W2 空着

不接，如图 13-39（a）所示，此时电动机定子绕组接成三角形，设磁极为 4 极，则同步

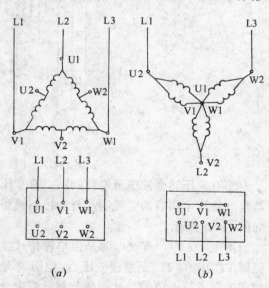

图 13-39　双速电动机三相定子绕组
D-YY 接线圈

（a）低速—D 接法（4 极）；

（b）高速—YY 接法（2 极）

转速为 1 500r/min；若要使电动机在高速工作时，就把三个出线端 U1、V1、W1 接在一起构成一个中性点 N，另外三个出线端 U2、V2、W2 分别接到三相电源上，如图 13-39 (b) 所示，这时电动机定子绕组接成 YY，磁极为 2 极，同步转速变为 3 000r/min。

如图 13-40 所示为双速电动机控制线路。当按下启动按钮 SB2 后，电动机按 D 形联接成 4 极启动，经一定时间延时后改接成 Y 形联接，进入 2 极启动运行。

(2) 电磁调速电动机调速电路

电磁调速电动机调速系统如图 13-41 所示。由异步电动机、电磁转差离合器和晶闸管激磁电源及其控制部分组成。

晶闸管直流激磁电源功率较小，常用单相半波或全波晶闸管电路控制转差离合器的激磁电流。

电磁转差离合器由电枢和磁极两部分组成，两者无机械联系，都可自由旋转。电枢由电动机带动，称主动部分；磁极用联轴节与负载相连，称从动部分。电枢通常用整块的铸钢加工而成，形状像一个杯子，上面没有绕组。磁极则由铁心和绕组两部分组成，其结构如图 13-42 (a) 所示，绕组由晶闸管整流电源激磁。

当激磁绕组通以直流电时，电枢为电动机所拖动以恒速定向旋转，在电枢中感应出

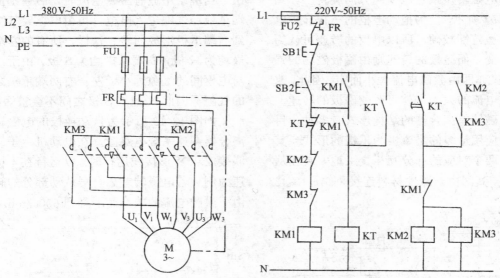

图 13-40　4/2 极双速电动机控制电路

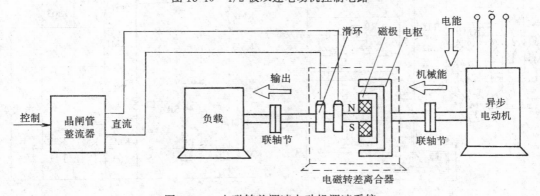

图 13-41　电磁转差调速电动机调速系统

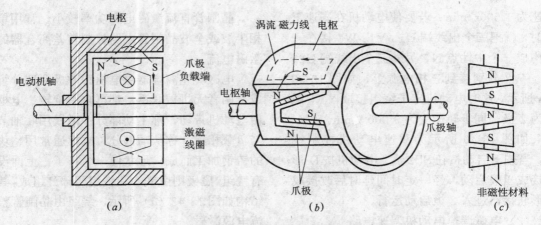

图 13-42　爪极式转差离合器结构示意图
(a) 结构示意图；(b) 涡流与转矩方向；(c) 爪极式磁极

涡流，而涡流与磁极的磁场作用产生电磁力，形成的电磁转矩跟着电枢同方向旋转。如图13-42 (b) 所示。因为拖动电枢的三相异步电动机机械特性较硬，所以电枢的转速可认为近似不变，而磁极的转速则由磁极磁场的强弱而定，亦即由激磁电流大小而定。因此，改变激磁电流的大小，就可改变磁极的转速。

电磁转差离合器的结构形式有多种，目前我国应用最多的是磁极为爪极的形式。其爪极有两个对应的部分互相交叉地安装在从动轴上，其间由非磁性材料连接，如图13-42

(c) 所示。激磁绕组是与转轴同心的环形绕组，当绕组中通有激磁电流时，磁通则由左端爪极经气隙进入电枢，再由电枢经气隙回到右端爪极形成回路。这样，所有的左端爪极均为 N 极，右端爪极均为 S 极。由于爪极与电枢间的气隙远小于左、右两端爪极之间的气隙，因此 N 极与 S 极之间不会被短路。

如图 13-43 所示为自动换极的电磁转差离合器调速系统电路图。在电动机定子绕组联接成双 Y 形接线运行时（以运行在 4 极转速为例），若电磁转差离合器从动部分的转速由于激磁电流的减小而下降到 600r/min 以

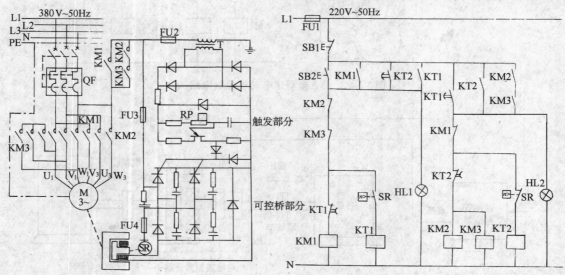

图 13-43　自动换极的电磁转差离合器调速系统电路图

下时，则该控制电路将使电动机定子绕组接线自动变换到 D 形联接运行（即 8 极转速），其目的在于提高电磁转差离合器低速运行时的效率。而当电动机运行在定子绕组 D 形联接时，从动部分的转速由于激磁电流的增加而上升到 600r/min 以上时，为使其速度可以进一步提高，该电路能够使电动机定子绕组由 D 形联接自动变换到 YY 联接。

13.3　单相异步电动机

单相异步电动机是利用单相交流电源供电的一种小容量电机。具有结构简单、成本低廉、运行可靠、维修方便等优点以及可以直接在单相 220V 交流电源上使用的特点，被广泛用于小型鼓风机、小型车床、医疗器械、家用电器等等。但它与同容量三相异步电动机相比，体积较大、运行性能较差、效率较低。因此一般只制成小型或微型系列。

单相异步电动机本身没有启动转矩，转子不能自行启动。为了解决这一问题，通常将单相交流电分成两相通入两相定子绕组中，或将单相交流电产生的磁场设法使之转动。

单相异步电动机根据其启动方法或运行方法的不同，可分为：单相电容（电阻）异步电动机（又包括单相电容运行电动机、单相电容启动电动机、单相电阻启动电动机）和单相罩极电动机等。

13.3.1　单相电容（电阻）异步电动机

（1）单相电容运行异步电动机

单相电容运行异步电动机的结构与三相鼠笼型电动机相似，转子也是鼠笼式，定子绕组嵌放在定子铁心槽内，定子铁心也是用硅钢片叠制而成。定子绕组只有一相，但分为两个部分：一部分为主绕组 U1U2，另一部分为启动绕组 S1S2，在启动绕组支路中还串联了一个适当的电容器，它们在空间上的位置互差 90°，如图 13-44、图 13-45 所示。

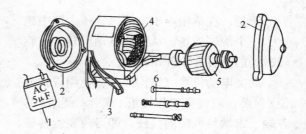

图 13-44　单相异步电动机的组成
1—电容器；2—端盖；3—电源接线；
4—定子；5—转子；6—紧固螺钉

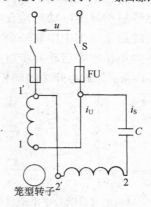

图 13-45　单相电容式异步电动机原理图

启动绕组与工作绕组由同一单相交流电源供电。因启动绕组 S1S2 中串入了一个适当的电容器，使流入启动绕组 S1S2 的电流 i_S 在相位上比工作绕组 U1U2 的电流 i_U 超前近 90°。这样，跟前面分析三相异步电动机的旋转磁场的方法一样，我们可以画出对应于不同瞬间定子绕组中的电流所产生的磁场，如图 13-46 所示。

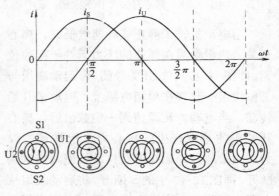

图 13-46　两相旋转磁场的产生

于是，在单相异步电动机定子内膛中建立了一个旋转磁场，从而使电动机转子按旋转磁场的旋转方向开始转动。

此类电动机具有结构简单、使用维护方便，只要任意改变工作绕组（或启动绕组）的首端、末端与电源的接线，即可改变旋转磁场的转向，从而使电动机反转。常用于吊扇、台扇、电冰箱、空调器、吸尘器。

（2）单相电容启动异步电动机

单相电容启动异步电动机是在电容运行异步电动机的启动绕组中串联一个离心开关S。图13-47为单相电容启动异步电动机原理线路图，图13-48为离心开关的动作示意图。

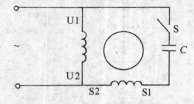

图 13-47　单相电容启动异步电动机线路图

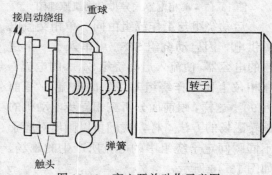

图 13-48　离心开关动作示意图

当电动机转子静止或转速较低时，离心开关的两组触头在弹簧的压力下处于接通位置，即图13-47中的开关S闭合，启动绕组与工作绕组一起接在单相电源上，电动机开始转动，当电动机转速达到一定数值后，离心开关中的重球产生的离心力大于弹簧的弹力，则重球带动触头向右移动，使两组触头断开，即图13-47中的S断开，将启动绕组从电源上切除。电容启动电动机与电容运行电动机比较，前者有较大的启动转矩，但启动

电流也较大，适用于各种满载启动的机械，如小型空气压缩机，在部分电冰箱压缩机中也有采用。

（3）单相电阻启动异步电动机

单相电阻启动异步电动机的启动线路如图13-49所示。其特点是工作绕组匝数较多，导线较粗，因此感抗远大于绕组的直流电阻，可近似地看作流过绕组中的电流滞后电源电压约90°相位，而启动绕组S1S2的匝数较少，线径较细，又与启动电阻R串联，则该支路的总电阻远大于感抗，可近似认为电流与电源电压同相位，因此，工作绕组中的电流与启动绕组中的电流两者相位差约90°，从而在定子内膛中产生了旋转磁场，使转子产生转矩而转动。当转速达到额定值的80%左右时，离心开关S动作，把启动绕组从电源上切除。常用于电冰箱的压缩机中。

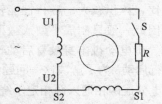

图 13-49　单相电阻启动电动机线路

13.3.2　单相罩极异步电动机

单相罩极异步电动机的结构示意图如图13-50所示，在其定子上有凸出的磁极，主绕组就绕在该磁极上，在每个磁极极面的1/3～1/4处开有一个凹槽，将磁极分成大小两部分，在磁极小的部分上套着一个短路铜环称罩极。

当主绕组通入单相交流电而产生脉动磁场时，其穿过短路铜环的磁通，使短路铜环中产生一个在相位上滞后的感应电流，在这个感应电流的作用下，被短路铜环罩着部分的磁场，不但在数量上和未罩部分的磁场不等，而且在相位上也滞后于该磁场。这两个在空间位置不同，在时间上又有相位差的交变磁场的合成磁场就形成了一个旋转磁场，从而使电动机旋转起来。该旋转磁场的旋转方向是从磁极未罩部分向被罩部分的方向旋转，如图 13-50 中箭头所示。

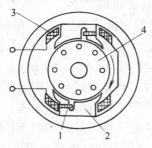

图 13-50　凸极式分别激磁罩极电动机结构
1—罩极；2—凸极式定子铁心；
3—定子绕组；4—转子

此类电动机，结构简单，但启动转矩小，用于小型风扇、电唱机、鼓风机及自动装置中。

13.4　同步电机

在交流电机中，转子的转速始终保持与同步转速 $n_1 = \dfrac{60f}{p}$ 相等的一类电机称为同步电机。同步电机分同步发电机、同步电动机和同步补偿机三类。

13.4.1　同步电机的基本结构

同步电机的结构形式有两种，一种是旋转电枢式，即将三相绕组装在转子上，磁极装在定子上；另一种是旋转磁极式，即磁极装在转子上，而三相绕组装在定子上。大中型同步电机多为旋转磁极式。

旋转磁极式同步电机按照磁极的形状又可分为隐极式和凸极式两种。隐极式同步电机的转子上没有明显凸出的磁极，其气隙是均匀的，转子成圆柱形，如图 13-51（a）所示。凸极式的转子上有明显凸出的磁极，气隙不均匀，极弧下气隙较小，极间部分气隙较大，如图 13-51（b）、（c）所示。

同步发电机一般多采用汽轮机或水轮机

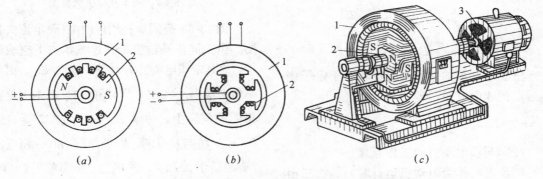

（a）　　　　　　　（b）　　　　　　　（c）

图 13-51　隐极式与凸极式同步电机结构示意图
（a）隐极式；（b）凸极式；（c）凸极式同步电机
1—定子；2—转子；3—激磁机

作为原动机来拖动，前者称为汽轮发电机，后者称为水轮发电机。

汽轮机的转速一般都较高，故要求汽轮发电机的转速也较高。如火电厂汽轮发电机一般做成两极隐极式，其转速为 3 000r/min；核能电站汽轮发电机则做成四极隐极式，其转速为 1 500r/min。汽轮发电机的隐极式转子一般采用有良好导磁性能的高强度整块合金钢锻成，并与转轴锻成一个整体（细长圆

柱体），如图 13-52 所示。汽轮发电机定子铁心一般用硅钢片叠成，铁心上嵌放三组绕组，绕组的排列、接法与三相异步电动机的定子绕组相同。

水轮发电机定子结构与异步电动机和汽

图 13-52　汽轮发电机的转子

轮发电机相同,但其转子一般采用凸极式,转速较低,故极数较多,整个转子形成一个扁盘形。转子磁极可用1~1.5mm厚的钢片冲制后叠成,也可用整块铸钢或锻钢做成。极心上套装激磁绕组后,固定于转轴的圆周上。

13.4.2 同步电机的工作原理

(1) 同步发电机的工作原理

同步电机作为发电机运行时,是通过原动机将机械能输入同步电机,在原动机拖动下运转,将机械能转变成电能。

在同步发电机的激磁绕组中通以直流电,建立转子磁场(即主磁场),当原动机拖动转子旋转时,相应的转子磁场就旋转起来,即得到了一个机械的旋转磁场。该磁场和定子绕组存在着相对运动(切割磁力线),在定子绕组上便感应出三相对称的正弦交流电动势 e_U、e_V、e_W。即:

$$e_U = E_m \sin\omega t$$

$$e_V = E_m \sin\left(\omega t - \frac{2\pi}{3}\right)$$

$$e_W = E_m \sin\left(\omega t + \frac{2\pi}{3}\right)$$

三相电动势的频率与磁极相对于定子绕组运动的速度有关,即:

$$f = \frac{pn}{60}$$

(2) 同步电动机的工作原理

同步电机作为电动机运行时,是将三相正弦交流电接入同步电机的三相定子绕组,在定子绕组中便产生一个旋转磁场,这时转子绕组上通过直流电流,产生转子磁场,这两个磁场相互作用,转子磁场将在定子磁场的带动下,沿定子旋转磁场的方向,以旋转磁场的转速旋转。

实际上同步电机是利用气隙的合成磁场与转子磁场的相互作用而工作的。这两个磁场相互作用并一起旋转,它们之间没有相对运动,故称同步。

同步电动机的转速,决定于同步电机的

磁极对数和电源频率,它们的关系是:

$$n = n_1 = \frac{60f}{p}$$

同步电动机的转速 n 恒等于同步转速 n_1。我国电源标准频率规定为50Hz,而电机的磁极对数为整数,故当 $p=1$ 时,$n=3\,000$ r/min,$p=2$ 时,$n=1\,500$r/min。同步电机正常运行时,都是以同步转速运行的。

(3) 同步补偿机的工作原理

使同步电动机在过激状态下运转而不带任何负载,只用来向电网输出感性无功功率,这种同步电动机就称为同步补偿机(或同步调相机)。其补偿原理如图13-53所示。

图13-53 同步补偿机矢量图

图13-53是同步补偿机的电压、电流矢量图。由于同步补偿机是在过激状态下空载运行,故其定子电动势 E_0 较高($E_0 > U$),而功率角 θ 很小($\theta \approx 0$),即 $\dot{U}$ 和 $-\dot{E}_0$ 基本上处在相同的位置上。由于 $E_0 > U$,故 $\Delta\dot{U} = \dot{U} + (-\dot{E}_0)$ 将与 $\dot{U}$ 反向,即相差近180°,而电流 $\dot{I}$ 要滞后于 $\Delta\dot{U}$ 90°,故电流 $\dot{I}$ 将超前于 $\dot{U}$ 90°。则同步补偿机在运行时,能够输出较大的感性无功功率。这就相当于给电网并取了一个大容量的电容器,使电网的功率因数得到提高。

同步补偿机在使用时,一般应将其接在用户区,以就近向用户提供感性无功功率,使输电线上的感性无功电流大大减小,从而达到降低电网线路损耗的目的。

13.5 直流电机

直流电机是可逆的,既可作直流发电机

使用，将机械能转换成直流电能输出；也可作直流电动机使用，将直流电能转换成机械能输出。直流电机是直流发电机和直流电动机的总称。

直流电机具有可以直接获得恒定的直流电源、调速性能好、启动转矩大等优点，但结构较复杂，使用、维护较麻烦，价格较贵。

13.5.1 直流电机的结构

直流电机主要由定子和转子（又称电枢）两部分组成，如图13-54、图13-55所示。

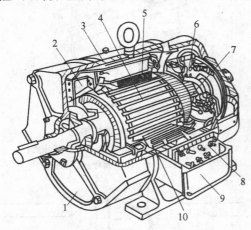

图 13-54　直流电机的结构

1—端盖；2—风扇；3—机座；4—电枢；
5—主磁极；6—刷架；7—换向器；
8—接线板；9—出线盒；10—换向磁极

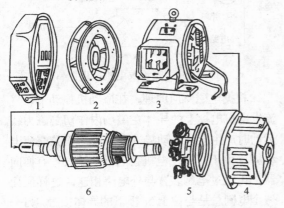

图 13-55　直流电机的各种主要部件图

1—前端盖；2—风扇；3—机座；
4—后端盖；5—电刷装置；6—转子

（1）定子

直流电机的定子主要由以下部件组成：

1）机座　机座通常用铸钢或钢板焊接成型，其作用一是作为电机磁路的一部分，二是用来固定主磁极、换向磁极和端盖等部件。

2）主磁极　主磁极由铁心和激磁绕组构成。其主要作用是产生磁场，如图13-56所示。

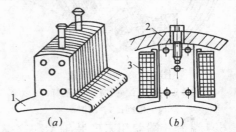

图 13-56　直流电机的主磁极

（a）用薄钢片叠成的主磁极铁心；

（b）主磁极和线圈一起固定在机座上

1—极掌；2—机座；3—线圈

3）换向磁极　换向磁极又称换向极或附加极、间极，用以改善电机的换向，减小电枢（转子）绕组在电流换向时所产生的火花。其铁心多采用扁钢，大容量直流电机采用薄钢片叠成。其激磁绕组的匝数较少，并与电枢绕组串联。换向极通常被安装在两相邻主磁极的中性线上，其结构和极性安排顺序如图13-57所示。

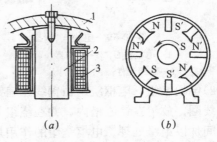

图 13-57　换向磁极的结构和极性

（a）换向磁极结构；（b）换向磁极的极性；

1—机座；2—铁心；3—激磁绕组

4）电刷装置　电刷装置主要由电刷、刷握、刷杆及刷杆座等组成，如图13-58所示。其作用是通过电刷与转子上的换向器之间的滑动接触来沟通电枢绕组与外部电路的联系。

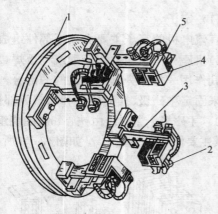

图 13-58　电刷装置

1—刷杆座；2—弹簧；3—刷杆；

4—电刷；5—刷握

5）端盖　端盖用来安装轴承和支撑电枢，一般为铸钢件。

（2）转子

转子组成如图 13-59 所示。

1）电枢铁心　电枢铁心采用 0.3～0.5mm 厚的硅钢片冲制叠压而成。其作用是通过磁通和嵌放电枢绕组。

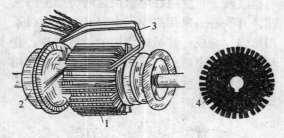

图 13-59　电枢

1—电枢铁心；2—换向器；

3—绕组元件；4—铁心冲片

2）电枢绕组　电枢绕组由铜线或扁铜线绕成线圈，放置在铁心槽内，并在绕组与铁心之间加以绝缘处理。电枢绕组的作用是产生感应电动势和通过电流，使电机实现机电能量转换。

3）换向器　换向器装在电枢的一端，由楔形铜片组成并在铜片之间加上云母绝缘，组成一个圆柱体，如图 13-60 所示。

换向器的作用是将电枢绕组中的交流电动势和电流转换成电刷间的直流电动势和电流。

4）转轴　转轴一般用合金钢锻压加工而成，其作用是用来传递转矩。

5）风扇　风扇用来降低电机运行中的温升。

13.5.2　直流电机的工作原理

（1）直流发电机的工作原理

图 13-61 所示为直流发电机原理图。

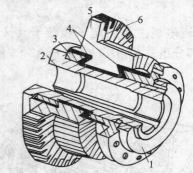

图 13-60　换向器结构图

1—螺旋压圈；2—换向器套筒；3—V 形压圈；

4—V 形云母环；5—换向铜片；6—云母片

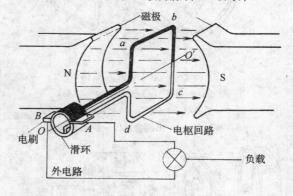

图 13-61　直流发电机原理图

根据电磁感应原理，在原动机拖动下，直流发电机电枢上的导体在磁场内作切割磁力线运动时产生感应电动势（此时尚为正弦交流电动势），由于直流发电机在电枢一端安置有换向器，再通过电刷装置与外电路相连，这样便让一个电刷总是与位于 N 极下的导体接触，另一个电刷总是与位于 S 极下的导体接触，则在两电刷间输出方向不变的直流电动势。从而达到将机械能转换成直流电能的目的。

（2）直流电动机的工作原理

直流电动机在外加直流电压的作用下，电枢上的导体产生了电流。载流导体在磁场中受到电磁力的作用，通过换向器使导体从磁场的 N 极（或 S 极）范围转到 S 极（或 N 极）范围时，导体中的电流方向同时改变。这样就使分别处在 N 极和 S 极范围内的导体中的电流方向总是保持不变，以维持电枢绕组的转矩方向不变，从而使直流电动机连续旋转，实现直流电能转变为机械能的目的。

13.5.3 直流电动机的分类

按照激磁方式的不同，可将直流电动机分成以下两大类：

（1）他激电动机

他激电动机的激磁绕组由独立的激磁电源供电，它与电枢绕组互不相联，如图 13-62 所示。

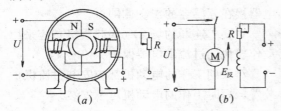

图 13-62 他激电动机

（2）自激电动机

自激电动机的激磁绕组不需要单独的激磁电源，它和电枢绕组共用一个电源。按照激磁绕组与电枢绕组连接方式的不同又可分为：

1）并激电动机　并激电动机的激磁绕组与电枢绕组并联。激磁绕组匝数多，导线截面积较小，激磁电流只占总电流的很小一部分，如图 13-63 所示。

2）串励电动机　串激电动机的激磁绕组与电枢绕组串联，因此激磁电流与电枢电流相等，但由于串激电动机的激磁绕组匝数少、导线截面积较大，故在激磁绕组上的电压很低。如图 13-64 所示。

3）复激电动机　复激电动机的激磁绕组

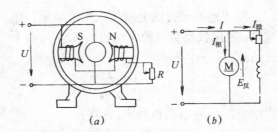

图 13-63 并激直流电动机

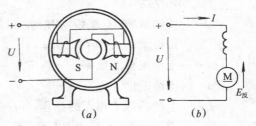

图 13-64 串激电动机

有两组，一组与电枢绕组并联，另一组与其串联，如图 13-65 所示。

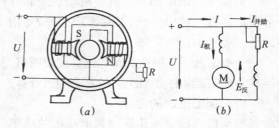

图 13-65 复激电动机

13.6 电动机的选用和保护

13.6.1 电动机的选用

选择电动机以满足生产机械的需要很有意义，选用电动机是否合理，直接关系到机械运行的安全可靠性和经济性。电动机的选择，主要考虑以下几个因素：

（1）结构型式的选择

电动机的结构型式要根据它们各自的特点、安装方式和使用场合等来选择。

（2）额定功率的选择

电动机的额定功率应根据所拖动的生产机械需要的轴功率来确定，并留有一定的裕量。

对于连续运行的电动机（如拖动泵、压缩机、通风机类负载的电动机），功率可按下式估算：

$$P_z = K\frac{Q\rho H}{102\eta_1\eta_2} \qquad (13\text{-}6)$$

式中 P_z——电动机功率，kW；

Q——生产机械工作点的流量，m^3/s；

η_1——传动效率（直接传动时，$\eta_1=1$；带传动时，$\eta_1=0.95$）；

η_2——生产机械的效率；

ρ——流体密度，kg/m^3；

H——生产机械工作点的扬程，m；

K——安全系数（55kW 以下，$K=1.1\sim1.2$；55kW 以上，$K=1.05\sim1.1$）。

根据计算出来的 P_z，可在电动机产品目录中选择合适的电动机，使其额定功率 P_n 稍大于或等于 P_z。

一般情况下，可在负载的铭牌或说明书、样本上直接查到电动机的容量，不必通过计算。

（3）额定电压的选择

电动机的额定电压应根据电动机的功率大小和使用地点的电源电压来决定。中、小型异步电动机（100kW 以下）选用 380/220V 低压电动机，100kW 以上的电动机可根据当地电源条件和技术条件，考虑选用 3kV、6kV 或 10kV 高压电动机。

（4）额定转速的选择 电动机额定转速应根据生产机械的转速要求和传动方式来确定。要求转速配套后，电动机和生产机械都应在额定转速下运行。

选择电动机时，除考虑上述因素外，还要从设备的供应情况、基建投资、运行费用、操作维护条件、生产发展需要、供电电网的容量等因素来综合考虑。

13.6.2 电动机的保护

电动机的安全保护电路多种多样，是电气控制电路的重要组成部分。用来保护电动机的有短路保护、过载保护、缺相保护、失压保护和欠压保护等。

（1）短路保护

一般在主电路和控制电路中均应设置短路保护装置。当有多台电动机的分支电路时，还应设置各支路的短路保护装置，但对容量较小的支路可以 2～3 条支路共用一组保护装置。对于 500V 以下的低压电动机一般采用熔断器和自动开关进行短路保护。采用熔断器保护，若只有一相熔丝熔断则会造成电动机缺相运行。采用自动开关实行无熔丝保护能避免这个缺点，但费用较高。

（2）过载保护

电动机常采用热继电器、自动空气开关或过电流继电器进行过载保护。

对于容量较大的电动机，如果没有合适的热继电器，可以采用电流互感器，将热继电器接在互感器的二次侧即可。

对要求速断的场合（如起重机）应采用动作较快的过流继电器保护。

对长期工作的电动机都应安装过流保护装置，短时工作的电动机可不安装。

（3）缺相保护

缺相保护属于过载保护的范围，但现行的过载保护装置不能完全满足缺相保护的要求。

常用的缺相保护措施有采用热继电器、欠电流继电器或零序电压继电器等。

（4）失压和欠压保护

电动机控制线路中接触器就是一种最简单的失压和欠压保护装置。当电源突然中断（失压）时，接触器释放，自锁触头断开，而当电压恢复时电动机不能自行恢复运转，需要重新启动；当电源电压过低（欠压）时，接触器会因线圈的吸力不足而释放，从而可以避免因负载电流过大使电动机损坏。

电动机的失压和欠压保护还可通过采用低电压保护来实现。

小　结

　　三相异步电动机由定子和转子两个基本部分组成,转子有鼠笼式和绕线式两种,从而有鼠笼型和绕线型两种型式三相异步电动机。三相异步电动机三相定子电流建立了旋转磁场,旋转磁场转速 $n_1=60f/p$,转向取决于三相电流相序。电动机的转速为 $n=n_1$ $(1-S)$。三相异步电动机的主要特性是机械特性。

　　电动机的运行控制主要是电动机的启动、反转、制动和调速控制,其控制电路是利用低压电器元件通过导线联接组成。

　　单相异步电动机为了产生旋转磁场,常用的方式有电容分相式和罩极式。

　　交流电机中,转子的转速始终保持与同步转速相等的同步电机,分同步发电机、同步电动机和同步补偿机。

　　直流电机是可逆的,可进行直流电能与机械能之间的相互转换。按激磁方式分他激和自激两大类,而自激式又分为串激、并激和复激三种。

　　电动机的选用主要考虑结构型式、额定功率、额定电压和额定转速的选择,电动机的安全保护主要有短路保护、过载保护、缺相保护、失压和欠压保护等。

习题

1. 试述三相异步电动机的基本构造和工作原理。
2. 三相异步电动机的机械特性是什么?有何特点?
3. 试述三相异步电动机自动控制 Y-D 减压器启动的动作过程。
4. 试述三相绕线型异步电动机转子串电阻电流原则启动的动作过程。
5. 试述双重联锁可逆旋转控制线路的动作过程。
6. 试述电源反接制动的动作过程。
7. 三相异步电动机的调速方法有哪些?
8. 试述单相电容运行异步电动机的结构和工作原理。
9. 直流电机有哪几种激磁方式?
10. 同步电机有哪几类?
11. 选用电动机应考虑哪些因素?
12. 电动机安全保护电路有哪些?

第14章 自动控制基本知识

自动控制就是利用各种自动装置和仪表（包括计算机）代替人去控制生产机械和设备。自动控制技术在现代化生产当中应用十分广泛，涉及工农业、国防、科技的几乎所有领域。本章介绍的自动控制基本知识，主要是指自动控制在电力拖动自动调速系统中的应用。

调速对于生产机械有着重要的意义。自动调速通常是指通过自动地改变电动机的机械特性，使电动机的转速达到生产机械的工艺要求。能实现自动调速的系统就是自动调速系统，它主要分为直流调速系统和交流调速系统两大类。由于直流电动机良好的启动、制动性能，以及可以在广泛范围内平滑调速，所以直流调速系统，特别是晶闸管—电动机调速系统应用十分广泛。本章所介绍的自动调整系统都是直流调速系统。

14.1 自动控制的基本概念

14.1.1 自动控制有关术语

下面以电炉炉温的自动调节系统为例，介绍一下自动控制中常用的一些术语。如图14-1所示为电炉炉温自动调节系统示意图。

该系统中，电炉是利用电阻丝通电发热的原理加热的，改变电阻丝两端的电压可以改变炉温的高低，电压升高则炉温升高，电压降低则炉温降低。热电偶是用来检测炉内温度的，它可以将炉内温度转换成直流毫伏信号。电动机和减速箱用来驱动调压器调压手轮，从而改变加在电阻丝两端的电压。

在电炉加热过程中，其炉温一般要求恒定在某一数值上。但由于电网电压、环境温度等影响，炉温会产生波动。图14-1所示系统自动调节炉温的过程是：

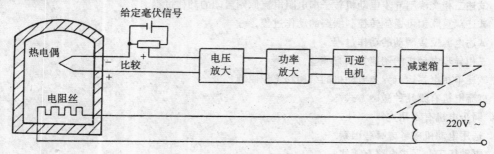

图 14-1 电炉炉温自动调节系统

当炉温由于干扰而升高或降低时，热电偶检测到了这个温度变化，将其转换成毫伏电压信号，与给定毫伏信号（代表要求的炉温）相比较得出偏差。该偏差通过电压放大和功率放大后，可以驱动电动机减速箱转动，从而带动调压器的手轮转动，改变电阻丝两端的电压，将炉温降低或升高。当炉温恢复到要求值时，偏差电压为零，电动机停转，调压器输出电压稳定。可见，在这个系统中，通过热电偶的检测，比较环节的比较，放大器的放大,电动机的旋转等方法,实现了自动炉温调节。此外,该系统不仅具有自动克服干扰、恒定炉温的作用,当我们改变给定毫伏信号大小时,炉温会随给定信号的大小而发生变化,达到预期的温度值。这样的系统就是一个典型的自动控制系统。

关于自动控制的有关名词术语如下。

(1) 被控对象

它是指一个可以完成某些特定工作的设备,该设备在系统中是被控制的对象。例如上面讲到的电炉、生产机械中的交直流电动机等都是被控对象。

(2) 被控量

也叫输出量,是指自动控制系统中需要自动控制的物理量。例如电炉的炉温,电动机的转速等都是被控量。

(3) 给定值

根据生产要求,被控量需要达到的数值。例如电炉的炉温要恒定在某个数值上,这个数值就是给定值;电动机的转速要保持在某一固定值上,这个转速值也是给定值。

(4) 扰动

是指对系统的输出量产生相反作用的各种信号。扰动分为内扰动和外扰动。系统内部的扰动称为内扰动;来自于系统外部的扰动称为外扰动。例如,由于电网电压波动引起电动机转速的波动是外扰动;由于电动机内阻变化引起的转速变化是内扰动。

(5) 输入量

泛指输入到自动控制系统中的信号,有时也特指给定值。例如在炉温自动调节系统中,热电偶输出的毫伏信号和给定的毫伏信号都是输入量。改变输入量就可以改变输出量。

(6) 环节

自动控制系统中能完成局部工作过程的某一部分。例如图 14-1 中的热电偶、调压器、放大器等都是一个环节。一个自动控制系统可以分为若干环节,根据它们完成任务的不同,可以分为给定环节、比较环节、放大环节、执行环节、反馈环节等。

(7) 反馈控制

是指将系统输出量的全部或一部分返回到输入端,与输入值进行比较,根据比较后的偏差,进行自动控制的过程。图 14-1 所示系统就带有反馈控制。该系统中热电偶将输出量(即被控量—炉温)转换成毫伏电压信号送回到输入端与给定毫伏信号进行比较,根据比较的偏差决定炉温调节的大小和方向(即升温或降温)。

反馈在自动控制系统中有两种作用情况:若反馈信号和原输入信号极性相同,叫正反馈;反之,若极性相反叫负反馈。图14-1所示的系统中的反馈是负反馈,因为热电偶输出的毫伏信号与给定毫伏信号的极性是相反的。此外,根据反馈量的不同,反馈还有多种形式,如电压反馈、电流反馈、转速反馈、温度反馈等。

(8) 开环控制系统和闭环控制系统

有反馈控制的系统就是闭环控制系统;反之,没有反馈控制的就是开环控制系统。上述炉温调节系统就是一个闭环控制系统。由于闭环控制系统能实现自动控制,故应用广泛。

14.1.2 自动控制系统的分类

自动控制系统种类繁多,分类方法不一。常用的分类方法有:

(1) 按设计和分析方法分类

1) 线性控制系统:由线性元件组成的系统。

2) 非线性控制系统:含有一个或一个以上非线性环节的系统。

(2) 按输入量的特点来分类

1) 定值控制系统:也称恒值控制系统,要求被控量保持恒定不变的系统。此种系统中给定量一般固定不变,也可根据需要调整给定量,调好后保持不变。这种系统的基本任务是在有扰动的情况下，保持被控量与给定值一致。

2）程序控制系统：给定量按事先确定的规律变化的控制系统。例如电炉在不同的时刻需要不同的温度，则事先编好一个程序，输入控制系统中，系统按该程序自动调节炉温，使炉温在不同时刻保持不同的温度。

3）随动系统：系统的给定量是按事先不知道的时间函数变化的，而系统的任务是保证被控量随输入量以一定精度变化的系统，称为随动系统，也叫跟踪系统。如导弹在跟踪飞行目标时的自动控制系统。

（3）按被控量的特点来分类

1）连续控制系统：被控量需要定量控制并可连续地被调整的系统。例如直流电动机的调速系统。

2）断续控制系统：系统的被控量是断续变化的系统。所谓断续是指电量的有或无、大或小；机械部件的动或停、进或退。交流电机的继电接触式控制系统就是此类系统。

（4）按输出量与输入量之间有无偏差分类

1）有差控制系统：系统在稳定工作时，输入量输出量之间有偏差的系统。

2）无差控制系统：系统在稳定工作时，系统的输出量总保持恒定，而与外界干扰无关的系统。

自动控制系统的分类方法还有很多。如按自动控制系统的复杂程度可以分为简单控制系统和复杂控制系统；按系统反馈控制方式的不同，可分为转速负反馈、电压负反馈、电流正反馈等；在此不一一例举。

14. 1. 3 开环控制系统和闭环控制系统

开环控制与闭环控制是自动控制中常见的两种形式，它们在调速系统中都有应用，开环控制系统与闭环控制系统的结构和特性是不一样的。

（1）开环控制系统

如图 14-2 所示为晶闸管—电动机开环调速系统原理示意图。

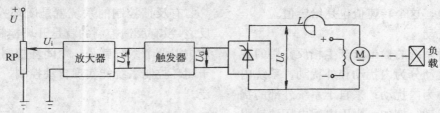

图 14-2　晶闸管—电动机开环调速系统

从图中可以看出，系统的输入电压为 U_i，输出为电动机的转速 n。显然，系统从输入到输出是单一方向的，输出没有以任何形式反馈回输入端，所以是个开环控制系统。

该系统的目的当然是调节电动机的转速。我们知道，他激式直流电动机的转速，可以通过改变加在电枢上的电压来改变。晶闸管整流装置可以通过改变晶闸管的导通角，来改变整流输出电压的大小。上述开环系统，就是把晶闸管整流装置与直流电动机结合起来而成的。在这个转速控制系统中，电动机是被控对象，转速是被控量，电位器 RP 上取

出的电压 U_i 是给定量（输入量）。当改变电位器 RP 的滑动触头时，给定电压 U_i 相应变化，从而改变了晶闸管触发电路的控制角，晶闸管整流装置的输出电压 U_c 也就随之发生改变，使直流电动机的转速改变，起到调速目的。可见，开环调速系统是给定一个输入电压 U_i，就对应电动机一个转速 n，这种系统很简单。

这个系统在一般情况下可以正常工作，但在实际运行中，由于许多因素的干扰，比如电源电压波动引起晶闸管整流电压的波动，或负载转矩变化等，都会引起电动机转速的

变化,从而偏离希望的给定值。所以,这样一个开环控制系统是无法抵抗扰动对直流电动机转速的影响,也就是说它不能自行修正由于扰动引起的偏差,特别是由于负载转矩变化引起的转速变化。由于这一点,开环控制系统只有在对控制精度要求不高的场合下使用。但是,开环系统结构简单、成本低、容易推广,因此在实际工程中也有广泛的应用。

综上所述,开环控制系统的特点是:

1) 不必对被控量进行反馈,所以系统的结构比较简单。

2) 由于本身控制精度不高,为了保证一定的控制精度,开环控制必须采用高精度元件,但采用高精度元件后,会使系统的成本增加。

3) 对于干扰所造成的误差,系统不具备修正能力。

4) 系统不存在不稳定的问题。

(2) 闭环控制系统

开环控制系统不具备抗干扰的能力。但有些生产设备是要求恒速的,那么上述的开环系统就无法做到这一点。当然,我们可以用人工控制的方法来实现恒速。

假如在开环系统中加装一个转速表,人通过观察转速表来判断电动机转速是否偏离了给定值。若转速出现了偏差,则由人去调节电位器 RP,改变给定电压 U_i,使晶闸管整流装置输出的电压 U_o 发生变化,从而使电动机的转速得以修正。这样一个人工控制系统可以用图 14-3 来表示。在这种控制当中,输出量转速通过人作为反馈环节,影响了输入量给定电压 U_i,也就是形成了闭环控制系统。

虽然利用人来实现反馈控制能够抵抗干扰,但由于人的反应速度慢,控制不准确,且无法适应转速频繁变化的场合。因此人们就考虑用自动装置来代替人实现控制目的。

如果在图 14-3 的基础上,用一套自动装置来代替人工调节的过程,那么就实现了自动装置来代替人工调节的过程,那么就实现

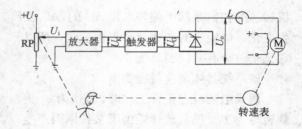

图 14-3　直流电动机人工闭环调速系统

了自动调节。假如可以将电动机的转速以某种形式自动返回到输入端(比如转换成电压信号),与输入量给定电压 U_i 相比较,然后将比较的结果放大后,去控制加在直流电动机电枢上的电压大小,从而改变电动机的转速,这样不就可以实现自动控制了吗? 由此设想可得如图 14-4 所示的闭环自动调速系统原理图。从图 14-4 中可以看出,输入与输出之间通过反馈形成了一个闭合的环,闭环控制因此而得名。

图 14-4 所示控制系统的工作原理是:

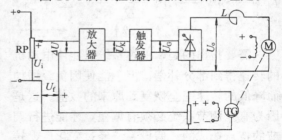

图 14-4　转速负反馈闭环调速系统

测速发电机 TG 与直流电动机相连。当直流电动机以一定转速转动时,带动测速发电机转动,测速发电机两端输出一定的电压,该电压与电动机的转速成正比关系。测速发电机输出的电压经过分压后得到反馈电压 U_f,U_f 反馈到系统的输入端,与给定电压 U_i 反极性串联,比较后得出偏差电压 $\Delta U = U_i - U_f$。该偏差信号经过放大后控制触发电路,从而控制了晶闸管整流装置输出的电压,达到调节转速的目的。由于反馈电压 U_f 与电动机转速 n 成正比,所以上述系统实际是一个转速负反馈闭环控制系统。此时,系统对电动

机转速的控制是基于偏差电压 ΔU 的，ΔU 发生变化，电动机的转速就会发生变化，所以它又是一个有差控制系统。

该系统具体调速过程如下：

假设电动机在正常工作时，转速为 n，负载转矩为 T_L，设负载转矩由于某种原因产生了一个增量 ΔT_L，根据直流电动机的机械特性可知，电动机转速降低，那么，测速发电机的转速也就随着下降，其输出电压也就降低了，反馈电压 U_f 随之减小。由于给定电压 U_i 不变，那么偏差 $\Delta U = U_i - U_f$ 将增加，放大器输出的电压使触发器的输出脉冲前移，对整流装置的控制角 α 减小，晶闸管的导通角 θ 增大，其输出电压 U_o 增加，使电动机转速回升，从而使电动机由于负载增加而丢失的转速得到了部分补偿，也就是说系统具备了抗干扰能力。上述过程可以表示为：

$$T_L\uparrow \longrightarrow n\downarrow \longrightarrow U_f \xrightarrow[\;U_i\text{ 不变}\;]{\Delta U = U_i - U_f} \Delta U\uparrow$$
$$n\uparrow \longleftarrow U_o\uparrow \longleftarrow \theta\uparrow \longleftarrow \alpha\downarrow$$

需要指出的是，上述系统只能使电动机的转速得到部分补偿，但不能使因负载增加而降低的转速完全恢复到原来的数值。这是因为有差调节系统必须有偏差，才能进行调节的特点造成的。假设系统经过变化后，转速恢复到原来值，那么 U_f、ΔU、U_o 也必定恢复到原来的值。在负载转矩增加和电枢电流增加的前提下，根据电动机的特性可知，电动机转速不可能保持原有值，必然重新下降。相反，若转速回不到原来值，就可以得到补偿。至于补偿到什么程度才算合格，是由相应的质量指标来确定的，这在以后再讨论。

综上所述，闭环控制系统的特点如下：

1）系统需要反馈元件组成的反馈环节。正因为有了反馈，系统才实现了自动控制。上述系统中的测速电机 TG 和分压电阻 R_f 的组合便是反馈环节。反馈元件的精度将直接影响控制质量，所以反馈元件必须采用高精度、高灵敏度元件。

2）由于采用了负反馈，因此对控制装置及被控对象的参数变化而引起的干扰都不甚敏感了，因此可采用不太精密的元件。

3）当系统出现干扰时，系统可以减弱其影响。

4）系统可能出现工作不稳定现象，因此闭环控制系统存在着稳定性问题，这是闭环系统特有的现象。在系统进行调节时，可能会出现调节过度的现象，从而引发系统振荡，造成系统无法正常工作。

对于一个自动调速系统来讲，除了具备以上的特点外，它还能够使系统的机械特性变硬。为什么闭环调速系统可以使特性变硬呢？这是由于闭环系统的自动调节作用。

在开环系统中，当负载增大时，电动机的电枢电流也增大，电枢上的压降随之增大，电动机的转速就只能下降，无法补偿。而闭环系统由于有反馈装置，转速一旦下降，反馈电压就能感觉出来，通过比较放大，使整流输出电压 U_o 提高。由于电枢电压的提高，相当于使系统又工作在了新的机械特性上，也就是机械特性曲线上移，从而使转速回升，最终的转速降落就比开环系统少得多。由于这种自动调节作用，每增加一点负载，就相应地提高一点整流输出电压 U_o，使系统又工作在另一条机械特性曲线上。如此下去，闭环系统的机械特性（静特性）就是在每一条机械特性曲线上取一个相应的工作点，再把这些点连接而成的，如图 14-5 所示。由图可

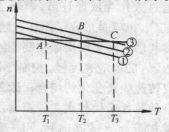

图 14-5　闭环系统静特性与
开环机械特性的关系

见，闭环调速系统的机械特性（静特性）比原有的机械特性要硬得多。

14.1.4　自动控制系统的组成

图 14-6 所示方框图虽然画的是晶闸管—直流电动机自动调速系统，可是由于该图中包含了自动控制系统的基本环节，所以该图就有一定的典型性。下面以该图为例，说明自动控制系统的组成。

（1）给定环节

给定环节的作用是接受指令后，产生预定的输入信号。图 14-4 中的电位器 RP 就是给定环节。电位器可以调整，人在调整电位器时就可以称为发出指令，电位器将调整转变为一定的给定量 U_i。

（2）比较环节

比较环节的作用是将给定信号和反馈信号进行比较后产生偏差。图 14-6 中"⊗"表示加法运算符号，每个箭前沿上的"＋"和"－"表示信号的正负。图 14-4 的比较环节已包括在放大器内了。

（3）放大环节

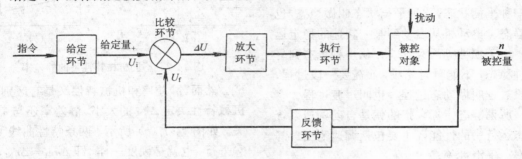

图 14-6　闭环控制系统方框图

放大环节的作用是将偏差放大后，产生足够大的幅值和功率，驱动后面的环节工作。图 14-4 中的放大器就是放大环节。

（4）执行环节

执行环节的作用是根据放大后的信号，对被控对象进行控制，使被控量和给定值趋于一致。有时也可以将放大环节和执行环节合并成一个环节，叫控制环节。图 14-4 中的晶闸管整流装置可视为执行环节。

（5）被控对象和被控量

它们的概念前面已介绍过。图 14-4 中的电动机 M 和转速 n 就是被控对象和被控量。

（6）反馈环节

反馈环节的作用是将被控量变换成与输入量同性质的物理量，送回到输入端。图 14-4 中的测速发电机 TG 和分压电阻 R_f 构成了反馈环节。

一般来讲，自动控制系统都是由以上几个环节组成的。有些系统可能会多几个附加的环节，但都大同小异。一个自动控制系统用这样一些环节和方框图表示，就简洁多了，其结构和特点也就一目了然了。同样，图 14-1 和图 14-2 也可以用方框图来表示，在此请读者自行画出，并分析各环节包含的元件。

14.2　自动调速系统的质量指标

在现代工业中，有大量的生产机械需要根据生产的过程来改变其工作速度。比如车床粗车时，主轴转速要慢；精车时，主轴转速要快。这就要我们必须采用一定的方法来改变生产机械的工作速度，以满足生产工艺的要求，这就是调速。调速对生产机械来讲意义重大。为了保证调速的准确、及时、可靠，现代调速系统大多采用自动调速系统。自动调速系统具有效率高、操作简便，可进行无级调速，抗干扰能力强，准确及时等优点。

调速系统性能的好坏直接关系到生产机

械乃至产品的好坏。因此，调速系统在实际运行中要满足一定的指标要求，这些指标就是调速系统的质量指标，它是衡量系统好坏的准则。质量指标包括静态、动态指标、经济指标等。经济指标主要有设备投资费，电能损失费与维护费等，在此不详细讨论。下面主要介绍静态指标和动态指标。

14.2.1 静态指标

电动机在启动前，处于静止的平衡状态，转速为零；启动后达到稳定转速后，又处于另一种平衡状态，这种平衡状态叫做稳态，也叫静态。电动机从启动到某一转速的稳定运行，由于惯性等因素影响，从一种稳态到另一种稳态，不能瞬时完成，而需要一段过程，这段过程叫做动态过程，也叫过渡过程。

所谓静态指标，指的就是自动调速系统静态运行中的性能，主要包括调速范围、静差率、平滑性等。

（1）调速范围（D）

调速范围是依据生产机械的工艺要求来决定的，用 D 来表示。其定义为在额定负载下，用某一方法调速时，系统所能达到的最高转速 n_{max} 与最低转速 n_{min} 之比，即：

$$D = \frac{n_{max}}{n_{min}} \qquad (14-1)$$

不同的生产机械要求不同的调速范围，如金属切割机床的调速范围为 $4\sim10$，造纸机为 $10\sim20$，轧钢机为 $3\sim15$ 等。

（2）静差率（S）

静差率也叫静差度或速度的稳定性，表示负载转矩变化时转速变化的程度。其定义为电动机工作在某一条机械特性上，电动机的负载由理想空载加到额定负载时，所出现的转速降落 Δn_N 与这条特性所对应的理想空载转速 n_0 之比的百分数。即：

$$S = \frac{\Delta n_N}{n_0} \times 100\% = \frac{n_0 - n_N}{n_0} \times 100\%$$
$$(14-2)$$

从上式可以看出，静差率和电动机的机械特性有关。特性越硬，则 Δn_N 越小，静差率越小，转速的稳定程度越好；反之，机械特性越软，转速变化越大，静差率越大，转速的稳定程度越差。如图 14-7（a）所示，特性①比特性②硬度高，所以 $\Delta n_{N1} < \Delta n_{N2}$，因 n_0 相同，根据式 14-2 可得，特性②的静差率比特性①的大，特性②的稳定程度差。

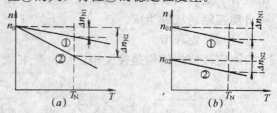

图 14-7 不同机械特性下的静差率

然而，静差率和机械特性又是有区别的。机械特性决定 Δn_N 的大小，静差率还与 n_0 有关。如图 14-7（b）所示，两条特性曲线①和②平行，也就是硬度一样，即 $\Delta n_{N1} = \Delta n_{N2}$，但由于 $n_{01} > n_{02}$，根据式 14-2 可知：$S_1 < S_2$。由此可见，在相同的 Δn_N 下，电动机高速运行时，静差率小，相反，在低速运行时静差率大。所以，对于一个调速系统而言，在一定的调速范围内，对静差率有一定要求的话，那么只要使系统在低速下的静差率符合要求，则其余转速下的静差率就一定能满足要求。

各种生产机械调速时，对静差率有一定的要求，即应小于某一数值，以使负载变化时，转速的变化能在一定范围内。比如，普通车床 S 要求低于 30%，龙门刨床为 5%，高级造纸机要求为 0.1% 等。

通过上面的分析可知，静差率 S 和调速范围 D 之间有相互的关联，我们总希望在满足系统静差率的要求下，能尽可能扩大调速范围。但调速范围不能无限制扩大。为什么呢？因为，电动机的最高转速 n_{max} 受电动机自身因素的制约，一般不能改变；而最低转速 n_{min} 又受允许的静差率的限制。由此可见，电动机能实现的调速范围与其拖动的生产机械所允许的最大静差率密切相关。一般所谓的调速范围是指在允许的静差率条件下而言的。下面给出调速范围 D、静差率 S 和额定转速降落 Δn_N 之间的关系。

如果系统必须保持的静差率为 S，则有如下关系：

$$S = \frac{\Delta n_N}{n_{0min}}$$

而调速范围 $D = \frac{n_{max}}{n_{min}}$，在调节电枢电压进行调速的直流电动机上，$n_{max}$ 就是它的额定转速 n_N，则其最低转速为：

$$n_{min} = n_{0min} - \Delta n_N = \frac{\Delta n_N}{S} - \Delta n_N$$

$$= \Delta n_N \frac{1 - S}{S}$$

于是有：

$$D = \frac{n_{max}}{n_{min}} = \frac{n_{NS}}{(1 - S)\Delta n_N} \qquad (14\text{-}3)$$

上式说明了调速范围 D、静差率 S 和静态转速降落 Δn_N 之间的关系。它表明：当系统的机械特性的硬度一定时（即 Δn_N 一定），对静差率的要求越高，即 S 越小，则允许的调速范围 D 就越小。如果静差率 S 的要求一定，则扩大调速范围 D 的统一途径便是减小转速降落 Δn_N，也就是提高系统机械特性的硬度。

在上一节的学习中，我们知道闭环调速系统的静特性比开环调速系统的要硬，所以，在相同静差率要求下，闭环调速系统的调速范围要比开环系统的大。

（3）调速的平滑性

在调速范围内，电动机转速变化的次数叫做调速的级数，它相当于机械特性变化的次数。显然，级数越多，相邻两级的转速 n_i 和 n_{i+1} 越接近，调速的平滑性越好。为了比较平滑性，采用平滑性系数 ϕ 来衡量，其定义为相邻两级转速的比值，即

$$\phi = \frac{n_i}{n_{i+1}} \qquad (14\text{-}4)$$

若 $\phi \neq 1$，则称为有级调速；若 $\phi = 1$，则称为无级调速，即转速连续可调，级数接近无穷级，此时调速的平滑性最好。

14.2.2 动态指标

动态指标是指自动调速系统在过渡过程时的性能指标，也就是动态过程的性能。

（1）稳定性问题

在前面学习闭环控制系统时，我们知道闭环系统工作在静态时，系统是不存在稳定性问题。而当闭环系统从一种静态过渡到另一种静态时，就可能出现稳定过渡和不稳定过渡的情况了。假如一个闭环调速系统起始时转速为零（一种静态），经过一段时间，转速达到了希望值 n_0（另一种静态），在这个过渡过程中，可能会出现如图 14-8 所示的四种情况。

1）曲线①的情况：电动机转速由零开始

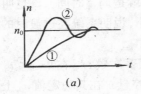
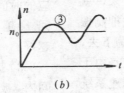
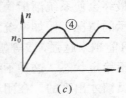

图 14-8 输出量过渡过程形式
(a) 收敛；(b) 发散；(c) 等幅振荡

慢慢上升，最后达到 n_0。这种情况过渡平衡，没有振荡，但过渡时间较长，系统反应不灵敏。

2）曲线②的情况：电动机转速由零开始

快速上升，并超过 n_0，然后回落，经过几次振荡后也趋于稳定。这种情况虽然有振荡，但只要加以限制，其优点是明显的，特别是速

度上升快。以上两种情况属于收敛性质。

3）曲线③的情况：电动机转速由零开始快速上升，并超过n_0，然后开始振荡，并且振荡幅度越来越大，系统无法稳定于转速n_0。这种情况就是不稳定的情况下，系统在这种不稳定中不但不能正常工作，甚至可能遭到损坏。这种情况属于发散性质。

4）曲线④的情况：电动机转速由零开始快速上升，并开始以n_0为轴等幅振荡。这种情况也是不稳定的，同曲线③一样，都是调速系统应该避免的。一旦出现，需采用稳定环节来稳定系统。

从上面四种情况来看，闭环调速系统有可能产生不稳定的情况。那么，系统为什么会出现不稳定现象，出现振荡呢？

以图14-4为例，假设系统中放大器的放大倍数越大。若在稳定运行过程中，由于负载转矩突然增加，电动机的转速将下降，通过测速发电机使反馈电压U_f下降。偏差ΔU将增大，由于放大器的放大倍数很大，偏差经过放大后，就会使电枢电压U_a增加很多。这样，电动机的转速上升到超过原来的转速值。于是反馈电压U_f也增加到了超过原来的反馈电压，使偏差电压又急剧减小，这样，电枢电压又下降，电动机转速再次下降，降的比原来的转速还低。这时，U_f又下降，ΔU再次上升，促使U_a及电动机转速再次上升。如此循环往复，就形成了振荡。如果系统能够抑制振荡，最终会使系统渐渐稳定下来，就象曲线②所示的情况。假如系统无法抑制振荡，则振荡可能越来越强，或等幅振荡下去，系统就处于不稳定状态。这种不稳定是由于系统采用了反馈才出现的。在闭环调速系统中，造成系统不稳定的主要原因是系统放大倍数太大（灵敏度太高）。解决的办法是增加稳定环节或直接减小系统的放大倍数和增加阻尼。

（2）动态指标

在自动调速过程中，图14-8中的曲线②

所示的情况是最好的，这是因为这种情况满足了自动调速系统在过渡过程的稳定性和快速性的要求。和系统在过渡过程中的稳定性与快速性相关的几个动态指标是：

1）最大超调量$\sigma\%$。如图14-9所示，图中曲线为自动调速系统在出现阶跃输入信号时，输出转速的响应曲线。图中，n_p是系统输出的最高转速值，n_0为最后稳定值。最大超调量的定义是：在过渡过程中，输出量超过稳态值的最大偏差$(n_p - n_0)$与稳态值n_0之比的百分数，即：

$$\sigma = \frac{n_p - n_0}{n_0} \times 100\%$$

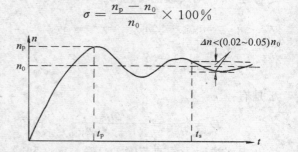

图14-9 超调量、调整时间、振荡次数

最大超调量是用来说明系统的相对稳定性，其值越小，系统相对稳定性越高。但最大超调量也不能太小，否则过渡过程会太缓慢。一般机械加工中，$\sigma\%$限制在$10\%\sim15\%$左右。

2）调整时间t_S。在图14-9中，振荡衰减时，若振幅Δn小于给定值的n_0的$2\%\sim5\%$时，认为系统已基本进入稳定状态，此时对应的时间就是调整时间t_S，也叫过渡过程时间。t_S越小，说明系统在过渡时的快速稳定性越好。

3）振荡次数N。在$0\leqslant t\leqslant t_S$这段调整时间内，被控量$n$在其稳定值$n_0$上下摆动的次数，定义为振荡次数。摆动次数是以一上一下为一次，若所得结果不是整数，要取与实际值相近的整数，图14-9中的振荡次数为2次。不同生产机械对振荡次数的要求不一样，比如龙门刨、轧钢机允许有一次振荡，而造纸机则不允许有振荡的过渡过程。

由于生产机械的不同，对调速系统的各项动态指标的要求是不同的。

14.3　自动调速系统的基本环节

自动控制系统各组成环节的基本概念和功能前面已做了简要介绍。下面以晶闸管—直流电动调速系统中的转速负反馈调速系统为例，说明自动调速系统的各基本组成环节。

14.3.1　自动调速系统举例

图 14-10 所示为转速负反馈自动调速系统线路图，它是图 14-4 系统的具体线路。图中的虚线框将系统分为四部分：给定电路（Ⅰ）；放大和脉冲发生电路（Ⅱ）；转速负反馈电路（Ⅲ）和主电路（Ⅳ）。

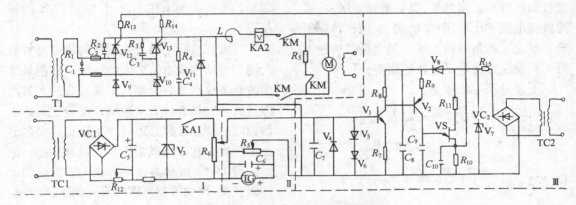

图 14-10　转速负反馈调速系统线路

给定电路是产生给定电压 U_i 的环节，也就是给定环节。单相桥式整流电路 VC1 将交流电转换为直流电压输出，该电压经电容 C_5 滤波，再经稳压管 V_3 稳压后，经给定电阻 R_6 分压调节输出一个稳定的给定电压。通过调节电阻 R_6 的分压比，可获得不同的给定电压，对应不同的转速输出。

转速负反馈电路是产生反馈电压 U_f 的环节，也就是反馈环节。测速发电机 TG（与电动机 M 同轴相连）将转速转换成电压，该电压经电容 C_6 滤波，电阻 R_5 分压后获得反馈电压 U_f。由于 U_f 与 U_i 反极性串联，所以该反馈又称为串联型负反馈。

放大和脉冲发生电路是将给定电压与反馈电压进行比较后得出的偏差电压 ΔU 放大，并产生触发脉冲的环节，也就是放大环节。由于 U_i 与 U_f 反极性串联加在三极管 V_1 的输入端，所以 V_1 的净输入电压就是 $\Delta U = U_f - U_i$，该环节实际包含了比较环节，故又称为比较放大环节。以三极管 V_1 为核心的直流单管放大器将偏差电压 ΔU 放大后，送给由单结晶体管 VS 和三极管 V_2、电容 C_9 组成的脉冲发生电路，产生触发脉冲，该脉冲的相位（即控制角 α）受偏差电压控制。ΔU 增大，脉冲前移，控制角 α 减小；反之，α 增大。触发脉冲控制角的变化最终影响可控整流的输出电压 U_o。放大电路的电源是由变压器 TC2、单相桥式整流电路 VC2、稳压管 V_7 和电容 C_8 组成的整流电路提供。脉冲发生电路的同步电源是由 TC2 和 VC2、V_7 提供的梯形波同步电压。

主电路由单相半控桥式整流电路，平波电抗器 L 以及直流电动机 M 组成。显然主电路就是调速系统的执行环节。晶闸管的导通角由脉冲发生器输出脉冲的控制角控制，当导通角发生变化时，可控桥式整流电路输出电压随之变化，使电动机的转速得以调整。主电路中的接触器 KM 的常闭触头用于能耗制动，过电流继电器 KA2 用于过载保护。

图 14-10 所示系统自动调速过程如下：

设电动机负载转矩突然增加，则电动机的转速 n 将下降，测速发电机输出电压下降，反馈电压 U_f 减小。由于 U_i 不变，则偏差电压 $\Delta U = U_i - U_f$ 增大，三极管 V1 基极电位升高，集电极电位成倍下降，使三极管 V2 的集电极电流随之增大。这时，V2 集电极电流向电容 C9 的充电速度加快，单结晶体管 VS 输出脉冲的相位前移，即控制角 α 减小。晶闸管接收到该脉冲控制信号，其导通角 θ 增大，可控整流电路输出电压 U_a 增加，电动机转速回升。反之，若负载转矩减小使电动机转速上升，系统也可使电动机转速回落。

上述过程可表示为：

$$T_L\uparrow \longrightarrow n\downarrow \longrightarrow U_f\downarrow \longrightarrow \Delta U\uparrow \longrightarrow \alpha\downarrow$$
$$n\uparrow \longleftarrow U_a\uparrow \longleftarrow \theta\uparrow$$

14.3.2 自动调速系统的基本环节

上面例举的自动调速系统是由这样几个基本环节组成的：给定环节、比较放大环节、执行环节和反馈环节。自动调速系统还有很多不同种类，各种系统之间主要的不同在于比较放大环节和反馈环节的具体构成不同。此外，有些调速系统还有稳定环节和补偿环节等。

（1）比较放大环节

给定电压和反馈电压的比较，通常是在放大器的输入侧进行。根据反馈电压与给定电压的联接方式不同，主要有两种比较环节：串联型比较环节和并联型比较环节。

串联型比较环节是将给定电压与反馈电压串联，比较的结果是输出偏差电压，作为放大环节的输入信号。图 14-4 所示系统就是串联型比较环节。

并联型比较环节是将反馈信号汇集到放大器的输入端，与给定电压并联在一起。后面介绍的一些系统，如图 14-15 等属于并联型比较环节。

比较环节产生的偏差电压 ΔU 很小，必须进行放大，才能使后续环节工作，所以，比较环节后紧跟着放大环节。

放大环节的结构有多种形式。图 14-10 中的放大环节是一个单管直流放大电路，它由三极管 V1，二极管 V4、V5、V6，电阻 R7、R8 组成。其中二极管 V4、V5、V6 为输入信号限幅用的，它们的作用是使放大器输入端所加正向电压不超过二极管 V5、V6 的管压降和，反向所加电压不超过二极管 V4 的管压降。

放大环节除了由分立器件构成的单管放大器和差动多级直流放大器以外，目前最常用的是集成运算放大器。集成运算放大器简称运放，它具有放大倍数高，性能优良，工作稳定的特点，并且通过改变运算放大器的反馈接线方式，可以实现多种运算功能。例如：图 14-11 所示为由运算放大器构成的比例调节器，该调节器可以实现比例运算功能。图中，三角形符号表示运算放大器，输入电压 U_i 经电阻 R_i 加在运放的反相端上。R_f 为反馈电阻。此时，运算放大器的输出电压 U_o 与 U_i 有如下关系：

$$U_o = -\frac{U_f}{R_i}U_i = KU_i \qquad (14\text{-}6)$$

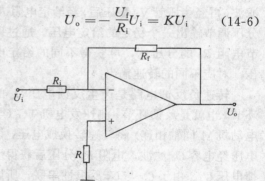

图 14-11　比例调节器

式中 $K = -\dfrac{R_f}{R_i}$，称为比例系数。可见，输出电压与输入电压之间成比例关系。

假如将运放的输入信号变为两个信号 U_{i1} 和 U_{i2}，如图 14-12 所示，则构成了加法运算电路。根据运放的工作原理可得：

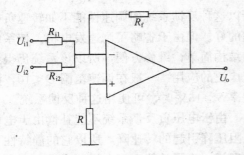

图 14-12 用运放实现信号的组合

$$U_\circ = -\frac{R_f}{R_{i1}}U_{i1} + \frac{R_f}{R_{i1}}U_{i2} \qquad (14\text{-}7)$$

若取 $R_{i1} = R_{i2} = R_i$，则上式可变为：

$$U_\circ = -\frac{R_f}{R_i}(U_{i1} + U_{i2}) = K(U_{i1} + U_{i2})$$
$$(14\text{-}8)$$

可见，该电路实现了加法运算，而且，只要将两个输入信号中任意一个极性反接，就可实现减法运算了。

将运算放大器作为放大环节应用于自动调速系统中，便可构成图 14-13 所示的自动调速系统了。

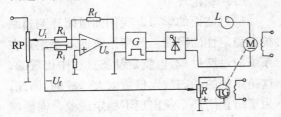

图 14-13 采用运算放大器的自动调速线路

在该系统中，由于反馈电压 U_f 与给定电压 U_i 极性相反，根据式 14-8 可得：

$$U_\circ = K(U_i - U_f) \qquad (14\text{-}9)$$

可以看出，该系统中给定电压与反馈电压是并联起来的。

（2）反馈环节和补偿环节。

在自动调速系统中，输入量是电压，输出量是转速。将输出量反馈回输入端，一般需要用测速发电机来进行转换。这样的反馈就是转速负反馈。前面介绍的自动调速系统都是具有转速负反馈环节的调速系统。由于转速负反馈对测速发电机要求高，且要与电动机同轴连接，这样做虽然调速精度高，但系统的成本高，维护较麻烦。因此，在一些对调速指标要求不高的系统中，通常也采用直接将电动机的电枢电压和电枢电流作为输出量，反馈回输入端。因为电枢电压和电枢电流是影响电动机转速的主要原因。

在自动调速系统中，反馈环节除了转速负反馈这种形式外，常用的反馈形式还有电压负反馈、电流正反馈、电流截止负反馈、电压微分负反馈、电流微分负反馈等。下面简要介绍电压负反馈环节和带有补偿性质的电流正反馈补偿环节。

图 14-14 所示为具有电压负反馈环节的自动调速系统。

该系统中采用了运算放大器，在电枢两端接入了分压电阻 R_1 和 R_2，构成电压负反馈环节。根据分压关系可得：反馈电压 $U_f = \dfrac{R_1}{R_1 + R_2}U_a$，反馈电压与电枢电压成正比。由于反馈电压引到运放输入端时是负极性的，因此是电压负反馈。该系统的工作过程是：假设负载转矩增加，电动机转速下降，根据直

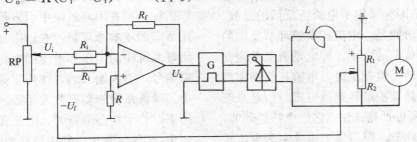

图 14-14 具有电压负反馈的自动调速原理图

流电动机特性可知，电枢电压 U_a 下降，反馈电压也随之下降，偏差电压 ΔU 增加，使触发电路的输出脉冲相位前移，晶闸管导通角增大，整流输出电压上升，电动机转速得到一定补偿。

由于电压负反馈系统的被调量是电动机的电枢电压 U_a，因此它只能维持电枢电压 U_a 保持不变，使转速得到一定的补偿。但当负载增加时，由于负载电流 I_a 产生的电动机电枢压降 $I_a R_a$ 所引起的转速降，却无法补偿。

所以这种反馈系统的调速性能不如转速负反馈的好。但由于省略了测速发电机，使系统的结构简单，维修方便，所以该系统仍得到了广泛的应用。一般在调速范围 $D<10$，静差率 $S>15\%$ 时，可使用这种反馈系统。

由于电压负反馈系统不能补偿由于电枢电阻压降引起的转速降，所以它的静特性不够理想。为了补偿电枢电阻压降 $I_a R_a$，在系统中引入补偿环节，即电流正反馈环节，如图 14-15 所示。

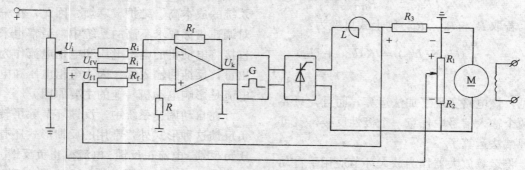

图 14-15 具有电压负反馈及电流正反馈的自动调速线路原理图

图中，电阻 R_1 和 R_2 仍然构成电压负反馈环节。电阻 R_3 及引向放大器输入端的线路构成了电流正反馈环节。为什么是电流正反馈呢？因为电阻 R_3 上的电压（即反馈电压）是由于电枢电流流过 R_3 形成的，且该反馈电压极性与给定电压极性相同。此时，运放输入端的偏差电压 $\Delta U = U_i - U_{fv} + U_{fl}$，其中 $U_{fl} = I_a R_3$。由此可以看出，偏差电压反映了负载电流的增减，即当负载电流 I_a 增加时，偏差电压也增加，那么整流装置输出电压也就增加了，就可以补偿电枢电阻压降引起的转速降了。这都是因为采用了电流正反馈的缘故。

需要指出的是：电流正反馈环节反馈的量是电动机负载的大小，即电动机负载变化实际上的扰动。也就是说，电流正反馈实质上反馈的不是被控量转速或电压，而是系统的扰动量。所以严格来讲，它是个补偿环节，而不是反馈环节。但习惯上也称它为电流正反馈环节。

（3）稳定环节

通过前面的学习，我们知道闭环调速系统有稳定性的问题。闭环系统的不稳定是在系统的过渡过程，也就是动态过程中出现的，这是系统的动态放大倍数太大造成的。因此，为了防止闭环系统出现不稳定现象，需要减小系统的动态放大倍数。但减小动态放大倍数的同时，也会影响到静态放大倍数，使之减小。而系统在稳态运行时，希望静态放大倍数越大越好。这样就产生了矛盾。

为了解决这种矛盾，满足系统的动态、静态指标，可在闭环系统中引入稳定环节。稳定环节的基本原理是：在动态过程中，利用闭环系统中的电压和电流的变化量作为负反馈信号，引入输入端，作用于偏差电压的大小，降低系统的动态放大倍数。当系统过渡结束，处于稳态运行时，电压和电流将不再变化，这种由变化引起的负反馈就自行消失，系统的静态放大倍数不受影响，保证静态工作性能。

最常用的稳定环节是电压微分负反馈和电流微分负反馈。图 14-16 所示为电压微分负反馈环节。

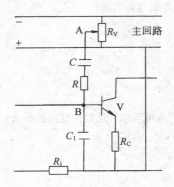

图 14-16　电压微分负反馈线路

该图中，从主电路分压电阻 R_V 上取的负电压，经电容 C 和电阻 R 构成的微分电路，反馈到放大器的输入端。由于电容器具有的隔直流通交流的特性，当主电路电压不变时，电容器将主电路与放大电路隔开，微分反馈信号为零。若主回路电压有变化时，则微分电路就会产生一个反馈电流脉冲，该电流与给定电流合成后，作为放大器的输入电流，影响放大器的输出电压，从而使主回路的电压和电动机的转速发生相应的变化。

电压微分负反馈与电压负反馈不一样。不管主电路电压是否变化，电压负反馈环节都有反馈信号存在；而电压微分负反馈只有在主电路电压变化的情况下，才有反馈信号，才起作用。由于电压的变化意味着电动机转速的变化，稳定了电压，也就稳定了电动机的转速，所以它是一个稳定环节。并且，电压微分负反馈并不影响系统的静态放大倍数，保持了系统应有的静态性能。

电流微分负反馈的基本原理与电压微分负反馈一样，只是所取的信号是电流，也就是只有主电路的电流有变化，才有反馈信号。

小　结

自动调速系统是自动控制在调速系统中的具体应用。自动调速系统之所以能够抵抗干扰，补偿由于负载变化引起的转速变化，是因为在调速系统中引入了负反馈，形成了闭环控制系统。闭环调速系统存在稳定性问题，在系统处于动态过程时，可能会产生振荡。为了保证调速系统在动态和静态工作时都能正常运行，满足生产机械的要求，我们引入了动态指标和静态指标。

自动调速系统总是由若干个基本环节组成的，这些环节是：给定环节、比较环节、放大环节、反馈环节、补偿环节、执行环节和稳定环节。每一个基本环节都有许多结构形式，这样就构成了各种各样、可以满足不同要求的自动调速系统。

习题

1. 解释下列名词术语的概念：

被控量　给定值　扰动　反馈控制　开环控制　闭环控制　调速范围　静差率　最大超调量

2. 开环控制系统和闭环控制系统的特点是什么？闭环调速系统的静态性为什么会变硬？

3. 试述图 14-4 所示闭环调速系统中，当负载转矩减小时，转速自动调节的过程。

4. 试画出图 14-1 所示自动调温系统的方框图。

5. 什么是静态指标？什么是动态指标？它们各包含哪些指标？

6. 静差率与电动机机械特性的硬度有何关系？

7. 试举例说明，对静差率要求严格时，调速范围就减小了。

8. 在满足静差率的前提下，怎样扩大系统的调速范围？

9. 闭环调速系统为什么会出现不稳定的振荡现象？采取什么办法可以消除？

10. 试述图 14-10 所示系统的自动调速过程。

11. 自动调速系统一般由哪些环节构成？

12. 试述图 14-13 所示系统的自动调速过程。

13. 采用电压负反馈为什么能实现自动调速？

14. 为什么说电流正反馈环节实质是补偿环节？

15. 电压微分负反馈与电压负反馈有何不同？在调速系统中引入电压微分反馈的目的是什么？

第15章 照明线路及装置

照明必须有光源，人类自古以来就受到光的恩惠，并一直不断地发展光源，古时候，人们利用火把燃烧的原理来获得人工光源，至1879年爱迪生发明白炽灯后，才开始利用电来获得人工光源，自此以来，照明所需光源以电光源最为普遍。本章主要介绍有关照明的基本知识及一般工厂和民用的常用电光源、照明器及其选用。

15.1 照明配电线路

照明配电线路一般由导线、导线支撑物和用电器等组成。配电线路的安装有明敷和暗敷两种。导线沿墙壁、天花板等敷设称为明敷；导线穿管后埋设在墙内或装设在顶棚内等敷设方式称为暗敷。

15.1.1 室内配电线路方式

室内配电线路按配线方式的不同，有瓷夹板配线、槽板配线、塑料护套线配线、电线管配线等。

室内布线的一般要求：1) 布线所使用的导线，耐压等级应高于线路的工作电压。其绝缘层应符合线路安装方式和敷设环境条件；截面的安全电流应大于用电负荷电流和满足机械强度的要求。2) 导线在联接和分支处，不应受机械应力的作用，并应尽量减少接头。若必须有接头时，可按图15-1所示的方法进行联接，然后用绝缘胶布包缠好。3) 各种明布线应水平和垂直敷设。平行敷设时，导线距地面一般要求不小于2.5m；垂直敷设时，导线距地面不低于2m。若达不到上述要求时，需加保护，防止机械损伤。4) 导线穿墙时，应装过墙管（铁管或其他绝缘管）。过墙管两端伸出墙面距离应在10mm左右。5) 布线要便于检修和维护，明布线需将导线调直敷设，导线与导线交叉、导线与其他管道

交叉时，均需套以绝缘套管或作隔离处理。
6) 线路应避开热源，不在发热物体（如烟囱）的表面敷设线路。

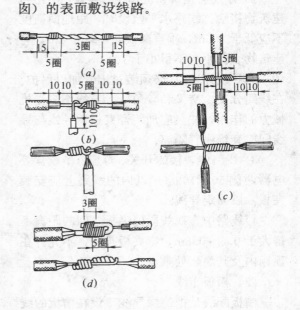

图15-1 单股铜导线连接方法

(a) 直线联接；(b) 丁字联接；
(c) 十字联接；(d) 粗细联接

(1) 瓷夹板布线

瓷夹板又称瓷夹，可分为单线、双线和三线式。夹线部分均有"防滑筋"，以防止导线松动，其外形如图15-2所示。瓷夹板布线造价低，安装和维护方便，照明电路中经常使用，但由于瓷夹的机械强度较小，且导线距建筑物较近，所以这种布线方法只适用于用电量较小、干燥、无机械损伤的场所。

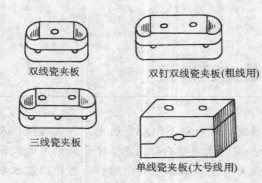

双线瓷夹板　　双钉双线瓷夹板(粗线用)

三线瓷夹板

单线瓷夹板(大号线用)

图 15-2　瓷夹板外形图

瓷夹板布线的要求：

1）导线与建筑物应横平、竖直，不得与建筑物接触。线路水平敷设时，距地面高度不应低于 2.5m，垂直敷设时不低于 2m，与建筑物表面距离不得小于 10mm。

2）导线穿墙时，必须装过墙管加以保护。在线路分支、交叉和转角处，导线不应受机械力的作用，并且应加装瓷夹板，导线与导线间应套绝缘管隔离。

3）线路中装接的开关、灯座、吊线盒等电器两侧 50～100mm 以内的线路上应安装夹板，以固定导线。

4）线路中直线线段瓷夹板之间的距离不得大于 0.6～0.8m，瓷夹板布线，不允许在顶棚内及其隐蔽处敷设。

（2）槽板布线

槽板配线是把绝缘导线敷设在槽板的线槽内，上面用盖板把导线盖住。这种配线方式安全性高，维修方便，而且美观。

常用的槽板有木槽板和塑料槽板两种。线槽有两线（宽度为 4cm）、三线（宽度为 6cm）两种。适用于用电量较小和要求美观的场所。

1）木槽板配线

木槽板布线的要求：

A. 木槽板要装设得横平竖直，整齐美观，固定牢靠。固定要求：底板固定距离——端部 30mm，中间 600mm；盖板固定距离——端部 60mm，中间 450mm。

B. 每个线槽内，只能敷设一根导线（须使用耐压 500V 的绝缘导线，其截面不允许超过 4mm²）。槽内导线不准接头，若必须接头时，要使用接线盒扣在槽板上。

C. 木槽板的直线连接处，底与盖的接口不能在一处，要错开 30mm，接头处做成斜口，在"J"字和转角的连接处成 45°角接合，终端要封口。

D. 木槽板与开关、插座或灯具所用的木台相连接时，用空心木台，把木台边挖一豁口，然后扣在木槽板上。

2）塑料槽板配线

现在施工主要使用塑料线槽，用于干燥场合作永久性明线敷设，一般用于简易建筑或永久性建筑的附加线路。塑料槽板的敷设基本上可按上述步骤、方法进行。施工时先把槽底用木螺丝固定在墙面上，放入导线后再把槽盖盖上。只是盖板可直接用燕尾槽嵌扣在底槽板上，不用钉子固定。

线槽尺寸为 20mm×12.5mm，每根长 2m。塑料线槽安装示意图，如图 15-3 所示。图中所标的各部件附件，如图 15-4 所示。

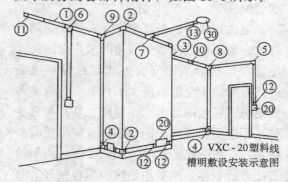

图 15-3　塑料线槽安装示意图

（3）护套线配线

护套线分为塑料护套线、橡胶护套线和铅包线等。其中应用最多的是前两种。护套线线路适用于户内外，具有耐潮性能好、抗腐蚀能力强、线路整齐美观和造价低（塑料护套线）等优点，故在照明电路中获得广泛应用，取代了老式木槽板线路和瓷夹板线路。

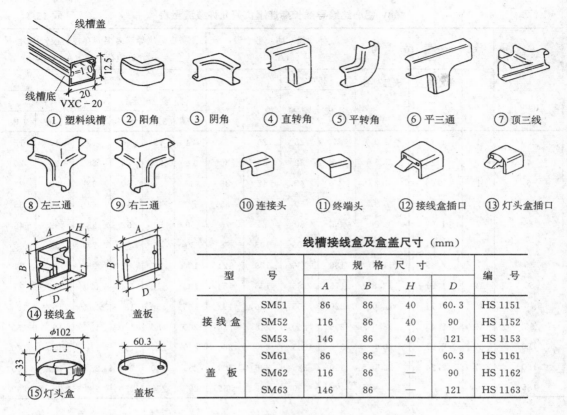

型 号		规 格 尺 寸				编 号
		A	B	H	D	
接 线 盒	SM51	86	86	40	60.3	HS 1151
	SM52	116	86	40	90	HS 1152
	SM53	146	86	40	121	HS 1153
盖 板	SM61	86	86	—	60.3	HS 1161
	SM62	116	86	—	90	HS 1162
	SM63	146	86	—	121	HS 1163

线槽接线盒及盒盖尺寸（mm）

图 15-4　塑料线槽及附件

　　n 号卡钉，固定的线外径可以从 3～20mm，使用时要选择大小合适的规格与导线配套。

　　卡钉配线使用的电器，可以是明装电器，安装在木台上，也可以是暗装面板，但要在墙上先固定一个明装接线盒，在盒内接线，然后把面板固定在明装盒上。卡钉配线在线路中间不准有接线头，接头一律做在接线盒内或电器接线端子上。

　　（4）线管配线

　　线管配线是用钢管或硬塑料管支撑导线的一种配线方法。线管配线有明敷和暗敷两种安装方式。在家庭配电线路中一般采用暗敷，在室内只能见到用电器具，所有导线穿入管内置于墙内。明装线管配线用于环境条件较差的室内线路敷设，如潮湿场所、有粉尘、有防爆要求的场所及工厂车间内不能做暗敷设线路的场所。线管配线是一种安全可靠的配线方式，但造价较高，维修不太方便。

15.1.2　配电线路导线截面的选择

　　配电线路导线截面的选择应符合安全载流量、机械强度、电压损失等要求，并与保护设备相配合。

　　（1）按安全载流量选择

　　导线必须能承受负载电流长时间通过所引起的温升，这是选择导线截面的首选原则。在选择导线截面时，导线的安全载流量应大于线路中所有用电设备的额定电流之和。即导线中通过的电流不允许超过表 15-1、表 15-2 所规定的值。

500V 铝心绝缘导线长期连续负荷允许载流量表　　　　表 15-1

导线截面	线 心 结 构			导 线 明 敷 设 (A)				橡皮绝缘导线多根同穿在一根管内时允许负荷电流（A）					
				25℃		30℃		25℃					
	股数	单心直径	成品外径					穿金属管			穿塑料管		
(mm²)		(mm)	(mm)	橡皮	塑料	橡皮	塑料	2根	3根	4根	2根	3根	4根
2.5	1	1.76	5.0	27	25	25	23	21	19	16	19	17	15
4	1	2.24	5.5	35	32	33	30	28	25	23	25	23	20
6	1	2.73	6.2	45	42	42	39	37	34	30	33	29	26
10	7	1.33	7.8	65	59	61	55	52	46	40	44	40	35
16	7	1.68	8.8	85	80	79	75	66	59	52	58	52	46
25	7	2.11	10.6	110	105	103	98	86	76	68	77	68	60
35	7	2.49	11.8	138	130	129	121	106	94	83	95	84	74
50	19	1.81	13.8	175	165	163	154	133	118	105	120	108	95
70	19	2.14	16.0	220	205	206	192	165	150	133	153	135	120
95	19	2.49	18.3	265	250	248	234	200	180	160	184	165	150
120	37	2.01	20.0	310	285	290	266	230	210	190	210	190	170
150	37	2.24	22.0	360	325	336	303	260	240	220	250	227	205
185				420	380	392	355	295	270	250	282	255	232

　　　　　　　　　　　　　　　　　　　　　　　　　　　　　　　续表

导线截面	橡皮绝缘导线多根同穿在一根管内时允许负荷电流（A）						塑料绝缘导线多根同穿在一根管内时允许负荷电流 (A)											
	30℃						25℃						30℃					
	穿金属管			穿塑料管			穿金属管			穿塑料管			穿金属管			穿塑料管		
(mm²)	2根	3根	4根	2根	3根	4根	2根	3根	4根	2根	3根	4根	2根	3根	4根	2根	3根	4根
2.5	20	18	15	18	16	14	20	18	15	18	16	14	19	17	14	17	15	13
4	26	23	22	23	22	19	27	24	22	24	22	19	25	22	21	22	21	18
6	35	32	28	31	27	24	35	32	28	31	27	25	33	30	26	29	25	23
10	49	43	37	41	37	33	49	44	38	42	38	33	46	41	36	38	36	31
16	62	55	49	54	49	43	63	56	50	55	49	44	59	52	47	51	46	41
25	80	71	64	72	64	56	80	70	65	73	65	57	75	66	61	68	61	53
35	99	88	78	89	79	69	100	90	80	90	80	70	94	84	75	84	75	65
50	124	110	98	112	101	89	125	110	100	114	102	90	117	103	94	106	95	84
70	154	140	124	143	126	112	155	143	127	145	130	115	145	133	119	135	121	107
95	187	168	150	172	154	140	190	170	152	175	158	140	177	159	142	163	148	131
120	215	196	177	196	177	159	220	200	180	200	185	160	206	187	168	187	173	154
150	211	224	206	234	212	192	250	230	210	240	215	185	234	215	196	224	201	182
185	275	252	233	263	238	216	285	255	230	265	235	212	266	238	215	247	219	198

表 15-2

500V 铜心绝缘导线长期连续负荷允许载流量表

导线截面 (mm²)	线心结构			导线明敷设 (A)				橡皮绝缘导线多根同穿在一根管内时允许负荷电流 (A)					
	股数	单心直径 (mm)	成品外径 (mm)	25℃		30℃		25℃					
				橡皮	塑料	橡皮	塑料	穿金属管			穿塑料管		
								2根	3根	4根	2根	3根	4根
1.0	1	1.13	4.4	21	19	20	18	15	14	12	13	12	11
1.5	1	1.37	4.6	27	24	25	22	20	18	17	17	16	14
2.5	1	1.76	5.0	35	32	33	30	28	25	23	25	22	20
4	1	2.24	5.5	45	42	42	39	37	33	30	33	30	26
6	1	2.73	6.2	58	55	54	51	49	43	39	43	38	34
10	7	1.33	7.8	85	75	79	70	68	60	53	59	52	46
16	7	1.68	8.8	110	105	103	98	86	77	69	76	68	60
25	19	1.28	10.6	145	138	135	128	113	100	90	100	90	80
35	19	1.51	11.8	180	170	168	159	140	122	110	125	110	98
50	19	1.81	13.8	230	215	215	210	175	154	137	160	140	123
70	49	1.33	17.3	285	265	266	248	215	193	173	195	175	155
95	84	1.20	20.8	345	320	322	304	260	235	210	240	215	195
120	133	1.08	21.7	400	375	374	350	300	270	245	278	250	227
150	37	2.24	22.0	470	430	440	402	340	310	280	320	290	265
185				540	490	504	458	385	355	320	360	330	300

续表

导线截面 (mm²)	橡皮绝缘导线多根同穿在一根管内时允许负荷电流 (A)						塑料绝缘导线多根同穿在一根管内时允许负荷电流 (A)											
	30℃						25℃						30℃					
	穿金属管			穿塑料管			穿金属管			穿塑料管			穿金属管			穿塑料管		
	2根	3根	4根	2根	3根	4根	2根	3根	4根	2根	3根	4根	2根	3根	4根	2根	3根	4根
1.0	14	13	11	12	11	10	14	13	11	12	11	10	13	12	10	11	10	9
1.5	19	17	16	16	15	13	19	17	16	16	15	13	18	16	15	15	14	12
2.5	26	23	22	23	21	19	26	24	22	24	21	19	24	22	21	22	20	18
4	35	31	28	31	28	24	35	31	28	33	29	26	29	26	23
6	46	40	36	40	36	32	47	41	37	41	36	32	44	38	35	38	34	30
10	64	56	50	55	49	43	65	57	50	56	49	44	61	53	47	52	46	41
16	80	72	65	71	64	56	82	73	65	72	65	57	77	68	61	67	61	53
25	106	94	84	94	84	75	107	95	85	95	85	75	100	89	80	89	80	70
35	131	114	103	117	103	92	133	115	105	120	105	93	124	107	98	112	98	87
50	163	144	128	150	131	115	165	146	130	150	132	117	154	136	121	140	123	109
70	201	180	162	182	163	145	205	183	165	185	167	148	192	171	154	173	156	138
95	241	220	197	224	201	182	250	225	200	230	205	185	234	210	187	215	192	173
120	280	252	229	260	234	212	285	266	230	265	240	215	266	248	215	248	224	201
150	318	290	262	299	271	248	320	295	270	305	280	250	299	276	252	285	262	231
185	359	331	299	336	308	280	380	340	300	355	375	280	355	317	280	331	289	261

403

（2）按机械强度要求来选择

为了避免导线在安装、使用时断线，要使导线有足够的机械强度。在各种不同敷设方式下，导线按机械强度要求的最小截面（见表15-3所示）进行选择。

按机械强度允许的导线最小截面积　　　　表15-3

序　号	导 线 敷 设 条 件 、 方 式 及 用 途			导线最小截面积（mm²）		
				铜　线	软铜线	铝　线
1	架空线			10		16
2	接户线	自电杆上引下	档距＜10m	2.5		4.0
			档距10～25m	4.0		6.0
		沿墙敷设档距≤6m		2.5		4.0
3	敷设在绝缘支持件上的导线	支持点间距1～2m	室内	1.0		2.5
			室外	1.5		2.5
		支持点间距	2～6m	2.5		4.0
			6～12m	2.5		6.0
			12～25m	4.0		10
4	穿管敷设和槽板敷设的绝缘线或塑料护套线的明敷设			1.0		2.5
5	照明灯头线	民用建筑室内		0.5	0.4	1.5
		工业建筑室内		0.75	0.5	2.5
		室外		1.0	1.0	2.5
6	移动式用电设备导线				1.0	

注：此表适用于低压线路。

（3）按允许电压损失选择

配电线路上的电压损失应低于最大允许值，以保证用电处的电压值。用安全载流量选择完导线截面后，有时由于线路较长，在线路上造成的电压损失较大，这时就需要用这种方法进行验算，若不能满足线路上允许电压损失≤5%条件，要增大导线截面，重新进行选择。

在给定允许电压损失后，可利用下式计算相应的导线截面。

$$S = \frac{Pl}{C\varepsilon}\% \qquad (15-1)$$

式中　P——线路输送的电功率（kW）；

l——线路单程长度（m）；

ε——允许电压损失（百分数）；

S——导线截面（mm²）；

C——系数，mm²/(kWm)，见表15-4。

按允许电压损失计算导线截面公式中的系数C值　　表15-4

线路额定电压（V）	线路系统及电流种类	系 数 C 值	
		铜　线	铝　线
380/220	三相四线	77	46.3
220	单相或直流	12.8	7.75
110		3.2	1.9
36		0.34	0.21
24		0.153	0.092
12		0.038	0.023

15.1.3　配电板

家用配电板是用户室内用电设备的配电点。输入端应接在电业部门送到用户的进户线上，它将控制、保安和计量等装置装在一起，便于管理维护，有利于安全用电。

（1）配电板的组成

电源线进入室内后先接总熔丝盒，然后

进入家庭配电板。配电板用木板或聚氯乙烯塑料制成,尺寸一般为 30cm×25cm 左右,板上主要安装单相电度表、瓷闸盒;有的用胶盖闸刀开关和瓷插式熔断器,还可安装漏电保护开关。安装布置图见图 15-5、图 15-6 和图 15-7 所示。

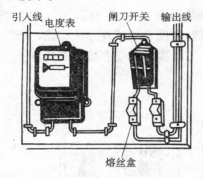

图 15-5　家用配电板

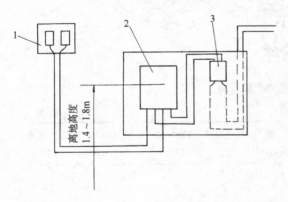

图 15-6　配电板的安装

1—总熔丝盒;2—电度表;3—瓷闸盒

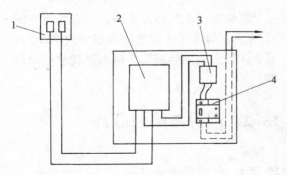

图 15-7　带漏电保护开关的配电板安装

1—总熔丝盒;2—电度表;3—瓷闸盒;4—漏电保护开关

1) 单相电度表

单相电度表又称火表,常用规格有 2A、3A、5A、10A 等。外形如图 15-8 所示。

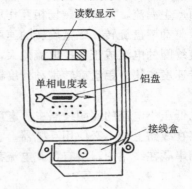

图 15-8　单相电度表

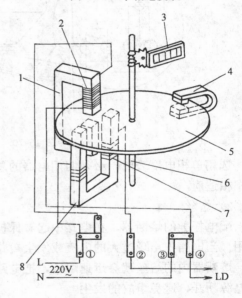

图 15-9　单相有功电度表的结构

1—电磁铁;2—电压线圈;3—计数器;4—制动永久磁铁;5—铝转盘;6—转轴;7—电流线圈;8—电磁铁;L—相线;N—零线;LD—负载

其内部基本结构如图 15-9 所示。它主要由驱动元件(电压元件、电流元件)、转动元件(铝盘)、制动元件(制动磁铁)和计度器四部分组成。

单相电度表的电流元件由导线截面较粗、匝数少、与负载串联的电流线圈及硅钢片叠合成的铁心构成,电压元件由导线截面较细、匝数多、与负载并联的电压线圈及铁心构成。当电度表工作时，电压线圈、电流线圈产生的主磁通均通过铝盘，铝盘因电磁感应而产生涡流，涡流与磁场相互作用产生转矩，驱动铝盘旋转。铝盘旋转的速度与通入电流线圈的电流成正比，电流愈大，则铝盘旋转速度愈快。铝盘旋转带动计度器计算电量。

在低压小电流的照明线路中，电度表可直接接在线路上，不必使用互感器。它的电流线圈串联在线路中，所有负载电流都通过

它，电压线圈并联在线路中，承受线路的全部电压。常用的单相电度表在接线盒里有四个端钮，从左到右按1、2、3、4编号。如图15-10所示。电压和电流线圈的电源端出厂时已在接线盒中接好。接线方法通常有两种：一种是按号码1、3接进线，2、4接出线；另一种是按号码1、2接进线，3、4接出线。但由于有些电度表的接线方法特殊，所以具体的接线方法要参照电度表接线盒盖子上的线路图。

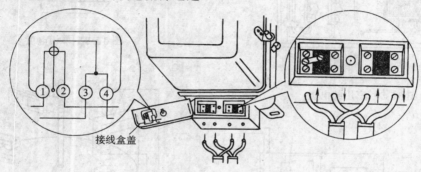

接线盒盖

图 15-10　单相电度表接线图

选用单相电度表时，必须与用电器的总功率相适应。

2) 熔丝

配电板上的熔断器，在电路中起着保护作用。当电路中出现过大的电流或发生短路时，熔断器内的熔丝就会迅速熔断，把电路和电源断开，避免事故的发生。

熔丝的选择，要根据用户总的用电量来确定。线路中的负载电流越大，熔丝就越粗。不同电流的用电器所选用的熔丝规格，参考表15-5。

常用熔丝的规格　　表 15-5

直　径 (mm)	额定电流 (A)	熔断电流 (A)	直　径 (mm)	额定电流 (A)	熔断电流 (A)
0.28	1	2	0.81	3.75	7.5
0.32	1.1	2.2	0.98	5	10
0.35	1.25	2.5	1.02	6	12
0.36	1.35	2.7	1.25	7.5	15
0.40	1.5	3	1.51	10	20

续表

直　径 (mm)	额定电流 (A)	熔断电流 (A)	直　径 (mm)	额定电流 (A)	熔断电流 (A)
0.46	1.85	3.7	1.67	11	22
0.52	2	4	1.75	12.5	25
0.54	2.25	4.5	1.98	15	30
0.60	2.5	5	2.40	20	40
0.71	3	6	2.78	25	50

若配电板上的熔丝熔断，一定要查明原因，故障排除后，才能更换同规格的熔丝，决不允许任意地加粗或用金属丝来代替熔丝使用。

15.2　照明与照明灯具

15.2.1　照明的基本知识

(1) 照明的基本概念

照明离不开光源，我们知道，光是一种

物质，是一种波长比无线电波短，但比 X 射线长的电磁波，如图 15-11 电磁波谱及可见光谱所示，根据波长的不同，光谱可分为红外线、可见光、紫外线三种。照明用的可见光仅是电磁波中很小的一部分，波长范围约为 380～760nm，人眼对不同波长的可见光，敏感性不同，例如：正常人对于波长为 555nm 的黄绿色光最敏感。除光之外，在照明问题中还会遇到光通量、光强、照度、亮度等概念。

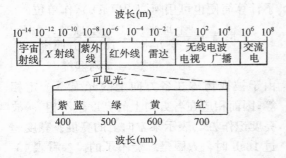

波长(m)

宇宙射线	X 射线	紫外线	红外线	雷达	无线电波 电视 广播	交流电

可见光

紫 蓝	绿	黄	红

波长(nm)

图 15-11　电磁波谱及可见光谱

1）光通量

光通量是光源在单位时间内向周围空间辐射出的使人眼产生光感的能量。

光通量用符号 F 表示，单位是流明（lm），由实验证明，当波长为 555nm 的黄绿光的辐射光能为 3600J，主观感觉量为 683lm，通常取 680lm。光通量的几种近似值如表 15-6 表示。

光通量的几种近似值　表 15-6

光通量 (lm)	1	6	10	1250
说明	夏季有云的白天，地面上 1cm² 的光通量	手电筒的小灯泡所能发出的光通量	夏季阳光下面地面上 1cm² 的光通量	220V100W 白炽灯泡所发出的光通量

2）发光强度（光强）

桌上有一盏电灯，其灯泡发出的光通量是一定的，然而我们会发现，这盏灯有灯罩时桌面上要比没有灯罩时亮，其主要原因是光通量在空间分布状况发生了变化。

光源在某一个特定方向上单位立体角（即每球面度，其大小等于半径为 r 的球体上，表面积 S 为 r^2 时与球心相对应的立体角 $\omega = \dfrac{S}{r^2}$）内辐射的光通量，称为光源在该方向上的发光强度（简称光强），用 I_α 表示。

对于向各方向均匀发射光通量的光源，各方向的光强相等，其值为：

$$I = \frac{F}{\omega} \qquad (15-2)$$

式中　I——光强；

　　　F——光源发射的光通量；

　　　ω——其表面积 S 所形成的立体角。

如图 15-12 发光强度示意图所示。

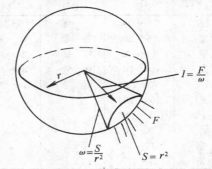

图 15-12　发光强度示意图

光强的单位为烛光，又称坎德拉（C_d）

$$1 \text{ 烛光} = \frac{1 \text{ 流明}}{1 \text{ 立体角}} = 1 \text{ 坎德拉}$$

然而，光源向周围发出的光通量是不均匀的，各方向上的光强也是不同的，为区别不同部位，在光强 I 的右下脚标注一角度数字即 I_α。

3）照度

照度是指受照物体表面的光通密度。照度用符号 E 表示。单位是勒克斯（lx）。

$$E = \frac{F}{S}$$

式中　E——照度，lx；

　　　F——物体表面获得的光通量，lm；

　　　S——光照面积，m²。

表 15-7 中列举几个日常生活中不同场合的照度情况。

电气照明中最基本的要求是应有足够的照度，照度为 1lx 时，仅能辩别物体的大致轮廓，照度为 5～10lx 时，看书较困难。表 15-8 所示为不同场合所需照度的推荐值。

不同场合下的照度情况　表 15-7

场　　　合	照　度（lx）
阳光直射室外	100 000
无阳光的室外	1 000～10 000
晴朗天空的室内	100～500
满月当空下	0.2
夜间天空下	0.003

不同场合所需照度的推荐值　表 15-8

房间名称	推荐照度（lx）	房间名称	推荐照度（lx）
实验室	75～100	走　廊	5～15
办公室	75～100	宿　舍	30～50
阅览室	75～100	卧　室	20～50
绘图室	100～200	食　堂	30～75
资料室	75～100	厨　房	15～30
打字室	100～200		
商　店	75～100		
幼儿园	20～50		
浴　室	15～30		
厕　所	5～15		

4）亮度

在同一照度下，并排放置黑、白两个物体，人眼感觉白色物体要亮一些，这是因为人的视觉感是由被视物体的发光或反光，在眼睛视网膜上形成的照度而产生的，照度越大，视觉就感到越亮。

发光体在视线方向单位投影面上的发光强度称为亮度。用符号 L 表示。

图 15-13 亮度的示意图所示：被视物体表面 S 在 α 方向上的亮度为：

$$L_\alpha = \frac{I_\alpha}{S'} = \frac{I_\alpha}{S\cos\alpha} \qquad (15-4)$$

式中　L_α——被视物体表面 S 在 α 方向上的亮度；

　　　I_α——视线方向上的发光强度；

　　　α——I_α 与表面 S 的法线夹角；

　　　S——被视物体的表面积。

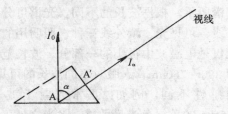

图 15-13　亮度的示意图

亮度的单位为熙提（sb）或尼特（nt），为了计算简便也可用阿熙提（asb）作单位。

$$1 \text{尼特} = \frac{1 \text{烛光}}{1 \text{平方米}} = \frac{1 \text{烛光}}{10^4 \text{平方厘米}}$$

$$= 10^{-4} \text{熙提} = \pi \text{阿熙提}$$

由于被视物体在各方向上的光强不一定相等，因而相应在各方向上的亮度也不相等，故亮度记作 L_α，表示某方向上的亮度。亮度超过 16sb 时，人眼是忍受不了的。参看表 15-9 所示，几种发光或反射光表面的照度、光度与亮度近似值

几种发光或反光表面的照度、光度与亮度近似值　表 15-9

表　　面	照　度（lx）	光　度 lm/m²	亮　度（nt）
月夜里的雪	0.2	0.16	5×10^{-6}
长 5m 宽 3m 高 3m 的房间内装一盏 220V40W 白炽灯时的地面上	3～10	0.5～2	—
条件同上，但装一盏 40W 荧光灯	15～50	2～10	—
日间晴朗的天空	—	—	0.5
荧光灯	—	20 000	0.7
220V100W 白炽灯的灯丝	—	17 000 000	550
正午的太阳	—	—	150000

5）发光效率（光效）

发光效率是指一个电光源发出的光通量与消耗的电功率的比值，即每消耗 1W 电功率所发出的光通量。单位是流明/瓦

(lm/W)。

6）光的颜色

光的颜色包含两方面意思，一方面是人眼直接观察光源所看到的颜色称为光源的色表；另一方面是光源照到物体上所显现出来的颜色称为光源的显色性，它可用显色指数的数值来定量描述。

同一颜色的物体在具有不同光谱功率分布的光源照射下，呈现不同的颜色，由于人类长期生活在日光下，习惯以日光的光谱成分和能量分布为基准来分辩颜色。如图15-14日光的光谱能量分布曲线所示。

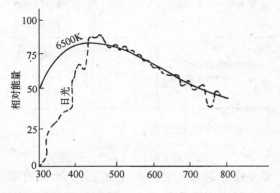

图 15-14　日光的光谱能量分布曲线

在显色性比较中，用日光或与日光接近的人工光源作标准，其显色性最好，以显色指数为100来表示，若各色物体受光照的效果和标准光源相近，则认为该光源的显色性好，显色指数高，颜色失真小，否则就认为显色性不好。

7）色温

当光源发出的颜色与黑体（能吸收全部光能的物体）加热到某一个温度所发出的光的颜色相同时称该温度为光源的颜色温度，简称色温。色温能恰当地表示热辐射光源的颜色，对于气体放电光源，采用"相关色温"来描述它的颜色，例如：白炽灯色温为2 400～2 900K；管形氙灯的相关色温为5 500～6 000K，太阳的色温为6 500K。

8）眩光

由于亮度分布不适当，或亮度的变化幅度太大，或空间和时间上存在极端的亮度对比，所引起的不舒适或降低观察事物的能力，或同时产生这两种现象的视觉条件，称为眩光。

眩光分为直接眩光和反射眩光两种，分别是由光源的高亮度直接照射及镜面的强烈反射光所引起。眩光对视力危害很大，当被视物与背景的亮度对比超过1：100时，容易引起眩光。长时间的轻微眩光，会使视力逐渐地降低，严重的眩光可使人晕眩，甚至造成事故。

影响眩光作用强弱的因素有：A. 视线角度的相对位置，如图15-15所示为眩光的强弱与视角的关系。

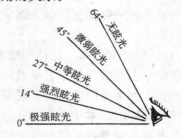

图 15-15　眩光的强弱与视角的关系

B. 眩光光源的亮度及其尺寸。当背景亮度一定时，光源亮度大，眩光作用强，光源的尺寸小，眩光作用小。C. 背景亮度的影响。背景亮度较大时眩光作用减小，但当眩光光源的亮度很大时，增加背景亮度也会成为眩光源，故即使增加背景亮度也不会减小眩光作用。

抑制眩光最常用的方法是使灯具有一定的保护角，并配合适当的安装位置和悬挂高度，或者限制灯具的表面亮度。

9）频闪效应

随着电压电流的周期性交变，气体放电灯的光通量也发生周期性变化，使人眼产生明显的闪烁感觉。当被照物体处于转动状态时，会使人眼的识别产生错觉，特别当被照物体的转动频率是灯光闪烁频率的整数倍时，转动的物体看上去象不转动一样，这种现象称为频闪效应。

（2）照明的质量

照明质量的好坏直接影响着人的视觉，评价照明质量的好坏主要有以下几个方面：

1）照度的均匀性

由于照度不均匀，常会引起人视觉的疲劳，因此在工作、生活环境中人们总希望被照场所的照度均匀。

照度的均匀度是在给定的工作面上最低照度与平均照度之比来衡量的。一般照明的照度均匀度在 0.7 以上，但不允许超过最大允许值。照度的均匀度值与灯具间的距离 L 和灯具的计算高度 h 比值有关，因此，在实际应用中只要实际的 L/h 小于有关照明手册规定的最大距高比的值，就能满足照度均匀的要求。

2）合适的亮度分布，能抑制眩光

若在白纸上写黑字是很容易且能很快看清楚；若在蓝色纸上印黑字，就没那么醒目了；看细小物体时，常在下面衬张白纸，目的是为了看得更清楚些，这些现象都反映了被视物与背景在亮度或颜色上存在着差别，而且差别越大，被视物就越清楚，这种亮度的差别就用亮度的对比度来表示，它是决定物体清晰度的重要因素。对比度过小，被视物的清晰度降低；对比度过大，容易造成刺眼的眩光。在实际工作场所中，造成亮度的对比度过大的主要原因是光源的高亮度，因而可使灯具有一定的保护角，配合适当的安装位置和悬挂高度，降低灯具表面亮度等方法，有效抑制眩光。

3）具有良好的光源显色性

良好的照明质量还需要能正确识辨被照物体的颜色，即光源的显色性好，可采用显色指数高的光源，如白炽灯等。对于显色性较差光源，如高压汞灯、高压钠灯，为改善光色，可采用光源混光的方法。所谓混光即是在同一场所内，采用两种及以上的光源照明时的光。白炽灯（卤钨灯）与荧光高压汞灯混光时混光比和效果见表 15-10 所示。

混光比和效果　　　表 15-10

对 光 色 的 要 求	推荐混光比	混光后一般显色指数	色彩识别效果
对颜色识别要求较高的场所	<30%	85 以上	良好：对所有颜色的识别都较好
一般要求的场所	<50%　≥30%	70~85	中等：除橙色外对其他颜色都较好，觉察到有差别
要求较低的场所	<70%　≥50%	50~70	可以：觉察到有较大差别，但还允许

表中的混光比为：

$$混光比（\%）= \frac{荧光高压汞灯光通量}{（荧光高压汞灯 + 白炽灯）的光通量} \times 100\%$$

要注意的是采用混光方法来改善光色是有限的，对识别颜色要求高的场所是不能满足要求的。

4）照度的稳定性

由于光源的老化、灯具及使用环境的污秽等原因，使用中照度会有下降趋势，因而在设计中考虑照度补偿系数，以适当增加光源功率，保证在使用期间照度不低于标准值；其次，电源电压波动，灯具的摆动，都会引起照度的不稳定。因此，灯具安装时应设置在没有气流冲击的地方或采取牢固的吊装方式。

5）消除频闪效应

交流供电光源所发射的光通量是波动的，其波动的程度用波动深度来衡量。由实验结果得知，光通量波动深度在 25% 以下时，可避免频闪效应发生，光通量波动深度与灯具接线方式有关，如表 15-11 光通量波动深度表所示。

光通量波动深度表		表 15-11
光源种类	接入线路方式	波动深度%
日光色荧光灯	一灯接入单相电路	55
	二灯分别接入二相线路	23
	三灯接入三相线路	5
荧光高压汞灯	一灯接入单相电路	65
	二灯接入二相线路	31
	三灯接入三相线路	5
白炽灯	40W	13
	100W	3

因此，我们使用气体放电灯时，常用电灯分相接线的方法，目的是减弱频闪效应，减少视觉疲劳。

（3）照明的种类

照明按发光的方法分有热辐射和气体放电两类；按照明的方式分有一般照明、局部照明和混合照明三种；按照明使用性质分有工作照明、事故照明、警卫、值班照明和故障照明等。

1）工作照明：凡是在正常工作时，要求能顺利完成工作，保证安全通行和能看清周围的东西而设置的照明。按照明方式分有一般照明、局部照明和混合照明。

A. 一般照明：不考虑特殊局部的需要，为照亮整个被照场所而设置的照明。

B. 局部照明：为增加某些特定地点（实际工作面）的照度而设置的照明。

C. 混合照明：由一般照明和局部共同组成的照明。其中一般照明的最低照度不小于20lx，不低于混合照明总照度的5%～10%。

2）事故照明：当正常工作照明因故障熄灭后，供暂时继续工作或人员疏散用的照明称为事故照明。一切失去工作照明后可能影响人们安全的环境，都必须安装事故照明。例如：

A. 医院急救室和手术室等；

B. 公众密集场所，如影剧院、博物馆、展览馆、商场和会场等；

C. 中断正常照明后，容易造成事故的车间、工地和仓库等场所；

D. 地下室和防空掩护设施等缺少或没有自然光照的地方。

事故照明对照度要求不高，一般不低于工作照明总照度的10%即可，但要求装置可靠，其光源应采用能瞬时可靠点燃的白炽灯或卤钨灯。

3）警卫值班照明　在重要的车间和场所或有重要关键设备的厂房、重要的仓库等地方需设置的值班照明。值班照明应尽量与室内或厂区照明相结合，可利用工作照明中能单独控制的一部分或事故照明中的一部分。

4）障碍照明　按民航和交通部门有关规定装设在高层建筑物尖顶上作为飞行障碍标志用的或者有船舶通行的航道两侧建筑物上作为障碍标志的照明，称为障碍照明。

障碍照明通常选用透雾性强的红光灯具。安装时，必须满足下列要求：

A. 障碍灯每盏不应小于100W。最高顶端的障碍灯不得少于2盏。

B. 高层建筑物一般只在顶端装设障碍灯。若群集高层建筑物或水平面积较大的高层建筑物，除在其最高顶端装设外，还要在其外侧转角的顶端装设障碍灯。

C. 烟囱的高度在100m以上者，除其顶端装设障碍灯外，还应在其1/2的高处装设障碍灯。

D. 装设在烟囱顶端的障碍灯为了减少污染程度，可在低于烟囱口4～5m处装设。

E. 装在烟囱上的障碍灯下面还应设有平台；装在楼房外侧转角处的障碍灯也应考虑维修的方便。

15.2.2　常用照明电光源

照明电光源的种类繁多，用途广泛，提供电光源的器具习惯上统称电灯。电光源按其发光原理，基本上可分为热辐射光源和气体放电光源两大类，常用电光源种类、特点

411

及应用情况见表 15-12 所示。

常用电灯种类和应用概况   表 15-12

类　　　别	特　　　点	应　用　场　所
白炽灯	1. 构造简单，使用可靠，价格低廉，装修方便，光色柔和 2. 发光效率较低，使用寿命较短（一般仅1000h）	广泛应用于各种场所
碘钨灯（卤素灯）	1. 发光效率比白炽灯高30%左右，构造简单，使用可靠，光色好，体积小，装修方便 2. 灯管必须水平安装（倾斜度不可大于4°），灯管温度高（管壁可达500～700℃）	广场、体育场、游泳池，工矿企业的车间、工地、仓库、堆场和门灯，以及建筑工地和田间作业等场所
荧光灯（日光灯）	1. 发光效率比白炽灯高4倍左右；寿命长，比白炽灯长2～3倍，光色较好 2. 功率因数低（仅0.5左右），附件多，故障率较白炽灯高	广泛应用于办公室、会议室和商店等场所
高压汞灯 （高压水银荧光灯）	1. 发光效率高，约是白炽灯的3倍，耐震耐热性能好，寿命约是白炽灯的2.5～5倍 2. 起辉时间长，适应电压波动性能差（电压下降5%可能会引起自熄）	广场、大型车间、车站、码头、街道、露天工场、门灯和仓库等场所
钠灯	1. 发光效率高，耐震性能好，寿命长（超过白炽灯10倍），光线穿透性强 2. 辨色性能差	街道、堆场、车站和码头等尤其适用于多露多尘埃的场所，作为一般照明使用
镝灯 钠铊铟灯 （金属卤化物灯）	1. 光效高，辨色性能较好 2. 属强光灯，若安装不妥易发生眩光和较高的紫外线辐射	适用于大面积高照度的场所，如体育场、游泳池、广场、建筑工地等

（1）白炽灯

自第一只白炽灯出现至今已有百年历史，迄今为止，白炽灯仍是一种广泛使用的光源，它结构简单，使用可靠，价格低廉，随处可用，具有优越的显色性能，便于调光等特点。白炽灯按用途分为普通照明白炽灯、局部照明和车辆、船舶、飞机专用的白炽灯等，种类繁多，但基本结构大致相同。

1）白炽灯的基本结构和工作原理

白炽灯主要由灯头、灯丝和玻璃壳等组成。如图 15-16 所示。灯头分为"螺口"与"卡口"两类，其上装有彼此绝缘的两个电极，分别用导线与灯丝的两端相通，灯丝用熔点高和不易蒸发的钨制成，大功率灯泡的玻璃壳内抽成真空后，充以惰性气体，以抑制钨蒸发而延长其使用寿命，小功率灯泡只

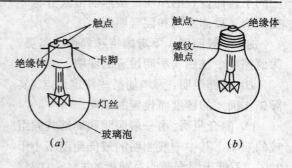

图 15-16　白灯灯泡
(a) 插口式；(b) 螺口式

抽成真空，使灯丝保持高温发光，为了防震，灯丝盘成弹簧圈状安装在灯泡的中间位置。

白炽灯的发光原理是根据电流的热效应而工作的。当白炽灯加上额定电压后，灯丝流过电流被加热到白炽的程度而发光。输入

灯泡的电能，其中大部分转换为看不见的辐射能（主要是红外线）和热能（传导和对流热能），只有10%左右的电能转化为可见光，所以白炽灯的光效较低。

白炽灯按用途可分为普通白炽灯泡、低压灯泡、开关板指示灯泡、经济灯泡四种。这里只介绍普通照明及局部照明用白炽灯的型号及规格，见表15-13所示。

2）白炽灯的型号及规格

普通照明和局部照明用白炽灯泡型号及规格 表15-13

灯泡型号	额定值			外形尺寸（mm）				灯头 型号/直径	
	电压 (V)	功率 (W)	光通量 (lm)	螺旋式灯头		卡口式灯头		螺旋式	卡口式
				直径	全长	直径	全长		
普通照明灯泡 PZ 220-10	220	10	65	61	107±3	61	105±3	E27/27—1 27	2C22/25—2 22
PZ 220-15		15	110						
PZ 220-25		25	220						
PZ 220-40		40	350						
PZ 220-60		60	630						
PZ 220-75		75	850	66	118±4	66	116±4		
PZ 220-100		100	1 250						
PZ 220-150		150	2 090	81	165±5	81	160±5	E27/35—2 27	2C22/30—3 22
PZ 220-200		200	2 920						
PZ 220-300		300	4 610	111.5	235±6	—		E40/45—1 40	—
PZ 220-500		500	8 300						
PZ 220-1000		1 000	18 600	131.5	275±6				
局部照明灯泡 JZ 12-25	12	25	300	61	107±3	61	105±3	E27/27—1 27	2C22/25—2 22
JZ 12-40		40	500						
JZ 12-60		60	850						
JZ 12-100		100	1 600	71	125±4	71	123.5±4		
JZ 36-25	36	25	200	61	107±3	61	105±3		
JZ 36-40		40	460						
JZ 36-60		60	800						
JZ 36-100		100	1 580	71	125±4	71	123.5±4		

注：1. 灯泡寿命均为1 000h；色温约为2400～2900K；一般显色指数为95～99。

2. 磨砂灯泡光参数降低3%；乳白玻璃灯泡光参数降低25%；内涂白色玻璃壳灯泡光参数降低5%。

灯头型号说明：

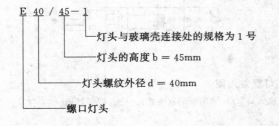

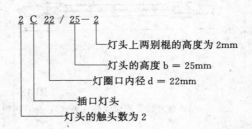

灯泡及灯头的外形图见图 15-17 所示。

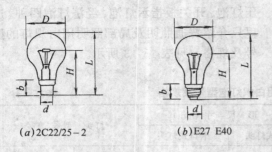

(a) 2C22/25-2   (b) E27 E40

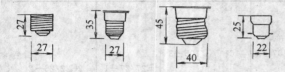

(c) E27/27-1 (d) E27/35-2 (e) E40/45-1 (f) 2C-22/25-2

图 15-17　白炽灯泡及灯头外形图

（2）卤钨灯（碘钨灯）

碘钨灯是一种改良的白炽灯，主要为解决大功率白炽灯体积过大的问题，这种结构上的改变，提高了灯泡的寿命。

1）碘钨灯的基本结构和工作原理

碘钨灯的灯管由灯丝和石英灯管组成，见图 15-18 所示。

碘钨灯灯丝为钨丝，为提高工作温度获得较高光效，要求绕得很密且需要用石英支架将它各部分托住，以防止灯丝滑移下垂。灯管管壁温度较高，故采用石英玻璃或含硅量高的硬玻璃制成。管内抽成真空后充以微量

的卤素及氩气。

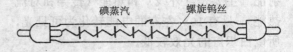

图 15-18　碘钨灯管

碘钨灯的发光原理和白炽灯相同。当碘钨灯通电后，灯丝被加热至白炽状态而发光，不同之处是管内充有碘或碘化氢，当管内温度升至 250～1 200℃后，碘和灯丝蒸发出来的钨化合成为挥发性的碘化钨，其性质很不稳定，当它靠近高温灯丝处，又分解为碘和钨，于是钨又重新回到灯丝上，而碘远离灯丝到温度较低的地方，再与蒸发出来的钨合成，如此进行碘钨循环，使灯泡在整个使用时都能保持良好的透明度，提高了发光效率，也因此而得名卤钨循环白炽灯。

2）卤钨灯管的型号及规格

常用的卤钨灯有照明卤钨灯和红外线卤钨灯，其外形见图 15-19 所示。

卤钨灯管的型号及规格见表 15-14 所示。

（3）荧光灯（日光灯）

荧光灯又名日光灯，是一种气体发光的光源，它的光效比白炽灯要高出 3 倍以上，亮度比同功率的白炽灯高 2～3 倍，其光色接近日光，且使用寿命长，在家庭、学校、机关、工厂的照明中被广泛应用。

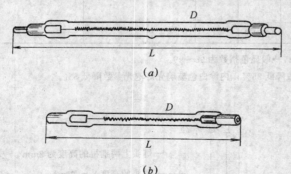

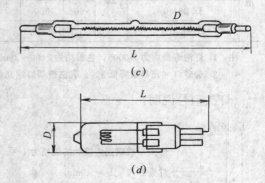

图 15-19　卤钨灯管外形图
(a) 红外线管形卤钨灯（夹式）；(b) 照明管形（顶式）；(c) 照明管形（夹式）；(d) 照明管形

卤钨灯管的型号和规格　　　　　　　　　　　表 15-14

序　号	灯管型号	额　定　值			主要尺寸（mm）		安　装　方　式
		电压（V）	功率（W）	光通量（lm）	管径	全长	
1	LZG 220-500	220	500	9 750	12	177	夹式
2	LZG 220-1 000	220	1 000	21 000	12	210±2	顶式
						232	夹式
3	LZG 220-1 500	220	1 500	31 500	13.5	293±2	顶式
						310	夹式
4	LZG 220-2 000	220	2 000	42 000	13.5	293±2	顶式
						310	夹式
5	LZG 110-500	110	500	10 250	12	123±2	顶式

1）荧光灯的结构和工作原理

荧光灯是由灯管、启辉器、镇流器、灯架和灯座等组成。

A. 灯管：是由玻璃管、灯丝、灯丝引出脚等组成。如图 15-20 所示。玻璃管内抽真空后充入少量惰性气体和汞，管内壁涂有荧光粉，灯丝上涂有电子粉。

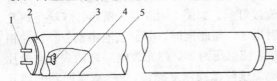

图 15-20　荧光灯管结构
1—灯脚；2—灯头；3—灯丝；4—荧光粉；5—玻璃管

灯管可根据不同的需要，制成不同的光色，一般有日光色、冷白色、绿色、粉红色等，最常用的灯管是日光色。普通照明用的灯管一般为直管形，也可根据装饰的需要制成 U 形，环形及曲线形等多种形状。

B. 启辉器：是由氖泡、纸介质电容、出线脚及铝外壳组成。如图 15-21 启辉器的结构。

启辉器氖泡内的 U 型动片是由双金属材料制成的，玻壳内充有惰性气体。启辉器内的电容器与氖泡并联，一般为 0.005～0.006μF，其主要作用是用于减少对电视、录音机等电子设备的干扰。

C. 镇流器：由铁心和线圈组成，实际上就是一个带铁心的电感线圈。它的作用有两

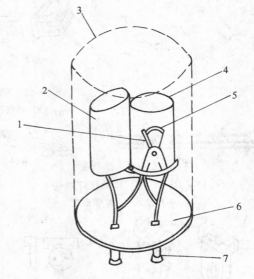

图 15-21　启辉器的结构
1—静触片；2—电容器；3—铝壳；4—玻璃泡；
5—动触片；6—绝缘底座；7—出线脚

个：启动时，它与启辉器配合，产生瞬时高压，点燃灯管；工作时限制灯管中电流，以延长日光灯的使用寿命。

镇流器的结构形式，有单线圈式和双线圈式两种，外形基本相同。如图 15-22 所示。

D. 灯架：可用木料、铁皮或铝皮制成。目前多为铁制。它用来装置灯座、灯管、启辉器座和镇流器等零部件，与灯管配套使用。如图 15-23 所示。

E. 灯座：分开启式和弹簧式两种。灯座外形如图 15-24 所示。

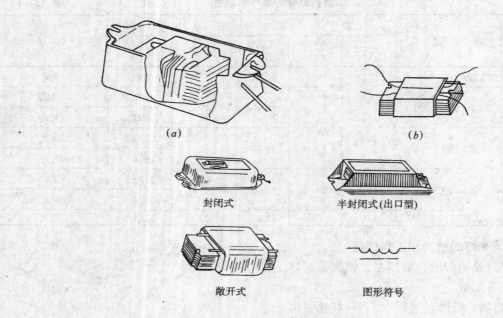

封闭式　　　　　　半封闭式(出口型)

敞开式　　　　　　图形符号

图 15-22　镇流器外形与图形符号

(a) 单线圈式；(b) 双线圈式

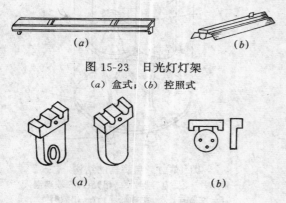

图 15-23　日光灯灯架

(a) 盒式；(b) 控照式

图 15-24　日光灯灯座

灯座的用途是用来固定灯管,并使灯管与线路相通。

荧光灯的工作原理：以图 15-25 所示日光灯电路原理图来说明单线圈镇流器日光灯的工作原理。日光灯的工作全过程分启辉和工作两种状态。

当开关闭合时,电源电压经过镇流器和灯丝加在灯管和启辉器两端,此电压不足以使灯管导通,但会使启辉器氖泡中的隋性气体电离产生辉光放电而发热,动触片受热后膨胀发生弯曲,与静触头相接将电路接通。电路中电流流过灯丝,如图 15-25 (b) 所示,灯丝受热发射电子。与此同时,由于氖泡中动、静触片相接,使电压为零,辉光放电随之消失,动触片随温度降低而恢复原位,使启辉器回路变成开路。就在此电路突然被切断的瞬时,镇流器产生一个很高的自感电动势,与电源电压叠加,加在灯管两端,使灯管内惰性气体和汞蒸气被电离而引起弧光放电,发出不可见的紫外线。紫外线照在管壁上,激发荧光粉发出可见光。涂不同的荧光粉可以发出不同颜色的光,灯管内产生弧光放电后,电源经镇流器加在两端灯丝上形成稳定放电电流,日光灯就可以正常发光了。

2) 荧光灯及其附件的型号、规格

荧光灯的主要附件是镇流器、启辉器,荧光灯管在使用时必须配备相应的镇流器和启辉器。如表 15-15 日光色荧光灯及其配套镇流器、启辉器型号和规格所示。配用镇流器的荧光灯照明线路中,为提高功率因数,电路中需并联一个补偿电容器,其型号见表 15-16 所示。

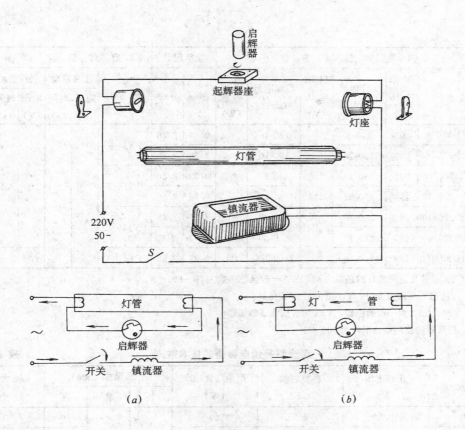

图 15-25　日光灯的接线图和原理图

(a) 灯丝预热时；(b) 灯管点亮后

3) 新型荧光灯及荧光灯的改进

随着科学技术的不断发展，弥补荧光灯的缺点而出现了许多新型荧光灯，并对普通荧光灯电路进行了改进。

日光色荧光灯及其配套镇流器、启辉器型号和规格　　　　　　　　表 15-15

灯管型号	额定功率(W)	电源电压(V)	工作电压(V)	工作电流(mA)	启动电流(mA)	启动电压(V)	光通量(lm)	平均寿命(h)	主要尺寸(mm)			灯头型号
									管　径	全　长	管　长	
YZ6	6		50±6	135±5	180±20		150	2000	15.5±0.8	226±1	210±1	2RC-14
YZ8	8		60±6	145±5	200±20		250			301±1	285±1	
YZ15	15		52	320	440		580	3000	38	451	436	2RC-35
YZ20	20	220	60	350	460	190	970			604	589	
YZ30	30		95	350	560		1550			909	894	
YZ40	40		108	410	650		2400			1215	1200	
YZ100	100		87	1500	1800		5500	2000				
YH 30	30		95	350	560		1550	1000				
40	40	220	108	410	650	190	2200					
YU 30	30		90	370	570		1550					
40	40		112	420	680		2200					

配用灯管功率 W	镇流器技术参数					功率因数		启辉器技术参数					
	型　号	工作电压 (V)	工作电流 (mA)	启动电压 (V)	启动电流 (mA)	最大功耗 (W)	cosφ	tanφ	(型　号)	正常启动		欠压启动		启辉电压 (V)
										电压 (V)	时间 (s)	电压 (V)	时间 (s)	
6	YZ$\frac{1}{6}$-220/6	203	140-5		180-10	4	0.34	2.76	PYJ4-8	220	1～4	180	<15	>135
8	YZ$\frac{1}{6}$-220/8	200	150-10		190-10		0.38	2.43						
15	YZ$\frac{1}{6}$-220/15	202	330-30	215	440-30	8	0.33	2.86	PYJ15-20					
20	YZ$\frac{1}{6}$-220/20	196	350-30		460-30		0.36	2.59						
30	YZ2-220/30	180	360-30		560-30		0.5	1.73	PYJ30-40					
40	YZ2-220/40	165	410-30		650-30		0.53	1.6						
100	YZ1-220/100	185	1500-100		1800-100	20	0.37	2.52	PYJ100			200	2～5	

注：1. YZ型日光色荧光灯的色温为6500K；一般显色指数为70～80。

YH型为环形荧光灯；YU型为U型荧光灯。

2. YZ1，YZ2为一般镇流器，YZ6为有副线圈镇流器。

3. 启辉器的使用寿命平均为500次。

荧光灯补偿电容器的技术数据　　表15-16

电容器型号	工作电压 (V)	标称容量 (μF)	配用灯管功率 (W)	外形尺寸 (mm)			最大重量 (g)
				长	宽	高	
CZD1	110/220	2.5	20	46	31	60	165
CZD1	110/220	3.75	30			80	240
CZD1	110/220	4.75	40			105	300

A. 使用双线圈镇流器　双线圈镇流器有四个出线头，有同一铁心上有两个线圈，主、副线圈的绕向相反。其具体接线方法见图15-26所示电路。

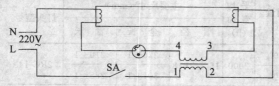

图15-26　双线圈镇流器荧光灯电路

当接通电源时，副线圈中感应电动势与主线圈的电压方向相反，两线圈中磁场互相抵消，从而减小了主线圈交流阻抗，使主线圈供电电流增大，有利于灯丝预热，容易点燃灯管。当灯管点燃后，启辉器断开，副线圈失去作用，主线圈恢复原有高阻抗，限流作用好，使灯管亮度稳定，延长灯管使用寿

命。通常人们把副线圈叫作启动线圈。

双线圈镇流器在使用时要注意主、副线圈不能接错，否则会烧坏镇流器和灯管。

B. 使用快速启动镇流器　该种镇流器采用漏磁变压器原理，具有快速启动、功耗小的特点，可以延长灯管使用寿命，而且在启动时不产生对无线电的干扰。如图15-27电路所示。

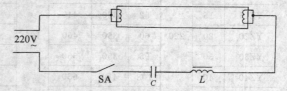

图15-27　用快速启动镇流器的荧光灯电路

C. 使用电子镇流器　使用一般的镇流器会使荧光灯线路的功率因数降低，而且镇流器本身也耗电。为了克服这一缺点，近几

418

年出现了电子镇流器，它具有一系列优点：可节电30%～40%，可在150～250V电压内正常启动，具有预热启动功能，启动时间为0.4～1.5s，并具有异常状态自动保护功能，无频闪、无噪音，可延长灯管寿命2倍以上。该镇流器体积小，技术先进，是荧光灯镇流器的发展方向，其典型电路如图15-28所示。

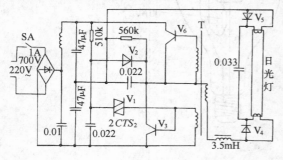

图15-28　电子镇流器的荧光灯电路

D.启动回路串接二极管　在15W以下的荧光灯启动回路中串接一只二极管，可改善启动性能，如图15-29所示。

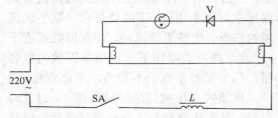

图15-29　启动回路串二极管的荧光灯电路

镇流器线圈直流电阻比交流阻抗小得多，在启动回路串接一只整流二极管后，使灯丝在启动前瞬间流过比交流启动大的预热电流，使镇流器线圈储存较大的能量，从而了改善了启动性能。串接二极管为0.5A500V。应注意15W以上的荧光灯不宜采用。

E.经济荧光灯　近年来生产一种经济荧光灯（冷阴极自镇流荧光灯）。该种荧光灯耗电量小，使用方便，不用镇流器可直接安装在普通灯座上使用，其结构图如图15-30所示。

该种荧光灯的双层结构，内心为3W荧光管，两端电极为铝质圆筒形，在其管壁上涂有无色透明的四氯化锡导电膜与灯管相

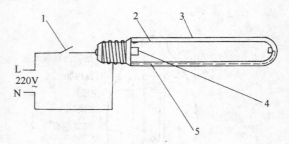

图15-30　自镇流荧光灯
1—开关；2—内灯管；3—外灯管；
4—电极；5—透明导电膜

连，它除能使灯管便于启动外，主要是使灯管保持稳定状态，使灯管上的工作电压和工作电流保持在额定范围的，故不用镇流器也可正常工作。

F.节能型荧光灯　为了节省电能，近年来不断出现节能型荧光灯。如PL-30型荧光灯比相同功率的普通型荧光灯的光通量大220lm。H型新型节能荧光台灯，其功率为9W，而光通量却相当于60W的白炽灯及节能效果好的环形灯管。

（4）荧光高压汞灯

荧光高压汞灯俗称高压水银灯，是一种改进型的荧光灯，属于气体放电光源，因灯管工作时，放电管内的汞蒸气压力很高而得名。它有镇流器式、自镇式及反射型三种。镇流器式和反射型高压汞灯须与镇流器配套使用，区别只是反射型荧光高压汞灯在玻璃外壳内壁上部镀有铝反射层，具有定向反射性能，使用时可不用灯具，同时外壳还起着将放电管与周围环境隔离和保温的作用，故这里主要介绍镇流器式和自镇式两种。

1）镇流器式荧光高压汞灯

荧光高压汞灯由灯头、玻璃壳和石英放电管（内管）等组成。其结构及接线如图15-31（a）所示。其外管与内管中均充有惰性气体（氮、氩），内管中还装有少量汞，发射电极采用自热式结构，并置有辅助电极，用来触发启辉，玻璃外壳内壁涂有荧光粉，它能将汞蒸气放电辐射出的紫外线转变为可见光。

419

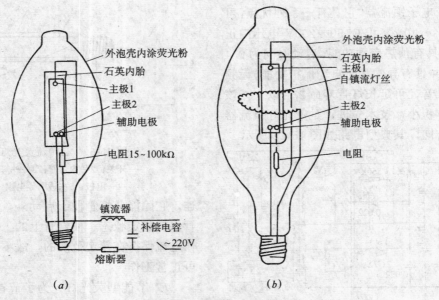

图 15-31　荧光高压汞灯

(a) 镇流器式高压水银灯的结构；(b) 自镇流高压水银灯

　　镇流器式高压汞灯的工作原理：当电源接通后，电压经镇流器加在电极之间，首先由辅助电极和与之距离很近的主极 2 之间由于气体被强电场击穿而发生辉光放电（放电电流受电阻的限制），而产生大量电子和离子，随后便在两主电极之间开始发生弧光放电，由于弧光放电后两主极间电压低于主极 1 与辅助电极间的辉光放电电压，因此，辉光放电停止。随着主电极的放电，汞逐渐汽化，灯泡开始稳定地工作，发出可见光和紫外线，紫外线又激发玻璃外壳内壁的荧光粉，发出很强的荧光,这样灯管便处于正常工作状态。由此可见，高压汞灯从起燃到正常发光有一个稳定时间，一般需要 4～10min。

　　灯管熄灭后，不能立即再次点燃，一般需间隔 5～10min 后灯管冷却后，才能重新启动。这主要因为高压汞灯熄灭后，灯管内的汞蒸气压仍然较高，电子和离子在高气压下，不能积累足够的能量来电离气体产生弧光放电的缘故。

　　2）自镇式高压汞灯（复合灯）

　　自镇式高压汞灯是利用水银放电管、白炽体和荧光质三种发光要素同时发光的一种复合光源。这种灯兼有三种光源的优点：光效高、省电和具有良好的日光色和传色性能，它的外形、构造和工作状况与镇流器式高压汞灯基本相同，不同处是它串联了镇流用的钨丝，代替了镇流器，功率因数接近于1，故电路可省略用于改善功率因数的电容器，但发光效率低，不耐震，寿命较短。

　　自镇式高压汞灯的结构如图 15-21（b）所示。其工作原理是：当电源接通后，电压通过镇流灯丝加在极间主极和辅助电极上开始辉光放电，镇流灯丝开始发光，由于放电使管内温度升高，水银逐渐蒸发达到一定程度，两主极间形成弧光放电，而发出紫外线，激发玻璃外壳内壁涂有的荧光物质发出很强的光。需指出的是镇流灯丝不仅帮助点燃，而且还起到了降压、限流和改善光色的作用。

　　3）荧光高压汞灯的型号和规格

　　荧光高压汞灯的光谱特性和光效主要决定于汞蒸气压，它可以选用不同的蒸气压，制成不同用途的高压汞灯。各种型号的高压汞灯外形图如图 15-32 所示。其型号、规格参看表 15-17 所示。

灯泡型号	额定功率(W)	电源电压(V)	工作电压(V)	工作电流(A)	启动电压(V)	启动电流(A)	光通量(lm)	稳定时间(min)	再启动时间(min)	色温(K)	平均寿命(h)	直径	全长
GGY 50	50		95±15	0.62		1.0	1500	5～10				56	130±5
GGY 80	80		110±15	0.85		1.3	2800				2500	71	165±5
GGY 125	125		115±15	1.25		1.8	4750					81	184±7
GGY 175	175		130±15	1.50		2.3	7000		5～10	5500		91	211±7
GGY 250	250	～220		2.15	180	3.7	10500						230±7
GGY 400	400		135±15	3.25		5.7	20000					122	300±10
GGY 700	700		140±15	5.45		10.0	35000	4～8			5000	152	358±10
GGY 1000	1000		145±15	7.50		13.7	50000					182	400±10
GYF 400	400		135±15	3.25		5.7	16500						300±10
GYZ 250	250			1.20		1.7	5500					102	250
GYZ 450	450		220	2.25		3.5	13000		3～6	4400	3000	122	310
GYZ 750	750			3.55		6.0	22500					152	370

注：GGY 型为普通型，GYF 型为反射型；GYZ 型为自镇流式。

续表

灯泡型号	工作电压(V)	工作电流(A)	启动电流(A)	阻抗(Ω)	最大功耗(W)	cosφ	tanφ
GGY 50	177	0.62～0.05	1.0±0.08	285	10	0.44	2.04
GGY 80	172	0.85～0.06	1.30±0.10	202	16	0.51	1.73
GGY 125	168	1.25～0.10	1.80±0.125	134	25	0.55	1.52
GGY 175	150	1.5～0.12	2.30±0.15	100	26	0.61	1.3
GGY 250		2.15～0.15	3.70±0.25	70	38		
GGY 400	146	3.25～0.25	5.70±0.4	45	40		
GGY 700	144	5.45～0.45	10.0±0.70	26.5	70	0.64	1.2
GGY 1000	139	7.50～0.60	13.7±10	18.5	100	0.67	1.11
GGY 400	146	3.25～0.25	5.70±0.4	45	40	0.61	1.3
GYZ 250							
GYZ 450		无外接镇流器				0.9	0.48
GYZ 750							

（5）高压钠灯

高压钠灯也是一种气体放电光源，它是利用高压钠蒸气放电，发出接近白炽灯泡的金白色光。其辐射光的波长集中在人眼感觉较灵敏的范围内，具有较强的穿透性，灯的体积较小，有较高的亮度，寿命长，很适合

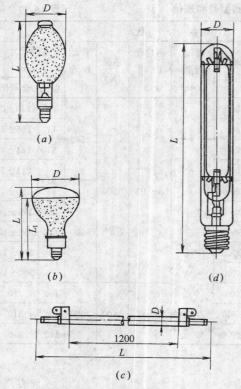

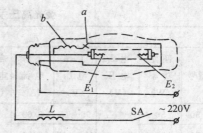

图 15-34 高压钠灯工作线路

图 15-32 高压汞灯外形图

(a) 荧光高压汞灯；(b) 反射型荧光高压汞灯；

(c) 晒图高压汞灯；(d) 晒图高压汞灯

需要高亮度、高效率的场所。

1) 高压钠灯的基本结构和工作原理

高压钠灯的基本结构如图 15-33 所示。

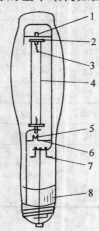

图 15-33 高压钠灯结构图

1—铌排气管；2—铌帽；3—钨丝电极；4—放电管；

5—双金属片；6—电阻丝；7—钡钛消气剂；8—灯帽

高压钠灯的基本结构：主要由灯丝、双金属片热继电器、陶瓷放电管、玻璃外壳等组成。灯丝由钨丝绕制成螺旋形，因钠对石英玻璃具有较强的腐蚀作用，故放电管是用与钠不起反应的耐高温半透明氧化铝陶瓷或全透明刚玉制成，管内充有氙气、汞滴和钠。为使电极与管体之间具有良好的密封衔接，采用化学性能稳定而膨胀系数与陶瓷接近的铌做成端帽，电极间连接着用来产生启动脉冲的双金属片，它是用两种不同热膨胀系数的金属压接在一起做成的，玻璃外壳内抽成真空，并充入氩气，灯头制成螺口式。

高压钠灯的工作原理如图 15-34 所示。当电源接通时，电流经镇流器 L、加热线圈 b、双金属片 a 常闭触点而形成通路，加热线圈发热，使双金属片受热后发生形变，其常闭触点开断，在触点断开瞬间，L 上产生很高的自感电动势，与电源电压一起加在放电管两端，使极间击穿，气体电离放电，于是灯管点燃。钠灯在工作中双金属片处于受热断开状态，电流只通过放电管，由于钠原子的激发能级远低于汞和氙原子，当钠开始放电后，汞和氙受激发的机会较少，故主要是钠放电发光。工作电压和工作电流如同荧光灯一样，由镇流器加以控制。高压钠灯由点燃到稳定工作约需 4~8min。

钠灯熄灭后，不能立即再点燃，约等 10~20min，待双金属片冷却闭合后，才能重新再启动。

新型高压钠灯的工作原理与上述钠灯相同，但启动方式不同，有的采用一种新的启动方式，用一根绕在放电管上的钨丝，将放电管加热至一定的温度（200~350℃），此时高压钠灯的启动电压最低，可在220V电压下自行点燃。有的采用由晶闸管构成的触发器。

2）高压钠灯的型号和规格

高压钠灯的型号和规格见表15-18所示。

金属卤化物灯和高压钠灯泡的技术数据 表 15-18

名称	型号	额定功率(W)	电源电压(V)	工作电压(V)	工作电流(A)	启动电压(V)	启动电流(A)	稳定时间(min)	再启动时间(min)	光通量(lm)	色温(K)	一般显色指数(Ra)	主要尺寸(mm) D	L	灯头型号	功率因数 cosφ	备注
高压钠灯泡	NG400	400	~220	100^{+20}_{-15}	4.6	190	7.5	4~8	10~20	40000	2000~2400	20~25	62	280	E40/45-1	0.44	采用400W高压汞灯镇流器时实际功率只有360W左右
	NG250	250			3.0		5.2			22500				260			采用250W高压汞灯镇流器时，实际功率约为200~220W
钠铊铟灯泡	NTY1000	1000		90±10	10~12.5	180	15~16	5~8	10~15	60000~70000	5000~6500	65~70	23	170~200	夹式	0.5	配用DYC-L1A型触发器及专用镇流器
	NTY400	400		135±15	3.25		5.7			28000			91	227±7	E40/45-1	0.61	配用400W高压汞灯镇流器
管形镝灯	DDG400	400	~220~380	216	2.7	340	5	4~8		36000	6000	85	120	300		0.52	当采用二个400W高压汞灯镇流器串联时，实际功率约为500W

（6）金属卤化物灯

金属卤化物灯是一种新光源，它是在高压汞灯的基础上为彻底改善光色而迅速发展起来的，在它的发光管内充以金属卤化物，使之能辐射出近似日光的白色光，而且光效高（比高压汞灯高1.5~2倍），但这种新型光源也正处于发展阶段，它的使用寿命短，存在着光通量保持性差、光色一致性差的缺点。目前常用的金属卤化物灯有钠铊铟灯和镝灯两种。

1）钠铊铟灯：灯管内充有碘化钠—碘化铊—碘化铟，400W钠铊铟灯的结构、工作线路、工作原理及外形均与高压钠灯相似，见图15-34所示。

1 000W钠铊铟灯须配用触发器和专用镇流器启动。其结构及工作线路图如图15-35所示。

当电源接通时，按下触发按钮SB，由于振子触点K周期性的吸合、断开，K、C_1、L_2

构成一个衰减式振荡回路，其振荡频率由C_1、L_2决定。变压器T的次级L_3上将感应出10kV的高频电压，灯管在此电压作用下即点燃发光。

2）管形镝灯：灯管内充有碘化镝，使灯管的工作电压和启动电压都升高，故须采用380V供电，其结构和启动过程均与荧光高压汞灯相似，为了改善启动性能，灯内装有两个引燃电极E_3、E_4。管形镝灯工作时还应匹配与功率相对应的专用镇流器。如图15-36管形镝灯工作线路图所示。若用单相220V供电，需配用功率相适应的漏磁升压变压器，才能满足启动和工作的要求。

3）金属卤化物灯的型号和规格

钠铊铟灯和管形镝灯的型号规格见表15-18所示。

（7）氙灯

氙灯的种类有：长弧氙灯、短弧氙灯和

脉冲氙灯三类。氙灯是一种内充高纯度氙气的弧光放电灯,功率可由几千瓦到10万瓦以上,能发出数十万流明以上的巨大光通量,发光效率高,且发出来的光谱与日光非常接近,故又有"小太阳"之称。

1) 氙灯的基本结构和工作原理

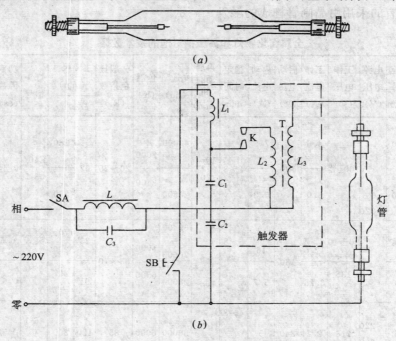

图 15-35 1000W 钠铊铟灯外形、工作线路图
(a) 外形图;(b) 工作线路图

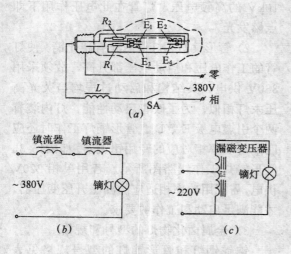

图 15-36 管形镝灯工作线路
(a) 与专用镇流器配套;(b) 用高压汞灯镇流器代用;
(c) 与漏磁变压器配套

管形长弧氙灯由一根透明的长石英玻璃管制成,两端有两个钍钨或钡钨电极,管内充有高纯度氙气。灯的冷却方式有自然冷却和水冷却两种,外形如图 15-37 所示。

氙灯引燃需配用相应规格的氙灯触发器。长弧氙灯的弧光放电需要依靠专门的启动装置—触发器产生脉冲高频高压来点燃。在高压脉冲作用下,起初灯管中形成火花放电的通道,由此产生的电子、离子在电场的作用下,使中性气体分子和原子继续电离,在离子的撞击下使电极加热,成为热发射体,发射大量热电子,产生较大的热电流,而形成稳定的弧光放电,使之发光。

2) 氙灯的型号、规格

管形氙灯的型号和规格见表 15-19 所示。

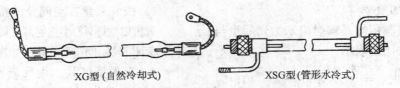

XG型(自然冷却式)　　　　XSG型(管形水冷式)

图 15-37　管形氙灯的外形图

管形氙灯的型号和规格　　　　　　　　　　表 15-19

型　　号	灯　管　技　术　参　数									触发器技术参数					功率因数	
	额定功率(W)	电源电压(V)	工作电压(V)	工作电流(A)	光通量(lm)	平均寿命(h)	主要尺寸(mm)			型　号	输入电压(V)	主要尺寸(mm)			cosφ	tanφ
							外径	全长	体长			长	宽	高		
XG 1500	1500		60	20	30×10^3		32	350	110	XC-S1.5A		170	115	53	0.4	2.29
XG 3000	3000			13~18	72×10^3		15±1	700	590	XC-3A		255	300	130		
XG 6000	6000	~220	220	24.5~30	144×10^3		21±1	1000	800	SQ-10	~220	450	450	350		
XG 10000	10^4			41~50	27×10^4	1000	26±1	1500	1050	XC-10A		410	210	250		
XG 20000	2×10^4			84~100	58×10^4		38±1	1800	1300	XC-S20A		500	250	250	0.9	0.48
XG 20000	2×10^4	~380	380	47.5~58	58×10^3		28±1	2500	2000	SQ-20	~380	450	450	350		
XG 50000	5×10^4			118~145	155×10^4		45±1	3400	2700	SCH-50						
XSG 4000	4000	~220	220	15~20	14×10^4	500	25±3	450±10	250	DWC-3	~220	240	205	125		
XSG 6000	6000			23~31	22×10^4											

注：氙灯的色温为 5500~6000K，一般显色指数为 90~94。

15.2.3　照明灯具

照明灯具又名照明器，是指由光源和照明附件组成的照明装置。

(1) 灯具的作用

灯具主要包括灯座、灯罩、开关及装饰附件等组成。灯具的主要作用是固定光源，将光源的光能分配到需要的方向，防止光源引起的眩光和保护光源不受外界环境影响，同时还有装饰美化的效果，其光特性的优劣是以配光曲线、灯具效率和保护角三者来评价的。

1) 灯具的配光作用

各种灯具分配光通量的特性可由各种配光曲线来表示。灯具的配光曲线是表示灯具的发光强度在空间分布状况的图表形式。一般发光对称的灯具以纵断面图表示，就能说明该灯具发光强度在空间分布的状况，称为对称配光。如图 15-38 (a) 所示。还有一些灯具的形状是不对称的，则须通过灯具轴线的几个截面上的配光曲线才能说明该灯具发光强度在空间分布的状况，这种配光称为非对称配光。如图 15-38 (b) 所示。

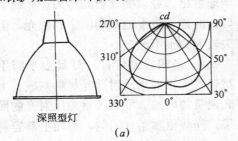

深照型灯

(a)

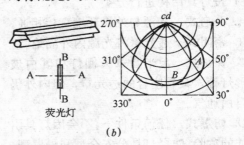

荧光灯

(b)

图 15-38　灯具的配光曲线

(a) 对称配光；(b) 非对称配光

2）灯具的效率

灯具的效率用灯具辐射出来的光通量与光源光通量之比来表示。

$$即：\eta = \frac{F_2}{F_1} \times 100\% \qquad (15-5)$$

式中 η——灯具的效率；

F_1——光源的光通量，lm；

F_2——灯具辐射出来的光通量，lm。

由于光源所产生的光通量，经过灯具的反射和透射必然要损失一些，故 η 总是小于 1 或等于 1（即 $\eta \leqslant 1$），各种灯具的效率可查阅有关照明手册。

3）灯具的保护角

前面已述眩光对视力危害是很大的，限制眩光最常用的方法是使灯具有一定的保护角。所谓灯具的保护角即灯丝（或发光体）最边缘点和灯具出光口连线与通过灯丝（或发光体）中心的水平线之间的夹角。如图 15-39 所示。灯具的保护角正是应用了眩光的强弱与视角的关系，保护角愈大，人眼看见光源发白部分的机会越小。

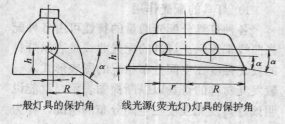

一般灯具的保护角　　线光源(荧光灯)灯具的保护角

图 15-39　灯具的保护角

（2）灯具的分类

灯具产品很多，一般分交通运输、工矿企业、文化艺术、建筑装饰、民用五大类。

1）按灯具结构进行分类

A. 开启式　光源与外界环境直接相通。

B. 密闭式　透光罩将光源内外隔绝。

C. 保护式　象半圆罩天棚灯和乳白玻璃球形灯等，具有闭合的透光罩，但内外仍然能自由通气。

D. 防爆式　任何条件下，不会因灯具引起爆炸的危险。防爆灯具分安全型和隔爆型。

2）按光通量在空间分配特性分类

有直射型灯具、半直射型灯具、漫射型灯具、半间接型灯具、间接型灯具。如表 15-20 所示。

A. 直射型灯具　用反光性能良好的不透明材料如搪瓷、铝和镀银镜面等制成。此类灯具效率高，光线集中，方向性强，工作面上可得到充分照度，但灯的上部几乎没有光线，很暗，容易与明亮灯光形成眩光。按配光曲线的形状分为广照型、均匀配光型、配照型、深照型和特照型。如图 15-40 所示。

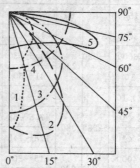

曲线 1——特深照型

曲线 2——深照型

曲线 3——配照型

曲线 4——均匀配光型

曲线 5——广照型

图 15-40　直射型灯具的几种配光曲线

B. 半直射型灯具　常用半透明材料如玻璃等材料制成下面开口的样式，目的是将较多的光线集中照射到工作面上，同时又使空间环境得到适中的亮度。

C. 漫射型灯具　用漫射透光材料制成封闭式的灯罩，光线柔和均匀，造型美观，但灯具的效率低。

D. 间接型灯具　灯具全部光线都由上半球射出，经顶棚反射到室内，光线柔和均匀，能最大限度地减弱阴影和眩光，但光损失较大，很不经济。

E. 半间接型灯具　灯具上半部用透明材料，下半部用漫射透光材料制成。上半球光通量的增加，增强了室内反射光的照明效果，光线更加柔和均匀，然而上部容易积灰尘，影响灯具的效率。

灯具类型		直射型	半直射型	漫射型	半间接型	间接型
光通量分配的比例%	上半球	0～10	10～40	40～60	60～90	90～100
	下半球	100～90	90～60	60～40	40～10	10～0
特点		光线集中，工作面上可得充分照度	光线主要向下射出，其余透过灯罩向四周射出	光线柔和，各方向光强基本上一致，可达到无眩光，但光损较多	光线主要反射到顶棚或墙上再反射下来，使光线比较柔和均匀	光线全部反射，能最大限度减弱阴影和眩光，但光的利用率低
示意图						

（3）灯具的选择

灯具的选择要根据使用的环境条件、配光要求合理地进行选择，同时还要确保安全。

1）按环境条件选择

A. 通常干燥的场所，采用开启式灯具；

B. 有爆炸危险混合物聚集的场合，应采用防爆型灯具。

C. 潮湿的场所，采用瓷质灯头的开启式灯具，湿度较大的场所，要用防水灯头的灯具，特别潮湿的地方，应采用防水防尘密闭式灯具。

D. 像锅炉房等含有大量尘埃的场所，采用瓷质灯头金属罩开启式灯具或防水防尘灯具。

E. 有机械碰撞可能的地方，应采用带有保护网的灯具。

2）按配光特性选择

A. 一般生活用房和公共建筑物内多数采用半直射型、漫射型灯具或荧光灯，使顶棚和墙壁均有一定的光照，整个室内空间照度分布均匀。

B. 生产厂房采用直射型灯具较多，使光通量全部照射到下方的工作面上。一般生产场所采用配照型灯具。

C. 室外照明，一般采用广照型灯具。

（4）灯具的布置

灯具的布置是确定灯具在房间内的空间位置。既要注意灯具的照明质量，又要注意灯具的装饰效果，二者必须同时兼顾，还要与房间的整体布局相协调。灯具布置是否合理还关系到照明安装容量和投资费用，以及维护检修方便与安全等。

灯具的布置，要根据照明现场的实际需要，合理选择布灯的方式。布灯的方式有适用于要求整个工作面照度分布均匀的均匀布灯；有主要适应生产要求和设备布置，使局部工作面上加强照度或防止阴影的选择性布灯。

均匀布灯是否合理，主要取决于灯具的距高比 L/h 是否合适。均匀布灯的几种形式如图 15-41 所示，L/h 值小，照度均匀度好，经济性差；L/h 值过大，布灯则稀，不能满足所规定的照度均匀度。实际布灯的 L/h 只要小于最大允许距离比（可以从照明设计手册中查找），照度均匀度就能满足要求。

荧光灯是不对称灯具轴线，故它的最大允许 L/h 有横向 B-B 和纵向 A-A 两个，如表 15-21 所示

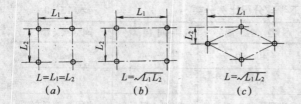

图 15-41 均匀布灯的几种形式

(a) 正方形；(b) 矩形；(c) 菱形

一般厂房用顶灯的一般照明，高大

厂房可采用顶灯和壁灯相结合的布灯方案，既能节约电能又可提高垂直照度。用直射型或半直射型灯具时，布灯应注意由人员或工件形成的阴影，考虑检修的方便与安全，室内采用梯子检修的灯具，安装高度应低于6m，大型设备上方、配变电所母线上方，水池或大型槽子等上空均不装设灯具。总之，灯具的布置要简洁、明亮、维护方便，要突出其实用性。

荧光灯的最大允许距高比值（L/h）　　　　　　表 15-21

名　　　　称		型　号	灯具效率 %	最大允许距高比 L/h		光通量 F （lm）
				A-A	B-B	
简式荧光灯	1×40W	YG 1-1	81	1.62	1.22	2400
	1×40W	YG 2-1	88	1.46	1.28	2400
	2×40W	YG 2-2	97	1.33	1.28	2×2400
密闭型荧光灯 1×40W		YG 4-1	84	1.52	1.27	2400
密闭型荧光灯 2×40W		YG 4-2	80	1.41	1.26	2×2400
吸顶式荧光灯 2×40W		YG 6-2	86	1.48	1.22	2×2400
吸顶式荧光灯 3×40W		YG 6-3	86	1.5	1.26	3×2400
嵌入式格栅荧光灯（塑料格栅）3×40W		YG 15-3	45	1.07	1.05	3×2400
嵌入式格栅荧光灯（铝格栅）2×40W		YG 15-2	63	1.25	1.20	2×2400

15.2.4 照度的计算

照度计算：即按房间所要求的照度标准和其他已知条件（房间特征、灯具型式和布置、光源的种类等）来计算灯泡的容量或灯具的数量，或者是在灯具型式、布置、光源的容量都确定的情况下，进行照度校验的计算。

照度计算方法很多，基本上有利用系数法、逐点计算法、单位容量法和光通量法等，任何一种计算方法计算结果都存在误差，范围在＋20%～－10%内是允许的。

（1）利用系数法

此方法适用于一般均匀照明的水平照度计算。凡室内反光性能好，选用利用反射光

通的非直射型灯具时，均可采用此法。

1）利用系数法的计算公式：

$$E = \frac{FN\mu}{KSZ} \qquad (15-6)$$

式中　E——被照面的最低照度（lx）；

F——每一个照明器中光源的总光通量（lm）；

N——由布灯方案得出的灯具数量；

S——房间的面积（m²）；

K——照度补偿系数。见表15-22所示；

Z——最小照度系数（工作面上的平均照度与最低照度之比）。与各种灯具的型式、光源种类容量、

灯具安装的 L/h 比有关，可查阅有关照明手册和图表。部分灯具的 Z 值可见表15-23所示；

μ——利用系数。它是表示室内工作面上，由灯具的照射和墙顶棚的反射而得到的光通量与光源发出的光通量之比。它由照明灯具特性、房间的大小、形状、房间内各表面的反射系数有关。

2）利用系数法的计算步骤

A. 布置好所选灯具，确定合适的计算高度。参照表15-24所示。

B. 确定室形指数 i：

$$i = \frac{AB}{h(A+B)} \qquad (15-7)$$

式中　A——房间的长（m）；

　　　B——房间的宽（m）；

　　　h——灯具的计算高度（m）。

C. 确定利用系数 μ：根据所选择的灯具、墙壁、天花板与地面的反射系数（由表15-25所列选取）以及室形指数 i，从照明器利用系数表中查取相应的利用系数 μ。

D. 确定照度补偿系数 k。查表15-22。

E. 确定最小照度系数 Z。查表15-23。

F. 按公式 $F = \dfrac{EKSZ}{N\mu}$ 计算每个灯具的光通量（若采用平均照度，则不必乘 Z）。

G. 根据上述计算结果，查表选取灯泡的功率后，再按 $E = \dfrac{FN\mu}{KSZ}$ 验算最低照度。

照度补偿系数 k　　　　　　　　　　　　　　　表 15-22

序　号	环境污染特征	生产车间和工作场所举例	照度补偿系数 k		照明器擦光次数（次/月）
			白炽灯、荧光灯、荧光高压汞灯	卤钨灯	
1	清洁	仪器、仪表的装配车间，电子元器件的装配车间，实验室，办公室，设计室	1.3	1.2	1
2	一般	机械加工车间，机械装配车间，织布车间。	1.4	1.3	1
3	污染严重	锻工车间，铸工车间，碳化车间，水泥厂球磨车间	1.5	1.4	2
4	室外		1.4	1.3	

最小照度系数 Z　　　　　　　　　　　　　　表 15-23

照明器类型 ＼ L/h	0.8	1.2	1.6	2.0
余弦配光类	1.20	1.15	1.25	1.50
深照配光类	1.15	1.09	1.18	1.44
均照配光类	1.0	1.0	1.18	1.18

注：1. 余弦配光类：如搪瓷配照型灯；深照配光类，如搪瓷深照型灯；均照配光类，如乳白玻璃圆球灯。

照明器较合适的 L/h 值　　　　　　　　　　表 15-24

照　明　器　类　型	L/h		单行布置时房间最大宽度
	多行布置	单行布置	
配照型、广照型、双罩配照型工厂灯	1.8～2.5	1.8～2.0	1.2h
深照型、乳白玻璃罩吊灯	1.6～1.8	1.5～1.8	1.0h
防爆灯、圆球灯、吸顶灯、防水防尘灯、防潮灯	2.3～3.2	1.9～2.5	1.3h

照 明 器 类 型	L/h		单行布置时房间最大宽度
	多 行 布 置	单 行 布 置	
栅格荧光灯具	1.2～1.4	1.2～1.4	0.75h
荧光灯（余弦配光）	1.4～1.5		

注：1. 第一个数字为最适宜值，第二个数字为允许值。

2. 本表仅指合理使用最小照度值的较佳 L/h，实际布置时往往不能达到，则可按具体需要订出合理的布置方案。

3. $L=\sqrt{L_1 L_2}$，L_1 为第一排布灯中的灯间距离，L_2 为两排灯间的垂直距离；h 为计算高度，等于灯具的悬挂高度减去工作面高度。

顶棚、墙壁、地面反射系数的近似值　　　　　　　　表 15-25

反 射 面 性 质	反 射 系 数 ρ（%）	反 射 面 性 质	反 射 系 数 ρ（%）
抹灰并大白粉刷的顶棚和墙面	70～80	灰砖墙	20
砖墙或混凝土屋面喷白（石灰大白）	50～60	钢板地面	10～30
墙、顶棚为水泥砂浆抹面	30	户漆地面	10
混凝土屋面板	30	沥青地面	11～12
红砖墙	30	无色透明玻璃 2～6mm	8～10
混凝土地面	10～25		

注：当墙上开窗时，墙壁反射系数应为墙和窗的加权平均反射系数 P_q

即

$$P_{q1} = \frac{P_{q1}(S_q - S_c) + P_c S_c}{S_q}$$

式中　S_q——墙面总面积，包括墙和窗面积（m²）；

S_c——玻璃窗或装饰物面积（m²）；

P_{q1}——墙面反射系数（%）；

P_c——玻璃窗或装饰物反射系数（%）。

（2）逐点计算法

逐点计算法适用于选择性布灯，一般用于计算某些特定点的照度。逐点计算法，从计算方法分有相对照度计算法和等照度曲线计算法两种。

计算时应用各种灯具的空间等照度曲线，按计算点对各个灯具的距离比，查出各个灯具对该计算点所产生的照度的总和 $\sum\limits_{i=1}^{N} e_s$，按下式进行水平照度的计算。

$$E_s = \frac{Fu}{1000 \cdot k} \cdot \sum_{i=1}^{N} e_s \qquad (15-8)$$

式中　E_s——工作面上某计算点的最小水平照度（lx）；

F——每个灯具的光通量（lm）；

k——照度补偿系数，查表 15-20；

N——照明器的数量；

e_s——一个光通为 100lm 的照明器在被照点产生的水平照度直射分量（lx）又叫假想照度；

u——附加照度系数，是用来弥补计算照明器的光通多次反射产生的照度分量。参看表 15-26 所示。

各种型式灯具的空间等照度曲线，查阅有关照明手册或图表。

（3）单位容量法

此方法适用于均匀的一般照明计算。如生产厂房可利用此方法进行估算，一般环境反射条件较好的小型生产车间，可用此法计算。

$\dfrac{P_q}{P_{tp}}$	照明器类型 (L/h)	余弦配光类				深照配光类				均照配光类			
		0.8	1.2	1.6	2.0	0.8	1.2	1.6	2.0	0.8	1.2	1.6	2.0
$\dfrac{30}{50}$	t	1.2	1.13	1.09	1.08	1.11	1.06	1.05	1.05	1.51	1.43	1.58	1.72
	q	1.48	1.31	1.26	1.24	1.27	1.18	1.15	1.15	1.85	1.63	1.64	1.81
$\dfrac{50}{70}$	t	1.33	1.2	1.16	1.15	1.19	1.12	1.1	1.1				
	q	1.71	1.47	1.42	1.41	1.43	1.3	1.27	1.27				

注：1. t 行值适用于房间中央点，q 行值适用于近墙点。

　　2. 此表白炽灯和荧光灯均可采用。

同类型的房间里表面的反光特性接近时，在同一照度下，它们每平方米所需的照明设备的安装容量是一定的。即：

$$\omega = \frac{P}{S} \qquad (15\text{-}9)$$

式中　P——房间内照明总安装容量（包括镇流器功耗在内）（W）；

　　　　S——房间的面积（m²）；

　　　　ω——在某最低照度值下的单位容量值（W/m²）。

根据房间的面积 S、灯具的计算高度 h 和房间的照度标准 E（最低照度值）及所选的灯具型式，查所采用灯具的单位容量表，得到单位容量值 ω，再由上式 $\omega = \dfrac{P}{S}$ 求出房间总的照明安装容量 P。最后用 P 除以从较佳布灯方法所得出的灯具数量，即是灯泡的功率。

白炽灯和荧光灯在一般房间的安装灯泡的容量（W）　　　　表 15-27

房 间 面 积 (m²)	白　炽　灯　照　度　(lx)						荧光灯照度 (lx)
	5	10	15	20	25	40	100
2	15	15	15	15	25	25	
4	15	15	25	25	40	60	
6	15	25	40	40	40	75	40
8	25	40	40	60	60	100	2×40
3×4	25	60	60	75	100	2×75	2×40
3×6	40	60	2×40	2×60	2×60	2×100	2 (2×40)
4×6	40	2×40	2×60	2×75	2×75	2×100	2 (2×40)
6×6	60	2×60	2×75	4×60	4×60	4×75	4 (2×40)
8×6	2×40	2×60	4×60	4×60	4×75	4×100	4 (2×40)
9×6	2×40	2×60	4×60	4×60	4×75	4×100	4 (2×40)
12×6	2×60	3×60	4×60	6×60	6×60	6×100	6 (2×40)

注：1. 白炽灯用碗形灯罩。搪瓷罩或裸灯泡等，荧光灯为裸灯等。

　　2. 2×40W 双管荧光灯也可用 100W 单管荧光灯代替。

日光色荧光灯均匀照明近似单位容量值（W/m²）　　　　表 15-28

计算高度 h (m)	E (lx) / A (m²)	30W、40W 带灯罩						30W、40W 不带灯罩					
		30	50	75	100	150	200	30	50	75	100	150	200
2～3	10～15	2.5	4.2	6.2	8.3	12.5	16.7	2.8	4.7	7.1	9.5	14.3	19
	15～25	2.1	3.6	5.4	7.2	10.9	14.5	2.5	4.2	6.3	8.3	12.5	16.7
	25～50	1.8	3.1	4.8	6.4	9.5	12.7	2.1	3.5	5.4	7.2	10.9	14.5
	50～150	1.7	2.8	4.3	5.7	8.6	11.5	1.9	3.1	4.7	6.3	9.5	12.7
	150～300	1.6	2.6	3.9	5.2	7.8	10.4	1.7	2.9	4.3	5.7	8.6	11.5
	大于 300	1.5	2.4	3.2	4.9	7.3	9.7	1.6	2.8	4.2	5.6	8.4	11.2

计算高度 h (m)	E (lx) \ A (m²)	30W、40W 带灯罩						30W、40W 不带灯罩					
		30	50	75	100	150	200	30	50	75	100	150	200
3~4	10~15	3.7	6.2	9.3	12.3	18.5	24.7	4.3	7.1	10.6	14.2	21.2	28.2
	15~20	3	5	7.5	10	15	20	3.4	5.7	8.6	11.5	17.1	22.9
	20~30	2.5	4.2	6.2	8.3	12.5	16.7	2.8	4.7	7.1	9.5	14.3	19
	30~50	2.1	3.6	5.4	7.2	10.9	14.5	2.5	4.2	6.3	8.3	12.5	16.7
	50~120	1.8	3.1	4.8	6.4	9.5	12.7	2.1	3.5	5.4	7.2	10.9	14.5
	120~300	1.7	2.8	4.3	5.7	8.6	11.5	1.9	3.1	4.7	6.3	9.5	12.7
	大于300	1.6	2.7	3.9	5.3	7.8	10.5	1.8	2.9	4.3	5.7	8.6	11.5
4~6	10~17	5.5	9.2	13.4	18.3	27.5	36.6	6.3	10.5	15.7	20.9	31.4	41.9
	17~25	4.0	6.7	9.9	13.3	19.9	26.5	4.6	7.6	11.4	15.2	22.9	30.4
	25~35	3.3	5.5	8.2	11	16.5	22	3.8	6.4	9.5	12.7	19	25.4
	35~50	2.6	4.4	6.6	8.8	13.1	17.7	3.1	5.1	7.6	10.1	15.2	20.2
	50~80	2.3	3.9	5.7	7.7	11.5	15.5	2.6	4.4	6.6	8.8	13.3	17.7
	80~150	2.0	3.4	5.1	6.9	10.1	13.5	2.3	3.9	5.7	7.7	11.5	15.5
	150~400	1.8	3	4.4	6	9	11.9	2.0	3.4	5.1	6.9	10.1	13.5
	大于400	1.6	2.7	4.0	5.4	8.0	11	1.8	3.0	4.5	6	9	12

（4）光通量法

光通量法用于投光灯数量的确定。当被照面积的大小，需要照度和灯具的参数已知时，可按下式估算投光灯的数量 N：

$$N = \frac{E_s k S}{F_1 \eta \mu Z} \qquad (15\text{-}10)$$

式中　E_s——规定的照度（lx）；

k——照度补偿系数，见表 15-22；

S——照明场所的面积（m²）；

F_1——选择的投光灯的光通量（lx）；

μ——光通利用系数。（照明面积较大时约为 0.9）；

η——投光灯的效率为 0.35～0.38；

Z——照明的不均匀系数。正确装置投光灯时可取 0.75。

（5）照度计算举例

有一教室长 12m，宽 6m，高 4m。双侧开窗，玻璃窗面积占总墙面的 50%。顶栅和墙均为抹灰粉白，混凝土地面，桌面上的平均照度为 150lx，试确定布灯方案和灯具数量。

A. 利用系数法计算

选用灯型及考虑布灯，确定合适的计算高度：

房间面积 $S = 12 \times 6 = 72$（m²）

采用 YG2-1 型 $1 \times 40W$ 荧光灯灯具参见表 15-21。可知：灯具效率 $\eta = 88\%$

最大允许距高比 L/h　A-A　1.46

　　　　　　　　　　　B-B　1.28

$$F = 2400\text{lm}$$

灯具的轴线与窗线平行，安装两排灯，面对黑板的左行灯距墙为 $L/3$，右行距墙 $L/2$，两行灯间距为 L 则

$$L/3 + L/2 + L = 6\text{m}$$

取 $L = 3.3\text{m}$　$L/2 = 1.6\text{m}$　$L/3 = 1.1\text{m}$

灯具下吊距离 $h_c = 0.5\text{m}$　课桌桌面高度为 0.75m

则灯具的计算高度 $h = 4 - 0.5 - 0.75$
　　　　　　　　$= 2.75$（m）

确定室形指数 i：

$$i = \frac{AB}{h(A + B)} = \frac{12 \times 6}{2.75 \times 18} = 1.5$$

确定利用系数 μ

查表 15-25 得：

顶栅、墙面的反射系数均为 $P_{q1} = 70\%$　$P_{tp} = 70\%$

地面的有效反射系数 $P_{di} = 20\%$

玻璃窗的反射系数 $P_c = 9\%$

墙的总面积 $S_q = 2(12+6) \times 4$

$\qquad = 144 \ (\text{m}^2)$

玻璃窗面积 $S_c = 50\% S_q$

$\qquad = 144 \times 0.5 = 72 \ (\text{m}^2)$

墙壁反射系数 $P_q = \dfrac{P_{q1}(S_q - S_c) + P_c \cdot S_c}{S_q}$

$\qquad = \dfrac{0.7 \times (144 - 72) + 0.09 \times 72}{144}$

$\qquad = 40\%$

从照明器利用系数表中查取相应的利用系数 $\mu = 0.65$

查表 15-22 得照度补偿系数 $k = 1.3$。

由 $E = \dfrac{FN\mu}{kS}$

$\because E$ 为平均照度，$\therefore$ 公式中不乘 Z。

得：

$\qquad N = \dfrac{EkS}{F\mu}$

$\qquad = \dfrac{150 \times 1.3 \times 72}{2400 \times 0.65}$

$\qquad = 9$

取 YG2—1 型 $1 \times 40\text{W}$ 荧光灯 10 盏。

验算实际最低照度

$$E = \dfrac{NF\mu}{kS}$$

$$= \dfrac{10 \times 2400 \times 0.65}{1.3 \times 72}$$

$$= 166.7(\text{lx})$$

B. 用单位容量法计算

$\qquad S = 12 \times 6 = 72\text{m}^2$

$\qquad h = 2.75\text{m} \quad L/h = 1.2$

查表 15-28 得到 $\omega = 8.6\text{W/m}^2$

查表得到荧光灯的 $Z = 1.28$

代入 $P = \dfrac{\omega}{Z}S = \dfrac{8.6}{1.28} \times 72 = 483.75(\text{W})$

40W 荧光灯的有功功率为 48W（包括镇流器功耗）

$$N = \dfrac{P_c}{48} = \dfrac{483.75}{48}$$

$$= 10.1$$

取 10 盏 40W 日光灯。

小　结

(1) 灯具安装有室内、室外两种。室内灯具的安装通常有吸顶式、壁式和悬吊式三种；配电板的安装主要分为底盘制作、盘面安排、盘面器材的安装、接线、配电板固定在墙上几个步骤；室内配电线路安装分明敷和暗敷，按配线方式的不同有瓷夹板配线、槽板配线、护套线配线、线管配线等。

(2) 照明线路导线截面的选择应符合安全载流量、机械强度、电压损失等要求。

(3) 照明的基本概念：光通量、光强、照度、光效、光的颜色、眩光、频闪效应等。

(4) 评价照明的质量的好坏主要考虑照度的均匀性、稳定性、合适的亮度分布、良好的光源显色性、有效地抑制眩光、消除频闪效应等几个方面。

(5) 照明电光源的种类繁多，按其发光原理，基本上可分为热辐射光源和气体放电光源两大类。常用电光源有白炽灯、碘钨灯、日光灯、高压汞灯、钠灯等。

(6) 照明灯具是指包括光源在内的，由照明附件组成的照明装置。

(7) 照度计算：按房间所规定的要求，计算灯泡的容量或灯具的数量，或是在灯具型式、布置、光源的容量都确定的情况下，进行照度校验的计算。

习题

1. 室内配电线路有哪几种常用配线方式？
2. 室内布线有哪些基本要求？
3. 瓷夹板配线有哪些要求，该配线方式适用什么场合？
4. 照明线路导线截面选择原则是什么？
5. 单相电度表如何接线？
6. 解释下列基本概念，它们的单位分别是什么？光通量、光强、照度、亮度、光效。
7. 光的颜色包含几个方面？各是什么？
8. 引起眩光的原因有哪些？眩光的危害有哪些？抑制眩光的措施是什么？
9. 什么是频闪效应？
10. 评价照明质量的好坏主要有哪几个方面？
11. 照明是如何分类的？
12. 常用的光源分哪几类？它们各有什么基本特点？
13. 白炽灯泡的发光效率低，寿命短，为什么还普遍应用？
14. 白炽灯发光的基本原理是什么？
15. 试述碘钨灯的基本原理？
16. 日光灯由哪些元件组成？它们各有哪些作用？
17. 试述日光灯的基本工作原理？
18. 试述镇流器式高压汞灯的组成及工作原理？
19. 自镇式高压汞灯与镇流器式高压汞灯有何异同？
20. 试述高压钠灯的工作原理？
21. 灯具有哪些作用？
22. 灯具有哪些种类？各类灯具都有什么特点？
23. 如何选择灯具？
24. 什么是照度计算？照度计算有哪几种常用方法？

第 16 章　电缆线路和架空线路

电力线路担负着输送和分配电能的任务，是构成工矿企业供电系统的重要组成部分，电力线路分为架空线路和电缆线路两种。本章主要介绍工厂电力线路的基本知识。

16.1　工厂电力线路的接线方式

电力线路按电压等级可分为低压和高压两种，1kV 及以下的为低压线路，超过 1kV 的为高压线路。

16.1.1　低压线路的接线方式

工厂低压线路有放射式、树干式和环式等基本接线方式。

（1）放射式接线

如图 16-1 所示是低压放射式接线。放射式接线的特点是：其引出线发生故障时互不影响供电，可靠性较高；但在一般情况下，其有色金属消耗量较多，采用的开关设备也较多。这种接线多用于供电可靠性要求高的车间，特别是用于大型设备的供电。

（2）树干式接线

如图 16-2 所示是低压树干式接线。树干式接线的特点正好与放射式相反，一般情况下，它采用的开关设备较少，有色金属消耗量也较少；但干线发生故障时，影响范围大，故供电的可靠性较差。一般用于机械加工车间，机修车间，适用于供电容量较小而分布较均匀的用电设备。

（3）环式接线

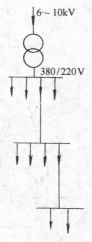

图 16-1　低压放射式接线

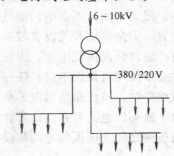

图 16-2　低压树干式接线

如图 16-3 所示是由一台变压器供电的低压环式接线。一个工厂内的所有车间变电

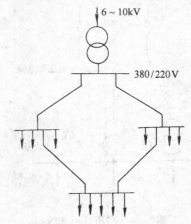

图 16-3　低压环形接线

所的低压侧，可以通过低压联络线相互联接成为环式。环式接线，供电可靠性比较高。任一段线路发生故障或检修时，都不致造成供电中断，或暂时停电，一旦切换电源的操作完成，就能恢复供电。环式接线，可使电能损耗和电压损耗减少，既能节约电能，又能提高电压水平。但是环式供电系统的保护装

置及其整定配合相当复杂,如配合不当,容易发生误动作,反而扩大故障停电的范围。

16.1.2 高压线路的接线方式

工厂高压线路也有放射式、树干式和环式等基本接线方式

(1) 放射式接线

如图16-4所示是高压放射式接线。在这种接线中,线路之间互不影响,而且便于装设自动装置,但是高压开关设备较多,当线路较多时,还须设高压配电室,因而投资增加。这种接线供电可靠性不高,任一线路发生故障或检修时,该线路所供电的负荷都要停电。为了提高供电的可靠性,可在各车间变电所高压侧之间或低压侧之间敷设联络线。

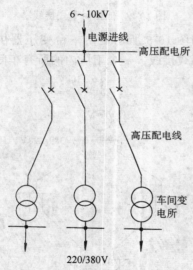

图16-4 高压放射式线路

(2) 树干式接线

如图16-5所示是高压树干式线路。这种接线与放射式接线相比,主要具有下列优点:能减少线路的有色金属消耗量,采用的高压开关数量少,无需设高压配电室,投资较少。但有下列缺点:供电可靠性更低,当高压配电干线发生故障或检修时,其上的所有变电所都要停电;在实现自动化方面,适应性更

差。要提高供电可靠性,可采用双干式供电或两端供电的方式。

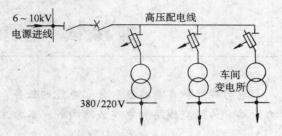

图16-5 高压树干式线路

(3) 环式接线

如图16-6所示是双电源的高压环式接线。

环式接线,实质上是两端供电的树干式接线。为了避免环式线路上发生故障时影响整个电网,也为了便于实现线路的选择性,因此多数环式线路采取"开口"运行方式,即环式线路有一处开关是断开的。

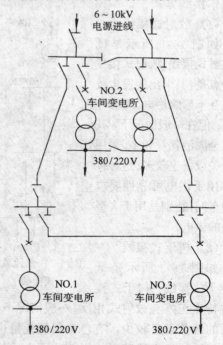

图16-6 双电源的高压环形接线

总之,工厂高压线路的接线应力求简单可靠。运行经验证明:供电系统如果接线复杂、层次过多,不仅浪费投资,维护不便,而

且由于线路串联的元件过多，因误操作或元件故障而产生的事故也随之增多，且事故处理和恢复供电的操作比较麻烦，从而延长了停电时间；同时由于变电所的级数多，继电保护装置相应比较复杂，动作时间也相应延长，对供电系统的故障保护十分不利。此外，高压配电线路应尽可能地深入负荷中心，以减少电能损耗和有色金属消耗量。

16. 2 架空电力线路

由于架空线路与电缆线路相比有较多的优点，如成本低、投资少、安装容易、维护方便，易于发现和排除故障，所以架空线路在电力系统中被广泛采用。

16. 2. 1 架空线路的结构

架空线路由导线、电杆、横担、拉线、绝缘子和线路金具等组成。为了防雷，有些架空线还架设有避雷线。架空线路的结构如图16-7所示。

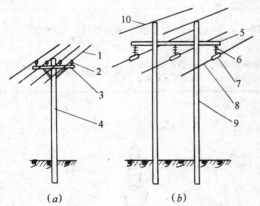

图 16-7 架空线路的结构
1—低压导线；2—针式绝缘子；3—横担；
4—低压电杆；5—横担；6—绝缘子串；7—线夹；
8—高压导线；9—高压电杆；10—避雷线

（1）架空线路的导线
导线的作用是传送电流，架空线路上的导线经常受风、冰、雨及空气湿度等作用，以

及周围空气所含化学杂质的侵蚀。因此，架空线路应具备下列主要条件：导电性能好；机械强度高，重量轻，价格低，耐腐蚀。

导线的材料有铜、铝和钢等。铜的导电性最好，机械强度也相当高；具有良好的化学稳定性，铜架空线运行一段时间后，在其表面形成一层很薄的氧化层，该氧化层可以防止导线进一步腐蚀。然而铜是贵金属，应尽量节约。铝的导电能力仅次于铜，其导电率约为铜的60％左右，但铝的机械强度较差，其抗拉强度约为铜的42％。考虑到铝具有导电性能较好，质轻价廉等优点，根据我国的资源情况，应尽量采用铝导线。钢的机械强度很高（多股钢绞线的抗拉强度为铜的3倍以上），而且价廉。但其导电性差，功率损耗大，容易锈蚀，所以架空线路上一般不用。

架空线路一般都采用裸导线。裸导线按其结构分，有单股线和多股线，工厂中一般都用绞线。绞线又有铜绞线、铝绞线和钢绞线。工厂中最常用的是铝绞线（型号为LJ）。在机械强度要求较高的和35kV以上的架空线路上，则采用钢心铝绞线（型号为LGJ）。这种导线的心子是钢线，以增强导线的机械强度，弥补铝线机械强度较差的缺点；而外围用铝线，取其导电性较好。由于交流电通过导线时有趋表效应，所以交流电流实际上只从铝线通过，从而克服了钢导线导电性差的缺点。钢心铝绞线型号中表示的截面积就是其铝线部分的截面积，因为只有这部分铝线才是导电的。其截面积可以用来进行电气计算。

（2）电杆、横担和拉线
电杆是用来架设导线的。电杆必须要有足够的机械强度，造价低，寿命长。电杆按材质分，有：木电杆、金属杆（铁杆、铁塔）、钢筋混凝土杆等三种。木电杆由于强度差，使用年限短等缺点而被逐步淘汰；铁塔一般用于35kV以上架空线路的重要位置上；钢筋混凝土电杆是用水泥、砂、石和钢

筋浇制而成，它使用年限长、维护费用少，是目前应用最广的一种。圆形钢筋混凝土杆的高为8m、9m、10m、12m、15m、18m、21m等。

架空线路的各种电杆，按其作用可分为直线杆、耐张杆、转角杆、终端杆和分支杆等五种类型。

上述各种电杆的应用地点和用途如图16-8所示，各种电杆的使用区别如表16-1。

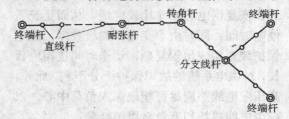

图 16-8　各种杆塔应用地点及其用途

各种类型电杆的区别　　　　　　　　　　表 16-1

杆　型	用　　　　途	杆　顶　结　构	有　无　位　线
直线杆	支持导线、绝缘子、金具等的重量，承受侧面的风力。占全部电杆数的80％以上	单担、针式约缘子或悬式绝缘子或陶瓷担	无拉线
有拉线的直线杆	除一般直线杆用途外，尚有用于：1. 防止大范围歪杆；2. 用于不太重要的交叉跨越处。	同直线杆，悬式绝缘子用固定式线夹。	有侧面拉线或顺档拉线
轻承杆	能承受部分导线断线的拉力，用在跨越和交叉处（10kV 及以下线路，不考虑断线）	负担要加强，采用双绝缘子或双陶瓷担固定	有拉线
转角杆	用在线路转用处，承受两侧导线的合力	转角在30°以下，可采用双担双针式绝缘子45°以上的采用悬式绝缘子、耐张线夹，6kV 以下可采用蝶式绝缘子	有与导线反向拉线及反合力方向的拉线
耐线杆	能承受一侧导线的拉力，用于（1）限制断线事故影响范围；（2）用于架线时紧线	双担、悬式绝缘子、耐张线平或蝶式绝缘子	有四面拉线
终端杆	承受全部导线的拉力，用于线路的首端或终端	同耐张杆	有与导线反向的拉线
分支杆	用于 10kV 及以下由于线向外分支线处，向一侧分支的为丁字型；向两侧分支的为十字型	上下层分别由两种杆型构成，如丁字型上层不限，下层为终端等	根据需要加拉线

横担是专门用来安装绝缘子以架设导线。它安装在电杆的上部。目前常用的有铁横担和瓷横担。瓷横担具有良好的电气绝缘性能，能节约大量的钢材，有效地利用杆塔高度，降低线路造价。它在断线时能够转动，以避免因断线而扩大事故；同时它的表面便于雨水冲洗，可减少线路的维护工作。它结构简单，安装方便，但瓷横担比较脆，安装和使用中必须注意。如图16-9所示是高压电杆上安装的瓷横担。

拉线是为了平衡电杆各方面的作用力，并抵抗风压，以防止电杆倾倒而设置的。一

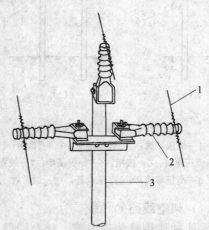

图 16-9　高压电杆上安装的瓷横担

1—高压导线；2—瓷横担绝缘子；3—电杆（直线杆）

一般地，终端杆、转角杆、分段杆等往往都要装设拉线。拉线的结构如图 16-10 所示。

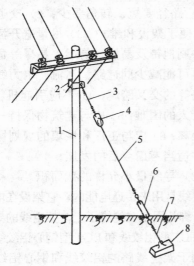

图 16-10　拉线的结构

1—电杆；2—拉线抱箍；3—上把；

4—拉线绝缘子，5—腰把；6—花篮螺丝；

7—底把；8—拉线底盘

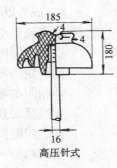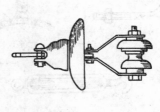

低压针式　　　　高压针式　　　　悬式和蝶式

图 16-11　各种绝缘瓷瓶的外形图

P-6T、P-6M、P-6MC、P-6W 等四种均为额定电压 6kV 的针式绝缘子；P-10T、P-10M、P-10MC、P-15T、P-15M、P-15MC 等六种分别为额定电压 10kV 和 15kV 的针式绝缘子。

悬式绝缘子的型号有以下几种：

X1-2、X-3、X-4.5、X-7、X2-2C、X-4.5C、XP-4、XP-7、XP-4C、XP-7C、X2-3C 等十一种。

X——悬式绝缘子，字母后数字 1、2 表示设计顺序，横线后的数字 2、3、4.5、7 为

（3）线路绝缘子和金具

绝缘子又称瓷瓶。绝缘子是用来固定导线的，并能使带电导线之间或导线和大地之间绝缘。同时也承受导线的垂直荷重和水平拉力。所以，它应有足够的电气绝缘能力和机械强度，对化学性质的侵蚀有足够的防护能力；而且不受温度急剧变化的影响和水分渗入的特点。

架空线路常用的绝缘子针式绝缘子、悬式绝缘子和蝴蝶式绝缘子，形状如图 16-11 所示。

高压针式绝缘子和悬式绝缘子的型号代号表示如下：

高压针式绝缘子：

P——针式绝缘子，字母后的数字为额定电压（kV）；M——木担直脚；MC——加长的木担直角；T——铁担直脚；W——弯脚。

1h 的机械负荷（t）；C——槽形连接（球形连接不表示）新系列产品；XP——按机电破坏值表示的悬式绝缘子。

低压针式绝缘子（PD 系列）用于额定电压为 1kV 以下的线路上，高压针式绝缘子（P 系列）用于 3kV、6kV、10kV、35kV 线路上。

蝴蝶形绝缘子也分低压和高压两种。低压蝴蝶形绝缘子用于额定电压 1kV 以下的线路上。高压蝴蝶形绝缘子用于额定电压 3kV、6kV、10kV 线路上。

悬式绝缘子使用在电压为 35kV 及以上

的线路上，或用于 3～10kV 线路的承力杆上。悬式绝缘子是一片一片的，使用时组成绝缘子串。每串片数是根据线路额定电压和电杆类型来确定。在 35kV 线路上的直线杆上，悬式绝缘子串的片数为 2 片（木横担）和 3 片（铁横担），而耐张杆上的绝缘子串的片数，应比直线杆绝缘子片数多一片。

金具，用来连接导线和绝缘子、绝缘子和电杆以及拉线和拉线等金属附件。其种类很多，如联接导线用的连接管，连接悬式绝缘子用的挂环、挂板，导线和避雷线的跳线用线夹，导线防振用的防振锤，护线条以及把导线固定在悬式绝缘子上的线夹等。常用线路金具如图 16-12 所示。

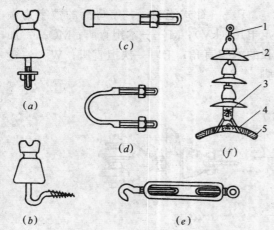

图 16-12 线路用金具

（a）直脚及绝缘子；（b）弯脚及绝缘子；（c）穿心螺钉；

（d）U 形抱箍；（e）花篮螺丝；

（f）悬式绝缘子串及金具

1—球头挂环；2—绝缘子；3—碗头挂板；

4—悬垂线夹；5—导线

16.2.2 架空线路的敷设

（1）敷设的要求和路径的选择

敷设架空线路要严格遵守有关技术规程的规定，按施工程序作业。在整个施工过程中，要重视安全教育，采取有效的安全措施，特别是在立杆、组装和架线时，更要注意人身的安全，防止事故的发生。竣工后要按规定的手续进行检查和试验，以确保工程质量。

选择架空线路的路径时，应考虑以下原则：1）路径要短、转角要少；2）交通运输方便，便于架设和维护；3）尽量避开河洼和雨水冲刷地带及易撞、易燃、易爆等危险场所，尽可能减少同道路、河流、电力线、通讯线路等的交叉跨越；4）不应引起机耕、交通和行人的困难；5）应与建筑物保持一定的安全距离；6）应与工厂和城填的规划协调配合，并适当考虑今后的发展。

（2）导线最小允许的截面积

导线是用来传递电能的，它架设在电杆的顶部，绑扎固定在绝缘子上，架空线的导线通常采用 LJ 型铝绞线和 LGJ 型钢心铝绞线。

用于架空线路的铝绞线和钢心铝绞线的截面不应小于 16mm²，当高压架空线路的电压等级为 6～10kV 时，铝绞线截面不应少于 35mm²；钢心铝绞线的截面不应小于 25mm²，以保证足够的机械强度。架空线路必须保证导电性能良好，电压损失在允许范围以内，同时必须满足机械强度的要求，三相四线制的零线截面不应小于相线截面 50%，单相制的零线截面必须与相线截面相同。除导线截面最小允许控制外，还有电杆强度、电杆之间距离（即档距）的要求。低压架空线路的档距一般为 40～50m，电杆、横担、拉线等都应符合机械强度要求。

（3）导线在电杆上的排列方式

三相四线制低压线路的导线，一般都采用水平排列，如图 16-13（a）所示。由于零线的电位在三相对称时为零。而且其截面也较小，机械强度较差，所以零线一般架设在靠近电杆的位置。面向负荷，从左至右按 L1、N、L2、L3 顺序排列在横担上。

三相三线制线路的导线，可三角形排列如图 16-13（b）、（c）所示，也可水平排列，如图 16-13（f）所示。

多回路导线同杆架设法，可三角、水平混合排列，如图 16-13（d）所示；也可垂直排列，如图 16-13（e）所示。

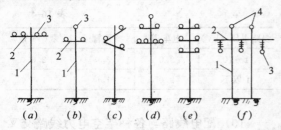

图 16-13　导线在电杆上的排列方式
1—电杆；2—横担；3—导线；4—避雷线

避雷线也叫架空地线，安装在电杆的顶部，导线的上方，并与大地相连。10kV 以下的线路只在雷电活动强烈的个别地段安装避雷线，35kV 线路一般也只在进入变电所 1～2km 的线段安装避雷线。避雷线一般采用镀锌钢绞线（型号为 GJ）。

工厂的架空线路，通常在同一电杆上架设几种线路，如高压电力线路、低压电力线路、广播线路和电话线路等。这些线路的排列和它们之间的距离都有一定的要求。高压电力线路应装在低压电力线路上面，通讯和广播线路应装在低压电力线路下面，如图 16-14 所示。

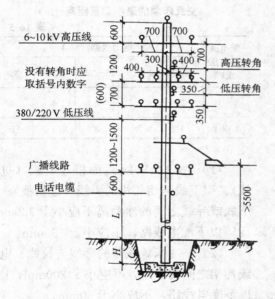
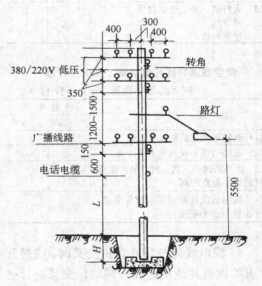

图 16-14　架空线路在电杆上的布置

（4）架空线路导线对地面及其他设施的距离。

为了架空线路安全运行规定了架空线路与其他设施（建筑物、公路和铁路）交叉、平行的距离，以及导线对地面、水平和各种路面的最小垂直距离。在施工中必须严格遵循。

1）导线与地面的距离，在导线最大弛度时不应小于表 16-2 所列数值。

2）导线与山坡、峭壁、岩石之间的净空距离，在最大风偏情况下，不应小于表 16-2 所列数值。

3）配电线路不应跨越屋顶为易燃材料做成的建筑物，亦不宜跨越耐火屋顶的建筑物；导线与建筑物的垂直距离，在最大弛度时，1～10kV 线路不应小于 3m；1kV 以下线路不应小于 2.5m。

4）配电线路边线与建筑物之间的距离在最大风偏情况下，不应小于下列数值：1～10kV 为 1.5m，1kV 以下为 1m。

5）配电线路的导线与街道、树之间的距离不应小于表 16-3 所列数值。检验导线与树木之间的垂直距离，应考虑树木在修剪周期内的生长高度。

架空线路导线对地面或水面的最小距离（m）

表 16-2

线 路 经 过 地 区	线 路 电 压	
	1～10kV	<1kV
(1) 居民区	6.5	6.0
(2) 非居民区	5.5	5.0
(3) 交通困难地区	4.5	4.0
(4) 步行可以到达的山坡	4.5	3.0
(5) 步行不能到达的山坡、峭壁和岩石	1.5	1.0
(6) 不能通航及不能浮运的河、湖，冬季至水面	5.0	5.0
(7) 不能通航及不能浮运的河、湖，从高水平算起	1.0	3.0
(8) 人行道、里、巷至地面 裸导线 绝缘导线		3.5 2.5

架空线路导线与建筑物、街道、行道、树间的最小距离（m）　表 16-3

线 经 过 地 区	线 路 电 压	
	1～10kV	<1kV
(1) 线路跨越建筑物垂直距离	3.0	2.5
(2) 线路边线与建筑的水平距离	1.5	1.0
(3) 线路跨越行人道、树在最大弧垂时的最小垂直距离	1.5	1.0
(4) 线路边线在最大风偏时与街道、树的最小水平距离	2.0	1.0

6）配电线路与特殊管道交叉时，应避开管道的检查井或检查孔，同时，交叉处管道上所有部件应接地。

7）配电线路与甲类火灾危险性生产厂房的间距：甲类物品仓库，易燃、易爆材料堆场以及可燃或易燃、易爆液（气）体贮罐的防火间距不应小于杆塔高度的 1.5 倍。

8）配电线路应架设在弱电线路的上方，最大弧度时对弱电线路的垂直距离不应小于下列数值：1～10kV 为 2m；1kV 以下为 1m。

9）配电线路与铁路、公路、河流、管道和索道交叉时最小垂直距离，在最大弧度时不应小于表 16-4 所列数值。

配电线路与管道和索道交叉的最小垂直距离（m）

表 16-4

线路电压（kV）	电车道	特殊管道	索　　道
1～10	9.0	3.0	2.0
1 以下	9.0	1.5	1.5

10）配电线路与各种架空电力线路交叉跨越时的最小垂直距离，在最大弧度时不应小于表 16-5 所列数值；且低电压的线路应架设在下方。

配电线路与各种架空电力线路交叉跨越的最小垂直距离（m）

表 16-5

配电线路电压（kV）	电力线路（kV）				
	1 以下	1～10	35～110	220	330
1～10	2	2	3	4	5
1 以下	1	2	3	4	5

11）1～10kV 线路每相过引线（过桥线）、引下线与相邻相的引线（过桥线）、引下线或导线之间的净距离不应小于 300mm；1kV 以下配电线路，不应小于 150mm。

12）1～10kV 线路的导线与拉线、电杆或构架之间的净距，不应小于 200mm；1kV 以下配电线路，不应小于 50mm。

（5）导线联接处的技术要求

架空导线的联接质量非常重要。它直接影响导线的机械强度和电气接触。导线的联接方法，由于导线的材料和截面的不同而有所不同。目前常用的联接方法有钳压接法，缠接法和爆炸压接法。

不论那种联接方法，导线的接头处应达到下列要求：

1）接头处的机械强度，不应低于原导线强度的 90%。

2）接头处的电阻，不应超过同长度导线的 1.2 倍。

16.3 电缆电力线路

电缆线路与架空线路相比，虽然具有成本高、投资大、维修不便等缺点，但是它具有运行可靠，不易受外界影响，不需架设电杆，不占地面，不碍观瞻等优点。特别是在有腐蚀性气体和易燃、易爆场所，不宜架设架空线路时，只有敷设电缆电路。

16.3.1 电缆线路的结构

将一根或数根绝缘导线组合成线心，外面缠上密闭包扎层（铝、铅或塑料等），这种导线称为电缆。

（1）电缆的种类及特点

电缆的种类很多，随着电缆的结构和用途不同，施工方法也不同。在电力系统中，最常见的电缆有两大类：即电力电缆和控制电缆。

电力电缆是用来输送和分配大功率电能的，按其所采用的绝缘材料不同，可分为三类：油浸纸绝缘电力电缆、橡皮绝缘电力电缆和聚氯乙烯电力电缆。它们的结构如图16-15、图16-16、图16-17所示。这三类电缆的特点是：

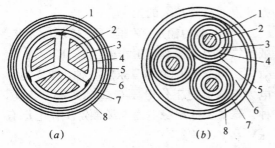

图 16-15 油浸纸绝缘电力电缆结构

（a）三相统包型电缆结构；

1—填料；2—线心；3—相绝缘；4—绕包绝缘；

5—金属护套；6—内衬层；7—铠装层；8—外被层

（b）分相铅包电缆结构

1—线心；2—线心屏蔽；3—绝缘层；4—绝缘屏蔽；

5—金属护套；6—内衬层和填料；7—铠装层；8—外被层

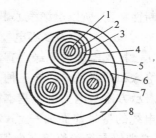

图 16-16 橡皮绝缘电力电缆结构

1—导线；2—导线屏蔽层；3—橡皮绝缘层；

4—半导体屏蔽层；5—钢带；6—填料；

7—涂橡皮布带；8—聚氯乙烯外护套

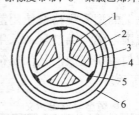

图 16-17 聚氯乙烯绝缘电力电缆结构

1—导线；2—聚氯乙烯绝缘层；

3—聚氯乙烯内护套；4—铠装层；5—填料；

6—聚氯乙烯外护套

油浸纸绝缘电缆具有耐压强度高（最高工作电压可达66kV）、耐热能力好（同一截面下允许载流量较大，短路时热稳定性较好）和使用年限长（一般可达30～40年）等优点，因此它的应用最为普遍。缺点是制造工艺比较复杂，在工作时，电缆的浸渍油会流动，因此它两端的高度差有一定的限制；否则电缆低的一端可能因油压很大使端头胀裂漏油，而高的一端则可能因油流失而使绝缘干枯、耐压降低、基础击穿损坏。

橡皮绝缘电力电缆和聚氯乙烯绝缘电力电缆，它们没有上述油浸纸绝缘电缆的缺点，而且有抗酸碱、防腐蚀和重量轻等优点，制造工艺简单，在敷设、维护和接续等方面比较简便，目前已广泛应用于高低压电力线路中。

控制电缆是配电装置中传导操作电流，联接电气仪表、继电保护和自动控制等回路用的。它属于低压电力电缆，运行电压一般在交流500V或直流1000V以下，电流不大，而且是间断性负荷,所以电缆线心截面较少,一般为 $1.5\sim10mm^2$,均为多心电缆。心数从 4 心到 37 心。控制电缆的绝缘层有油浸纸绝缘、橡皮绝缘和聚氯乙烯绝缘三种。其型号和规格的表示方法与电力电缆基本相同,只是在电力电缆的型号前面加一"K"字,如 KZQ 为铜心裸铅包纸绝缘控制电缆。

电缆除了电力电缆和控制电缆外,还有通讯电缆、同轴电缆,在工业与民用建筑中也较为常见。

(2) 电缆的型号规格及使用范围

目前我国电缆产品型号,采用汉语拼音字母和阿拉伯数字组成。其代表符号和含义见表 16-6 所示。

电缆型号字母意义　　　　表 16-6

用途	导线材料	绝缘	内护层	特性	外护层
K-控制电缆	L-铝心	Z-绝缘纸	H-橡皮 Q-铅包	P-贫油式 D-不滴油	1-麻皮 2-钢带铠装 20-裸钢带铠装
Y-移动电缆	T-铜心	X-橡皮绝缘 V-聚氯乙烯绝缘	L-铝包 V-聚氯乙烯护套	F-分相铅包 C-重型	3-细钢丝铠装 30-裸细钢带铠装 5-单层粗钢丝铠装

如 ZLQ_2 型电缆,表示铝心纸绝缘铅包钢带铠装电力电缆。

$ZLQF_{20}$ 型电缆,表示铝心纸绝缘分相铅包裸钢带铠装电力电缆。

1) 油浸纸绝缘铅包电力电缆,其中裸铅包的 ZLQ_2 (ZQ_2) 型及铅包麻皮的 ZLQ_1 (ZQ_1) 型,适用于室内无腐蚀场所敷设。铅包钢带铠装的 ZLQ_2 (ZQ_2) 型及铅包裸钢带铠装的 ZLQ_{20} (ZQ_{20}) 型,适用于地下敷设,能承受机械外力,但不能承受较大拉力。铅包细钢丝铠装 ZLQ_3 (ZQ_3) 型及铅包裸细钢丝铠装的 ZLQ_{30}(ZQ_{30})型,适用于地下敷设,承受机械外力和一定的拉力。

2) 聚氯乙烯绝缘、聚氯乙烯护套电力电缆(简称全塑电力电缆)。这种电缆绝缘性能好,抗腐蚀,具有一定的机械强度,制造简单,允许在工作温度不超过 $+65℃$,环境温度不低于 $-40℃$ 的条件下使用。其中塑料护套的 VLV(VV)型,可敷设在室内、隧道及管道中。钢带铠装的 VLV_2(VV_2)型,可敷设在地下,能承受机械外力但不能承受大的压力。细钢丝铠装的 VLV_3(VV_3)型,可敷设在室内,能承受一定的拉力。

3) 橡皮绝缘聚氯乙烯护套电力电缆。这种电缆多用于交流 500V 以下的线路。聚氯乙烯护套的 XLV(XV)型,可敷设在室内、隧道及管道中,不能承受机械力的作用。钢带铠装的 XLV_2(XV_2)型,可敷设在地下,能承受机械力作用,但不能承受大的拉力。

4) 交联聚乙烯绝缘电力电缆。这种电缆多用于交流 $6\sim35kV$ 的线路上。其耐热性能较好不受敷设高差的限制。其中聚氯乙烯护套的 YJLV(YJV)型,可敷设在室内、沟道中及管子内,能承受较大的拉力,但不能承受机械外力;钢带铠装的 $YJLV_{29}$(YJV_{29})型,可敷设在土壤中,能承受机械外力,但不能承受较大的拉力。

裸粗钢丝铠装的 $YJLV_{50}$(YJV_{50})型,可敷设在室内、隧道及矿井中,能承受机械外力,也能承受较大的拉力。

5) 电缆的额定工作电压:按现行标准,纸绝缘电力电缆额定工作电压有 1kV、3kV、6kV、10kV、20kV 和 35kV 六种,橡皮绝缘电力电缆额定工作电压有 0.5kV 和 6kV 两种,聚氯乙烯绝缘电力电缆额定工作电压有 1kV 和 6kV 等。

6) 导电线心:导电线心通常是采用高导电率铜或铝制成的。为了制造和应用上的方便,导电线心的截面有统一标称等级。油浸纸电力电缆线心的截面等级分 $2.5mm^2$、$4mm^2$、$6mm^2$、$10mm^2$、$16mm^2$、$25mm^2$、$35mm^2$、$50mm^2$、$70mm^2$、$95mm^2$、$120mm^2$、$150mm^2$、 $185mm^2$、 $240mm^2$、 $300mm^2$、

400mm² 等十六种。

按照电缆线心的心数，有单心、双心、三心和四心等几种。单心电缆一般用来输送直流电，单相交流电和用作高压静电发生器的引出线。双心电缆用于输送直流电和单相交流电。三心电缆用于三相交流电网中，是应用最广的一种。电压为 1kV 和 0.5kV 的电缆是四心的，四心电缆用于中性点接地的三相系统中，可作为电气设备的供电接线和作为保护接零用。四心电缆的第四心（称中性线心），主要通过不平衡电流，因此截面仅为一根主线心的 40%～60%。

电缆线心的形状很多，有圆表、半圆形、扇形和椭圆形等。当线心截面大于 25mm² 时，通常是采用多股导线绞合并经过压紧而成，这样可以增加电缆的柔软性和结构稳定。安装时可在一定程度内弯曲而不损伤。

（3）电缆头

电缆头包括联接两条电缆的中间接头和电缆终端的封端头。

电缆头是电缆线路的薄弱环节，电缆线路中的很大部分故障往往就发生在接头处。为了保证电缆的正常运行，电缆头应可靠地密封，其耐压强度不应低于电缆本身的耐压强度，要有足够的机械强度，且体积小，结构简单。

要达到以上的要求，在施工中通常采用电缆接头盒和封端头来实现。

电缆接头盒有生铁接头盒，铅、铜接头盒以及环氧树脂接头盒等四种。生铁接头盒因有一系列缺点，已被逐步淘汰；铅接头盒和铜接头盒密封好，水分和有害气体不易侵入，但铅接头盒机械强度不高，须装在金属或水泥保护壳内；环氧树酯接头具有工艺简单、成本低、机械强度高、电气性能及密封性能好等优点，被广泛使用。电缆封端头有户内型及户外型之分。

1）户内封端头

A、漏斗型封端　如图 16-18 所示，用薄钢板制成，其中灌以绝缘胶，故障时爆炸危

险性小，适用于较潮湿的 6～10kV 线路；

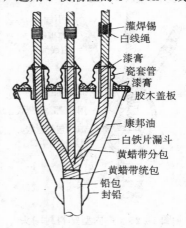

图 16-18　户内漏斗型封端头

B、铅手套型封端　比漏斗型经济，但施工复杂，目前很少采用；

C、干封端　如图 16-19 所示，耗用材料少，施工简便，广泛应用于正常环境下的 10kV 以下线路；

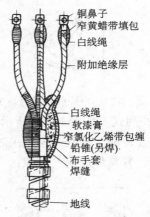

图 16-19　户内干封端型

D、塑料封端头如图 16-20 所示，能避免酸碱的腐蚀，防油性能好，施工简便，但耐热性能差，容易老化；

E、环氧树酯干封端　防腐性能好，施工简便，耐热，机械强度高。

2）户外封端头

A、鼎足式　如图 16-21 所示，三个套管是对称排列的，电缆心线容易互相交换位置，电缆心线不致受到过渡的弯曲或扭转，缺点

445

是体积大、笨重、不经济；

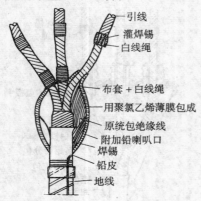

图 16-20 户内型塑料封端头

引线
灌焊锡
白线绳
布套＋白线绳
用聚氯乙烯薄膜包成
原统包绝缘线
附加铅喇叭口
焊锡
铅皮
地线

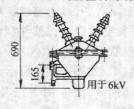

图 16-21 户外鼎足式封端头

B、并列式 如图 16-22 所示，体积小、经济、轻便、易于安装，但施工时绝缘不易灌满盒内，容易形成空气气隙；

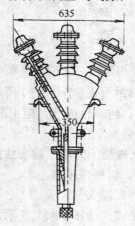

图 16-22 户外并列式封端盒

C、倒挂式 如图 16-23 所示，防水性能

好，缺点是体积大、笨重、不经济、安装不便，故较少采用；

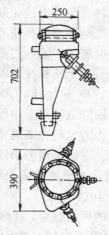

图 16-23 户外倒挂
式封端盒

上述三种都是由制造厂供应定型的封端盒，施工时，将电缆心线用黄蜡带包扎好后接入封端盒内，再灌以绝缘胶。目前，广泛使用好环氧树酯户外型电缆封端头，它采用预制环氧树酯外壳制成，具有工艺简单，耐气候变化，耐热，密封性能好，体积小，重量轻，成本低，适用于 10kV 以下的各种场所。

电缆接头盒与封端头是电缆线路施工的关键环节，特别是户外电缆头，容易受外界影响而发生短路引起爆炸，因此技术要求高，施工中要切实注意质量，运行前必须做好耐压试验。

16.3.2 电缆线路的敷设

（1）电缆线路的敷设方式

电缆的敷设方式主要有：电缆隧道、电缆暗沟、电缆穿管、直接埋入地下以及悬挂等敷设方式，如图 16-24 所示。

1）电缆隧道敷设，具有敷设、检修和更换电缆方便等优点，且能容纳大量电缆，其缺点是投资大，耗用材料多，它适用于敷设大量电缆的大中型电厂或变电所及厂区馈线较多而且路径短的场合。

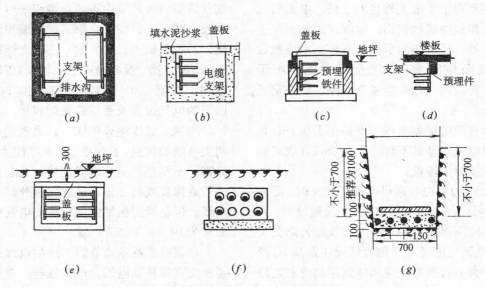

图 16-24 电缆各种敷设方式构筑物的结构图

(a) 电缆隧道；(b) 屋内电缆暗沟；(c) 屋外电缆沟；(d) 电缆吊架；

(e) 厂区电缆暗沟；(f) 电缆排管；(g) 电缆直埋壕沟

在容易积灰积水的场所（如锅炉房等）应避免采用。

2）电缆穿管敷设，施工复杂，检修维护不便，而且电缆因散热不良需要降低载流量。因此，只有当空间特别狭窄或在电缆与公路、铁路及其他建筑物交叉处才采用。

3）地下直埋敷设，施工简便，投资省，电缆的散热条件好，一般适用于厂区内路径较长而且电缆数量又不多的情况。直埋电缆，检修和更换很不方便，不能防止外来机械损伤，当电缆并行较多，土壤中有酸碱物或地中有电流时，不宜采取直埋敷设。

4）悬挂敷设，适用敷设于零米标高以上的电缆，一般均沿墙壁或用支架架空敷设，其优点是结构简单，易于处理电缆与其他管线的交叉问题，但容易积灰和受热管道的影响。当敷设于楼板下的电缆很多而又集中时，才考虑以封闭的电缆夹层方式敷设。

究竟选择哪种敷设方式，应根据具体条件通过技术经济比较后选定。

（2）电缆敷设路径的选择

选择电缆敷设路径时，应考虑以下原则：

1）使电缆路径最短，尽量少拐弯；

2）使电缆尽量少受外界因素如机械的、化学的或地中电流等作用的损坏；

3）电缆的散热条件要好；

4）尽量避免与其他管线、沟道的交叉；

5）应避开规划中需要挖土的地方；

（3）电缆敷设的基本要求：

1）电缆不允许过度弯曲，油浸式纸绝缘电缆的弯曲半径一般不得小于电缆外径的15～25 倍；橡皮绝缘和塑料绝缘电力电缆的弯曲半径不得小于电缆外径的10 倍。

2）对于油浸式电缆，为了防止上部电缆油干涸和下部的油压过大，电缆两端的高差有一定的限制，一般不得超过15～25m，否则应采取堵油措施。

3）为了防止电缆因热胀冷缩而受力过大，电力电缆在敷设时不能拉得太直，电缆的实际长度应比电缆沟的实际长度长 0.5%～1.0%，并每隔一定的距离（一般在电缆接头处）设立松弛区，松弛长度一般为 0.5m，如果因接头需要可松弛 2～3m。

4）下列地点的电缆应穿钢管保护，且钢

管内径不得小于电缆外径的 2 倍；电缆引入或引出建筑物或构筑物；电缆穿过楼板及主要墙壁处；从电缆沟引出至电杆或沿墙敷设的电缆距地面 2m 高度及埋入地下小于 0.25m 深度的一段；电缆与道路、铁路交叉的一段。

5）直埋电缆埋地深度不得小于 0.7m，其壕沟离建筑物基础不得小于 0.6m，直埋式电缆应作波浪形埋设。

6）电力电缆与通讯电缆的交叉时，距离不得小于 0.5m；高低压电缆交叉敷设时，其土层厚度不得小于 350mm；与铁路公路交叉时，在交叉处电缆应穿钢管埋设在路基下，深度至少为 1m，钢管长应延伸到路基两侧之外 1m。

7）电力电缆与热力管道平行敷设时，其水平距离不得小于 2m，交叉跨越时不得小于 0.5m，电力电缆与其他管道的水平、垂直距离一般也不得小于 0.5m。

16.4 导线和电缆的选择

16.4.1 常用导线和电缆的基本特性

（1）导线

1）聚氯乙烯绝缘电线（通称为塑料绝缘线） 这类电线绝缘性能良好，制造工艺简便，价格较低，生产量大，适用于各种交直流电气装置、电工仪表、仪器、电信设备、电力及照明线路。缺点是对气候的适用性能较差，低温时易变硬发脆，高温或日光下绝缘老化较快，不宜在室外敷设。常用的有铝（铜）心聚氯乙烯护套电线 BLV（BV）型，铝（铜）心聚氯乙烯护套电线 BLVV（BVV）型，铜心聚氯乙烯软电线 BVR 型，它们均用于交流 500V 及以下或直流 1 000V 及以下的电气线路，可以明敷暗敷。

2）橡皮绝缘电线 这类电线弯曲性能较好，对气温的适用性较强。有棉纱编织和玻璃丝编织两种，其中玻璃丝编织线可用于室外架空线或进户线，克服了棉纱编织线的延燃、易霉等缺点。铝（铜）心橡皮绝缘电线 BLX（BX）型，铜心橡皮绝缘软线 BXR 型均适用于交流 500V 及以下或直流 1 000V 及以下的电气设备及照明装置配线用。

3）氯丁橡皮绝缘电线 这类电线具有前两类电线的优点，且耐油、耐腐蚀性能强，不易霉，不延燃，适应气候性好，光老化时间为普通橡皮线的 2 倍，适宜在室外架空或进户线。但绝缘层机械强度比橡皮电线低。其型号为 BLXF（BXF）型。

4）聚氯乙烯绝缘软线 这类电线适用于各种交直流移动电器、电工仪器、电信设备及自动化装置的接线。常用的有铜心聚氯乙烯绝缘软线 RV 型，铜心聚氯乙烯绝缘平（绞）型软线 RVB（RVS）型，它们适用于交流 250V 及以下的各种移动电器接线；铜心聚氯乙烯绝缘聚氯乙烯护套软线 RVV 型，适用于交流 500V 及以下的各种移动电器接线。

5）农用地下直埋塑料绝缘电线 地埋线分为低压和高压两种。低压地下直埋电线用于 500V 及以下的农村动力（如排灌站、加工房等）、照明线路，常用的有 NLV 型和 NLVV 型两类，其截面积为 2.5～50mm²。高压地埋线主要用于 10kV 线路。特别要提醒，地埋电线的外型和几何尺寸与普通塑料绝缘电线相似，切不可将普通塑料绝缘电线当地埋线使用。地埋线在地中散热性较好，机械强度较架空线要求低，但如电线中部故障，检修不便。因此，在有条件的场合尽量避免使用。

（2）电缆

1）VLV、VV 系列聚氯乙烯绝缘聚氯乙烯护套电力电缆 这类电电缆绝缘性能、弯曲性能、抗腐蚀性能均较好，且重量轻、耐油、耐酸碱腐蚀、不延燃、接头制作简便，价格便宜，适用于固定敷设在交流 50Hz 额定电压 6kV 及以下的输配电线路上。导电线心的长期允许工作温度不超过＋65℃，电缆的敷设温度应不低于0℃，弯曲半径不小于电缆外径的10倍。

2）YJLV、YJV系列交联聚乙烯绝缘电力电缆 这类电缆的绝缘性、耐热性均较聚氯乙烯好，且质量轻、外径小，载流量大，不受高差的限制，本系列电缆可作为交流50Hz电压6～35kV供输配电用。电缆在环境温度不低于0℃条件下敷设时，无须预先加温。电缆性能不受其敷设水平差限制。敷设时弯曲半径应不小于电缆外径的10倍。

3）KLVV、KVV系列聚氯乙烯绝缘聚氯乙烯护套控制电缆 这类电缆适用于固定敷设，供交流500V或直流1000V及以下的配电装置中仪表、电器、控制电路用，也可供信号电路，作信号电缆用。本系列电缆可取代油浸纸绝缘铅包、橡皮绝缘铅包及橡皮绝缘聚氯乙烯护套等型控制电缆。

16.4.2 导线和电缆选择的一般原则

（1）选择导线或电缆时，应根据使用环境条件，导线或电缆通过的负荷电流大小，按其允许温升（允许载流量）、机械强度、电压损失、经济电流密度等进行选择，对干线和某些场合的导线、电线支线规格，应考虑发展的需要，同时要与保护装置相配合。

（2）高压输电线路和室外配电线路，一般都采用架空方式，它较采用电缆经济，施工维修方便，故障易于排除及受地形影响较小的优点。个别情况因架空敷设有困难或总平面布置有明确要求时，可以考虑采用电缆敷设。有条件的郊区或农村可采用地埋线。

（3）导线、电缆一般应采用铝导线，架空线路采用裸铝绞线。高压架空线路的档距较长、杆位高差较大时，宜采取钢心铝绞线。有盐雾或其他化学侵蚀气体的地区，宜采用防腐铝绞线或铜绞线。电缆线路一般采用铝心电缆，但在振动剧烈和有特殊要求的场所，应采用铜心电缆。

室内配电线路在下述场所应采用铜心导线：

1）具有纪念性、历史性等特殊建筑；

2）重要的公共建筑和重要的居住建筑；

3）重要的资料库（档案室、书库等）、重要的库房；

4）影剧院等人员密集场所；

5）移动用导线或敷设在剧列震动的场所；

6）特别潮湿和有严重腐蚀性场所；

7）有特殊要求的场所；

8）重要的操作回路及电流互感器二次回路。

（4）电力电缆型号，一般根据下述不同环境条件和敷设方式确定：

1）埋地敷设的电缆一般采用有外护层的铠装电缆，在无机械损伤的场所，也可采用塑料护套电缆或带外护层的铅（铝）皮电缆。

2）在有化学腐蚀或杂散电流腐蚀的土壤中尽量不采用埋地敷设电缆。如必须埋地时，应采用防腐型电缆或采取防止杂散电流腐蚀电缆的措施。

3）敷设在管内或排管内的电缆，一般采用塑料护套电缆，也可采用裸铠装电缆。

4）当电缆敷设在较大高差场所时，宜采用塑料绝缘电缆，不滴油电缆或干绝缘电缆。

5）三相四线制线路中使用的电力电缆，不应选用三心电缆另加一根单心电缆作为工作零线的方式。

16.4.3 导线和电缆截面的选择

为了保证供电线路的安全、可靠、优质、经济地运行，选择导线和电缆截面时必须满足下列条件。

（1）发热条件

导线和电缆在通过正常最大负荷电流（即计算电流）时产生的发热温度，不应超过其正常运行时的最高允许温度。为了保证导线和电缆的实际工作温度不超过允许值，所选导线或电缆允许的长期工作电流（允许载流量），不应小于线路的计算工作电流。

（2）电压损耗条件

导线和电缆在通过正常最大负荷电流时产生的电压损耗，不应超过正常运行时允许的电压损耗。

（3）经济电流密度条件

高压线路和特大电流的低压线路，应按规定的经济电流密度选择导线和电缆的截面，以使线路的年运行费用接近最小，节约电能和有色金属。

（4）机械强度条件

导线在安装和运行中，可能受到各种外界因素影响，如风、雨、雪、冰及温度应力，室内导线安装过程中的拉伸，穿管等都需要足够的机械强度。因此，为了保证安全运行，在各种敷设条件和敷设方式下，按机械强度要求，所选导线截面不得小于最小允许截面。

此外，对于绝缘导线和电缆，还应满足工作电压的要求。

根据设计经验，低压动力线，因其负荷电流较大，所以一般先按发热条件来选择截面，再校验其电压损耗和机械强度。低压照明线，因其对电压水平要求较高，所以一般先按允许电压损耗条件来选择截面，然后校验其发热条件和机械强度。而高压架空线路，则往往先按其经济电流密度条件来选择截面，再校验其他条件。这样选择，通常容易满足要求，较少返工。

小　结

　　电力线路是工矿企业供电系统重要组成部分，它担负着输送和分配电能的任务，根据供电要求，线路的接线方式可分为放射式、树干式和环式。无论采用那种接线方式，都应该力求简单、可靠，并且尽可能地将高压配电线路直接深入负荷中心。电力线路分为架空线路和电缆线路，其线路结构、敷设方法和适用环境各不相同，在电力线路的施工中要注意其有关安全距离和施工要求，正确地选择导线和电缆。

习题

1. 试述架空线路的结构、导线、杆塔和瓷瓶的主要类型。
2. 试述常用高压电缆的型号、结构和敷设方法。
3. 电缆线路中最易发生故障的部位是什么地方？引起故障的原因可能有哪些？
4. 试比较架空线路和电缆线路的优缺点。
5. 如何选择导线和电缆的截面？

第17章　防雷与接地

雷电是一种自然现象，并给人类造成极大的危害，因此，在生产实际中，应采取一定的措施进行防护，而防雷装置必须接地。本章主要介绍防雷的基本知识和接地的基本概念。

17.1　防雷知识

17.1.1　雷电的形成及危害

（1）雷电的形成

雷电是大气中自然放电现象，一般又称为闪电。

雷电的形成比较复杂。在天气闷热潮湿的时候，地面上的水分受热蒸发，水蒸气随热空气上升，到高空遇到冷空气，水蒸气凝结成小水滴，在重力作用下而下降。这样，小水滴在下降过程中与继续上升的热空气发生摩擦，发生水滴的分离。在水滴的分离过程中，所分离出来的细微水滴带上负电荷，而其余大水滴带上正电荷。带上负电的细微水滴随风吹聚形成带负电的雷云层，带上正电的较大水滴，常常向地面飘落而形成带正电的雷云层。同时，当带电的云块临近地面时，由于静电感应，大地感应出与雷云电荷种类相反的电荷。于是，带不同电荷的雷云之间、雷云与大地之间便分别建立了电场，组成了巨大的"电容器"。

当雷云与雷云之间或雷云与大地之间电场强度达到 2500～3000kV/cm 时，就会使周围空气的绝缘击穿，发生放电现象，即发生闪电（有时还伴有空气受热短时急剧膨胀而爆炸所产生的雷鸣声）。发生在雷云与雷云之间的放电现象称为云闪，发生在雷云与大地之间的放电现象称为地闪（又称落地雷）。云闪虽然有很强烈的响声和闪光，但因发生在高空中，对人类危害不大；地闪是发生在雷云与大地之间的放电现象，对人体和建筑物均有严重的危害。

雷电的特点是电压高，电流大，冲击性强，放电速度快。雷电流可高达 300kA，雷电压可高达 600kV，甚至几千千伏，放电时间一般为 50～100μs，雷云一次放电所消耗的电能约为 $1.08×10^{10}$J。

（2）雷电的危害

由于雷电流很大，因此在雷击时，会造成人畜伤亡、建筑物、树木等会引起火灾。

雷电的破坏作用主要是由雷电流引起的。常见的雷电危害有以下三种形式：

1）直接雷击　所谓直接雷击是指雷云与大地之间的放电直接通过建（构）筑物或动物、树木等，又称直击雷。直接雷击的强大雷电流通过物体入地，会产生巨大的热效应，在一刹那间产生内部的水分突然受热蒸发，造成物体内部压力骤增而发生劈裂现象，引起爆炸燃烧。如图 17-1（a）所示。直接雷击的破坏作用最为严重。

当雷电流经地面（或接地体）流散入周围土壤时，在它的周围形成电压降落，如果有人站在该附近，将有可能由于跨步电压而伤害人体。

2）雷电感应　雷电感应又称感应雷，或雷电的二次作用，分为静电感应和电磁感应两种。

静电感应是当建（构）筑物及其他物体的上空出现带电雷云时，在建（构）筑物或其他物体上会感应出与雷云电荷相反的束缚电荷。当雷云放电之后，放电通道中电荷迅速中和，空中的电场就会消失。但是聚集在建（构）筑物或其他物体上的电荷不能很快地泄入大地，其残留下来的大量电荷形成很高的对地电位（可达数十万伏）。这种静电感应"电压"可能引起火花放电，造成火灾或爆炸。如图 17-1 (b) 所示。

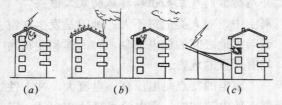

图 17-1　雷电危害的三种形式

(a) 直接雷击；(b) 雷电感应；(c) 雷电波侵入

电磁感应是发生雷击后，雷电流在周围空间迅速形成强大而变化的磁场，处在这一磁场中的导体会感应出较大的感应电动势。若导体形成了闭合回路，则导体中会产生较大的感应电流；若导体回路有开口处，则可能引起火花放电；若回路有些导体接触不良，则可能产生局部发热。这对于存放易燃或易爆物品的建筑物是十分危险的。

3）雷电波侵入　雷电波侵入又称高电位引入。它是雷电流经架空线或金属管道引入室内，形成高电位引入的危害。

如果室外架空线或金属管道在直接受到雷击作用或接触到被雷击中的树木，或者因附近发生雷击而由于感应作用等，形成了高电压，并沿着供电线路或金属管道引入室内所造成的放电现象。如图 17-1 (c) 所示。其冲击电压引入建筑物内可能发生人身触电、损坏设备或引起火灾等事故。如金属设备接触不良或者有间隙，就会形成火花放电。

（3）雷电的活动规律

雷电活动是有一定规律的，掌握这些规律对防雷工作有一定的指导意义。

从气候上来看，热而潮湿的地区比冷而干燥的地区雷暴多。我国华南、西南和长江流域一带的雷电活动比较多，华北、东北比较少，西北最少。

从地域上来看，山区发生雷暴的机会多于平原，平原地区又多于沙漠，陆地又多于湖海。

从时间上来看，雷电主要出现在春夏和夏秋之交、气温变化剧烈的时期，雷暴高峰的月份是 7、8 两个月，活动时间都在 14～22 时。

容易遭受雷击的物体一般有：高耸突出或孤立的建（构）筑物及其他物体，如高耸的楼房、烟囱、水塔和高大树木等；排出导电尘埃的厂房和废气管道；屋顶为金属结构、地下埋有金属管道、内部有大量金属设备的厂房；地下有金属矿物的地带以及变配电所、架空输配电线路；在高大树木旁的建筑物等。

一个建（构）筑物，不同的部位遭受雷击的机会是不均等的。有些部位特别容易遭受雷击，如建筑物的屋脊、屋檐、屋角、女儿墙、山墙等。建筑物的屋面坡度不同，容易遭受雷击的部位也不相同：屋面的坡度越大，屋脊的雷击率就越大，当坡度大于 40°时，屋脊的雷击率最高，而屋檐就不易遭雷击了；屋面坡度在 15°～30°之间，雷击点多在山墙上；当屋面坡度小于 15°时，山墙与屋檐都将是易遭雷击的部位。图 17-2 表明了不同屋面坡度的建筑物易遭受雷击的部位。其中圆圈表示的部位是雷击率最高的部位，虚线表示了可能遭受雷击的部位。

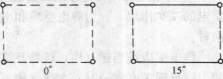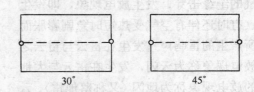

图 17-2　建筑物屋顶不同坡度时易遭雷击部位示意图

17.1.2 建筑物的防雷分类

建筑物应根据其重要性、使用性质、发生雷电事故的可能性和后果，按防雷要求分为三类。

(1) 第一类防雷建筑物

遇下列情况之一时，应划为第一类防雷建筑物：

1) 凡制造、使用或贮存炸药、火药、起爆药、火工品等大量爆炸物质的建筑物，因电火花而引起爆炸，会造成巨大破坏和人身伤亡者；

2) 具有 0 区或 10 区爆炸危险环境的建筑物；

3) 具有 1 区爆炸危险环境的建筑物，因电火花而引起爆炸，将造成巨大破坏和人身伤亡者；

(2) 第二类防雷建筑物

遇下列情况之一时，应划为第二类防雷建筑物：

1) 国家级重点文物保护的建筑物；

2) 国家级的会堂、办公建筑物、大型展览和博览建筑物、大型火车站、国宾馆、国家级档案馆、大型城市的给水水泵房等特别重要的建筑物；

3) 国家级计算中心、国际通讯枢纽等对国民经济有重要意义且装有大量电子设备的建筑物；

4) 制造、使用或贮存爆炸物质的建筑物，且电火花不易引起爆炸或不致造成巨大破坏和人身伤亡者；

5) 具有 1 区爆炸危险环境的建筑物，且电火花不易引起爆炸或不致造成巨大破坏和人身伤亡者；

6) 具有 2 区或 11 区爆炸危险环境的建筑物；

7) 工业企业内有爆炸危险的露天钢质封闭气罐；

8) 预计雷击次数大于 0.06 次/年的部、省级办公建筑物及其他重要或人员密集的公共建筑物；

9) 预计雷击次数大于 0.3 次/年的住宅、办公楼等一般性民用建筑物。

(3) 第三类防雷建筑物

遇下列情况之一时，应划为第三类防雷建筑物：

1) 省级重点文物保护的建筑物及省级档案馆；

2) 预计雷击次数大于或等于 0.012 次/年，且小于或等于 0.06 次/年的部、省级办公建筑物及其他重要或人员密集的公共建筑物；

3) 预计雷击次数大于或等于 0.06 次/年，且小于或等于 0.3 次/年的住宅、办公楼等一般性民用建筑物；

4) 预计雷击次数大于或等于 0.06 次/年的一般性工业建筑物；

5) 根据雷击后对工业生产的影响及产生的后果，并结合当地气象、地形、地质及周围环境等因素，确定需要防雷的 21 区、22 区、23 区火灾危险环境；

6) 在平均雷暴日大于 15 天/年的地区，高度在 15m 及以上的烟囱、水塔等孤立的高耸建筑物；在平均雷暴日小于或等于 15 天/年的地区，高度在 20m 及以上的烟囱、水塔等孤立的高耸建筑物。

17.1.3 防雷措施

各类防雷建筑物应采取防直击雷和雷电波侵入的措施。第一类防雷建筑物和 17.1.2 目中第 (2) 条第 4)、5)、6) 款所规定的第二类防雷建筑物尚应采取防雷电感应的措施。

(1) 防直击雷的措施

防止直击雷的基本措施是在建筑物顶端设置接闪器，引导雷云与避雷装置之间放电，使雷电流迅速流散到大地中去，从而保护建筑物免受雷击。

防直击雷的避雷装置接闪器有避雷针、避雷带（网）和避雷线等几种基本形式。

（2）防感应雷的措施

防止感应雷的措施是在建筑物的顶部设置电荷收集装置（如屋面避雷网），收集感应静电荷。建筑物内部的金属设备、管道、钢窗等均应通过接地装置与大地作可靠的联接。当建筑物上空的雷云放电后，强电场突然消失时，残留在建筑物上的电荷能通过引下线迅速地引入大地。从而消除了建筑物内部的高电位。

（3）防止雷电波侵入的措施

为了防止雷电波侵入到建筑物，可利用避雷器，将雷电流的绝大部分在室外就引入到大地中去。

1）避雷器的形式　避雷器的形式主要有以下三种：

A.阀型避雷器　阀型避雷器由火花间隙和阀型电阻片组成，并装在密封的瓷套管内。套管上端有与网络导线相接的引接线，下端有用于接地的引出线。其结构示意图如图17-3（a）所示。

火花间隙用钢片制造而成，每对间隙用云母垫圈隔开。正常情况下，火花间隙可阻止工频电流通过，但在大气过电压作用下火花间隙被击穿放电。

阀型电阻片是由陶料粘固起来的电工用金钢砂（碳化硅）颗粒组成的，它具有非线性特性，如图17-3（b）所示。电压正常时，阀片电阻很大，但当过电压时，阀片呈现很小的电阻。因此，当网络中出现过电压时，火花间隙击穿，阀片（电阻很小）能使雷电流畅通地泄入大地。当过电压消失时，线路又恢复工频正常电压，阀片电阻立即增到很大值，火花间隙绝缘迅速恢复，并切断工频续流，恢复线路正常工作，保护了电气设备的绝缘。

B.管型避雷器　管型避雷器由产气管、内部间隙和外部间隙三部分组成，如图17-4所示。

产气管由纤维、有机玻璃或塑料组成。当线路上遭到雷击或发生感应雷时，大气过电压使管型避雷器的外部间隙和内部间隙同时击穿放电，强大的雷电流通过接地装置流入大地。内部间隙的放电电弧使管内温度迅速升高，管内壁纤维质分解出大量气体。因管子容积很小，气体压力很大，故由管口喷出，形成强烈的吹弧作用在电流过零时电弧熄灭。此时外部间隙的空气迅速恢复了正常绝缘，使管型避雷器与供电系统隔离，又恢复了系统的正常运行。

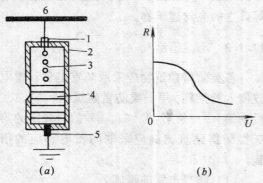

图 17-3　阀型避雷器结构示意图

（a）结构示意图；（b）阀电阻特性曲线；
1—上接线端；2—瓷套管；3—火花间隙；
4—阀型电阻片；5—下接线端

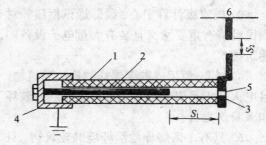

图 17-4　管型避雷器结构示意图

1—产气管；2—棒形电极；3—环形电极；
4—接地支座；5—管口；S_1—内部间隙；
S_2—外部间隙

C.保护间隙　保护间隙是一种最为简单经济的避雷器，其结构如图17-5所示。

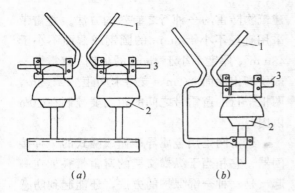

图 17-5　角型间隙

(a) 装在铁横担上; (b) 装在木横担上;

1—羊角电极; 2—支持绝缘子; 3—接线路端子

这种角型间隙又称羊角间隙,它主要由镀锌圆钢制成,间隙距离约为2~3mm。其中一个电极接于线路,另一个电极接地。当有高电压侵入时,羊角间隙放电,将雷电流引入大地,使高电压不致于引入建筑物内。

为防止间隙被外物(鸟,树枝等)短接而发生不应有的接地故障,通常在其接地引下线中还串接一个辅助间隙,确保运行安全。

2) 避雷器的选择

A. 阀型避雷器　阀型避雷器用于中性点非直接接地的35kV及以下系统。其灭弧电压不低于设备最高运行的线电压,其额定电压应与系统额定电压一致;保护旋转电机中性点绝缘的阀型避雷器,其额定电压不应低于电机运行的最高相电压。

B. 管型避雷器　管型避雷器多用于线路上,其外间隙一般采用表17-1所列表值。

管型避雷器外间隙的数值　表 17-1

额定电压 (kV)	3	6	10	35
外间隙最小值 (mm)	8	10	15	100
CB₁外间隙最大值 (mm)	—	—	—	250~300

注: CB_1 指用于变电所或进线首端的管型避雷器。

C. 保护间隙　保护间隙多用于线路上。当管型避雷器的灭弧能力不符合要求的,可采用保护间隙。保护间隙的间隙不应小于表

17-2 所列数值。

保护间隙的间隙最小值　表 17-2

额定电压 (kV)	3	6	10	35
主间隙最小值 (mm)	8	15	25	210
辅助间隙最大值 (mm)	5	10	25	20

由于保护间隙的保护性能较差,灭弧能力有限,因此,对装有保护间隙的线路,一般要求装设自动重合闸装置或自重合熔断器与它配合,以减少线路停电事故,提高供电的可靠性。

17.1.4　防雷装置

防直击雷的防雷装置是由接闪器、引下线和接地装置三部分组成。

(1) 接闪器

防雷装置中,用以接受雷云放电的金属导体叫接闪器。有避雷针、避雷带(网)和避雷线等。

1) 避雷针　避雷针是装设在建筑物突出部位或独立装设的针形导体。避雷针的保护范围可以用一个以避雷针为中心轴的弧线圆锥形来表示(如图17-6所示),好似一把张开45°~60°(保护角)的伞,也像一顶尖顶圆帐篷。

单支避雷针的保护范围应按下列方法确定:

A. 当避雷针高度 h 小于或等于 h_x 时:先在距地面 h_r 处作一平行于地面的平行线;再以针尖为圆心, h_r 为半径,作弧线交于平行线的A、B两点;然后以A、B为圆心, h_r 为半径作弧线,该弧线与针尖相交并与地面相切。则从此弧线起到地面止就是该单支避雷针的保护范围,其保护范围是一个对称的锥体。

避雷针在 h_x 高度的xx'平面上和在地面上的保护半径按下列计算公式确定:

$$r_x = \sqrt{h(2h_r - h)} - \sqrt{h_x(2h_r - h_x)}$$

(17-1)

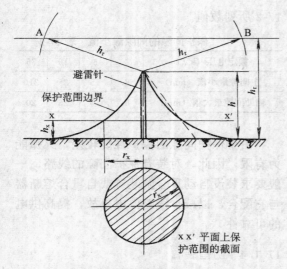

x x' 平面上保护范围的截面

图 17-6　单支避雷针保护范围

$$r_\circ = \sqrt{h(2h_r - h)} \qquad (17\text{-}2)$$

式中　r_x——避雷针在 h_x 高处的 xx' 平面上的保护半径（m）；

h_r——滚球半径（m），按表 17-3 确定；

h_x——被保护物的高度（m）；

$r_\circ$——避雷针在地面上的保护半径（m）。

避雷针的滚球半径　　表 17-3

建筑物防雷类别	滚球半径 h_r（m）
第一类防雷建筑物	30
第二类防雷建筑物	45
第三类防雷建筑物	60

注：滚球法是以 h_r 为半径的一个球体，沿需要防直击雷的部位滚动，当球体只触及接闪器，或只触及接闪器和地面，而不触及需要保护的部位时，则该部分就得到接闪器的保护。

B. 当避雷针高度 h 大于 h_r 时，在避雷针上取高度 h_r 的一点代替单支避雷针针尖作为圆心。其余的作法同前所述。

2）避雷带和避雷网　避雷带是用小面积圆钢或扁钢做成条形长带，设置在建筑物易遭雷击的部位，如屋脊、屋檐、屋角、女儿墙和山墙等处，当雷击这些部位时，避雷带接闪并通过引下线将雷电流引入大地。这是建筑物防雷的一种行之有效的方法。避雷带采用直径不小于 8mm 的圆钢或截面不小于 48mm² 、厚度不小于 4mm 的扁钢。避雷带一般要高出屋面 0.2m，支持卡间距 1～1.5m，两根平行的避雷带之间的距离要控制在 10m 以内。

避雷网是用金属导体做成网式的一种接闪器，它相当于纵横交错的避雷带叠加在一起，是一种全部保护的方法，还能起到防感应雷的作用。使用的材料与避雷带相似，网格不应大于 8～10m。避雷网的交叉点必须进行焊接。

3）避雷线　避雷线一般用截面不小于 25mm² 的镀锌钢绞线，架设在架空线路上边，以保护架空线路或其他物体免遭直接雷击。由于避雷线既要架空，又要接地，因此它又称为架空地线。

A. 当单相避雷线高度 $h \geqslant 2h_r$ 时，无保护范围。

B. 当单相避雷线高度 $h \leqslant h_r$ 时，其保护范围的确定如图 17-7（a）所示。

先在距地面 h_r 高度处作一平行于地面的平行线；再以避雷线为圆心，h_r 为半径，作弧线交于上述平行线的 A、B 两点；然后以 A、B 为圆心，h_r 为半径作弧线，这两条弧线相交或相切，并与地面相切，由此弧线到地面的整个空间就是避雷线的保护范围。

避雷线在被保护物高度 h_r 所在的 xx' 平面上的保护宽度；按下式计算：

$$b_x = \sqrt{h(2h_r - h)} - \sqrt{h_x(2h_r - h_x)}$$

$$(17\text{-}3)$$

式中　b_x——避雷线在 h_x 高度的 xx' 平面上的保护宽度（m）；

h——避雷线的高度（m）；

h_r——滚球半径（m），按表 17-3 确定；

h_x——被保护物高度（m）。

避雷线两端的保护范围按单支避雷针的方法确定。

C. 当单根避雷线 h 小于 $2h_r$ 且大于 h_r 时，保护范围确定方法与前述一样，如图 17-7（b）所示。其保护范围最高点的高度 h_0 按下式计算。

$$h_0 = 2h_r - h \qquad (17\text{-}4)$$

式中　h_0——保护范围最高点的高度（m）；

　　　h_r——滚球半径（m），按表 17-1 确定；

　　　h——避雷线的高度（m）。

（2）引下线

引下线是联接接闪器与接地装置的一段导线。它的作用是在接闪时，将雷电流引到接地装置。

引下线一般采用圆钢或扁钢（宜优先采用圆钢），作镀锌或涂漆防腐处理。圆钢直径不应小于 8mm，扁钢截面积不应小于 48mm²，其厚度不应小于 4mm，装于烟囱上的引下线：圆钢直径不小于 12mm，扁钢截面不小于 100mm²、厚度不小于 4mm。

引下线可沿建筑物外墙明敷，并经最短路径接地，支持卡子间距为 1.5m。为保持建筑物的美观，引下线也可暗敷，但其圆钢直径不应小于 10mm，扁钢截面不应小于 80mm²。建筑物的消防梯、钢柱、钢筋混凝土内钢筋等金属构件宜作为自然引下线，但其各部件之间均应联成电气通路。

为便于测量接地电阻，可在引下线上距

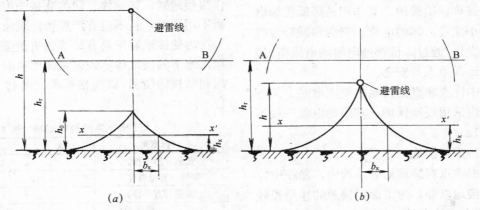

图 17-7　单根避雷线的保护范围
（a）当 $2h_r > h > h_r$ 时；（b）当 $h \leqslant h_r$ 时

地面 0.3m 至 1.8m 之间装设断接卡。

在易受机械损伤和防人身触电的地方，在引下线距地面 1.7m 处至地面下 0.3m 接地线处的一段应采用暗敷或镀锌角钢、穿塑料管或橡胶管等保护设施。

（3）接地装置

将雷电流通过引下线引入大地的地下装置叫做接地装置，其作用是引导雷电流安全入地。因此它必须和土壤有良好的接触。

接地装置的技术要求主要是接地电阻。原则上接地电阻越小越好。防雷接地与其他接地不能共用一个接地装置，防雷装置的接地电阻一般应小于 10Ω。

有关接地装置的知识，将在 17.2 节中讲述。

17.2　接地

接地，是利用大地为电力系统正常运行、发生故障和遭受雷击等情况下提供对地电流回路的需要，从而保证了整个电力系统中包括发电、变电、输电、配电和用电环节的电气设备和人身的安全。

17.2.1　接地的种类

接地是电气设备或装置的某一部分（接地点）与土壤之间做良好的电气联接。

接地可分为工作接地、保护接地、重复接地和防雷接地等。

（1）工作接地

将电力系统的中性点直接或经消弧线圈与大地做良好的电气联接称工作接地。其作用是保证电网的正常运行。它能使接地继电保护装置准确地动作，能消除单相电弧接地晕电压，能防止零序过电压，能防止零序电压（中点或零点电压）偏移，保持三相电压基本平衡。

（2）保护接地

将电气设备在正常情况下不带电的金属外壳或与之相连的金属构件跟大地做良好的电气联接称保护接地。其作用是降低接触电压和减小流经人体的电流，避免或减轻触电事故的发生。通过降低接地电阻的电阻值，最大限度地保障人身安全。

在中性点非直接接地的低压电网中，电力设备应采用接地保护，其接地电阻一般不大于 4Ω。

（3）重复接地

在中性点直接接地的系统中，除在中性点直接接地以外，为了保证接地的作用和效果，还须在零线上的一处或多处再做接地，称为重复接地。

重复接地的作用是在保护接零系统中，当发生零线断线时可降低断线处后面零线的对地电压，当发生"碰壳"或接地短路时可降低零线的对地电压，当三相负载不平衡而零线又断开时可减轻或消除零线上电压的危险。

重复接地的接地电阻不应小于 10Ω。

（4）防雷接地

将防雷装置（避雷针、避雷带和避雷网、避雷线、避雷器等）跟大地做良好的电气联接称防雷接地。其作用是将雷击时产生的雷电流泄入大地，以防雷害。

17.2.2 接地装置

将雷电流通过引下线引入大地的地下装置叫做接地装置。因此它必须和土壤有良好的接触。

接地装置由接地体（又称接地极）和接地线组成。接地体分自然接地体和人工接地体。自然接地体是利用与大地有可靠联接的金属管道和建筑物的金属结构等作为接地体，在可能的情况下应尽量利用自然接地体。人工接地体是利用钢材（如钢管、角钢等）截成适当的长度打入地下而成。在许多场所也可利用金属构件作为自然接地线，但此时应保证导体全长有可靠的联接，形成连续的导体。人工接地的材料应尽量采用钢材，一般采用钢管和角钢等作为接地体，扁钢和圆钢作为接地线，接地体之间的联接一般用扁钢而不用圆钢，且不应有严重锈蚀现象。

为使接地装置具有足够的机械强度，对埋入地下的接地体不致因腐蚀而锈断，并考虑到联接的便利，其规格要求见表17-4和表17-5。

人工接地体的材料规格　表 17-4

材料类别	最小尺寸（mm）
角钢（厚　度）	4
钢管（管壁厚度）	3.5
圆钢（直　径）	8
扁钢（截面积）	48（mm²）
扁钢（厚　度）	4

保护接地线的截面积规定　表 17-5

接地线类别		最小截面（mm²）	最大截面（mm²）
铜	移动电具引线的接地心线	生活用 0.2	25
		生产用 1.0	
	绝缘铜线	1.5	
	裸铜线	4.0	
铝	绝缘铝线	2.5	35
	裸铝线	6.0	
扁钢	户内：厚度不小于 3mm	24.0	100
	户外：厚度不小于 4mm	48.0	
圆钢	户内：直径不小于 5mm	19.0	100
	户外：直径不小于 6mm	28.0	

17.3 低压配电系统的接地方式

17.3.1 中性点直接接地方式

把电力系统的中性点直接和大地相连，称中性点直接接地方式。低压配电系统中应用最为广泛。

在这种系统中，发生单相接地时，短路点和中性点构成回路，产生很大的短路电流使保护装置动作或熔断器熔丝熔断，以切除故障。因而又称之为大电流接地系统。如图17-8所示。

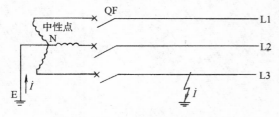

图17-8 中性点直接接地系统

在中性点直接接地系统中，发生单相接地故障时，既不会产生间歇性电弧过电压。也不会使非故障相电压升高，对低压配电线路可以减少对人身的危害。但每次发生单相接地故障时都会使线路或变压器保护装置跳闸，使供电可靠性降低。

17.3.2 中性点非直接接地

（1）中性点不接地方式

中性点不接地方式，即电力系统的中性点不与大地相接。电力系统的三相导线对地都有分布电容，这些电容在相导线中引起了附加电流。正常运行时，三相对地电容电流对称，其和为零，故中性点无电流通过，中性点对地电位为零。而当系统发生单相接地故障时，故障相对地电压为零，中性点对地电压升为相电压，则非故障相对地电压升为线电压（即对地电压升高到$\sqrt{3}$倍）。不过相间电压的大小相位均未变化，运行未被破坏，用电不受影响。如图17-9所示。

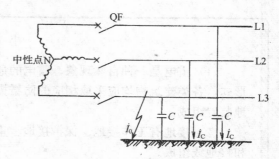

图17-9 中性点不接地系统

在中性点不接地系统中，当发生单相接地故障时，接地电流会在接地点引起电弧，若接地不良则可能在接地点形成间歇性电弧，引起间歇性电弧过电压（一般可达相电压的2.5～3倍），威胁电力系统的安全运行。为此有关规程规定单相接地运行时间一般不应超过2h。

（2）中性点经消弧线圈接地方式

在中性点不接地系统中，当单相接地电流超过规定数值时，电弧不能自行熄灭，一般采用经消弧线圈接地措施减小接地电流，使故障电弧自行消灭。这种措施叫中性点经消弧线圈接地方式。如图17-10所示。

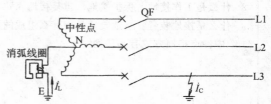

图17-10 中性点经消弧线圈接地系统

消弧线圈是一个具有铁心的电感线圈，把铁心和线圈浸在一个盛有变压器油外形像小变压器的油箱内，线圈本身电阻很小，感抗却很大。通过调节铁心气隙和线圈匝数改变感抗值以适应不同系统中运行的需要。

中性点经消弧线圈接地和中性点不接地一样，当发生单相接地时，其他两相对地电压也将升高到$\sqrt{3}$倍，因而单相接地运行也同样不准超过2h。

为了保证安全运行，一般需要装设绝缘监测装置或单相接地保护装置，及时发现并处理好单相接地故障。

小　　结

(1) 雷电是一种自然现象，雷电的危害有直接雷击、感应雷、雷电波侵入三种形式，各类建筑物均应采取相应的防雷措施，防雷装置主要由接闪器、引下线和接地装置组成。

(2) 接地有工作接地、保护接地、重复接地和防雷接地等。接地装置由接地体和接地线组成。

(3) 低压配电系统的接地方式主要有中性点直接接地方式、中性点非直接接地方式（包括中性点不接地和中性点经消弧线圈接地）。

习题

1. 雷电危害常见的形式有哪些？
2. 防直击雷的基本措施是什么？
3. 防感应雷的措施是什么？
4. 防雷电波侵入的措施是什么？
5. 避雷器的形式有哪几种？如何选择避雷器？
6. 防雷装置是由哪几部分组成的？接闪器有哪几种形式？
7. 什么是接地？接地有哪几种？
8. 什么是工作接地、保护接地、重复接地、防雷接地？
9. 什么是接地装置？接地装置是由什么组成的？
10. 中性点接地方式有哪几种？

第18章 弱 电 系 统

所谓弱电，是针对建筑物的动力、照明用电而言的。一般把动力、照明这些输送能量的电力称为强电；而把以传播信号、进行信息交换和处理的电称为弱电。目前建筑弱电系统主要包括：电话通信系统、广播音响系统、楼宇保安系统、共用天线电视系统、火灾自动报警和自动灭火系统等。

18.1 电话通信系统

随着人类社会的高度信息化，电话已成为人们工作、学习和生活不可缺少的设施。任何建筑内的电话均可通过市话中继线与全国乃至全世界性的电话网络联网。本节主要介绍建筑物或建筑群内的电话通信系统。

随着电脑、无线电、激光、光纤通信和各种遥感、遥控技术的迅猛发展以及人类社会的高度信息化，近代通信技术正在发生深刻的变革。数据通信技术的开发，使数字程控电话系统不再只是作为人们通话的一种手段，将数据库技术、计算机技术和数字通信网络相结合，正在演变成为人类信息社会的重要纽带。

18.1.1 电话通信方式及其特点

电话通信方式，早期采用模拟通信方式，近年来已广泛采用数字通信方式。

(1) 模拟通信方式 模拟通信方式是指通信信号以模拟的电信号传输的。如电话机中的发话器将人讲话的声波信号转换为相应的电信号，该电信号的振幅和声波成一定比例关系，即电信号的振幅模拟声波，故称为模拟信号。

图18-1 (a) 为A、B之间模拟通信方式的示意图。A讲话的声波由发话器变成模拟电信号，传至B的受话器后，还原成声波为

B方收听。同样地，B至A也要经声波、模拟电信号、声波的变换。当然这只是简单的描述，实际情况要复杂得多，还需要有其他设备（如交换机、传输线路等）。

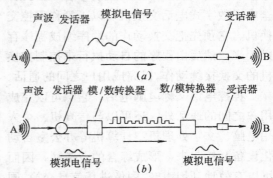

图18-1 电话通信方式示意图
(a) 模拟通信；(b) 数字通信

(2) 数字通信方式

数字通信方式是在模拟电信号的基础上，将其变为一系列"0"和"1"组成的数字信号，再以脉冲再生的方式进行信号传输。

图18-1 (b) 为A、B之间数字通信的示意图。它与 (a) 图所示的模拟通信方式相比，增加了两个主要设备：一个是模/数转换设备，其作用是将模拟电信号转换成"0"与"1"数字信号；另一个是数/模转换设备，其作用是将数字信号还原为原来的模拟电信号。数字通信也是双向的，即B也可以传至A。

18.1.2 电话设备和线路器材

电话设备主要包括电话交换机（含配套

461

辅助设备)、话机及各种线路设备。

（1）电话交换机

电话交换技术可分为两大类：一类是机电式，它是用布置好的线路进行通信交换；另一类是程控式，它是按软件的程序进行通信交换。与交换方式对应的交换机有人工交换机和自动交换机两种，属于人工交换机的有磁石式交换机、供电式交换机；属于自动交换机的有步进制自动交换机、纵横制交换机、准电子制交换机、全电子交换机和数字式程控交换机等。下面重点介绍数字式程控交换机。

数字式程控交换机的全称应是"存贮程序控制脉码调制（PCM）时分多路（DTM）全电子数字式电话交换机"，以下简称程控交换机。它预先把交换动作的顺序编成程序存贮起来，然后由程序的自动执行来控制交换机的交换接续动作，以完成用户之间的通话。

程控电话又称电脑电话，它除可以完成用户之间的通话外，还可以与传真机、个人用电脑、文字处理机、计算机等办公室自动化设备联接起来，形成综合的业务网，因而可以有效地利用声音、图像进行信息交换，同时可以实现外围设备和数据的共享。

1）程控交换机的优点：

A. 由于实现了全电子化，设备体积小，可靠性高，占地面积小，可以大大节约建筑面积和维护费用。

B. 耗电量小，节约电能。

C. 抗干扰性能强，传输质量好，易于保密。

D. 适应能力强，灵活性大，可以开展多种业务，提供新的服务功能。

2）程控交换机的结构：

程控交换机主要由话路系统、中央处理系统和输入输出系统组成。

A. 话路系统　话路系统包括通话网络、中继器、话路控制器等主设备，负责主叫与被叫之间的通话联系。

B. 中央处理系统　中央处理系统的核心是微型计算机，负责信息的分析处理，并向话路系统和输入输出系统发出指令。

C. 输入输出系统　输入输出系统包括磁盘机、读带机、电传打字机等，负责输入程序指令，并根据需要将处理结果打印显示出来。

3）程控交换机的分类：

程控交换机可按不同的方法分类，常用的有：

A. 按控制方式分，有布线逻辑控制和存贮程序控制两种。

B. 按接续网络分，有空间分隔制和时间分隔制两种。空分制交换机所交换的信号是模拟信号，而时分制交换机所交换的信号则是数字信号。

4）数字式程控交换机的基本原理：

先将声频模拟信号，经取样量化编码后变成数字信号，再以脉冲再生的方式进行信号传输。电路的接续方式，采用时间分隔制，使用不同的时点，共用一条传输线路，每一线路只占一个时隙，用静态电子接点，按时间先后顺序进行接续工作。

数字式程控交换机是依靠软件进行工作的。预先将交换动作顺序编成程序存入交换机的存贮器，中央处理机将按照预先编定的指令去控制交换机的接续动作，完成用户之间的通话。

用户打电话时，拿起话筒，经用户线监视扫描识别，连接发端记发器将送出拨号音。主叫听到拨号音后，拨被叫号码，交换机收到拨号第一位数后，自动停发拨号音并将收到的拨号数码存贮起来进行数码分析，经中继器监视扫描应答识别。当判明被叫号用户电话空闲时，就向被叫送出振铃电流，同时向主叫送回铃音。当被叫提起话筒时，通话接续双方便可通话。通话完毕，经中继器监视扫描挂机识别，停止计费，交换机自动释放复原。

（2）话机

模拟制电话网络常配用拨盘式和按键式脉冲话机。采用程控交换机时，仍可使用这类话机，但通话质量难于保证。所以，一般宜配用双音多频按钮式话机，此外，在一些要求较高的场所还可配用留言话机和多功能话机，但价格较为昂贵。双音多频按钮式话机采用二心线联接，多功能话机采用四心线联接。

（3）线路设备

线路设备用于交换机与用户之间的线路联接，使其配线整齐、接头固定，并可进行跨、跳线和在故障时作各种测试。

1）交接箱　不设电话站的大楼，电话用户直接与市话网联接，大楼内应设置交接箱，以便联接市话网的干线电缆并分配给大楼内部的电话分线盒。目前常用的国产交接箱有XF5系列无端子交接箱，其箱型代号（容量）及外形尺寸见表18-1。

XF5系列交接容量及外形尺寸　表18-1

箱号代号 （容量）	外形尺寸 （mm）	门的数量 （扇）
300/300Z	1400×660×240	1
600/600Z	1400×660×240	1
600/600K	1400×1200×240	2
1200/1200K	1400×1200×240	2
1200/1200G	2000×1200×240	2
400/400Z	1400×660×240	1
800/800Z	1400×660×240	1
800/800K	1400×1200×240	2
1600/1600K	1400×1200×240	2
1600/1600G	2000×1200×240	2
3200/3200G	2000×1200×240	2

XF5系列有两种容量系列：一种是以300对为递增基数，另一种是以400对为递增基数。箱型代号Z表示窄型，K表示宽型，G表示高型，分子数字表示进线的容量（对），分母数字表示出线的容量（对）。

该系列交接箱，箱内无金属接线端子，电缆接头采用压接技术，接点不外露，因此接点的绝缘、密闭性能和防腐性能都比较好，可以落地安装于室内或室外。

2）电话组线箱（端子箱）　组线箱是电话电缆转换为电话配线的交接点，采用承接配线架或上级组线箱来的电缆，并将其传给各电话出线盒。有室外分线箱（盒）和室内分线箱（盒）两种。

3）组合式话机出线插座　在程控电话网络中，宜推广采用组合式接插系统，这种方法简便可靠，灵活适用，便于用户加设电话或采用多功能话机。在这种系统中，主副话机联接及主话机插座与电话分线盒之间的联接均采用四心塑料绝缘线，其中实用心线一对，另一对为备用或供多功能话机用。常用PVC—0.5/1Q型电话线，铜心直径为0.5mm，电话线外径为3mm。

采用PVC—0.5/1Q型四心电话单机线时，可按表18-2选用相应的保护套管。

PVC—0.5/1Q电话单机线穿管表　表18-2

根　数	1	2	3	4	5	6	7	8	9	10
电线管	15							20		
钢　管	15							20		

采用PVC—0.5/1Q型室内电缆时，可按表18-3选用相应的套管，

电话电缆套管选用表　表18-3

电缆对数	电缆根数						
	7	6	5	4	3	2	1
	电线管/钢　管						
PVC—0.5/5PR	32	32	32	25	25	20	15
	25	25	25	20	20	20	15
PVC—0.5/10PR	—	40	40	32	32	25	20
	40	32	32	25	25	20	15
PVC—0.5/15PR	—	—	40	40	32	32	20
	50	40	32	32	25	25	15
PVC—0.5/20PR	—	—	—	40	40	25	
	70	50	50	50	40	32	20
PVC—0.5/30PR	—	—	—	—	40	40	40
	70	70	70	50	50	40	40

18.2 广播音响系统

广播音响系统包括一般广播、紧急广播和音乐广播等。现代化旅馆的广播音响包括公众广播、客房音响、宴会厅的独立音响和舞厅音响等。

18.2.1 广播音响系统信号传输方式

广播音响系统的信号传输方式分有线PA方式和CAFM调频方式两大类,其中有线PA方式包括高电平信号传输系统和低电平信号传输系统。

广播音响系统的信号传输方式如图18-2所示。

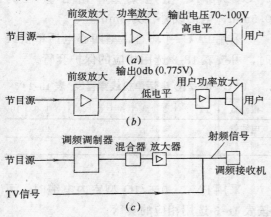

图 18-2 有线广播音响信号传输方式
(a) 高电平信号传输方式;(b) 低电平信号传输方式
(c) 调频信号传输方式

(1) 有线PA方式

1) 有线PA高电平信号传输方式

在这种信号传输方式中,由天线接收经收音机处理的AM/FM信号和录放机提供的信号等,在播送室里经前级放大和功率放大,送出70~100V(定电压输出)的高电平信号,经输出线送至各用户,直接驱动扬声器,如图18-2(a)所示。传输线一般采用1.2mm²以上的多股铜心屏蔽导线。

2) 有线PA低电平信号传输方式 与高电平信号传输方式相比,最大的区别是将功率放大器(低功率放大器)放置在用户端,由播送室送出的是低电平信号,如图18-2(b)所示。

(2) CAFM调频信号传输方式

CAFM调频信号传输方式如图18-2(c)所示。它是将节目源(录放设备)和调频收音机接收到的信号,通过各自的调制器(将音频调制到射频),以调频频率(88~108MHz)范围,按所规定的固定频率进行分配(一般每隔2MHz为一个频段),将全部信号源调制成甚高频(VHF)的载波频率信号,再与电视频道信号混合后接到共用天线电视接收系统(CATV系统)的电缆线路中去。每个客房床头控制柜中安放了一台FM调频收音设备,若将FM收音设备的天线插头插入客房中电视插座的FM插孔内,则可以收听到调频广播节目;若将电视机的天线插头插入TV插孔内,则可以收看电视节目。

表18-4列出了两种信号传输方式的优缺点。

广播音响系统信号传输方式性能比较   表18-4

系统特点	传 输 系 统	
	有线PA式传输系统	CAFM调频传输系统
1	使用传输线路多	共用CATV电视系统的电缆
2	集中控制功率放大及输出	每个客房单独设置调频收音设备音质一般,但抗干扰能力强
3	广播音质较好	一次性投资高,但较节省电力
4	造价费用低	由于床头柜增加了FM收音设备,对电视机增加了测不准的因素
5	中央控制为集中系统,便于维修	

18.2.2 广播音响系统的构成及设备

(1) 广播音响系统的基本构成

以大型旅馆为例，广播音响系统组成框图如图18-3所示。

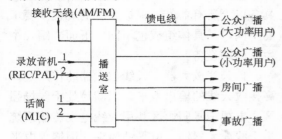

图18-3 大型旅馆有线广播音响组成框图

图18-3中，播送室是核心组成部分。在播送室设有前级增音机，有多路信号输入，有调频（FM）与调幅（AM）收音、录音、录放、电唱、钟鸣、警报以及分区广播控制盘等；具有紧急广播优先的功能，一旦火警等紧急信号发出后，不论分区控制盘上的各路输出是否处于切除或正在传送背景音乐，都将自动转入紧急广播状态，并自动接通各个预定消防分区的广播支路，作全音量输送。

(2) 广播音响系统的设备

广播音响系统中常用的设备有信号接收和发生设备、放大设备、传输线路、用户设备（扬声器等）。

1) 信号接收和发生设备 信号接收和发生设备的作用是提供广播音响的原始信号，通常由下几部分组成：

A. 天线 天线的作用主要是接收空间电磁波，向收音机提供音响电磁信号。

B. 收音机 收音机是接收本地区无线广播电台信号的设备。

C. 录放音机 录放音机通常兼有录、放、收音等多种功能，可进行节目制作、编辑、混合。

D. 话筒 话筒又称麦克风（MIC），是最直接的发生设备，主要用于通知、事故广播等。

2) 放大设备 节目源的信号通常很弱，必须经过放大后才能驱动发声设备（扬声器等），这种放大设备称为扩音机。放大设备有前级放大器和功率放大器两大类，前级放大器又有高频放大器（高放）和低频放大器（低放）。

3) 传输线路 按信号传输方式的不同，传输线路分别采用不同的导线。

对高电平信号传输方式，为减少功率损失和电压损失，采用较大线径的通信电缆，如PVC—2×1.2型电缆；对低电平信号传输方式，只要满足机械强度等主要要求，采用较小线径的电缆，如PVC—2×0.5型电缆；对于CAFM调频信号传输方式，则与共用天线电视电缆共用，采用射频电缆，如SYV—75型射频电缆。传输线路可采用穿管敷设或明敷。

4) 扬声器 扬声器是广播音响系统的终端设备，是向用户直接传播音响信息的基本设备。

18.3 共用天线电视系统

在建筑密集的住宅区、大型公寓和高层建筑中的住户不可能都安装自己的电视接收天线，因此，一般都安装在一套共同的电视接收天线及其配套设施，这一天线系统称为共用天线电视系统（CATV系统）。

18.3.1 共用天线电视系统的主要功能

共用天线电视系统具有以下主要功能。

(1) 解决电视"弱场强区"和"阴影区"的信号接收

共用天线电视系统，采用了高增益的天线，并架设在楼顶或最高点上，可提高接收信号的增益；或是接入专用频道放大器，将信号强度提高后通过CATV系统分配到各用户，使电视机都能获得标准电视场强，提高了收看效果。

（2）削弱和消除重影干扰和电气杂波干扰

在CATV系统中，采用高增益、方向性强的天线，或用抗重影天线来消除"重影"干扰；采用各种滤波器，减小电气杂波的影响，使图像清晰、稳定。

（3）美化市容　利于安全

一副天线可以满足几十户、几百户甚至上万户居民收看，避免了天线林立的情况；加之共用天线采取了避雷措施，使收看电视更安全。

（4）丰富了电视节目信号源

本地的电视节目频道有限，有了共用天线电视系统，可以接收相邻地区和卫星电视信号。还可以在系统中放映录像节目。现在许多地区开设了有线电视台，其中节目也是通过微波天线把信号发射到共用天线电视系统，各共用天线电视系统用电缆传输给各用户。用电缆传输电视信号的系统就叫有线电视（或电缆电视）系统（YSTV）。

此外，CATV系统还可以扩展用于通信、防盗报警、调频立体声广播等，将会发展成为一个综合性、多功能的信息服务系统工程。

18.3.2　共用天线电视系统的组成

共用天线电视系统由电源、前端设备和传输分配网络等三部分组成。其基本系统构成框图，如图18-4所示。

（1）信号源部分

信号源部分包括：广播电视接收天线（如单频道天线、分频段天线及全频道天线）、FM天线。卫星直播地面接收站、视频设备（录像机、摄像机）、音频设备等。其作用是接收并输出图像和伴音信号。

（2）前端设备

前端设备是指信号源与传输分配网络之间的所有设备，用以处理所需传输分配的信号。

前端设备一般包括：UHF/VHF转换器、VHF和UHF频段宽带放大器、天线放大器、频道放大器、混合器、调制器、衰减器、分波器、导频信号发生器等器件。但是，并不是任何CATV系统的前端部分都必须具备以上所有器件，根据系统的规模及要求的不同，其具体组成也不同。下面介绍几个主要前端设备：

1）天线放大器　天线放大器的作用是提高接收天线的输出电平，以满足处于弱场强区和电视信号阴影区共用天线电视传输系统主干线放大器输入电平的要求。因输入电平一般为 $50 \sim 60 \mathrm{db}\mu V$，输出电平一般为 $90 \mathrm{db}\mu V$，故属低电平放大器。天线放大器通常安装在天线的附近，由专门的远程供电器供电。

2）频道放大器　频道放大器即单频道放大器，它位于系统的前端，其后接混合器。对于使用单频道天线的系统，在进行混合之前，多数情况（当各频道信号电平参差不齐时）需要进行电平调整，使混合之前的各信号基本接近，这一工作则由频道放大器来完成。因其增益较高，输出电平可达到 $110 \mathrm{dB}\mu V$，故为高电平输出。频道放大器一般工作在各天线输出电平相差较大，而各频道放大器的输出接近的场合。因此，对频道放大器要求具有足够的增益调整范围和增益自动控制的性能。

3）混合器　混合器的作用是把所接收的多路电视信号（如 VHF、UHF 不同频段的信号或 VHF 与 UHF 信号）混合在一起，合成一路输送出去，而又不相互干扰。使用它可以消除因不同天线接收同一信号而互相叠加所产生的重影现象。对于由高通滤波器和低通滤波器构成的混合器，以及由带通滤波器构成的混合器，都有消除干扰杂波的作用，同时具有一定的抗干扰能力。

4）调制器　调制器是共用天线电视系统中用于将视频、音频信号调制成电视射频信

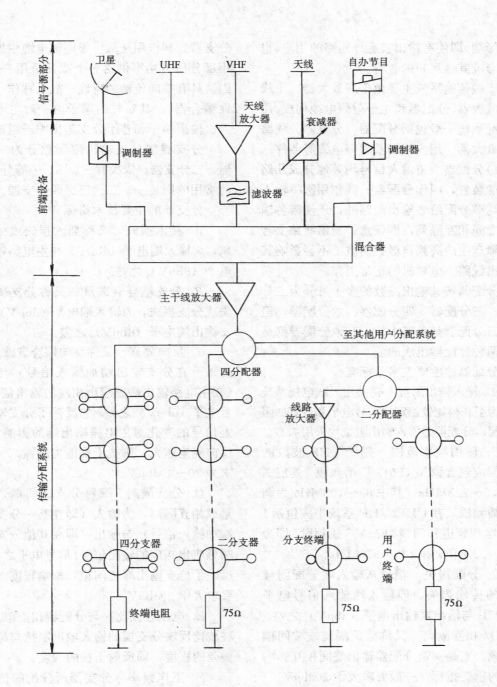

图 18-4 CATV 系统的组成

号的专用设备。它直接与摄像机、录像机、卫星接收机等配合使用。

调制器有中频调制器和频道调制器两种。中频调制器是将视频、音频信号调制成 38MHz 中频信号；频道调制器是直接将视频信号调制到所需要的传输频道载频上。

（3）传输分配网络

传输分配网络主要由干线传输系统和用户分配系统组成，其作用是将信号均匀分配给各用户接收机，并使各用户之间相互隔离、互不影响,即使有输出被意外短路的用户,也不会影响其他用户的收看。

干线传输系统主要由干线放大器、干线桥接放大器、分配器和主干射频电缆构成,用户分配系统一般包括分配器、分支、线路延长放大器、用户终端及射频电缆等器件。

1)分配器 将输入信号均等地分成几路输出的装置,叫作分配器。其作用除将输入信号均等分配给各输出线路外,还使得各输出端之间相互隔离,即任意一输出线路上若因故障产生的高频自激振荡波,不会影响其他输出线路上电视机的正常工作。

分配器按其输出路数的多少可分为二分配器、三分配器、四分配器、六分配器,但二、三分配器是最基本的,其他分配器都是由这两种分配器组成的。

分配器的主要技术指标有:

A. 输入输出阻抗 在共用天线电视系统中,为了获得比较稳定的信号电平和良好的阻抗匹配,分配器的输入输出阻抗均采用 75Ω。

B. 使用频率范围 用于 VHF 波段的分配器应包含调频(FM)广播频段,其范围为 $48.5\sim223$MHz(其中 $88\sim108$MHz 为调频广播频段)。在 UHF/VHF 系统中应包括 $1\sim68$ 电视频道和调频(FM)广播频段,即为 $48.5\sim223$MHz 和 $470\sim958$MHz。

C. 分配损失 信号从输入端分配到输出端的传输损失,即输入端输入信号电平(dbμV)与输出端输出电平(dbμV)之差。

D. 相互隔离 又称分配隔离或端间耦合衰减。它是衡量分配器输出端间相互影响程度的重要指标,一般要求大于 20dbμV。

E. 电压驻波比 在传输系统中,入射波与反射波的叠加将产生驻波。驻波电压的最大值与最小值的比值称为电压驻波比。它是衡量分配网络传输质量的主要指标,表示分配器实际阻抗与标称值偏差的程度。电压驻波比不能太大,一般为 $1.5\sim2$。

2)分支器 从干线上引出支线的装置称分支器。其作用是从一根同轴电缆中提取一小部分信号功率供给一个或几个用户终端。因其具有单向传输的特性,故又称作"方向性耦合器"。其对外的端子由一对主电路输入、输出端子和若干分支输出端子组成。

分支器按分支输出端子数分为一分支器、二分支器,依次有三、四、…等分支器。而常用的则是一、二、三、四分支器。

分支器的主要技术指标有:

A. 接入损失 又称插入损失或插入衰减,为输入端电平(dbμV)与主电路输出端电平(dbμV)之差。

B. 分支耦合衰减量 又称分支耦合损失或分支损失,为输入端电平(dbμV)与分支输出端电平(dbμV)之差。

C. 反向隔离 又称反向耦合衰减量,为输入(在分支输出端加输入信号)与输出(在主电路输出端感应出相应的输出信号)信号电平(dbμV)之差。它反映了分支输出端上信号的变化对主电路输出端的影响程度。反向隔离越大,则抗干扰能力越强,一般要求为 $20\sim40$dbμV。

D. 分支隔离 又称分支端间耦合衰减量或相互隔离,为输入(即在某一分支输出端加输入信号)与输出(即在其他分支输出端感应出相应的输出信号)信号电平之差。它反映了分支输出端之间相互影响程度。一般要求大于 20dbμV。

E. 电压驻波比 与分配器相类似,电压驻波比反映分支器的输入输出阻抗与标称值偏差的程度,即反射干扰的程度。

F. 工作频率 分支器所分配的信号频率在 VHF 和 UHF 频段,因此,其工作频率范围要求很宽,通常为 $45\sim240$MHz 或 $45\sim960$MHz。

3)线路放大器 设置在传输分配系统中的放大器称线路放大器。其作用是补偿传输过程中因用户增多、线路增长后的信号损失。

按其设置的位置不同,线路放大器可分为主

放大器、分配放大器和线路延长放大器等。

线路放大器对频带内的增益偏差一般要求为±0.25db。

4）馈线　在共用天线电视系统的分配网络中，各元件之间均用馈线连接，馈线是提供信号传输的通路，它有平行馈线和同轴电缆两种型式。在共用天线电视系统中，常用特性阻抗为75Ω的同轴电缆，如SYV、SYFV、SDV、SYKV型、SYDV型等。

5）用户终端　共用天线电视系统的用户终端又称为用户接线盒，它是为电视机供给电视信号的接线器。

常用的用户接线盒有单孔盒和双孔盒之分：单孔盒仅输出电视信号，双孔盒既能输出电视信号又能输出调频广播信号。

18.4　消防安全系统

消防安全系统就是对建筑物内火灾进行监测、控制、报警、扑救的系统。

18.4.1　消防安全系统的构成及基本工作原理

消防安全系统的电气构成如图18-5所示。

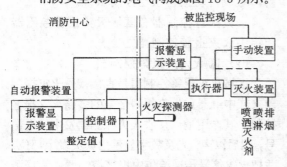

图18-5　消防安全系统框图

构成消防安全系统的主要电气元件、装置和线路主要有火灾探测器、火灾自动报警控制器、火灾报警器和消防灭火执行装置等。

消防安全系统的基本工作原理是：当建筑物内某一现场着火或已构成着火危险，各种对光、温、烟、红外线等反应灵敏的火灾探测器，便把从现场实际状态检测到的信息（烟气、温度、火光等）以电气或开关信号形式立即送到控制器，控制器将这些信息与现场状态整定值进行比较，若确认已着火或即将着火，则输出两回路信号：一路指令声光显示动作，发出报警音响信号，并显示火灾现场地址（楼层、房间），同时记录时间，通知火灾广播工作，开通火灾专用电话等；另一路则指令设于现场的执行装置（如继电器、接触器、电磁阀等）去开启各种消防设施（如喷淋水、喷射灭火剂、启动排烟机、关闭隔火门等）。为了防止系统失灵和失控，还在各现场附近设有手动开关，用于手动报警和手动执行。

18.4.2　火灾探测器

火灾探测器是自动报警系统的检测元件，它将火灾初期所产生的光、温、烟或红外线等转变为电信号，当其电信号超过某一整定值时，便传递给与之相关的报警控制设备。

（1）火灾探测器的种类

火灾探测器按其工作原理大致可分为以下四类：

1）感光火灾探测器　在警戒区内发生火灾时，对光参数响应的火灾探测器称感光火灾探测器（或火焰探测器）。根据响应的光谱又可将它分为红外和紫外两种型式。

①红外感光探测器　红外感光火灾探测器是利用火焰的红外辐射和闪灼效应进行火灾探测的。其结构如图18-6所示。

②紫外感光探测器　紫外感光火灾探测器是利用火焰中波长为1850～2900A的紫外光辐射进行探测。它对阳光及电光源均不敏感，而对易燃、易爆物引起的火灾则很敏感。其结构如图18-7所示。

2）感温火灾探测器　在发生火灾时，对空气温度参数响应的火灾探测器称为感温探测器。

按其动作原理可分为定温式（温度达到

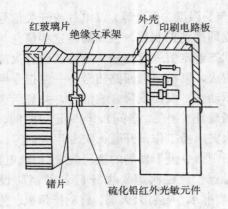

图 18-6　红外感光探测器结构图

图 18-7　紫外光敏管结构示意图

或超过预定值时响应)、差温式（当升温速率达到或超过预定值时响应）和差定温式（兼有定温及差温两种功能）火灾探测器；按感温元件可分为机械式或电子式感温火灾探测器两种。

3）感烟火灾探测器　在发生火灾时，对烟参数响应的火灾探测器称感烟火灾探测器。常用的有离子感烟探测器和光电感烟探测器。

离子感烟式探测器是利用火灾时产生的烟雾进入离子装置的电离室时，因烟雾吸收电子，使电离室的电流、电位发生变化，而引起电路动作，发出信号。

光电感烟式探测器是利用烟雾粒子对发光线产生散射和遮挡原理制成的。

4）可燃气体探测器　可燃气体探测器是利用建筑中某些场所可能产生的可燃气体，通过可燃气体敏感元件检测出可燃气体的浓度，当达到或超过预定值时发生报警信号。

（2）火灾探测器的选用

1）对火灾初期有阴燃阶段，即有大量的烟和少量的热产生，很少或没有火焰辐射的火灾（如棉麻织物、纸类着火），应选用感烟火灾探测器。

2）对于蔓延迅速，又产生大量的热和烟，以及有火焰辐射的火灾（如油类着火），可选用感温、感烟、感光式火灾探测器或它们的组合。

3）对有强烈的火焰辐射而仅有少量的烟和热的火灾（如轻金属及其化合物的火灾），宜选用感光式火灾探测器。

4）在散发可燃气体和可燃蒸气的场所，宜选用可燃气体探测器。

5）对于情况复杂或火灾形成特点很难断定的火灾，可进行模拟试验后再选定探测器。

18.4.3　火灾自动报警控制器

为火灾的探测供电、接受、显示及传递火灾报警信号，并能输出控制指令的一种自动报警装置称为火灾自动报警控制器。

火灾自动报警控制器可单独作为火灾自动报警用，也可以与自动防灾及灭火系统联动，组成自动报警联动控制系统。

火灾报警控制器有区域火灾报警控制器和集中火灾报警控制器之分。

（1）区域火灾报警控制器

区域火灾报警控制器是直接接受火灾探测器（或中继器）发来报警信号的多路火灾报警控制。其作用是：接收火灾探测器发来的电信号，然后以声、光及数字显示出火灾发生部位，并把火灾信号传递给集中报警控制器；为探测器提供需要的直流电源；还可与其他消防设施联动以达到自动报警和灭火的目的。

（2）集中报警控制器

集中报警控制器的原理与区域报警控制器基本相同，它是将若干个区域报警控制器连成一体，通过接收区域报警控制器或火灾探测器送来的火灾信号，用声、光及数字显示火灾发生的区域和层次。它不仅具有区域报警的功能，还能向消防联动控制设备发出指令。其功能框图如图18-8所示。

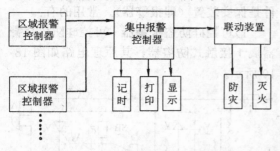

图 18-8　集中报警控制器功能框图

18.4.4　火灾自动报警系统

火灾自动报警系统是为了早期发现并及时通报火灾，以利采取有效措施，使火灾得以控制和扑灭而设置的一种自动消防设施。它主要由火灾探测器、区域火灾报警控制器、集中火灾报警控制器以及具有其他辅助功能的装置组成。

火灾自动报警系统按其结构型式可分为控制中心报警系统、集中报警系统和区域报警系统三种类型，其组成框图如图18-9所示。

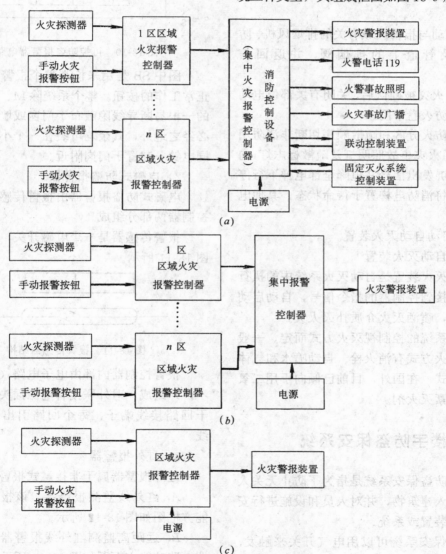

图 18-9　火灾自动报警系统组成框图

(a) 控制中心报警系统；(b) 集中报警系统；(c) 区域报警系统

18.4.5 自动灭火系统

自动灭火系统包括联动相关的消防设备和设置固定式自动灭火装置两部分。

（1）消防控制及联动

根据消防要求，楼宇自救能力应维持10min以上，火灾初期，消防安全系统在接收火灾报警信号后，消防控制及联动的顺序应是：

1）按空调系统分区停止与报警区域有关的空调机、送风机，关闭管道上的防火阀。

2）启动与报警区域有关的排烟风机、防烟垂壁及管道上的排烟阀，并返回信号。

3）在火灾被确认后，关闭有关部位电动防火门、防火卷帘门。

4）按防火分区和疏散顺序切断非消防用电源，接通火灾事故照明灯及疏散标志灯，向电梯控制屏发出信号并迫降全部电梯下行停于底层，将消防电梯置于待命状态，其他电梯停用。

5）启动自动灭火装置。

（2）自动灭火装置

自动灭火装置是自动灭火系统中的执行装置。当接到控制器的指令信号，自动启动灭火系统，喷洒灭火介质扑灭火灾。

灭火系统的控制视灭火方式而定。一般常用的灭火方式有消火栓、自动喷水和气体灭火等方式。在国外，目前已倾向于用二氧化碳和卤素灭火剂。

18.5 楼宇防盗保安系统

楼宇防盗保安系统是指为了防止无关人员非法侵入建筑物，并对人员和设施进行安全防护的装置或系统。

防盗保安系统可以用电气开关来触发，也可以用雷达、超声波、红外线装置和其他类型的传感器来触发。

（1）保安装置　防盗保安系统的关键部件是保安装置（即报警器）。常用的有：

1）可控硅防盗报警器　可控硅防盗报警器属于接触式防盗器，其原理电路如图18-10所示。

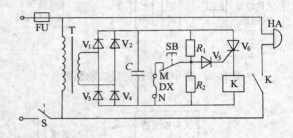

图18-10　可控防盗报警器电路

图中SB是用来检查整个报警装置是否正常工作的按钮。整个系统除M、N两点间的一根易断导线隐蔽布于门窗或墙壁等盗贼必经之地外，其余均可装在一个小盒内，连同电铃一起置于门岗附近。

2）电磁式防盗报警器

电磁式防盗报警器由报警传感器和报警控制器两部分组成。

报警传感器是一个电磁开关，其结构如图18-11所示。

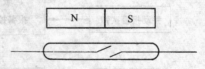

图18-11　报警传感器结构

报警控制器内部由电子电路（在此略去不讲）组成，对外联接有电源插头引线和若干回路接线端子，每个回路引出两根信号线。

3）红外报警器

红外报警器属于非接触式报警器。

A. 红外线监测报警器　该报警电路功能方框图如图18-12所示。

B. 远距离监测红外线报警器　该报警器电路功能方框图如图18-13所示。

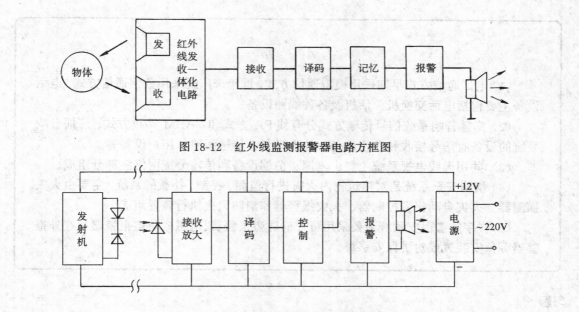

图 18-12　红外线监测报警器电路方框图

图 18-13　红外线报警器功能方框图

C. 被动式红外线报警器　该报警器电路功能方框图如图 18-14 所示。

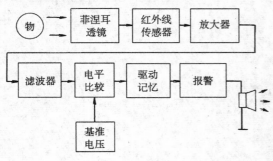

图 18-14　红外报警器原理方框图

（2）对讲保安系统

对讲保安系统是由对讲机、电锁门及控制系统组成。这种保安装置是在大楼入口处设有电磁门锁，其门平时紧闭，在门外设有对讲机总控制箱。其组成系统如图 18-15 所示。

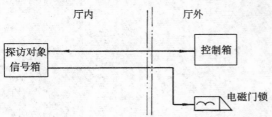

图 18-15　对讲机——电锁门保安
系统组成框图

重要的高层建筑住户除了跟来访者直接通话外，还希望能看到来访者的容貌，为此，可在入口处安装电视摄像机，便得到了可视——对讲——电锁门防盗保安系统，其可视部分组成框图如图 18-16 所示。

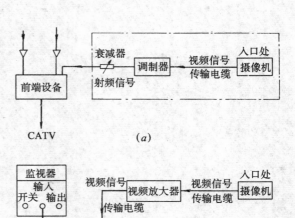

图 18-16　可视保安系统组成框图
（a）视频——射频信号输入 CATV 系统；
（b）视频信号输入监视器

（1）电话通信方式早期采用模拟通信方式，近年来广泛采用数字通信方式。电话设备主要包括电话交换机、话机及各种线路设备。

（2）广播音响系统信号传输方式分有线 PA 方式和 CAFM 调频方式。广播音响系统的设备有信号接收和发生设备、放大设备、传输线路、用户设备等。

（3）共用天线电视系统主要由电源、前端设备和传输分配网络三部分组成。

（4）消防安全系统是对建筑物内火灾进行监测、控制、扑救的系统。主要由火灾探测器、火灾自动报警控制器、火灾报警器和消防灭火执行装置组成。

（5）楼宇防盗保安系统主要采用可控硅防盗报警器、电磁式防盗报警器和红外报警器等保安装置或对讲保安系统。

习题

1. 电话设备主要有哪些设备？各起何作用？

2. 采用 PVC—0.5/1Q 型四心电话单机线时，如何选用保护套管？

3. 广播音响信号系统传输方式分哪几种？

4. 广播音响信号系统设备包括哪些？

5. 共用天线电视系统由哪些部分组成？

6. 消防安全系统由哪些部分组成？

7. 火灾探测器有哪几种？如何选用？

8. 常用的保安装置有哪些？

9. 对讲保安系统由哪些部分组成？

第 19 章　电气工程预算、班组管理、环境保护基本知识

为了准确地确定建筑产品的价格，我国建立了一套确定建筑产品价格的制度——建筑工程预算制度。对设计方案进行技术经济评价、建设工程招标标底的确定、竣工结算都要套用预算定额。作为施工企业，工程预算的编制更为重要。

班组是施工企业内部从事生产和经营的最基层组织，加强班组建设，搞好班组的各项管理，对施工企业的建设和发展意义重大。

人类社会的可持续性发展对环境保护提出了迫切的要求。

本章将介绍一些电气工程预算、班组管理、环境保护基本知识。

19.1　电气工程预算基本知识

电气工程预算是根据预算定额来确定的，这是确定建筑产品价格的依据。在此主要介绍电气安装工程的预算。

19.1.1　工程预算定额

定额是指在正常的施工条件下，为完成一定计量单位的合格产品所必须的劳动力、机械台班、材料和资金消耗的数量标准。它是由国家主管部门或授权机关组织编制、审批并颁布执行的，是法令性指标，是对基本建设实行计划管理和有效监督的重要工具。

定额的种类很多，按编制程序和用途可分为工序定额、施工定额、预算定额、概算定额和概算指标。其中施工定额是编制施工预算的依据；预算定额是编制施工图预算的依据；概算定额与预算定额相比，更具有综合的性质，它是编制概算用于招标工程编制标底、标价的依据。

为了使用方便,各地区编制出将工资、材料费、机械费三项汇总在一起的单位估价汇总表，它经当地建设部门批准后即成为当地的法定单价，凡在规定区域范围内的所有基建和施工部门都必须执行，未经批准不得任意变动。

电气安装工程预算定额的具体项目及程序共分十章：变配电工程；电缆；架空线路；防雷及接地装置；电梯及电气控制设备；配管配线；照明器具；起重设备电气装置；电气设备试验调整；试运行等。在以上定额各章中，按其工程性质、内容、施工方法及使用材料分成若干节，节以下再分若干分项目、子项目，在定额手册中，章、节、目都有统一的编号，以便复查。

19.1.2　电气安装工程施工图预算

（1）安装工程施工图预算造价的概念

以单位工程施工图为依据，按照安装工程预算定额的规定和要求，根据有关造价费用标准和规定，结合工程现场施工条件，按一定的工程费用计算程序，计算出来的安装工程造价，称为安装工程施工图预算造价,简称"安装工程预算"或"安装预算"。其书面文字称为安装工程预算书。

施工图预算，作为控制投资、编制投资计划、评价设计方案及施工方案、编制施工财务计划、工程招标和投标、签订工程承包合同、考核工程投资等的依据。

（2）安装工程施工图预算的费用组成

建筑安装工程费是指在施工过程中直接

或间接消耗在工程上的人力、物力和资金,以及建筑安装工人为社会新创造的价值,即建筑安装工程预算造价,亦即建筑安装产品的计划价格。

建筑安装工程造价费用包括:工程直接费、间接费、综合取费、税金等四大费用。

(3) 安装工程施工图预算的编制依据

1) 施工图纸;

2) 预算定额或估价表;

3) 工程量计算规则;

4) 安装定额解释汇编;

5) 安装工程间接费定额;

6) 施工组织设计或施工方案;

7) 材料预算价格或材料市场价格汇总资料;

8) 国家和地区有关工程造价的文件;

9) 安装工程概、预算手册或资料;

10) 工程承包合同或工程协议书。

(4) 编制施工图预算应具备的条件

1) 施工图纸已会审;

2) 施工组织设计已审批;

3) 工程承包合同已签订生效。

(5) 施工图预算的编制步骤

1) 看懂全部施工图并熟悉施工方案;

2) 熟悉工程承包合同及招标投标文件的要求;

3) 确定合适的概、预算定额和单价估价汇总表,确定分部工程项目;

4) 根据施工图按规则计算工程量;

5) 汇总工程量、立项、套定额;

6) 认真细致地计算直接费;

7) 按计算费用程序计算各种费用及工程造价;

8) 计算技术经济指标,编制材料分析表分析工料;

9) 写编制说明;

10) 填写预算书封面,进行校核、审查、签章。

19.2 班组管理

班组是为发展生产需要,协作分工的劳动组合。班是指生产班次,组是指生产小组,有时同一班次有若干个小组。班组的建立是为了企业的生产经营有秩序地进行,而班组的建立通常是根据企业的生产工艺或专业不同而组成的。

班组的成员均是生产一线上的工作者,不管是组长或组员,每天都与设备、产品直接接触,充分发挥每个成员的积极性是很重要的因素。

19.2.1 班组建设

(1) 班组的主要工作

班组的主要工作应是坚持四项基本原则,以思想政治作为领先,以提高经济效益为中心,全面超额完成施工生产任务,促进班组的双文明建设。包括以下几个方面的工作:

1) 施工准备、组织与均衡施工;

2) 抓好产品质量、安全生产及文明施工;

3) 组织技术革新、岗位练兵及劳动竞赛;

4) 做好思想政治工作。

(2) 班组的建立

电工是安装企业的主要工种之一,根据电气工程的特点和任务情况,可组成外线班、内线班、调试班、维护班等,分别承担外线工程、车间、变电所的动力与照明设备安装、调整试验以及企业内的用电设备的维护检修等工作。

班组建立应考虑工人的相对稳定,技术力量搭配合理,使高级工、中级工、初级工的搭配比例适合于工程复杂程度的要求,以利于保证工程质量和提高劳动效率。

(3) 班组的民主管理

班组的民主管理是企业实行民主管理的基础,是由职工直接参加,在班组长、工会组长和职工代表的主持下开展的一项活动。

一般在班组中设置"一长六大员",可视班组人员多少情况,采取"一人多职"。"一长六大员"的职责如下:

班组长:根据工程处或项目经理部下达的生产任务,组织全班认真讨论制订作业计划,合理使用人力物力,优质高效地完成既定目标;带领全班认真贯彻各项规章制度,组织好安全生产;组织全班学文化、钻研技术,提高劳动生产率;做到工完料尽场清,做好文明施工;充分发挥民主,支持和检查六大员的工作,搞好本班组管理。

学习宣传员:组织班组成员学习时事政治和党的路线、方针、政策,协助班组长做好思想政治工作,开展职工读书活动,办好班组宣传阵地,宣传好人好事,开展健康有益的文体活动。

质量员:宣传贯彻"质量第一"的方针,检查督促班组执行施工操作规程和质量标准,组织全面质量管理小组活动和创优活动,落实班组的自检、互检、交接检制度,协助班组长制订防止质量事故的措施。

安全员:贯彻执行《劳动保护检查员工作条例》,宣传安全施工,督促班组成员自觉遵守安全操作规程、安全生产和文明施工的规章制度,协助班组长开好班组安全会。

材料工具员:负责保管好班组在用的机械、设备、工具及各种材料,建立健全登记保管台帐,督促班组成员爱护机具设备,节约使用各种材料,协助班组长做好材料工具消耗指标的核算和分析。

考勤员:严格执行考勤制度,及时填写考勤统计表,负责班组工资、奖金及劳护用品的领取和发放,协助班组长搞好劳动力的管理。

生活福利员:负责班组的集体福利工作,配合工会小组搞好职工困难补助,开展互助互济活动,做好计划生育宣传工作,记好班组生活台帐。

工会小组是班组工人群众的自己组织,是企业工会组织的细胞。班组的工会小组长是班组的骨干,要能代表工人的意志,热心为群众服务。工会小组的任务是在基层工会的领导下,组织班组成员参加企业管理;开展社会主义劳动竞赛、群众合理化建议、技术革新和技术协作等活动;协助班组长做好职工思想政治工作,组织职工学理论、学技术、学文化;协助和监督行政搞好劳动保护、安全生产,关心群众生活,保障职工权益;健全班组民主生活,团结班组成员,完成和超额完成施工生产任务。

班组民主会是发动班组群众参加管理的一种形式。主要是发动班组成员对班组的工作提出批评意见和合理化建议,帮助班组长共同做好班组工作。民主生活会要开展好批评与自我批评工作,彼此沟通思想、统一认识、团结一致、齐心协力把班组的各项工作做好。

(4) 班组的思想政治工作

班组思想政治工作的主要任务是培养一支胸怀全局、脚踏实地的"四有"职工队伍,保证生产任务的圆满完成。主要从形势和任务、共产主义理想和道德、爱国主义和集体主义、法制和纪律等方面开展思想政治教育工作。

19.2.2 班组管理

施工企业班组管理的主要内容分施工管理、安全管理、质量管理、劳动管理、材料与机具管理、经济核算以及文明生产等几个方面。

(1) 施工管理

班组施工管理是企业施工管理的重要基础,是企业管理的重要组成部分。班组施工管理工作过程大致上分为施工准备、施工和交工验收三个阶段。

施工准备阶段,班组应熟悉图纸及有关技术资料;了解施工现场,配备施工机具;接受施工任务书（或签订工程承包合同）和技术交底；编制好班组施工进度计划和材料供应计划。

施工阶段，班组要严格按照施工图纸、规程规范和技术标准施工；把好材料验收关；坚持班组上、下岗短会交接制度；认真做好施工日记和施工原始资料积累工作。

交工验收阶段，班组应认真做好收尾工程、试车方案和交工资料等准备工作；进行交工检验；办理好工程交接工作。

（2）安全管理

安全生产和劳动保护是党和国家的一项重要政策，是企业管理的一项重要内容，更是班组管理的重要环节。每一个班组成员要牢固树立预防为主的观点，时时处处具有"安全第一"的意识。班组首先要开好班前安全会，搞好定期的安全活动；其次要建立安全生产责任制，加强检查落实安全技术和劳动保护措施；最后要监督并纠正施工生产中的违章作业，严格执行安全操作规程，对施工中发生的安全事故，要认真分析原因，及时采取补救措施，尽可能降低损失。

（3）质量管理

班组的质量管理，是企业质量保证体系中的基础环节和落脚点。班组质量管理的经常性工作是加强"百年大计，质量第一"的教育，树立全面质量管理的观念，开展质量管理小组活动。为了搞好班组的质量管理，要求明确质量管理责任制，掌握质量检验的方法和标准，注重抓好人、材料、工具与设备、环境、工艺等五个影响质量的因素，加强班组施工中的质量管理。

（4）劳动管理

班组的劳动管理，是班组在施工生产过程中对班组劳动力的配置、使用及与此有关工作项目进行的计划、组织、指挥、调节、控制和考核。具体工作有劳动定额管理、劳动纪律管理和工资管理等。

（5）材料、机具管理

班组的材料和机械设备管理是提高企业经济效益的重要环节，其主要内容包括：严格执行本企业的各种材料、机械和设备管理制度；对材料的合理使用，多余材料的返库和保管；机械设备的使用和日常保养、定期检修等。

（6）经济核算

班组经济核算是以班组为单位，对生产中的消耗和成果进行核算。它主要通过对班组施工活动全过程进行预测、分析、比较和核算，提出改进措施，控制班组生产经营，从而达到降低成本，取得最佳经济效益的目的。

班组经济核算要求贯彻和执行各种定额，严格计量，设置原始记录和台帐，确定班组经济核算单位，选定班组经济核算指标。

班组经济核算的主要内容有工程量指标、工程质量指标、消耗指标、劳动指标、机械设备指标和安全生产指标等。

班组经济核算形式有单项指标核算、价值综合核算、自计盈亏核算、承包合同核算等。采用的方法通常有按施工任务书或承包合同书为依据的核算方法和用分项指标进行核算两种。

（7）文明生产

坚持文明生产是社会主义现代化施工企业的重要标志，班组成员文明程度要提高，施工现场要保持良好的工作环境条件，使场地、设备、工具、材料、半成品等清洁整齐，做到工完场清、活完料清。

19.3 环境保护基本知识

19.3.1 环境保护概念

人类赖以生存的空间，叫做环境，具体地说就是自然与社会的总体。自然环境包括地表土壤、岩石、植被、水、动植物及大气、阳光等，社会环境包括生产环境、交通道路、房屋建筑、通讯娱乐设施等。

人类生活与生产改造了环境,给人类带来了一些福祉,但与此同时也破坏了生态平衡,反过来又在危害人类自身的生存与发展,因此环境保护问题就产生了。

当然环境问题的产生,也有其自然原因,这是人类无法抗拒的;而由于人类活动产生的环境问题,则需引起我们高度重视并予以解决,以实现人类社会可持续发展。

人类生产、生活造成的环境破坏,大致有污染与损害两个方面。污染环境,主要是对大气、水、土壤、生物的污染及产生的噪音、热、电磁波、光的污染。对环境的损害主要是破坏地表植被,滥伐森林,造成水土流失、土地沙漠化、物种灭绝等。

环境保护的内容,有两大部分:一是保护改善环境,二是防止环境污染。

(1) 保护改善环境

在典型的各类自然生态系统区域或风景名胜地建立保护区,严禁人们在此区域内违章活动或建立工农业生产设施以维持生态的平衡。

在广大农村实行科学耕作方法,防止土壤污染,合理施放化肥与农药,防止土壤盐碱及沙化;在草原畜牧区,适度放养,防止草原退化与沙漠化;注意对原始森林的保护,实施禁伐,开展人工造林;对海洋环境也实施保护,禁止向海洋倾倒垃圾和排放超标废水。

(2) 防治环境污染

对于产生污染环境的工厂或部门,必须治理,使其排放的三废,低于规定标准,采用新工艺以利废为用。对限期不能达到排放标准的单位,强行关停。

对于新建工程项目,必须与防治污染的生产项目同时进行,不能先污染再治理。建立专门的化废为利的工厂,如垃圾发电厂、废水治理厂等。

19.3.2　建筑安装施工中的环境保护

施工单位负责人,应与上级及环保主管部门签订施工现场环保责任书,承担施工区域环境保护责任。在广大职工中开展环保知识宣传、教育,并由专人负责日常环保工作。制订具体措施及奖惩制度,将环保工作与经济利益相联系,使环保工作成为人人遵守的自觉行动。

具体的环保内容有以下几个方面:

(1) 防止大气污染

施工中产生的建筑垃圾,不得从高空往地面倾倒,以避免扬尘污染周围环境。粉质建筑材料的使用及存放应严密,建筑机械及车辆的尾气排放不得超标,工地所使用锅炉,应经有效除尘后再排放,废弃的电气绝缘材料,油漆桶不得焚烧,应回收处理。

(2) 防止水污染

施工中产生的废水、泥浆,应沉淀后再排入下水道,距离饮水源周围 50m 内的地下工程,禁止使用有毒建筑材料。

(3) 防止噪音污染

建筑机械及施工工具和人工作业时,尽量减少噪音,对于产生强噪音的设备,设置封闭式隔音房,将噪音控制在最低程度。

(4) 防止尘土污染城市道路

出入施工场地的车辆,应注意避免将泥土带入城市道路上,一般开离工地的车辆,应冲洗轮胎,运送建筑弃土与垃圾的车辆应加遮盖物。

小　结

工程预算是一项重要的经营管理工作,它是确定建筑产品价格的依据,根据预算可制定控制生产成本与利润的目标。

安装工程预算的编制预算,是首先根施工图纸的技术要求,算出工程量,再依照定额标准,算出各项工程造价汇总而成。

班组管理是现代企业管理的基石,是充分发挥和调动广大职工积极性的重要途径,是企业获得最大经济效益的重要条件。各部门的管理工作,具体都要落实到班组上,因此,应予以高度重视。

环境保护工作,直接关系到人类的生存与发展,在人口众多、经济不发达的中国,环保能力比较差,因此,应加强宣传教育,增强全民环保意识,把环保工作放到重要位置,采取有力措施,投入适当资金,才能使国民经济持续发展,并为中华民族创造一个美好的生存发展空间。

习题

1. 工程预算的作用是什么?
2. 施工图预算的编制步骤有哪些?
3. 班组工作在企业管理中有何作用? 它的目的是什么?
4. 班组管理主要有几方面内容?
5. 什么叫环境?
6. 为什么要对环境进行保护?
7. 环境保护主要有哪些内容?

主 要 参 考 书

1　劳动部教材办公室组织编写. 钳工工艺学. 北京：中国劳动出版社，1996
2　劳动部教材办公室组织编写. 电焊工工艺学. 北京：中国劳动出版社，1996
3　高忠民编. 电焊工基本技术. 北京：金盾出版社，1996
4　劳动部培训司组织编写. 物理. 北京：中国劳动出版社，1989
5　劳动部培训司组织编写. 电工学. 北京：中国劳动出版社，1990
6　劳动部培训司组织编写. 电工基础. 北京：中国劳动出版社，1994
7　劳动部培训司组织编写. 电工仪表与测量. 北京：中国劳动出版社，1995
8　朱自耕编. 电工原理. 北京：水利电力出版社，1985
9　哈尔滨工业大学电工学教研室编. 电工学. 修订版. 北京：水利电力出版社，1983
10　劳动部培训司组织编写. 电机与变压器. 第2版. 北京：中国劳动出版社，1994
11　劳动部培训司组织编写. 电力拖动控制线路. 第2版. 北京：中国劳动出版社，1994
12　劳动部培训司组织编写. 电子技术基础. 第2版. 北京：中国劳动出版社，1994
13　劳动部培训司组织编写. 安全用电. 第2版. 北京：中国劳动出版社，1994
14　天津市劳动局主编. 电工安全技术. 天津：天津科学技术出版社，1994
15　赵明、许廖编. 工厂电气控制设备. 第2版. 北京：机械工业出版社，1999
16　劳动部培训司组织编写. 电工. 北京：中国劳动出版社，1996
17　余辉主编. 新编电气工程预算员必读. 北京：中国计划出版社，1997
18　李礼贤编. 电力拖动与控制. 北京：机械工业出版社，1986
19　苏珊伟主编. 自动控制. 天津：天津科学技术出版社，1982
20　赵明，张永丰编. 电力拖动连续控制. 北京机械工业出版社，1986
21　彭世生，王平编. 电力拖动与控制. 北京：煤炭工业出版社，1985
22　杨光臣主编. 建筑电气工程图识读与绘制. 北京：中国建筑工业出版社，1995
23　沈旦五主编. 建筑的电气照明. 北京：高等教育出版社，1987
24　曾祥富主编. 实用电工技能. 北京：高等教育出版社，1987
25　劳动人事部培训就业司编. 内外线电工生产实习. 北京：中国劳动出版社，1994
26　技工学校机械类通用教材编审委员会. 电工工艺学. 北京：机械工业出版社，1987
27　徐第，孙俊英编. 安装电工基本技术. 北京：金盾出版社，1997
28　何利民，尹全英编. 怎样阅读电气工程图. 北京：中国建筑工业出版社，1995